현대전기전자계측공학

고려대학교 교수
민 남 기 저

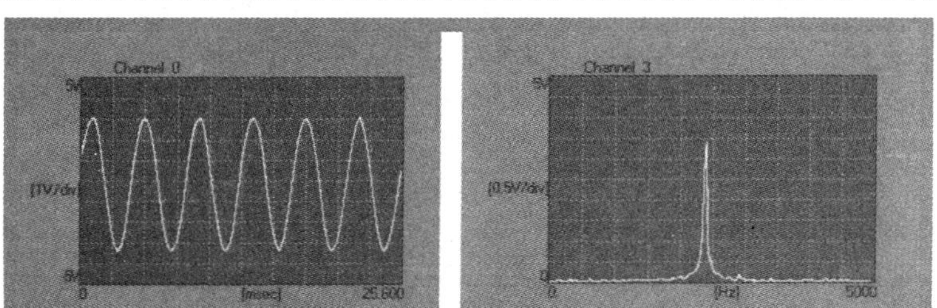

東逸出版社

머 리 말

전기 · 전자 계측은 전기 · 전자적인 현상의 존재를 확인하고 그 크기를 정량화하는 학문이기 때문에 전기 · 전자 공학의 기초 학문이라고 할 수 있다. 최근에는 전기 · 전자 공학 분야에만 국한되지 않고 모든 학문 및 산업 분야에서 전기 · 전자적 계측 방법이 적용됨에 따라 전기 · 전자 계측의 만능 시대로 접어들고 있다.

필자는 오랫동안 전기 · 전자 계측을 강의하여 왔는데, 국내에서 출판된 대부분의 교과서들이 전기 기계적 원리를 사용하는 계측기를 중심으로 서술되어 있어서, 최근의 전자 공학과 정보 공학의 눈부신 발전을 반영하는 전기 · 전자 계측을 체계적으로 설명하는 책의 필요성을 항상 느껴 왔다. 그래서, 평소 강의에 사용하던 자료를 보완하여 본서를 저술하게 되었다. 본서에서는 현재 광범위하게 사용되고 있는 각종 아날로그, 디지털 전자 계측기를 기본 원리에서부터 동작 원리에 이르기까지 상세하게 설명하고자 노력하였다. 또한 모든 설명을 전기 · 전자 계측 시스템의 관점에서 접근하였다. 본서에서 다루는 최신 전자 계측기를 이해하기 위해서는 전자 공학에 관한 상당한 지식이 필요하다. 각 장을 시작하기 전에 관련 기본 사항을 쉽게 설명하려고 노력하였으나, 전자 회로 등을 공부하지 않은 저학년 학생들에게는 다소 어려움이 있으리라 예상된다.

본서는 필자 자신의 전기 · 전자 계측 강의에 사용할 교과서를 목표로 집필한 것으로, 최신 전기 · 전자 계측의 기본 원리를 이해하려는 학생들에게 큰 도움이 되리라 확신한다. 본서를 집필하는 과정에서 다수의 국내외 명저를 참고하였고, 계측기 제작사들의 자료를 이용하기도 하였다. 권말에 참고 문헌을 기재하였으며, 각 저자들에게 깊은 감사와 존경을 표하고자 한다.

본서를 짧은 기간에 급히 저술하다 보니, 혹 잘못된 내용이나 부족한 점이 있으리라 생각된다. 금후 기회가 있으면, 잘못된 내용을 수정하고 새로운 자료를 추가하여 부족한 점을 계속 보완할 생각이다.

본서를 출판하는 데 있어서 원고 정리를 도와 준 고려대학교 반도체 소자·센서 연구실 대학원생 여러분에게 감사를 드리며, 또한 동일출판사 여러분께도 깊은 사의를 표합니다.

1998. 1.

저 자

차 례

제1장 측정(계측)의 기초

제2장 직류 지시 계기

제3장 교류 지시 계기

제4장 전위차계와 계측기 교정

제5장 직류 브리지와 저항 측정

제6장 교류 브리지

제 7 장 아날로그 전자 계측기

제 8 장 디지털 전자 계측기

제 9 장 오실로스코프

제 10 장 그래픽 기록 계기

제 11 장 신호 발생기

제12장 신호 분석 장치

제13장 트랜스듀서

제14장 데이터 획득 시스템

제15장 고주파 측정

제16장 자기 측정

1

측정(계측)의 기초

전기 · 전자 계측은 각종 전기적 양을 측정하는 것이며, 이를 위해 다양한 계측기가 제작되어 사용되고 있다. 그러나 아무리 훌륭한 계측기를 사용한다 하더라도 그 사용법이나 측정값의 취급 방법이 부정확하면 올바른 결과를 얻을 수 없다.

본 장에서는 계측기의 기능과 특성, 측정 방식, 전기 단위, 전기 표준기, 측정값의 취급 방법 등 전기 · 전자 계측 전반에 관한 기본적인 사항에 대해 설명한다.

1.1 측정(계측)의 정의

일반적으로 측정(測定; measurement)이란 어떤 양의 크기를 수량적으로 나타내는 조작을 뜻한다. 즉, 측정이란 어떤 양(측정량)이 그 기준이 되는 양(기준량)의 몇 배가 되는가를 결정하는 것이라고 할 수 있으며, 이러한 조작을 행하는 데 필요한 장치를 측정기 또는 계측기(計測器; instrument)라고 부른다.

한편, 계측(計測; instrumentation)은 많은 경우에 측정과 동의어로 사용되고 있으나, 최근에는 어떤 목적을 갖고 물리량이나 화학량 등을 측정하는 경우에 사용되고 있다. 즉, 계측은 어떤 목적을 갖고 어떤 수법에 의해 물리량, 화학량 등을 양적으로 검출하는 것이라고 정의할 수 있으며, 목적에 적합한 방법(수단)에 의해 계측하고 그 결과를 표시하거나 또는 자동 제어 등에 사용한다. 예를 들면 실내의 공기 조절을 위해서 온도와 습도 등을 측정하는 것이 계측이다. 이 경우 온도와 습도를 측정하여 LED나 LCD를 통해 우리에게 실내 온도를 지시해 줄 뿐만 아니라 측정값은 실내의 온·습도를 제어하기 위한 귀환 신호로 사용된다.

1.2 전자 계측기의 기능과 특성

대부분의 계측기는 어떤 측정량에 관한 정보를 제공하는 공통의 목적을 갖는다. 계측기는 인간이 알 수 있도록 측정량을 시각적으로 지시해 줄 뿐만 아니라, 때로는 영원히 기록도 해 준다. 이외에 어떤 계측기는 양을 제어하는 데 사용된다. 이와 같이 계측기는 지시(指示; indicating), 기록(記錄; recording), 제어(制御; controlling) 등 세 가지 기능을 갖는다고 말할 수 있다. 특정 계측기는 이 세 가지 기능 중에서 어느 한 가지 기능만 수행하거나 세 가지 기능 모두를 동시에 행하기도 한다. 일반적인 전기·전자 계측기는 주로 지시와 기록의 기능을 갖는다. 프로세스 산업에 사용되는 계측기는 흔히 제어 기능도 갖는다. 자동 제어 시스템이나 귀환 제어 시스템에는 적어도 하나의 계측기가 반드시 포함된다.

각종 미지량의 크기를 측정하는 데에는 여러 방법이 있다. 어떤 물리량은, 예를 들면 가스의 압력을 압력 게이지로 측정하는 경우와 같이, 순전히 기계적 수단에 의해 측정한다. 또, 용액의 전기전도도를 전류계로 측정하는 경우와 같이 어떤 양들은 주로 전기적 방법에 의해서 측정한다.

최근의 계측 기술은 전자적 수법을 도입한 전자 계측 기술을 이용하여 전기·전자 분야는 물론이고 기계, 화학, 의학 등 모든 분야에서 현저한 성능 향상을 보이고 있다. 전자 계측기(電子計測器; electronic instrument)는 종래의 전기 기계적 메커니즘(electro-mechanical mechanism)을 사용하지 않고 정류, 증폭이라는 새로운 수단을 이용하고 있으며, 능동 소자(진공관, 트랜지스터, IC, LSI 등)의 성능 향상과 전자 회로의 개량, 개발에 힘입어 고감도(高感度) 및 광대역화(廣帶域化)가 가속화되었고, 부귀환(negative feedback) 기술을 응용하여 안정화가 이루어졌고, 자동 기록이나 지시 장치도 향상되었다. 또, 아날로그 계측에서 디지털 계측으로 발전하고 있으며, 이에 따라 원격 측정(telemetering)이나 데이터 처리 등이 용이하게 되었다.

전자 계측기의 특징은 기계적 또는 순수한 전기적 측정 방법에 대해 다음과 같은 특징을 갖는다.

① 고감도 (high sensitivity)
② 고입력 임피던스 (high input impedance)
③ 고속도 (high speed)
④ 원격 측정 감시 능력 (ability to monitor remote signal)
⑤ 고정도 (high precision)
⑥ 넓은 주파수 대역 (wide frequency band)
⑦ 높은 유연성 (greater flexibility)

현재 전자 계측기는 단순히 어떤 양을 측정하는 경우뿐만 아니라 각종 자동 제어나 프로세스 제어에 반드시 필요하게 되었다.

1.3 측정 방식

측정시 그 대상물이나 목적에 따라 각각에 적합한 측정법이 존재한다. 여기서는 그 방법을 간단히 설명한다.

1.3.1 직접 측정과 간접 측정

측정량을 같은 종류의 기준량과 직접 비교하여 그 양의 크기를 결정하는 방법을 직접 측정(direct measurement)이라 한다. 그림 1.1에서 전압계 Ⓥ로 저항 R 양단의 전압을 측정하거나, 전류계 Ⓐ로 회로 전류 I를 측정하는 것은 직접 측정의 예이다.

이에 대해 측정량과 관계가 있는 다른 양을 각각 직접 측정하고, 그 결과로부터 계산 등에 의해 측정량의 값을 결정하는 방법을 간접 측정(indirect measurement)이라 한다. 그림 1.1에서 전류 I를 전류계 Ⓐ로, 저항 R의 양단의 전압 V를 전압계 Ⓥ로 직접 측정한 후, $R = V/I$의 관계로부터 저항 R을 계산하여 구하는 것은 간접 측정이다. 많은 경우 직접 측정보다 간접 측정을 사용하면 훨씬 간단하게 측정을 할 수 있다.

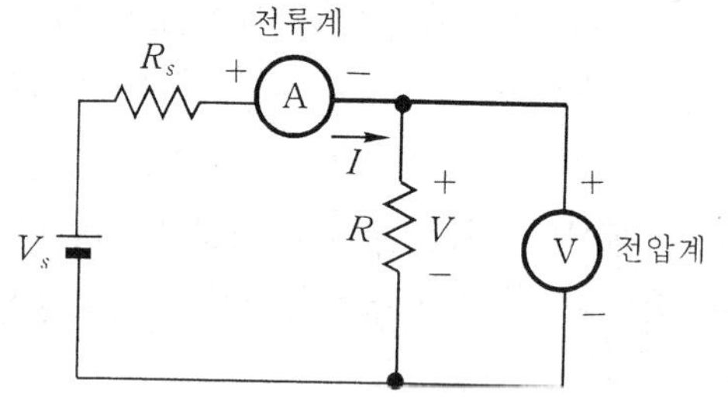

그림 1.1 직접 측정과 간접 측정

1.3.2 편위법과 영위법

그림 1.2(a)와 같이 용수철 저울에 무게를 측정하고자 하는 물체를 올려 놓으면, 저울의 지침이 움직이고 그 위치의 변화로부터 물체의 무게를 알 수 있다. 이와 같이 측정량의 크기에 따라 지침 등을 편위시켜 측정량을 지시시키는 방법을 편위법(偏位法; deflection method)이라고 부른다.

한편 그림 1.2(b)의 천칭(天秤)에서는 물체의 무게와 무게의 기준이 되는 분동을 서로 비교하여 지침이 0을 지시하도록 분동의 무게를 조정하면, 분동의 무게와 물체의 무게가 서로 같다는 사실로부터 물체의 무게를 구할 수 있다.

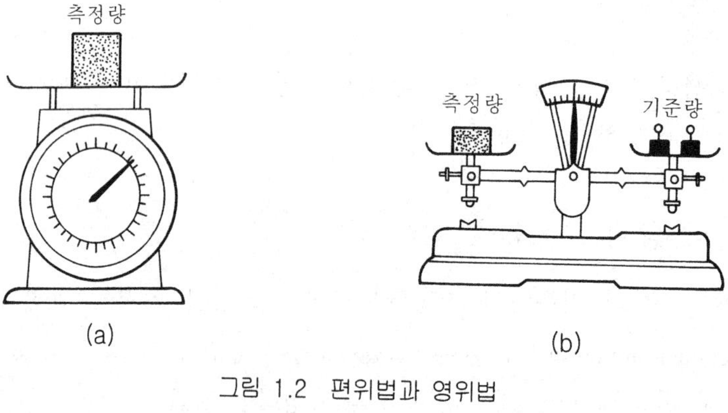

그림 1.2 편위법과 영위법

이와 같이 어느 측정량을 그것과 종류가 같고 크기가 조정되는 기준량과 비교하여 측정량과 똑같이 되도록 기준량을 조정한 후 기준량의 크기로부터 측정량을 구하는 방법을 영위법(零位法; null method)이라 한다.

그림 1.3은 편위법과 영위법을 사용해서 전원 전압을 측정하는 일례를 나타낸다. 그림 (a)에서는 전압계 지침의 편위로부터 전압의 크기를 측정한다. 이 방법은 간단하지만 계측기를 구성하는 요소가 변동하면 그 영향이 계측기에 나타나기 때문에 수시로 계측기를 교정할 필요가 있다. 또한 전압계는 전류를 소비하므로, R_s에서 전압 강하가 일어나 전압계의 지시는 $V_0 = V_s - R_sI_s$로 되어 오차가 발생한다.

한편, 그림 (b)는 가변 기준 전압원을 사용하여 검출기(전류계)의 지시가 0이 되도록 하면(즉, $I_s = I_r$), 전원 전압 V_s는 $V_s = V_r$로 된다. 이 방법에서는 측정 대상과 거의 같은 조건에 있는 기준량과 평형을 취하기 때문에 측정계 구성 요소의 변동이 서로 상쇄되어 높은 정도의 측정이 가능하다. 또 편위법에서는 측정량에 의해서 지침이 편위되기 때문에 계측기에 측정량으로부터 에너지가 공급되어야 하나, 영위법에서는 이러한 일이 발생하지 않을 뿐만 아니라 계측에 의해 측정량이 영향을 받지 않는 것도 하나의 특징이다. 제4장과 5장에서 설명하는 전위차계(電位差計; potentiometer)나 휘트스톤 브리지(Wheatstone bridge)는 영위법의 대표적인 예이다.

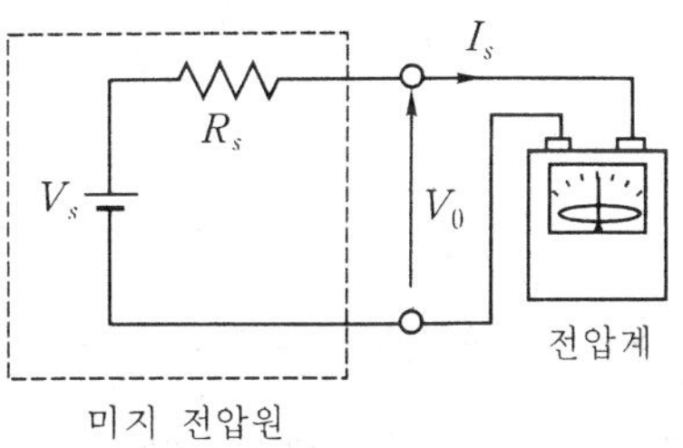

(a) 편위법

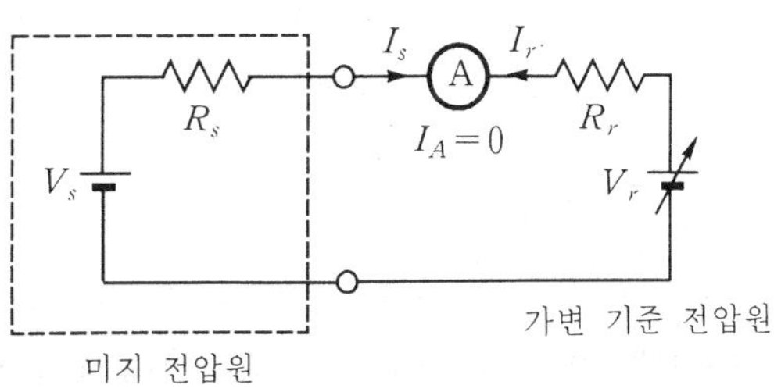

(b) 영위법

그림 1.3 편위법과 영위법에 의한 전원 전압의 측정

1.3.3 아날로그 계측과 디지털 계측

계측기에서 측정량을 지시시키는 방법에는 두 가지가 있다. 그림 1.4(a)의 시계는 시침과 분침의 위치로써 시각을 표시한다. 이와 같이 측정량을 연속적으로 변화하는 표시기에 변환해서 측정값을 얻는 방식을 아날로그 계측기(analog instrument)라고 한다. 지침과 눈금판이 달린 지시형 계기를 사용한 측정이 여기에 해당되며 과거의 전기 · 전자 계측은 대부분 아날로그 방식이었다. 이 방식은 지침을 보는 방법에 따라 개인차가 생기기 쉬우며 고정도의 측정에는 부적합하다.

한편, 그림 1.4(b)의 시계에서는 시각이 수치로 나타난다. 이와 같이 측정값을 수치로 표시하는 방식을 디지털 계측기(digital instrument)라고 한다. 디지털 계측기에서는 측정량이 수치로써 표시되므로 개인 오차가 없고, 고정도의 계기가 만들어질 수 있다. 더욱이 디지털식은 전자 계산기에 의해 측정 결과의 계산 처리, 판단 및 정리가 가능한 점 등의 특징이 있고 계산기를 사용한 각종 장치와의 접속에도 유리하기 때문에 일반적으로 가격은 고가이나 최근에는 전자 계측기의 주류가 되고 있다.

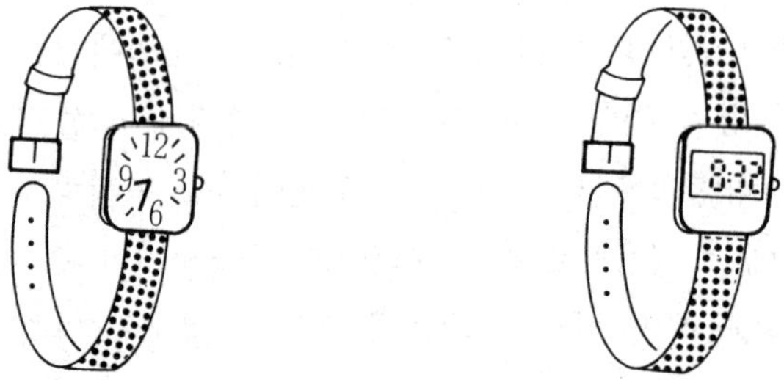

(a) 아날로그 시계 (b) 디지털 시계

그림 1.4 아날로그 계측과 디지털 계측

1.4 측정값의 오차

1.4.1 오차

측정시 아무리 주의를 기울여도 그 참값(true value)을 구하는 것은 불가능하다. 즉, 측정값에는 반드시 다소간의 오차(誤差; error)가 포함된다. 측정값(measured value)을 M, 그 참값을 T라 하면 오차의 크기 ε은

$$\varepsilon = M - T \qquad \cdots (1.1)$$

로 정의하며, 이것을 절대 오차(絶對誤差; absolute error)라고 부른다.

한편, 오차 ε을 참값 T로 나눈 것을 오차율(誤差率; error factor)이라 하고, 이를 백분율(%)로 표시한 것을 백분율 오차(percentage error)라고 한다. 이들을 식으로 나타내면 다음과 같다.

$$\text{오차율} = \frac{\varepsilon}{T} \qquad \cdots (1.2)$$

$$\text{백분율(\%) 오차} = \frac{\varepsilon}{T} \times 100\,[\%] \qquad \cdots (1.3)$$

1.4.2 오차의 종류

측정값에 포함되는 오차를 감소시키거나 제거하는 방법을 찾아내기 위해서는 근본적으로 오차의 종류 및 성질에 대하여 알 필요가 있다. 오차는 여러 가지 원인에 의해 발생하며, 그 중요한 것을 대별하면 다음과 같다.

(1) 실수 또는 과실 오차

계측기 사용 방법의 실수 또는 눈금의 오독(誤讀) 등 주로 인간의 부주의에 기인하는 오차이다. 이와 같이 인간의 실수나 과실에 의해 발생하는 오차(mistake or faulty error)는 수학적으로 처리될 수 없으며, 오직 측정값을 읽고 기록하는 데 주의를 기울이거나, 측정과 동시에 측정값을 즉시 그래프에 그려 부적당한 값을 찾아내서 측정값을 재확인함으로써 이 오차를 방지할 수 있다.

(2) 계통 오차

일정한 원인에 의해 발생하는 오차를 계통 오차(系統誤差; systematic error)라고 부르며, 여기에는 계측기 오차(instrumental error), 개인 오차(personal error), 환경 오차(environmental error)가 있다.

계측기 오차는 계측기의 기계적 구조에 기인하는 오차이다. 예를 들면, 가동부의 베어링에서 발생하는 마찰에 의해 계기가 부정확한 값을 지시할 수 있다. 또, 계측기의 부주의한 취급이나 과부하에 기인하여 스프링이 늘어나거나 장력이 감소하면 오차가 발생한다. 계측기를 잘못 교정하는 경우에도 계측기 오차를 발생시킨다.

계측기 오차는 계측기의 형태에 따라 매우 다양하기 때문에 측정자는 사용하기 전에 계측기가 적절히 동작하는가를 확인하여야 한다. 계측기를 검사하는 가장 손쉬운 방법은 동일한 특성을 가지거나 또는 더 정확하다고 알려진 계측기와 지시값을 비교하는 것이다. 계측기 오차를 피하기 위해서는 측정 목적에 맞는 계측기를 선택하고, 계측기 오차의 크기를 결정하여 보정 계수(補正係數; correction factor)를 적용하고, 마지막으로 계측기를 표준기와 비교하는 것이 좋다.

개인 오차는 사람에 따라 눈금을 크게 읽거나 작게 읽는 등 개인적인 좋지 않은 습관에 의해 생기는 오차로서 측정자를 교체해서 측정하면 그 원인을 규명할 수 있다.

환경 오차는 온도, 습도, 압력, 전자장과 같은 주위 조건이 변하여 발생하는 오차를 말한다. 이와 같은 원인들을 감소시키고 정확한 측정을 하기 위해서는 공조 시설을 한다던가 또는 계측기 내의 특정 부품을 밀봉하거나 자기 차폐(磁氣遮蔽)를 실시하여야 한다.

(3) 우연 오차

실수를 하지 않고, 또 계통 오차를 보정하여도 측정 조건의 미소 변화나 측정자 자신의 심리적(주의력) 동요 등에 의해 오차가 발생한다. 이를 우연 오차(偶然誤差; random or accidental error)라고 부른다. 우연 오차를 제거시킬 수 있는 유일한 방법은 측정 횟수를 늘리고 통계적 해석을 통해서 참값에 가장 가까운 측정값을 얻는 수밖에 없다.

1.4.3 확도와 정도

정확한 측정이라 함은 실수, 계통 오차, 우연 오차가 작은 측정을 말한다. 즉, 확도(確度; accuracy)란 측정값이 참값에 어느 만큼 가까운가를 나타내는 것으로, 오차가 작은 측정은 확도가 높다. 예를 들면 "측정값이 1A이고, 그 확도는 5mA이다"라 함은 측정값과 참값 사이에는 ±5mA 이내의 오차가 존재한다는 것을 의미한다. 이것을 백분율 오차로 나타내면 "측정값은 1A이고, 그 확도는 ±0.5%(5mA)이다"와 동일하다.

한편, 정도(精度; precision)는 동일한 양을 반복 측정하였을 경우 측정값의 분산 상태, 즉 측정값이 측정 평균치에 어느 정도 일치하는가를 정량적 또는 수치적으로 나타낸 것이다.

측정에서 확도와 정도의 개념을 그림 1.5에 나타낸 창던지기 놀이(darts)에 비유해서 설명해 보자. 이 놀이의 목적은 창을 과녁의 중심(bulls' eye)에 맞추는 것이므로, 과녁의 중심은 참값을 나타내고, 창을 던지는 것은 측정값을 나타낸다.
그림 (a)에서 세 번 던진 창이 모두 동일 지점에 꽂혔으므로 정도는 높지만, 매번 중심으로부터 멀리 벗어났기 때문에 확도는 나쁘다. 그림 (b)에서는 세 번 다 과녁의 중심을 맞추었으므로 확도와 정도가 모두 우수하다. 그림 (c)는 확도와 정도가 둘 다 나쁜 경우이다. 이와 같이 확도가 높은 측정은 정도도 높다. 그러나 높은 정도가 반드시 높은 확도를 의미하지는 않는다.

(a) 고정도, 저확도 (b) 고확도, 고정도 (c) 저확도, 저정도

그림 1.5 확도와 정도를 창던지기 놀이에 비유한 설명

이제, 계측기의 확도와 정도에 대해서 생각해 보자. 그림 1.6은 두 개의 전압계 눈금을 나타낸다. 그림 1.6(a)의 디지털 전압계에서 현재 지시값은 8.135 V이다. 만약 측정량이 1 mV만큼 증가하면 8.136 V를 지시할 것이고, 1 mV 감소하면 지시는 8.134 V로 될 것이다. 이와 같이 1 mV는 이 전압계로 측정한 측정값에서 관측될 수 있는 최소 변화량을 나타내며, 이것을 계측기의 정도(精度)라고 한다. 이 디지털 전압계의 확도가 ±0.2 %라고 가정하면 측정값은 8.135 V±0.2 % (또는 8.135 V±16 mV)이고, 실제 전압이 8.119 V~8.151 V 사이에 있음을 의미한다. 그래서 측정 정도는 1mV이지만 측정 확도는 ±16 mV이다.

그림 1.6(b)의 아날로그 전압계에서 최소 눈금은 0.2 V이다. 만약 이 눈금의 1/4, 즉 0.2 V/4 = 50 mV까지 측정할 수 있다면, 이 계측기의 정도(精度)는 50 mV이다. 아날로그 전압계의 확도가 최대 눈금의 ±2 % (즉, 10 V의 2 %)라면 측정값은 4.85 V±200 mV, 즉 4.65 V~5.05 V 사이에 있다. 이 아날로그 전압계의 측정 정도는 50 mV, 측정 확도는 ±200 mV이다. 위에서 설명한 두 계측기에 대한 측정 정도는 계측기의 확도에 기인하는 가능 오차가 주어지면 중요하지 않을 수도 있다. 그러나 계측기의 확도는 보통 내부 부품의 확도에 의존하며, 그리고 측정 정도에 기인하는 오차는 계측기의 확도에 기인하는 오차에 비해 훨씬 작아야 한다.

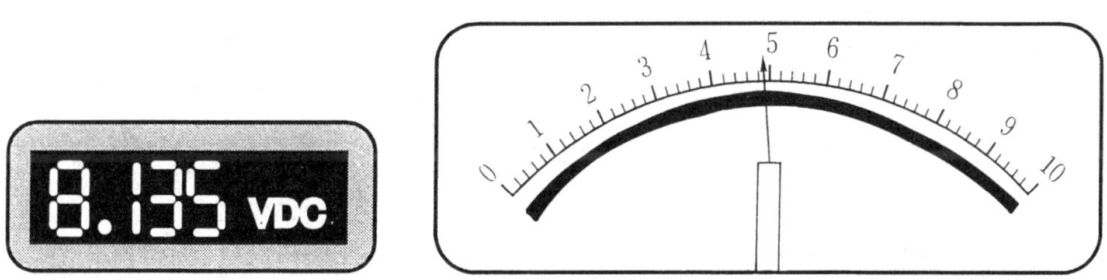

(a) 이 디지털 전압계의 정도는 1 mV이다 (b) 이 아날로그 전압계의 정도는 50 mV이다

그림 1.6 디지털과 아날로그 전압계의 정도와 확도

1.5 측정값의 처리

1.5.1 유효 숫자

일상 생활에서, 우리는 많은 경우 정확한 숫자만을 다룬다. 예를 들어, 사과 5개, 컴퓨터 10대, 학생 8명 등과 같이 그 수를 정확히 헤아려서 숫자로 나타내는 것이다. 이 경우 모든 숫자는 의미가 있다. 그러나 길 가는 사람에게 현재 시간을 물어 보면 정확한 시간을 말해 주는 사람은 한 명도 없다.

한편, 측정의 경우에는 아무리 주의하여 어떤 양을 측정하더라도 계측기에는 반드시 오차가 존재하며, 또한 시오차(視誤差; parallax reading error)나 보간 오차(補間誤差; interpolation error)가 들어가므로 측정값은 근사값으로 간주된다. 예를 들면, 그림 1.6(b)에 나타낸 확도 2 %인 전압계의 지시값은 4.85 V라고 읽을 수 있다. 이 경우 위로부터 2자리 수치는 올바르지만, 마지막 1자리는 눈대중으로 읽게 되므로 오차가 포함되어 있고, 또한 확도가 2 %이므로 이 자릿수에는 계통 오차도 포함되어 있다. 따라서 마지막 자리 이하의 값은 아무리 눈금을 좁게 읽어도 그 값은 확실한 값이 되지 않으므로 별 의미가 없다. 이 경우 확실하게 의미가 있는 숫자는 4.8이다. 이와 같이 신뢰할 수 있는 계측기로부터 얻어진 측정값을 나타내는 수치이면서 의미 있는 수치를 유효 숫자(有效數字; significant figure)라고 한다.

측정값에 사용되는 유효 숫자의 개수는 측정의 정도(precision)를 나타내기 때문에 매우 중요하다. 그림 1.6(a)의 측정값 8.135 V에서 4개의 유효 숫자는 측정 정도가 0.001 V (1 mV)임을 나타낸다. 만약 측정 정도가 10 mV라면 지시치는 8.13V 또는 8.14 V일 것이다. 즉, 유효 숫자는 3개이다. 만약 어떤 저항기의 저항값을 측정하여 48Ω으로 나타내었다면, 실제의 값은 정확히 48 Ω이 아닐 수 있으며, 저항값이 47 Ω이나 49 Ω보다는 48 Ω에 더 가깝다고 가정하는 것이다. 또, 더 좋은 계측기를 가지고 측정하여 저항값을 48.0 Ω이라고 나타내었다면, 실제의 값은 47.9 Ω이나 48.1 Ω보다는 48.0 Ω에 더 가깝다는 의미이다. 48 Ω에서 유효 숫자는 2개이고, 48.0 Ω에서 유효 숫자는 3개이다. 이와 같이 더 많은 유효 숫자를 갖는 측정값이 더 큰 정밀도를 가진 측정임을 나타낸다. 이상 설명한 유효 숫자를 고려하면 5.25라고 하는 값은 수학적으로는 5.250 또는 5.25와 같으나 측정값으로 생각할 경우에는 같다고 볼 수 없다. 5.250는 4개의 유효 숫자를 가지나, 5.25로 나타내면 유효 숫자가 3자리로 되어 5.250와 5.25는 다른 수치를 나타낸다. 따라서 측정값의 경우 수치에 임의로 0을 붙이거나 제거할 수 없다.

한편, 단위를 변환하는 경우, 예를 들어 5.25 kW를 5250 W로 쓰는 경우가 있는데 이는 잘못이다. 왜냐하면 수치로서는 동일하지만, 측정값으로서는 전자의 유효 숫자가 3자리인데 반해 후자의 유효 숫자는 4자리로 되므로 다른 값이 된다. 따라서 이 경우에는 5.25×10^3 W라고 표시하지 않으면 안 된다. 이와 같이 정수의 경우, 우측에 있는 0은 불명확하므로 유효 숫자를 명확히 하기 위해서 과학적 표시 방법인 10의 거듭제곱으로 나타내어야 한다(1.6절의 단위 기호 표시법 참조). 유효 숫자에 관한 규칙을 요약하면 다음과 같다.

① 0이 아닌 모든 숫자는 유효 숫자이다.
② 0이 아닌 숫자 사이의 모든 0은 유효 숫자이다.
③ 소수점이 있을 때 0이 아닌 숫자의 우측에 있는 0은 유효 숫자이다.
④ 첫 번째 0이 아닌 숫자의 좌측에 있는 0은 유효 숫자가 아니다.

예를 들어, 0.00807200에 위의 규칙을 적용하면 다음과 같이 유효 숫자가 6개임을 알 수 있다.

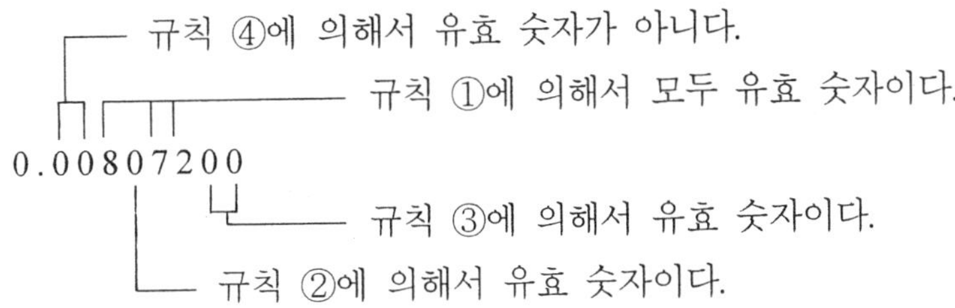

〔**예제** 1.1〕 다음과 같은 측정값에서 유효 숫자의 개수는 얼마인가?

(a) 30.0 (b) 0.3040 (c) 2.30×10^5 (d) 230,000 (e) 0.005020

〔**풀이**〕 (a) 규칙 ③에 의해서 유효 숫자는 3개이다.

(b) 규칙 ②, ②에 의해서 유효 숫자는 4개이다.

(c) 규칙 ①, ③에 의해서 유효 숫자는 3개이다.

(d) 적어도 2개의 유효 숫자를 갖는다. 이 수치는 (c)와 동일하지만 숫자 3의 우측에 있는 0은 불확실하므로 측정값을 기록하는 경우에는 (c)와 같이 거듭제곱으로 나타내어야 한다.

(e) 규칙 ②, ②, ④에 의해서 유효 숫자는 4개이다.

1.5.2 반올림

유효 숫자 이하의 수치를 정리하여 바른 값을 표시하고자 할 때 보통 반올림을 한다. 반올림에서는 수가 1~4인 경우에는 버리고, 5~9인 경우에는 올리므로 많은 측정값을 합하는 경우에는 +오차가 중첩되어 오차가 크게 된다. 그래서 1~4인 경우에는 버리고, 6~9인 경우에는 올린다. 그리고 5인 경우에는 그보다 1자리 위의 숫자가 홀수이면 올리고(즉, 올리면 짝수가 된다), 짝수이면 버린다(round-even rule). 예를 들면 25.5를 2자리로 반올림하는 경우 올림을 하여 26으로 하고, 26.5인 경우에는 26으로 한다.

또한 처분할 자릿수가 2자리 이상인 경우, 처분할 수의 가장 윗자리 수가 5 미만인 경우에는 버리고 5 이상인 경우에는 올린다. 예를 들면 25.51을 두 자리로 반올림하는 경우 올려서 26으로 하고, 26.49인 경우에는 버려서 26으로 한다. 이와 같이 하여 반올림에 의한 오차를 조금이라도 작게 하기 위하여 노력할 필요가 있다.

〔**예제** 1.2〕 다음 수치를 3개의 유효 숫자로 나타내어라.

(a) 123.52 (b) 122.52 (c) 10.071 (d) 6.3948 (e) 29.961

〔**풀이**〕 (a) 124 (b) 123 (c) 10.1 (d) 6.39 (e) 30.0

〔**예제** 1.3〕 두 개의 저항 R_1과 R_2가 직렬로 접속되어 있다. 각 저항의 측정값이

$R_1 = 18.7\ \Omega$

$R_2 = 3.624\ \Omega$

일 때, 총 저항을 계산하라.

〔**풀이**〕 $R_T = R_1 + R_2 = 18.7 + 3.624 = 22.324 = 22.3\ \Omega$

〔**예제** 1.4〕 113.2 Ω인 저항에 흐르는 전류가 1.43 A로 측정되었다. 저항 양단의 전압 강하를 계산하라.

〔**풀이**〕 $V = IR = 113.2 \times 1.43 = 161.876 = 162\ \mathrm{V}$

1.43의 유효 숫자가 3개이므로 계산 결과의 유효 숫자도 3이어야 한다. 따라서 양단 전압은 162 V이다.

1.5.3 측정값의 계산(오차의 결합)

간접 측정에서는 오차가 포함된 측정값으로부터 가감승제 계산을 하여 결과를 구하는 경우가 많은데, 이때 측정값의 오차가 계산 결과에 미치는 영향에 대해 살펴보자. 지금 두 측정값을 M_1, M_2라 하고, 각각 참값 T_1, T_2에 대해 ε_1, ε_2의 오차가 있다고 하면

$$M_1 = T_1 \pm \varepsilon_1 \qquad M_2 = T_2 \pm \varepsilon_2 \qquad \cdots (1.4)$$

의 관계가 있다.

(1) 덧셈과 뺄셈의 경우

$$M_1 \pm M_2 = (T_1 \pm \varepsilon_1) \pm (T_1 \pm \varepsilon_2) = (T_1 \pm T_2) \pm (\varepsilon_1 + \varepsilon_2) \qquad \cdots (1.5)$$

로 되므로, 계산 결과의 총 오차 ε은

$$\varepsilon = \pm(\varepsilon_1 + \varepsilon_2) \qquad \cdots (1.6)$$

로 된다. 계산 결과의 오차는 두 오차의 합이므로, 한 쪽 측정값의 정도가 나쁘면 다른 쪽 측정값의 정도가 아무리 좋다고 하더라도 무의미하다.

〔**예제** 1.5〕 $R_1 = 637 \pm 4\ \Omega$과 $R_2 = 426 \pm 2\ \Omega$의 합과 차를 구하라.

〔풀이〕

$$R_1 = 637 \pm 4(\pm 0.63\ \%) \qquad R_1 = 637 \pm 4(\pm 0.63\ \%)$$

$$R_2 = 426 \pm 2(\pm 0.47\ \%) \qquad R_2 = 426 \pm 2(\pm 0.47\ \%)$$

$$R_1 + R_2 = 1063 \pm 6\ \Omega \qquad R_1 - R_2 = 211 \pm 6\ \Omega$$

$$= 1063\ \Omega \pm 0.56\ \% \qquad = 211\ \Omega \pm 2.8\ \%$$

측정값의 합과 차의 경우, 최종 계산 결과의 % 오차는 두 측정값의 % 오차로부터 직접 계산할 수 없다.

위의 예로부터 두 측정값의 차의 오차는 합의 오차보다 증가함을 알 수 있으며, 두 측정값의 차가 작을수록 오차는 더욱 증가한다. 그러므로 어떤 양을 측정하고자 할 때 두 측정값의 차로부터 측정값을 구하는 측정 시스템은 피해야 할 것이다.

(2) 곱셈의 경우

$$M_1M_2 = (T_1 \pm \varepsilon_1)(T_2 \pm \varepsilon_2) = T_1T_2 \pm (T_1\varepsilon_2 + T_2\varepsilon_1) \pm \varepsilon_1\varepsilon_2 \quad \cdots (1.7)$$

위 식에서 마지막 항 $\varepsilon_1\varepsilon_2$는 극히 작으므로 무시하면

$$M_1M_2 \approx T_1T_2 \pm (T_1\varepsilon_2 + T_2\varepsilon_1) \quad \cdots (1.8)$$

따라서 계산 결과의 총오차 ε은

$$\varepsilon = \pm(T_1\varepsilon_2 + T_2\varepsilon_1) \text{ : 식 (1.6)과 비교} \quad \cdots (1.9)$$

으로 된다. 이것을 백분율로 나타내면

$$\begin{aligned} \%\varepsilon &= \pm\frac{T_1\varepsilon_2 + T_2\varepsilon_1}{T_1T_2} \times 100[\%] \\ &= \pm\left(\frac{\varepsilon_1}{T_1} + \frac{\varepsilon_2}{T_2}\right) \times 100[\%] \end{aligned} \quad \cdots (1.10)$$

예를 들어, 저항을 ±1.5%의 확도로 측정하고, 전류를 ±1.0 %의 확도로 측정하였을 때 계산된 전압은 ±2.5%의 확도를 갖는다.

또, 어떤 양이 X^Y와 같이 Y 제곱으로 증가하는 경우, X^Y에 포함된 백분율 오차는 다음과 같이 쓸 수 있다.

$$X^Y \text{에 포함된 } \%\varepsilon = Y \times (X\text{의 } \%\varepsilon) \quad \cdots (1.11)$$

〔예제 1.6〕 저항 R의 양단 전압이 100V±1%, 저항에 흐르는 전류가 2A±2%로 측정되었을 경우, 저항에서 소비되는 전력의 오차를 계산하라.

〔풀이〕 $P = VI = (100\text{V} \pm 1\%) \times (2\text{A} \pm 2\%) = 200\text{W} \pm 3\%$

즉, 계산된 전력의 확도는 ±3%이다.

〔예제 1.7〕 ±10%의 확도를 갖는 820Ω 저항에 10mA의 전류가 흐르고 있다. 이 전류는 25mA 측정 범위에서 ±2%의 확도를 갖는 아날로그 전류계로 측정한 값이다.

저항에서 소비되는 전력을 계산하고 오차의 크기를 결정하라.

〔풀이〕 전력 $P = I^2R = (10\text{mA})^2 \times 820\Omega = 82\text{mW}$

R의 오차 $= \pm 10\,\%$

I의 오차 $= 25\text{ mA}$의 $\pm 2\,\%$

$= \pm 0.5\text{ mA}$

I의 %오차 $= \pm(0.5\text{ mA}) / 10\text{ mA} \times 100\,\%$

$= \pm 5\,\%$

I^2의 %오차 $= 2\times(I$의 %오차$)$ (식 (1.11)에 의해서)

$= 2\times(\pm 5\,\%) = \pm 10\,\%$

P의 %오차 $= (I^2$의 %오차$)+(R$의 %오차$)$ (식 (1.10)에 의해서)

$= \pm(10\,\% + 10\,\%) = \pm 20\,\%$

---

(3) 나눗셈의 경우

$$\frac{M_1}{M_2} = \frac{T_1 \pm \varepsilon_1}{T_2 \pm \varepsilon_2} = \frac{T_1\left(1 \pm \dfrac{\varepsilon_1}{T_1}\right)}{T_2\left(1 \pm \dfrac{\varepsilon_2}{T_2}\right)} \approx \frac{T_1}{T_2}\left\{1 \pm \left(\frac{\varepsilon_1}{T_1} + \frac{\varepsilon_2}{T_2}\right)\right\} \qquad \cdots (1.12)$$

$$\approx \frac{T_1}{T_2} \pm \frac{T_1}{T_2}\left(\frac{\varepsilon_1}{T_1} \pm \frac{\varepsilon_2}{T_2}\right)$$

로 되므로, 총오차 ε은

$$\varepsilon = \pm\frac{T_1}{T_2}\left(\frac{\varepsilon_1}{T_1} + \frac{\varepsilon_2}{T_2}\right) \qquad \cdots (1.13)$$

$$\%\varepsilon = \pm\left(\frac{\varepsilon_1}{T_1} + \frac{\varepsilon_2}{T_2}\right) \times 100\,[\%] \qquad \cdots (1.14)$$

로 되어, 곱에 대한 오차식 (1.10)과 동일한 식으로 된다.

〔**예제** 1.8〕 공칭 저항값이 10Ω±1%인 저항기가 있다. 이 저항기의 양단 전압과 흐르는 전류를 측정하여 다음과 같은 값을 얻었다.

$V = 100\text{ V} \pm 1\%$

$I = 10\text{ A} \pm 1\%$

저항에서 소비되는 전력을 다음과 같은 방법으로 계산할 때, 오차의 크기를 비교하라.

(a) $P=IV$ (b) $P=V^2/R$

〔풀이〕 (a) $\varepsilon_1=100\times0.01=1$ V

$=\pm(100\times0.1+10\times1)=\pm20$ W

$\%\varepsilon=\pm20/1000=\pm2$ %

또는

$\%\varepsilon=\pm(1\%+1\%)=\pm2$ %

(b) 식 (1.11)과 (1.14)로부터

$\%\varepsilon=[2\times(\pm1\%)]\pm1\%=\pm3$ %

위의 계산으로부터 R, V, I의 측정 오차가 모두 1%로 동일하더라도 (a) 방법으로 전력을 계산하는 것이 오차가 적음을 알 수 있다. 이와 같이 오차의 계산은 오차가 덜 발생하는 측정 방법을 선택하는 데 기초가 된다.

1.6 측정값의 통계적 처리

측정값의 통계적 해석은 최종적인 실험 결과의 불확실성을 해석적으로 결정할 수 있기 때문에 흔히 사용하는 방법이다. 통계적 방법과 해석을 의미 있게 하기 위해서는 보통 수많은 측정이 요구될 뿐만 아니라, 또한 계통적 오차가 우연 오차나 기타 오차에 비해서 작아야 한다. 왜냐하면 측정값의 통계적 처리는 모든 측정에 포함되는 고정된 오차 원인을 제거할 수 없기 때문이다. 우리는 통계적 해석을 기초로 해서 데이터의 평균치, 평균 편차, 표준 편차와 같은 정보를 얻을 수 있으며 이와 같은 정보는 측정 데이터의 변환이나 오차의 정량적 판단을 가능하게 한다.

1.6.1 통계 분포의 특성

(1) 분포의 시각적 표현

표 1.1은 어느 전원의 출력 전압을 짧은 시간 동안에 디지털 전압계(분해능 0.001V)로 100회 측정하여 얻은 결과를 ±0.005 V 구간으로 하여 기록한 도수 분포

frequency distribution)이다. 위의 측정 결과로부터 관측 전압에 대한 관측 횟수를 히스토그램(histogram)으로 나타내면 그림 1.7과 같다. 그림 1.7에서 가장 많은 측정 횟수는 중앙값에서 나타났으며, 다른 측정들은 중앙값을 중심으로 하여 대칭적으로 위치해 있음을 알 수 있다.

표 1.1 전압 측정값의 도수 분포

전압 측정값 [V]	관측 횟수	상대 빈도수
3.970	1	0.01
3.980	3	0.03
3.990	12	0.12
4.000	25	0.25
4.010	33	0.33
4.020	17	0.17
4.030	6	0.06
4.040	2	0.02
4.050	1	0.01
	총 100회	

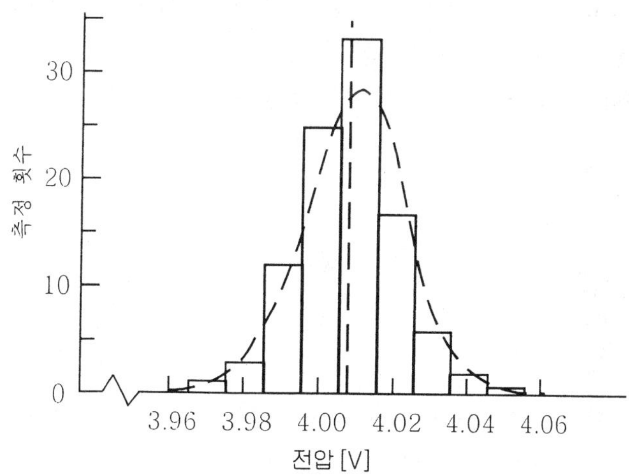

그림 1.7 전압 측정값의 히스토그램

(2) 산술 평균

도수 분포나 히스토그램이 분포를 시각적으로 나타내는 데 사용된다면, 분포의 특성성을 정의하기 위해서는 여러 가지 수치적 척도를 사용한다.

측정량의 최확치(最確値; most probable value)는 수많은 측정값의 산술 평균이다. 실제의 측정에서 측정 횟수는 유한이지만 이론적으로는 같은 양의 측정 횟수가 무한일 때 가장 좋은 결과를 준다. 측정값의 산술 평균(算術平均; arithmetic mean)은 다음 식으로 주어진다.

$$x_m = \frac{x_1 + x_1 + x_1 + \cdots + x_1}{n} = \frac{1}{n}\sum_{i=1}^{n} x_i \qquad \cdots (1.15)$$

여기서, x_m : 산술 평균, x_i: 측정값($i = 1, 2, \cdots, n$), n : 측정 횟수

표 1.1에 주어진 측정 전압의 평균값을 구하면

$$V_m = \frac{400.77}{100} = 4.008\ \mathrm{V}$$

(3) 평균값으로부터의 편차

편차(偏差; deviation)란 측정 집단의 산술 평균과 각 측정값의 차를 말한다. n회 측정시 1회 측정값을 x_1, 그 편차를 d_1, 2회 측정값을 x_2, 그 편차를 d_2 등으로 할 경우, 그때 평균값으로부터의 편차는 다음과 같이 정의한다.

$$\begin{aligned} d_1 &= x_1 - x_m \\ d_2 &= x_2 - x_m \\ &\cdots\cdots \\ d_n &= x_n - x_m \end{aligned} \qquad \cdots (1.16)$$

또는

$$d_i = x_i - x_m$$

산술 평균으로부터 각 측정값에 대한 편차는 정(+), 부(−)의 값으로 될 수 있으며, 그리고 모든 편차의 대수적 합은 반드시 0이어야 한다. 측정값의 평균 편차를 구하는 것은 우연 오차(random error)의 영향을 최소화시키는 방법 중의 하나이다.

(4) 평균 편차

시험 데이터가 평균값을 중심으로 해서 분포하는 정도를 데이터의 산포(散布; dispersion)라고 하는데 산포의 척도가 평균 편차(mean or average deviation)이다. 평균편차란 각 편차의 절대값의 총합을 측정 횟수로 나눈 것으로 정의된다. 즉,

$$D = \frac{|d_1| + |d_2| + \cdots + |d_n|}{n} = \frac{\sum_{i=1}^{n} |d_i|}{n} = \frac{\sum_{i=1}^{n} |x_i - x_m|}{n} \qquad \cdots (1.17)$$

평균 편차는 측정에 사용된 계측기의 정도(precision)를 나타낸다. 대단히 정밀한 계측기는 측정값 사이의 평균 편차가 매우 작다.

(5) 표준 편차

우연 오차의 통계적 해석에 있어서, 표준 편차(標準偏差; standard deviation) 또는 rms 편차는 대단히 유용하다. 무한 횟수의 측정시 측정값의 표준 편차 σ는 다음과 같이 정의된다.

$$\sigma = \sqrt{\frac{d_1^2 + d_2^2 + \cdots + d_n^2}{n}} = \sqrt{\frac{\sum_{i=1}^{n} d_i^2}{n}} = \sqrt{\frac{\sum_{i=1}^{n} (x_i - x_m)^2}{n}} \qquad \cdots (1.18)$$

그리고 표준 편차의 제곱 σ^2을 분산(分散; variance)이라고 부른다. σ^2은 정규 분포 함수를 정의하는 데 사용되기 때문에 산포(dispersion)의 중요한 척도이다.

대부분의 경우 측정 횟수를 무한히 하는 것은 불가능하다. 일반적으로, 표준 편차의 신뢰성 있는 계산을 위해서는 측정 횟수가 적어도 20회는 되어야 한다. 측정 횟수가 적은 경우 더 정확한 표준 편차는

$$\sigma = \sqrt{\frac{d_1^2 + d_2^2 + \cdots + d_n^2}{n-1}} = \sqrt{\frac{\sum_{i=1}^{n} d_i^2}{n-1}} = \sqrt{\frac{\sum_{i=1}^{n} (x_i - x_m)^2}{n-1}} \qquad \cdots (1.19)$$

로 정의된다. 위 식은 계산상 불편하므로 다음 식을 이용해서 계산하여도 동일한 결과를 얻는다.

$$\sigma = \sqrt{\frac{n\left(\sum_{i=1}^{n} x_i^2\right) - \left(\sum_{i=1}^{n} x_i\right)^2}{n(n-1)}} \qquad \cdots (1.20)$$

〔**예제** 1.9〕 저항값이 유사한 8개의 저항기를 선택한 후 각각의 저항값을 측정하여 다음과 같은 결과를 얻었다.

96Ω, 82Ω, 99Ω, 106Ω, 83Ω, 91Ω, 108Ω, 103Ω, 97Ω

(a) 산술 평균, (b) 편차, (c) 평균 편차, (d) 표준 편차를 계산하라.

〔풀이〕 측정 결과를 표로 정리하면 다음과 같다.

i	x_i	x^2	$x_i - x_m$	$(x_i - x_m)^2$
1	96	9216	−0.1	0.0
2	82	6724	−14.1	198.8
3	99	9801	2.9	8.4
4	106	11236	9.9	98.0
5	83	6889	−13.1	171.6
6	91	8281	−5.1	26.0
7	108	11664	11.9	141.6
8	103	10609	6.9	47.6
9	97	9409	0.9	0.8
	$\sum x_i = 865$	$\sum x_i^2 = 83{,}829$	$\sum \lvert d_i \rvert = 64.9$	$\sum (x_i - x_m)^2 = 692.8$

(a) 산술 평균 : $x_m = \dfrac{\sum x_i}{9} = \dfrac{865}{9} = 96.1\ \text{V}$

(b) 편차 : 표 참조

(c) 평균 편차 : $D = \dfrac{\sum \lvert d_i \rvert}{9} = \dfrac{64.9}{9} = 7.2\ \text{V}$

(d) 표준 편차 :

$$식\ (1.19)\quad \sigma = \sqrt{\frac{\sum (x_i - x_m)^2}{9-1}} = \sqrt{\frac{692.8}{8}} = 9.3\ \text{V}$$

$$식\ (1.20)\quad \sigma = \sqrt{\frac{n\left(\sum_{i=1}^{n} x_i^2\right) - \left(\sum_{i=1}^{n} x_i\right)^2}{9(9-1)}} = \sqrt{\frac{9 \times 83{,}827 - 748{,}225}{9 \times 8}} = 9.3\ \text{V}$$

1.6.2 통계 분포 함수(오차의 정규 분포)

표 1.1에서 구간을 더욱 작게 하고 측정 횟수를 더욱 늘려 측정하면, 관측 횟수의 분포는 거의 중앙값에 대해서 대칭을 이룰 것이며, 히스토그램의 윤곽은 그림 1.7의 점선과 같이 연속적인 곡선으로 될 것이다. 이와 같은 분포 곡선(distribution curve)를 분포 함수(distribution function)라고 부른다. 통계적 해석에서 몇 가지 분포 함수가 사용되고 있으나, 가장 널리 사용되고 있는 것은 가우스 분포(Gaussian distribution) 또는 정규 분포(正規分布; normal distribution)이다. 측정시 발생하는 우연 오차는 대부분 이 분포를 따르기 때문에, 가우스 분포가 우연 오차의 해석적 연구의 기초를 이루고 있다.

가우스 분포는 두 개의 파라미터, 즉 평균값 x_m과 표준 편차 σ에 의해서 완전히 정의된다. 가우스에 의하면 측정값 x가 정규 분포를 따르면 상대 빈도수(相對頻度數; relative frequency)에 대한 식은 다음과 같이 된다.

$$f(x) = \frac{1}{\sigma\sqrt{2\pi}}\exp\left[-\frac{(x-x_m)^2}{2\sigma^2}\right] = \frac{1}{\sigma\sqrt{2\pi}}\exp^{-z^2/2} \quad \cdots (1.21)$$

여기서, $z = \dfrac{x - x_m}{\sigma}$

함수 $f(x)$를 확률 밀도 함수(確率密度函數; probability density function)라고 부르며, 그림 1.8은 $f(x)$를 나타낸 것이다. 이 오차 분포 곡선의 형태에 관해서는 다음과 같은 가능성을 이야기할 수 있다.

① 작은 오차가 발생할 확률은 큰 오차가 발생할 확률보다 더 크다.

② 큰 오차는 거의 발생하지 않는다.

③ 주어진 오차의 확률은 0값에 대해 대칭으로 되기 때문에 정(+), 부(−)의 오차가 일어날 확률은 같다.

이와 같이 측정에는 정(+), 부(−)의 오차가 거의 같은 크기로 포함되기 때문에 전체적인 오차는 작아지며, 평균값은 측정 변수의 참값이 될 수 있음을 기대할 수 있다.

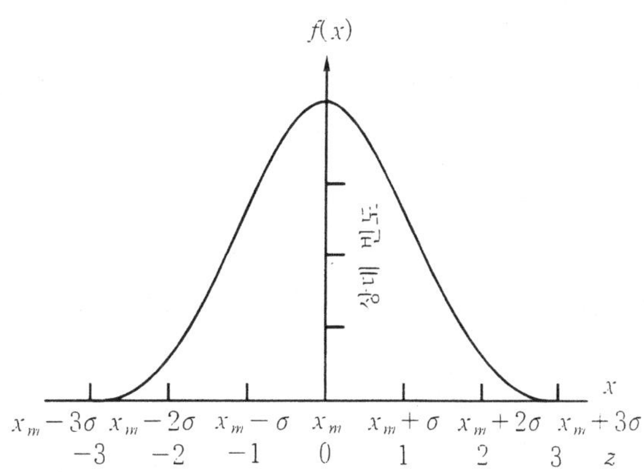

그림 1.8 가우스(또는 정규) 분포

또, 그림 1.9와 같이 곡선이 좁고 가파를수록 측정의 최확치는 중앙값이거나 평균값이라고 말할 수 있다.

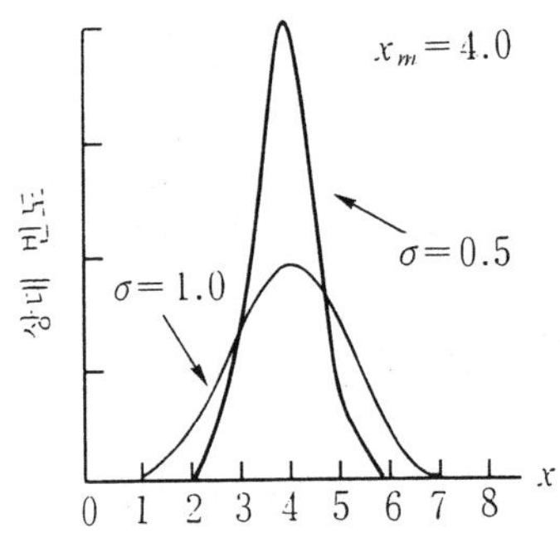

그림 1.9 서로 다른 표준 편차를 갖는 가우스 분포

1.6.3 확률 오차

식 (1.21)로 주어진 가우스 분포 함수는 측정값이 x와 $x+dx$ 사이에 올 확률(오차 확률)을 주며, 이 값은 그림 1.10의 곡선에서 빗금 친 면적과 같다. 이것을 식으로 나타내면

$$P(x_1, x_2) = \int_{x_1}^{x_2} f(x)dx = \int_{z_1}^{z_2} f(z)dz \qquad \cdots (1.22)$$

그림 1.8의 가우스 확률 곡선에서 $+\infty$와 $-\infty$ 사이의 곡선에 의해 이루어지는 총 면적은 총 관측 횟수를 나타낸다. 따라서 곡선 밑의 총 면적은

$$P = \int_{-\infty}^{+\infty} f(x)dx = 1 \qquad \cdots (1.23)$$

식 (1.21)을 관찰해 보면 $x = x_m$에서 확률이 최대가 됨을 알 수 있으며, 이 확률값은

$$f(x_m) = \frac{1}{\sigma\sqrt{2\pi}} \qquad \cdots (1.24)$$

로 되며, 표준 편차가 적을수록 최대 확률값이 얻어짐을 알 수 있다. 그래서 때때로 $f(x_m)$을 측정 데이터의 정도의 척도(measure of precision)라고 부른다.

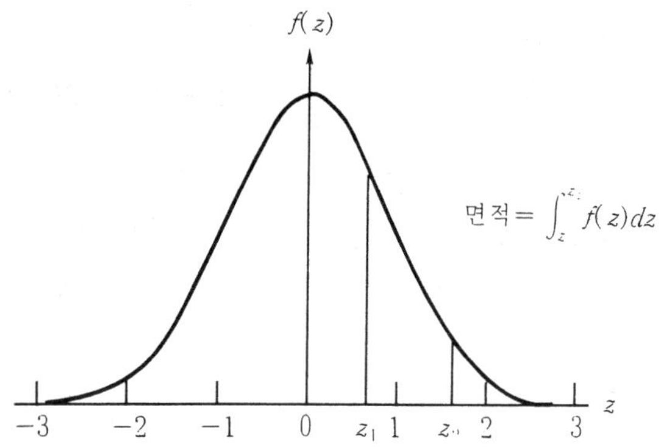

그림 1.10 측정값 x가 범위 z_1~z_2 사이에 놓일 확률. 곡선 $f(z)$하의 총면적은 1이다

이제 임의의 측정값이 평균값으로부터 어느 정도의 편차 범위에 오는가를 계산해 보자. 측정이 평균값으로부터 x_1의 범위에 놓일 확률은 식 (1.22)로부터

$$P = \int_{x_m+x_1}^{x_m-x_1} \frac{1}{\sigma\sqrt{2\pi}} \exp\left[-\frac{(x-x_m)^2}{2\sigma^2}\right] dx = \frac{1}{\sqrt{2\pi}} \int_{-z_1}^{+z_1} e^{-z^2/2} dz$$
$$= 2\frac{1}{\sqrt{2\pi}} \int_0^{z_1} e^{-z^2/2} dz \qquad \cdots (1.25)$$

여기서 $z_1 = x_1/\sigma$이다.

〔**예제** 1.10〕 측정값이 (a) 1σ, (b) 2σ, (c) 3σ 범위에 올 확률을 계산하라.

〔**풀이**〕 식 (1.25)에서

$$P(x) = 2 \times \frac{1}{\sqrt{2\pi}} \int_0^{z_1} e^{-z^2/2} dz$$

(a) 1σ에 놓일 확률

$z_1 = x_1/\sigma = \sigma/\sigma = 1$

$$P(1) = 2 \times \frac{1}{\sqrt{2\pi}} \int_0^1 e^{-1/2} dz = 2 \times 0.34134 = 0.6827$$

(b) 2σ에 놓일 확률

$z_1 = x_1/\sigma = 2\sigma/\sigma = 2$

$$P(2) = 2 \times \frac{1}{\sqrt{2\pi}} \int_0^2 e^{-2^2/2} dz = 2 \times 0.47725 = 0.9545$$

(c) 3σ에 놓일 확률

$$z_1 = x_1 / \sigma = 3\sigma / \sigma = 3$$

$$P(3) = 2 \times \frac{1}{\sqrt{2\pi}} \int_0^3 e^{-3^2/2} dz = 2 \times 0.49865 = 0.9973$$

위 계산을 요약하면 표 1.2와 같다. 측정 결과가 가우스 분포를 따르는 경우, 일회 측정의 편차가 $\pm\sigma$ 이내일 확률은 68.3 %이고, 편차가 $\pm\sigma$보다 더 클 확률은 31.7 %이다. 즉, 구역 $+\sigma$와 $-\sigma$ 사이는 측정값이 표준 편차만큼 평균값과 다른 경우를 나타내며, 곡선 아래의 면적은 이 경우에 대한 총 횟수이므로 측정값의 68.3 %가 $+\sigma$와 $-\sigma$ 사이의 범위에 온다. 예를 들어, 공칭값이 100 Ω인 대단히 많은 수의 저항값을 측정하여 그 평균값이 100.00 Ω, 표준 편차가 0.20 Ω이었다면, 이때 모든 저항기의 평균 68 %(약 2/3)가 100.00±0.20 % 범위 내의 저항값을 가진다는 것을 의미한다. 이 경우 저항을 임의로 선택할 때 어느 저항이 제한 범위 내에 있을 가능성은 2 : 1이다. 편차가 $\pm 2\sigma$보다 더 클 확률은 5 %이며, 임의로 선택된 어느 저항값이 100.00±0.40 Ω 범위에 놓일 가능성은 10 : 1이다.

표 1.2 정규 분포에 기초한 확률 계산 요약

오차 크기에 대한 명칭	오차의 크기(σ로 나타냄)	총 면적에 대한 비율	
확률 오차 또는 평균 편차	$\pm 0.6745\sigma$	50.0%	1 in 2
표준 편차	$\pm\sigma$	68.3	약 1 in 3
90% 오차	$\pm 1.6449\sigma$	90.0	1 in 10
2σ 오차	$\pm 1.96\sigma$	95.0	1 in 20
3σ 오차	$\pm 3\sigma$	99.7	1 in 370
최대 오차	$\pm 3.29\sigma$	99.9	1 in 1,000
4σ 오차	$\pm 4\sigma$	99.994	1 in 16,000

또한, 표 1.2에 따르면 모든 경우의 반이 $\pm 0.6745\sigma$의 편차 범위에 포함된다. 두 번 중 한 번은 $\pm 0.6745\sigma$를 초과한다는 의미에서, 이 값을 확률 오차(確率誤差; probable error)라고 부르며, 다음과 같이 정의한다.

$$\text{확률 오차 } \gamma = \pm 0.6745\sigma \qquad \cdots (1.26)$$

이 값은 어느 한 측정자가 γ의 우연 오차를 가질 확률이 반반임을 나타낸다. 확률 오차는 과거에 어느 정도 실험에서 사용되었으나, 통계적 취급에서는 표준 편차가 더 편리하다.

1.6.4 최소 2승법

측정값이 정규 분포로 되는 경우에는 최소 2승법(最小2乘法; method of least squares)을 이용하여 측정값의 최확치를 얻는다. 지금, n회의 측정값을 x_1, x_2, $\cdots$, x_n, 그 평균치를 x_m이라고 하면 측정값 x_i를 얻을 확률 P_{xi}는 식 (1.21)에 비례한다. 즉,

$$P_{xi} \propto \frac{1}{\sigma\sqrt{2\pi}}\exp\left[-\frac{(x-x_m)^2}{2\sigma^2}\right] \qquad \cdots (1.27)$$

그러므로 측정값 x_1, x_2, $\cdots$, x_n을 얻는 확률은 다음 식으로 된다.

$$P_{x_1,x_2,\cdots,x_n} \propto \left(\frac{1}{\sigma\sqrt{2\pi}}\right)^n \exp\left[-\frac{1}{2\sigma^2}\left\{(x_1-x_m)^2+(x_2-x_m)^2+\cdots+(x_n-x_m)^2\right\}\right]$$
$$\cdots (1.28)$$

여기서 측정값 x_1, x_2, $\cdots$, x_n을 얻는 경우, 확률 $p_{x_1,x_2,\cdots,x_n}$이 최대로 되므로, 다음 식 S의 값이 최소로 되어야 한다.

$$S = (x_1-x_m)^2+(x_2-x_m)^2+\cdots+(x_n-x_m)^2 = \sum_{i=1}^{n}(x_i-x_m)^2 = \text{최소} \qquad \cdots (1.29)$$

평균값 x_m에 대해 S를 최소화하기 위해서는 S를 x_m으로 미분하고 0으로 놓으면

$$\frac{\partial S}{\partial x_m} = \sum_{i=1}^{n}-2(x_i-x_m) = -2\sum x_i + 2nx_m = 0 \qquad \cdots (1.30)$$

따라서

$$x_m = \frac{1}{n}\sum_{i=1}^{n}x_i = \frac{x_1+x_2+x_3+\cdots+x_n}{n} \qquad \cdots (1.31)$$

로 된다. 즉, 편차의 자승의 합(식 1.29)을 최소로 하는 평균값은 산술 평균이며, 이 x_m을 최확치(最確値; most probable value)라고 한다. 식 (1.29)는 오차의 2승 합을 최소로 하는 조건에서 최확치를 구하였으므로 최소 2승법이라고 부른다.

지금까지는 직접 측정의 경우에 대해서 논하였으나, 간접 측정인 경우에도 최소 2승법을 적용할 수 있다. 가장 간단한 경우로서, 그림 1.11과 같이 두 변수 x, y의 측정값을 생각해 보자. 측정 데이터가 흩어져 있으므로 두 변수 x, y 사이의 관계를 나타낼 수 있는 유일한 식은 존재하지 않는다. 많은 경우 x, y 사이는 직선의 관계가 있으며, x를 독립 변수로 y를 종속 변수로 생각하면 다음과 같은 식으로 나타낼 수 있다.

$$y=ax+b \qquad \cdots(1.32)$$

문제는 x와 y의 측정으로부터 a와 b의 최확치를 결정하여 측정 데이터를 통과하는 최선의 직선식 (1.32)를 구하는 것이다.

n조의 측정값 x_i와 y_i가 주어졌을 때, 측정 오차가 있으므로 측정 데이터 y_i와 직선으로부터 계산한 $y(x_i)=ax_i+b$ 사이의 편차 $y_i-(ax_i+b)$는 0으로 되지 않는다(그림 1.11을 보라). 이 편차의 자승의 합을 S라고 하면

$$S=\sum_{i=1}^{n}\left[y_i-y(x_i)\right]^2=\sum_{i=1}^{n}\left[y_i-(ax_i+b)\right]^2 \qquad \cdots(1.33)$$

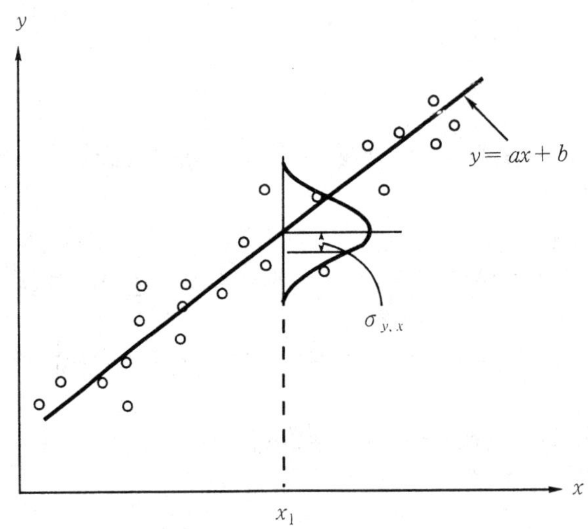

그림 1.11 최소 2승법에 의해서 얻어진 직선과 고정된 x값에서 y의 분포

이 값을 최소로 하는 a, b의 값을 정한다. 즉, 식 (1.33)을 최소로 하기 위한 조건은 $\partial S/\partial a=0$ 또는 $\partial S/\partial b=0$이다. 그 결과 다음 식을 얻는다.

$$\begin{aligned}\sum_{i=1}^{n}y_i&=a\sum_{i=1}^{n}x_i+nb\\ \sum_{i=1}^{n}x_iy_i&=a\sum_{i=1}^{n}x_i^2+b\sum_{i=1}^{n}x_i\end{aligned} \qquad \cdots(1.34)$$

식 (1.34)를 a, b에 대해 풀면 다음 식이 얻어진다.

$$a = \frac{n\sum_{i=1}^{n} x_i y_i - \left(\sum_{i=1}^{n} x_i\right)\left(\sum_{i=1}^{n} y_i\right)}{n\sum_{i=1}^{n} x_i^2 - \left(\sum_{i=1}^{n} x_i\right)^2} \quad \cdots (1.35)$$

$$b = \frac{\left(\sum_{i=1}^{n} y_i\right)\left(\sum_{i=1}^{n} x_i^2\right) - \left(\sum_{i=1}^{n} x_i y_i\right)\left(\sum_{i=1}^{n} x_i\right)}{n\sum_{i=1}^{n} x_i^2 - \left(\sum_{i=1}^{n} x_i\right)^2} \quad \cdots (1.36)$$

식 (1.35)와 식 (1.36)으로부터 a, b의 최확치가 얻어진다. 이상 설명한 최소 2승법은 단지 y_i의 우연 오차(precision error)만을 고려하고, 사실상 측정값 x_i는 오차가 없는 것으로 가정하였다. 만약 x_i에 큰 우연 오차가 포함되어 있으면 최소 2승법의 결과는 매우 부정확하다.

최소 2승법에 의해서 x와 y 사이에 적절한 상관 관계가 구해졌다고 가정할 때, 얻어진 직선이 실험치와 어느 정도 잘 일치하는가를 나타내는 정량적인 척도가 다음 식으로 정의되는 상관 계수(correlation coefficient) R이다.

$$R = \left[1 - \frac{\sigma_{y,x}^2}{\sigma_y^2}\right]^{1/2} \quad \cdots (1.37)$$

여기서 $\sigma_{y,x}$는 최소 2승법에 의해 얻어진 직선에 관한 y 데이터의 표준 오차(standard error)이고

$$\sigma_{y,x} = \left[\frac{\sum_{i=1}^{n}\left[y_i - y(x_i)\right]^2}{n-2}\right]^{1/2} = \left[\frac{\sum_{i=1}^{n}(y_i - ax_i - b)^2}{n-2}\right]^{1/2} \quad \cdots (1.38)$$

로 주어진다. 이 양은 근사적으로 y_i의 우연 오차의 표준 편차와 같다(그림 1.11을 보라). σ_y는 y 데이터의 표준 편차이며, 다음 식으로 주어진다.

$$\sigma_y = \left[\frac{\sum_{i=1}^{n}(y_i - y_m)^2}{n-1}\right]^{1/2} \quad \cdots (1.39)$$

위 식에서 y_m은 측정값 y_i의 평균이다.

$$y_m = \frac{1}{n}\sum_{i=1}^{n} y_i \quad \cdots (1.40)$$

또, $y(x_i)$는 동일한 x에 대해 상관 관계식으로부터 계산된 값

$$y(x_i) = ax_i + b \quad \cdots (1.41)$$

이다. $R^2 \to 1$이면 x와 y 사이에는 완전한 상관 관계가 존재하며, 얻어진 직선은 측정 데이터와 완전히 일치한다(perfect fit). 이와 같이 R이 ±1에 가까울수록 일치성은 좋아진다. $R^2 \to 0$이면 상관 관계는 존재하지 않는다.

〔**예제** 1.11〕 다음과 같은 측정 데이터가 얻어졌다.

x_i	1.0	1.6	3.4	4.0	5.2
y_i	1.2	2.0	2.4	3.5	3.5

(a) 최소 2승법을 사용해서 x, y 사이의 상관 방정식을 구하라.

(b) 측정 데이터와 상관 관계식을 그래프에 나타내어라.

(c) 상관 계수를 계산하여라.

〔**풀이**〕 (a) 구하는 상관 관계식은

$y = ax + b$

a, b를 구하는 데 필요한 양들을 정리하면 다음과 같다.

y_i	x_i	x_iy_i	x_i^2
1.2	1.0	1.2	1.0
2.0	1.6	3.2	2.56
2.4	3.4	8.16	11.56
3.5	4.0	14.0	16.0
3.5	5.2	18.2	27.04
$\sum y_i = 12.6$	$\sum x_i = 15.2$	$\sum x_i y_i = 44.76$	$\sum x_i^2 = 58.16$

식 (1.35)와 식 (1.36)을 사용해 a, b를 계산하면

$$a = \frac{n\sum_{i=1}^{n} x_i y_i - \left(\sum_{i=1}^{n} x_i\right)\left(\sum_{i=1}^{n} y_i\right)}{n\sum_{i=1}^{n} x_i^2 - \left(\sum_{i=1}^{n} x_i\right)^2} = \frac{(5)(44.76) - (15.2)(12.6)}{(5)(58.16) - (15.2)^2} = 0.540$$

$$b = \frac{\left(\sum_{i=1}^{n} y_i\right)\left(\sum_{i=1}^{n} x_i^2\right) - \left(\sum_{i=1}^{n} x_i y_i\right)\left(\sum_{i=1}^{n} x_i\right)}{n\sum_{i=1}^{n} x_i^2 - \left(\sum_{i=1}^{n} x_i\right)^2} = \frac{(12.6)(58.16) - (44.76)(15.2)}{(5)(58.16) - (15.2)^2} = 0.879$$

따라서, 구하고자 하는 상관 관계식은

$y = 0.540x + 0.879$

(b) 측정 데이터와 상관 관계식을 그래프로 나타내면 그림 1.12와 같다.

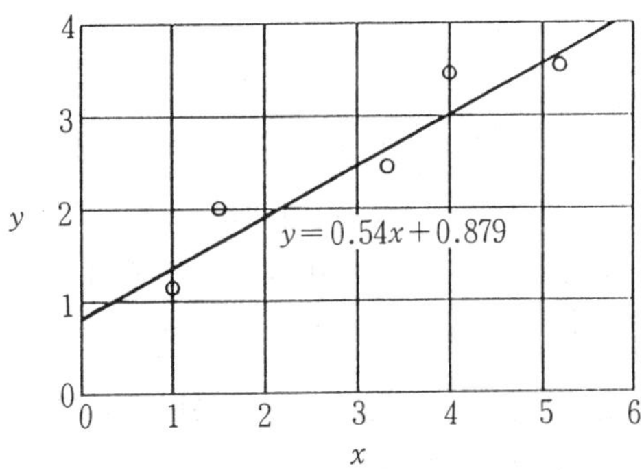

그림 1.12

(c) 풀이 (a)로부터

$$y(x_i) = 0.540x_i + 0.879$$

$$y_m = \frac{\sum y_i}{n} = \frac{12.6}{5} = 2.52$$

위 식을 사용하면 다음과 같은 표가 얻어진다.

y_i	$y(x_i)$	$[y_i - y(x_i)]^2$	$(y_i - y_m)2$
1.2	1.419	0.048	1.7424
2.0	1.743	0.066	0.2704
2.4	2.715	0.0992	0.0144
3.5	3.039	0.0212	0.9604
3.5	3.687	0.035	0.9604
		$\sum = 0.2694$	$\sum = 3.948$

식 (1.38)과 식 (1.39)로부터

$$\sigma_{y,x} = \left(\frac{0.2694}{3}\right)^{1/2} = 0.2997$$

$$\sigma_y = \left(\frac{3.948}{4}\right)^{1/2} = 0.9334$$

상관 계수는 식 (1.37)로부터 다음과 같이 계산된다.

$$R = \left[1 - \left(\frac{0.2997}{0.9334}\right)^2\right]^{1/2} = 0.9471$$

1.7 제한 오차

대부분의 지시 계기에서 확도는 최대 눈금의 몇 %로 보장된다. 또 저항기, 커패시터와 같은 회로 부품은 그 정격값의 몇 % 이내로 보장된다. 예를 들면, 어떤 전압계의 제조자는 그 전압계가 최대 눈금 편위의 +2% 내에서 정확함을 규정한다. 또 저항기의 저항값이 500 Ω±10%로 주어진다면 제조자는 저항값이 450~550 Ω 제한 범위 내에 있음을 보장한다. 이와 같이 정격값으로부터 편차의 제한을 제한 오차(制限誤差; limiting error) 또는 보장 오차(保障誤差; guarantee error)라고 부른다. 제조자는 일반적으로 오차를 표준 편차나 확률 오차로 나타내지 않고 오차가 규정된 제한값보다는 더 크지 않음을 보증한다. 즉, 계측기의 사양을 제한 오차로 나타낸다.

〔**예제** 1.12〕 측정 범위가 0~150 V인 아날로그 전압계의 보장 확도가 최대 눈금에서 1%이다. 이 전압계로 측정한 전압이 90 V, 60 V, 30 V일 때, 각 측정값에 대한 제한 오차를 계산하라.

〔**풀이**〕 제한 오차의 크기는

150 V × 0.01 = 1.5 V

(a) 90V에 포함된 %오차는

1.5 / 90 × 100 % = 1.7 %

(b) 60V에 포함된 %오차는

1.5 / 60 × 100% = 2.5%

(c) 30V에 포함된 %오차는

1.5 / 30 × 100% = 5%

위 예에서 알 수 있는 바와 같이, 최대 눈금에서는 1 %의 확도가 보장되지만, 최대 눈금 이하에서 측정하면 제한 오차는 커지게 된다. 즉, 측정값의 오차가 지시의 대소에 따라 달라지게 되는 것에 주의해야 한다. 따라서 측정시 적당한 측정 범위를 선택하여 그 지침이 가능한 한 최대 눈금에 가깝게 지시하도록 측정하는 것이 바람직하다.

1.8 단 위

1.8.1 양과 단위

앞에서 측정이란 측정하려는 양을 기준량과 비교하여 수치로 나타내는 조작이라고 정의하였다. 이때 기준(표준)이 되는 일정 크기의 양을 단위(單位; unit)라 한다. 또 단위의 몇 배인가를 나타내는 숫자를 수치(數値; number)라고 한다. 즉, 양이란 다음과 같이 쓸 수 있다.

양 = 수치 × 단위

예를 들면, 5.25 m란 기준량 1 m의 5.25배인 양을 나타낸다. 이때 1 m는 길이의 단위이며 5.25는 수치이다. 단위가 없으면 측정한 수치는 아무 의미도 없다. 이 기준이 되는 단위계는 시대에 따라, 또 나라에 따라 다르기 때문에 매우 불편하였다. 따라서 국제적으로 통일하고자 한 것이 미터법(metric system)이다.

1.8.2 단위계

1790년 프랑스 과학원(French Academy of Science)은 그 당시 기존의 모든 단위계를 대신할 수 있는 단일의 도량형 단위계를 제안하였다. 프랑스 과학자들은 첫 번째 원칙으로, 도량형에 대한 범세계적인 단위계(universal system)는 인간이 만든 표준기에 의존하지 말고 자연에 의해 제공되는 불변의 척도에 근거를 두어야 한다고 결정하였다. 그래서 길이의 단위로 미터(meter)를 택하고, 파리를 통과하는 자오선을 따라 적도와 극 사이의 길이(즉, 지구의 1상한)의 일천만 분의 1로 정하였다. 또, 질량의 단위는 대기압(760mmHg) 4 ℃에서 증류수 1m^{3}의 질량을 그램(gram)으로 정하였고, 시간의 단위로는 종래 사용되어 오던 초(second; 평균

태양일의 1/86400)를 채택하였다. 두 번째 원칙으로, 기타 모든 단위는 세 기본 단위인 길이(length), 질량(mass), 시간(time)으로부터 유도되어야 한다고 결정하였다. 마지막으로, 기본 단위의 모든 배수들은 10진법으로 할 것을 제안하였으며, 오늘날 사용되고 있는 배수 체계(표 1.8 참조)를 고안하였다. 이러한 제안은 1795년에 프랑스에서 미터 단위계(metric system)로 채택되었다. 미터 단위계는 다른 나라에서도 대단한 관심을 불러일으켜 마침내 1875년 18개 국에서 소위 미터 협정(Metre Convention; Convention du Metre)이라고 부르는 조약에 서명했고, 이에 따라 미터 단위계가 합법적인 단위계로 되었다. 그러나 영국이나 미국 등은 비록 협정에 서명한 나라들이지만 국제 거래에서만 인정하고 자국 내에서는 미터 단위계를 채택하지 않았다.

한편, 영국도 전기 단위계에 대하여 연구를 계속해 왔다. 대영학술협회(the British Association for the Advancement of Science)는 길이와 질량의 기본 단위를 센티미터(cm)와 그램(g)으로 결정하였다. 그것으로부터 발전된 것이 CGS 절대 단위계(CGS absolute system)이다. CGS 단위계가 전기나 자기 측정에 실제로 사용될 때에는 복잡성이 뒤따라 CGS 정전 단위계(CGS electrostatic system)와 CGS 전자 단위계(CGS electromagnetic system)라는 두 개의 단위계가 수립되었다. CGS 정전 단위계에 있어서, 전하의 단위는 두 전하 사이에 작용하는 전기력에 대한 쿨롱의 법칙(Coulomb's law)에서 자유공간의 유전율을 1로 택하여 cm, g, s로부터 유도된다. 또, CGS 전자 단위계에서 기본 단위는 정전 단위계와 마찬가지로 cm, g, s이고, 자극 세기의 단위는 두 자극 사이에 작용하는 자기력에 대한 쿨롱의 법칙에 있어서 자유공간의 투자율을 1로 하여 cm, g, s로 유도된다. 전기 공학에서 전류 및 전위의 단위는 실제 측정에 있어서 암페어(ampere), 볼트(volt)를 사용한다. 이 두 단위를 포함한 쿨롱(coulomb), 옴(ohm), 헨리(henry), 패럿(farad) 등의 단위가 제3 단위계로 사용되며 이것을 실용 단위계(實用單位係; practical system)라고 부른다. 1935년 이탈리아의 공학자 Giorgi는 전류, 전압, 저항, 쿨롱과 같은 실용 단위 중 하나를 m-kg-s 단위계와 함께 사용함으로써 미터 단위계는 논리 정연한 단위계로 될 수 있다고 제안하였다. Giorgi의 제안은 수용되었고, 1950년 전류 단위인 암페어(ampere)를 4번째 기본 단위로서 도입하여 MKSA 단위계가 수립되었다.

이와 같이 같은 미터법이라고 하더라도 물리학에서는 CGS 단위계, 역학에서는 중력 단위계, 전기 공학에서는 MKSA 단위계가 사용되는 등 혼란이 있으므로, 이것을 더욱 통일하여 1960년 제11차 국제 도량형 총회(the Eleventh General Conference of Weights and Measures)에서 국제 MKSA 단위계가 국제 단위계(SI; Systeme International d'Unites, International System of Units)라는 이름으로 명명되었다. SI 단위계는 과학이나 공학 분야에서 다른 모든 단위계를 대신하여 광범위하게 사용되고 있으며, 다음에서 좀더 자세히 설명한다.

1.8.3 SI 단위계

현재 사용되고 있는 SI 단위계는 다음과 같이 구성된다.

- 기본 단위(基本單位; fundamental units or base units)
- 보조 단위(補助單位; supplementary units)
- 조립 단위(組立單位; derived units)

기본 단위는 표 1.3에 나타낸 바와 같이 7개의 단위로 구성된다. 역학에서 길이(length), 질량(mass), 시간(time)을 기본 단위라고 부르며, 이 3개의 양은 대부분의 다른 물리량의 기본이 되기 때문에 그들을 주기본 단위(主基本單位; primary fundamental unit)라고 한다. 또한, 열역학, 조명, 전기 분야에 있어서도 어떤 양의 측정에 기본 단위가 사용된다. 이와 같이 특별한 물리량의 측정에 사용되는 전류, 온도, 물질량, 광도 등을 보충 기본 단위(補充基本單位; auxiliary fundamental unit)라고 한다.

원칙적으로, 대부분의 양은 기본 단위로부터 조립되지만, 표 1.4의 평면각(平面角; plane angle)과 입체각(立體角; solid angle) 등 두 개의 예외가 있는데, 이것을 보조 단위라고 부른다. 조립 단위인 각속도〔rad/s〕나 각가속도〔rad/s^2〕의 단위에서 알 수 있듯이, 보조 단위는 때때로 기본 단위와 같이 취급된다.

조립 단위는 기본 단위로부터 이론적으로 유도된 단위이다. 표 1.5와 1.6은 조립 단위를 나타낸다. 예를 들어 한 변의 길이가 4m인 정사각형의 면적은 16m^2이다. 여기서 m^2은 조립 단위이고, 16은 수치이다. 조립 단위는 그것의 차원(次元; dimension)에 의해 알 수 있다. 차원이라는 것은 조립 단위 속에 기본 단위가 어떻게 포함되어 있는가를 기호로서 나타낸 것이다. 기본 단위인 길이, 질량, 시간에 대한 차원 기호는 각각 L, M, T이다. 면적의 조립 단위에 대한 차원 기호는 L^2이고, 부피에 대해서는 L^3이다. 힘의 단위에 대한 차원 기호는 LMT^{-2}이다. 조립 단위에 대한 차원 공식은 한 단위계에서 다른 단위계로 단위를 변환할 때 특히 유용하다.

조립 단위 중 일부는 실용상 편의를 위해서 표 1.6과 같이 각각 고유의 명칭과 기호를 부여하고 기본 단위나 보조 단위와 같이 기존의 조립 단위를 나타내는 데 사용하고 있다. 예를 들어, 힘의 단위(kg·m/s^2)는 뉴턴(Newton)이라는 고유 명칭으로 불린다. 일과 에너지(kg·m^2/s^2)는 줄(joule), 주파수(1/s)에 대해서는 헤르츠(Hz)가 사용된다.

표 1.3 SI 기본 단위

양(Quantity)	기호(Symbol)	차원(Dimension)	단위(Unit)	단위 기호(SI symbol)
길이(length)	l	L	meter	m
질량(mass)	m	M	kilogram	kg
시간(time)	t	T	second	s
전류(electric current)	I	I	ampere	A
온도(temperature)	T	θ	degree Kelvin	K
물질량(amount of substance)			mole	mol
광도(luminous intensity)			candela	cd

표 1.4 SI 보조 단위

양	기호	차원	단위	단위 기호
평면각(plane angle)	α, β, γ	$[L]^0$	radian	rad
입체각(solid angle)	Ω	$[L^2]^0$	steradian	sr

표 1.5 고유 명칭을 갖지 않는 조립 단위

양	기호	차원	단위	공식
면적(area)	A	L^2	square meter	m^2
체적(volume)	V	L^3	cubic meter	m^3
밀도(density)	ρ	$L^{-3}M$	kilogram per cubic meter	kg/m^3
속도(velocity)	v	LT^{-1}	meter per second	m/s
각속도(angular velocity)	ω	$[L]^0T$	radian per second	rad/s
가속도(acceleration)	a	LT^{-2}	meter per second squared	m/s^2
각가속도(angular acceleration)	α	$[L]^0T^{-2}$	radian per second squared	rad/s^2
자계강도(magnetic field strength)			ampere per meter	A/m
휘도(luminance)			candela per square meter	cd/m^2

표 1.6 고유 명칭을 갖는 조립 단위

양	기호	차원	단위	단위 기호	공식
주파수(frequency)	f	T^{-1}	hertz	m^2	cycle/s
힘(force)	F	LMT^{-2}	newton	m^3	$kg \cdot m/s^2$
압력(pressure), 응력(stress)	p	$L^{-1}MT^{-2}$	netwon per square meter	kg/m^3	N/m^2
일(work), 에너지(energy)	W	L^2MT^{-2}	joule	m/s	N·m
전력(power)	P	L^2MT^{-3}	watt	rad/s	J/s
전기량(quantity of electricity)	Q	TI	coulomb	m/s^2	A·s
전위차(potential difference),	V	$L^2MT^{-3}I^{-1}$	volt	rad/s^2	W/A

양	기호	차원	단위	단위 기호	공식
기전력(electromotive force)					
전계강도 (electric field strength)	E, ε	$LMT^{-3}I^{-1}$	volt per meter	A/m	V/m
전기저항(electric resistance)	R	$L^2MT^{-3}I^{-2}$	ohm	cd/m^2	V/A
정전용량(electric capacitance)	C	$L^{-2}M^{-1}T^4I^2$	farad	F	A·s/V
자속(magnetic flux)	ϕ	$L^2MT^{-2}I^{-1}$	weber	Wb	V·s
자속밀도 (magnetic flux density)	B	$T^{-2}MI^{-1}$	tesla	T	Wb/m^2
기자력(magnetomotive force)	U	I	ampere	A	A
인덕턴스(inductance)	L	$L^2MT^{-2}I^{-2}$	henry	H	Wb/A
광속(luminous flux)			lumen	lm	cd·sr
조도(illumination)			lux	lx	lm/m^2

〔**예제** 1.24〕 속도, 가속도, 일, 전압, 저항의 차원을 결정하라.

〔**풀이**〕 속도 $v = \dfrac{length}{time} = \dfrac{[L]}{[T]} = [LT^{-1}]$

가속도 $a = \dfrac{velocity}{time} = \dfrac{[LT^{-1}]}{[T]} = [LT^{-2}]$

일 $W = force \times distance = [LMT^{-2}][L] = [L^2MT^{-2}]$

전압 $V = \dfrac{power}{current} = \dfrac{[L^2MT^{-3}]}{[I]} = [L^2MT^{-3}I^{-1}]$

저항 $R = \dfrac{potential\ diffenence}{current} = \dfrac{[L^2MT^{-3}I^{-1}]}{[I]} = [L^2MT^{-3}I^{-2}]$

현재 사용되고 있는 유용한 전기 단위의 일부를 추가로 나타내면 표 1.7과 같다. 특히 데시벨(decibel; dB)은 측정 시스템에서 자주 사용되는 단위이다. 데시벨 측정은 전화 사업에서 유래되었으며, 전화 발명자인 벨(Alexander Graham Bell)에서 따온 이름이다. 본래의 단위는 벨(bel)이었으나, 대부분의 측정에서 그 값이 너무 크기 때문에 bel의 1/10 (deci)인 decibel을 더 많이 사용하게 되었고 현재는 decibel(dB)에 더 익숙하다.

표 1.7 유용한 전기 단위

양	기호	차원	단위 이름	단위 기호
컨덕턴스(conductance)	G	$L^{-2}M^{-1}T^3I^2$	siemens	S

이득/감쇠(gain/attenuation)			decibel	dB

데시벨은 두 신호 레벨의 비에 대수를 취한 것으로, 다음과 같이 정의된다.

$$dB = 20\log\left(\frac{S_o}{S_{in}}\right) \quad \cdots (1.42)$$

여기서 S_{in}, S_o는 각각 입력 신호와 출력 신호의 크기이다.

전압 증폭기와 전류 증폭기의 이득을 데시벨로 나타내면,

$$dB = 20\log\left(\frac{V_o}{V_{in}}\right) \quad \cdots (1.43)$$

$$dB = 20\log\left(\frac{I_o}{I_{in}}\right) \quad \cdots (1.44)$$

전력을 측정하는 경우, 전력이 전압 자승 또는 전류 자승에 비례한다는 사실을 고려하기 위해서 데시벨을 다음과 같이 수정해서 정의한다.

$$dB = 10\log\left(\frac{P_o}{P_{in}}\right) \quad \cdots (1.45)$$

표 1.8은 대표적인 전압, 전력의 이득과 손실을 두 가지 방식으로 나타낸 것이다.

표 1.8 데시벨(dB)로 표시된 이득과 손실

비(출력/입력)	전압 이득(dB)	전력 이득(dB)
1/1000	−60	−30
1/100	−40	−20
1/10	−20	−10
1/2	−6.02	−3.01
1	0	0
2	+6.02	+3.01
5	+14	+7
10	+20	+10
100	+40	+20
1,000	+60	+30
10,000	+80	+40
100,000	+100	+50
1,000,000	+120	+60

〔**예제** 1.14〕 어느 증폭기의 입력이 0.5 V일 때, 출력이 6 V이었다.

(a) 전압 이득을 구하라.

(b) 이득을 데시벨로 나타내어라.

〔**풀이**〕 (a) $A_v = \dfrac{V_o}{V_{in}} = \dfrac{6\,\mathrm{V}}{0.5\,\mathrm{V}} = 12$

(b) dB = 20 log (12) = 21.6

이와 같이 증폭기의 이득은 12 또는 21.6 dB로 나타낼 수 있다.

〔**예제** 1.15〕 이득이 10,000인 증폭기와 감쇠량이 1/1000인 감쇠기가 직렬로 접속된 회로의 시스템 이득을 계산하라.

〔**풀이**〕 $A_v = (10{,}000)\times(0.001) = 10$

또는 $A_v = (+80\ \mathrm{dB}) + (-60\ \mathrm{dB}) = +20\ \mathrm{dB}$

이와 같이 시스템의 이득을 데시벨로 계산하면 덧셈으로 되어 편리하다. 또, 데시벨에서 이득은 양수(+)와 음수(−)로 표현되므로 편리하다. 즉, 위의 예에서 감쇠기 손실을 +0.001의 이득이라고 나타내는 것보다는 −60 dB의 손실로 나타내는 것이 개념적으로 훨씬 이해하기 쉽다.

한편, SI 단위계에는 포함되지 않으나 실용상 중요한 단위는 SI 단위와 같이 사용할 수 있다. 표 1.9는 여러 가지 사정에 의해 SI 단위와 병행해서 사용되고 있는 단위를 나타낸 것이다.

표 1.9 SI 단위와 병용되는 단위

양	기호	SI 단위로 환산한 값
분(minute)	min	1 min = 60 s
시(hour)	h	1 h = 60 min = 3600 s
일(day)	d	1 d = 24〔h〕 = 86400〔s〕
도(degree)	°	1 ° = (π/180) rad
분(minute)	'	1 ' = (1/60)° = (π/10800) rad
초(second)	"	1 " =(1/60)' = (π/648000) rad
리터(liter)	l	1 l =1 $\mathrm{dm}^3 = 10^{-3}\ \mathrm{m}^3$
톤(ton)	t	1 t = 10^3 kg

1.8.4 단위 표시법

(1) 일반적 사항

단위 기호는 직립체(로마) 문자를 사용하며, 복수형으로 하지 않고, 마침표를 붙이지 않는다. 단위 기호가 양을 나타내는 숫자 뒤에 올 때에는 1자의 간격을 띄고 쓴다. 또 단위의 명칭이 고유 명사에서 유도되는 경우에는 첫 번째 문자만을 대문자로 쓰고 다른 것은 전부 소문자로 한다.

(예) 2 m, 20 s, 20 A, 60 Hz

조립 단위가 두 개 이상의 단위의 곱으로 구성되는 경우에는 다음 예와 같이 쓴다.

(예) N·m 또는 Nm

조립 단위에 나누기가 들어 있으면 다음과 같이 쓴다.

(예) m/s, $\frac{\text{m}}{\text{s}}$, $\text{m}\cdot\text{s}^{-1}$

괄호 없이는 같은 줄에 2개 이상의 사선을 사용하지 않는다.

(예) m/s/s → m/s^2 또는 ms^{-2}

국제 단위계에서는 큰 수를 쓸 때 쉼표(,) 대신 빈칸을 사용한다. 단 4자리 숫자는 예외로 한다.

(예) 1,000,000 → 1 000 000, 132,541,816 → 132 541 816

예외 : 1 000 → 1000, 1,532 → 1 532 또는 1532

(2) 과학적 표시법(scientific notation)

매우 큰 수나 작은 수는 10의 거듭제곱(Power of 10 exponents)으로 나타내는 것이 편리하다.

$$10\,000 = 1\times10\times10\times10\times10 = 1\times10^4$$

$$0.01 = \frac{1}{100} = \frac{1}{10\times10} = \frac{1}{10^2} = 1\times10^{-2}$$

$$25\,000 = 2.5\times10^4, \quad 0.025 = 2.5\times10^{-2}$$

(3) 접두어(Prefix)

양의 크기로써 기본 단위만을 사용하면 매우 크거나 작은 값을 나타내는 경우 수치의 자릿수가 너무 커서 불편해진다. 표 1.10에 나타낸 접두어(Prefix)를 사용하면 매우 큰 양이나 작은 양의 표기가 간단해져 편리하다. 접두어는 다음과 같이 사용한다.

- 접두어 기호는 단위 기호와 일체로 하여 나타낸다.

  (예) 1000 Ω → 1 kΩ(1k Ω으로 쓰지 않는다.)

  10 cm → 10×(10^{-2} m) → 10^{-5} m

- 접두어는 합성하여 사용하지 않고 항상 1개를 사용한다.

  (예) 1 μkg → 1 mg, kMW → GW, μμF → pF

- 수치는 원칙적으로 0.1과 1000에 있도록 선택한다.

  (예) 0.00387 m → 3.87 mm

  1402 V → 1.402 kV

표 1.10 과학적 표기법과 접두어

크기 (Value)	과학적 표기 (Scientific notation)	접두어 (Prefix)	기호 (symbol)
1 000 000 000 000 000 000	10^{18}	exa	E
1 000 000 000 000 000	10^{15}	peta	P
1 000 000 000 000	10^{12}	tera	T
1 000 000 000	10^{9}	giga	G
1 000 000	10^{6}	mega	M
1 000	10^{3}	kilo	k
100	10^{2}	hecto	h
10	10	deka	da
0.1	10^{-1}	deci	d
0.01	10^{-2}	centi	c
0.001	10^{-3}	milli	m
0.000 001	10^{-6}	micro	μ
0.000 000 001	10^{-9}	nano	n
0.000 000 000 001	10^{-12}	pico	p
0.000 000 000 000 001	10^{-15}	femto	f
0.000 000 000 000 000 001	10^{-18}	atto	a

1.9 전기 표준과 표준기

1.9.1 전기 표준 시스템

(1) 전류의 절대 측정

절대 측정(絶對測定; absolute measurement)이란 측정량을 기본 단위인 길이, 질량, 시간의 측정으로부터 구하는 방법을 말하며, 대단히 정확한 측정값을 얻을 수 있다.

전기의 기본 단위는 암페어(ampere)이다. 암페어의 정의는 진공 중에 1 m의 간격으로 평행하게 놓여 있는 무한히 작은 원형 단면적을 가진 2개의 무한장 직선 도체에 전류가 흐를 때, 도체의 단위 길이(1 m)당 작용하는 힘이 2×10^{-7} N일 때의 일정 전류이다. 암페어의 정의에 따라 전류의 절대 측정에는, 그림 1.13에 나타낸 Rayleigh의 전류 천칭(電流天秤; Rayleigh ampere balance) 등이 사용된다. L_1, L_2를 고정 코일, L을 가동 코일로 하여 이들을 직렬로 접속하고 전류 I를 흘리면, 두 코일 사이에는 힘이 작용하고, 이 힘을 천칭으로 측정하여 전류를 구한다. 가동 코일을 움직이는 힘 F는

$$F = I^2 \frac{dM}{dx} \qquad \cdots (1.46)$$

여기서 M은 상호 인덕턴스이다. 만약 저울이 평형되었을 때 분동의 질량을 m이라고 하면

$$mg = I^2 \frac{dM}{dx} \qquad \cdots (1.47)$$

여기서 g는 중력 가속도이다. 위 식에서 dM/dx는 L_1, L_2, L의 기하학적 형상 및 상대 위치에 의해 정해지고, g는 길이와 시간의 차원을 가지므로 전류 I는 길이와 시간의 측정으로부터 구해진다.

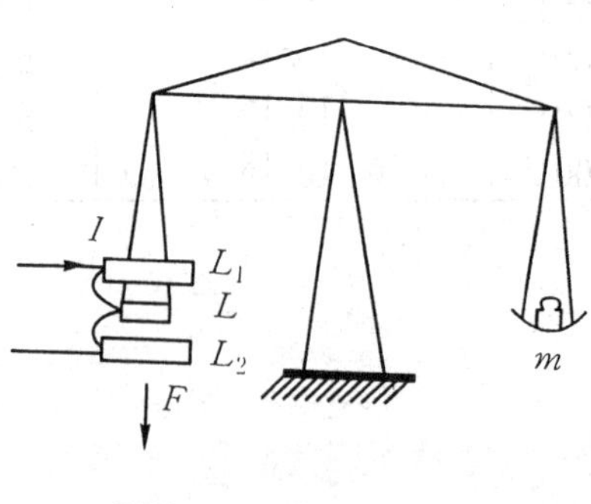

그림 1.13 전류의 절대 측정

그러나 전기 단위를 암페어의 절대 측정으로부터 실현하는 것은 정도가 충분하지 못하다. 그러므로 실용적인 견지에서 조셉슨 효과(Josephson effect)를 사용한 전압 표준과 크로스 커패시터(cross-capacitor)를 이용한 저항 표준으로 만들어진 전기 표준 시스템이 국제적으로 권장되고 있다.

(2) 조셉슨 접합 전압 표준

1970년대 초반까지는 표준 전지(標準電池; standard cell)가 전압 표준으로 사용되어 왔으나, 표준 전지의 전압은 시간에 따라 변하고, 온도 의존성을 가지기 때문에 이동 및 유지가 어렵다. 전압에 대한 새로운 표준은 1962년 Cambridge 대학의 대학원 학생이었던 Brian Josephson이 제안한 조셉슨 효과(Josephson effect)에 의거해 수립되었다. 두 개의 초전도체 사이에 극히 얇은 절연 박막(두께 1~3 nm)을 샌드위치 시킨 구조를 조셉슨 접합(Josephson junction)이라고 한다. 예를 들면, 그림 1.14(a)와 같이 납(Pb)을 두께 수 nm의 얇은 산화막(PbO)으로 절연시킴으로써 조셉슨 소자를 만들 수 있다. 이 소자를 액체 He 온도(4.2 K)로 유지한 상태에서 주파수 f Hz의 마이크로파를 조사하고 접합부에 직류 전류를 흘리면, 접합 사이에는 그림 1.14(b)와 같이 계단상으로 변화하는 전압이 발생하고, 각 스텝(step)의 전압값 V는 다음과 같이 일정한 값으로 된다.

$$V = \left(\frac{h}{2e}\right)f \qquad \cdots (1.48)$$

여기서 e: 전자 전하($=1.602\times10^{-19}$ C)

h: 플랑크 상수($= 6.662\times10^{-34}$ J/Hz)

f: 주파수〔Hz〕

위 식에서 $h/2e$는 기초 물리 정수로 보편적이며, f는 매우 정도가 높으므로 V를 전압 표준으로 사용할 수 있다. 적당한 직류 전류로 바이어스(bias) 함으로써 n번째 스텝 전압에 고정시킬 수 있다. 스텝 전압 V_n은 다음 식과 같다.

$$V_n = n\left(\frac{h}{2e}\right)f \qquad \cdots (1.49)$$

위 식에서 $\dfrac{h}{2e}$ 값은 1990년 1월 1일 국제도량형위원회 전기자문위원회의 권고에 따라 $\dfrac{h}{2e}$ = 483 599.9 GHz/V로 정했으며, 대부분의 국립 표준 연구소는 이 값을 채용하여 전압 표준을 유지하고 있고, 현재 조셉슨 전압 표준 시스템의 상대 오차는 10^{-8} 정도로 전압 표준이 실현되고 있다. V_n 값은 n, f에 따라 다르나 1~10 mV가 사다. 마이크로파의 주파수는 X band(8.2~12.4 GHz)가 사용되고, 스텝 1단의 전압은 20 μV 정도이며, 통상 100~수100단 분의 전압을 발생시킨다. 예를 들면, 100단 분의 전압에서는 2 mV 정도의 전압을 얻을 수 있으나, 표준 전지의 출력 전압 약 1 V에 비하면 1/500 정도이다. 그래서 분압비 1/500의 정밀한 분압기를 사용하면, 뒤에서 설명하는 표준 전지의 전압을 대략 10^{-8} 정도로 측정할 수 있다.

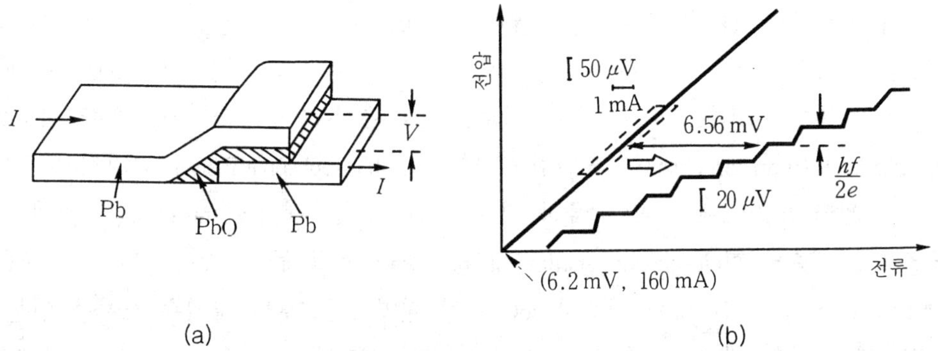

그림 1.14 조셉슨 접합을 이용한 전압 표준
(a) 조셉슨 접합
(b) 마이크로파를 조사했을 때 Pb-PbO-Pb 소자의 전류-전압 특성

(3) 크로스 커패시터

저항 표준은 크로스 커패시터(cross capacitor)를 이용한 저항의 절대 측정에 의해 실현되었다. 크로스 커패시터는 1956에 Thompson과 Lampard에 의해 제시된 이론에 근거한 특수한 커패시터이다.

그림 1.15(a)에 나타낸 것과 같은 일정한 단면을 가지며, 지면에 수직으로 무한히 긴 통을 생각하자. A, B, C, D는 서로 절연되어 있는 전극이지만, 그것의 상호 공극(空隙; gap)은 무한히 작다. 서로 마주보는 전극 B, D를 접지했을 때 A, C 간의 단위 길이당의 정전 용량을 C_{AC}라 하고, 마찬가지로 A, C를 접지했을 때 B, D 간의 정전 용량을 C_{BD}라 하자. $(C_{AC}+C_{BD})/2=C_0$라 놓으면,

$$C_0 = \frac{\varepsilon_0}{\pi}\ln 2 = \frac{\dfrac{10^7}{(4\pi c^2)}}{\pi} = \frac{10^7}{4\pi^2 c^2}\ln 2 \text{ [F/m]} \qquad \cdots (1.50)$$

로 된다. 여기서, c는 진공 중의 광속도로 2.99792458×10^8 m/s이다. c의 값을 식 (1.50)에 대입하여 C_0를 계산하면

$$C_0 = 1.95354904 \text{ pF/m} \qquad \cdots (1.51)$$

로 된다.

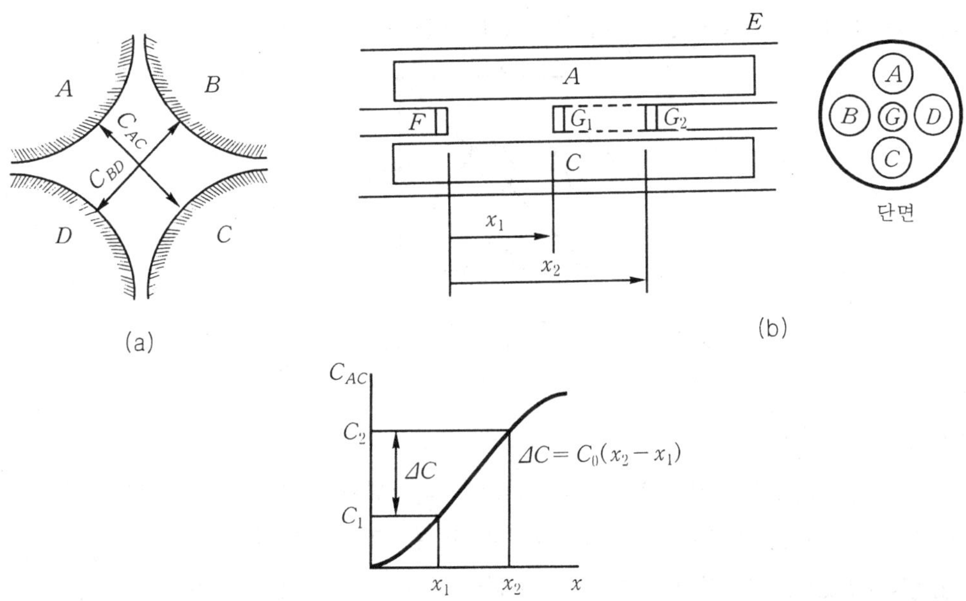

그림 1.15 크로스 커패시터

이상 설명한 이론을 실현하는 방법의 일례를 그림 1.15(b)에 나타낸다. 그림과 같이 4개의 원통 전극을 평행 대칭으로 근접하여 배치하고, 외부를 차단한다. 전극 B와 D는 접지하고, 중앙의 공극에 접지된 전극 F, G를 삽입한 후, G를 축 방향으로 이동시키면, G의 이동에 대하여 C_{AC}는 그림 (c)와 같이 변화한다. 그림 (c)의 직선 부분은 이론식에 따르므로, C_{AC}와 C_{BD}를 평균하여, G의 이동량에 대한 용량 변화분을 측정할 수 있다. 마주보는 전극의 용량을 교환하여(접지 전압을 호환한다) 사용하므로 크로스 커패시터(cross capacitor)라고 부른다. 그림의 F를 고정하고 G를 움직여서 전극 G의 두 위치 x_1, x_2를 이 직선 부분에 오도록 하면,

$$\frac{(C_{AC} + C_{BD})x_2}{2} - \frac{(C_{AC} + C_{BD})x_1}{2} = C_0(x_2 - x_1) \qquad \cdots (1.52)$$

로 되고, 따라서 G 전극의 변위만을 측정하면 되므로, 변위 측정으로부터 매우 높은 정도로 용량값을 결정할 수 있다. 광파 간섭계를 이용한 측정 방법이 주로 이용되며, 10^{-7} 이상의 높은 정도(精度)로 정전 용량의 표준을 실현할 수 있다.

그림 1.16은 크로스 커패시터에 의한 저항 표준을 나타낸 것이다. 위상이 90° 다른 2개의 교류 전원을 사용하면 C, R에 흐르는 전류는 180° 다르게 되고, 검출기 D의 전류는 $R=1/\omega C$에서 0으로 되므로 ω와 C에서 R을 구한다.

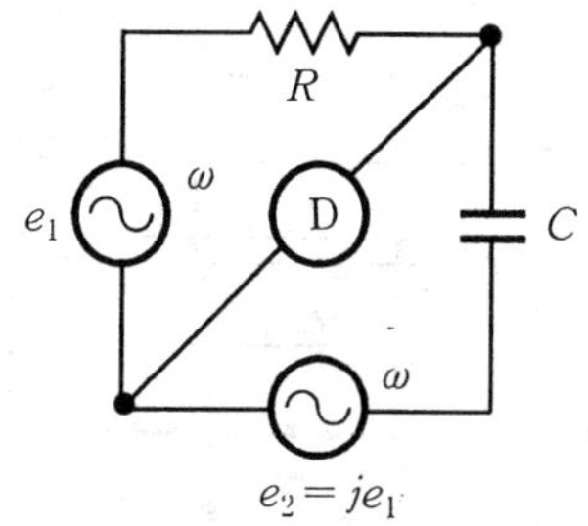

그림 1.16 크로스 커패시터에 의한 저항 표준

1.9.2 전기 표준기

모든 측정은 미지량을 기지의 양 또는 기준과 비교해서 측정한다. 이 비교의 기준을 표준기(標準器; standard)라고 한다. 따라서 전기량을 측정하기 위해서는 전기 표준기(electrical standard)가 필요하다. 전기 표준기에는 여러 종류가 있는데, 여기서는 가장 기본이 되는 저항 표준기(resistance standard)와 전압 표준기(voltage standard)에 대해서 설명하고, 커패시터와 인덕터의 표준기에 대해서는 6장에서 설명하기로 한다.

(1) 저항 표준기

표준 저항기(標準抵抗器; standard resistor)는 다음의 두 가지 목적을 위하여 사용된다.

① 다른 저항의 비교 기준을 위한 표준기

② 전위차계법에 사용되는 경우 전류를 흘려 주는 표준기

위와 같은 목적을 위하여, 표준 저항기의 재료는 저항률이 크고, 저항값이 안정되고, 온도 계수가 작으며, 또한 구리에 대한 열기전력이 작아야 한다. 이와 같은 조건을 만족하는 저항 재료로서 망가닌이 사용되고 있다. 망가닌은 Cu (83~86 %), Mn (12~15 %), Ni (2~4 %)의 합금으로서, 20 ℃ 부근에서 저항 온도 계수가 $1\sim3\times10^{-5}$/℃, 저항률은 42~48 $\mu\Omega$cm, 구리에 대한 열기전력이 2 μV/℃ 이하이다.

그림 1.17은 밀폐형 표준 저항기의 구조의 일례이다. 망가닌 저항선은 무유도(無誘導)로 하기 위해서 원통형의 권선틀에 왕복 2본의 저항선을 사용해서 전류가 반대 방향으로 흐르도록 감는다(무유도 저항 권선법에 대해서는 6장 그림 6.2를 참조). 또, 대기 중의 습기로 인한 저항값의 변화를 방지하기 위해서 이중벽의 용기 속에 밀폐시킨다. 한편 저항값이 100 Ω 이하인 정밀 표준 저항기에서는 전압 단자와 전류 단자를 따로 설치하여 4단자 구조를 하고 있다. 이는 회로에 접속할 경우, 결선이나 단자와 도체 간의 접촉 저항에 의한 영향을 방지하기 위한 것으로서, 표준 저항기를 회로에 접속할 때에는 전류 단자를 사용하고, 저항 양단의 전위차를 측정하는 경우에는 전압 단자에 전압계를 연결하도록 한다.

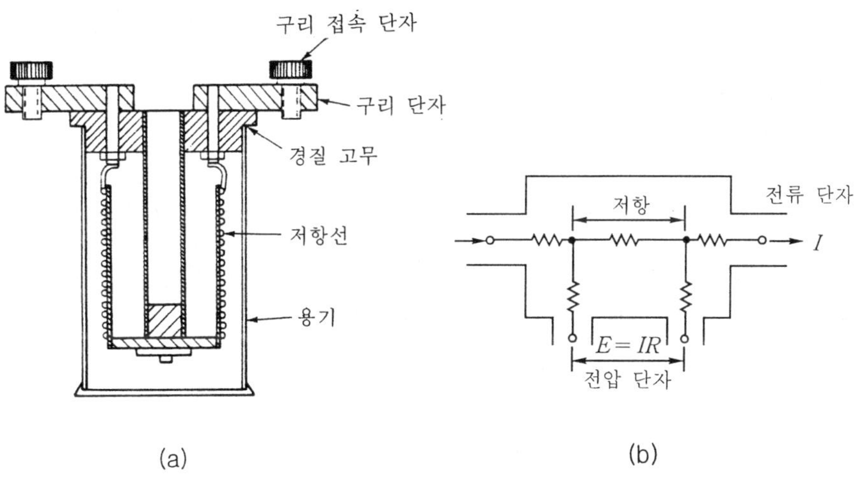

그림 1.17 표준 저항기의 구조

비록 표준 저항기의 저항값이 상당한 온도 범위에 대해서 일정한 값을 가지나, 임의 온도에서 정확한 저항값은 다음 식으로부터 계산할 수 있다.

$$R_t = R_{25℃} + \alpha(t-25) + \beta(t-25)^2 \qquad \cdots (1.53)$$

여기서, R_t=임의 온도 t에서의 저항, $R_{25℃}$=25 ℃에서의 저항, α, β는 온도 계수로서 보통 $\alpha = 10\times10^{-6}$, $\beta = -3\times10^{-7} \sim -6\times10^{-7}$이다. 위 식에서 온도가 기준 온도 25 ℃로부터 10 ℃ 변하면 저항은 공칭값으로부터 30～60 ppm 정도 변화함을 알 수 있다. 또, 표준 저항기에 전류를 흘리면 미소하나마 저항값이 변화하므로 가능한 한 측정 전류를 작게 하는 것이 좋다. 또한, 결선에 의해 열기전력이 문제되는 경우에는 전류 단자에 흐르는 전류의 방향을 바꾸어 2회 측정하고 그 평균을 취한다.

(2) 표준 전지

표준 전지는 기전력의 값이 안정되고, 온도 계수가 작은 전지로서 오랫동안 전압의 표준으로 사용되어 왔다. 현재 2차 표준기로 사용되고 있는 것은 웨스톤 전지(Weston cell)이다. 웨스톤 전지에는 두 가지 종류가 있다. 포화 전지(飽和電池; saturated cell)는 두 전극 상부를 카드뮴 설파이트 결정으로 덮어서 전해액이 모든 온도에서 항상 포화 상태를 유지하도록 하고 있다. 불포화 전지(unsaturated cell)는 카드뮴 설파이트의 농도가 4 ℃에서 포화되도록 되어 있다.

그림 1.18은 포화 웨스톤 전지를 나타낸다. H형 유리 용기 속에 양극으로 수은을 넣고, 음극으로는 카드뮴 아말감(10 % Cd amalgam)을 사용하며, 전해질은 카드뮴 설파이트($CdSO_4$) 용액이다. 포화 전지의 전압 변화는 20 ℃ 부근에서 1 ℃ 상승시 약 −40 V이지만 불포화 전지보다는 더 안정되고 재현성이 있다. 웨스톤 포화 전지의 기전력은 20 ℃에서 $E_{20℃}=1.01858$ V이며, 임의 온도 t ℃ (10～40 ℃ 범위)에서 기전력 E_t는 다음 식으로 주어진다.

$$E_t=E_{20℃}-46\times10^{-6}(t-20)-0.95\times10^{-6}(t-20)^2+0.01\times10^{-6}(t-20)^3 \quad \cdots (1.54)$$

웨스톤 포화 전지는 조심스럽게 다루면 10～20년 동안 전압 표준기로서 충분히 사용할 수 있다. 전압값의 변동은 1년에 1 μV 정도이다.

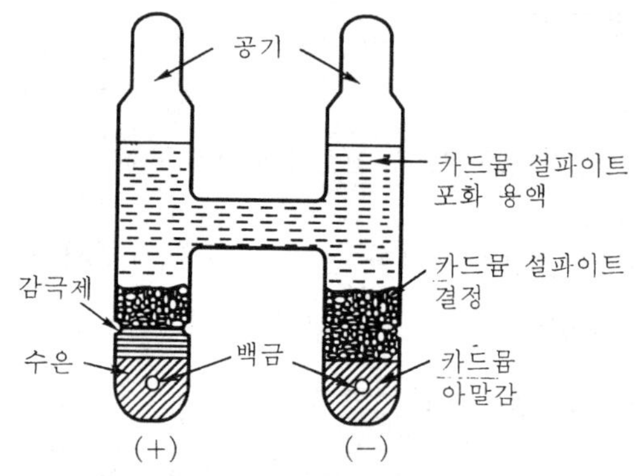

그림 1.18 포화 웨스톤 전지의 구조

포화 전지는 국립표준연구소에서 일차 표준기로 유지하고 있으며, 온도에 민감하기 때문에 일반적인 실험실에서 2차 또는 상용 표준기로 사용하기에는 부적당하다. 그래서 간단한 2차 또는 상용 표준기로는 불포화 웨스톤 전지를 사용한다. 이 전지는 포화 전지의 구조와 매우 비슷하나 정확한 온도 제어는 요구되지 않는다. 불포화 전력은 1.0180~1.0200 V의 범위에 있으며, 전압 변화율은 10~40 ℃에서 0.01 % 이하이다. 전지의 전압은 보통 전지의 외면에 표시되어 있다.

웨스톤 전지의 내부 저항은 100~1000 Ω 정도로 높지만, 전류를 흘리면 분극 작용에 의해 기전력이 변하므로, 공칭 전압을 10 μV 이내로 안정시키기 위해서는 전지에 0.1 μA 이상의 전류가 흐르지 않도록 할 필요가 있다. 표준 전지의 취급시 다음과 같은 주의가 필요하다.

① 가능한 한 전류가 흐르지 않도록 한다. 전류가 흐르게 되면 전지의 내부 저항에 의해 내부 전압 강하가 발생하고, 또한 분극 작용에 의해 기전력이 변화한다. 이 때문에 주로 직류 전위차계용으로 사용되고 있다.

② 급격한 온도 변화를 피한다. 그렇지 않으면 수일 간 기전력이 안정되지 않는다.

③ 진동과 같은 기계적 충격을 피하고, 햇빛 또는 X선 등에 노출되지 않도록 한다.

(3) 직류 표준 전압 발생기

웨스톤 표준 전지는 대단히 우수한 전압 표준기이지만 취급이 어려운 결점이 있다. 그래서 그것에 견줄 만한 실험실용 2차 표준기로서 실리콘 제너 다이오드(zener diode, 정전압 다이오드라고도 함)를 이용한 표준 전압 발생기가 사용된다.

그림 1.19(a)는 실리콘 제너 다이오드의 전류-전압 특성을 나타낸 것으로, 어느 역방향 전압 V_z에서 다이오드에 흐르는 전류는 급격히 증가하나 전압 V_z는 거의 일정하게 유지된다. 그러므로 이 전압을 전압 표준으로 사용할 수 있다. 제너 전압 V_z의 값은 여러 종류가 있으며, 보통 5~40 V 정도가 이용되고 있다. 그림 (b)와 같이 V_z가 5 V 부근인 제너 다이오드의 온도 계수는 거의 0이다.

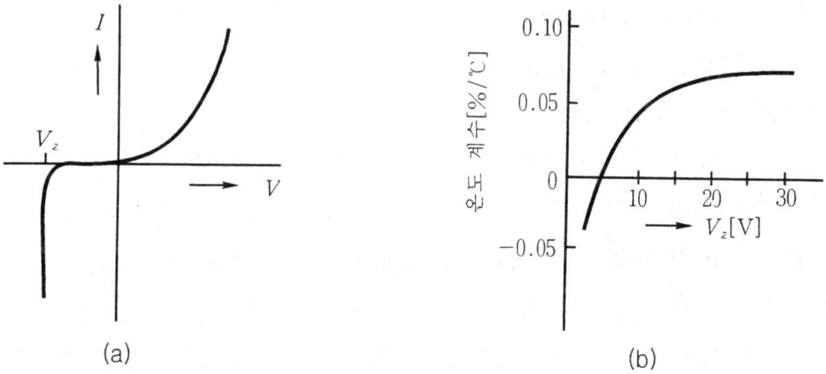

그림 1.19 실리콘 제너 다이오드의 전류-전압 특성과 온도 특성

그림 1.20은 직류 표준 전압 발생 장치의 회로로 나타낸다. ZD는 제너 다이오드이다. 증폭기의 이득(A)이 충분이 크면 ZD의 V_z와 R_1I는 값이 같아져 서로 상쇄된다. 여기서 I는 R_2, R_1, ZD를 통해 흐르는 전류이다. 그러므로 V_o는

$$V_o = R_2 I = \frac{R_2}{R_1} V_z \qquad \cdots (1.55)$$

의 관계가 성립한다. 여기서 R_2에 정밀 가변 저항기를 사용하면, 여러 종류의 직류 표준 전압을 얻을 수 있다. 출력 전압 V_o는 0～10 V, 0～100 V, 0～1000 V의 직류 전압이 얻어지며, 어느 경우에도 최대값의 1/100,000까지 미세 조정이 가능하고 ±0.02 %의 정도가 얻어진다.

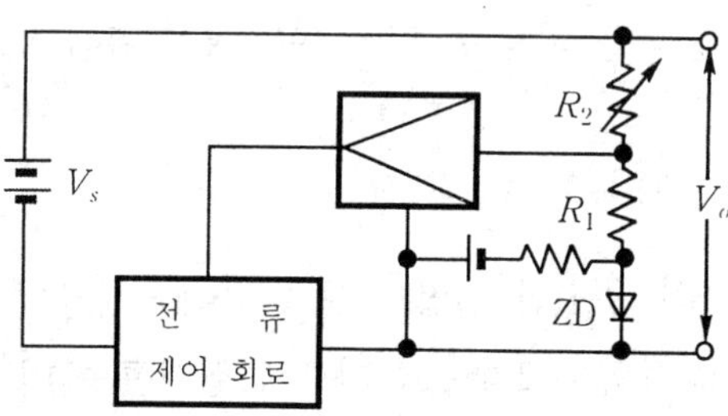

그림 1.20 표준 전압 발생 장치

(4) 표준기의 분류

일반적으로 표준기는 기능과 적용 분야에 따라 다음과 같이 분류한다.

- 국제 표준기 (international standards)
- 1차 표준기 (primary standards)
- 2차 표준기 (secondary standards)
- 상용 표준기 (working standards)

국제 표준기는 국제 협약에 의해서 정의되며, 과학적으로 제작 및 측정 기술이 성취될 수 있는 가장 정확한 표준기이다. 국제 표준기는 프랑스에 있는 국제도량형국(International Bureau of Weights and Measures; International des Poids et Mesures 약해서 BIPM)에 보존되고, 일차 표준기의 비교에 사용되며, 일반인은 이용할 수 없다.

1차 표준기는 각국의 표준 연구소에서 보존한다. 이 표준기도 가능한 한 최대의 확도로 제작된다. 1차 표준기의 주요 기능은 2차 표준기의 확도를 검사하는 것이다.

2차 표준기는 산업체에서 확도가 높은 장비나 부품의 교정, 상용 표준기의 확도를

검증하는 데 사용된다. 2차 표준기는 1차 표준기를 보존하는 기관에서 주기적으로 검사를 받는다.

상용 표준기는 모든 전기·전자공학 실험실에서 매일 전기적 양을 측정하는 데 측정 기준으로 사용되는 표준기이다. 예로, 표준 저항기를 사용하는 휘트스톤 브리지로 미지 저항을 정확히 측정할 수 있다. 이와 같이, 보통 실험실에서 볼 수 있는 표준 저항기, 표준 커패시터, 표준 인덕터 등은 상용 표준기이다.

표준기 등을 이용하여 측정기의 지시값과 참값을 비교 측정을 하는 것을 교정(校正; calibration)이라고 한다. 표준기나 측정기가 단계적으로 고위(高位)의 표준으로 교정되고, 국가 표준에 관련된 시스템이 확립되어지는 것을 표준의 트레이서빌리티(traceability of standards)라고 한다. 이는 국가 표준에 의해 측정의 정도가 어느 정도 보존되는가를 나타내는 것으로, 국가 전체의 모든 측정의 신뢰성을 보증하기 위해서는 각 공장, 연구소 등의 트레이서빌리티 시스템이 확립되어야 한다.

연습 문제

1.1 계측기의 3가지 기능을 열거하라.

1.2 전기 계측기에 비해 전자 계측기가 갖고 있는 3가지 장점을 설명하라.

1.3 직접 측정법과 간접 측정법을 예를 들어 설명하라.

1.4 영위법과 편위법을 비교하여 설명하라.

1.5 다음의 용어를 정의하라.
(a) 오차, (b) 확도, (c) 정도

1.6 오차의 종류를 설명하고 제거할 수 있는 방법을 제시하라.

1.7 저항계로 470 Ω 저항기(실제값)를 47 Ω 저항기로 잘못 측정하였다. 이것은 어떤 종류의 오차에 해당하는가?

1.8 전류계의 오차가 ±2 %, 전압계의 오차가 ±1 %인 계기로 저항을 측정하면 저항의 %오차는 얼마인가?

1.9 저항기의 저항값은 그 양단에 가해지는 전압과 소비 전력을 알고 있으면 구할 수 있다. 이 경우, 전압은 소비 전력보다 몇 배의 좋은 정도로 측정할 필요가 있는가?

1.10 6명의 학생이 동일한 오실로스코프를 가지고 증폭기의 출력 전압을 측정하여 다음과 같은 값을 얻었다. 가장 정밀한 측정은 어느것인가?

(a) 20.20 V, (b) 19.90 V, (c) 20.05 V, (d) 20.10 V, (e) 19.85 V, (f) 20.00 V

1.11 2200 Ω±10 % 저항 중에서, 두 개의 저항을 선택하였다.

(a) 두 저항이 2200 Ω±10 %라고 가정하고, 병렬 합성 저항의 참값을 계산하라.
(b) 두 저항이 2200 Ω+10 %라고 가정하고, 병렬 합성 저항의 참값을 계산하라. 문제 (a)의 결과와 비교할 때 백분율 오차는 얼마인가?
(c) 두 저항이 2200 Ω−10 %라고 가정하고, 병렬 합성 저항의 참값을 계산하라. 문제 (a)의 결과와 비교할 때 백분율 오차는 얼마인가?

1.12 150 Ω±10 % 저항을 200 V_{dc}±0 %에서 동작하는 전원 단자에 접속하였다. 저항값이 참값의 ±10 % 범위 내에서 변한다면 이때 흐르는 전류의 범위를 구하라. 또한 전류의 오차 범위는 얼마인가?

1.13 전압계의 보장 확도가 최대 눈금값의 2 %일 때 다음을 계산하라.

(a) 전압계가 300 V 측정 범위에서 175 V를 지시하였다면, 지시값의 절대 오차는 얼마인가?
(b) (a)에서 지시값의 백분율 오차는 얼마인가?

1.14 4개의 저항이 직렬로 연결되어 있다. 저항값이 각각 28.4 Ω, 4.25 Ω, 56.605 Ω, 0.75 Ω이고, 각 측정값의 마지막 자리의 숫자만이 부정확하다고 한다. 총 직렬 저항을 계산하라. 또, 답을 유효 숫자만으로 나타내어라.

1.15 다음 숫자들의 유효 숫자의 개수를 말하여라.

(1) 542 (2) 0.65 (3) 27.25 (4) 0.00005 (5) 40×10^{6} (6) 20,000

1.16 미지 저항에 1.62 A의 전류가 흘러 112.5 V의 전압 강하가 일어났다. 저항의 전력 소비를 구하여라. 또, 답을 유효 숫자만으로 나타내어라.

1.17 다음의 정격을 가진 두 저항이 있다.

R_1=36 Ω±5 % R_2=75 Ω±5 %

(a) 각 저항에 대한 오차의 크기를 계산하여라.
(b) 직렬 연결시 제한 오차를 Ω과 %로 계산하여라.
(c) 병렬 연결시 제한 오차를 Ω과 %로 계산하여라.

1.18 다음에 주어진 전류를 A로 나타내어라.

(1) 120 pA (2) 0.75 μA (3) 6.1 nA (4) 300 mA

1.19 다음에 주어진 전압을 V로 나타내어라.

(1) 18.1 mV (2) 240 μA (3) 82.4 MV (4) 400 nV

1.20 다음에 주어진 주파수를 Hz로 나타내어라.

(1) 38 kHz (2) 950 MHz (3) 1.39 GHz (4) 850 GHz

1.21 어떤 전원 전압을 10회 측정하여 다음 값을 얻었다. 평균값 및 표준 편차를 구하여라.

20.2 V 20.3 V 20.1 V 20.2 V 20.4 V
20.2 V 20.3 V 20.2 V 20.3 V 20.1 V

1.22 8명의 학생이 어느 발진 회로의 발진 주파수를 측정하여 다음과 같은 값을 얻었다. 산술 평균, 평균 편차, 표준 편차를 계산하라.

측정 번호	공진 주파수 kHz
1	532
2	548
3	543
4	535
5	546
6	531
7	543
8	536

1.23 미지 저항을 측정한 결과 다음 값을 얻었다.

147.2 Ω 147.4 Ω 147.9 Ω 148.1 Ω 147.1 Ω
147.5 Ω 147.6 Ω 147.4 Ω 147.6 Ω 147.5 Ω

(a) 산술 평균 (b) 표준 편차를 구하고, (c) 확률 오차를 평균값의 %로 표시하라.

1.24 확도와 정도의 차이를 가우스 곡선으로 나타내고 설명하여라.

1.25 전기 에너지의 실용 단위는 kWh이고, 국제 단위로 에너지의 단위는 J이다. 1 kWh를 J로 변환하여라.

1.26 표준기의 4가지 종류는 무엇인가?

2

직류 지시 계기

지시 계기란 측정하고자 하는 전기적 양을 기계적 힘으로 변환하고, 그것을 지침 또는 광점에 의해 눈금판 위에 직접 지시하여 측정값을 읽도록 하는 계기를 말하며, 측정시 특별한 조작 없이 측정량을 신속히 측정할 수 있는 장점을 지니고 있다.

본 장에서는 먼저 지시 전기 계기에 공통되는 사항을 간단히 기술한 후, 현재 지시형 계기로 직류 전압 및 전류 측정에 가장 널리 사용되고 있는 영구 자석 가동 코일형 계기의 원리, 구조 및 특징 등을 설명한다. 그리고 이 계기를 이용하여 전압계, 전류계, 저항계 등을 설계한다.

2.1 지시 전기 계기의 구성 요소

일반적으로 계측기가 구비해야 할 조건은

① 확도가 높고, 눈금을 읽기 쉬우며, 외부의 영향을 받지 않을 것.

② 지시가 측정값의 변화에 신속히 응답할 것.

③ 구조가 견고하고, 내구성이 있으며, 취급이 편리할 것.

④ 절연 저항과 절연 내력이 높을 것.

등이다. 이상의 조건을 만족시키기 위해서는 계측기를 구성하는 각 요소가 양호하여야 한다.

모든 지시(指示) 또는 편위(偏位) 전기 계기는 구동 장치(驅動裝置; driving device), 제어 장치(制御裝置; controlling device), 제동 장치(制動裝置; damping device), 표시 장치(表示裝置; reading device) 및 외함(外函; case) 등으로 구성되어 있다. 여기서는 지침을 편위시키는 데 요구되는 3가지 힘, 즉 구동력 또는 편위력(driving force or deflecting force), 제어력(controlling force), 제동력(damping force)을 중심으로 지시 계기의 구성 요소에 대해서 설명한다.

2.1.1 구동 장치

측정량의 크기에 따라 계기의 지침과 같은 가동부를 움직이게 하는 힘을 구동 토크(driving torque)라 하며, 이 구동 토크를 발생시키는 장치가 구동 장치로서 계기의 가장 중요한 구성 요소이다. 구동 장치는 고정부(fixed part)와 가동부(moving part)로 구성되며, 그 한쪽 또는 양쪽에 측정량을 가하여 이 양자 간에 발생되는 힘에 의해 가동부를 움직이게 한다. 구동 장치는 다음과 같은 조건을 갖추어야 한다.

① 구동 토크가 측정량의 변화에 따라 정확히 변화할 것.

② 적은 소비 전력으로 충분한 구동 토크를 발생시킬 것.

③ 구동 토크에 비해 가동부가 충분히 가벼울 것.

④ 구조가 견고할 것.

일반적으로 우수한 지시 계기란 가동부의 구동 토크가 크고, 중량이 가벼우며, 지시가 빠른 것을 말한다. 중량이 가볍고, 구동 토크가 크면 베어링 부분의 마찰이 적고 지시가 정확하며 내구성도 증가한다. 구동 장치가 위와 같은 특성을 갖도록 하기 위해 각종의 구동 장치가 연구되어 왔으며, 여러 가지 형태의 계기가 제작되고 있다. 구동 토크를 발생시키는 방법을 분류해 보면 표 2.1과 같다. 본 장에서는 직류 전용 계기인 가동 코일형에 대해서만 설명하고 기타 지시 계기에 대해서는 3장에서 설명한다.

표 2.1 지시 전기 계기의 동작 원리

종류	동작 원리의 개요	사용 회로	교류 지시
가동(可動) 코일형	영구 자석에 의한 자계와 그 중에 놓여 있는 가동 코일에 흐르는 전류 사이에 작용하는 전자력을 이용한 계기	직류	–
가동 철편형 (可動 鐵片形)	자계 내에서 자화된 고정 철편과 가동 철편 사이에 작용하는 전자력을 이용한 계기	교류(직류)	실효값
전류력계형 (電流力計形)	고정 코일과 가동 코일을 통해 흐르는 전류 사이에 작용하는 전자력을 이용한 계기	직류, 교류	실효값
정류형(整流形)	정류기와 가동 코일형 계기를 조합한 계기	교류	평균값
열전형(熱電形)	열전대와 가동 코일형 계기를 조합한 계기	교류, 직류	실효값
유도형(誘導形)	이동 자계 또는 회전 자계와 여기서 발생하는 와전류 사이에 작용하는 전자력을 이용하는 계기	교류	실효값

2.1.2 제어 장치

계기에 구동 토크가 발생하면 지침이 움직인다. 그러나 구동 토크만 작용하면 구동 토크의 크기에 관계없이 지침은 항상 최대 변위를 일으킬 것이다. 따라서 지침을 측정량에 해당하는 위치에 정지시켜 측정량을 정확히 지시하도록 하기 위해서는 구동 토크와 반대 방향으로 가동부를 본래의 위치로 되돌아가도록 하는 토크를 발생시켜 그림 2.1과 같이 두 회전력이 균형을 이루는 위치에서 지침이 정지하도록 해야 한다. 이 회전력을 제어 토크(controlling torque) T_C라 하며, 이를 발생시키는 장치를 제어 장치라 부른다.

그림 2.1 구동 토크와 제어 토크

제어 장치가 그 역할을 다하기 위해서는 다음의 조건을 갖추어야 한다.

① 제어 토크가 가동부의 변위에 따라 정확하게 변화할 것

② 제어 토크가 온도, 습도 등과 같은 주위 영향에 의해 변화하지 않을 것

현재 제어력을 발생시키는 방식으로는 스프링 제어(spring control)가 널리 사용되고 있다. 스프링 제어 방식은 스프링의 변형에 의해 발생되는 탄력을 제어 토크로 이용하는 방법인데, 대부분의 계기가 이 방식을 사용한다. 스프링의 종류는 그림 2.2(a)의 와권(渦捲) 스프링(spiral spring)과 (b)의 대상(帶狀) 스프링(band spring) 등이 있다. 그림 (a)에서 스프링의 한쪽 끝을 고정시키고, 고정시키지 않은 다른 끝에 구동 토크 T_D를 가하면, 스프링은 회전각에 비례하는 제어 토크 T_C를 발생시킨다. 즉,

$$T_C = k_c\theta \qquad \cdots (2.1)$$

로 된다. 단, k_c는 비례 계수이다.

한편 그림 (b)에서는 가동 코일이 θ 만큼 회전하면, 대상 스프링이 비틀어지므로 가동 코일과 반대 방향으로 식 (2.1)과 같은 제어 토크가 발생된다.

스프링 재료는 자계의 영향을 피하기 위하여 비자성체이어야 하고, 또 전류가 제어 스프링을 통해 가동부에 공급되므로 전기 저항이 작아진다. 현재는 인청동(燐靑銅)이 널리 사용되고 있다.

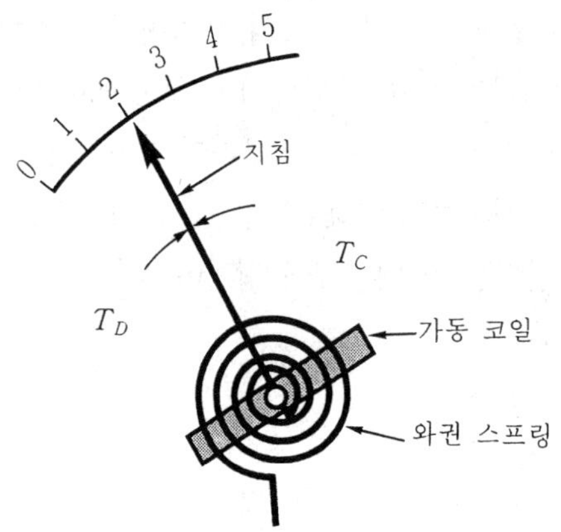

(a) 와권 스프링

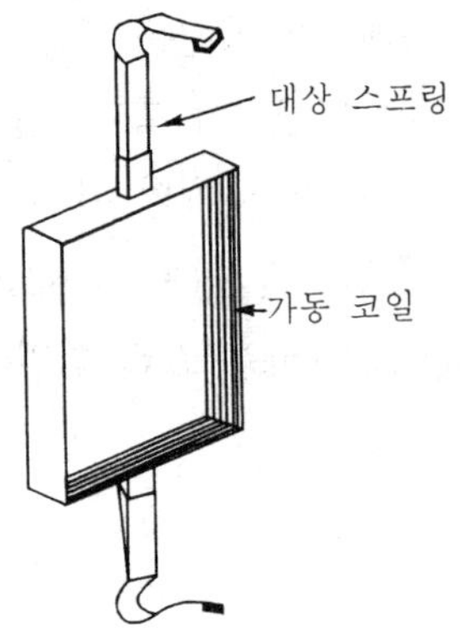

(b) 대상 스프링

그림 2.2 스프링 제어

2.1.3 제동 장치

계기의 지침은 구동 토크와 제어 토크가 평형을 이루는 위치에서 정지한다. 그러나 그림 2.3(a)에 나타낸 바와 같이 가동부는 관성에 의해 최종 위치의 전후에서 얼마 동안 진동하므로, 지침이 정지하기까지 상당한 시간이 소요된다. 따라서 측정을 신속하게 하고 가동부 베어링의 마모를 방지하기 위하여 적당한 제동력을 가하여 가동부가

단시간에 정지할 수 있도록 해야 한다. 여기에 필요한 회전력을 제동 토크(damping torque)라고 하며, 제동 토크를 발생시키는 장치를 제동 장치라 한다. 이와 같은 제동력은 가동부가 운동 중일 때에만 발생하여야 한다. 그림 2.3(b)는 가동부의 세 가지 동적 운동을 나타낸다. 부족 제동(不足制動; under damping) 상태에서는 제동 토크가 너무 작아 a와 같이 진동한다. 또한, 제동 토크가 지나치게 크면(過制動; over damping) c에서와 같이 좀체로 평형 위치에 이르지 못한다. 그러므로 제동 토크를 적당하게 하여 지침이 b와 같이 신속하게 평형 위치에 도달할 수 있도록 한다. 이를 임계 제동(臨界制動; critical damping)이라 부르며, 항상 이 임계 제동 상태를 유지할 수 있도록 제동 토크를 조정해야 한다. 이러한 제동 장치에는 공기 제동(空氣制動; air damping), 전자 제동(電磁制動; electromagnetic damping), 와전류 제동(渦電流制動; eddy current damping) 등이 있다.

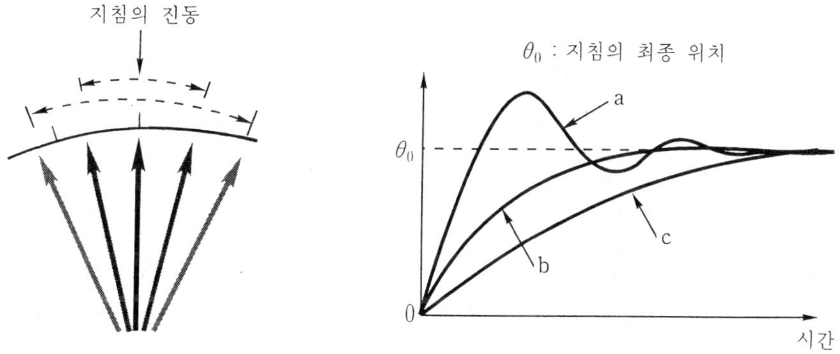

(a) 지침의 진동 (b) 제동 특성 곡선

그림 2.3 제동력 부족에 기인하는 지침의 진동

(1) 공기 제동

공기 제동은 물체가 공기 중을 운동할 때 받는 공기의 저항을 이용한 것으로, 그림 2.4(a)의 날개식(vane damping)과 그림 (b)의 피스톤식(piston damping)이 있으나, 현재는 일반적으로 날개식이 사용되고 있다. 날개식은 비자성 금속(非磁性金屬)으로 만든 부채꼴의 밀폐된 상자 안에서 알루미늄으로 만들어진 얇은 제동 날개가 움직일 때 제동력이 생기도록 한 장치이며, 이 제동력은 거의 날개의 이동 속도와 면적에 비례한다. 이 방식은 구조가 간단하므로 지시 계기의 제동에 널리 이용되고 있다. 피스톤식은 한쪽 끝을 막은 원통 속에서 알루미늄 원판이 운동하여 제동력을 발생시킨다.

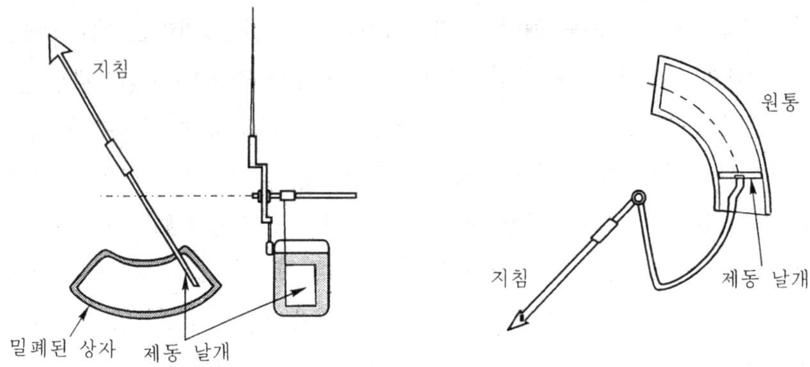

(a) 날개식 제동 장치 (b) 피스톤식 제동 장치

그림 2.4 공기 제동

(2) 전자 제동

그림 2.5(a)와 같이 가동 코일의 권선틀(frame or former)에 알루미늄을 사용하면, 이에 의해 제동 토크를 얻을 수가 있다. 알루미늄 권선틀은 단락환(短絡環)으로 되므로, 이것이 그림 (b)와 같이 자계 중에서 운동하면 여기에 기전력이 발생하여 단락 전류가 흐르게 되고, 이 단락 전류와 자계가 상호 작용함으로써 가동 코일의 운동을 방해하는 방향으로 전자력이 발생하여, 이를 제동 토크로 이용하는 것이 전자 제동(電磁制動)이다. 코일이 정지하면 권선틀에는 전류가 유지되지 않으므로 제동력이 발생하지 않는다.

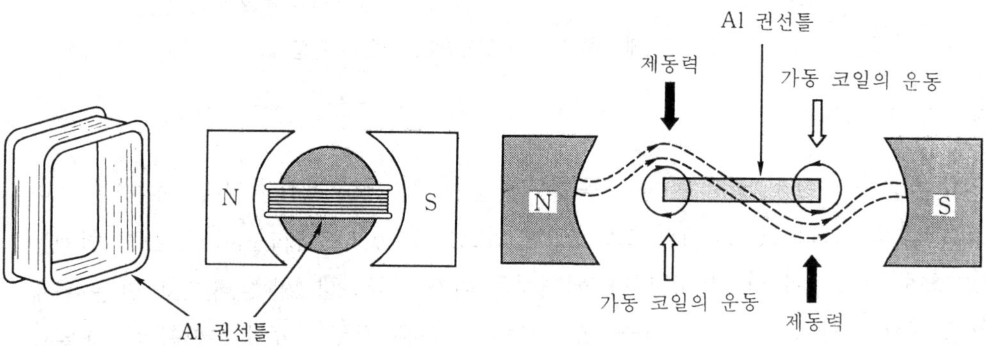

(a) 알루미늄 권선틀 (b) 가동 코일의 운동과 제동력 발생

그림 2.5 전자 제동

(3) 와전류 제동

그림 2.6은 와전류 제동(渦電流制動; eddy current damping)의 원리를 나타낸다. 금속 제

동판이 이동하면서 영구 자석이 만드는 자속을 끊으면, 금속판(보통 알루미늄 Al)에는 그림과 같은 와전류(eddy current)가 흐른다. 이 와전류와 자속 사이에 전자력이 발생하고, 이 전자력은 금속판의 운동 방향과 반대 방향으로 작용을 한다. 제동 토크는 회전 속도($d\theta/dt$)에 비례하며, 이것을 제동에 이용한다.

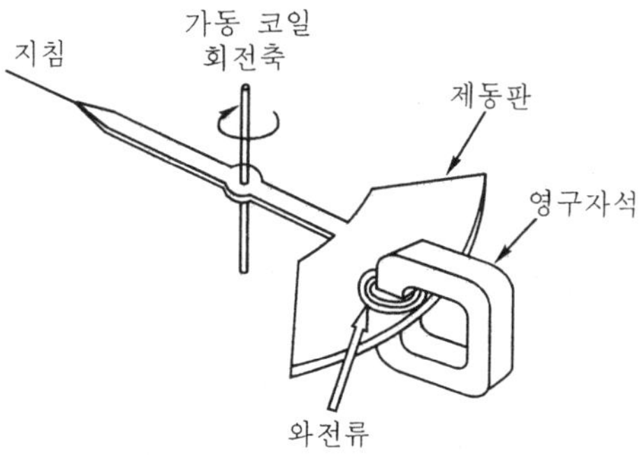

그림 2.6 와전류 제동

2.1.4 가동부 지지 방식

지시 계기의 가동부를 지지(支持)하는 방식에는 피벗–베어링 지지 방식(pivot and jewelled-bearing suspension)과 토트–밴드 지지 방식(taut-band suspension)이 있다.

(1) 피벗-베어링 지지 방식

그림 2.7과 같이 가동축(可動軸; shaft)과 베어링(bearing)을 사용하는 방식이다. 가동축 선단에 특수강으로 만든 원추상 피벗(pivot)을 달고 이를 V형 보석 베어링(jewel bearing)으로 지지한다.

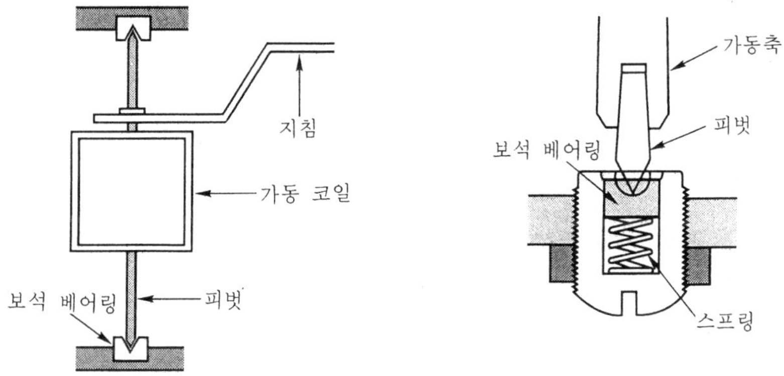

(a) V형 보석 베어링 (b) 스프링 지지 보석 베어링

그림 2.7 피벗–베어링 지지 방식

베어링의 재료에는 루비, 사파이어 등의 인조 보석이나 경질 유리 또는 베릴륨강 등이 사용된다. 한편, 계측기를 실험대에 심하게 놓는 경우 충격에 의해서 베어링이 파괴되는 것을 방지하기 위해서, 그림 (b)와 같이 보석 베어링을 스프링으로 지지하여 충격을 흡수한다.

(2) 토트-밴드 지지 방식

피벗-베어링 지지 방식에서는 피벗과 베어링 사이에 마찰이 일어나는 결점이 있다. 그래서 현재는 마찰이 없는 토트-밴드 지지 방식이 널리 사용되고 있다. 이 방식은 그림 2.8과 같이 가동부의 상하 양단에 금속 밴드(band)를 달고, 판상 스프링(인청동 또는 백금 합금)으로 상하에서 끌어당겨 가동부를 지지한다. 토트-밴드 지지 방식은 마찰이 없기 때문에 고감도로 되고 계기를 기울여 사용하는 경우에도 지시가 정확하며, 또한 충격 및 진동에도 강하므로 내구성(durability)이 우수하여 장기간 정도를 유지하기가 용이한 장점이 있다.

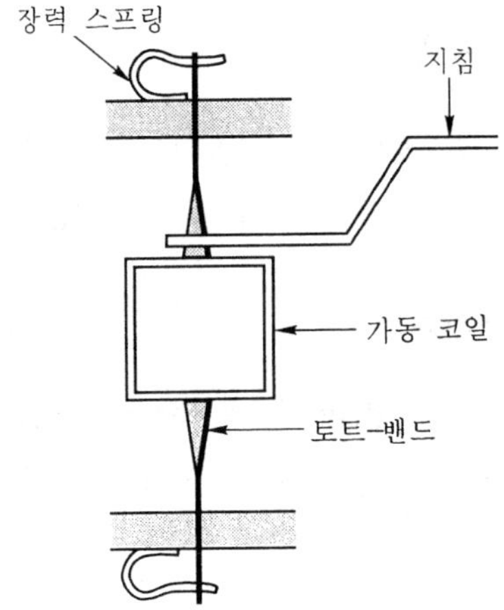

그림 2.8 토트-밴드 지지 방식

2.1.5 표시 장치

표시 장치는 눈금판(scale)과 지침(pointer)으로 구성된다.

(1) 눈금판

눈금판으로는 계기의 정도, 동작 원리 및 용도 등에 따라 그림 2.9와 같이 여러 종류가 사용된다. 그림 (a)는 0에서 최대 눈금까지 눈금 간격이 균등한 균등 눈금(uniform scale)이다. 이는 지침의 편위각이 측정량에 비례하는 계기에 사용되는 것으로서, 가장 좋은 방법이므로 지시 계기에서는 가능한 한 균등 눈금이 되도록 한다. 정밀한 계기에서는 측정자가 지시값을 읽을 때 정도를 높이고 시오차를 작게 하기 위하여 그림 (b)의 대각선 눈금(diagonal scale)을 사용하기도 하고, 또는 눈금판에 거울을 붙여 지침과 거울에 비친 상을 일치시킴으로써 지시값을 정면 상부에서 읽을 수 있도록 하고 있다. 이외에도 그림 (c)의 불균등 눈금(non-uniform scale)이나 그림 (d)의 다중 눈금(multi-range scale)도 있다. 그림 (a)~(d)의 눈금은 지침의 편위각이 90°가 되도록 만들어져 있으나, 그림 (e)와 같이 250°인 경우도 있다. 이것을 광각도(廣角度) 눈금(wide angle scale)이라 하며, 먼 위치에서 지시값을 읽는 배전반형 계기에 널리 이용되고 있다. 그림 (f)는 중앙이 0인 눈금(center zero read)으로, 미소한 전류 검출에 사용되며, 전극의 방향이 바뀌면 지침의 편위 방향이 반대로 된다.

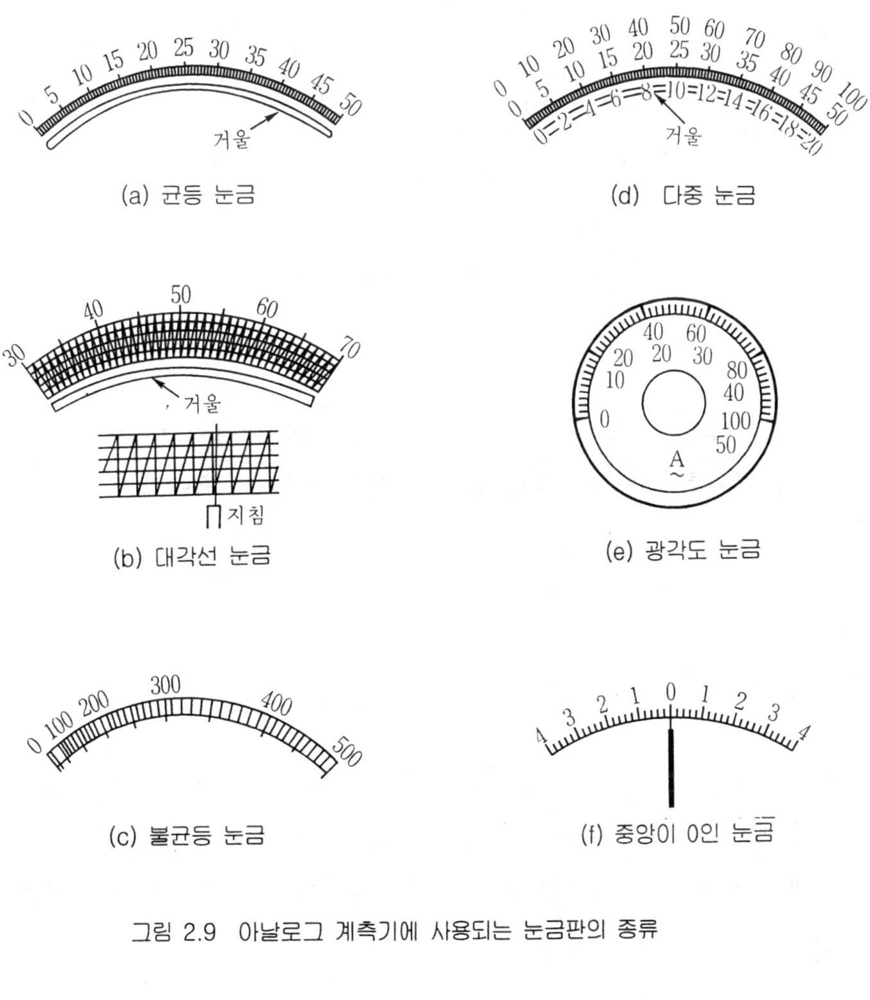

(a) 균등 눈금 (d) 다중 눈금 (b) 대각선 눈금 (e) 광각도 눈금 (c) 불균등 눈금 (f) 중앙이 0인 눈금

그림 2.9 아날로그 계측기에 사용되는 눈금판의 종류

(2) 지침

지침에는 계기의 정도나 사용 목적에 따라 그림 2.10에 나타낸 것과 같은 여러 종류가 있다. 그림 (a)는 칼날형 지침(knife shaped pointer)이라 불리며, 정밀하게 읽을 때 이용된다. 이 지침은 측정자가 지시값을 읽을 때 눈의 위치에 의해 생기는 시오차를 작게 하기 위하여 지침 선단을 칼날형으로 만들어 거울이 붙은 눈금판과 조합하여 사용된다.

그림 (b), (c)는 창형 지침(spear pointer)이라고 하며, (b)는 지침의 위치가 보기에 쉽기 때문에 배전반용 계기에, (c)는 광각도 눈금 계기에 사용된다. 또한 그림 (d)는 트러스형 지침(truss pointer)으로, 긴 지침을 필요로 하는 대형 계기나 지침의 공진을 방지할 필요가 있는 계기에 사용된다.

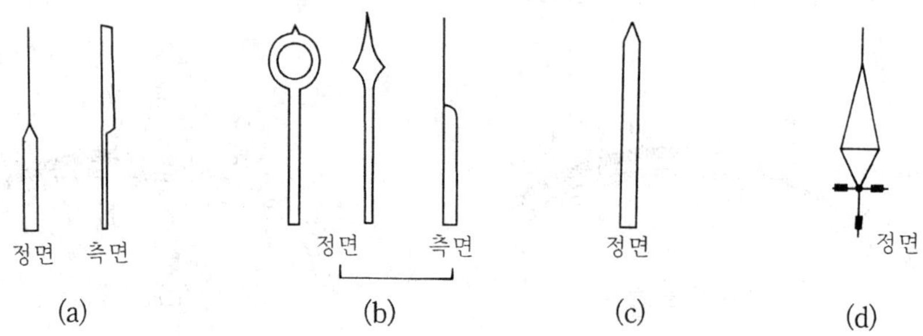

그림 2.10 지침의 종류

2.1.6 외함

계기의 가동 부분이 다른 물체에 닿거나 먼지가 들어가거나 바람을 받아 지시가 틀려지는 것을 방지하기 위해 외함(case)에 넣는다. 외함은 용도나 본체의 크기 등에 의해 달라진다.

2.2 영구 자석 가동 코일형 계기

영구 자석이 만드는 자계 내에 가동 코일을 놓고, 측정하고자 하는 전류를 코일에 흘리면 이 전류와 자계 사이에 전자력(電磁力)이 발생한다. 이 전자력을 구동 토크로 이용한 계기를 영구 자석 가동 코일형 계기(permanent magnet moving-coil instrument;

PMMC) 또는 다르송발 계기(D'Arsonval instrument)라고 부르며, 지시 계기 중에서 감도나 정도가 가장 좋을 뿐만 아니라 제작이 간단하고 가격이 저렴한 점 등의 우수한 특징이 있다. 동작 원리상으로는 직류 전용이지만, 3장에서 설명하는 바와 같이, 이 계기에 정류기나 열전대를 조합하여 교류 측정에 사용한다.

2.2.1 구조

그림 2.11은 영구 자석 가동 코일형 계기의 구조를 나타낸다. 영구 자석에 연철 자극편(軟鐵磁極片; soft iron pole piece or pole shoe)을 설치하고, 그 사이에 원주형의 연철심(軟鐵心; soft iron core)을 넣어, 자극편과 연철심 사이의 공극(air gap)에 평등 자계를 만든다. 이 평등 자계 내에 장방형의 알루미늄 권선틀(Al frame)에 감긴 가동 코일(moving coil)을 설치한다. 가동 코일의 상하는 베어링으로 지지되어 회전할 수 있게 되어 있다.

가동 코일에 설치된 와권 스프링을 통하여 측정 전류를 가동 코일에 흘리면, 이 전류와 자계 사이에 전자력이 발생하여 가동 코일을 회전시키는 구동 토크가 작용한다. 가동 코일이 우측으로 회전함에 따라 코일과 같은 축에 부착된 지침도 편위한다.

스프링의 한쪽 끝은 0점 조정기(zero control)에 접속되어 있어, 계기 외함에 부착된 영점 조정 나사를 조정하면 계기에 전류가 흐르지 않는 상태에서 지침이 정확히 0 눈

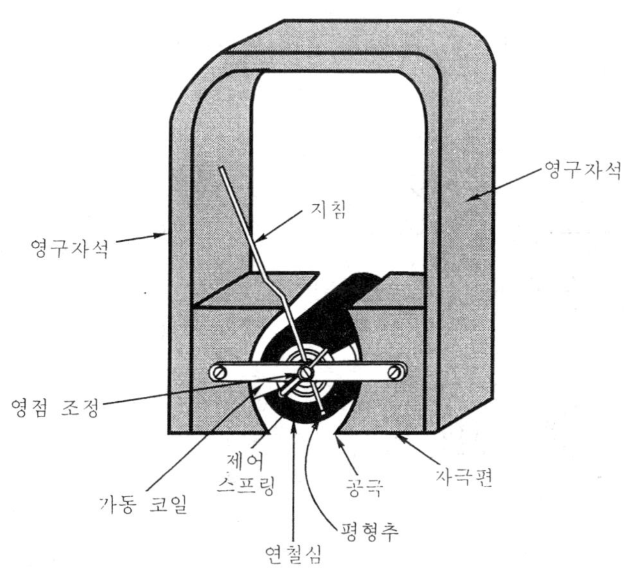

그림 2.11 영구 자석 가동 코일형 계기의 구조

금을 지시하도록 할 수 있다. 지침에 부착된 평형추(平衡錐; counterbalance weight)는 구동 장치의 정확한 기계적 평형을 제공하여 중력이 계측기 확도에 미치는 영향을 제거한다.

2.2.2 구동 장치

지금, 그림 2.12(a)와 같이 가동 코일에 전류 I를 흘리면 이 전류에 의해서 그림과 같은 자계가 발생하고, 이 자계와 영구 자석의 자계가 상호 작용하여 그림의 화살표 방향으로 힘이 발생한다. 따라서 코일의 각 변에는 그림 (b)와 같은 힘이 작용하여 회전 토크가 발생한다.

가동 코일의 폭을 a, 가동 코일의 높이를 h, 자극편과 연철심 사이 공극의 자속 밀도를 B, 가동 코일에 흐르는 전류를 I, 가동 코일의 권선수를 N회라고 하면, 가동 코일의 한 변에 작용하는 전자력 F는 전자기학의 기본 법칙으로부터

$$F = BIhN \quad \cdots (2.2)$$

로 된다. 이 힘이 코일 변 a의 $(a/2)$에 작용하기 때문에 가동 코일에 작용하는 구동 토크 T_D는 다음 식으로 주어진다.

$$T_D = 2 \times F \times \frac{a}{2} = ahBIN = BINA \quad \cdots (2.3)$$

여기서 $A=ah$이며, 코일의 면적을 나타낸다. 위 식에서 자속(B), 코일 권수(N), 코일 면적(A)은 모두 상수이므로 토크 T_D는 측정하고자 하는 전류 I에 비례함을 알 수 있다.

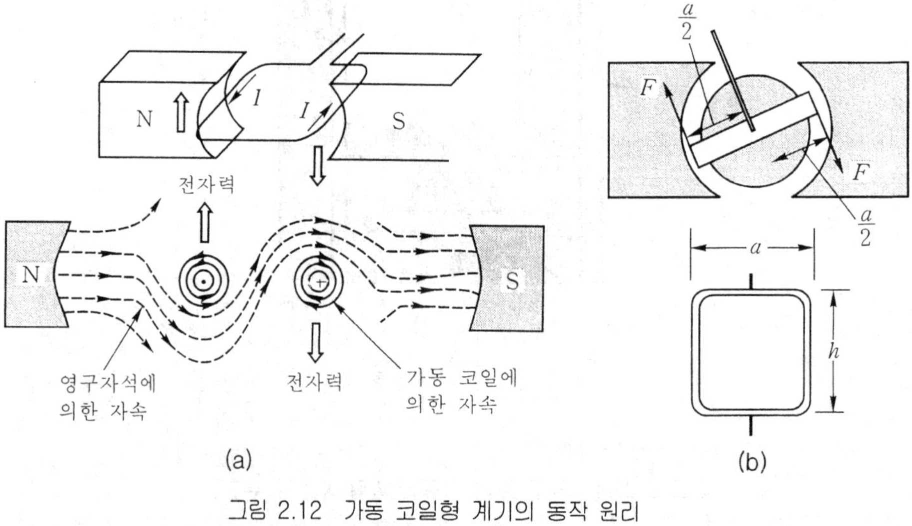

그림 2.12 가동 코일형 계기의 동작 원리

2.2.3 제어 장치

그림 2.13은 가동 코일 상하에 접속되어 있는 제어 스프링을 나타낸다. 구동 토크 T_D에 의해 회전하는 가동 코일이 와권 스프링을 감으면, 그림 2.2에서 설명한 바와 같이 스프링은 T_D에 반항하여 제어 토크 T_C를 발생시킨다. 식 (2.1)로부터 T_C는 가동 코일의 편위각 θ에 비례한다.

$$T_C = k_c\theta \qquad \cdots (2.4)$$

여기서 k_c는 상수이다. 가동 코일은 구동 토크 T_D와 제어 토크 T_C가 평형된 위치에서 정지하므로 식 (2.3)과 (2.4)를 같다고 놓으면,

$$BINA = k_c\theta \qquad \cdots (2.5)$$

위 식에서 θ와 I를 제외한 모든 양은 상수이므로 지침의 편위각 θ는 다음과 같이 쓸 수 있다.

$$\theta = KI \qquad \cdots (2.6)$$

여기서 K는 상수이다. 이와 같이 가동 코일의 편위각 θ는 항상 피측정 전류 I에 비례한다. 따라서 θ에 대응하는 I값을 표시한 눈금판을 설치해 놓으면, 가동 코일에 달린 지침의 편위로부터 측정 전류의 크기를 알 수 있다. 또한, 식 (2.6)에서 가동 코일의 편위각 θ가 피측정 전류 I에 비례하므로 PMMC 계기의 눈금은 그림 2.9(a)와 같은 균등 눈금(uniform or linear scale)으로 된다.

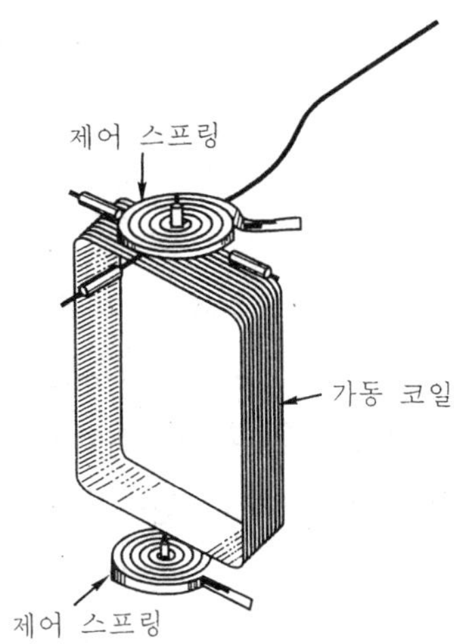

그림 2.13 가동 코일과 제어 스프링

이상과 같이 피벗 지지 방식의 계기에서는 와권 스프링에 의해 제어 토크를 얻으나, 토트–밴드 지지 방식(그림 2.8b)에서는 토트–밴드의 비틀림에 의한 제어 토크를 이용한다. 토트–밴드에 의한 제어 토크 T_C도 가동 코일의 회전각 θ에 비례하므로, 이 경우에도 식 (2.6)이 성립한다. 최근에는 휴대용 및 배전반용을 막론하고 토트–밴드 지지 방식을 이용한 계기가 많이 사용되고 있다.

2.2.4 제동 장치

가동 코일의 권선틀에는 알루미늄이 사용되고 있으므로, 이것이 자계 중에서 회전하면 권선틀에 전류가 유기된다. 이 전류는 코일 운동을 방해하는 자속을 발생시켜 그림 2.5에 나타낸 것과 같이 제동 토크를 발생시킴으로써 코일의 진동을 감쇠시킨다. 이와 같은 전자 제동(電磁制動)은 코일이 운동 중에만 발생한다.

2.2.5 감도

PMMC 계기의 감도(sensitivity)는 최대 눈금 편위 전류(full-scale deflection current; I_{fs})로 정의한다. 연구실용 계기는 매우 고감도(I_{fs}=1 μA)로 만들 수 있다. 한편, 산업용 계기는 매우 견고하고 휴대용으로 설계한다. 일반적으로 감도는 코일의 크기와 그 저항에 의해서 제한된다. 또, 10 μA의 감도를 갖는 계기는 매우 고가로 된다. 그래서 산업용 계기는 보통 50 μA, 100 μA, 1 mA 등이 사용되고 있다.

2.3 직류 전류계

2.3.1 전류계 회로

영구 자석 가동 코일형 계기는 동작 원리상 그 자체를 전류계로 사용할 수가 있으나, 가동 코일에 직접 흘릴 수 있는 최대 전류는 50 mA 정도이고, 이보다 더 큰 전류를 측정하고자 하는 경우에는 그림 2.14에 나타낸 회로와 같이 가동 코일과 병렬로 저항 R_{sh}를 접속시켜, 이것을 통하여 측정 전류의 일부를 분류시킨다.

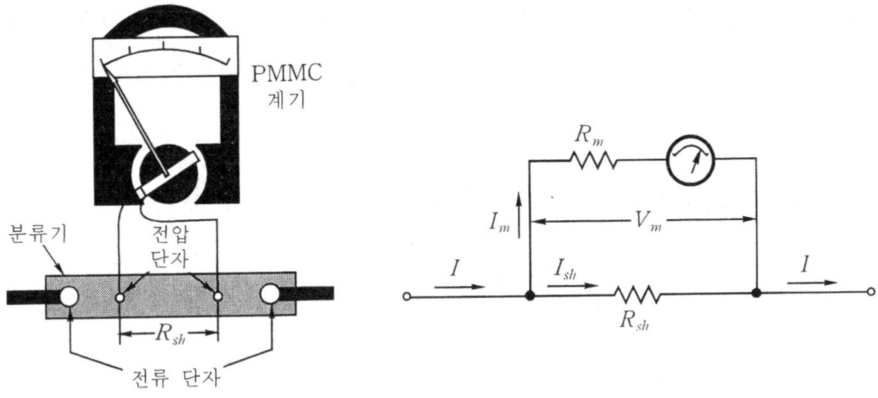

(a) 직류 전류계의 구성 (b) 전류계 등가 회로

그림 2.14 직류 전류계 회로

이 저항 R_{sh}를 분류기(分流器; shunt)라고 부른다. 그림에서 가동 코일에 흐르는 전류 I_m, 분류 전류 I_{sh}, 최대 측정 전류 I 사이의 관계는

$$R_{sh}I_{sh} = I_m R_m \quad \cdots (2.7)$$

$$I_{sh} = I - I_m \quad \cdots (2.8)$$

위 두 식으로부터, 측정 전류 I는

$$I = \frac{R_m + R_{sh}}{R_s} I_m = mI_m \quad \cdots (2.9)$$

여기서, $m = \frac{I}{I_m} = \frac{R_m + R_{sh}}{R_{sh}}$ $\cdots (2.10)$

즉, 분류기를 설치하면 가동 코일에 흐르는 전류의 m배에 해당하는 전류를 측정할 수 있다. 이 m을 분류기의 배율이라고 한다.

분류기 저항 R_{sh}는 식 (2.9)와 (2.10)으로부터 다음과 같이 된다.

$$R_{sh} = \frac{I_m}{I - I_m} R_m = \frac{R_m}{m-1} \quad \cdots (2.11)$$

분류기에는 온도 계수가 극히 작은 망가닌(manganin) 선을 사용하여 온도 변화에 의해 전류계의 지시가 변하지 않도록 하고 있다. 정격값이 30 A 정도까지인 전류계에서는 분류기를 전류계 내부에 설치하나, 이 이상으로 되면 분류기의 발열과 점유 용적이 크게 되므로 전류계 외부에 설치한다. 이를 외부 분류기라 한다.

〔**예제** 2.1〕 PMMC 계기의 최대 편위 눈금 전류가 $I_{fs}=50\,\mu\text{A}$, 내부 저항이 $R_m=1.25\,\text{k}\Omega$이다. 이 계기를 사용해서 최대 눈금이 $500\,\mu\text{A}$인 전류계를 설계하라.

〔**풀이**〕 분류기 저항은

$$R_{sh}=\frac{I_m}{I-I_m}R_m=\frac{50\,\mu\text{A}}{500\,\mu\text{A}-50\,\mu\text{A}}\times 1.25\,\text{k}\Omega=138.9\,\Omega$$

또는 $m=\dfrac{I}{I_m}=\dfrac{500\,\mu\text{A}}{50\,\mu\text{A}}=10$ 이므로

$$R_{sh}=\frac{R_m}{m-1}=\frac{1.25\,\text{k}\Omega}{10-1}=138.9\,\Omega$$

2.3.2 다중 측정 범위 전류계

앞에서 설명한 직류 전류계에 여러 개의 분류기를 사용함으로써 측정 범위를 확대시킬 수 있다. 이런 계기를 다중 측정 범위 전류계(多重測定範圍電流計; multi-range ammeter)라고 부른다. 그림 2.15는 에어톤 분류기(Ayrton shunt) 또는 만능 분류기(萬能分流器; universal shunt)라고 하는 것으로, 측정 범위를 바꿀 때 분류기 없이 계기만 회로에 연결됨으로써 여기에 과도한 전류가 흘러 손상되는 것을 방지한 것이다. 다음 예에서 에어톤 분류기를 사용하여 다중 측정 범위 전류계를 설계한다.

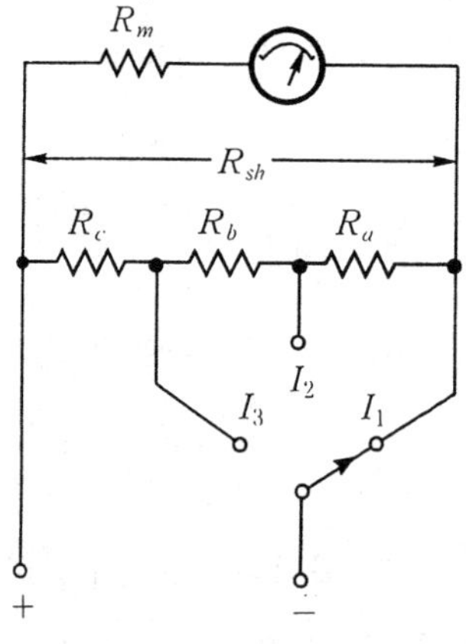

그림 2.15 다중 측정 범위 전류계 회로

〔**예제** 2.2〕 그림 2.16에 주어진 다중 측정 범위 전류계의 측정 범위가 10 mA, 100 mA, 1 A일 때, 분류기 저항값을 계산하라. 단, PMMC 계기는 $I_{fs}=100\,\mu A$, $R_m=1\,k\Omega$이다.

〔**풀이**〕 • 10 mA 범위에서 분류기 저항은 $R_a+R_b+R_c$이다.

$$m=\frac{I}{I_m}=\frac{10\,\text{mA}}{100\,\mu\text{A}}=100$$

$$R_{sh}=R_a+R_b+R_c=\frac{R_m}{m-1}=\frac{1\,\text{k}\Omega}{100-1}=\frac{1\,\text{k}\Omega}{99}=10.1\,\Omega$$

• 100 mA 범위에서는 R_b와 R_c가 분류기를 구성한다.

$$(R_b+R_c)(I_2-I_m)=(R_a+R_m)I_m$$

$$R_{sh}=R_b+R_c=\frac{I_m(R_a+R_b+R_c+R_m)}{I_2}=\frac{100\,\mu\text{A}\times(10.1\,\Omega+1\,\text{k}\Omega)}{100\,\text{mA}}=1.01\,\Omega$$

• 1 A에서는 R_c만 분류기로 된다.

$$(I_3-I_m)R_c=(R_a+R_b+R_m)I_m$$

$$R_{sh}=R_c=\frac{I_m(R_a+R_b+R_c+R_m)}{I_3}=\frac{100\,\mu\text{A}\times(10.1\,\Omega+1\,\text{k}\Omega)}{1\,\text{A}}=0.101\,\Omega$$

• $R_b=(R_b+R_c)-R_c=1.01\ \Omega-0.101\ \Omega=0.909\ \Omega$

• $R_a=(R_a+R_b+R_c)-(R_b+R_c)=10.1\ \Omega-1.01\ \Omega=9.09\ \Omega$

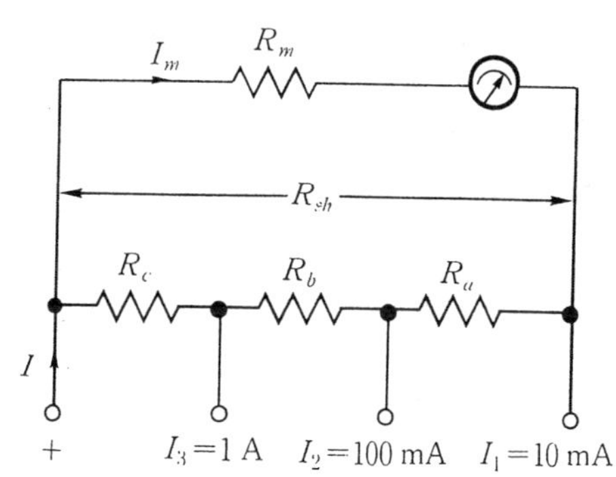

그림 2.16

2.3.3 온도 변화에 의한 오차와 보상법

가동 코일형 계기의 온도 오차(temperature error)는 가동 코일의 저항, 영구 자석의 자계 강도, 와권 스프링의 탄성 등이 온도에 의해 변화하기 때문에 발생한다. 표 2.2는 이들 요소의 온도 계수를 나타내고 있다. 이들 오차 원인 중에서 영구 자석과 와권 스프링에 의한 오차는 비교적 작으므로 실용상 무시할 수 있으나, 가동 코일 저항의 온도 계수는 크기 때문에 무시할 수 없다. 가동 코일형 계기를 전압계로서 사용하는 경우에는 가동 코일과 직렬로 저항값이 큰 저항을 접속하기 때문에 저항의 온도 변화는 무시할 수 있지만, 전류계로서 사용하는 경우에는 큰 영향을 미치므로 가동 코일 저항의 온도 변화에 대한 보상을 해 주어야 한다.

표 2.2 가동 코일형 계기 요소의 온도 계수

계기 요소	온도 계수
영구 자석의 세기	−0.2 % / 10℃
제어 스프링의 탄성	−0.4 % / 10℃
가동 코일의 저항	+3.9 % / 10℃

온도 보상은 그림 2.17(a)와 같이 보상 저항 R_1(이것을 swamping resistor라고 함)을 가동 코일과 직렬로 접속한다. 코일과 망가닌 저항의 합성 저항은 온도 상승과 함께 약간 증가하지만 스프링과 자석의 변화와 상쇄될 정도이기 때문에 전체적으로 온도의 영향은 0이다.

그림 2.17(a)에서, 가동 코일의 저항을 R_m, 그 온도 계수를 α_m, 망가닌 보상 저항을 R_1, 그 온도 계수를 α_1(≒0)이라고 하면, 온도가 t ℃ 상승할 경우 합성 저항 R은

$$
\begin{aligned}
R(1+\alpha t) &= R_m(1+\alpha_m t) + R_1(1+\alpha_1 t) \\
&= (R_1 + R_m)\left(1 + \frac{R_m}{R_1 + R_m}\alpha_m t + \frac{R_1}{R_m + R_1}\alpha_1 t\right) \qquad \cdots (2.12) \\
&= (R_1 + R_m)\left[1 + \left(\frac{R_m}{R_1 + R_m}\alpha_m + \frac{R_1}{R_m + R_1}\alpha_1\right)t\right]
\end{aligned}
$$

로 되고, 위 식에서 합성 온도 계수 α는

$$\alpha = \frac{R_m}{R_m + R_1}\alpha_m + \frac{R_1}{R_m + R_1}\alpha_1 \approx \frac{R_m}{R_1}\alpha_m \qquad \cdots (2.13)$$

으로 된다. 만약 $R_1 \gg R_m$으로 하면, 합성 온도 계수 α는 α_m의 R_m/R_1배로 감소함을 알 수 있다.

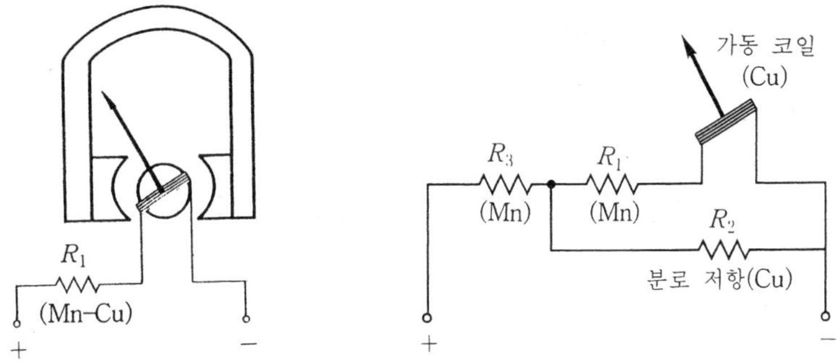

(a) 간단한 보상 회로 (b) 스윈버언 회로

그림 2.17 영구 자석 가동 코일형 전류계의 온도 보상법

더 완전한 온도 보상은 그림 (b)와 같은 스윈버언(swinburn) 회로를 구성함으로써 얻어진다. 이 경우 회로의 총 저항은 가동 코일과 분로 저항 때문에 온도의 상승과 함께 약간 증가한다. 따라서 일정 전압 인가시 총 전류는 온도의 증가와 함께 약간 감소한다. 온도 증가시 구리의 분로 저항은 가동 코일 저항과 망가닌 저항의 직렬 합성보다 더 증가하므로, 총 전류 중 더 많은 비율이 가동 코일에 흐르게 된다. 회로에서 구리와 망가닌 저항의 비를 정확히 조정하여 온도 영향을 완전히 보상한다. 즉, 조건

$$\frac{R_3}{R_2} = \frac{R_m}{R_1} \qquad \cdots (2.14)$$

이 만족될 때, 이 회로는 온도의 영향을 거의 받지 않는다. 이 방법을 스윈버언 보상법이라고 한다. 일반적으로 보상 저항을 사용해서 온도 보상을 하면 최대 눈금 편위 전류(I_{fs})를 얻는 데 더 큰 전압이 요구되기 때문에 계기의 감도가 낮아지는 결점이 있다.

2.3.4 직류 전류계의 사용법과 부하 효과

직류 전류계 사용시 다음과 같은 3가지 규칙을 지켜야 한다.

① 전류계를 부하 또는 측정 회로와 직렬로 접속한다.

② 최대 측정 전류보다 더 큰 정격을 갖는 전류계를 사용한다.

③ 가능한 내부 저항이 낮은 전류계를 사용한다.

특히, ③에 대해서는 세심한 주의가 요구되기 때문에 여기서 자세히 검토한다. 전류계의 내부 저항은 0이 아니므로 전류를 측정하고자 하는 회로에 전류계를 접속하면 전류계의 저항에 기인하는 영향 때문에 측정한 전류는 실제의 전류와 다르다. 지금, 그림 2.18에서, 저항 R에 흐르는 전류를 내부 저항이 R_m인 전류계를 사용하여 측정하는 경우를 생각해 보자.

전류계를 삽입하기 전 회로 (a)에 흐르는 전류는

$$I_o = \frac{E}{R} \quad \cdots (2.15)$$

단자 x, y에 전류계를 삽입하면 회로는 (b)와 같이 되고, 이때 흐르는 전류는

$$I_m = \frac{E}{R + R_m} \quad \cdots (2.16)$$

위 두 식으로부터

$$\frac{I_m}{I_o} = \frac{R}{R + R_m} \quad \cdots (2.17)$$

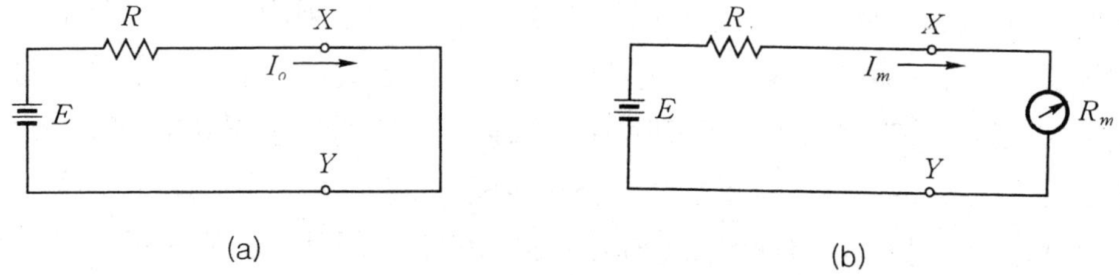

그림 2.18 전류계의 부하 효과(삽입 오차)

이와 같이 전류계를 삽입하면 전류계의 지시값 I_m과 참값 I_o는 다르다. 이것을 전류계의 부하 효과(삽입 오차)라고 부른다. 전류계 저항의 영향을 제거하기 위해서는 $R_m < R/10$이어야 한다.

〔**예제** 2.3〕 그림 2.19(a)의 회로에서 내부 저항 50 Ω인 전류계를 가지고 단자 a, b 사이를 단락시켰을 때 흐르는 전류를 측정하였다. 전류계에 기인하는 오차를 구하여라.

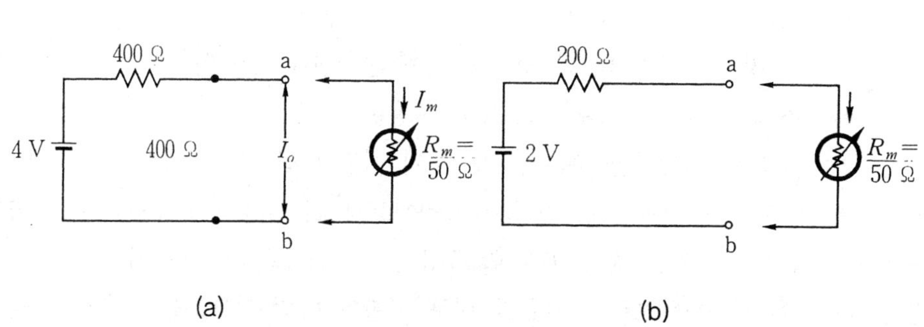

그림 2.19

〔풀이〕 • 전류계를 접속하기 전 a, b 단자 사이에 흐르는 전류는

$$I_o = \frac{4\,\text{V}}{400\,\Omega} = 0.01\,\text{A}$$

• 전류계 접속 후 a, b 단자의 좌측 회로를 테브난 등가 회로로 변환하면

등가 저항 $R_{TH} = \dfrac{400 \times 400}{400 + 400} = 200\,\Omega$

등가 전압 $V_{TH} = \dfrac{400}{400 + 400} \times 4\,\text{V} = 2\,\text{V}$

그림 (b)의 등가 회로가 얻어진다. 그림 (b)에서 전류계에 흐르는 전류는

$$I_m = \frac{2\,\text{V}}{200\,\Omega + 50\,\Omega} = 0.008\,\text{A}$$

따라서 %오차는

$$\%\text{오차} = \frac{I_m - I_o}{I_o} \times 100\% = \frac{0.008 - 0.01}{0.01} \times 100\% = -20\,\%$$

전류계 저항에 기인해서 측정 전류는 참값보다 20 %만큼 작다.

2.4 직류 전압계

2.4.1 전압계 회로

가동 코일에 흐르는 전류는 가동 코일에 인가되는 전압에 비례하므로 영구 자석 가동 코일형 계기를 직접 전압계로 사용할 수 있다. 그러나 가동 코일의 내부 저항은 작고, 또한 가동 코일에 흘릴 수 있는 전류도 작으므로 그림 2.20과 같이 가동 코일과 직렬로 저항 R_s를 접속하여 측정할 수 있는 전압 범위를 확대한다. 이 저항 R_s를 배율기(倍率器; multiplier)라고 부른다. 배율기는 가동 코일에 흐르는 전류가 최대 눈금 전류(I_{fs})을 초과하지 않도록 제한하여 전압계의 측정 범위를 확대시킨다. 그림 2.20에서

I_m : PMMC 계기의 최대 눈금 편위 전류($=I_{fs}$)

R_m : PMMC 계기의 내부 저항

R_s : 배율기 저항

V : 계기의 최대 눈금 전압

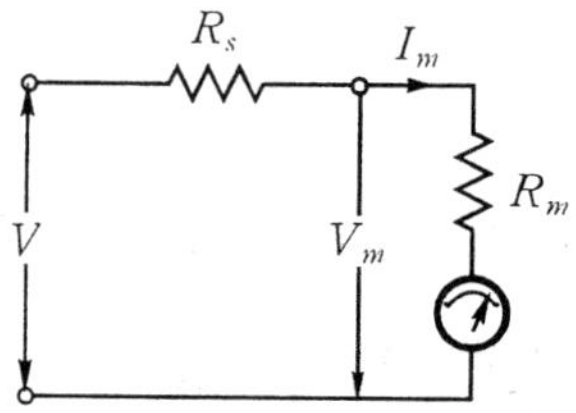

그림 2.20 전압계 회로

이라 하면, 전압계에 인가할 수 있는 최대 전압은

$$V = I_m(R_s+R_m) \qquad \cdots (2.18)$$

여기서 배율기 저항 R_s를 구하면

$$R_s = \frac{V - I_m R_m}{I_m} = \frac{V}{I_m} - R_m \qquad \cdots (2.19)$$

또한 코일의 양단 전압 V_m과 측정 전압 V와의 관계는

$$V = \frac{R_m + R_s}{R_m} V_m = mV_m \qquad \cdots (2.20)$$

여기서, $m = \dfrac{R_m + R_s}{R_m}$

이와 같이 배율기를 설치하면 코일에 인가할 수 있는 전압의 m배 되는 전압까지 측정할 수 있으며, 이 m을 배율기의 배율이라 한다. 측정 범위가 500 V 정도까지는 배율기를 전압계 내부에 설치하나, 500 V를 넘으면 배율기의 점유 용적 및 계기 내부의 발열이 문제가 되므로 전압계 외부에 개별적으로 설치한다. 이를 외부 배율기라 부른다.

〔**예제** 2.4〕 PMMC 계기의 최대 편위 눈금 전류가 I_{fs} = 1 mA, 내부 저항이 R_m= 1 kΩ 이다. 이 계기를 사용해서 최대 눈금이 100 V인 전압계를 설계하라.

〔**풀이**〕 분류기 저항은

$$R_s = \frac{V}{I_m} - R_m = \frac{100\,\text{V}}{1\,\text{mA}} - 1\,\text{k}\Omega = 100\,\text{k}\Omega - 1\,\text{k}\Omega = 99\,\text{k}\Omega$$

2.4.2 전압계의 감도 : [Ω / V] 정격

2.2절에서 설명한 바와 같이, 최대 눈금 전류 I_{fs}는 최대 눈금 전압이 계기에 인가되었을 때 흐르는 전류를 말한다. 전압계의 감도 S는 계기의 최대 눈금 전류의 역수로 정의한다. 즉,

$$S = \frac{1}{I_{fs}} \, [\Omega/\mathrm{V}] \qquad \cdots (2.21)$$

이 감도를 또한 Ω/V 정격(ohms-per-volt rating)이라고도 한다. 전압계 감도 S는 직류 전압계의 배율기 저항을 결정하는 방법 중의 하나인 감도법(感度法; sensitivity method)에서 유용하게 사용된다. 그림 2.20의 회로에서 전압계 단자에서 본 전압계 저항은

$$R_v = S \times V \qquad \cdots (2.22)$$

따라서 배율기 저항 R_s는 다음과 같이 계산된다.

$$R_s = (S \times V) - R_m \qquad \cdots (2.23)$$

이다.

〔예제 2.5〕 최대 눈금 전류가 1 mA인 PMMC 계기를 사용해서 100 V 전압계를 제작하였다. 이 전압계의 감도와 내부 저항을 구하라.

〔풀이〕 전압계 감도 $S = \frac{1}{I_{fs}} = \frac{1}{1\,\mathrm{mA}} = 1000\ \Omega/\mathrm{V}$

전압계 저항 $R_v = 100\ \mathrm{V} \times 1000\ \Omega/\mathrm{V} = 100\ \mathrm{k}\Omega$

2.4.3 다중 측정 범위 직류 전압계

영구 자석 가동 코일형 계기와 여러 개의 배율기를 조합하면 여러 측정 범위를 갖는 직류 전압계를 설계할 수 있다. 그림 2.21은 3개의 배율기 저항 R_{s1}, R_{s2}, R_{s3}를 사용한 다중 측정 범위 전압계(multi-range voltmeter)이다. 배율기는 모두 직렬로 연결되어 있으며, 전환 스위치로 접속 개소를 바꿔 줌으로써 계기와 직렬로 연결되는 저항의 적당한 크기를 선택한다. 배율기의 값은 식 (2.19)나 감도법 식 (2.23)을 이용해 결정할 수 있다.

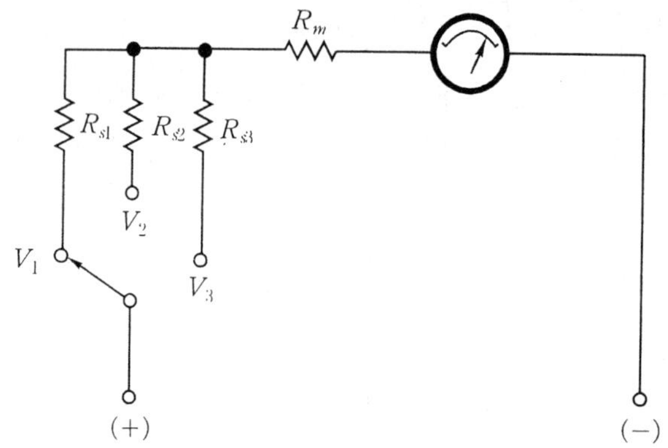

그림 2.21 다중 측정 범위 전압계

〔예제 2.6〕 저항이 R_m=100 Ω, 최대 눈금 전류 I_{fs}=1 mA인 PMMC 계기를 사용해서 그림 2.22와 같이 4개의 측정 범위 0~10 V, 0~50 V, 0~250 V, 0~500 V를 갖는 다중 측정 범위 직류 전압계로 설계하여라.

〔풀이〕 (1) 10 V 범위 (V_4 위치)

그림에서 전압계 내부 저항 R_V는

$$R_V = \frac{10\,\text{V}}{1\,\text{mA}} = 10\ \text{k}\Omega$$

$$\therefore\ R_4 = R_V - R_m = 10\ \text{k}\Omega - 100\ \Omega = 9900\ \Omega$$

(2) 50 V 범위(V_3 위치)

$$R_V = \frac{50\,\text{V}}{1\,\text{mA}} = 50\ \text{k}\Omega$$

$$\therefore\ R_3 = R_V - (R_4 + R_m) = 50\ \text{k}\Omega - 10\ \text{k}\Omega = 40\ \text{k}\Omega$$

(3) 250 V 범위(V_2 위치)

$$R_V = \frac{250\,\text{V}}{1\,\text{mA}} = 250\ \text{k}\Omega$$

$$\therefore\ R_2 = R_V - (R_3 + R_4 + R_m) = 250\ \text{k}\Omega - 50\ \text{k}\Omega = 200\ \text{k}\Omega$$

(4) 500 V 범위(V_1 위치)

$$R_V = \frac{500\,\text{V}}{1\,\text{mA}} = 500\ \text{k}\Omega$$

$$\therefore\ R_1 = R_V - (R_2 + R_3 + R_4 + R_m) = 500\ \text{k}\Omega - 250\ \text{k}\Omega = 250\ \text{k}\Omega$$

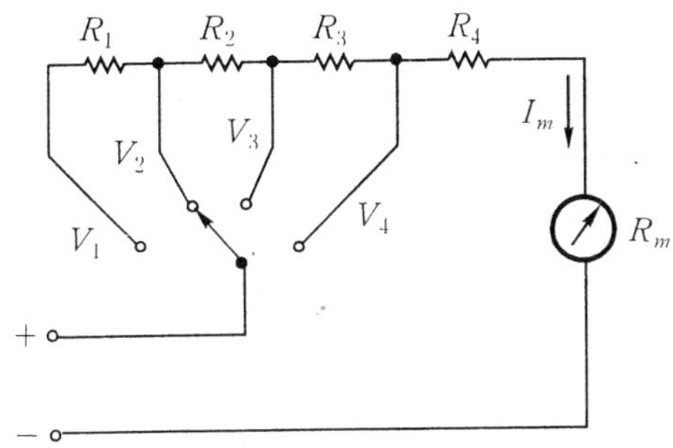

그림 2.22

〔**예제** 2.7〕 전압계 감도를 사용해 예제 2.6의 해를 구하라.

〔풀이〕 • 각 측정 범위에서 전압계 내부 저항은

$$R_V = S \times V$$

• 전압계 감도는

$$S = \frac{1}{I_{fs}} = \frac{1}{1\text{mA}} = 1000\ \Omega/\text{V}$$

• 측정 범위 $V_4 = 10$ V에서

$$R_4 = (S \times V) - R_m = \left[(1000\ \Omega / \text{V}) \times 10\,\text{V}\right] - 100\,\Omega = 9900\ \Omega$$

• 측정 범위 $V_3 = 50$ V에서

$$R_3 = (S \times V) - (R_4 + R_m) = \left[(1000\,\Omega / \text{V}) \times 50\,\text{V}\right] - \left(9900\,\Omega + 100\,\Omega\right)$$

$$= 40\ \text{k}\Omega$$

• 측정 범위 $V_2 = 250$ V에서

$$R_2 = (S \times V) - (R_3 + R_4 + R_m) = \left[(1000\Omega / \text{V}) \times 250\text{V}\right] - \left(40\text{k}\Omega + 9900\Omega + 100\Omega\right)$$

$$= 200[\text{k}\Omega]$$

• 측정 범위 $V_1 = 500$ V에서

$$R_1 = (S \times V) - (R_2 + R_3 + R_4 + R_m)$$
$$= \left[(1000\,\Omega / \text{V}) \times 500\text{V}\right] - \left(200\,\text{k}\Omega + 40\,\text{k}\Omega + 9900\,\Omega + 100\,\Omega\right)$$

$$= 250\ \text{k}\Omega$$

2.4.4 전압계의 사용과 부하 효과

직류 전압계 사용시 반드시 지켜야 할 기본 규칙은 다음과 같다.

① 전압계를 부하와 병렬로 접속한다.

② 최대 측정 전압보다 더 큰 정격을 갖는 전압계를 선택한다.

③ 측정 회로 저항보다 훨씬 큰 입력 저항을 갖는 전압계를 사용한다.

그림 2.23과 같이 단자 a, b 간의 전압을 측정하는 경우, 전압계의 내부 저항은 무한대가 아니므로 오차가 발생한다. 이와 같이 전압계의 내부 저항에 기인해서 전압계의 측정 전압 V_m은 참값과 다르게 나타난다. 이것을 전압계의 부하 효과(負荷效果; loading effect)라고 부른다.

회로 (a)를 테브난 등가 회로로 변환하면 회로 (b)와 같이 되고, 전압계에 의해서 측정되는 전압은

$$V_m = \frac{R_v}{R_{TH} + R_v} V_{TH} \qquad \cdots (2.24)$$

로 되고, 두 전압의 비를 구하면 다음과 같이 된다.

$$\frac{V_m}{V_{TH}} = \frac{R_v}{R_{TH} + R_v} \qquad \cdots (2.25)$$

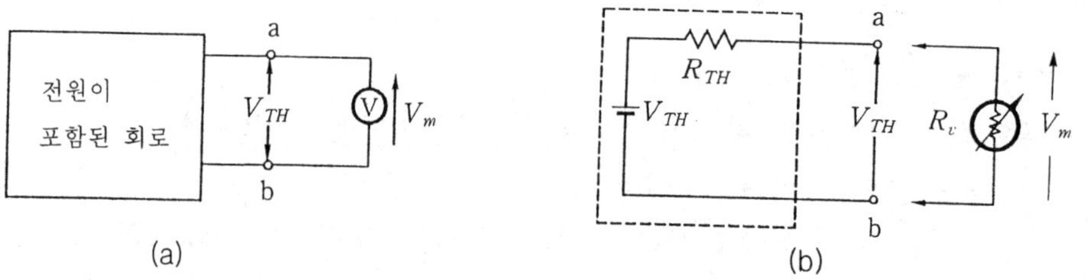

그림 2.23 전압계의 부하 효과

〔예제 2.8〕 그림 2.24(a)의 회로에서 정격 전압 100 V, 내부 저항이 1 kΩ/V인 전압계로 단자 a, b 사이의 전압을 측정하고자 한다. 전압계의 지시값을 구하고, 부하 효과에 기인하는 오차(loading error)를 계산하라.

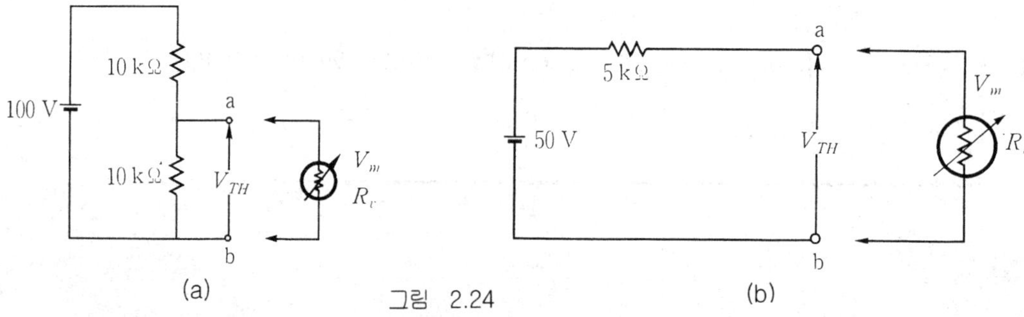

그림 2.24

〔풀이〕 그림 (a)에서 단자 a, b 간의 전압은

$$V_{TH} = \frac{10\,\mathrm{k\Omega}}{10\,\mathrm{k\Omega} + 10\,\mathrm{k\Omega}} \times 100\,\mathrm{V} = 50\,\mathrm{V}$$

그림 (a)의 회로를 테브난 등가 회로로 변환하면 그림 (b)와 같다. 전압계를 접속할 때 지시값은

$$V_m = \frac{100\,\mathrm{k\Omega}}{5\,\mathrm{k\Omega} + 100\,\mathrm{k\Omega}} \times 50\,\mathrm{V} = 47.62\,\mathrm{V}$$

따라서 전압계 부하 효과에 기인하는 오차는

$$\%\text{오차} = \frac{47.62 - 50}{50} \times 100\% = -4.76\,\%$$

식 (2.22)에서 전압계의 내부 저항이 클수록 부하 효과에 기인하는 오차는 작아진다. 따라서 전압 측정시 가능하면 내부 저항이 $R_V \gg 100R$인 전압계를 선택하여야 한다.

2.5 검류계

검류계(檢流計; galvanometer)는 미소 전류나 전압의 유무를 검출하는 데 사용하는 고감도(高感度) 계기이다. 검류계의 동작 원리는 주로 가동 코일형 계기를 변형한 것이 많으며, 미소한 전류로 동작하기 때문에 감도가 매우 높은 구조로 되어 있다. 검류계는 검출하는 전류의 종류에 따라 직류 검류계, 교류 검류계, 충격 검류계(衝擊檢流計) 등으로 구분한다.

초기에는 가동 코일형 검류계가 주로 사용되어 왔으나, 이 방식의 검류계는 감도가 높아질수록 취급이 곤란하게 된다. 따라서 최근에는 취급이 용이하고 감도가 높은 전자식 검류계도 널리 사용되고 있다. 여기에서는 가동 코일형 직류 검류계를 설명하고, 전자식 검류계는 7장에서, 충격식 검류계는 15장에서 다룬다.

가동 코일형 검류계에는 반조형(反照檢流計; reflecting galvanometer)과 지침형(指針形; pointer type)이 있다. 일반적으로 반조형은 감도가 매우 높아 7×10^{-10} A/mm, 7×10^{-7} V/mm이고, 지침형은 감도가 5×10^{-5} V/mm로 낮다.

2.5.1 구조와 동작 원리

그림 2.25는 반조 검류계의 원리도이다. 가동 코일형 전류계와 같은 구조이나, 가동 부분의 마찰 저항을 작게 하기 위해서 베어링을 사용하지 않고, 그림 (a)와 같이 가는

인청동(燐靑銅) 선으로 가동 코일을 지지하며, 동시에 스프링 제어를 겸하고 있다. 또 지침 대신에 가동 부분에 거울을 달아 거울에서 반사되는 반사광을 이용하고 있다. 인청동 세선은 가동부를 지지할 뿐만 아니라 가동부의 하측에 설치된 약한 스프링과 함께 가동 코일에 전류를 도입한다. 눈금판은 그림 (b)와 같이 중앙이 0인 눈금(center-zero scale)으로 되어 있다.

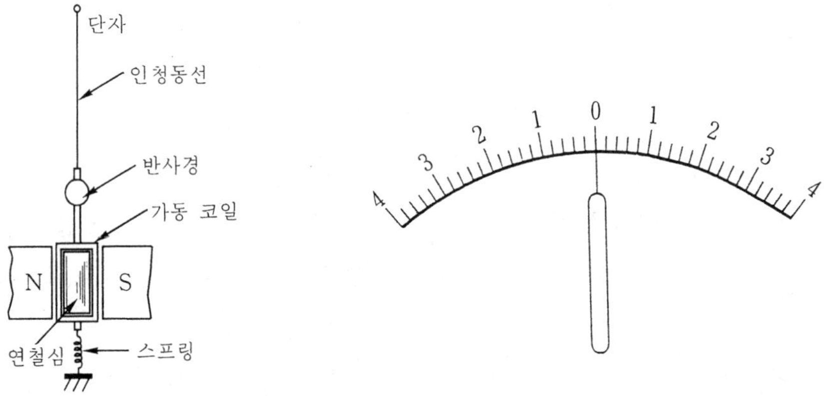

(a) 구조 (b) 눈금

그림 2.25 반조 검류계의 구조

검류계에 전류가 흐르지 않으면 광원(lamp)으로부터 나온 빛은 거울로부터 반사되어 그림 2.26(a)와 같이 D의 거리에 놓여 있는 눈금판의 중앙에 광점을 만든다. 만일, 검출하고자 하는 전류를 검류계에 흘리면 가동 코일과 함께 거울도 회전하고, 이에 따라 그림 2.26(b)와 같이 눈금판 위의 광점도 d 만큼 이동하여 전류의 크기를 지시한다. 지금 그림 (b)에서 가동 코일의 편위각 θ와 눈금판상에서 광점이 움직인 거리 d 사이에는 다음의 관계가 성립한다.

$$\tan\theta = \frac{d}{D} \qquad \cdots (2.26)$$

θ가 작을 때에는

$$\tan\theta \approx \theta = \frac{d}{D} \qquad \cdots (2.27)$$

따라서 광점의 이동 거리는 다음과 같이 된다.

$$\theta \approx \frac{d}{D} \qquad \cdots (2.28)$$

여기서, 반사경과 눈금판 사이의 거리는 보통 1 m로 한다. 현재 반조형 검류계는 거울과 눈금판 사이를 단축시켜 램프와 함께 소형 상자에 장치한 것이 많다.

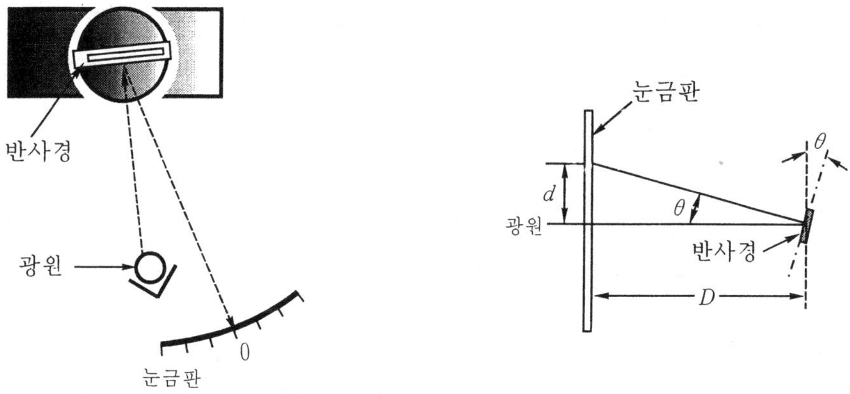

그림 2.26 반조 검류계의 눈금판과 광점의 이동

2.5.2 제동 장치

가동 코일형 전류계에서는 알루미늄 권선틀에 의한 전자 제동(電磁制動)을 이용하였으나, 가동 코일형 검류계의 경우에는 다음과 같은 방법을 이용한다. 그림 2.27과 같이 단자 간에 적당한 크기의 저항 R_d를 접속시켜 폐회로를 만든다. 가동 코일이 자계 중에서 회전하면 가동 코일과 쇄교하는 자속이 변화하므로 가동 코일에 기전력이 유기되어 전류 I_d가 흐른다. 다시 I_d와 자계 사이에 발생하는 전자력은 가동 코일의 운동을 방해하는 방향으로 작용하는 토크를 발생시킨다. 따라서 R_d를 조정하여 I_d의 크기를 변화시키면 제동력(制動力)을 조정할 수 있다.

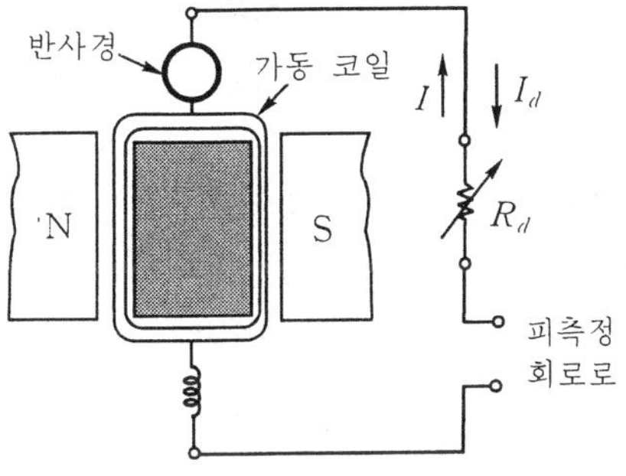

그림 2.27 검류계의 제동

R_d를 크게 하면 I_d가 작아져서 제동력이 약해지므로 광점은 눈금판상에서 서서히 진동하면서 일정값에 가까워진다. 또한 R_d가 너무 작으면 I_d가 커져서 제동력이 증가하므로 과제동으로 된다. 그러므로 검류계에서는 R_d를 적당히 조정하여 계기가 신속하게 측정값을 지시하도록 임계 제동 상태로 하지 않으면 안 된다. 이 임계 제동시 검류계에서 본 저항값을 외부 임계 제동 저항(外部臨界制動抵抗; critical damping resistance external; CDRX)이라고 한다.

2.5.3 감도

검류계의 감도는 보통 다음의 2가지로 나타낸다.

(1) 전류 감도

전류 감도(電流感度; current sensitivity)는 검류계의 편위와 이 편위를 일으키는 데 요구되는 전류의 비로 정의하고, 전류는 보통 μA, 편위는 mm로 나타낸다. 눈금이 mm로 교정되지 않은 검류계의 경우 편위는 눈금 간격(division)으로 주어진다. 전류 감도의 식은 다음과 같다.

$$S_c = \frac{d}{I} \text{ mm}/\mu\text{A} \qquad \cdots (2.29)$$

또는

$$S_c = \frac{I}{d} \ \mu\text{A/ mm} \qquad \cdots (2.30)$$

여기서, d: 검류계의 편위 mm

I: 검류계 전류 μA

반조형인 경우 전류 감도는 $10^{-4}\,\mu$A/mm 정도이며, 고감도인 것은 $2\times10^{-5}\,\mu$A/mm인 것도 있다. 지침형인 경우에는 $10\,\mu$A/mm 정도의 전류 감도가 얻어진다.

(2) 전압 감도

전압 감도(電壓感度; voltage sensitivity)는 검류계의 편위와 이 편위를 일으키는 데 필요한 전압의 비로 정의한다.

$$S_v = \frac{d}{V} \text{ mm}/\mu\text{V} \qquad \cdots (2.31)$$

또는

$$S_v = \frac{V}{d} \ \mu\text{V/mm} \qquad \cdots (2.32)$$

여기서, d: 검류계의 편위 mm

V: 검류계에 가한 전압 μV

전압 감도는 검류계에 직렬로 임계 제동 외부 저항을 접속한 경우의 값이다. 반조형인 경우 전압 감도는 10^{-1} μV/mm 정도이며, 지침형인 경우에는 10^{2} μV/mm 정도의 전류 감도가 얻어진다.

2.6 저항계

전기 저항을 측정하는 계기를 저항계(ohmmeter)라고 하며, 회로 구성 방식에 따라 직렬형과 병렬형이 있다.

2.6.1 직렬형 저항계

직렬형 저항계(直列形抵抗計; series-type ohmmeter)는 기본적으로 영구 자석 가동 코일형 계기, 직렬 저항 및 전지로 구성된다. 이때 가동 코일을 통해 흐르는 전류는 미지 저항의 크기에 의존하며, 따라서 계기의 지시는 미지 저항값에 비례한다. 그림 2.28은 간단한 직렬형 저항계이다. 미지 저항이 R_x=0(즉, AB 단자 단락)이면 회로에는 최대 전류가 흐르게 되고, 이 상태에서 계기가 최대 눈금을 지시하도록 분로 저항 R_2를 조정한다. 이때 지침의 위치를 눈금판에는 0 Ω으로 표시한다(그림 (b)). 만약 미지 저항이 $R_x = \infty$(즉, AB 단자 개방)이면 회로 전류가 0으로 되므로 지침은 0을 지시하지만 눈금판에는 ∞ Ω으로 표시된다(그림 (b)). 0～∞ Ω 사이의 눈금은 기지의 저항을 계기 단자에 접속하여 정한다.

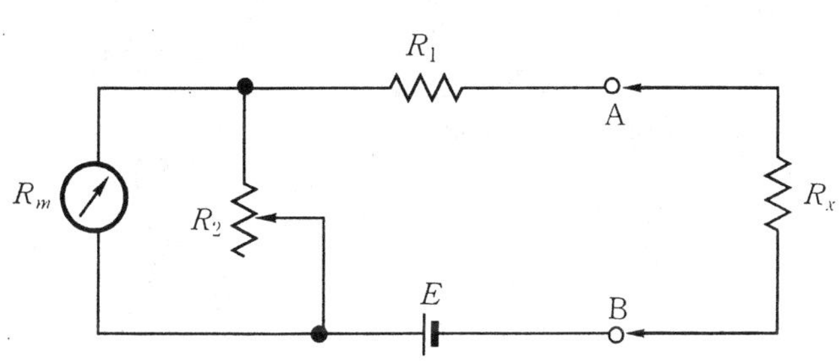

(a) 회로

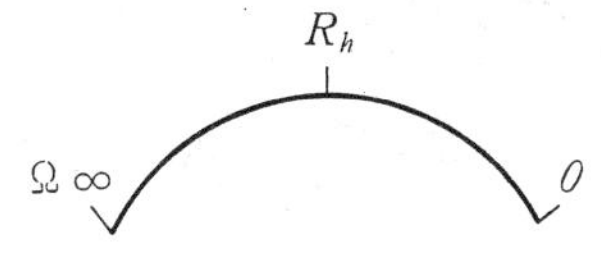

(b) 눈금

그림 2.28 직렬형 저항계

직렬형 저항계의 설계시 사용되는 편리한 양은 계기의 지침이 반눈금 편위(half scale deflection=$I_{fs}/2$)를 일으키는 미지 저항 R_x의 값이다. 반눈금 편위시 단자 A, B에 접속되는 미지 저항 R_x의 값을 반눈금 편위 저항 R_h로 정의한다. 만약, 계기의 최대 눈금 전류 I_{fs}, 내부 저항 R_m, 전지 전압 E, 그리고 반눈금 편위 저항 R_h의 값이 주어진다면 R_1과 R_2의 값을 구할 수 있다. 전지로부터 공급되는 총 전류는

$$I_t = \frac{E}{R_x + R_1 + R_2 // R_m} \qquad \cdots (2.33)$$

만약 저항 R_h를 단자 A, B에 접속하면, R_2와 계기 R_m에 흐르는 전류는 같아야 하므로 계기에는 $I_{fs}/2$의 전류가 흐르고, 미지 저항의 크기는 단자 A, B에서 본 저항계의 총 내부 저항과 같다. 즉,

$$R_x = R_h = R_1 + \frac{R_2 R_m}{R_2 + R_m} \qquad \cdots (2.34)$$

이때 전지에 걸리는 총 저항은 $2R_h$로 되므로 지침이 반눈금 편위하는 데 필요한 전지의 공급 전류는 다음과 같다.

$$I_h = \frac{E}{R_x + R_h} = \frac{E}{R_h + R_h} = \frac{E}{2R_h} \qquad \cdots (2.35)$$

또, 지침이 최대 눈금을 지시할 때 전지 전류는

$$I_t = I_h + I_h = 2I_h = \frac{E}{R_h} \qquad \cdots (2.36)$$

한편, 분류기 R_2를 통해 흐르는 전류는

$$I_2 = I_t - I_m \qquad \cdots (2.37)$$

이고, 분류기에 걸리는 전압 E_s는 계기 R_m에 걸리는 전압과 같다.

$$E_s = E_m \quad \text{또는} \quad I_2 R_2 = I_m R_m \qquad \cdots (2.38)$$

따라서

$$R_2 = \frac{I_m R_m}{I_2} \qquad \cdots (2.39)$$

식 (2.37)을 식 (2.39)에 대입하면

$$R_2 = \frac{I_m R_m}{I_t - I_m} = \frac{I_m R_m R_h}{E - I_m R_h} \quad \cdots (2.40)$$

또, 식 (2.34)를 R_1에 대하여 풀면

$$R_1 = R_h - \frac{R_2 R_m}{R_2 + R_m} \quad \cdots (2.41)$$

식 (2.40)을 식 (2.41)에 대입하고 R_1에 대하여 풀면

$$R_1 = R_h - \frac{I_m R_m R_h}{E} \quad \cdots (2.42)$$

위 관계식들로부터 R_1, R_2의 값을 설계할 수 있다.

〔**예제** 2.9〕 그림 2.28의 직렬형 저항계에 사용된 계기의 최대 눈금 전류는 I_{fs}=50 μA, 내부 저항 R_m=50 Ω이고, 전지 전압은 E= 1.5 V이다. 반눈금 저항을 15 kΩ으로 설계할 때 R_1과 R_2의 값을 계산하라.

〔**풀이**〕 최대 눈금에서 총 전지 전류는

$$I_t = \frac{E}{R_h} = \frac{1.5\,\text{V}}{15000\,\Omega} = 0.1\ \text{mA}$$

R_2에 흐르는 전류는

$$I_2 = I_t - I_m = 0.1\ \text{mA} - 50\,\mu\text{A} = 0.05\ \text{mA}$$

R_2의 값은 식 (2.39)로부터 구할 수 있다.

$$R_2 = \frac{I_m R_m}{I_2} = \frac{0.05\,\text{mA} \times 50\,\Omega}{0.05\,\text{mA}} = 50\ \Omega$$

계기와 분류기의 병렬 합성 저항은

$$\frac{R_2 R_m}{R_2 + R_m} = \frac{50 \times 50}{50 + 50} = 25\ \Omega$$

따라서, 저항 R_1의 값은

$$R_1 = R_h - \frac{R_2 R_m}{R_2 + R_m} = 15000 - 25 = 14975\ \Omega$$

직렬형 저항계는 휴대용 계기로 일반적인 목적에 광범위하게 사용되고 있지만 몇 가지 단점을 가진다. 가장 큰 문제점은 시간이 경과함에 따라 전지 전압과 최대 눈금 전류가 감소하여 A, B를 단락시켰을 때 계기가 0을 지시하지 않는 점이다. 전지 전압

의 변화에 의한 영향을 제거하기 위하여 가변 저항 R_2를 조정한다. R_2가 없으면 R_1을 조정함으로써 지침이 최대 눈금으로 되돌아가도록 할 수 있으나 이렇게 되면 전체 눈금을 다시 교정해야 한다. 그리고 R_2와 R_m의 병렬 합성 저항은 항상 R_1에 비해 작으므로 R_2의 조정은 교정 눈금을 크게 변화시키지 않기 때문에, R_1보다는 R_2에 의한 교정이 더 좋은 방법이라 할 수 있다. 그림 2.28의 회로는 전지의 경년 변화를 완전히 보상하지는 못하지만 계기의 제한된 확도 내에서는 상당히 좋은 결과를 얻을 수 있다.

2.6.2 분로형 저항계

직렬형 저항계의 사용시 불편한 것은 저항 측정 범위를 변경할 때마다 영점 조정 저항 R_2를 크게 조정해야 된다는 점이다. 분로형 저항계(分路形抵抗計; shunt-type ohmmeter)에서는 이와 같은 조정이 불필요하며, 일단 영섬 소성을 하면 측정 범위를 바꾸더라도 단지 약간의 0점 조정으로 충분하다. 그림 2.29는 분로형 저항계의 회로도이다. 미지 저항 R_x는 PMMC 계기와 병렬로 단자 A, B에 접속한다. 스위치 S는 계측기를 사용하지 않을 때 전지를 회로로부터 분리하기 위한 ON/OFF 스위치이다. 미지 저항 R_x가 0일 때 계기 전류는 I_m=0이고, $R_x=\infty$이면 계기에 흐르는 전류는 최대가 되어 지침은 최대 눈금을 지시한다. 따라서 이 경우 저항계의 눈금은 눈금판의 좌측 끝이 0 Ω이고, 우측 끝이 ∞ Ω으로 된다.

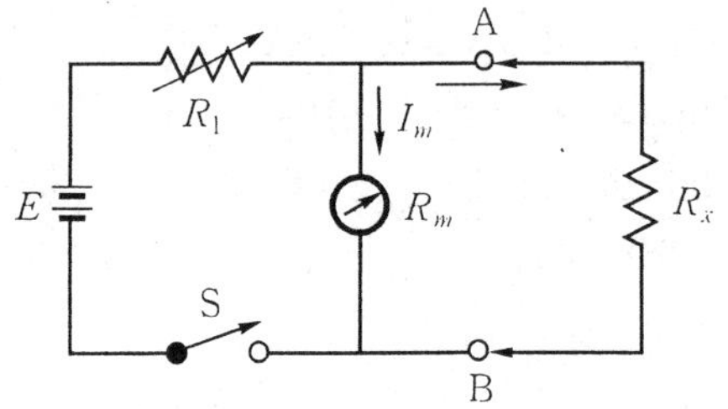

그림 2.29 분로형 저항계

그림 2.29에서 R_x가 ∞일 때 계기에 흐르는 전류 I는 최대 눈금 전류 I_{fs}로 되므로

$$I_{fs} = \frac{E}{R_1 + R_m} \qquad \cdots (2.43)$$

위 식으로부터

$$R_1 = \frac{E}{I_{fs}} - R_m \qquad \cdots (2.44)$$

임의의 R_x 값이 접속되면 R_m에 흐르는 전류는

$$I_m = \frac{E}{R_1 + R_m // R_x} \times \frac{R_x}{R_m + R_x} = \frac{ER_x}{R_1 R_m + R_x(R_1 + R_m)} \quad \cdots (2.45)$$

식 (2.43)과 (2.44)로부터

$$\frac{I_m}{I_{fs}} = \frac{R_x(R_1 + R_m)}{R_1(R_m + R_x) + R_m R_x} = \frac{R_x(R_1 + R_m)}{R_x(R_1 + R_m) + R_1 R_m} = \frac{R_x}{R_x + R_p} \quad \cdots (2.46)$$

여기서

$$R_p = \frac{R_1 R_m}{R_1 + R_m} \quad \cdots (2.47)$$

지침이 반 눈금 편위(즉, $I_m = 0.5I_{fs}$)할 때의 미지 저항을 R_x=R_h라고 하면, 식 (2.45)는

$$0.5 I_{fs} = \frac{ER_h}{R_1 R_m + R_h(R_1 + R_m)} \quad \cdots (2.48)$$

식 (2.47)에 식 (2.43)을 대입한 후 R_h에 대하여 풀면

$$R_h = \frac{R_1 R_m}{R_1 + R_m} \quad \cdots (2.49)$$

이와 같이 반눈금 저항 R_h는 저항 R_1과 PMMC 계기의 내부 저항 R_m에 의해서 결정됨을 알 수 있다. 또 R_1은 R_m과 I_{fs}에 의해서 결정된다.

〔**예제** 2.10〕그림 2.29의 저항계에서 $R_m = 5\ \Omega$, $I_{fs} = 10$ mA, $E = 3$ V이다. 반눈금 저항 R_h를 계산하라.

〔**풀이**〕 반눈금 편위시 계기 R_m에 흐르는 전류는

$I_m = 0.5 I_{fs} = 5$ mA

저항 R_1은

$$R_1 = \frac{E}{I_{fs}} - R_m = \frac{3\text{V}}{10\text{mA}} - 5\Omega = 295\ \Omega$$

반눈금 저항은

$$R_h = \frac{R_1 R_m}{R_1 + R_m} = \frac{295 \times 5}{295 + 5} = 4.92\ \Omega$$

2.7 다중 측정 범위 저항계

앞 절에서 설명한 저항계 회로는 단지 하나의 측정 범위만을 갖기 때문에 광범위한 저항값을 측정하는 경우에는 부적합하다. 여기서는 다중 측정 범위 저항계(多重測定範圍抵抗計; multiple-range ohmmeter)에 대하여 설명한다. 그림 2.30은 3개의 측정 범위를 갖는 저항계의 일례를 나타낸다. 저항 R_b는 단자 X, Y 가 단락되었을 때 PMMC 계기에 흐르는 전류를 I_{fs}로 제한하기 위하여 필요하다. 지금 $R_m=2\text{ k}\Omega$, $I_{fs}=50\,\mu\text{A}$, $R_b=28\text{ k}\Omega$이라고 하자.

계측기가 $R\times1$ 측정 범위에 있을 때 $10\,\Omega$ 저항은 PMMC 계기와 병렬로 접속된다. 그러므로 $R\times1$ 범위에 있는 저항계의 내부 저항은 $10\,\Omega$과 R_m+R_b의 병렬 합성과 같다. 즉,

$$R_{in1} = \frac{10\Omega\cdot(R_m+R_b)}{10\Omega+(R_m+R_b)} = \frac{10\Omega\cdot(2\text{k}\Omega+28\text{k}\Omega)}{10\Omega+(2\text{k}\Omega+28\text{k}\Omega)} \approx 10\,\Omega$$

따라서 X, Y 양단자에 $10\,\Omega$의 미지 저항이 접속되면, 지침은 눈금 중앙을 지시할 것이다. 그래서 눈금 중앙을 $10\,\Omega$으로 표시한다.

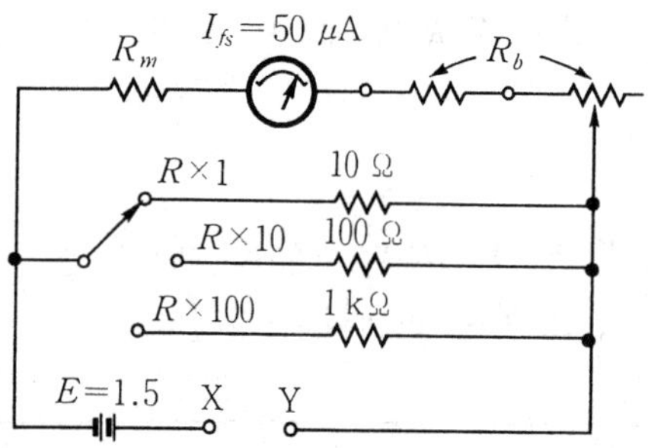

그림 2.30 다중 측정 범위 저항계 회로

$R\times10$ 범위에서 저항계의 총 저항은 $100\,\Omega$과 $30\text{ k}\Omega$의 병렬 합성으로 되어 약 $100\,\Omega$이다. 그러므로 $100\,\Omega$의 미지 저항이 X, Y 단자에 접속되면 지침은 눈금 중앙을 지시할 것이다. 그런데 이곳은 이미 $10\,\Omega$으로 표시되어 있으므로, $100\,\Omega$을 나타내기 위해서는 $10\,\Omega\times10$, 즉 미지 저항값은 지시값에 배율 10을 곱하여 결정된다.

마지막으로, 저항계가 $R\times100$으로 되면 계측기의 총 저항은 $1\text{ k}\Omega\,//\,30\text{ k}\Omega \fallingdotseq 1\text{ k}\Omega$이므로 중앙 눈금도 $1\text{ k}\Omega$으로 된다. 따라서 이 측정 범위에서 미지 저항은 지시값의 100배, 즉 $R\times100$으로부터 구해진다.

2.8 멀티미터

지금까지 설명한 전류계, 전압계 및 저항계는 단지 회로만이 다를 뿐 모두 가동 코일형 계기(PMMC)를 이용하고 있으므로 단일 계기로 세 가지 측정 기능을 갖도록 설계할 수 있다.

멀티미터(multimeter) 또는 전압-옴-밀리암미터(VOM)는 가동 코일형 전류계를 지시계로 하고 이외에 분류기, 배율기, 정류기, 가변 저항기, 전지, 전환 스위치를 내장하여 밀리 직류 전류계, 직류 전압계, 교류 전압계(3장에서 설명) 및 다중 측정 범위 저항계의 기능을 갖도록 설계한 계기이다. 멀티미터의 구성 방법은 다양하며, 그림 2.31은 여러 방식 중 하나이다.

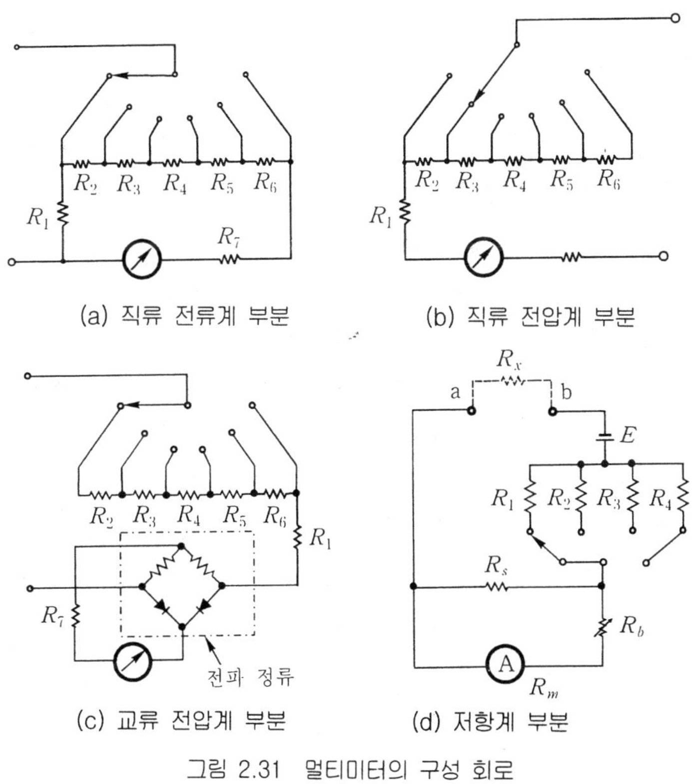

그림 2.31 멀티미터의 구성 회로

2.8.1 직류 전류계

VOM의 전환 스위치를 직류 전류 측정으로 놓으면 회로의 접속은 그림 (a)와 같이 되고, 지시계와 병렬로 각 측정 범위에 대응하는 분류기가 연결되어 멀티미터는 직류 전류계로서 작동을 한다.

2.8.2 직류 전압계

전환 스위치를 직류 전압 측정으로 조정하면 그림 (b)와 같이 지시계와 직렬로 배율기가 접속되어 멀티미터는 직류 전압계로 된다.

2.8.3 교류 전압계

교류 전압계에 대해서는 3장에서 자세히 설명한다. 교류 전압 범위를 사용하면 VOM의 접속은 그림 (c)와 같이 된다. 측정 단자에 가해진 교류 전압을 분압하여 저전압으로 한 뒤 정류기에 의해 전파 정류하고 배율기를 통하여 지시계에 가하면 멀티미터는 교류 전압계로 된다.

2.8.4 저항계

그림 (d)는 멀티미터로 저항을 측정하는 경우의 원리를 나타낸다. 이것은 앞 절에서 설명한 저항계가 약간 다르게 구성되어 있다. 우선 측정 단자 a, b 간을 단락시키고 저항 R_b를 조정하여 전류계 Ⓐ의 지침이 최대 눈금을 지시하도록 한다. 이때, 저항 눈금은 0으로 되며 이를 0점 조정이라 한다. 다음, 단자 a, b 사이에 미지 저항 R_x를 접속시키면 이 저항에는 전류 I_x가 흐르고 이 값에 대응하는 R_x의 값을 전류계의 눈금에 미리 정해 놓으면 미지 저항값을 직독할 수 있다. 또, R_1의 값을 전환 스위치에 의해 R_2, R_3, R_4로 바꿈으로써 측정 범위를 변화시킬 수 있다.

표 2.3은 현재 시판되고 있는 멀티미터의 측정 범위를 나타낸 것이다. 시판되고 있는 대표적인 실험실용 VOM은 보통 약 50 μA 계기를 사용한다. Simpson 모델 260은 대표적인 다목적 VOM이다. 이 계기는 50 μA PMMC 계기를 사용하고 있다. 그러므로 직류 전압 범위에 대해 20 kΩ/V의 감도를 갖는다. 이 멀티미터는 표 2.2에서 볼 수 있는 바와 같이 22종의 전압, 전류, 저항 측정 범위를 가지며, 이외에도 음성 주파수(audio-frequency) 출력 전압 및 음성 레벨을 측정할 수 있는 기능을 갖고 있다.

표 2.3 Simpson 260 멀티미터의 측정 범위

측정 항목	측정 범위
직류 전류	0～50 μA, 0～1/10/100/500 mA, 0～10 A
직류 전압	0～250 mA, 0～2.5/10/50/250/1000/5000 V
교류 전류	0～2.5/100/150/250/1000/5000 V
교류 전압	$R\times1$, $R\times100$, $R\times10000$

연 습 문 제

****

2.1 지시 계기의 3대 요소를 설명하여라.

2.2 구동 장치가 갖추어야 할 조건을 써라.

2.3 지시 계기에서 제동 장치를 사용하는 이유를 설명하고, 세 가지 종류를 들어 각각의 특징을 설명하여라.

2.4 온도 상승이 영구 자석 가동 코일형 계기의 특성에 미치는 영향을 설명하여라.

2.5 가동 코일형 계기의 온도 보상법에 대해서 설명하고, 식 (2.14)를 유도하여라.

2.6 가동부의 피벗 지지 방식과 토크-밴드 지지 방식을 비교 설명하여라.

2.7 가동 코일형 계기에서 N=100회, a=2 cm, h=3 cm, B=0.5 Wb/m^2, I=0.4 mA일 때 생기는 구동 토크를 계산하라.

2.8 가동 코일형 밀리 전압계가 있다. 이것에 45 mV의 전압을 가할 때 30 mA가 흘러 최대값을 지시했다. 밀리 전압계의 내부 저항을 구하여라. 또 이것을 써서 100 A의 전류계를 만들려면, 몇 Ω의 분류기를 써야 하는가?

2.9 최대 눈금이 50 A, 100 A이고 각각의 저항이 0.8×10^{-3} Ω, 0.32×10^{-3} Ω인 두 전류계를 병렬로 접속하여 선로의 전류를 측정하는 경우 몇 A까지 측정할 수 있는가? 또, 150 A의 선로 전류를 측정하려면 어떻게 하면 되는가?

2.10 내부 저항 R_m = 50 Ω, 최대 눈금 전류 I_m = 1 mA인 영구 자석 가동 코일형 계기를 사용하여 0~10 mA, 0~50 mA, 0~500 mA의 측정 범위를 갖는 직류 전류계를 설계하고자 한다.

(1) 요구되는 분류기의 저항값을 계산하여라.
(2) 완전한 회로도를 그려라.

2.11 내부 저항 R_m = 2500 Ω, 최대 눈금 전류 I_m = 50 μA인 계기와 에어톤 분류기를 사용하여 50 μA, 100 μA, 500 μA, 10 mA, 100 mA의 측정 범위를 갖는 전류계를 설계하고자 한다.

(1) 각 측정 범위에 대한 분류기의 저항값을 계산하여라.
(2) 설계된 전류계의 완전한 회로도를 그려라.

2.12 내부 저항 1500 Ω, 최대 눈금 전류 50 μA인 계기에 배율기를 사용하여 0~5 V, 0~10 V, 0~50V, 0~100 V의 다중 측정 범위 전압계를 설계하려고 한다.

(1) 배율기의 저항값을 계산하여라.

(2) 계기 감도를 계산하고 완성된 전압계의 회로도를 그려라.

2.13 그림 2.32의 회로에서 저항 R_1~R_5의 값을 구하라.

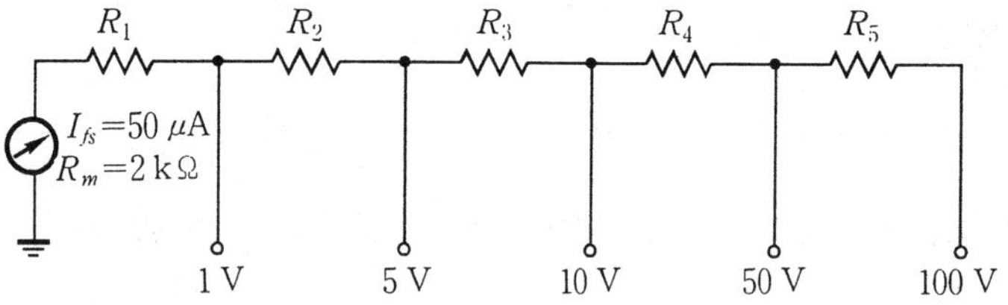

그림 2.32

2.14 내부 저항 1000 Ω, 최대 눈금 전류 50 μA인 직류 계기에 배율기를 사용해서 0~2500 V 직류 전압계를 만들려고 한다.

(1) 배율기의 저항값을 구하여라.

(2) 계기의 감도를 계산하여라.

2.15 그림 2.33의 회로에서 저항 R_1~R_3의 값을 구하여라.

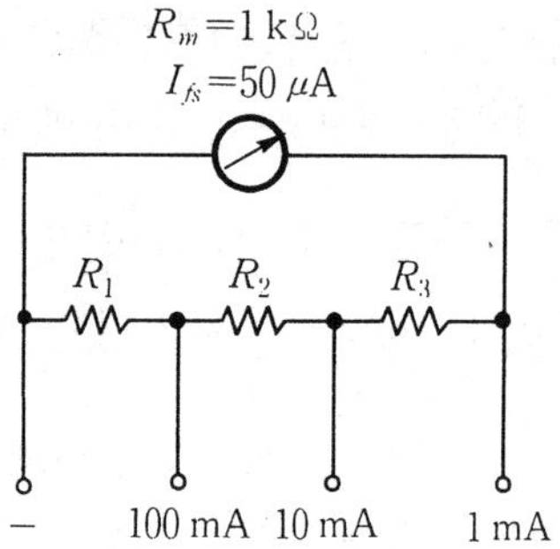

그림 2.33

2.16 측정 범위 0~200 V, 감도 1000 Ω/V인 직류 전압계가 있다. 이 전압계를 0~1000 V 직류 전압계로 변경하였을 때 필요한 직류 저항값을 계산하여라.

2.17 최대 눈금과 내부 저항이 각각 100 V, 10 kΩ과 150 V, 15 kΩ인 두 개의 전압계 V_1, V_2를 직렬로 접속하여 전압을 측정하려고 한다. 측정할 수 있는 최대 전압 V를 구하여라.

2.18 그림 2.28의 회로를 사용하여 직렬형 저항계를 설계하고자 한다. 계기의 최대 눈금 전류는 0.5 mA, 내부 저항 50 Ω, 내부 전지는 3.0 V이다. 반눈금 저항을 3000 Ω으로 설정할 때

(1) 저항 R_1, R_2의 값을 구하여라.

(2) 전지 전압이 2.7 V에서 3.1 V로 변할 경우 R_2의 저항값 범위(R_1 값은 (1)에서 계산된 값을 사용한다)를 구하여라.

2.19 구리선인 가동 코일과 망가닌선의 직렬 저항을 갖고 있는 전압계가 20 ℃에서 지시가 정확하다고 하면 35 ℃에서는 저항 온도 변화에 의한 지시 오차는 몇 % 나 되겠는가?

단, 그림 2.17에서

코일 저항 $R_m = 50\ \Omega$

직렬 저항(온도 보상용) $R_s = 100\ \Omega$

구리선의 온도 계수 α_m=1℃에 대하여 0.4 %

망가닌선의 온도 계수 $\alpha_s = 0\ \%$

2.20 다음 두 전압계 중 어느것의 감도가 더 큰가? 두 전압계에 사용된 PMMC 계기는 2 kΩ의 내부 저항을 갖는다.

계기 A : 측정 범위 0~10 V, 배율기 저항 18 kΩ

계기 B : 측정 범위 0~300 V, 배율기 저항 298 kΩ

2.21 그림 2.34의 회로에서 저항 R_1~R_4의 값을 구하여라.

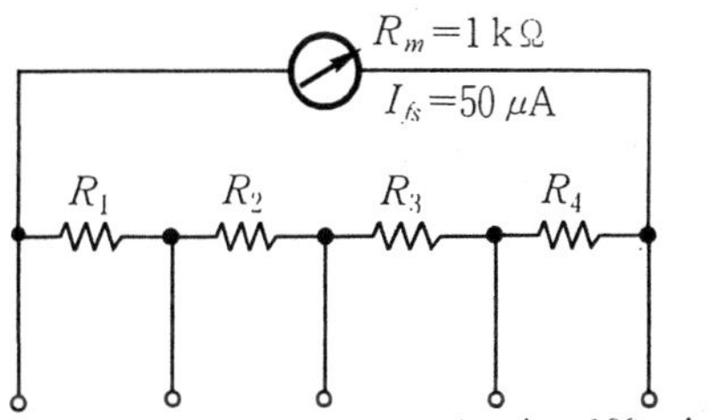

그림 2.34

2.22 그림 2.35의 회로에서 1 V, 5 V, 10 V, 100 V의 측정 범위를 가지며, 10 kΩ/V인 전압계를 사용하여 6 kΩ 저항 양단 전압을 측정한다. 전압계 부하 효과에 기인하는 오차가 3 % 이하가 되도록 사용될 때 가장 감도가 높은 측정 범위는 어느 것인가?

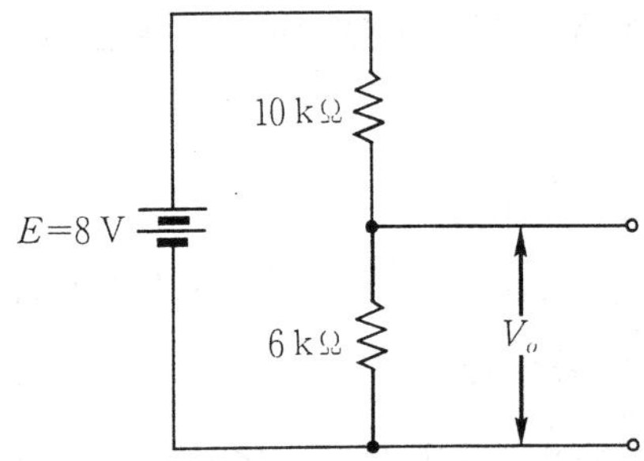

그림 2.35

2.23 그림 2.36의 회로에서, 감도 5 kΩ/V인 전압계 A를 단자 X, Y에 접속하였더니 계기의 30 V 측정 범위에서 15 V를 지시하였다. 그 다음 전압계 B를 단자 X, Y 에 접속하였더니 50 V 측정 범위에서 16.13 V를 지시하였다. 전압계 B의 감도를 구하여라.

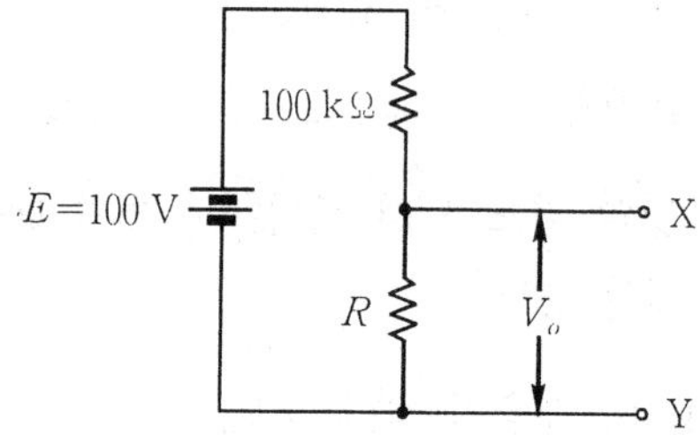

그림 2.36

2.24 그림 2.37의 회로에서, 내부 저항 78 Ω인 전류계를 가지고 저항 R_3에 흐르는 전류를 측정하였다. 전류계에 기인하는 오차를 구하여라.

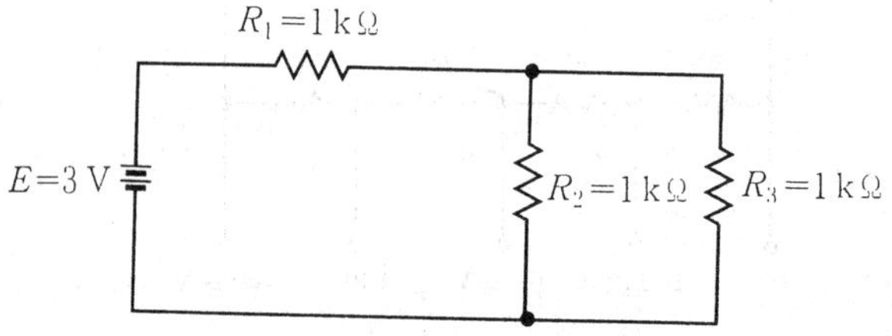

그림 2.37

3

교류 지시 계기

2장에서 설명한 영구 자석 가동 코일형 계기(PMMC)는 직류(또는 평균값)에만 응답한다. 만약 PMMC 계기에 교류를 인가하면 구동 토크의 방향은 (+)반주기와 (−)반주기에서 서로 다르다. 더욱이 PMMC 계기의 가동부의 고유 진동수는 1~2 Hz 정도이므로, 교류의 주파수가 대단히 낮을 경우 계기의 지침은 눈금의 영점 주위를 왔다갔다 할 것이다. 또, 이보다 더 높은 주파수에서는 가동 코일의 관성이 대단히 크므로 지침은 구동 토크의 빠른 변화를 따라갈 수 없어 0점 주위에서 약간 진동을 보일 것이다. 따라서 가동 코일형 계기 단독으로는 교류 전압이나 전류의 측정이 불가능하다. 교류를 측정하기 위해서는 구동 토크가 정(+), 부(−)의 반주기에서 같은 방향이 되도록 하는 장치가 필요하다. 이것에는 여러 가지 원리가 있으며, 본 장에서는 교류 전압, 전류 및 전력 측정에 사용되는 각종 교류용 지시 계기에 대해서 설명한다.

3.1 교류의 정의

교류 전압과 전류는 시간적으로 변하는 양이다. 따라서 교류용 계측기는 동작 원리에 따라 서로 다른 교류 전압값을 지시하기 때문에 계측기 사용자는 그 계측기가 교류의 어떤 값을 지시하고 있는가를 정확히 알 필요가 있다. 여기서는 교류와 관련된 기본 정의를 간단히 설명하고자 한다.

그림 3.1은 순수 정현파 전압(pure sine wave)을 나타낸다. 순수 정현파란 직류 오프셋(dc offset)과 일그러짐(distortion)이 없고, (+)반주기와 (−)반주기가 대칭인 정현파를 의미한다. 그림에 나타낸 바와 같이, 하나의 교류 전압은 여러 다른 값으로 나타낼 수 있음을 알 수 있다.

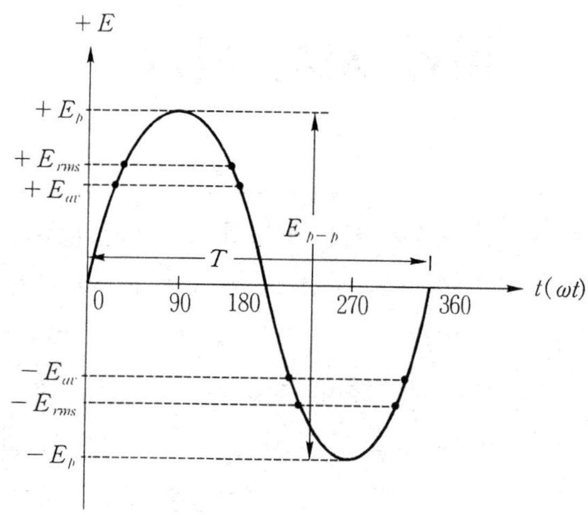

그림 3.1 순수 정현파 전압

3.1.1 피크값

피크 전압(peak voltage) E_p는 0 V 기선(基線; baseline)으로부터 (+)반파 피크 또는 (−)반파 피크까지의 전압이다. (+)피크 전압을 $+E_p$, (−)피크 전압을 $-E_p$로 나타낸다. 또, (+)피크와 (−)피크 전압 사이를 피크–대–피크 전압(peak-to-peak voltage)이라고 하며, 다음과 같이 나타낸다.

$$E_{p-p} = |+E_p| + |-E_p| = 2E_p \quad \cdots (3.1)$$

많은 경우에 피크값을 최대 진폭이라고 부른다.

3.1.2 실효값

임의의 교류 파형 $e(t)$에 대한 실효값(effective or root mean square value) E_{rms}는 다음과 같이 정의한다.

$$E_{rms} = \sqrt{\frac{1}{T}\int_0^T e^2 dt} \qquad \cdots (3.2)$$

여기서 T는 파형의 주기이다. 교류 정현파의 최대값 E_p와 실효값 E_{rms} 사이에는 다음과 같은 관계가 있다.

$$E_{rms} = \frac{E_p}{\sqrt{2}} \approx 0.707E_p \quad \text{또는} \quad E_p = \sqrt{2}E_{rms} = 1.414E_{rms} \qquad \cdots (3.3)$$

3.1.3 평균값

교류 전압의 평균값(average value) E_{av}은 다음과 같이 정의한다.

$$E_{av} = \frac{1}{T}\int_0^T e(t)dt \qquad \cdots (3.4)$$

정현파 전압의 경우 1주기(T)에 대한 평균값은 0으로 되기 때문에 반주기($T/2$)에 대해서 정의하며, 반파 평균값(half-wave average value) E_{av}은 다음과 같다.

$$E_{av} = \frac{2E_p}{\pi} \approx 0.637E_p \qquad \cdots (3.5)$$

일반적으로 반파 평균값은 잘 사용되지 않지만, 몇몇 교류 전압계에서 지시값을 해석하는 데 매우 중요한 값이다.

3.1.4 파형률

주기 파형의 파형률(波形率; form factor)은 실효값과 반파 정현파의 비로 정의한다. 즉,

$$A = \frac{V_{rms}}{V_{av}} \qquad \cdots (3.6)$$

정현파 전압의 파형률은

$$A = \frac{\frac{\sqrt{2}E_p}{2}}{\frac{2E_p}{\pi}} = 1.11 \quad \cdots (3.7)$$

지금까지 정현파 전압에 대해서 설명하였으나, 정현파가 아닌 교류 전압에 대해서는 위에서 설명한 관계가 달라진다. 계측기를 다룰 때 이와 같은 사실을 인지하고 있는 것은 매우 중요한데, 그 이유는 정현파(대부분의 계측기)에 대해서 교정된 계측기로 비정현파 교류를 측정하면 상당한 오차가 발생하기 때문이다. 이것을 파형 오차라고 부르며 3.2절에서 설명할 것이다.

〔예제 3.1〕 그림 3.2에 나타낸 전압 파형의 실효값, 평균값, 파형률을 계산하여라.

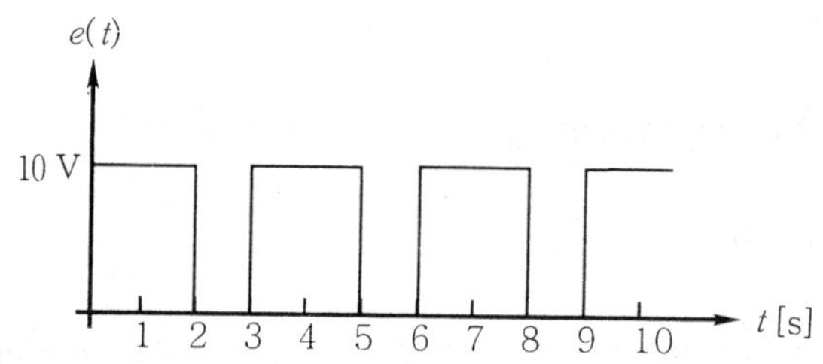

그림 3.2

〔풀이〕 이 파형의 주기는 T=3 s이다.

$$\text{실효값 } E_{rms} = \sqrt{\frac{1}{T}\int_0^T e^2 dt} = \sqrt{\frac{1}{3}\left(\int_0^2 10^2\,dt + \int_2^3 0^2\,dt\right)}$$

$$= \sqrt{\frac{10^2 \times 2 + 0^2 \times 1}{3}} = 8.16\ \text{V}$$

$$\text{평균값 } E_{av} = \frac{1}{T}\int_0^T e(t)dt = \frac{1}{3}\left(\int_0^2 10dt + \int_2^3 0dt\right) = \frac{10 \times 2 + 0 \times 1}{3} = 6.67\ \text{V}$$

$$\text{파형률 } A = \frac{8.16}{6.67} = 1.22$$

3.2 정류형 계기

가동 코일형 계기는 정도와 감도가 우수하고 눈금이 선형인 장점을 가지나, 교류 측정에 직접 사용할 수가 없다. 정류형 계기(整流形計器; rectifier instrument)는 가동 코일형 계기와 정류기(整流器; rectifier)를 조합한 계기로, 측정하고자 하는 교류를 정류기에 의해 직류로 변환한 후 가동 코일형 계기로 지시하는 계기이다. 이 계기는 교류 지시 계기 중 감도가 가장 우수하며, 배전반용 등의 교류 전류계 및 교류 전압계로서 널리 이용되고 있다.

3.2.1 반도체 정류기

정류기는 보통 실리콘 다이오드 정류기(diode rectifier)가 사용된다. 그림 3.3은 다이오드의 구조, 회로 기호 및 바이어스 회로를 나타낸 것이다. 그림 (a)는 p형 반도체와 n형 반도체를 접합시킨 pn 접합 다이오드이다. p형 반도체를 양극(anode), n형 반도체를 음극(cathode)이라고 부른다. 그림 (b)와 같이 다이오드의 양극에 (+), 음극에 (−)전압을 가하는 것을 순방향 바이어스(forward bias)라고 부르며, 다이오드는 턴온되어 순방향 전류(I_f)가 흐른다. 반대로 그림 (c)와 같이 양극에 (−), 음극에 (+)전압을 가하면 다이오드에는 매우 작은 누설 전류만이 흐른다. 이것을 역방향 바이어스(reverse bias)라고 하며, 이 상태에서 역방향 전류(I_r)는 사실상 거의 0이다. 실제의 다이오드 정류기는 그림 (d)와 같이 비선형 전류(I) – 전압(V) 특성을 갖는다. 실리콘 다이오드의 순방향 전압 강하는 약 $V_f \fallingdotseq 0.7$이다.

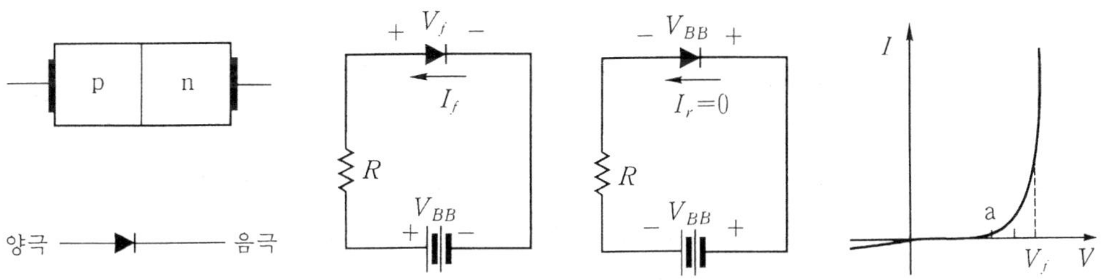

(a) 다이오드 구조와 기호 (b) 순방향 바이어스 (c) 역방향 바이어스 (d) 전류−전압 특성

그림 3.3 다이오드 구조와 바이어스 회로

그림 3.4는 다이오드 정류기가 회로에서 사용될 때 다이오드의 등가 회로를 나타낸 것이다. 그림 (a)와 같이 순방향 저항이 $R_f = 0$, 역방향 저항이 ∞인 다이오드를 이상적인 다이오드(ideal diode)라고 한다. 그러나 실제 정류기의 경우에는 순방향 전압 강하($V_f \fallingdotseq 0.7$)를 가지므로 이것을 고려하면 그림 (b)와 같이 등가적으로 나타낼 수 있다. 마지막으로, 그림 (c)는 순방향 저항(R_f)과 순방향 전압 강하(V_f)를 동시에 고려한 등가 회로로서, 실제의 다이오드 특성을 등가적으로 가장 정확하게 나타내는 회로이다.

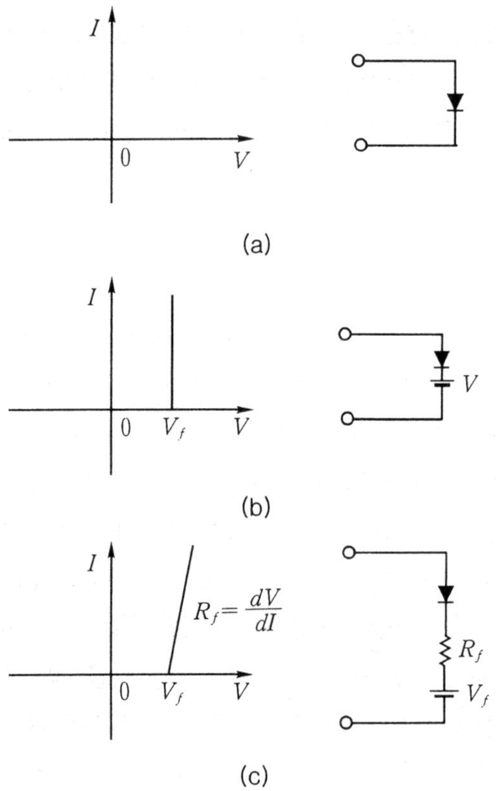

그림 3.4 다이오드의 등가 회로

순방향 전류가 작으면, 큰 전류에 비해 정류기는 I–V 곡선상 비선형성이 매우 큰 부분(그림 3.3(d)에서 a점)에서 동작하고, 순방향 저항도 더 크다. 그러므로 측정 범위가 작은 교류 전압계의 눈금은 0점 부근에서 복잡해진다(비선형으로 된다). 이 점을 해결하기 위해서 대부분의 계기에서는 특별히 교정한 독립된 저저항 눈금을 갖고 있다. 또, 저전류에서는 다이오드 저항값이 증가하므로 마이크로 전류계(μA)와 전압계의 감도를 제한한다. 또, 정류기에서는 역방향으로 전압을 인가하면, 미소한 누설 전류가 흘러 부(−)의 오차를 일으킨다. 따라서, 역방향 전류(I_r)와 순방향 저항(R_f)은 가능한 한 작은 것이 바람직하다.

3.2.2 반파 정류형 교류 전압계

가장 간단한 정류형 계기는 PMMC 직류 전압계 회로와 하나의 다이오드 정류기를 조합한 반파 정류형 교류 전압계(半波整流形電壓計; half-wave rectifier voltmeter)이다. 그림 3.5는 반파 정류형 전압계 회로를 나타낸다. 지금, 실효값이 E_{rms}인 정현파 입력을 생각해 보자. 다이오드 D는 정현파의 (+)반주기에서 턴온되고, (−)반주기에서는 턴오프되므로 PMMC 계기 양단에는 그림과 같이 정현파의 (+)반파만으로 구성되는 반파 정류파가 나타난다.

입력 교류 정현파의 최대값 E_p, 실효값 E_{rms}, 평균값 E_{av} 사이의 관계는 식 (3.3)과 (3.5)로부터

$$\begin{aligned} E_{rms} &= \frac{1}{\sqrt{2}} E_p \approx 0.707 E_p, \qquad & E_{av} &= \frac{2}{\pi} E_p \approx 0.637 E_p \\ E_{av} &= \frac{2\sqrt{2}}{\pi} E_{rms} \approx 0.900 E_{rms}, \qquad & E_{rms} &= \frac{\pi}{2\sqrt{2}} E_{ave} \approx 1.11 E_{av} \end{aligned} \quad \cdots (3.8)$$

또, 반파 정류파에 대해서는

$$E_{av} = \frac{1}{\pi} E_p = \frac{\sqrt{2}}{\pi} \times (\text{정현파의 } E_{rms}) = 0.45 \times (\text{정현파의 } E_{rms}) \quad \cdots (3.9)$$

이 평균 전압을 직류 전압이라고 한다. 즉, $E_{dc} = E_{av}$이다.

앞에서 설명한 바와 같이 PMMC 계기에 정현파 교류가 흐르면 계기 가동부의 관성 때문에 지침은 순시값에 따라 움직이지 못하고 1주기(T)에 대한 평균 구동 토크에 응답한다. 가동 코일에 교류 $i(t)$가 흐를 때, 순시 토크 τ_D와 평균 토크 T_D는 식 (2.2)로부터 다음과 같이 쓸 수 있다.

$$\tau_D = BNAi(t) \quad \cdots (3.10)$$

$$T_D = \frac{BNA}{T} \int_0^T i(t)dt \quad \cdots (3.11)$$

따라서 가동 코일형 계기는 교류 정현파의 평균값을 지시한다. 예를 들어, 실효값이 10 V인 교류 전압이 인가되면 PMMC 계기는 식 (3.11)에 따라 평균 토크에 응답하므로, 단지 0.45×10=4.5 V를 지시할 것이다. 이것은 그림 3.5의 교류 전압계의 감도가 2장에서 설명한 직류 전압계보다 좋지 않음을 의미한다. 사실상 반파 정류 회로를 사용한 교류 전압계의 감도(S_{ac})는 직류 전압계(S_{dc})의 약 45 %에 불과하다. 즉,

$$S_{ac} = 0.45 S_{dc} \quad \cdots (3.12)$$

그러나 실제로는 10 V 교류가 인가되었을 때 최대 눈금 편위를 일으키도록 전압계 회로를 설계한다. 이것은 그림 3.5에 나타낸 교류 전압계 회로의 배율기 저항이 그림 2.20의 직류 전압계 배율기의 45 %이어야 함을 의미한다. 식 (3.9)에서 등가 직류 전압

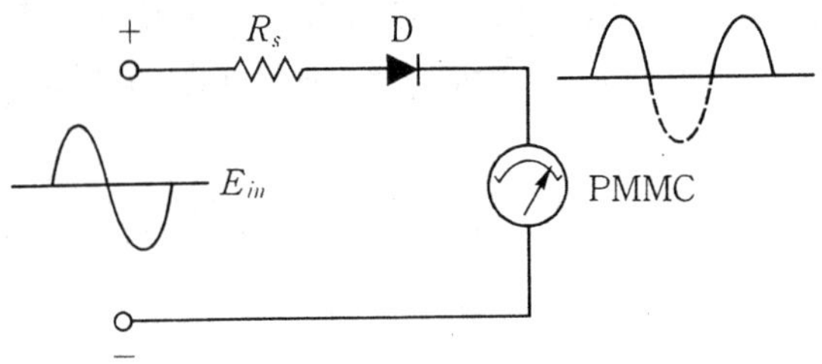

그림 3.5 반파 정류형 전압계

은 교류 전압 실효값의 45 %와 같으므로, 배율기 저항값은 다음과 같이 나타낼 수 있다.

$$R_s = \frac{E_{dc}}{I_{dc}} - R_m = \frac{0.45E_{rms}}{I_{dc}} - R_m \qquad \cdots (3.13)$$

〔**예제** 3.2〕 그림 3.5의 회로에서 R_m=300 Ω, I_{fs}=1 mA일 때 측정 범위가 10 V인 반파 정류형 교류 전압계의 배율기 저항을 설계하라.

〔**풀이**〕 이 문제는 몇 가지 방법으로 풀 수 있다.

(a) 식 (3.13)을 사용하면

$$R_s = \frac{0.45E_{rms}}{I_{fs}} - R_m = \frac{0.45 \times 10\,\text{V}}{1\,\text{mA}} - 300\,\Omega = \frac{4.5\,\text{V}}{1\,\text{mA}} - 300\,\Omega$$

$$=4.2\,\text{k}\Omega$$

(b) 감도법으로 계산 : 먼저 PMMC 계기의 감도를 계산한다.

$$S_{dc} = \frac{1}{I_{fs}} = \frac{1}{1\,\text{mA}} = \frac{1\,\text{k}\Omega}{\text{V}}$$

직류 측정 범위에 직류 감도를 곱하면 전압계의 총 저항이 구해지고, 이것에서 계기 저항 R_m을 빼면, 배율기 저항 R_s가 얻어진다.

$$R_s = S_{dc} \times \text{직류 측정 범위} - R_m$$

$$= \frac{1\,\text{k}\Omega}{\text{V}} \times \frac{0.45E_{rms}}{1} - R_m$$

$$= \frac{1\,\text{k}\Omega}{\text{V}} \times \frac{4.5\,\text{V}}{1} - 300\,\Omega = 4.2\,\text{k}\Omega$$

(c) 이번에는 반파 정류기의 교류 감도를 구하는 것으로부터 시작해 보자.

$$S_{ac} = 0.45S_{dc} = 0.45 \times \frac{1}{I_{fs}} = \frac{450\,\Omega}{\text{V}}$$

배율기 저항은

$$R_s = S_{ac} \times \text{교류 측정 범위} - R_m = \frac{450\Omega}{\text{V}} \times \frac{10\text{ V}}{1} - 300\Omega = 4.2\text{ k}\Omega$$

〔**예제** 3.3〕 그림 3.6(a)의 반파 정류형 전압계 회로에서, E_{in}=1 V, I_{fs}=100 μA, R_m=200 Ω이고, 다이오드의 전압-전류(V-I) 곡선은 그림 (b)와 같다.

(a) I_{fs}에서 다이오드 저항 R_d를 구하고, 그 값을 사용해서 배율기 저항값을 계산하라.

(b) 20 μA 전류에서 다이오드 저항을 계산하라.

(c) 20 μA가 흐르기 위한 입력 전압값을 계산하라.

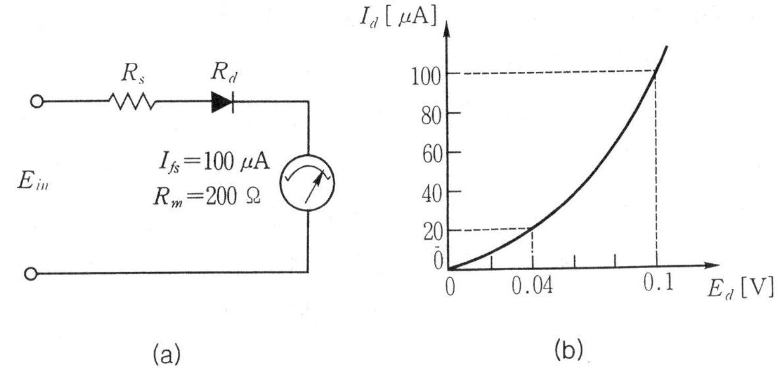

그림 3.6 전압계 회로와 다이오드 특성 곡선

〔**풀이**〕 (a) 다이오드 저항은

$$R_d = \frac{0.1\text{ V}}{100\,\mu\text{A}} = 1\text{ k}\Omega$$

이므로, 배율기 저항값은

$$R_s = \frac{0.45E_{rms}}{I_{dc}} - (R_m + R_d) = 4.5\text{ k}\Omega - 1.2\text{ k}\Omega = 3.3\text{ k}\Omega$$

(b) 20 μA에서 다이오드의 저항은

$$R_d = \frac{E_d}{I_d} = \frac{0.04\text{ V}}{20\,\mu\text{A}} = 2\text{ k}\Omega$$

(c) 회로의 총 저항은

$$R_T = R_s + R_d + R_m = 3.3\text{ k}\Omega + 2\text{ k}\Omega + 0.2\text{ k}\Omega = 5.5\text{ k}\Omega$$

20 μA가 흐르기 위한 직류 전압은

$$E_{dc} = I_{dc} \times R_T = 20\,\mu\text{A} \times 5.5\,\Omega = 0.11\text{ V}$$

20 μA를 흐르도록 하는 입력 교류 전압은

$$E_{in} = \frac{E_{dc}}{0.45} = \frac{0.11}{0.45} = 0.23\ \text{V}$$

만약 다이오드 저항이 변하지 않는다고 가정하면, 20 μA 전류를 흐르도록 하는 데 필요한 직류 전압은

E_{dc}=20 μA × (3.3 kΩ+1 kΩ+0.2 kΩ) = 0.09 V

일 것이다. 따라서 본 예제에서 약 22 %의 오차가 존재한다.

상용의 반파 정류 교류 전압계는 그림 3.7에 나타낸 바와 같이 추가의 다이오드 D_2와 분류기 R_{sh}를 갖는다. 이와 같이 하나의 패키지 내에 2개의 다이오드가 있는 방식을 계측기 정류기(instrument rectifier)라고 부른다. 추가된 다이오드 D_2는 입력 정현파의 (+)반주기 동안은 역방향 바이어스 되므로 회로 동작에는 아무런 영향도 미치지 않는다. (−)반주기에서는 D_2가 순방향 바이어스 되므로, 역방향 누설 전류가 다이오드 D_1과 PMMC 계기를 통해 흐르는 것을 방지한다. 분류기 저항 R_{sh}의 목적은 (+)반주기 동안 D_1을 통해 흐르는 전류를 증가시켜 다이오드 D_1이 그 특성 곡선상의 직선 영역(그림 3.4(c))에서 동작하도록 해 주는 것이다. 비록 이 분류기 저항이 저전압 교류 측정 범위에서 계기의 선형성을 향상시키는 반면 교류 전압계의 감도는 더욱 감소한다.

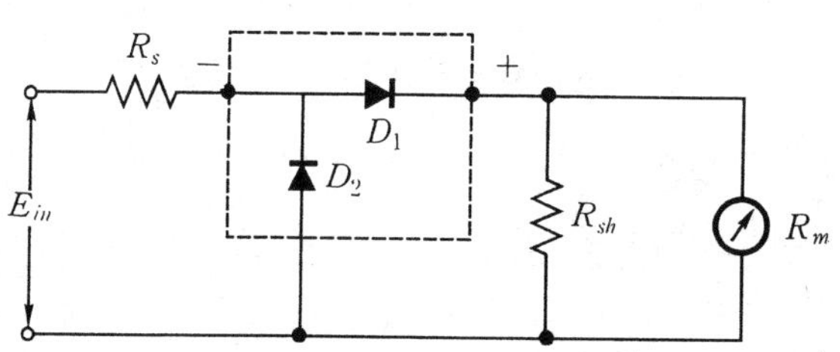

그림 3.7 계측기 정류기와 분류 저항을 갖는 반파 정류형 계기

R_{sh}는 다이오드의 선형성을 향상시킨다.

3.2.3 전파 정류형 교류 전압계

전파 정류형(全波整流形; full-wave rectifier) 교류 전압계는 그림 3.8과 같이 4개의 다이오드를 사용한 브리지 정류 회로에 가동 코일형 전류계 M을 조합시킨 것이다. 그림과 같이 정현파 교류 전압을 인가하면 (+)반주기 동안에는 그림 (a)의 실선 화살표 방향으로 전류가 흐르고, 다음의 (−)반주기 동안에는 점선 화살표 방향으로 전류가 흐르게 되므로 PMMC 계기에는 항상 동일 방향의 전류, 즉 그림 (b)와 같은 전파 정류된 맥동 전류가 흐른다.

앞에서 설명한 바와 같이 가동 코일형 계기 M에 (b)와 같은 맥동 전류가 흐르면 가동부의 관성 때문에 지침은 전류의 평균값을 지시한다. 그러나 교류의 크기는 보통 실효값으로 나타내므로 평균값을 지시하는 계기(average reading instrument)의 눈금은 보통 정현파의 실효값으로 교정된다. 전파 정류파의 실효값을 정현파의 평균값과 최대값으로 나타내면

$$E_{rms} = \frac{1}{\sqrt{2}} E_p = \frac{\pi}{2\sqrt{2}} E_{av} = 1.11 E_{av} = 1.11 E_{dc} \quad \cdots (3.14)$$

따라서 교류 전압계의 눈금을 PMMC에 흐르는 전류(평균값)의 1.11배의 값으로 정하면 교류의 실효값을 측정할 수 있다. 그러나 식 (3.14)의 관계는 순수 정현파 교류에 대해서만 성립하는 식이므로 입력 파형이 순수 정현파가 아니고 고조파분이나 직류분을 포함하는 일그러진 파형(왜형파)인 경우에는 오차를 일으킨다. 다음 예는 파형 오차를 보여 준다.

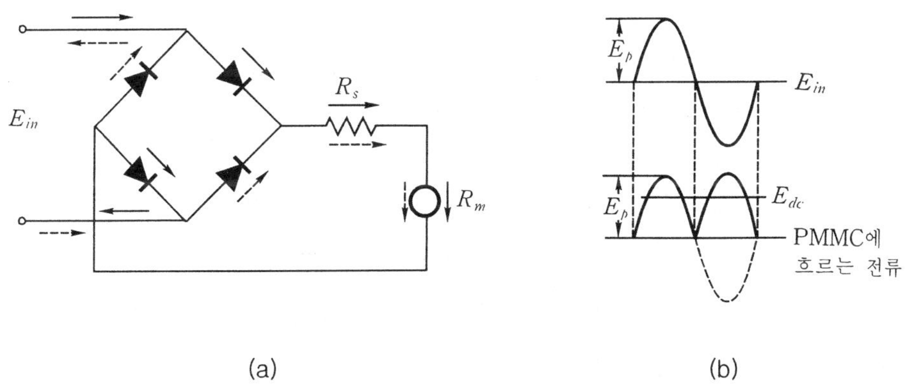

그림 3.8 전파 정류형 전압계 회로

〔**예제** 3.4〕 그림 3.8의 전압계 회로에서 PMMC 계기의 특성은 I_{fs}=500 μA, R_m=1 kΩ이고, 정류기의 순방향 전압 강하는 V_f=0.7 V이다. 최대 눈금이 100 V인 전압계를 설계하라.

〔**풀이**〕 최대 눈금에서, 계기를 통해 흐르는 평균 전류는

$$I_{av} = 500\,\mu\text{A}$$

정현파의 (+)반파에 대해 피크 전류는

$$I_p = \frac{\pi}{2} I_{av} = \frac{\pi}{2} \times 500\,\mu\text{A} = 785\,\mu\text{A}$$

피크 입력 전압은

$$E_p = 1.414 E_{rms} = 141.4\ \text{V}$$

그림의 회로에서

$$E_p = (R_m + R_s)I_p + 2V_f$$

따라서 배율기 저항 R_s는

$$R_s = \frac{E_p - 2V_f}{I_p} - R_m = \frac{141.1\,\text{V} - 2 \times 0.7\,\text{V}}{785\,\mu\text{A}} - 1\,\text{k}\Omega = 177.0\ \text{k}\Omega$$

〔**예제** 3.5〕 정현파의 실효값으로 교정된 눈금을 갖는 전압계를 가지고 그림 3.9의 (a) 구형파 전압과 (b) 톱니파 전압을 측정하였다. 계기의 지시값에 포함된 오차를 계산하라.

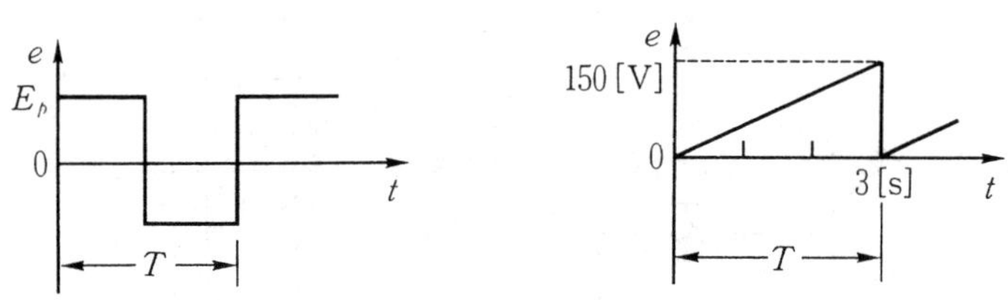

(a) 대칭 구형파 (b) 톱니파

그림 3.9

〔**풀이**〕 (a) 평균값 지시 계기의 눈금이 정현파의 실효값에 따라 정해졌으므로

$$E_{rms} = A\,E_{av} = 1.11\,E_{av}$$

구형파의 실효값과 평균값은 다음과 같이 서로 같다.

$$E_{av} = E_{rms} = \frac{E_p}{2}$$

따라서, 이 전압계로 구형파 전압을 측정하면 실제의 구형파 전압보다 약 1.11배 높게 지시한다. 그러므로 %오차는 다음과 같다.

$$\frac{1.11E_{av} - E_{av}}{E_{av}} \times 100\,\% = 11\%$$

(b) 톱니파의 경우

t=0~3 s 사이에서 $e(t)$=50t V

따라서

$$E_{rms} = \sqrt{\frac{1}{T}\int_0^T e^2 dt} = \sqrt{\frac{1}{3}\int_0^3 (50t)^2 dt} = 50\sqrt{3}\text{ V}$$

$$E_{av} = \frac{1}{T}\int_0^T e(t)dt = \frac{1}{3}\int_0^3 50tdt = 75\text{ V}$$

$$\text{파형률 } A = \frac{50\sqrt{3}}{75} = 1.155$$

E_{rms}=1.155E_{av}

정현파의 경우 E_{rms}=1.11 E_{av}이므로, %오차는

$$\frac{1.11E_{av} - 1.155E_{av}}{1.155E_{av}} \times 100\,\% = -3.9\,\%$$

위의 예에서 보는 바와 같이 입력 전압 파형이 순수한 정현파가 아닌 경우에는 측정값에 다소의 오차가 포함된다.

3.2.4 정류기형 계기의 특성

(1) 온도의 영향

정류기는 온도가 상승하면 역방향 전류가 증가하므로 피측정 전류가 같아도 가동 코일형 계기에 흐르는 전류가 감소하여 부(−)의 오차를 일으키나, 한편으로는 순방향 저항이 감소하여 지시값이 증가하게 되므로 이 오차는 제거된다. 또한, 이미 설명한 바와 같이 가동 코일형 계기 자체도 온도의 영향을 받으므로 정류형 계기는 정류기와 계기 양자의 온도 특성의 영향을 받게 된다. 일반적으로 직렬 저항이 큰 계기에서는 계기 자체의 온도 특성의 영향이 크고, 직렬 저항이 작은 계기에서는 정류기의 온도 특성의 영향이 크게 된다.

(2) 주파수 영향

정류기는 그 자체가 정전 용량을 가지고 있으므로 정류기를 교류에 대해 등가 회로로 나타내면 그림 3.10과 같이 된다. 역방향 전류에서 저항 R은 대단히 크므로 이를 무시하고 용량 C만을 등가로 생각한다. 주파수가 높아지면 리액턴스 X_C=1/ωC가 작아져서 전류가 정전 용량을 통해 분류하게 되므로 정류 효율이 감소하여 입력 주파수가 1 kHz 증가할 때마다 계기의 지시값은 약 0.5 % 감소하는 오차가 발생한다. C가 작을수록 주파수에 의한 오차가 작아진다.

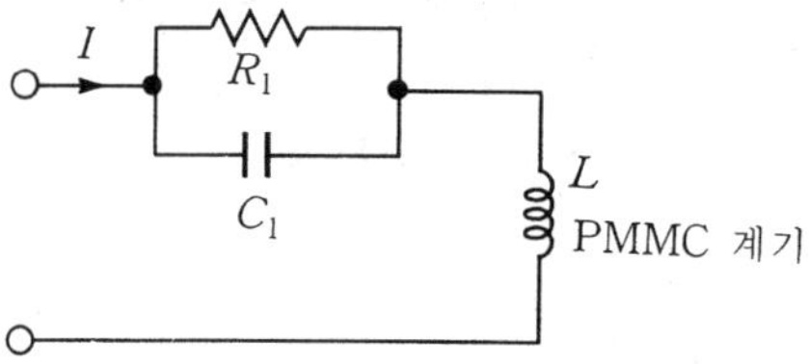

그림 3.10 정류기 등가 회로

3.3 전류력계형 계기

교류 계기 중 가장 중요한 것 중의 하나가 전류력계형 계기(電流力計形計器; electro-dynamo-meter)이다. 전류력계형 계기는 고정 코일에 피측정 전류를 흘려 자계를 만들고, 그 자계 중에 가동 코일을 설치하고 여기에도 피측정 전류를 흘려, 이 전류와 자계 사이에 작용하는 전자력을 구동 토크로 이용하는 계기이다.

이 형식의 계기는 직류로 교정하여 곧바로 교류에 사용이 가능하므로 직류와 교류 측정값이 같다. 직류 전위차계를 사용해 이 계기의 눈금을 정확하게 정할 수 있기 때문에 전류력계형 계기는 정밀한 측정이 가능하며, 이로 인해 상용 주파수 교류의 부표준기(0.2급)로 사용되는 전류계, 전압계 및 전력계를 만들 수 있는 특징을 갖는다. 그러나 구조가 복잡할 뿐만 아니라 고가이기 때문에 0.2급 이하의 전류계 및 전압계로서는 거의 사용되지 않으며, 휴대용 전력계로서 널리 이용되고 있다.

3.3.1 구조와 동작 원리

그림 3.11과 같이 한 쌍의 고정 코일 F_1과 F_2를 직렬로 접속하고, 두 코일 사이에 가동 코일 M을 설치하고 가동축에 지침을 부착한다.

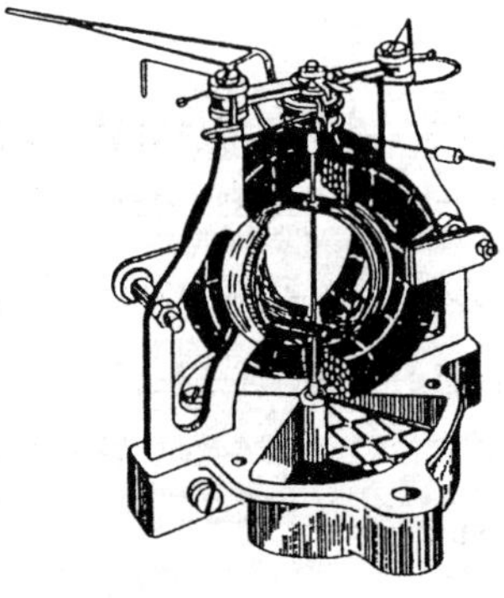

(a) 구조

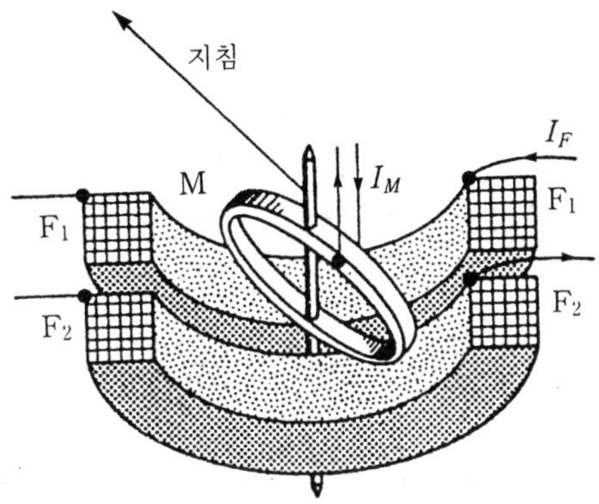

(b) 고정 코일과 가동 코일

그림 3.11 전류력계형 계기의 구조

(1) 직류의 경우

그림 3.11에서 고정 코일 F_1, F_2에 전류 I_F를 흘리면 F_1, F_2의 내부에 자속 밀도 B인 평등 자계가 형성된다. 또, 가동 코일 M에 전류 I_M을 흘리면 가동 코일 M에는 BI_M에 비례하는 전자력 F가 작용한다. 그런데 B는 I_F에 비례하므로 결국 전자력 F는

$$F = k_1 B I_M = k_2 I_F I_M \quad \cdots (3.15)$$

으로 된다. 이 힘 F에 의해 가동 코일 M에는 구동 토크 T_D가 작용한다. 그런데 고정 코일과 가동 코일에 흐르는 전류는 동일하므로 $I_F = I_M = I$ 라고 하면, 구동 토크 T_D는

$$T_D = k_3 I_F I_M = k_3 I^2 \quad \cdots (3.16)$$

가동 코일 M이 회전하면 와권 스프링에 의해 회전각 θ에 비례하는 제어 토크 $T_C = k_4\theta$가 발생하고, T_D와 T_C가 평형된 위치에서 가동 코일이 정지한다. 즉,

$$\theta = k_3/k_4 I^2 = kI^2 \quad \cdots (3.17)$$

로 되어, 편위각 θ는 두 코일에 흐르는 전류의 자승에 비례한다. 따라서 눈금은 비선형으로 된다.

(2) 교류의 경우

전류력계형 계기에 교류를 흘릴 때, 왜 지침이 항상 (+)방향으로 편위하는가를 설명해 보자. 지금 그림 3.12(a)와 같이 전류가 흐른다고 가정하자. 암페어의 오른손 법칙에 의해서 고정 코일의 자계는 F_1측이 N극, F_2측이 S극에 해당하고, 가동 코일의 자계는 위가 N극, 아래가 S극으로 되어 지침은 (+)방향으로 편위한다. 전류의 방향이 반대로 되면 그림 (b)와 같이 고정 코일과 가동 코일에서 발생하는 자속의 방향도 모두 반대로 되어 지침은 다시 (+)방향으로 편위한다. 이와 같이 전류력계형 계기는 전류의 방향에 관계없이 지침이 항상 (+)방향으로 편위하므로 직류와 교류 측정을 겸용할 수 있다.

지금, 코일에 교류 $i = \sqrt{2}\, I \sin \omega t$(여기서, I는 실효값)인 전류가 흐르면 구동 토크의 순시값 τ_D는 식 (3.16)으로부터

$$\begin{aligned}\tau_D &= k_3(\sqrt{2} I \sin \omega t)^2 \\ &= k_3 I^2 (1 - \cos 2\omega t)\end{aligned} \qquad \cdots (3.18)$$

으로 되어, 순시 토크는 2ω의 각주파수로 진동한다. 가동부는 관성이 크기 때문에 순시 토크의 빠른 변화를 따라갈 수 없으며, 평균 토크에 응답한다. 이 평균 토크 T_D는

$$T_D = \frac{1}{T}\int_0^T \tau_D dt = k_5 I^2 \qquad \cdots (3.19)$$

로 된다. 따라서 지침의 편위각 θ는 $T_D = T_C$로부터

$$\theta = kI^2 \qquad \cdots (3.20)$$

로 되어 직류와 동일한 식으로 된다. 그러므로 직류와 교류 실효값에 대해 동일한 눈금이 사용된다. 즉, 직류로 교정해서 교류 측정에 사용될 수 있다. 이와 같은 계측기를 비교 계기(比較計器; transfer instrument)라고 부른다.

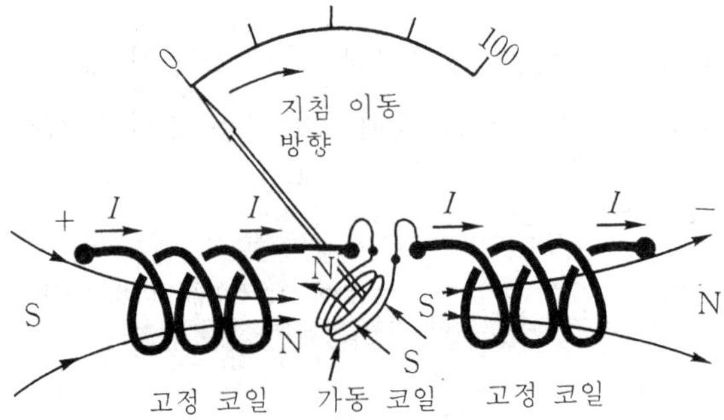

(a)

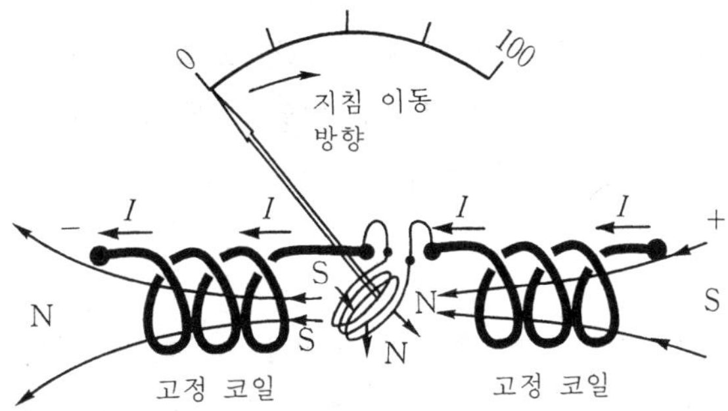

(b)

그림 3.12 전류력계형 계기에 교류를 인가하였을 경우의 동작

3.3.2 전압계와 전류계

전류력계형 계기를 전압계로서 사용하는 경우에는 그림 3.13과 같이 한 쌍의 고정 코일 F_1, F_2, 가동 코일 M 및 배율기 저항 R을 직렬로 접속한다. 이 회로에 피측정 전압 V를 인가하면 고정 및 가동 코일에는 전압 V에 비례하는 전류 I가 흐른다. 따라서 식 (3.17)과 (3.20)에서

$$\theta = KI^2 = K'V^2 \qquad \cdots (3.21)$$

로 되고, 지침의 각 θ는 거의 전압 V의 제곱에 비례한다. 이 계기의 눈금은 자승 눈금으로 된다. 코일에 직렬로 접속한 저항 R은 배율기이며, 온도 및 주파수 보상용 저항의 역할도 겸하고 있다. 저항 R의 값은 동작 전류 I가 50~100 mA 정도 되게끔 선택한다.

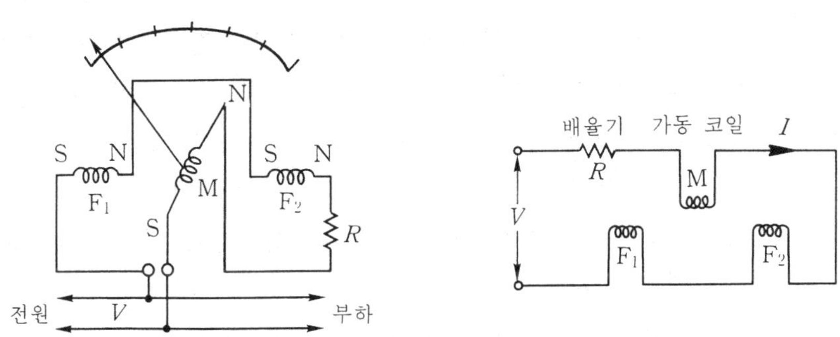

그림 3.13 전류력계형 전압계 회로

전류력계형 전류계의 경우, 정격값이 100 mA 이하이면 전압계의 경우와 마찬가지로 그림 3.14(a)와 같이 고정 및 가동 코일을 직렬로 접속시켜 사용하나, 이를 초과하는

경우에는 그림 3.14(b)와 같이 분류기 R_s를 고정 코일과 직렬로, 가동 코일 M과는 병렬로 접속한다. 지금, 피측정 전류를 I라고 하면, 가동 코일에는 I에 비례하는 작은 전류 I_m이 흐르게 되므로, 식에서 $I_F=I$, $I_M=I_m=kI$로 놓으면

$$\theta = kII_m = k'T^2 \quad \cdots (3.22)$$

로 되어, 지침의 편위각 θ는 거의 전류의 제곱에 비례하고 눈금은 제곱 눈금으로 된다. 그림에 있어서 R은 망가닌으로 된 온도 보상용 저항(swamping resistor)이고, C는 주파수 보상용 커패시터이다.

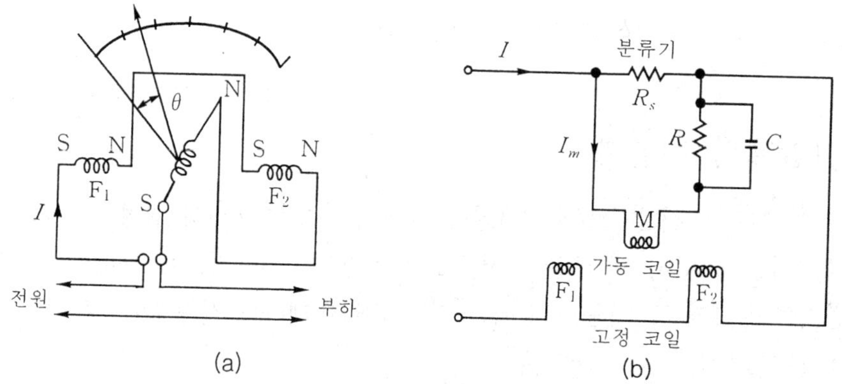

그림 3.14 전류력계형 전류계 회로

전류력계형 계기는 소비 전력이 큰 결점을 가지고 있다. 피측정 전류는 가동 코일을 통해 흐를 뿐만 아니라, 또한 자속을 발생시켜야 한다. 충분히 강한 자계를 얻기 위해서는 높은 기자력이 요구되므로 전원은 큰 전류와 전력을 공급해야만 한다. 이와 같이 소비 전력이 큼에도 불구하고 총 자로(磁路)가 공기로 구성되어 있기 때문에 발생 자계는 영구 자석 가동 코일형 계기와 비교해서 훨씬 약하다. 전류력계형 계기의 자속 밀도의 값은 약 60가우스 범위에 있다. 이것은 영구 자석 가동 코일형 계기에서의 고자속 밀도(1000~4000가우스)와는 비교할 수 없을 정도로 작다. 이와 같은 저자속 구조로 인해 전류력계형 계기는 발생 토크가 약하고 계기의 감도가 매우 낮아 약 10~30 Ω/V (가동 코일형 계기에서는 20 kΩ/V)이다. 몇몇 전류력계형 계기는 자속의 통로 일부를 특수 성층 철심으로 설계한 것도 있으나 코일 부근에 금속이 존재하면 주파수와 파형의 영향으로 인하여 교정을 다시 해야 하는 문제가 생긴다.

또, 입력 교류의 주파수가 상용 주파수 이상으로 증가하면 그에 따라 코일의 리액턴스 및 저항이 증가하기 때문에 전류력계형 전압계는 저주파 범위에서만 사용한다. 그러나 상용 주파수에서는 대단히 정확하며 2차 표준기로 사용될 수 있다.

3.4 열전대형 계기

열전대형 계기(熱電對形計器; thermocouple instrument)는 열선(저항선)과 열전대(thermocouple)를 이용하여 교류를 직류로 변환하고 이를 가동 코일형 계기로 측정하도록 되어 있다. 교류, 직류 양용으로서, 특히 고주파 전류계로 널리 이용되고 있다.

3.4.1 열전대

그림 3.15와 같이 두 이종 금속의 접합을 만들고 한쪽 접점을 가열하면, 기전력이 발생하고 전류가 흐른다. 이 기전력을 열기전력(熱起電力), 전류를 열전류(熱電流)라고 한다. 이 한 쌍의 금속을 열전대라고 부르며, 온도가 높은 접합을 열접점(hot junction), 낮은 접점을 냉접점(cold junction)이라고 한다. 열전대에는 동-콘스탄탄(Copper-costanatan), 철-콘스탄탄(Fe-constantan) 또는 망가닌-콘스탄탄(Mn-constanatan) 등이 사용된다. 큰 전류를 측정하는 계기에서는 그림 3.15(a), (b)와 같은 노출형이 사용되나, 1 A 이하의 작은 전류를 측정하는 계기에서는 열방산을 적게 하고 감도를 높이기 위해 그림 (c)와 같이 열선과 열전대를 유리구 내에 봉입하고 10^{-3}~10^{-5}mmHg 정도로 진공시킨 진공 열전대가 사용된다. 그림 (a), (c)는 열선에 열전대의 열접점을 직접 납땜 해 놓은 것이고, 그림 (b)는 열선과 열전대를 절연시킨 것이다. 또한 열선에는 백금, 콘스탄탄 또는 니켈 등이 사용된다.

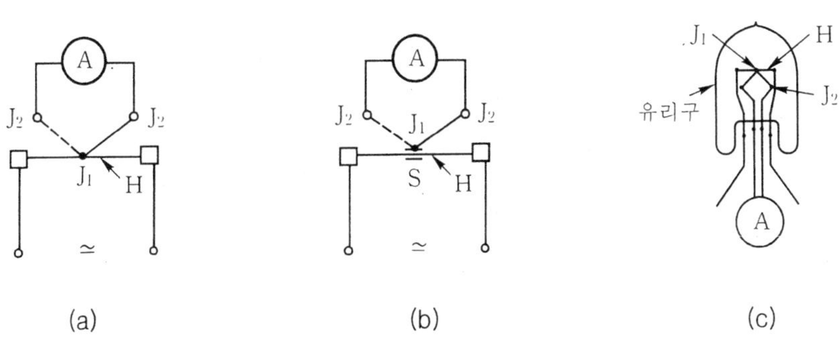

그림 3.15 열전대의 구조와 종류

3.4.2 원리와 구조

그림 3.16은 열전대형 계기의 구조를 나타낸 것이다. 열선 H에 피측정 전류를 흘리면 열선은 저항손(I^2R)에 의해 발열하므로 온도가 상승한다. 이 열선에 열전대의 열접

점 J를 납땜으로 접촉시켜 놓으면, 열전대에는 피측정 전류의 제곱(I^2)에 비례하는 열기전력이 발생하고, 이를 가동 코일형 계기 M으로 측정함으로써 피측정 전류의 값을 알 수 있다.

피측정 전류가 교류인 경우 열선은 전류의 순시값의 제곱(i^2)에 비례하는 열량을 발생하지만, 열선의 온도는 발생 열량의 변화에 따르지 않고 전류 실효값의 제곱에 비례하는 값으로 된다. 따라서 가동 코일형 계기의 지시는 피측정 전류의 제곱에 비례하는 값을 나타내므로 눈금은 제곱 눈금으로 되어 저눈금 부분에서는 조밀하고, 고눈금 부분에서는 넓게 분포한다.

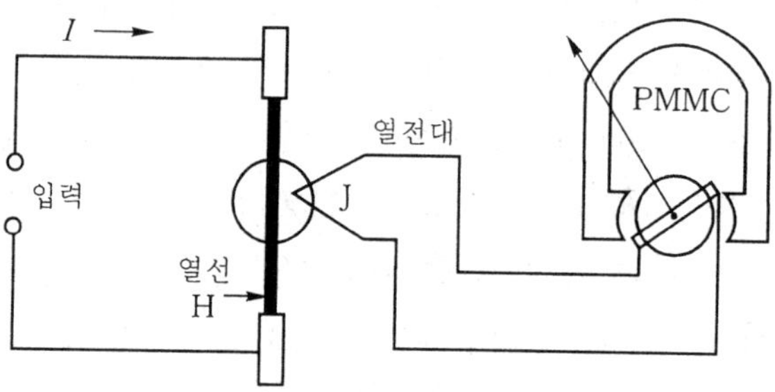

그림 3.16 열전대형 계기

3.4.3 열전대 브리지

또 다른 저전류 측정용(0.1~0.75 A) 열전대형 계기는 그림 3.17과 같이 브리지형 열전 소자를 사용한다. 이 회로는 별개의 열선을 사용하지 않고, 열선과 열전대를 공동으로 한다. 피측정 전류는 열전대에 직접 흐르고 열전대의 온도를 I^2R에 비례해서 상승시킨다. 냉접점은 절연된 구조에 끼워 넣은 핀(pin)이며, 열접점은 두 핀 사이의 중간 접속점이다. 열전대는 그림과 같이 배열되어 지시 계기의 양단에 직류 전위차를 발생시킨다. 브리지 비례 변의 저항은 모두 같으므로 계기에 걸리는 교류 전압은 0 V가 되어 어떠한 교류도 계기를 통과하지 못한다. 몇 개의 열전대를 직렬로 사용하면 더 큰 출력 전압을 얻을 수 있고, 계기의 감도를 증가시킬 수 있다.

열전대형 계기는 저전류 열전대와 적당한 직렬 저항을 사용하면 열전대 전압계로 만들 수 있고 500 V 범위까지 측정 가능하며, 계기의 감도는 약 100~500 Ω/V 정도이다.

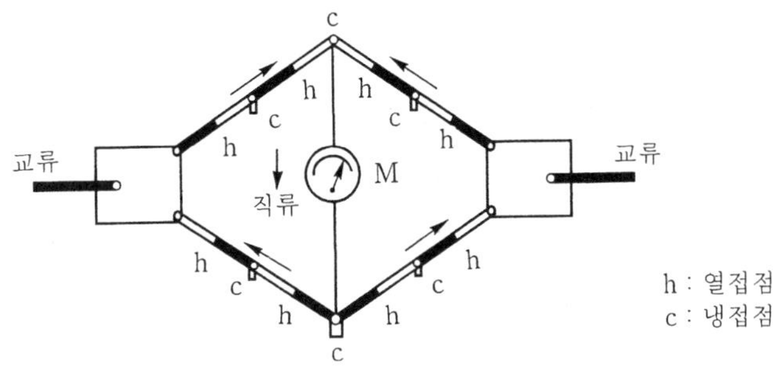

그림 3.17 브리지형 열전대를 사용한 계기

3.4.4 특성

열전대형 계기에서는 열선이 짧기 때문에 인덕턴스도 작고 교류 및 직류에서 거의 같은 저항값을 나타낸다. 따라서 직류로부터 수십 MHz의 고주파 전류까지 1 %의 높은 확도를 가진 것이 이 계기의 장점이다. 그러나 주파수가 극히 높아지면(50 MHz이상) 표피 효과(skin effect)로 인하여 전류가 도체의 표면에만 흐르게 되므로 열선의 저항값이 증가되어 오차의 원인이 된다(15장 고주파 전압 측정 참조). 열전형 계기에서는 정류형 계기와 같이 파형의 일그러짐에 기인하는 오차는 없으나 와전류에 약하고 정격 전류의 2~3배 정도에서 소손되므로 취급에 주의가 필요하다.

3.5 가동 철편형 계기

코일에 전류를 흘릴 때 발생하는 자계의 세기는 전류의 크기에 비례한다. 이 자계 중에 한 쌍의 철편(鐵片; iron vane), 즉 고정 철편과 가동 철편을 놓으면 두 철편에는 각각 자계의 세기(즉, 전류)에 비례하는 세기로 자화(磁化)가 일어나므로, 이 두 철편 사이에는 전류의 제곱에 비례하는 흡인력 또는 반발력이 작용한다. 이 원리를 응용한 계기가 가동 철편형 계기(可動鐵片形計器; moving-iron vane instrument)이다. 가동 철편형 계기에는 반발식(反撥式; repulsion type)과 반발 흡인식(反撥吸引式; repulsion and attraction type)이 현재 사용되고 있다. 가동 철편형 계기는 주로 상용 주파수용의 전압계 및 전류계로서 널리 이용된다. 이 형의 계기는 구조가 간단하고 견고하며, 더욱이 취급이 용이하고 가격이 저렴한 특징을 지니고 있다.

3.5.1 구조 및 동작 원리

(1) 반발식

그림 3.18(a)는 방사상 철편형(放射狀鐵片形; radial vane type), 그림 3.18(b)는 동심 철편형(同心鐵片形; concentric vane type) 반발식 계기의 구조를 나타낸 것이다. 가동 철편은 계기의 회전축에 설치되며, 고정 철편은 고정 코일 틀에 단단히 고정시킨다. 고정 코일에 측정하고자 하는 전류를 흘리면 자계가 발생하며, 이 자계에 의해 고정 철편과 가동 철편은 각각 상부가 N극, 하부가 S극으로 자화된다. 따라서 두 철편은 서로 반발하고, 가동 철편에 반발력에 의한 구동 토크가 작용하여 지침이 편위한다. 고정 코일에 흐르는 전류의 방향이 바뀌면 철편이 자화되는 극성도 바뀌나, 두 철편 모두 동일 극성으로 자화되는 현상은 변하지 않으므로 동일한 반발력을 받아 지침은 항상 (+)방향으로 움직인다. 따라서 주기적으로 전류의 방향이 바뀌는 교류도 측정할 수 있다.

고정 코일에 흐르는 전류를 I라고 하면 코일 내부에는 전류 I에 비례하는 자계가 발생하고, 고정 철편과 가동 철편은 이 자계의 세기, 즉 전류 I에 비례하여 자화된다. 그러므로 자화된 두 철편 사이에는 쿨롱의 법칙에 따라 두 자극 세기의 곱에 비례하는 자기력이 작용한다. 즉, 가동 철편에는 다음 식과 같이 I^2에 비례하는 구동 토크 T_d가 작용한다.

$$T_d = k_d I^2 \qquad \cdots (3.23)$$

여기서, k_d는 비례 상수이다. 이 구동 토크와 와권 스프링에 의한 제어 토크 $T_c = k_c\theta$가 평형을 이룰 때 지침은 정지하게 되므로,

$$k_d I^2 = k_c \theta$$

$$\theta = kI^2 \qquad \cdots (3.24)$$

여기서, $k = k_d/k_c$이다. 따라서 가동부의 회전각 θ는 I^2에 비례하게 되고, 계기의 눈금은 이론상 제곱 눈금으로 되나, 실제로는 고정 철편의 폭을 점차로 좁게 하여 균등 눈금에 가깝도록 교정함으로써 영점 부근을 제외하고는 거의 균등 눈금으로 되어 있다.

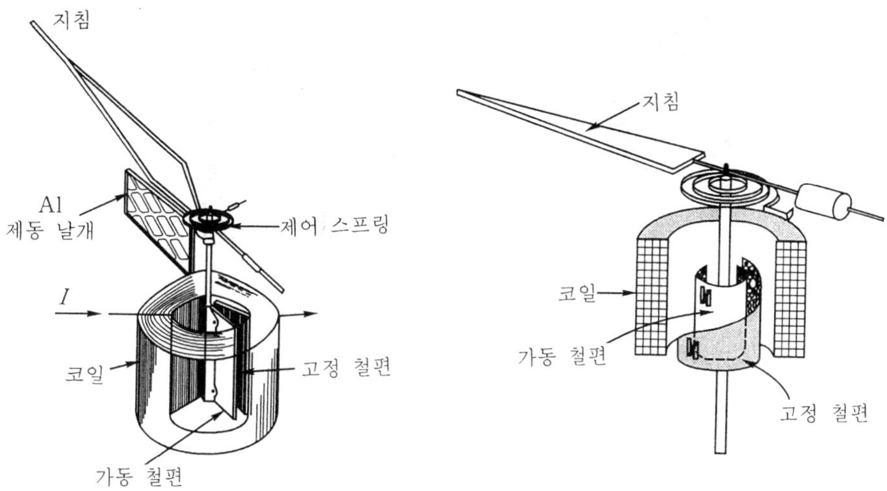

(a) 방사상 철편형 (b) 동심 철편형

그림 3.18 반발식 가동철편형 계기의 구조

(2) 반발 흡인식

그림 3.19와 같이 원형의 고정 코일 중에 두 쌍의 고정 철편과 가동 철편을 회전축에 따라 상하단에 설치하여 철편 사이의 반발력과 흡인력을 동시에 구동 토크로 이용하는 형식이 반발 흡인식 계기이다. 고정 및 가동 철편은 각각 그림 (a)와 같은 극성으로 자화되어 고정 코일에 흐르는 피측정 전류가 작을 경우에는 두 쌍의 고정 및 가동 코일 사이에 반발력이 작용하여 구동 토크를 발생시킨다. 피측정 전류가 증가하여 지침의 편위가 크게 되면 그림 (b)와 같이 가동 철편은 다른 쌍에 속한 고정 철편에 의해 흡인되어 구동 토크를 일으킨다. 이 방식에서는 반발력에 의한 구동 토크가 작아지면 흡인력에 의한 구동 토크가 증가하게 되므로 전체적으로 구동 토크가 커지고 또한 철편 간의 간격을 적당히 선택함으로써 거의 균등 눈금으로 할 수 있다.

가동 철편형 계기의 가동부의 지지 방식에는 피벗 지지 방식 또는 토트-밴드 지지 방식이 사용되고 있으나 최근에는 후자가 많이 사용되고 있다. 제동은 알루미늄 날개에 의한 공기 제동 방식이나 와전류 제동 방식이 이용되고 있다.

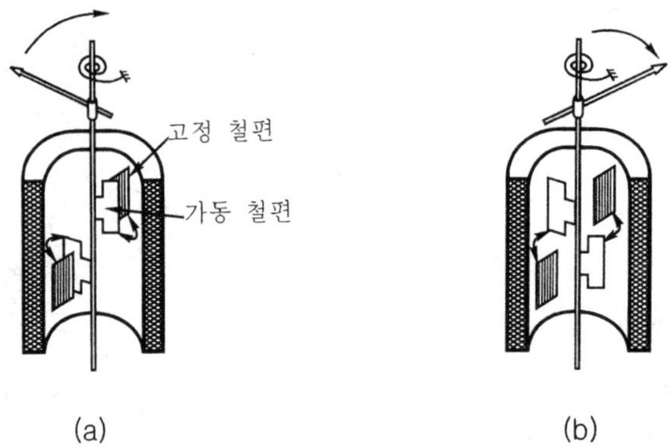

그림 3.19 반발 흡인식 가동 철편형 계기의 구조

3.5.2 전류계와 전압계

가동 철편형 전류계는 20 mA에서 100 A까지 분류기를 사용하지 않고 만들 수 있으며, 대전류를 측정하고자 하는 경우에는 5 A의 전류계에 변류기를 조합하여 사용하는 일이 많다. 또한, 고정 코일에 탭(tap)을 달아 코일의 권수를 변화시킴으로써 계기의 정격값을 바꾸어 다중 측정 범위 전류계로 설계할 수 있다.

한편, 전압계의 경우 20 mA의 가동 철편형 계기에 배율기를 조합하여 15 V에서 600 V까지 계기를 제작할 수 있으며, 고전압을 측정하고자 할 때에는 150 V의 전압계에 계기용 변압기를 조합하여 사용하는 경우가 많다.

20 mA 이하의 전류계로 하는 경우, 발생되는 자계를 강하게 하기 위하여 코일의 권수를 많게 해야 하는데, 이 때문에 임피던스가 증가하여 전류계로는 부적당하다. 또한 15 V 이하의 전압계에서는 소비 전류가 증가하는 결점이 있기 때문에 정격값이 작은 계기는 제작되지 않고 있다.

가동 철편형 계기를 교류 전압계로 사용할 때 주파수가 계기 회로의 임피던스를 증가시켜, 인가 전압보다 더 낮게 지시하는 경향이 있다. 따라서 가동 철편형 계기는 항상 사용 주파수에서 교정되어야 한다. 보통의 상용 계기는 25~125 Hz 주파수의 허용 확도 범위 내에서 사용할 수 있다. 고주파에서는 특별 보상 회로를 사용하여 계기의 동작을 개선시킬 수 있지만 2500 Hz 이상의 계기는 곤란하다. 이 계기는 원리상 직류, 교류 양용이지만 주로 교류 측정에 많이 사용되고 있다.

3.5.3 오차

고정 코일에 의해 발생되는 자계는 영구 자석 가동 코일형 계기에 있어서의 영구 자석에 의한 자계와 비교하면 대단히 약하므로 가동 철편형 계기는 외부 자계의 영향에 의한 오차를 일으키기 쉽다. 이를 방지하기 위하여 비투자율이 큰 퍼멀로이(permalloy)로 고정 코일을 싸서 자기 차폐를 시킨다. 또, 가동 철편형 전류계의 고정 코일 가까이에 금속체가 있으면 여기에 와전류가 흐르게 되고, 이 전류가 고정 코일의 자계를 약하게 하거나 자속의 분포를 변화시켜 오차를 발생시킨다. 이 오차는 주파수가 증가하면 현저하게 증가한다. 이 현상을 방지하기 위해서는 금속체를 고정 코일로부터 멀리해 놓거나, 또는 이에 대신하는 재질의 물질로 바꿔 사용할 필요가 있다.

또한, 전압계에서는 고정 코일의 자기 인덕턴스 L 때문에 주파수가 높아지면 임피던스가 증가하여 고정 코일에 흐르는 전류가 감소하므로 오차를 일으킨다.

가동 철편형 계기는 동작 원리상 교류, 직류 양용이지만 가동 철편으로 규소 강판을 사용한 경우, 이 계기를 직류 회로에 사용하면 철편의 히스테리시스 현상에 의해 오차가 발생한다. 즉, 피측정 전류의 값이 동일한 경우에도 전류를 작은 값에서 증가시켜 가는 경우와 큰 값에서 감소시켜 가는 경우에 그 지시값이 달라지게 된다. 또한, 반발식에서는 철편의 잔류 자기 때문에 전류가 0이 되더라도 지시값이 0이 되지 않는다. 그러나 퍼멀로이 등의 Ni 합금을 철편에 사용하면 히스테리시스에 의한 오차가 작게 되므로 어느 정도 직류 회로에도 사용할 수 있다. 또, 철편의 자화 특성이 비선형적이기 때문에 파형에 따라 오차를 일으킨다.

3.6 전력계

직류 전력은 전압과 전류의 곱($P=VI$)으로 나타내며, 교류 전력은 전압, 전류, 역률의 곱($P=VI\cos\varphi$)으로 나타낸다. 따라서 전력계(電力計; wattmeter)는 측정 회로의 전압과 전류의 두 요소에 의해 동작하도록 고안되어 있는 계기이다. 전력계에는 전압과 전류 양자에 의해 생기는 구동 토크를 이용하는 전류력계형 전력계(electrodynamic wattmeter)가 주로 사용되고 있다.

3.6.1 구조와 동작 원리

앞에서 설명한 전류력계형 계기의 가장 중요한 응용 분야는 아마도 전력계일 것이다. 그림 3.20은 이 계기가 단상 전력계로 사용되는 경우의 코일 접속을 나타낸다. 그림에서 두 개로 분리된 고정 코일(또는 자계 코일) F_1, F_2와 부하 R_L은 서로 직렬로 접속되고, 여기에 부하 전류 I가 흐른다. 가동 코일 M은 고정 코일의 전류에 의해 발생된 자계 내에 설치하고, 배율기 저항 R_p와 직렬로 접속된다. 가동 코일 M과 배율기 저항 R_p는 부하 R_L과 병렬로 접속되므로, 가동 코일 회로에는 부하 전압에 비례하는 미소한 전류($I_p \propto E$)가 흐른다. 이와 같이 전력계에서는, 고정 코일에는 부하 전류가 흐르고 가동 코일에는 부하 전압이 인가되어 동작하므로, 고정 코일을 전류 코일(current coil; CC), 가동 코일을 전압 코일(potential coil; PC)이라고 부른다.

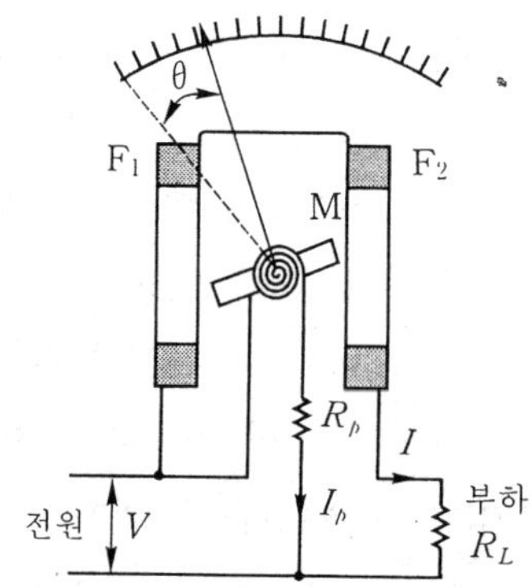

그림 3.20 전류력계형 전력계의 구조

지금 전류 코일에 부하 전류 I를 흘리고, 전압 코일에 부하 진압 E를 인가하면 식 (3.15)로부터

$$\theta = kII_p = k'IV = k'P \quad \cdots (3.25)$$

로 되어, 계기의 지침각 θ가 직류 전력 P에 비례하므로 이 계기는 전력계로 된다.

다음에, 이 전력계로 교류 전력을 측정하는 경우를 생각해 보자. 부하 전압의 순시값 v와 부하 전류의 순시값 i를 각각

$$\begin{aligned} v &= \sqrt{2}V\sin\omega t \\ i &= \sqrt{2}I\sin(\omega t - \varphi) \end{aligned} \quad \cdots (3.26)$$

라 하면, 순시 부하 전력 p는

$$\begin{aligned} p &= vi = \sqrt{2}V\sin\omega t\sqrt{2}I\sin(\omega t - \varphi) \\ &= VI\cos\varphi - VI\sin(2\omega t - \varphi) \end{aligned} \quad \cdots (3.27)$$

로 되므로, 부하 전력의 순시값 p는 그림 3.21과 같이 v나 i의 2배의 주파수로 진동한다. 순시 전력의 평균값, 즉 평균 전력 P를 구하면,

$$P = \frac{1}{T}\int_0^T p(t)dt = VI\cos\varphi \quad \cdots (3.28)$$

한편, 전력계의 순시 구동 토크 τ_D는 식 (3.18)로부터

$$\begin{aligned}\tau_D &= k_2 vi = k_2\sqrt{2}V\sin\omega t \quad \sqrt{2}I\sin(\omega t-\varphi)\\ &= k_2\left[VI\cos\varphi - VI\sin(2\omega t-\varphi)\right]\end{aligned} \qquad \cdots (3.29)$$

으로 된다. τ_D의 평균 토크 T_D를 구하면,

$$T_D = \frac{1}{T}\int_0^T \tau_D dt = k_2 VI\cos\varphi \qquad \cdots (3.30)$$

이다. 따라서 계기의 지침각 θ는

$$\theta = k'VI\cos\varphi = k'P \qquad \cdots (3.31)$$

로 되어, θ는 교류 전력 P에 거의 비례한다. 이와 같이 전류력계형 전력계는 교류, 직류 양용의 전력계로 널리 이용되고 있다. 전력계로서는 정격 전류 0.2~25 A, 정격 전압 30~240 V 정도의 제품이 시판되고 있다. 교류 전력이 이 값을 초과하는 경우에는 후술하는 변류기나 계기용 변압기를 조합하여 측정한다.

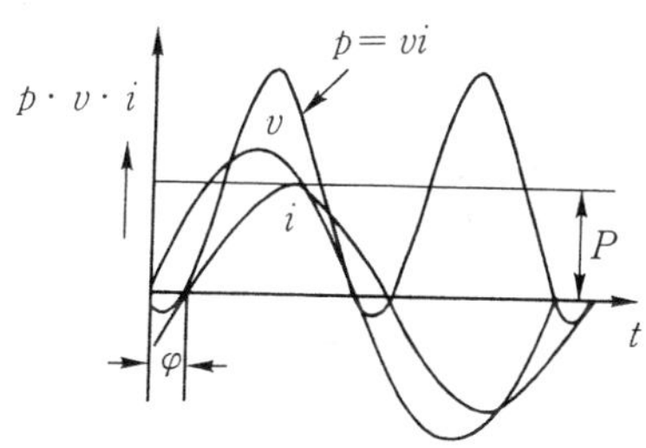

(a) p, v, i 파형

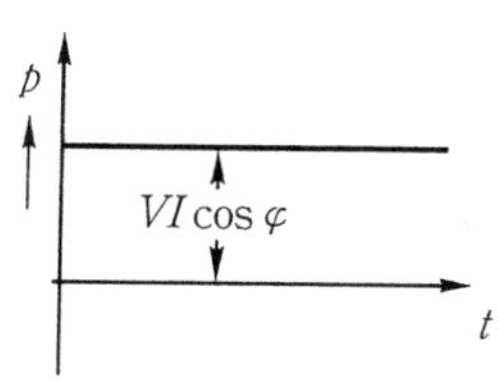

(b) $VI\cos\varphi$ 파형

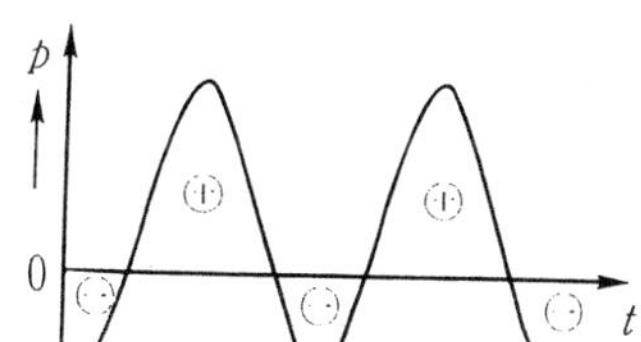

(c) $VI\sin(2\omega t-\varphi)$ 파형

그림 3.21 교류 전력

3.6.2 다중 측정 범위 전력계

다중 측정 범위 전력계(multi-range wattmeter)는 그림 3.22와 같이 배율기 저항값을 변경하거나 두 전류 코일을 직렬 접속에서 병렬 접속으로 바꾸어 전류를 변화시키면 얻어진다. 그림 3.22에서 직렬 접속된 배율기 저항은 60, 120, 240 V 등 3개의 전압 범위를 갖는다. 하나의 전류 코일에 흘릴 수 있는 전류가 0~5 A라면, 병렬 접속함으로써 부하에 흐르는 전류는 10 A까지 증가시킬 수 있다. 따라서 부하 전압이 일정하더라도 부하 전류를 2배로 하면 부하 전력이 2배로 되므로 계측기의 측정 범위는 2배로 확대된다.

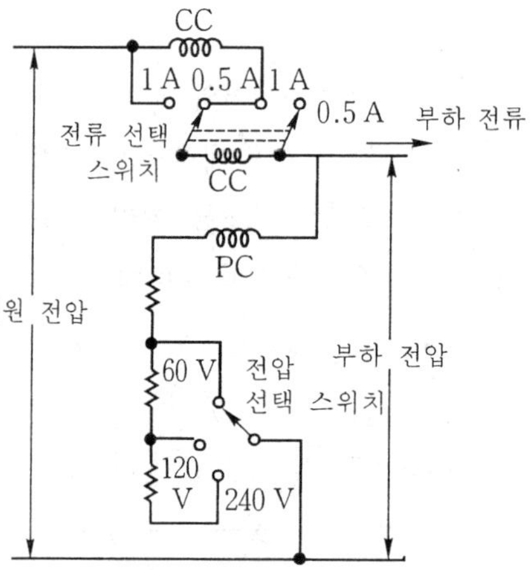

그림 3.22 다중 측정 범위 전력계

3.6.3 전력계 보상

전력계의 전압 코일과 전류 코일을 내부 접속하는 방법에는 그림 3.23(a), (b)와 같이 2가지 방법이 있다. 그림 (a)와 같이 접속하면 전력계 지시값에 전압 코일 회로의 소비 전력(VI_p)이 포함되며, 그림 (b)와 같이 접속하면 전류 코일 회로의 소비 전력(V_cI)이 포함된다. 이와 같이 접속 방식을 어떻게 하더라도 전력계의 지시값은 실제의 부하 전력(EI)보다 커지게 되어 피측정 전력이 큰 경우에는 무시할 수 있으나 작은 경우에는 오차의 원인으로 된다. 이와 같은 오차를 작게 하기 위하여 그림 (c)와 같이 보상(補償) 코일(compensation coil)을 전류 코일에 밀착시켜 전류 코일과는 반대 방향으로 감아 전압 코일과 직렬로 접속시킨다. 이때 보상 코일에는 전류 코일과 반대 방향으로 전류가 흐르므로, 이 전류에 의한 자계는 전류 코일에 의한 자계의 일부를 소거시킨다. 따라서 전력계는 전압 코일에서 소비되는 전력 성분만큼 덜 지시하게 되어 오차를 보상한다.

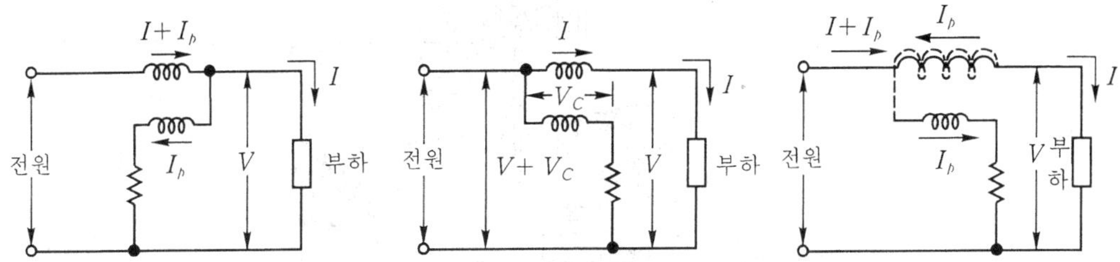

(a) 전압 코일 전류에 기인하는 오차 (b) 전류 코일 전압 강하에 기인하는 오차 (c) 보상 코일

그림 3.23 전력계의 결선법과 보상 코일의 사용

3.7 전력량계

전력은 전력 회사에서 공급하며, 사용자는 사용한 전력량에 따라 요금을 지불한다. 따라서 사용 전력을 정확하게 측정할 계기가 필요하게 된다. 어떤 일정 기간 동안의 전력을 적산(積算)하여 나타내는 계기를 전력량계(電力量計; watthour meter)라고 하며, 실험실에서는 잘 사용하지 않는 계기이지만 산업체나 가정에 공급되는 전기 에너지의 사용량 측정에는 광범위하게 이용되고 있다.

3.7.1 원리

일반적으로 전력은 교류로 공급되므로 대부분의 전력량계는 교류용으로 제작되고 있으며, 교류 적산 전력계로서 유도형이 널리 사용되고 있다. 그림 3.24는 유도형 단상 전력량계(single phase watthour meter)의 구성을 나타낸다. 알루미늄의 회전 원판 상하부에 각각 적층 철심(積層鐵心)을 설치한다. 상부 철심은 전압 철심으로 전압 코일(potential coil)이 감겨 있고, 하부 철심은 전류 철심으로 전류 코일(current coil)이 감겨 있다. 전압 코일 P에 부하 전압 V를 인가하면 P에는 V에 비례하는 여자 전류 i_p가 흐르며, 그림 3.25(a)와 같이 알루미늄 원판을 관통하는 전압 자속 ϕ_p를 발생시킨다. 전압 코일의 권수는 크고, 자로(磁路)의 공극(空隙)이 작으므로 전압 코일의 인덕턴스가 크기 때문에 전압 자속 ϕ_p는 전압 V보다 거의 90° 위상이 뒤진다(그림 (b)).

일반적으로, 전류 코일에 부하 전류 I가 흐르면, 그림 (a)와 같이 I에 비례하는 전류 자속 ϕ_c가 발생하여 알루미늄 원판을 관통한다. 전류 코일은 권수가 작고 자로의 공극이 크기 때문에 전류 코일의 인덕턴스는 작으며, 따라서 전류 자속 ϕ_c는 전류 I와 거의 동상으로 된다(그림 (b)).

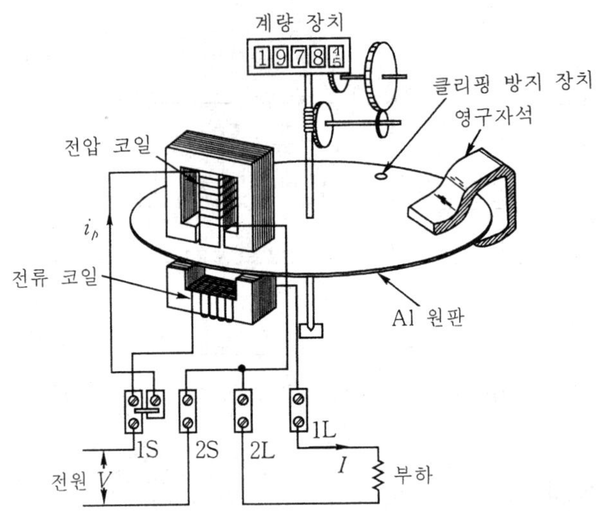

그림 3.24 전력량계의 구조

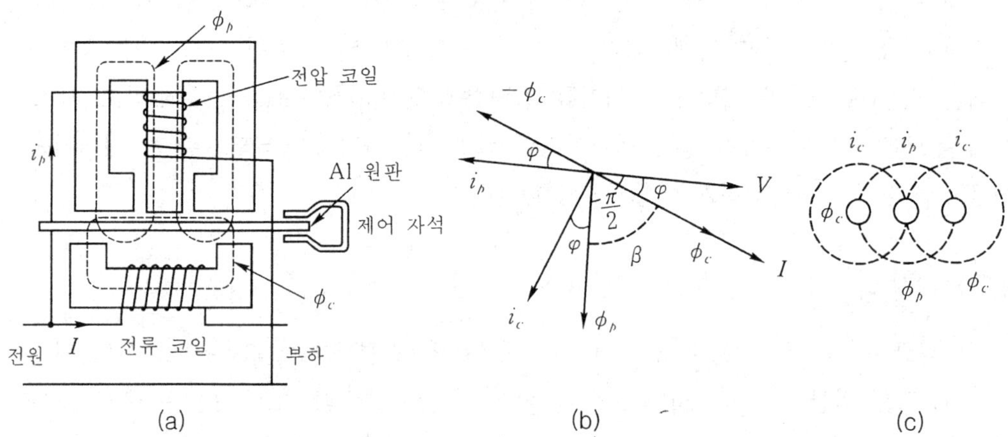

그림 3.25 전력량계의 동작 원리

ϕ_p, ϕ_c가 주파수 f에 정현파적으로 변하는 경우, 이 자속이 알루미늄 원판을 관통하면 알루미늄 원판에는 그림 (c)와 같이 ϕ_p에 의한 와전류 i_p, ϕ_c에 의한 와전류 i_c가 발생한다. i_p, i_c의 위상은 ϕ_p, ϕ_c보다 각각 90° 늦으며, 그 크기는 $i_c \propto \omega\phi_c$, $i_p \propto \omega\phi_p$이다. V, I, ϕ_p, ϕ_c, i_p, i_c의 위상 관계를 나타내면 그림 (c)와 같이 된다. 여기서 ϕ는 V와 I의 위상차, 즉 부하의 위상이며, α는 V와 ϕ_p의 위상차로 거의 90°이다. 따라서 $i_p-\phi_p$와 $i_c-\phi_c$ 사이에는 전자력이 작용하며, 이 힘에 의해 다음 식과 같은 구동 토크가 발생한다.

$$T_1 = k_1\phi_p i_c \cos\{90-(\alpha-\varphi)\} = k_1\phi_p i_c \sin(\alpha-\varphi) \quad \cdots (3.32)$$

$$T_2 = k_1\phi_c i_p \cos\{90+(\alpha-\varphi)\} = k_1\phi_c i_p \sin(\alpha-\varphi) \quad \cdots (3.33)$$

구동 토크 T_2가 작용하는 방향은 T_1과 반대로 되므로 원판에 작용하는 구동 토크 T_p는

$$T_p = T_1 - T_2 = k_1\phi_p i_c \sin(\alpha-\varphi) + k_1\phi_c i_p \sin(\alpha-\varphi) \qquad \cdots(3.34)$$

로 된다. 여기서 i_p, i_c의 크기는 각각 ϕ_p, ϕ_c에 비례하므로 $i_p \propto \phi_p$, $i_c \propto \phi_c$로 되어

$$T_D = k_2\phi_p\phi_c \sin(\alpha-\varphi) \qquad \cdots(3.35)$$

더욱이 ϕ_p는 부하 전압 V에, ϕ_c는 부하 전류 I에 비례하므로 위 식에 $\phi_p \propto V$, $\phi_c \propto I$ 관계를 대입하면

$$T_D = k'VI\sin(\alpha-\varphi) \qquad \cdots(3.36)$$

부하 전압 V와 전압 자속 ϕ_p와의 위상차 α를 90°가 되도록 조정하면,

$$T_D = k'VI\sin(90-\varphi) = k'VI\cos\phi = k'P \qquad \cdots(3.37)$$

으로 되어, 원판에 작용하는 구동 토크 T_D는 부하 전력 $P=Vi\cos\varphi$에 비례한다. 한편, 알루미늄 원판이 영구 자석의 자극 사이를 통과하면 원판에는 영구 자석에 의한 자속 ϕ_m에 비례하는 와전류 i_m이 생긴다. 따라서 i_m과 자속 ϕ_m 사이의 전자력에 의한 제어 토크 T_C는

$$T_C = k_3\phi_m i_m n = k_4\phi_m{}^2 n = k''n\ (\phi_m=\text{일정}) \qquad \cdots(3.38)$$

로 되어 원판의 회전수 n에 비례한다. T_C와 T_D는 서로 역방향으로 작용하므로 이 두 회전력이 평형되는 속도로 원판은 계속 회전하게 된다. 즉, 식 (3.37)과 (3.38)에 의해

$$k'VI\cos\varphi = k''n$$
$$n = kVI\cos\varphi = kP \qquad \cdots(3.39)$$

로 되어, 원판의 회전수 n은 부하 전력 P에 비례함을 알 수 있다. 따라서 원판의 회전수는 회전축 및 톱니 기구를 통해 계량반에 전달되고, 어느 기간 내의 회전수 n을 적산하여 이를 계량하면 그 기간 내의 사용 전력량이 구해진다. 사용 전력량은 회전수를 계량하여 kWh로 표시한다. 원판의 회전수와 전력량과의 관계를 나타내는 계기 정수는 1 kWh당의 원판 회전수, 즉 Rev/kWh로 나타낸다. 예를 들면, 계기 정수 2400 Rev/kWh라 함은 원판이 2400회 회전하면 1 kWh가 됨을 의미한다. 일반적으로, 계기 정수는 계기의 명판에 기재되어 있다.

3.8 역률계와 위상계

교류 회로에서 역률(力率; power factor)과 위상각(位相角; phase angle)의 측정은 전력의 측정과 더불어 극히 중요하며, 오래 전부터 전류력계형과 가동 철편형 계기를 이용한 역률계(power factor meter) 및 위상계(phase meter)가 사용되어 왔다. 전류력계형은 구조가 복잡하고 고가이므로, 주로 정밀 측정의 휴대용 계기로서 사용된다.

그림 3.26은 교차 코일형 단상 역률계(crossed-coil power factor meter)의 원리를 나타낸다. 이 계기는 기본적으로 전류력계형 계기와 동일한 것으로 고정 코일 F_1, F_2를 직렬로 접속하여 부하 전류 I를 흘리고, 가동 코일 M_1, M_2를 서로 90°로 고정시켜 지침을 설치한다. M_1에는 저항 R을, M_2에는 인덕턴스 L을 직렬로 접속시키고 부하 전압 V를 인가하면, M_1에는 V와 동상의 전류 I_1이, M_2에는 V보다 위상이 90° 늦은 전류 I_2가 흐른다. 피측정 부하의 위상각을 φ라 하면 V, I, I_1, I_2의 위상 관계는 그림 (b)와 같이 된다.

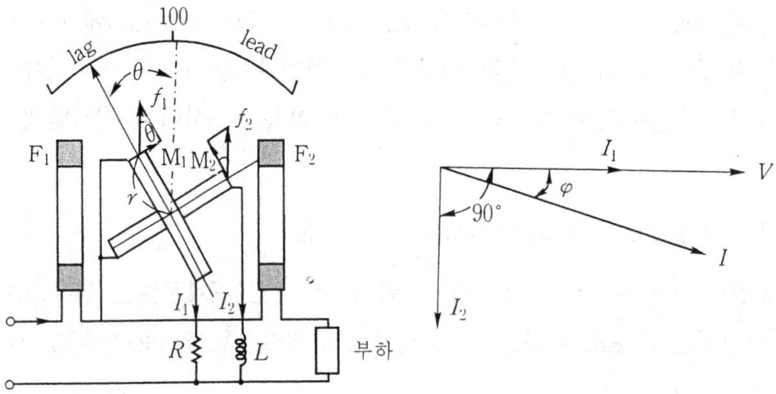

(a) 원리 (b) 페이저도

그림 3.26 역률계의 원리

M_1, M_2에 작용하는 힘 f_1, f_2를 구하면

$$f_1 = kI_1I\cos\varphi \qquad \cdots (3.40)$$

$$f_2 = kI_2I\cos(90° - \varphi) = kI_2I\sin\varphi \qquad \cdots (3.41)$$

로 된다. f_1, f_2가 서로 반대 방향으로 작용하도록 가동 코일 M_1, M_2를 감으면, M_1, M_2에 작용하는 회전력 T_1과 T_2가 균형을 이루는 위치에서 가동 코일이 정지한다. 이때 그림 3.26(a)와 같이 지침이 중심 위치로부터 θ만큼 움직였다고 가정하면 M_1, M_2에 작용하는 회전력은

$$T_1 = f_1 r \sin\theta = krI_1 I\cos\varphi\sin\theta \quad \cdots (3.42)$$

$$T_2 = f_2 r \cos\theta = krI_2 I\sin\varphi\cos\theta \quad \cdots (3.43)$$

로 된다. 여기서 T_1과 T_2는 같으므로

$$krI_1 I\cos\varphi\sin\theta = krI_2 I\sin\varphi\cos\theta \quad \cdots (3.44)$$

$$\therefore \frac{I_2}{I_1}\tan\varphi = \tan\theta \quad \cdots (3.45)$$

또한 M_1, M_2에 직렬로 접속시킨 R, L이 $R=\omega L$로 되도록 택하면 $I_1 = I_2$로 되므로

$$\tan\varphi = \tan\theta \quad \cdots (3.46)$$

$$\varphi = \theta \quad \cdots (3.47)$$

로 되어, 지침의 변위각 θ로부터 부하의 위상각 φ를 알 수 있다. 또한 눈금을 위상각 φ가 아니라 역률 $\cos\varphi$로 정하면 역률계로 된다.

3.9 계기용 변성기

발전소나 변전소 등에서 교류 고전압 및 교류 대전류를 측정하는 경우에는 이를 110 V 정도의 저전압, 5 A 이하의 소전류로 변환시켜 보통의 배전반용 계기로 측정한다. 고전압 대전류의 교류를 저전압 소전류의 교류로 변환시키는 경우, 분압기나 분류기를 쓸 수도 있으나 교류 계기는 광범위한 주파수에서 사용되기 때문에 큰 확도를 얻기가 곤란하므로 일반적으로 변압기 원리를 응용한 계기용 변성기(計器用 變成器; instrument transformer)를 사용한다. 계기용 변성기에는 전류 측정용의 변류기(變流器; current transformer; CT)와 전압 측정용의 계기용 변압기(計器用 變壓器; potential transformer; PT)가 있다. 또한, 전기 철도나 전기 화학 공장 등에서 직류 대전류를 측정할 때에는 직류 변류기가 사용된다. 계기용 변성기는 고전압 대전류를 취급이 용이한 저전압 소전류로 변환시켜 교류용 계기의 측정 범위를 확대시킴과 아울러 측정 계기를 고전압 회로로부터 절연하여 안전하게 측정할 수 있도록 하는 두 가지 기능을 가진다.

3.9.1 변류기

변류기는 고전압 회로의 대전류를 일정 비율에 따라 소전류로 변환하여, 저압용의 보통 전류계나 전력계로 고전압 회로의 전류나 전력 등을 측정하기 위한 기기이다.

변류기는 일종의 변압기로서, 그림 3.27(a)와 같이 양질의 철심에 1차 코일과 2차 코일이 감겨져 있다. 1차 코일은 피측정 회로에 직렬로 접속되고, 2차 코일은 전류계 또는 전력계의 전류 코일 등에 접속된다. 따라서 변류기의 2차측은 낮은 임피던스로 단락된 것처럼 되므로 여자 전류(勵磁電流)는 거의 0으로 된다. 1차, 2차 코일의 권수 및 전류를 각각 n_1, n_2 및 I_1, I_2라 하면 다음 관계가 성립된다.

$$k_n = \frac{I_1}{I_2} = \frac{n_2}{n_1} \qquad \cdots (3.48)$$

여기서, k_n을 공칭 변류비(公稱變流比; current transformation ratio)라고 부른다.

위 식에서 $I_1 = k_n I_2$로 되므로 2차 전류 I_2를 측정하면 1차 전류 I_1을 구할 수가 있다. 즉, 전류계의 눈금에 k_n배의 전류값을 표시해 놓으면 1차 전류를 바로 알 수 있다.

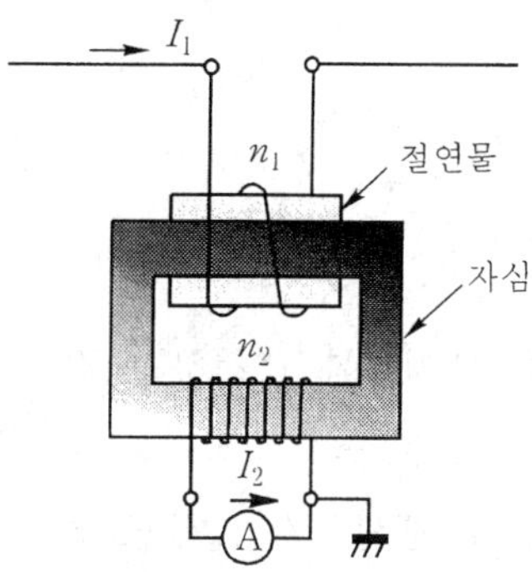

(a) 구조

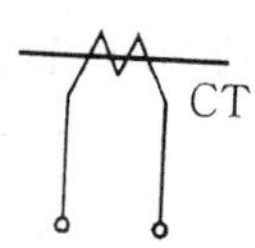

(b) 기호

그림 3.27 변류기의 구조와 기호

한편 2차측에 접속시킨 계기의 임피던스가 크면 여자 전류(勵磁電流)를 무시할 수 없다. 즉, 1차 전류의 일부가 여자 전류로 되므로 변류비 k_n는 권수비 n_2/n_1보다 커지고 오차를 일으킨다. 이 오차를 보상하기 위해 2차 코일의 권수를 변류비로부터 산출한 값보다 1 % 정도 적게 한다. 이를 백 턴(back turn)이라 한다.

변류기에는 봉형(棒型; bar-type)과 권선형(捲線型)이 있다. 일반적으로 변류기의 암페어 턴(ampere turn), 즉 $I_1 n_1 (\approx I_2 n_2)$는 600～1200 AT 정도에서 선정되므로 1차 전류가 600～1200 A인 변류기에서는 1차 코일의 권수는 1($n_1 = 1$)로 된다. 1차 코일을 하나의 봉상 도체로 한 것이 봉형 변류기이다. 여기에는 피측정 전류가 흐르고 있는 모선을 1차 도체로 하여 그대로 사용하는 관통형(貫通形)도 이용된다. 권선형 변류기는 양질의 철심에 2차 코일을 감고 그 위에 다시 1차 코일을 감은 것으로 대개, 1차 전류가 600～1200 A 이하일 때, 즉 n_1이 2 이상의 경우에 사용한다. 또한, 변류기는 냉각 방식에 따라 건식(乾式)과 유입식(油入式)으로 분류한다. 건식은 20 kV 이하의 옥내용으로, 유입식은 옥외용 또는 20 kV 이상의 옥내용에 사용한다.

변류기에 1차 전류가 흐르고 있는 상태에서 2차 회로를 개방하면 1차 전류가 모두 여자 전류로 되므로 철심에는 큰 기자력이 작용하여 자속 밀도가 매우 높아진다. 이 때문에 2차측의 유도 기전력이 대단히 커져 코일의 절연 파괴를 일으키거나, 또는 철손이 증가하기 때문에 2차 회로를 장기간 개방해 놓으면 철심이 가열되어 권선을 소손시키거나 절연을 열화시키는 경우가 있다. 따라서 변류기의 2차 회로는 절대 개방되지 않도록 해야 한다. 만일 2차 회로에 접속시키는 계기를 제거하거나 접속을 바꾸는 경우에는 반드시 2차 단자 사이를 단락시킨 후에 해야 한다.

또, 고전압 회로에 사용되는 변류기에서는 1차 코일과 2차 코일의 혼촉 또는 정전유도 등에 의해 2차측이 고전위로 되는 경우가 있다. 이러한 경우에는 2차 코일이나 계기의 절연이 파괴될 우려가 있으며, 또한 측정자가 감전될 위험도 있으므로 2차측의 일단은 반드시 접지하여야 한다.

3.9.2 계기용 변압기

계기용 변압기는 고전압을 일정 비율에 따라 변환하여 저압용의 보통 전압계나 전력계로 고전압 회로의 전압이나 전력을 측정하기 위한 특수한 변압기이다.

그림 3.28(a)와 같이 철심에 1차 코일과 2차 코일을 감고, 1차 코일은 고전압 회로에, 2차 코일은 전압계 또는 전력계의 전압 코일 등에 접속시킨다. 1차, 2차 코일의 권수 및 전압을 각각 n_1, n_2 및 V_1, V_2라 하면 다음의 관계가 성립한다.

$$k_n = \frac{V_1}{V_2} = \frac{n_1}{n_2} \quad \cdots (3.49)$$

여기서, k_n를 변압비라고 부른다.

식 (3.49)로부터 $V_1 = k_n V_2$로 되므로 2차 전압 V_2를 측정하면 1차 전압 V_1을 알 수 있다. 즉, 전압계의 눈금에 k_n배의 전압값을 표시해 놓으면 1차 전압을 바로 읽을 수 있다.

계기용 변압기에서는 1차, 2차의 누설 임피던스에 의한 전압 강하가 생기며 이것이 오차의 원인이 되므로, 이것을 보상하기 위하여 변류기에서처럼 2차 코일의 권수를 0.5～1.5 % 정도 백 턴한다.

계기용 변압기는 소형의 전력용 변압기와 거의 동일한 구조이나 철심에는 양질의 규소 강판을 사용하여 누설 임피던스를 작게 하고 있다. 계기용 변압기에도 변류기에서와 같이 건식과 유입식이 있으며 모두 자냉식(自冷式)이다.

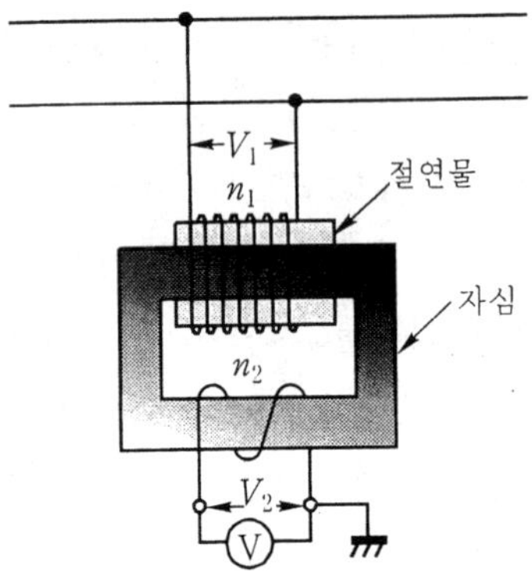

(a) 구조

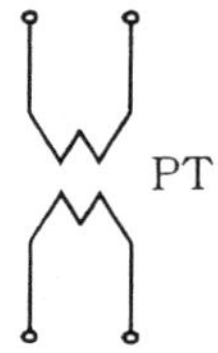

(b) 기호

그림 3.28 계기용 변압기의 구조와 기호

계기용 변압기에서도 변류기에서와 같이 누설 임피던스에 의해 생기는 비오차(比誤差)와 위상각이 오차의 원인으로 된다. 비오차나 위상각은 2차 부담의 크기나 역률에 의해 변화한다. 계기용 변압기의 정격 1차 전압의 표준은 220 V~275 kV 사이에 12종이 정해져 있으며 정격 2차 전압의 표준은 110 V이다. 정격 부하의 표준은 10, 15, 25, 50, 100, 200, 500 VA로 정해져 있다.

3.9.3 계기용 변성기의 접속법

변류기나 계기용 변압기는 각각 단독으로 사용하여 전류계나 전압계의 측정 범위를 확대시킬 수 있을 뿐만 아니라 변류기와 계기용 변압기를 조합하여 전력계나 전력량계 등과도 접속시킬 수 있다.

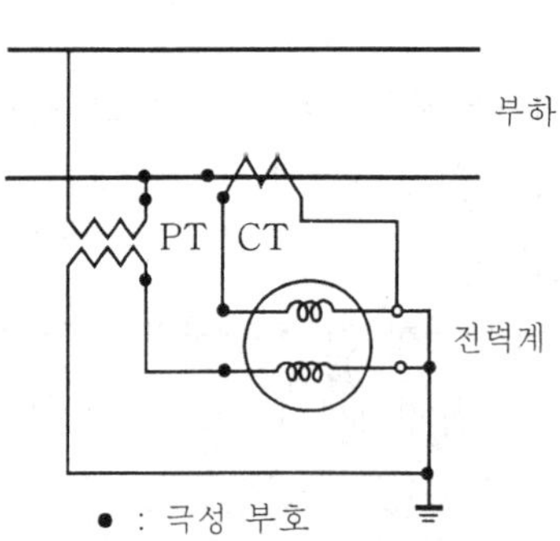

(a) 단상 전력 측정

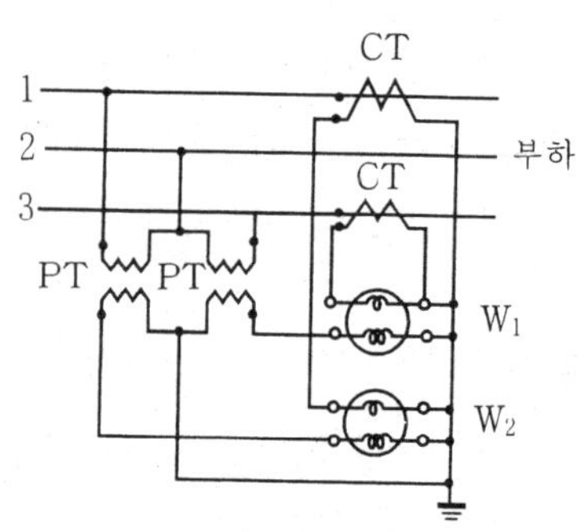

(b) 3상 전력 측정

그림 3.29 계기용 변성기의 접속도

그림 3.29(a)는 단상 전력을 측정하는 경우의 접속도이고, 그림 (b)는 3상 3선식 회로의 전력 측정시 접속 예이다. 계기용 변성기를 접속할 때에는 극성에 주의해야 한다.

3.9.4 홀 소자식 직류 변류기

직류 대전류 측정시에는 일반적으로 분류기와 가동 코일형 전류계를 사용하는 방법이 가장 간단하다. 그러나 피측정 전류가 수 kA 이상이 되면 분류기가 대형으로 됨과 동시에 전력 손실도 증가하며, 더욱이 고압 회로에 사용할 때에는 절연도 곤란하게 되므로 직류용 변류기가 사용된다.

현재 여러 종류의 직류 변류기가 사용되고 있으나, 여기서는 반도체 홀 효과(Hall effect)를 이용한 홀 소자식 직류 변류기에 대해서 간단히 설명한다. 그림 3.30(a)와 같이 Ge이나 InAs 등의 반도체 박편에 Y축 방향으로부터 전류 I를 흘리고, Z축 방향으로 자계 H를 가하여 그 자속 밀도를 B라 하면, X축 방향으로 기전력이 발생한다. 이 현상을 홀 효과라 부르며, 이때 발생된 기전력을 홀 전압(Hall voltage)이라 하고, 그 크기 V_H는

$$V_H = R_H I B \quad \cdots (3.50)$$

로 된다. 여기서 R_H는 홀 정수(Hall constant)이다.

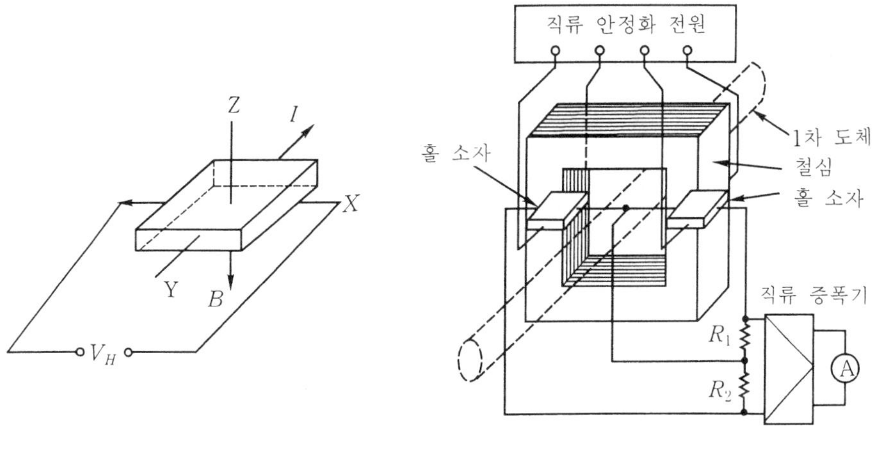

(a) 홀 소자　　　　(b) 직류 변류기

그림 3.30 홀 소자식 직류 변류기

그림 (b)는 홀 현상을 이용하여 직류 대전류를 측정하는 장치의 구성도이다. 그림과 같이 철심 속으로 1차 도체를 관통시켜 철심의 공극에 2개의 홀 소자를 설치한다. 그리고 홀 소자에는 직류 안정화 전원으로부터 일정 전류 I A를 흘리고, 2개의 홀 소자의 출력측을 직렬로 접속시킨다. 1차 도체에 피측정 전류 I_x를 흘리면 철심에는 I_x에 비례하는 자속이 발생하고, 이 자속이 홀 소자에 가해지면 홀 소자의 출력측에는 홀 효과에 의해 I_x에 비례하는 기전력이 나타난다. 따라서 이 전압을 직류 귀환 증폭기에 의해 증폭하여 지시계기 A로 측정함으로써 I_x를 구할 수 있다.

이 방식에서는 2개의 홀 소자를 사용하여 부하 저항 R_1, R_2를 조정함으로써 외부 자계의 영향을 방지하고 2개의 홀 소자의 출력을 평형시키고 있다.

연 습 문 제

****

3.1 영구 자석 가동 코일형 계기를 60 Hz 교류 전압 측정에 사용할 수 없는 이유를 설명하라.

3.2 교류 전압계의 감도와 직류 전압계의 감도를 비교 설명하라.

3.3 전파 정류를 이용한 교류 전압계의 감도는 반파 정류를 이용한 교류 전압계의 감도와 비교해서 어떠한가?

3.4 전파 정류를 갖는 교류 전압계를 사용할 때와 반파 정류를 갖는 교류 전압계를 사용할 때 회로에 대한 부하 효과를 비교하라.

3.5 1 mA의 가동 코일형 계기와 정류기를 조합하여 150 V, 60 Hz의 교류 전압계를 설계하라. 단, 교류의 파형은 정현파이고, 정류기의 정류 효율은 100 %이다.

3.6 교류 전압계의 지시값에서 파형 오차(waveform error)란 무엇이며, 파형 오차의 영향을 받는 계기의 예를 들어라.

3.7 그림 3.31의 회로에서 교류 및 직류 감도, 그리고 전류를 최대 눈금 편위 전류로 제한하는 데 필요한 배율기 저항값을 계산하라. 단, 다이오드의 순방향 저항은 300 Ω, 역방향 저항은 ∞이다.

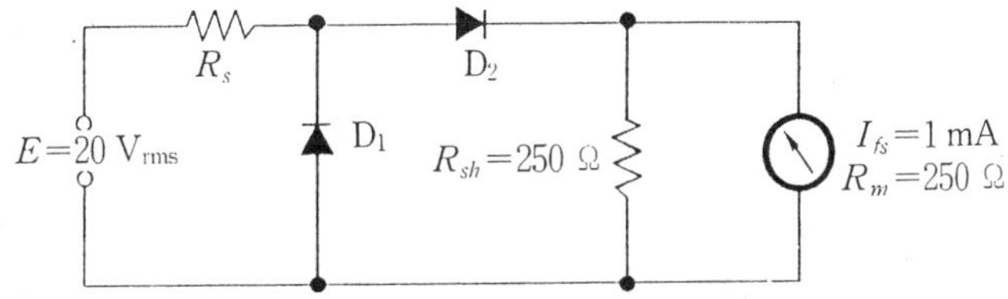

그림 3.31

3.8 정류형 계기에서 온도 및 주파수에 의한 오차를 설명하라. 주파수에 의한 오차를 어떻게 보상하는가?

3.9 그림 3.32의 회로에서 교류 및 직류 감도, 그리고 전류를 최대 눈금 편위 전류로 제한하는 데 필요한 배율기 저항값을 계산하라. 모든 다이오드는 300 Ω의 순방향 저항과 무한대의 역방향 저항을 갖는다.

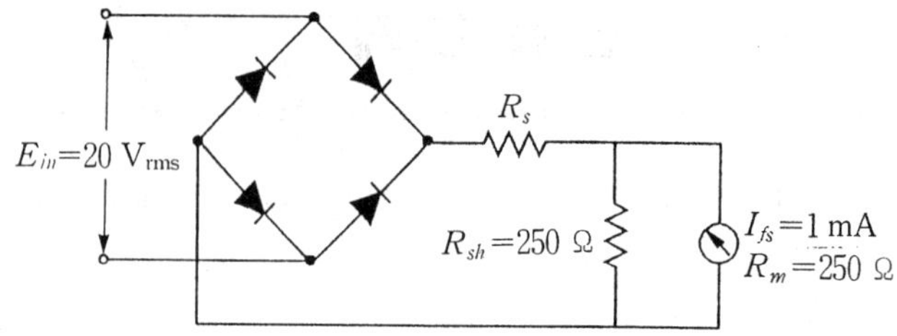

그림 3.32

3.10 그림 3.33의 회로에서 R_m=1.5 kΩ, 100 μA PMMC 계기를 이용한 반파 정류형 교류 전압계를 사용해 15 kΩ 저항 양단에 걸리는 실효값 전압을 측정하였다. 전압계의 측정 범위가 10 V일 때, 전압계의 지시값은 얼마인가?

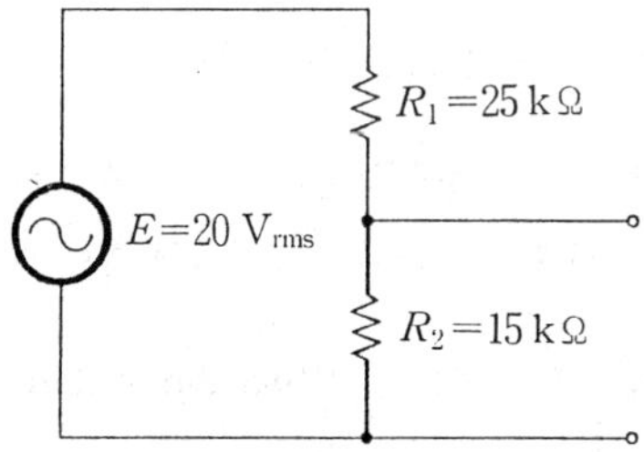

그림 3.33

3.11 그림 3.34의 회로에서 22 kΩ 저항의 양단 전압을 측정하기 위해 두 개의 다른 교류 전압계가 사용되었다. 전압계 A는 교류 감도 10 kΩ/V, 최대 눈금에서 보장 확도가 2 %, 그리고 200 V 측정 범위에 조정되어 있다. 계기 B는 교류 감도 4 kΩ/V, 최대 눈금에서 보장 확도가 1.5 %, 그리고 100 V 측정 범위에 조정되어 있다. 두 계기의 지시값을 계산하고, 어느 계기가 더 정확한가를 비교하여라.

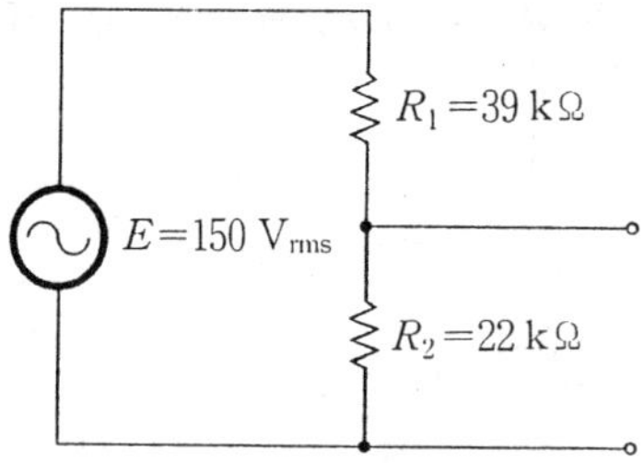

그림 3.34

3.12 그림 3.35의 회로에서 68 kΩ 저항의 양단 전압을 측정하기 위해 다음과 같은 교류 전압계를 사용한다. 관측되는 최소 전압 지시값은 얼마인가? 교류 전압계의 특성은 다음과 같다. 전파 정류형, 100 μA PMMC 계기, 150 V 측정 범위, 최대 눈금에서 제한 오차 ±3 %.

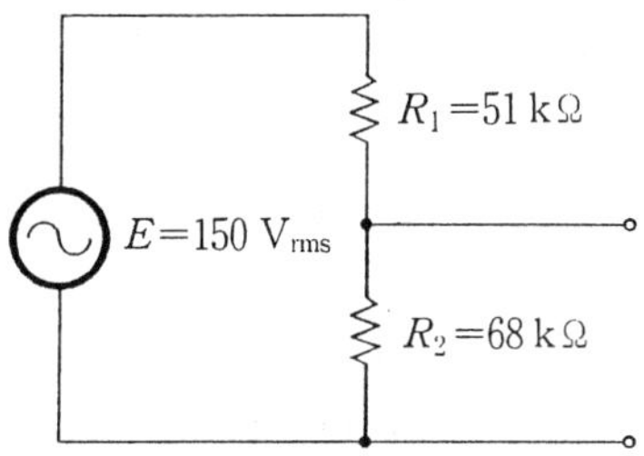

그림 3.35

3.13 가동 철편형 계기의 특징과 이 계기를 직류 측정에 널리 사용하지 않는 이유를 설명하라.

3.14 흡인 반발식 가동 철편형 계기의 장점은 무엇인가?

3.15 비교 계측기를 정의하고, 전류력계형 계기가 비교 계기로 사용될 수 있는 이유를 설명하라.

3.16 전류력계형 계기의 제동 장치로서 가동 코일을 금속 틀에 감는 방법이 사용되지 않는 이유는 무엇인가?

3.17 그림 3.36의 회로에서 전류를 최대 눈금 편위 전류로 제한하는 데 필요한 배율기 저항값을 구하라. 단, $I_{fs} = 50$ mA, $R_m = 1\ \Omega$이다.

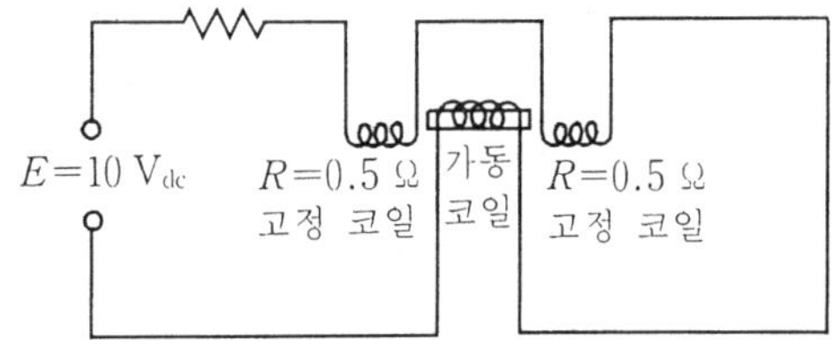

그림 3.36

3.18 계기 정수 2400 Rev/kWh인 전력량계를 500 W의 부하에 접속하였다면 1분 동안에 몇 회전 하는가?

3.19 전력계의 보상 코일이 필요한 이유에 대해서 설명하여라.

3.20 전류력계형 전압계의 눈금은 평등하지 않으나, 전류력계형 전력계의 눈금은 평등 눈금으로 되는 이유를 설명하여라.

3.21 계기 정수 2000 Rev/kWh인 전력량계가 600 W의 부하로 300회전 하는 시간을 구하여라.

3.22 어떤 전류를 가동 코일형 전류계로 측정하였더니 10 A, 가동 철편형으로 측정하였더니 14.1 A를 지시하였다. 이 전류의 파형을 하나만 나타내어라.

3.23 열전대형 계기가 고주파 측정에 적합한 이유를 설명하여라.

3.24 100 V, 25 A, 2500 W의 전력계로 전력계 정격값 부근의 부하 전력을 측정하려고 한다. 전압 코일 회로의 총 저항은 2000 Ω, 전류 코일 회로의 총 저항은 0.03 Ω 이다. 적당한 접속도를 그려라.

3.25 계기용 변류기 또는 변압기를 사용할 때 주의할 점을 써라.

3.26 변성기의 백 턴이란 무엇인가?

3.27 2개의 계기용 변압기를 3상 회로에 사용할 경우 변압기 결선을 어떻게 하면 좋은가?

3.28 계기용 변압기와 전력용 변압기의 차이점을 설명하여라.

3.29 다음의 전류를 측정하는 데 가장 적당한 측정 계기를 1개씩 예를 들어라.

(1) 직류 1 A　　(2) 1000 kHz, 1A

(3) 60 Hz, 10 A　　(4) 직류 1×10^{-10} A

3.30 반파 정류파를 가동 코일형 계기로 측정하였더니 1 A를 지시하였다. 가동 철편형 및 열전대형 계기로 측정하는 경우 지시값은 어떻게 되겠는가?

3.31 가동 철편형 전압계로 그림 3.37과 같은 파형의 전압을 측정하였을 때 지시값을 구하여라.

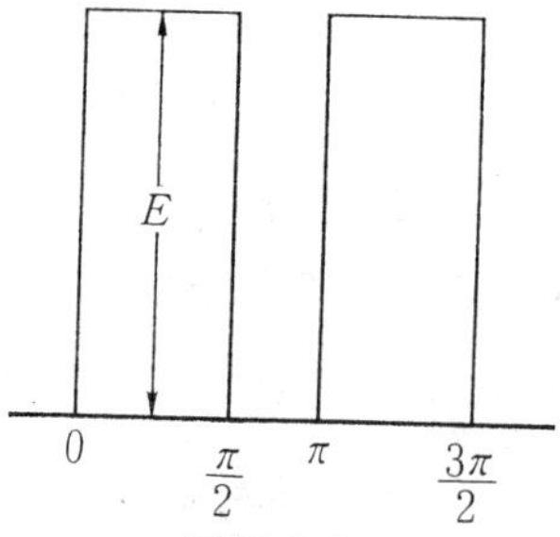

그림 3.37

3.32 각종 전류계 및 전압계의 사용 주파수 범위를 비교 설명하여라.

4

전위차계와 계측기 교정

전위차계는 미지 전압을 영위법에 의해 기지 전압과 비교하여 측정하는 계측기이다. 기지 전압은 표준 전지나 전압 기준 전원에 의해서 공급된다. 영위법에 의해서 얻어지는 측정 결과는 지침의 편위에 의존하지 않고 단지 기지의 표준 전압의 확도에만 좌우되기 때문에 측정 확도가 매우 높다. 또, 전위차계는 평형이나 영점 조건을 이용하기 때문에 피측정 회로로부터 전력을 전혀 소비하지 않으므로 전압 측정값은 전원 저항에 무관하다.

본 장에서는 전위차계의 동작 원리와 이를 이용한 미지 전압을 측정하는 방법을 설명한다. 전위차계는 교정 분야에서 중요한 계측기이기 때문에 전위차계를 이용한 전압계와 전류계의 교정 시험을 설명하고, 또한 기타 계측기의 교정 방법을 소개한다.

4.1 서 론

2, 3장에서 설명한 계측기의 부하 효과는 측정값에 항상 영향을 미친다. 이 효과는 저전력 회로에서 측정할 때 또는 높은 정도가 필요할 때 가장 중요하다. 고입력 임피던스를 갖는 계측기가 전압 측정에 사용될 때조차도 피측정 회로로부터 미소하나마 전류를 소비한다. 그러므로 전압계는 회로에 부하로 작용하고, 내부 전압 강하 *IR*을 발생시킨다.

부하 효과를 해결할 수 있는 한 가지 방법은 측정시 측정 회로로부터 전류를 취하지 않는 0 또는 평형 회로(零 또는 平衡回路; null or balanced circuit)를 이용하는 것이다. 이 방법에서는 계측기가 측정 회로로부터 취하는 전류와 크기가 같고 방향이 반대인 전류를 발생시키도록 제2의 전압원을 접속한다. 이렇게 함으로써 측정 회로로부터 사실상 전류를 전혀 취하지 않게 되어 부하 효과를 제거할 수 있으며, 그와 같은 측정 시스템의 대표적인 것이 전위차계(電位差計; potentiometer)이다.

전위차계를 분류하면 표 4.1와 같이 그 종류가 다양하나, 본 장에서는 대표적인 것만 설명한다.

표 4.1 전위차계의 분류

종류	정격 측정 범위	측정 방식	특징
직류 전위차계	1 mV ~ 2 V	정전류식	최고 정도 : 5 ppm ± 0.1 μV
		전류 가변식	최고 정도 : 0.5 ppm ± 0.5 μV
교류 전위차계	상용 주파수에서 5 mV ~ 5 V (1 ~ 10 mA)	극좌표식	정도는 정격치의 0.1 %
		직각 좌표식	정도는 정격치의 0.04 %

4.2 직류 전위차계

직류 전위차계(直流電位差計; dc potentiometer)는 미지 전압을 표준 전지의 기전력과 비교하여 측정하는 계측기로서 직류 전압 측정의 기초로 되어 있다. 직류 전위차계는 전지의 기전력 측정시와 같이 전류를 흘리지 않고 측정하는 경우, 또는 계기의 눈금 설정 등과 같이 정밀 측정시에 사용된다.

4.2.1 직류 전위차계의 원리

그림 4.1은 정전류식(定電流式) 직류 전위차계의 원리를 나타낸다. 그림에서 a, b는 단위 길이당 저항값이 정확하게 만들어진 균질의 습동선 저항(摺動線抵抗; slide wire)이

며, 동작 전지 B에 의해 습동 저항선에는 일정 크기의 동작 전류 I가 공급된다. I의 크기는 R_h에 의해서 조정된다. 스위치 S를 표준 전지(E_s)측으로 닫고, 습동선 저항의 습동자(習動子; sliding contact) P를 움직여 검류계 G의 지침이 영점을 가리키도록 한다. 이때, 습동자의 위치를 c라 하고 a, c간 저항을 R_{ac}라고 하면

$$E_s = R_{ac} I \qquad \cdots (4.1)$$

다음에 스위치를 미지 전압(E_x)측으로 닫고, 다시 습동자를 이동시켜 점 d에서 검류계의 지시가 0으로 되었다면,

$$E_x = R_{ad} I \qquad \cdots (4.2)$$

식 (4.1)과 (4.2)에서

$$E_x = \frac{R_{ad}}{R_{ac}} E_s \qquad \cdots (4.3)$$

되어, 미지 전압은 저항의 비로부터 구해진다.

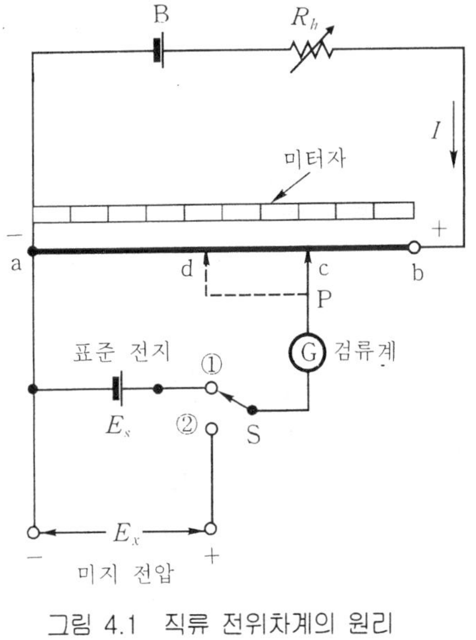

그림 4.1 직류 전위차계의 원리

실제 측정에서는 미지 전압 E_x를 식 (4.3)으로부터 계산하는 것이 불편하므로 다음과 같이 구한다. 먼저, 그림 4.1과 같이 습동선 저항 a–b를 따라서 균등하게 눈금을 정하고, 저항 a–b에 전류 I가 흐르는 경우 각 눈금에서의 전압값을 표시한 다음, 이 전위차계 눈금을 교정한다. 스위치 S를 ①측에 닫고, 표준 전지의 기전력 E_s(20 ℃에서 약 1.019 V)와 동일한 전압 강하의 값이 표시되어 있는 눈금에 습동자 P를 일치시킨다. 그

리고 가변 저항기 R_h를 조정하여 검류계 G가 0을 가리키도록 하면 눈금은 바르게 교정된다. 다음에 S를 ②측에 닫아 습동자를 움직여 다시 평형을 취하면 평형점의 눈금으로부터 미지 전압 E_x를 곧바로 알 수 있다.

4.2.2 단일 측정 범위 전위차계

전술한 습동선 전위차계는 비실용적이며, 실제의 실험실용 전위차계는 교정된 다이얼 저항기(dial resistor)와 원형 습동선(circular slide wire) 저항으로 구성되어 있다. 그림 4.2는 15개의 정밀 저항과 1개의 원형 습동선 저항을 조합시킨 간단한 전위차계이다. 이 경우 습동선의 저항은 10 Ω이고, 다이얼 저항기는 10 Ω 저항 15개로 구성되어 있어 총 150 Ω의 저항을 갖는다. 습동선은 200 눈금으로 나누어지며, 한 눈금의 1/5마다 보간법으로 표시되어 있다. 동작 전류가 10 mA이면 다이얼 스위치의 각 눈금은 0.1 V (=10 Ω×10 mA)의 전압에 해당하고, 습동선 저항기의 한 눈금은 0.0005 V (=10 Ω × 10 mA / 200)에 대응되며, 0.0001 V (0.0005 V / 5)까지 읽을 수 있다. 따라서 이 전위차계로 측정할 수 있는 총 전압 범위는 다음과 같다.

$$0.1\ \text{V} \times 15 + 0.005\ \text{V} \times 200 = 1.6\ \text{V}$$

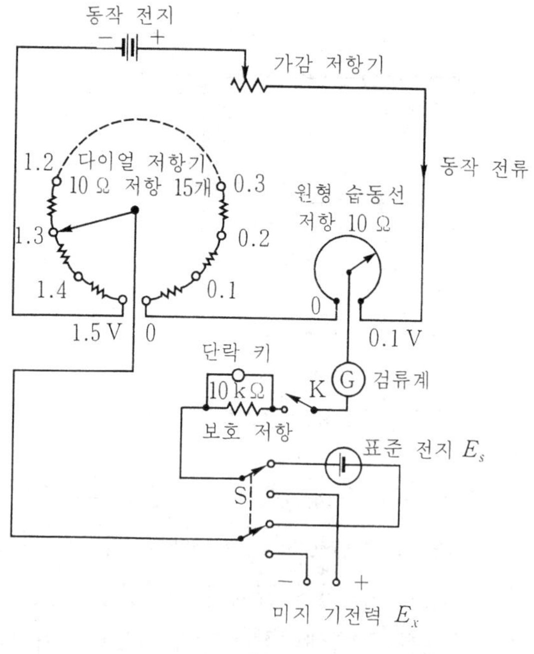

그림 4.2 단일 측정 범위를 갖는 전위차계

일반적으로 전위차계로 미지 전압을 측정하는 과정은 다음과 같다.

① 다이얼 저항기와 습동선 저항기 눈금의 합이 표준 전지의 기전력과 같도록 조정한다.

② 전환 스위치 S를 표준 전지 E_s의 위치에 놓고 키 K를 누르면서 검류계가 0점을 지시하도록 R_h를 조절한다. 처음 조정시에는 과대한 전류에 의해 검류계가 소손되는 것을 방지하기 위해서 보호 저항을 회로에 삽입한다.

③ 검류계의 지시가 0이 되었을 때 보호 저항을 단락하여 측정의 감도를 좋게 한 후 R_h를 다시 조정하여 검류계가 최종적으로 0을 지시하도록 한다. 이렇게 하여 전위차계의 교정을 완료한다.

④ 교정이 끝나면 전환 스위치 S를 미지 전압 E_x의 위치에 놓고, 다시 보호 저항을 회로에 삽입한 채 다이얼 저항과 습동선 저항을 조정하여 계기의 평형을 취한다.

⑤ 평형에 가까워짐에 따라 보호 저항을 단락하고 마지막으로 세밀히 조정하여 완전한 평형 조건을 얻는다.

⑥ 미지 전압의 값은 다이얼 저항과 습동선 저항의 눈금으로부터 직접 읽는다.

⑦ 전환 스위치 S를 다시 표준 전지쪽으로 놓고 동작 전류를 검사한다. 다이얼 눈금이 처음에 교정한 값과 정확히 같다면 지금까지의 측정값은 정확하다. 그러나 만약 값이 일치하지 않는다면 다시 교정해야 한다.

〔**예제** 4.1〕 그림 4.2의 전위차계에서 다이얼 저항기는 15단계를 가지며, 1단계당 저항은 10 Ω이고, 원형 습동선은 권수 10회, 총 저항은 10 Ω이다. 원형 습동선의 눈금은 100 눈금이고, 한 눈금의 1/5까지 보간되어 있다. 동작 전압이 3 V일 때 다음을 계산하라.

(a) 동작 전류

(b) 측정 범위

(c) 분해능 (μV)

〔**풀이**〕 (a) 동작 전류

$$I = \frac{0.1\,\text{V} / \text{step}}{10\,\Omega / \text{step}} = 10\text{ mA}$$

(b) 먼저 총 계기 저항은

다이얼 저항기 $R_d = \dfrac{10\Omega}{\text{step}} \times 15\text{step} = 150\ \Omega$

습동선 저항기 $R_s = 10\ \Omega$

계기의 총 저항은 $R_t = R_d + R_s = 160\ \Omega$

따라서 측정 범위 = 10 mA × 160 Ω = 1.6 V

(c) 10 Ω 습동선 저항의 양단 전압은

$V = IR = 10\ \text{mA} \times 10\ \Omega = 0.1\ \text{V}$

1회전당 전압은 0.1 V / 10 = 10 mV

1눈금당 전압은 10 mV / 100 = 100 μV

따라서 분해능은 100 μV / 5 = 20 μV

4.2.3 다중 측정 범위 전위차계

앞에서 설명한 단일 측정 범위 전위차계는 주로 1.6 V까지의 전압을 측정할 수 있다. 그러나 여기에 저항과 전환 스위치를 부가하여 회로를 수정하면, 전위차계의 측정 범위를 더욱 낮은 전압까지 확대할 수 있다.

그림 4.3은 다중 측정 범위를 가진 저저항형 전위차계의 회로 구성과 외관의 일례를 나타낸 것이다. 저저항형 전위차계는 동작 전류가 10~30 mA, 총 저항이 100 Ω 정도의 값을 가진다. 전위차계는 표준 전지 다이얼, 동작 전류 조정 다이얼, 기전력 다이얼, 배율 다이얼 등 여러 개의 가변 저항기로 구성된다. 또한 E_s 단자는 표준 전지를, E_x 단자는 미지 전압을, G 단자는 검류계를, B 단자는 동작 전지를 접속시키는 단자이다. 표준 전지 다이얼은 표준 전지의 온도 보상용 습동선 저항이다. 측정시 표준 전지를 전위차계의 E_s 단자에 접속하고 실온에 해당하는 표준 전지의 기전력 값을 표준 전지 다이얼의 눈금에 맞추면 온도 보정을 할 수 있다. 동작 전류 조정 다이얼은 그림 4.1의 가변 저항 R_h에 해당하는 저항이다. 스위치 S를 E_s측에 놓고 검류계 G의 지시가 0이 되도록 동작 전류 조정 다이얼을 조정하여 동작 전류의 교정을 행한다. 기전력 다이얼(제1, 2, 3 다이얼)은 그림 4.2의 a–b 간의 습동선 저항에 해당하는 저항으로 보통 3~4개의 저항으로 구성되어 있다. 그림 4.3 회로에서 기전력 다이얼 회로에 흐르는 전류는 배율이 1인 경우에 20 mA로 되며, 이때 제1 다이얼의 눈금은 0.1 V 간격으로 0~1.5 V까지, 제2 다이얼의 눈금은 0.01 V 간격으로 0~0.1 V까지, 제3 다이얼은

습동선 저항으로 되어 있으며, 최소 눈금은 50 μV로 0~0.0105 V까지 되어 있다. 스위치 S를 E_x측으로 닫아 3개의 기전력 다이얼을 조정하여 평형을 취하고 세 다이얼의 눈금을 읽어 배율을 곱하면 미지 전압 E_x의 값이 구해진다. 배율 다이얼은 전위차계의 측정 범위를 확대하기 위한 저항이다. 배율 다이얼을 ×1, ×0.1, ×0.01의 위치에 맞춤으로써 동작 전류를 20 mA, 2 mA, 0.2 mA로 할 수 있으며 눈금을 1/10, 1/100로 하여 읽는다. 또한, 동작 전원으로는 대용량의 건전지나 직류 안정화 전원이, 검류계로는 전자식 검류계가 많이 사용되고 있다.

저저항형 전위차계는 동작 전류가 크므로 감도는 좋으나 저항값이 작으므로 접촉저항이 큰 결점이 있다. 또한 수 μV까지의 낮은 전위차를 측정할 때에는 검류계 회로를 포함한 측정 회로 내의 열기전력의 영향을 무시할 수 없게 된다.

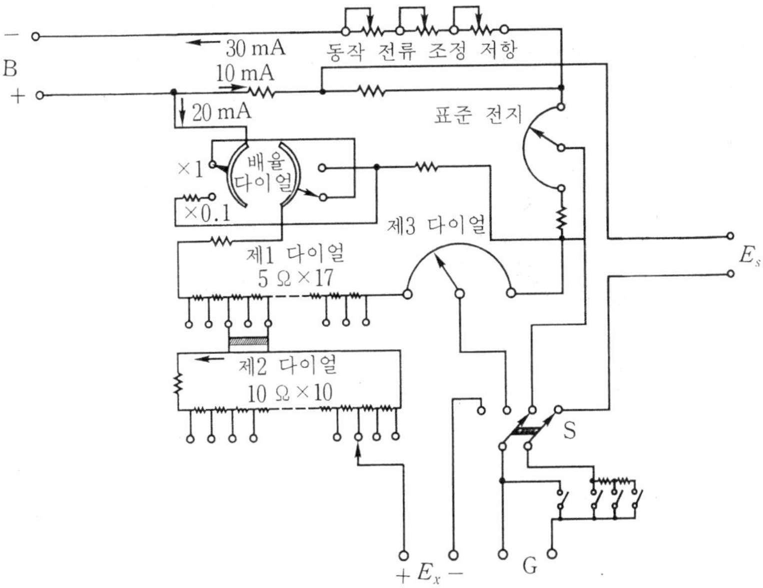

그림 4.3 다중 측정 범위 직류 전위차계의 회로 구성

4.3 교류 전위차계

직류 전위차계에서는 미지 전압과 기지 전압의 크기만을 비교하면 미지 전압을 측정할 수 있다. 그러나 교류 전위차계(ac potentiometer)에서는 전압의 실효값이 같아야 할 뿐만 아니라 주파수, 위상, 파형도 같아야 완전한 평형을 구할 수 있다. 따라서 교류

전위차계에서는 피측정 전압과 파형, 주파수가 같은 기지 전압을 사용하여 그 크기 및 위상을 일치시켜 평형을 취하여 실효값 및 위상을 정밀하게 측정한다.

교류 전위차계에서는 직류 전위차계에서의 표준 전지와 같은 편리한 교류 전압의 표준이 없으며, 또한 교류용 검류계도 직류용 검류계에 비해 그 감도가 훨씬 떨어지기 때문에 전위차계로서의 감도나 정도가 낮고 취급도 복잡하다. 그러나 전압의 크기만이 아니라 위상도 알고자 하는 경우에는 교류 전위차계가 사용된다.

교류 전위차계를 전압의 실효값과 위상각을 구하는 방법에 따라 분류하면 극좌표식(極座標式)과 직각 좌표식(直角座標式)이 있다.

4.3.1 극좌표식 교류 전위차계

그림 4.4는 극좌표식 교류 전위차계(polar coordinate type ac potentiometer)의 원리도이다. 그림에서 이상기(移相器)는 환상(環狀)의 고정 코일 F_1, F_2와 회전 코일 M으로 이루어지며, M을 회전시킴으로써 출력 전압은 일정한 채로 위상만을 0~360°까지 미세하게 조정할 수 있으며, 위상을 정밀하게 알 수 있다. 또한, 전류계 A는 직류, 교류 양용의 전류력계형 전류계이다.

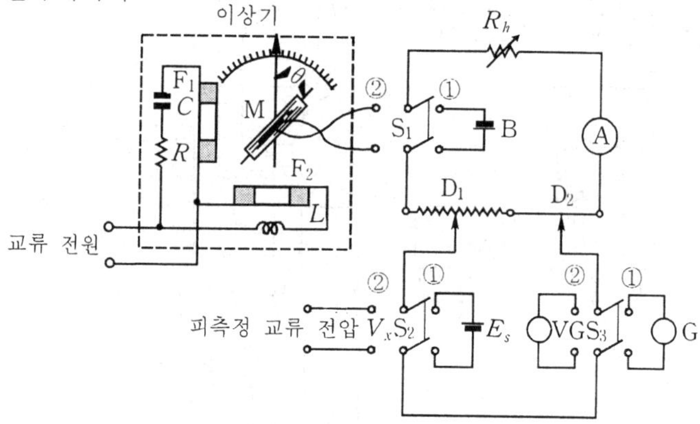

그림 4.4 극좌표식 교류 전위차계의 원리

그림의 스위치 S_1, S_2, S_3를 ①측에 연결하면 직류 전위차계와 동일한 회로가 된다. 따라서 측정용 저항 D_1과 D_2의 지시값을 표준 전지의 값에 맞추어 직류 검류계 G의 움직임이 0이 되도록 가변 저항 R_h를 조정하여 전위차계 회로의 동작 전류 I를 설정한다. 다음에 S_2, S_3를 개방하고 S_1을 ②측으로 단락시키고 교류 전압을 가하여 동작 교류가 전과 동일하도록 R_h를 조정하면 전위차계는 동작 상태로 된다. 따라서 S_2, S_3를 ②측으로 단락시키고 피측정 교류 전압 V_x를 가하여 교류 검류계의 움직임이 0이 되도록 이상기 및 측정 저항 D_1, D_2를 조정하여 평형을 취한다. 이때의 D_1, D_2의 지시값으로부터 피측정 전압의 실효값을, 이상기(移相器)의 지시값으로부터 위상을 바로 읽을 수 있다. 교류 검류계에는 진동 검류계(振動檢流計)나 전자식 교류 검류계가 이용된다. 극좌표식은 정도는 좋지 않지만 위상과 진폭을 직접 측정할 수 있다.

4.3.2 직각 좌표식 교류 전위차계

그림 4.5는 직각 좌표식 교류 전위차계(rectangular coordinate type ac potentiometer)의 원리도이다. 이 방식은 피측정 전압을 위상이 다른 두 전압으로 분해하여 평형을 취하는 것이다.

가변 상호(可變相互) 인덕터(variable mutual inductor) M, 무유도 저항(無誘導抵抗) R, 교류 검류계 VG를 그림과 같이 접속하고 교류 안정화 전원의 출력 전압 V_o와 피측정 전압 V_x를 가한다. R과 M의 1차측에 흐르는 전류를 일정 전류 I로 조정하면 R의 전압 강하 $V_1(=RI)$는 전류 I와 동상(同相)이며, M의 2차측 유도 전압 $V_2(=MI)$는 전류 I와 위상이 90°만큼 다르다. 즉, V_1과 V_2는 위상이 90° 다른 전압으로 된다. 다음, 피측정 전압 V_x의 V_1과 동상분 전압(同相分電壓)을 V_{x1}이라 하고 V_2와 동상분 전압을 V_{x2}라 하여 $V_{x1}=V_1$, $V_{x2}=V_x$가 되도록 R과 M을 조정하면 평형 상태로 되어 VG의 지시는 0으로 된다. 이때,

$$\boldsymbol{V}_x = V_1 \pm jV_2 = (R \pm j\omega M)I$$

$$V_x = \sqrt{V_1^2 + V_2^2} = I\sqrt{R^2 + (\omega M)^2} \qquad \cdots (4.4)$$

$$\theta = \tan^{-1}\frac{\pm V_2}{V_1} = \tan^{-1}\frac{\pm\omega M}{R} \text{ [rad]} \qquad \cdots (4.5)$$

으로 되어 V_x와 θ가 구해진다. V_1은 저항기의 눈금으로부터, V_2는 가변 상호 인덕터기의 눈금으로부터 구하도록 되어 있다. 직각 좌표식 교류 전위차계는 정도는 좋지만 진폭, 위상 모두를 직독할 수 없으며, 간단한 계산으로 그 값을 알 수 있다.

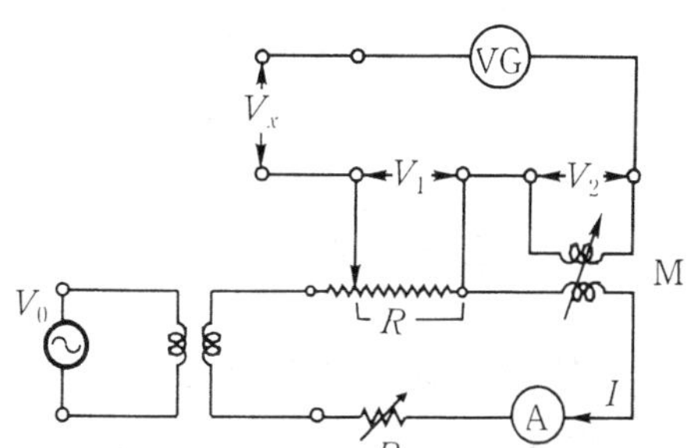

그림 4.5 직각 좌표식 교류 전위차계

4.4 분압기와 분류기

앞에서 설명한 전위차계의 측정 범위는 직류 0 V에서 1.6 V까지이다. 그러므로 1.6 V보다 높은 전압을 측정하기 위해서는 정확한 전압 분압기(電壓分壓器; voltage divider 또는 volt box)를 사용하여야 한다.

그림 4.6은 3~750 V의 직류 전압 범위를 가진 분압기이다. 측정하고자 하는 전압을 단자 a, b에 인가하고, 로터리 선택 스위치에 의해서 적당한 전압 범위를 선택한다. 각 측정 범위에서, 분압기에 최대 측정 전압이 인가되면 전위차계에 가해지는 분압기의 출력은 150 mV와 같다. 예를 들면, 현재의 접촉자 위치에서 a, b 단자에 150 V를 인가하면 출력은 150 V / 1000 = 150 mV로 된다.

측정시, 고저항 분압기를 사용하면 미지 전압원으로부터 공급되는 전류를 대단히 작게 할 수 있다. 그러나 일반적으로 저저항 분압기가 더욱 안정되고 높은 검류계 감도를 준다. 그림 4.6의 분압기의 총 저항은 미지 전압원으로부터 취하는 전류를 작게 하기 위하여(1.33 mA) 비교적 높게 설계 되었다(750 Ω/V). 분압기의 우수한 안정성과 높은 확도를 보장하기 위해서 망가닌선 저항기와 로터리 스위치 접촉부에 은 합금과 같은 양질의 부품을 사용한다. 대표적인 분압기에서 오차의 한계는 ±0.02 % 정도이다.

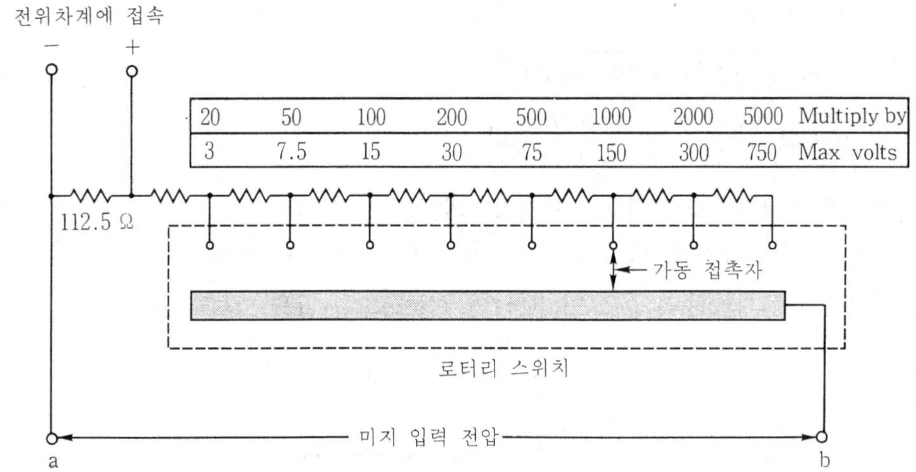

그림 4.6 분압기

분류함(分流函; shunt box)은 직류 전류의 정밀한 측정과 직류 전류계의 교정시에 전위차계와 함께 사용하도록 설계되어 있다. 그림 4.7은 대표적인 분류함을 나타낸 것이다. 피측정 전류는 단자 a, b를 통하여 분류기에 유입되면 분류 저항에 전압 강하를 일으킨다. 측정 범위는 입력 전류의 크기에 따라 로터리 스위치에 의해 직류 75 mA~

15 A 범위에서 선택할 수 있다. 임의의 측정 범위에서 분류함에 최대 전류를 인가했을 때 출력 전압은 분압기와 마찬가지로 150 mV이어야 한다.

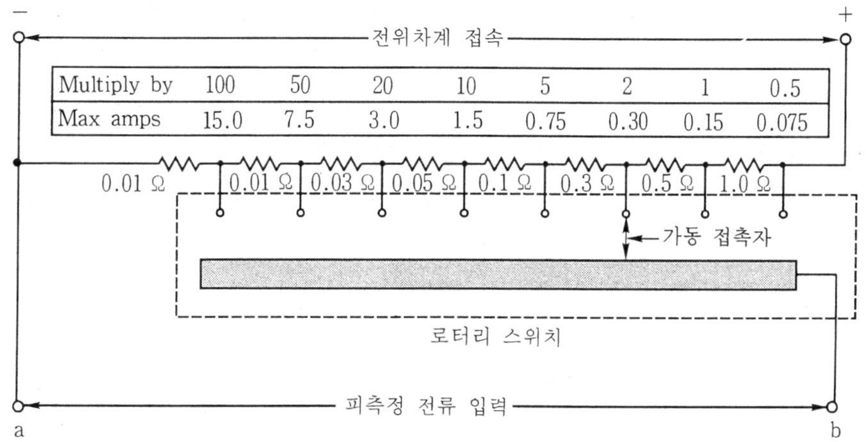

그림 4.7 분류함

예로, 그림과 같이 선택 스위치가 0.3 A 위치에 있을 때 300 mA를 입력에 가하면 150 mV가 출력측에 나타나고, 150 mA를 가하면 150 / 300 × 150 mV = 75 mV의 출력 전압이 발생한다. 따라서 전위차계에 의해 120 mV가 측정되면 120 / 150 × 300 mA = 240 mA의 전류가 분로 저항에 흐른다. 저항기로 망가닌선 저항기를 사용하고 로터리 스위치의 접촉부에 은 합금과 같은 양질의 부품을 사용하면 우수한 전기적 안정성과 ±0.02 % 정도의 오차 한계를 얻을 수 있다.

4.5 전압계 · 전류계 교정

모든 전압계, 전류계는 그들이 확도를 유지하고 있는지의 여부를 검사하기 위해서 주기적으로 교정되어야 한다. 여기서는 전위차계와 표준 계측기를 이용한 계측기 교정법을 다룬다.

4.5.1 전위차계에 의한 전압계 · 전류계 교정

직류 전위차계를 이용하면 직류 전압을 정확하게 측정할 수 있기 때문에 이것과 정밀 저항, 정밀 분압기를 조합하여 전압계, 전류계를 교정한다.

(1) 직류 전압계 교정 시험

전압계, 전류계의 비교 시험에서 흔히 사용하는 방법은 직류 전위차계를 이용한 전위차계법이다. 전위차계는 직류 계측기이기 때문에 교정 대상의 계기는 가동 코일형(2장 설명) 또는 전류력계형 계기(3장 설명)라야 한다.

그림 4.8의 회로는 직류 전위차계로서 직류 전압계를 교정하는 방법이다. 이 교정 과정에서 첫째 조건은 안정된 직류 전원을 알맞게 공급하는 것이다. 이것은 공급 전압의 어떠한 변화도 전압계 교정 전압의 변화를 가져오기 때문이다. 직류 전원에서 정확히 조정된 전압은 교정용 전압계에 가해진다. 전압계에 인가된 전압은 분압기에 의해 적당한 전압으로 낮추어 전위차계로 측정한다.

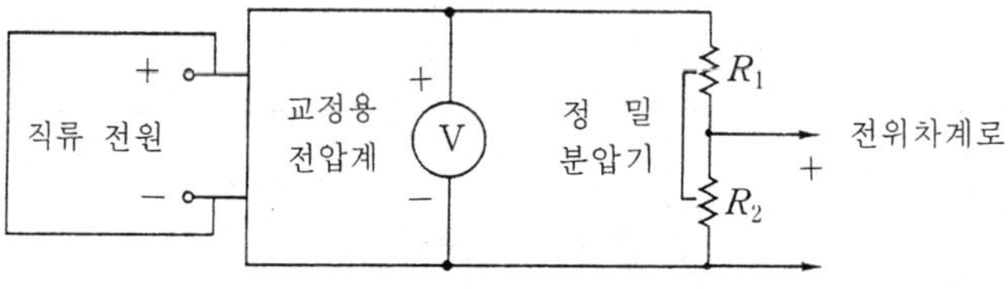

그림 4.8 전위차계에 의한 직류 전압계 교정 실험

전위차계의 측정값과 전압계 지시값이 서로 일치하지 않으면 전압계에 정(+), 부(−)의 오차가 존재함을 의미한다. 이 방법에 의해서 전압계를 교정하는 경우, 먼저 전압을 낮은 값으로부터 증가시켜 가면서 교정을 한 다음, 다시 높은 값에서 감소시키면서 교정한다. 이렇게 얻은 교정값으로부터 교정 곡선(較正曲線; calibration curve)을 그린다. 표 4.2는 전위차계로 전압계를 교정한 실험 결과의 일례를 나타낸다. 표에서 제1 열은 교정용 전압계의 지시값이며, 제2 열은 전위차계로 측정한 교정 전압의 참값이다. 참값(전위차계 지시값)에서 측정값(전압계의 지시값)을 뺀 것을 보정값이라 하며, 제3 열에서 보는 바와 같이 정, 부의 값으로 된다. 참값을 얻기 위해서는 측정값에 보정값을 더해야만 한다. 그림 4.9는 표 4.2에 주어진 데이터로부터 만들어진 전형적인 교정 곡선이다. 그림에서 횡축은 전압계의 지시값을, 종축은 보정값을 나타낸다. 두 눈금 사이는 교정 실험을 하지 않았으므로 편의상 직선으로 연결하였다.

전위차계법에 의한 계기의 보정은 긴 시간이 걸리기 때문에, 가끔 실험실용 표준 전압계를 보정에 사용한다. 표준 전압계는 대단히 정확한 계측기이며 확도를 높이기 위해서 거울이 달린 눈금판을 사용하고 있다. 계측기의 확도는 일반적으로 최대 눈금에서 0.1 %이다. 일반 실험실 계기나 배전반용 계기는 전위차계를 사용하는 대신에 이러한 실험실용 표준기와 비교에 의하여 검사한다.

표 4.2 직류 전위차계에 의한 전압계의 교정 시험 결과

직류 전압계 지시값	전위차계 측정값	보정
0.0	0.00	0.00
1.0	0.95	−0.05
2.0	2.00	0.00
3.0	3.05	+0.05
4.0	4.10	+0.10
5.0	5.10	+0.10
6.0	6.15	+0.15
7.0	7.10	+0.10
8.0	8.15	+0.15
9.0	9.20	+0.20
10.0	10.25	+0.25

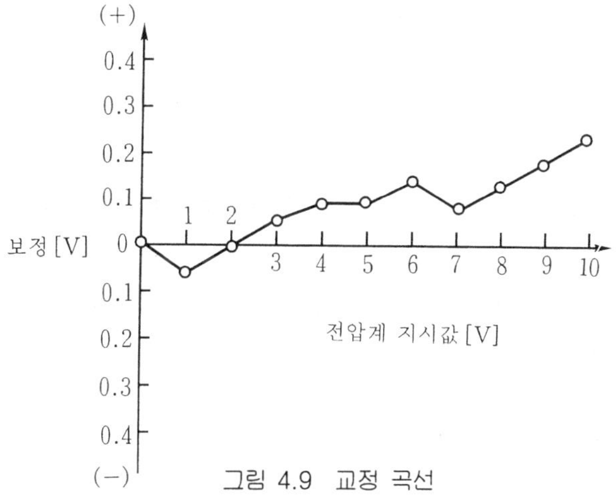

그림 4.9 교정 곡선

〔예제 4.2〕 그림 4.8의 전압계 교정 실험에서 다음 표와 같은 결과를 얻었다.

전압계 지시	전위차계 지시	보정
100	103	+3
90	93	+3
80	82.5	+2.5
70	72.5	+2.5
60	62	+2
50	51.7	+1.7
40	41.5	+1.5
30	31	+1
20	19.7	−0.3
10	9.5	−0.5
0	0	0

전압계의 지시가 (a) 10 V와 (b) 50 V일 때 계기의 확도를 전압계 지시값과 최대 눈금의 %로 나타내어라.

〔풀이〕 (a) 10 V 지시

$$\text{오차} = \frac{-0.5}{10} \times 100[\%] = \text{지시값의 } -5\,\%$$

$$\text{오차} = \frac{-0.5}{100} \times 100[\%] = \text{최대 눈금의 } -0.5\,\%$$

(b) 50 V 지시

$$\text{오차} = \frac{1.7}{50} \times 100[\%] = \text{지시값의 } +3.4\,\%$$

$$\text{오차} = \frac{1.7}{100} \times 100[\%] = \text{최대 눈금의 } +1.7\,\%$$

(2) 직류 전류계 교정 시험

그림 4.10은 전류계 교정 회로이다. 분류기는 교정용 전류계와 직렬로 연결한다. 분류함에서의 전압 강하를 전위차계로 측정하면 옴의 법칙으로부터 분류 저항과 전류계에 흐르는 전류를 계산할 수 있다. 분류기의 저항이 정확하다면 분로 저항의 양단 전압이 전위차계에 의해서 정확히 측정되기 때문에 이 교정 방법은 매우 정확하다고 말할 수 있다. 전류계의 여러 눈금을 교정하는 실제적인 과정은 전압계의 경우와 유사하며 오차 곡선(또는 보정 곡선)도 위에서 설명한 방법으로 그릴 수 있다.

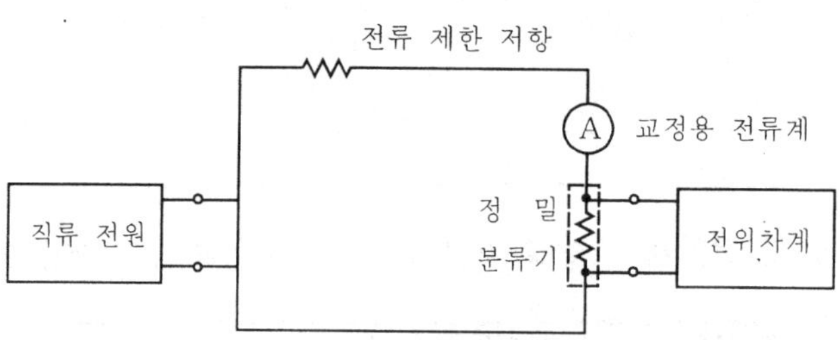

그림 4.10 전위차계에 의한 직류 전류계 교정 실험

4.5.2 비교 교정법

전압계(전류계)를 교정하는 가장 간단한 방법은 동일 전압(전류)을 교정 전압계(교정 전류계)와 표준 전압계(표준 전류계)로 측정하여 두 측정값을 비교하는 것이다. 이때, 비교 목적으로 사용하는 표준 계측기는 보정하고자 하는 계기보다 더 정확한 계기를 사용하여야 한다.

(1) 직류 전압계 교정

그림 4.11은 직류 전압계의 비교 교정법을 나타낸다. 교정하고자 하는 직류 전압계와 표준 전압계를 직류 전원과 병렬로 접속하고 적당한 전압을 단계적으로 인가하면서 두 계측기의 측정값을 기록한다.

지시형 전압계를 교정하는 경우에는 교정하기 전에 모든 구성 부품에 이상이 없나 검사한다. 또, 지침이 정확히 0점을 지시하는지도 확인한다.

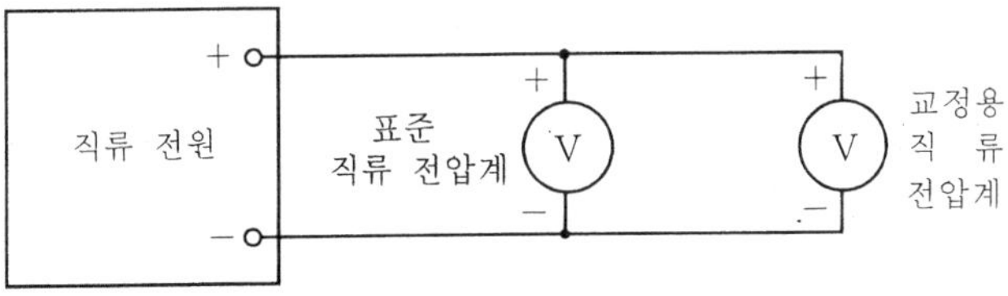

그림 4.11 표준 전압계를 사용한 직류 전압계 교정법

디지털 계측기를 시험하여 계기가 부정확한 것이 확인되면 회로 내부에 있는 가변 저항기를 조정하여 보정한다. 예로, 6장에서 설명하는 이중 적분형 디지털 전압계(DVM)는 정전류원을 사용하는데, 이것에 의해서 확도가 결정된다. 따라서 DVM이 정확한 전압을 지시하도록 교정할 때 이것을 조정할 수 있다.

디지털 계기든 아날로그 계기든 앞에서 설명한 교정 곡선을 작성해서 계측기가 규정된 확도를 갖고 있는지 여부를 결정해야 한다.

(2) 직류 전류계 교정

그림 4.12는 직류 전류계 교정 회로이다. 교정용 전류계와 표준 전류계를 직렬로 접속하고 전류 제한용 저항을 통해 적당한 전류를 공급하여 두 전류계의 지시를 비교한다. 공급 전류의 값을 단계적으로 변화시켜 가면서 두 전류계의 지시를 기록하여 교정 곡선을 만든다.

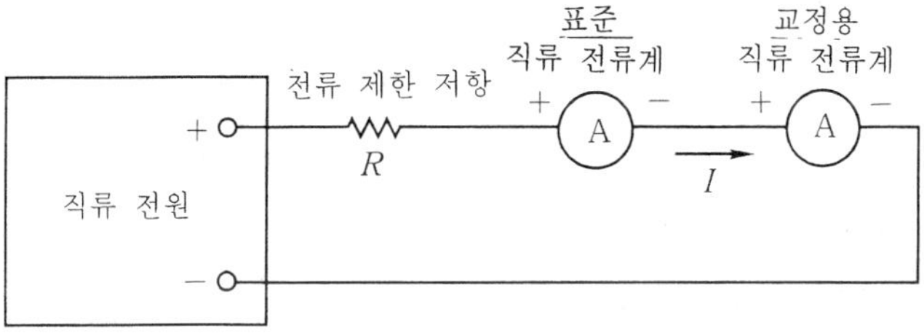

그림 4.12 표준 전류계에 의한 직류 전류계 교정법

(3) 교류 전압계 · 전류계 교정

그림 4.13은 교류 전압계 · 전류계 교정 회로이다. 교류 전원과 교류 표준 계측기가 사용되는 점을 제외하고는 직류 전압계 · 전류계 교정 과정과 동일하다. 교류 전원으로는 60 Hz 상용 전압을 사용하는 것이 보통이나, 계측기를 60 Hz보다 더 높은 주파수에서 확도를 검사하고자 할 때에는 적당한 출력 전압을 갖는 발진기가 사용된다.

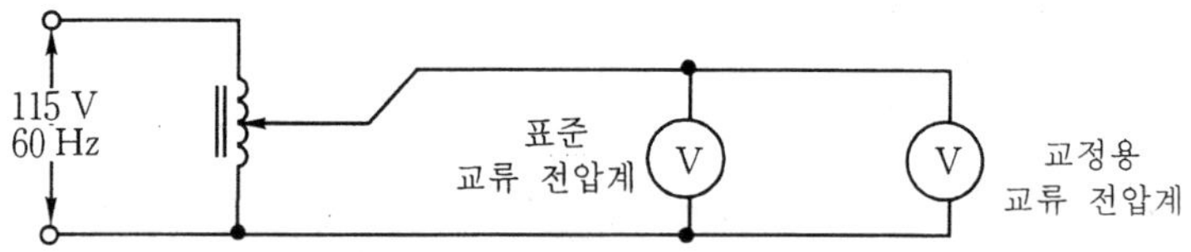

(a) 교류 전압계 회로

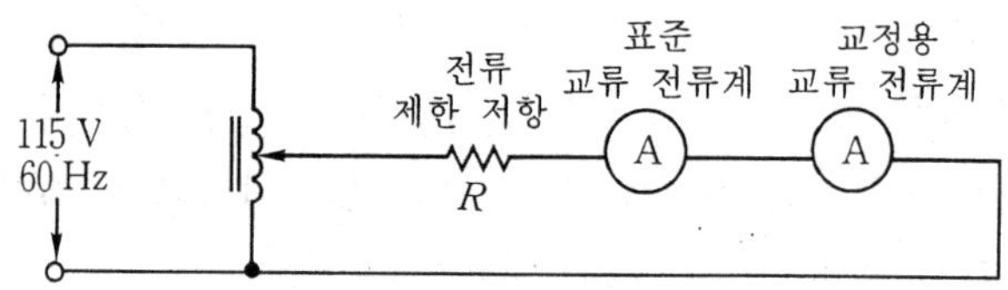

(b) 교류 전류계 교정

그림 4.13 교류 전압계 · 전류계 교정법

(4) 표준 계측기

비교법에 의한 전압계 · 전류계 교정시 사용되는 표준 계측기는 적어도 교정용 계측기보다 4배 이상의 확도를 가져야 한다. 아날로그 계측기의 최대 확도는 보통 최대 눈금에서 ±2 %이다. 한편 6장에서 설명하는 휴대용 디지털 멀티미터의 확도는 ±(0.5 %rdg + 1d)이다. 예를 들어, 최대 눈금 100.0 V인 3½-digit DMM에서 최대 오차는 ±0.6 V (또는 ±0.6 %)이다. 따라서 DMM은 아날로그 계기를 교정할 때 표준 계측기로 사용할 수 있다. 또, 고성능 휴대용 DMM의 확도는 대표적으로 ±(0.1 %rdg + 1d)이고, 벤치형 디지털 계측기의 경우에는 ±(0.01 % + 1d)이다. 그러므로 고성능 휴대용 DMM은 아날로그 계기나 확도가 낮은 DMM을 교정할 때 표준 계측기로 사용이 가능할 것이다. 마찬가지로, 벤치형 디지털 계측기는 아날로그 계기, 저확도 및 고확도 DMM 등을 교정하는 데 적당한 표준 계측기로 사용될 수 있을 것이다.

연 습 문 제

****

4.1 그림 4.4에서 동작 전지는 3 V, 습동선의 저항은 300 Ω, 그 길이는 200 cm이다. 습동 저항선을 따라 놓여진 200 cm 자의 한 눈금은 1 mm이고, 하나의 눈금은 다시 반으로 나누어진다. 계측기는 습동 접촉자를 눈금상의 101.9 cm 위치에 놓고 1.019 V의 기준 전압원에 의해 교정된다. 다음을 계산하라.

(a) 동작 전류 (b) 가감 저항기의 저항값 (c) 측정 범위 (d) 분해능 mV

4.2 그림 4.14의 전위차계 회로는 15단계의 다이얼 스위치를 가지며, 매단계는 5 Ω의 저항으로 되어 있다. 11회의 원형 습동선 저항은 총 저항 5.5 Ω을 가지며, 동작 전지 및 가감 저항과 직렬로 접속되어 있다. 계측기의 최대 측정 범위는 1.561 V이다. 검류계는 50 Ω의 내부 저항을 갖는다. 원형 습동선 저항은 100 div 눈금으로 되어 있고, 각 div는 1/5로 보간될 수 있다. 다음을 계산하라.

(a) 동작 전류 (b) 가감 저항의 저항값 (c) 계측기의 분해능

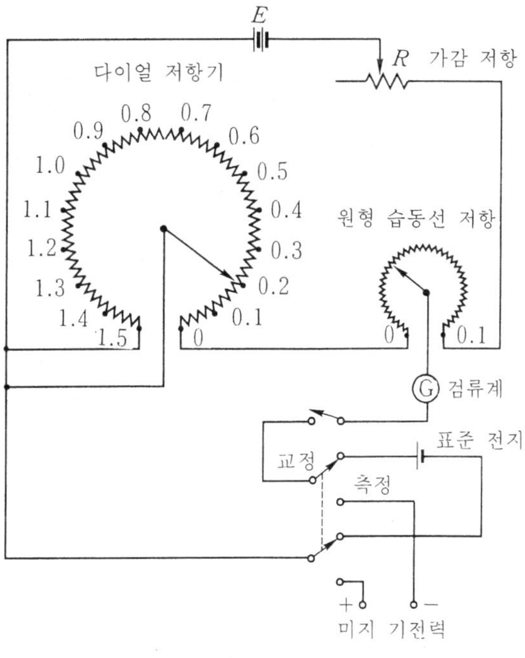

그림 4.14

4.3 전지의 기전력을 전위차계로 측정하였더니 1.31 V이고, 내부 저항이 600 Ω인 전압계로 측정하였더니 1.25 V이었다. 전지의 내부 저항을 계산하여라.

4.4 표준 전지의 전력을 전위차계로 측정한 결과 1.01892 V이었다. 1 MΩ 저항기를 표준 전지 양 단자 간에 연결하였을 때, 전위차계의 지시값이 1.01874 V로 되었다. 표준 전지의 내부 저항을 계산하여라.

4.5 표준 전지의 기전력은 1.0190 V, 내부 저항은 250 Ω이다. 표준 전지의 양 단자 사이에 최대 눈금 3 V, 내부 저항 3000 Ω인 직류 전압계를 연결한 경우, 다음을 계산하여라.

(a) 전압계의 지시값 (b) 표준 전지로부터 흐르는 전류

4.6 전시의 단자 전압을 전위차계로 측정한 결과 E_1, 전지의 양 단자에 전압계를 접속하였을 때 E_2를 지시하였다. E_1과 E_2가 다른 이유를 설명하고, 두 측정값 사이의 관계식을 유도하여라.

4.7 직류 회로에서 두 점 사이의 전압을 전위차계로 측정한 결과 1.0 V였다. 이것을 감도가 20 kΩ/V인 직류 전압계로 측정하였더니 2.5 V 측정 범위에서 0.5 V를 지시하였다. 두 측정점 사이의 회로 저항을 계산하여라.

4.8 전위차계로 전압계 및 전류계를 보정하는 방법에 대해 설명하여라.

4.9 교류 전위차계가 직류 전위차계에 비해서 잘 사용되지 않는 가장 중요한 이유는 무엇인가?

4.10 전위차계로 저저항을 측정하는 방법을 설명하여라.

5

직류 브리지와 저항 측정

본 장에서는 휘트스톤 브리지를 비롯한 직류 브리지의 기본 이론과 응용에 대해서 논한다. 휘트스톤 브리지는 가장 중요한 직류 브리지이며, 계측 제어 회로에 널리 사용되고 있다. 직류 브리지의 주요 응용 분야는 저항 측정이다.

전기 저항에는 굵은 전선의 저항과 같이 저저항이 있는 반면에, 절연 저항과 같이 극히 높은 저항값을 가지는 저항도 있다. 또, 전해질의 저항이나 전지의 내부 저항 등과 같이 금속 도체의 저항과는 다른 성질을 갖는 것도 있다. 따라서 이들에 대한 측정법도 동일하지 않으며, 측정하는 저항의 종류, 저항의 대소에 따라 요구되는 측정법을 선정해야 한다. 전기 저항의 측정법은 저항값의 대소에 따라 크게 다른 것은 아니지만, 종래부터 관습상 저저항(1 Ω), 중저항(1 ~1 MΩ), 고저항(1 MΩ 이상) 등으로 부른다.

본 장에서는 먼저 저항 측정에 사용되는 저항기에 대해 기술하고, 다음에 저항을 저저항, 중저항, 고저항 및 특별 저항으로 나누어 그 중요한 측정법에 대하여 설명한다. 그리고 마지막으로 직류 브리지 회로를 응용한 접지 고장점의 검출법에 대해 논한다.

5.1 휘트스톤 브리지

휘트스톤 브리지(Wheatstone bridge)는 1833년 S. H. Chritie에 의해 처음으로 고안되었으나, 1947년 Charles Wheatstone 경에 의해 브리지 회로가 매우 정확히 저항을 측정할 수 있는 수단이 된다는 점을 지적할 때까지는 별로 사용되지 않았다. 휘트스톤 브리지는 영위법(零位法)을 사용하므로 전원 전압의 변동에 관계없이 정확한 측정을 할 수 있다. 휘트스톤 브리지는 1 Ω에서 수 MΩ 정도의 중저항을 정확히 측정하는 데 가장 널리 사용되고 있을 뿐만 아니라 그 응용 분야가 상당히 광범위한 중요한 직류 브리지이다.

5.1.1 원리와 구조

휘트스톤 브리지는 그림 5.1과 같이 4개의 저항변 R_1, R_2, R_3, R_4, 영위 검출기(검류계 또는 고감도 전류계) G, 전원 V_s로 구성된 회로이다. 그림에서, R_1과 R_2의 비를 적당히 선정하고 R_3를 조정하여 검류계 G에 흐르는 전류가 0일 때 브리지는 평형되었다고 한다. 검류계에 흐르는 전류 I_g가 0이면 c점과 d점의 전위는 같으므로 다음의 관계가 성립한다.

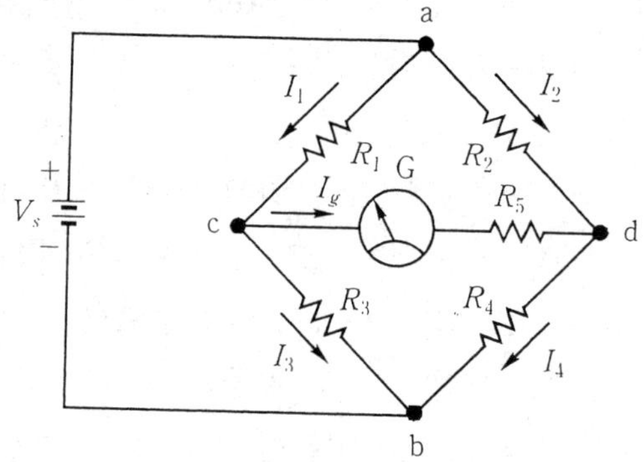

그림 5.1 휘트스톤 브리지 회로

$$R_1 I_1 = R_2 I_2$$
$$R_3 I_3 = R_4 I_4 \qquad \cdots (5.1)$$

평형 상태에서 $I_1 = I_2$, $I_3 = I_4$로 되므로, 위 식에서 전류를 소거하면

$$\frac{R_1}{R_2} = \frac{R_3}{R_4} \qquad \cdots (5.2)$$

또는

$$R_1 R_4 = R_2 R_3 \qquad \cdots (5.3)$$

로 된다. 위 식을 휘트스톤 브리지의 평형 조건(平衡條件; null condition)이라고 한다.

지금 R_4를 미지 저항(R_x)이라고 하면, 식 (5.3)으로부터

$$R_x = \frac{R_2}{R_1} R_3 \qquad \cdots (5.4)$$

이와 같이 브리지 평형이 얻어지면 미지 저항 R_x는 식 (5.4)에서 구해진다. 위 식에서 R_x는 R_2/R_1의 저항비에 R_3를 곱한 값으로 되므로, R_2/R_1를 비례변(比例邊; ratio arm) R_3를 평형변 또는 표준변(標準邊; standard arm)이라고 한다. $R_2/R_1=1$로 고정시키고 가변 저항 R_3를 그림 5.2와 같이 교정된 눈금에 연결하면 R_x 값을 직독할 수 있다. 또 많은 경우, R_2/R_1을 1, 10, 100 등으로 가변하여 측정 범위를 확대한다. 그래서 R_2/R_1을 측정 배율(range multiplier)이라고 부른다.

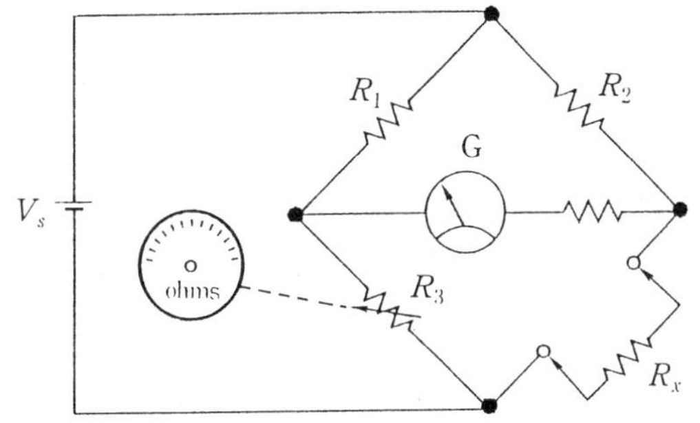

그림 5.2 휘트스톤 브리지를 이용한 저항 측정

〔예제 5.1〕 그림 5.2의 휘트스톤 브리지에서 $R_1=100\ \Omega$, $R_2=10\ \text{k}\Omega$이다. R_3를 변화시켜 $R_3=54\ \Omega$일 때 검류계 G가 0을 지시하였다.

(a) 미지 저항 R_x의 값을 구하라.

(b) R_3의 조정 가능 범위가 $1\ \Omega \sim 10\ \text{k}\Omega$일 때 브리지의 저항 측정 범위는 얼마인가?

〔풀이〕 (a) 식 (5.4)로부터

$$R_x = \frac{R_2}{R_1} R_3 = \frac{10\,\text{k}\Omega}{100\,\Omega} 54\,\Omega = 5.4\ \text{k}\Omega$$

(b) $R_3 = 1\ \Omega$일 때

$$R_x = \frac{10\,\text{k}\Omega}{100\,\Omega} 1\Omega = 100\ \Omega$$

$R_3 = 10\ \text{k}\Omega$일 때

$$R_x = \frac{10\,\text{k}\Omega}{100\,\Omega} 10\,\text{k}\Omega = 1\ \text{M}\Omega$$

브리지의 측정 범위는 100 Ω~1 MΩ이다.

5.1.2 측정 오차

휘트스톤 브리지에서 측정 오차의 주원인은 3저항 R_1, R_2, R_3의 제한 오차에 기인된다. 이 밖에 다음과 같은 사항이 오차의 원인으로 된다.

① 검류계의 감도 부족 : 이 문제는 다음 절에서 설명한다.

② 전류의 가열 효과에 기인하는 브리지 각 변의 저항 변화 : 브리지 각 변에 흐르는 전류에 의해 발생하는 열은 저항체의 저항을 변화시킨다. 저항의 온도 상승은 실제 측정하는 동안 저항에 영향을 줄 뿐만 아니라 과도한 전류는 저항값의 영구적인 변화를 일으킬 수도 있다. 이 변화는 다음 측정에 오차를 일으킨다. 따라서 브리지 변에서의 전력 손실은 설계시 미리 고려되어야 하며, 특히 저저항 측정시 전류를 안전한 값으로 제한해야 한다.

③ 브리지 회로 또는 검류계 회로의 열기전력은 저저항 측정시 문제를 일으킨다.

④ 저저항 측정시 도선 저항과 접촉 저항에 기인되는 오차의 영향이 크다. 이러한 오차는 다음에서 설명하는 켈빈 브리지를 사용하면 제거할 수 있다.

〔**예제** 5.2〕 예제 5.1(a)에서 저항 R_1과 R_2의 확도는 ±0.05 %, R_3의 확도는 ±0.1 %이다.

R_x의 측정값의 확도를 계산하라.

〔**풀이**〕 1장 식 (1.5)에 의하면,

$$R_x \text{ 오차} = (R_1 \text{ 오차}) + (R_2 \text{ 오차}) + (R_3 \text{ 오차})$$
$$= \pm(0.05\,\% + 0.05\,\% + 0.1\,\%) = \pm 0.2\,\%$$

$$R_x = 5.4\ \text{k}\Omega \pm 0.2\,\% = 5.4\ \text{k}\Omega \pm 10.8\ \Omega$$

5.1.3 휘트스톤 브리지 감도

브리지가 불평형 상태에 있으면 검류계를 통해 전류가 흐르고 검류계의 지침이 편위한다. 이때 편위량은 검류계 감도의 함수이다. 검류계 감도는 2장과 3장에서 설명한 바와 같이 단위 전류당 편위(deflection per unit current)라고 생각할 수 있다. 이것은 동일 전류에 대해 검류계의 감도가 클수록 지침이 더 많이 편위함을 의미한다. 편위는 선형 단위 또는 각 단위로 나타낼 수 있다. 즉 감도 S의 단위는

$$\frac{\text{mm}}{\mu\text{A}} \quad \text{또는} \quad \frac{\text{deg}}{\mu\text{A}} \quad \text{또는} \quad \frac{\text{rad}}{\mu\text{A}} \qquad \cdots (5.5)$$

그러므로 검류계에 흐르는 전류를 I μA라고 할 때 지침의 총 편위는

$$D = S \times I \qquad \cdots (5.6)$$

검류계가 브리지 회로의 불평형 상태를 검출할 수 있는 감도를 가졌는지의 여부는 검류계에 흐르는 전류를 계산하면 쉽게 알 수 있다. 각종 검류계는 각기 다른 감도 및 내부 저항을 가지고 있으므로 사전에 계산하지 않으면 어느 검류계가 브리지 회로의 불평형 상태를 검출할 수 있는 감도를 갖고 있는지를 알 수가 없다.

불평형된 브리지로부터 발생하는 편위량을 결정하는 방법을 테브난 정리를 사용해 생각해 보자. 우리의 관심은 검류계를 통해서 흐르는 전류의 크기를 구하는 것이기 때문에 검류계 측에서 본 브리지의 테브난(Thévenin) 등가 회로를 구해야 한다. 그림 5.3은 일반적인 테브난 등가 회로를 나타낸다. 테브난 정리에 의하면 단자 a, b에 부하 R_L을 접속할 때 이 저항에 흐르는 전류는

$$I_L = \frac{V_{Th}}{R_{Th} + R_L} \qquad \cdots (5.7)$$

이다. 여기서 V_{Th}를 테브난 등가 전압, R_{Th}를 테브난 등가 저항이라고 부른다.

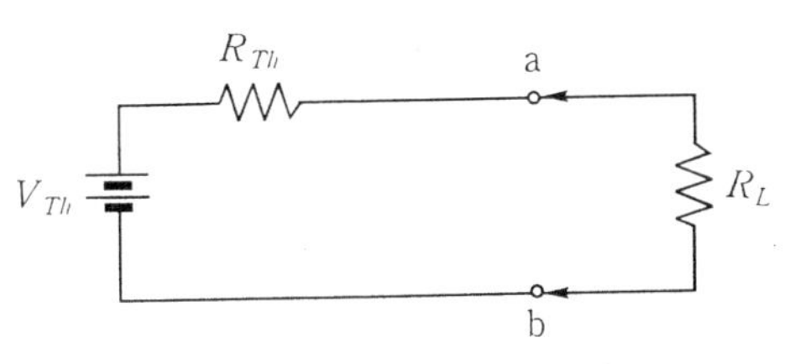

그림 5.3 테브난 등가 회로

휘트스톤 브리지의 테브난 등가 전압은 그림 5.1의 브리지 회로로부터 검류계를 제거하여 그림 5.4(a)와 같이 만든 후 단자 c, d 사이의 개방 회로 전압(open circuit voltage)을 계산하여 얻는다. 점 c, d의 전위는 각각

$$\left.\begin{aligned} V_c &= \frac{R_3}{R_1 + R_3} V_s \\ V_d &= \frac{R_4}{R_2 + R_4} V_s \end{aligned}\right\} \qquad \cdots (5.8)$$

로 되므로, 테브난 등가 전압은

$$V_{Th} = V_c - V_d = \frac{R_3}{R_1 + R_3} V_s - \frac{R_4}{R_2 + R_4} V_s = \left(\frac{R_3}{R_1 + R_3} - \frac{R_4}{R_2 + R_4} \right) V_s \qquad \cdots (5.9)$$

한편, 테브난 등가 저항은 전압원을 내부 저항으로 대체한 후 검류계가 제거된 단자에서 브리지를 들여다본 저항을 계산하면 얻어진다. 전압원 V_s의 내부 저항은 매우 작다고 가정하면 (0으로 가정) 그림 5.1의 브리지 회로를 그림 5.4(b)와 같이 그릴 수 있다. 그림의 회로에서 테브난 등가 저항은 다음과 같이 구해진다.

$$R_{Th} = \frac{R_1 R_3}{R_1 + R_3} + \frac{R_2 R_4}{R_2 + R_4} \qquad \cdots (5.10)$$

식 (5.8)과 (5.9)를 사용하면 휘트스톤 브리지에 대한 테브난 등가 회로는 그림 5.4(c)와 같다. 휘트스톤 브리지(그림 5.1) 또는 테브난 등가 회로(그림 5.4)에서 출력 단자 c, d에 접속된 검류계에 흐르는 전류의 크기는 동일하며, 검류계에 흐르는 전류는 식 (5.7)을 사용하면 다음 식으로 된다.

$$I_g = \frac{V_{Th}}{R_{Th} + R_g} \qquad \cdots (5.11)$$

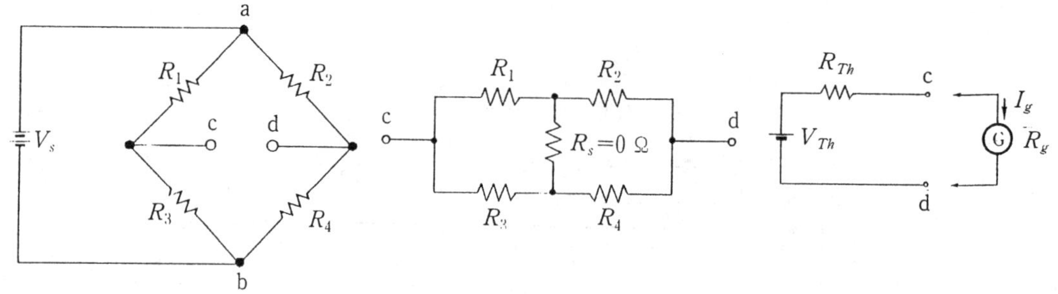

(a) 개방(c−d) 전압 계산 (b) 테브난 등가 저항 계산 (c) 테브난 등가 회로

그림 5.4 휘트스톤 브리지의 테브난 등가 회로

〔**예제** 5.3〕 그림 5.5에 주어진 브리지에서 검류계를 통해서 흐르는 전류를 계산하라.

〔**풀이**〕 테브난 등가 전압

$$V_{Th} = \left(\frac{R_3}{R_1 + R_3} - \frac{R_4}{R_2 + R_4}\right)V_s$$
$$= \left(\frac{3.5\,\text{k}\Omega}{1\,\text{k}\Omega + 3.5\,\text{k}\Omega} - \frac{7.5\,\text{k}\Omega}{1.6\,\text{k}\Omega + 7.5\,\text{k}\Omega}\right) \times 6\,\text{V}$$
$$= (0.778 - 0.824)(6\,\text{V}) = 0.276\,\text{V}$$

테브난 등가 저항은 다음과 같이 계산된다.

$$R_{Th} = \frac{R_1 R_3}{R_1 + R_3} + \frac{R_2 R_4}{R_2 + R_4}$$
$$= \frac{1\,\text{k}\Omega \times 3.5\,\text{k}\Omega}{1\,\text{k}\Omega + 3.5\,\text{k}\Omega} - \frac{1.6\,\text{k}\Omega \times 7.5\,\text{k}\Omega}{1.6\,\text{k}\Omega + 7.5\,\text{k}\Omega} = 2.097\,\Omega$$

테브난 등가 회로와 검류계를 결합하면 그림 5.5(b)와 같다. 검류계에 흐르는 전류는 다음과 같다.

$$I_g = \frac{V_{Th}}{R_{Th} + R_g}$$
$$= \frac{0.276\ \text{V}}{2.079\,\text{k}\Omega + 200\,\Omega} = 120\,\mu\text{A}$$

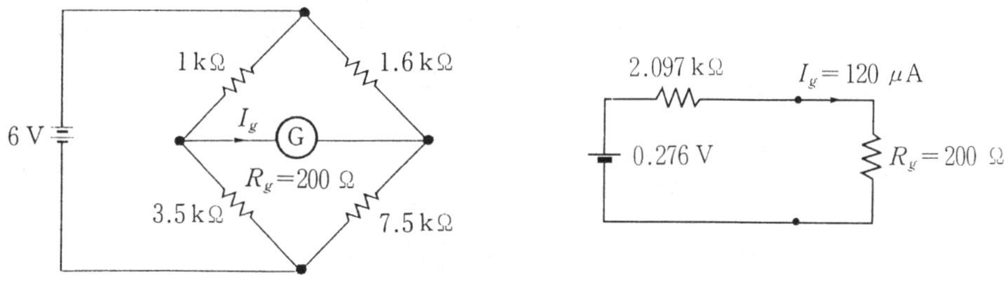

(a) (b)

그림 5.5

위 예제로부터 테브난 등가 회로가 불평형된 브리지를 해석하는 데 매우 유용함을 알았다. 감도와 내부 저항이 다른 검류계로 교체하더라도 검류계 지침의 편위는 그림 5.4를 이용하면 매우 간단히 구해진다. 역으로 검류계 감도가 주어지면 단위 편위 (1 mm)를 얻는 데 필요한 불평형 전압을 구할 수 있다. 이 값은 불평형된 브리지 감도

와 선택된 검류계가 브리지의 미소한 불평형 상태를 검출할 수 있는지 여부를 결정하는 데 유용하다. 테브난 방법은 검류계 감도를 결정하는 데 사용된다.

5.1.4 약간 불평형된 휘트스톤 브리지

그림 5.6과 같이 4개의 브리지 저항 중 3개의 저항값이 R이고, 나머지 하나의 값이 다른 3개와 ΔR만큼 다르다고 가정하자. 점 c, d의 전압은

$$V_c = \frac{R}{R+R}V_s = \left(\frac{R}{2R}\right)V_s = \frac{V_s}{2}$$
$$V_d = \frac{R+\Delta R}{R+R+\Delta R}V_s \qquad \cdots (5.12)$$

테브난 등가 전압은 이 두 전압의 차와 같다.

$$V_{Th} = V_c - V_d = \left(\frac{1}{2} - \frac{R+\Delta R}{R+R+\Delta R}\right)V_s = \left(\frac{\Delta R}{4R+2\Delta R}\right)V_s \qquad \cdots (5.13)$$

만약, ΔR이 R의 5 % 또는 그 이하라면, 위 식의 분모에서 ΔR은 무시해도 큰 오차는 없을 것이다. ΔR 항을 무시하면 테브난 등가 전압에 대한 표현식은 다음과 같이 간단해진다.

$$V_{Th} \fallingdotseq \left(\frac{\Delta R}{4R}\right)V_s \qquad \cdots (5.14)$$

테브난 등가 저항은 전압원을 내부 저항(일반적으로 단락시킴)으로 대체한 후 단자 c, d에서 본 저항과 같으므로, 테브난 등가 저항은

$$R_{Th} = \frac{R}{2} + \frac{(R)(R+\Delta R)}{R+R+\Delta R} \qquad \cdots (5.15)$$

만약, ΔR이 R에 비해서 매우 작다고 가정하면

$$R_{Th} \fallingdotseq \frac{R}{2} + \frac{R}{2} \fallingdotseq R \qquad \cdots (5.16)$$

근사식 (5.14)와 (5.16)을 이용해서 검류계에 흐르는 전류를 계산하면 $\Delta R \leq 0.05R$인 경우 약 98 %로 정확하다.

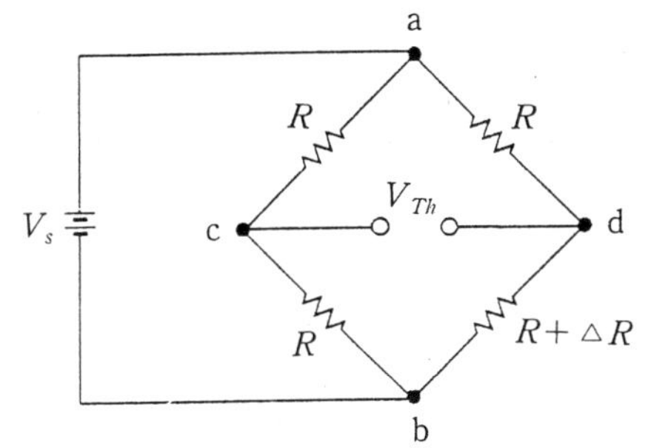

그림 5.6 약간 불평형된 브리지

5.1.5 측정 범위

휘트스톤 브리지는 수 Ω~수 MΩ 범위의 중저항 측정에 제한된다. 측정 범위의 상한(上限)은 고저항에서 불평형 상태의 감도가 감소하므로 제한된다. 이 경우에는 그림 5.4(c)의 테브난 등가 저항이 대단히 크게 되어, 검류계 전류가 감소하기 때문이다. 측정 범위의 하한(下限)은 연결 리드선의 저항과 접촉점의 접촉 저항에 의해 제한된다. 리드선의 저항은 계산을 하거나 직접 측정할 수 있으므로 최종 결과의 수정이 가능하지만, 접촉 저항은 측정하기가 대단히 어렵다. 그러므로 저저항 측정은 일반적으로 다음에서 설명하는 켈빈 브리지를 사용한다.

5.2 켈빈 브리지

금속 도선과 같은 1 Ω 이하의 저저항 측정시에는 접속 도선의 저항이나 접촉 저항 등이 오차의 원인이 되기 때문에 이러한 영향을 제거해야 한다. 켈빈 브리지(Kelvin bridge)는 저저항 측정시 오차의 원인인 접속 도선 저항과 접촉 저항의 영향을 제거하기 위해서 휘트스톤 브리지를 변형한 것이다. 켈빈 브리지를 설명하기 전에 저저항 측정시 발생하는 접속 도선의 영향을 검토한 후 켈빈 이중 브리지를 설명한다.

5.2.1 접속 도선의 영향

그림 5.7의 브리지 회로를 검토해 보자. 그림에서 R_y는 R_3에서 R_x까지의 접속 도선의 저항을 나타낸다. 검류계가 점 m에 접속되면 접속 도선의 저항 R_y는 미지 저항 R_x에 더해지므로 측정된 R_x의 값은 실제보다 커진다. 검류계가 점 n에 접속되면 R_y는 브리지변 R_3에 더해지므로 R_3의 실제값은 그것의 공칭 저항값보다 높아지므로 R_x의 측정값은 본래의 저항값보다 낮아진다. 이와 같이 접속 도선의 저항이 존재하면 측정치에 오차를 수반한다.

만약, 검류계를 mp와 np의 저항비가 저항 R_1과 R_2의 비와 같아지는 점 p에 접속하면

$$\frac{R_{np}}{R_{mp}} = \frac{R_2}{R_1} \qquad \cdots (5.17)$$

로 되고, 이때 브리지의 평형 조건은 다음과 같다.

$$R_x + R_{np} = \frac{R_2}{R_1}(R_3 + R_{mp}) \qquad \cdots (5.18)$$

그런데 식 (5.17)과 $R_{mp}+R_{np}=R_y$ 관계로부터

$$R_{mp} = \frac{R_1}{R_1 + R_2} R_y$$
$$R_{np} = \frac{R_2}{R_1 + R_2} R_y \qquad \cdots (5.19)$$

식 (5.19)를 식 (5.18)에 대입하면

$$R_x + \frac{R_2}{R_1 + R_2} R_y = \frac{R_2}{R_1}\left(R_3 + \frac{R_1}{R_1 + R_2} R_y \right) \qquad \cdots (5.20)$$

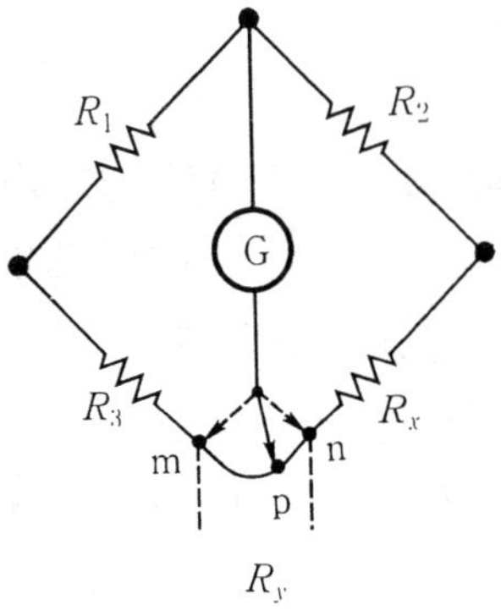

그림 5.7 접속 도선의 영향

이것을 정리하면

$$R_x = \frac{R_2}{R_1} R_3 \qquad \cdots (5.21)$$

식 (5.20)은 일반적으로 휘트스톤 브리지에 적용되는 평형식 (5.4)와 동일함을 알 수 있다. 위 식은 중성점 p에 검류계를 접속하면, 점 m에서 점 n에 이르는 접속 도선 저

항의 영향을 제거할 수 있음을 의미한다. 이와 같은 원리가 켈빈 이중 브리지 구성의 기본이 된다.

5.2.2 켈빈 이중 브리지

켈빈 이중 브리지(Kelvin double bridge)는 영위법을 이용하여 1 Ω 이하의 저저항을 정확하게 측정하는 계측기로서, 비례변이 2중으로 되어 있으므로 이중 브리지라는 명칭이 붙는다. 그림 5.8은 켈빈 이중 브리지의 원리를 나타낸다. 브리지의 비례변은 R_1, R_2 외에 r_1, r_2가 추가되어 2조의 저항으로 되어 있고, R_s는 표준 저항, R_x는 미지 저항, R_y는 접속 도선의 저항으로서 접속점에서의 접촉 저항 등도 포함되어 있다. R_s나 R_x는 그림 (b)와 같은 4단자 저항(four terminal resistor)이고, 저항은 전압 단자(potential terminal) 사이의 값으로 정의된다. 따라서 전류 단자에서 접촉 저항에 의한 전압 강하 등에 기인하는 오차를 제거할 수 있다.

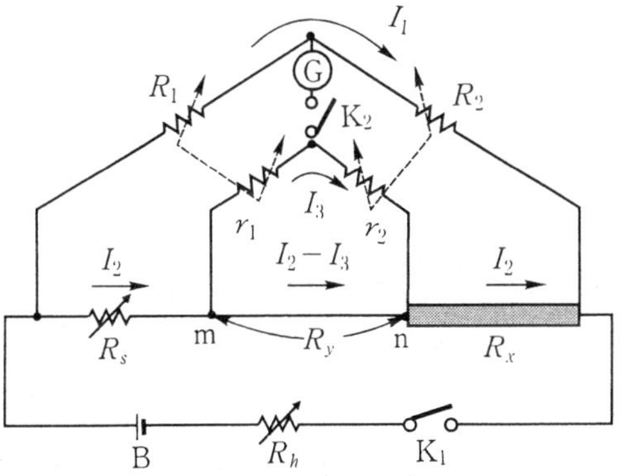

(a) 원리

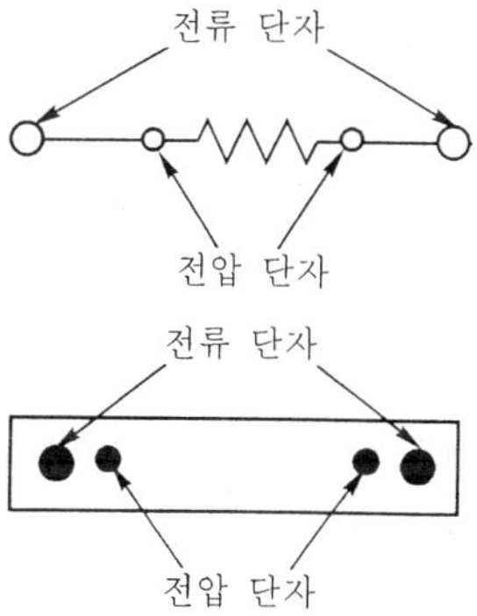

(b) 4단자 저항

그림 5.8 켈빈 이중 브리지의 원리

비례변의 저항 R_1/R_2를 변화시키면 이것에 연동된 보조 비례변 r_1/r_2도 변화하여 항상 $R_1/R_2=r_1/r_2$의 관계가 유지된다. 비례변을 조정하여 브리지가 평형되었을 때 브리지 각부의 전류가 그림과 같이 흐른다고 가정하면, 키르히호프의 전압 법칙에 따라 다음의 관계식이 성립한다.

$$\begin{aligned} R_1 I_1 &= R_s I_2 + r_1 I_3 \\ R_2 I_1 &= R_x I_2 + r_2 I_3 \\ (r_1 + r_2) I_3 &= R_y (I_2 - I_3) \end{aligned} \qquad \cdots (5.22)$$

식 (5.22)에서 I_1, I_2, I_3를 소거시켜 R_x를 구하면

$$R_x = \frac{R_2}{R_1} R_s + \frac{r_1 R_y}{r_1 + r_2 + R_y}\left(\frac{R_2}{R_1} - \frac{r_2}{r_1}\right) \qquad \cdots (5.23)$$

로 된다. 여기서 $R_2/R_1 = r_2/r_1$의 관계가 있으므로 식 (5.23)의 제2 항은 제거되며, 미지 저항 R_x는 다음 식으로 된다.

$$R_x = \frac{R_2}{R_1} R_s \qquad \cdots (5.24)$$

따라서 접속 도선이나 접속점에서의 접속 저항 R_y에는 관계없이 미지 저항 R_x를 구할 수 있다. 또, 켈빈 브리지에서 R_1, R_2, r_1, r_2의 저항을 R_s나 R_x보다 크게 잡으면 전류의 대부분이 R_s나 R_x를 통해 흘러 I_1이나 I_3는 작아지므로 접촉 저항이나 접속 도선 저항에 의한 영향을 작게 할 수 있다. 켈빈 이중 브리지는 대략 1~0.00001 Ω 범위의 저저항을 측정하는 데 사용되고, 브리지의 측정 확도는 구성 부품의 확도에 의존하며, ±0.2 %까지 가능하다.

5.3 고저항 측정

고저항 측정에서는 고전압을 인가해야 피측정 저항 중에 충분한 전류가 흐르므로 중저항 측정과는 다른 측정법이 사용되며, 일반적으로 전압계·전류계법이나 절연 저항계법 등이 있다. 또한, 전기 기기나 전기 배선 등의 절연 저항 측정에는 발전기식 또는 트랜지스터식의 절연 저항계가 이용된다. 절연 저항 측정시 누설 전류가 측정치에 영향을 주므로 이것을 제거하기 위한 노력이 필요하다.

5.3.1 전압계·전류계법

절연 저항과 같이 매우 높은 저항은 전압계와 마이크로 전류계(μA)를 그림 5.9와 같이 접속하여 전류·전압을 측정한 후 옴의 법칙에 의해 저항 R을 결정할 수 있다. 전류가 극히 작기 때문에 마이크로 전류계가 사용된다. 만약 전압계를 저항 양단에 접속하면 고저항 R보다 전압계로 더 많은 전류가 흐를 수 있고, 이것은 오차를 일으킨다.

매우 높은 저항을 측정할 때 발생하는 문제는 누설 전류(漏泄電流; leakage current)이다. 그림 5.9(a)와 같이 케이블의 절연 저항을 측정하는 경우를 생각해 보자. 전압이 인가되면 두 가지 성분의 전류가 흐른다. 즉, 절연체 내부를 통해서 흐르는 체적 전류

(體積電流; volume current) I_v와 절연체 표면을 따라 흐르는 표면 누설 전류(表面漏泄電流; surface leakage current) I_s가 있다.

지금 전류계(μA)를 그림 (a)와 같이 접속하면 두 전류의 합 I_v+I_s가 전류계를 통해서 흐른다. 따라서 계기의 지시값으로부터 구한 케이블의 절연 저항값은 체적 저항과 표면 누설 저항의 병렬 합성 저항으로 된다. 절연체의 체적 저항만을 측정하기 위해서는 그림 (b)와 같이 보호선(保護線; guard wire)을 사용해서 두 전류를 분리한다. 이 접속에서 표면 누설 전류 I_s는 전류계(μA)를 통해 흐르지 않으므로 전류계는 체적 전류 I_v만을 지시한다. 따라서 절연체의 체적 저항은 다음과 같이 계산할 수 있다.

$$R_v = \frac{E}{I_v} \qquad \cdots (5.25)$$

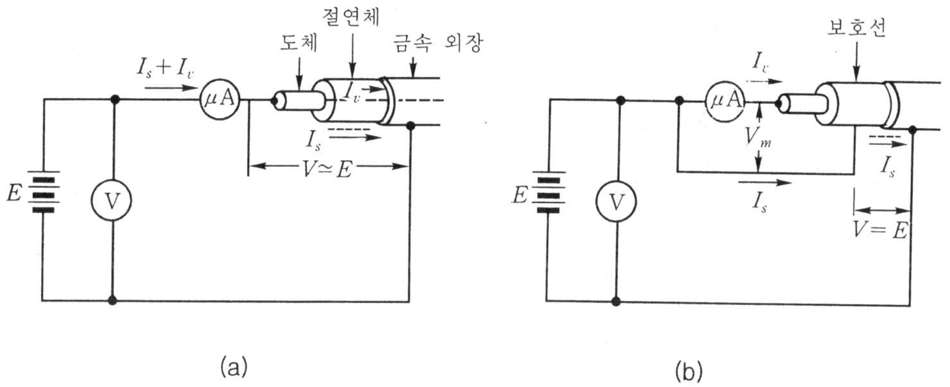

그림 5.9 전선의 절연 저항 측정

또한, 판상 절연물(板狀絶緣物)의 저항이나 저항률을 측정하는 경우에는 그림 5.10과 같이 주전극(主電極) P_1 주위에 보호 전극(保護電極; guard ring) P_3를 설치하여 절연물의 표면을 따라 흐르는 누설 전류(I_s)를 차단한다. 측정시, 스위치 K를 ①측으로 닫고 검류계 G의 편위 θ_1과 S의 배율 S_1을 읽는다. 다음에 스위치 K를 ②측으로 닫았을 때 마찬가지로 θ_2와 S_2를 읽으면, 절연물의 저항 R_x는

$$R_x = \frac{S_1\theta_1}{S_2\theta_2} R_s \qquad \cdots (5.26)$$

으로 된다.

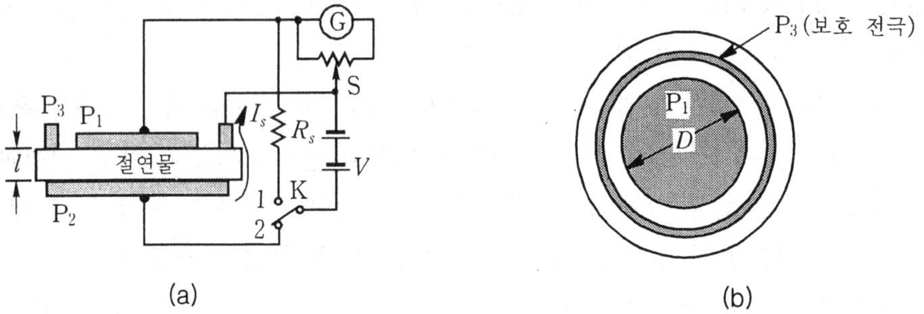

그림 5.10 판상 절연물의 절연 저항 측정

또, 절연물의 두께가 균일하고 균질인 경우 절연 저항값을 R_x, 두께를 t, 주전극 지름을 D라 하면, 저항 R_x와 체적 저항률 ρ는

$$R_x = \rho\frac{t}{S} = \rho\frac{t}{\pi\left(\frac{D}{2}\right)^2} \qquad \cdots (5.27)$$

이므로, 체적 저항률 ρ (Ωcm)는

$$\rho = \frac{S}{t}R_x = \frac{\pi D^2}{4t}R_x \qquad \cdots (5.28)$$

로서 구해진다.

5.3.2 절연 저항계

(1) 발전기식 절연 저항계

발전기식 절연 저항계(發電機式絶緣抵抗計; hand-cranked megohmmeter)는 보통 메거(magger)라고 부르며, 그 원리를 나타내면 그림 5.11(a)와 같다. 메거는 수동 회전식 직류 발전기(hand-cranked generator) G와 비율계형 계기로 구성되어 있다. 전류 코일 C는 미지 저항 R_x와 직렬로, 전압 코일 P는 전원과 병렬로 접속되고, 또 P와 C는 동일 회전축에 60°의 각도로 교차하도록 설계되어 있다. 영구 자석 N_1S_1 및 N_2S_2는 각각 P, C, 수동 회전식 직류 발전기의 계자(界磁)를 만들고 있다.

지금 측정 단자 E, L 간에 아무 접속도 없는 상태에서 발전기를 돌리면, 발전기 전압에 의해 전압 코일 P에만 전류 i_p가 흐르기 때문에 반시계 방향의 토크 T_p를 발생하여 지침은 ∞를 지시한다. 다음에 E, L 간에 미지 저항 R_x를 접속하고 발전기를 돌리면, 전류 코일 C에는 R_x에 반비례하는 전류 i_c가 흐르고, 이 전류에 의해 시계 방향의 토크 T_c가 발생하여 두 토크 T_p와 T_c가 평형된 위치에서 교차 코일은 정지한다. 따라서 미리 기지 저항과 비교하여 눈금을 정해 놓으면 이 코일에 달린 지침에 의해 미지 저항 R_x의 값을 알 수 있다.

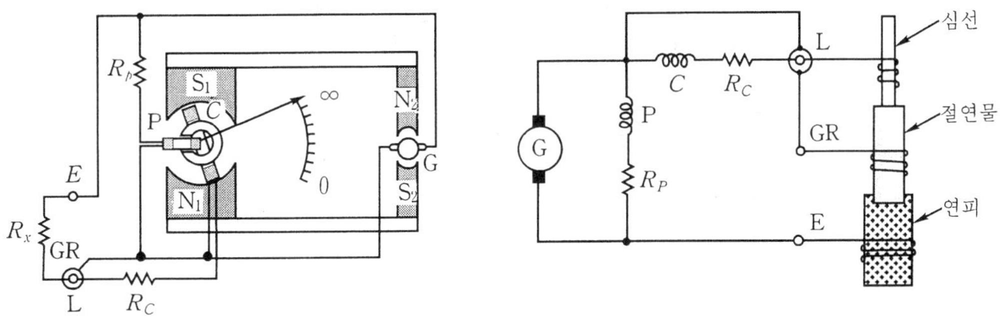

그림 5.11 발전기식 절연 저항계의 구조와 응용 측정

전선로와 대지 간의 절연 저항을 측정하는 경우에는 L 단자를 전선로에, E 단자를 접지선에 접속시킨다. 또, 절연 저항에 고전압을 가하여 측정하는 경우에는 이미 언급한 바와 같이 절연물 내부가 아닌 그 표면을 통하여 누설 전류가 흐르게 되고, 이 누설 전류가 전류 코일에 흐름으로써 측정 오차의 원인이 되기 때문에 이를 방지하기 위하여 보호 단자 GR을 설치하고 있다. 그림 5.11(b)는 케이블의 절연 저항을 측정하는 경우 보호 단자의 사용 예를 나타낸 것이다.

(2) 전지식 절연 저항계

전지식 절연 저항계(battery-powered megohmmeter)는 수동 회전식 발전기 대신에 건전지를 전원으로 하고, 직류 전압 변환 회로에 의해 100~1000 V의 직류 측정 전압을 발생시키도록 한 것이다. 지시 계기는 가동 코일형 비율기를 사용하는 것과 가동 코일형 계기를 사용하는 것이 있다. 전자는 발전기식 절연 저항계와 거의 동일한 원리이다. 후자는 그림 5.12와 같이 직류 전압 변환기에 의해 얻어진 측정 전압을 미지 저항에 가하고, 흐르는 전류를 전류계로 측정하여 R_x를 지시하도록 한 것이다.

이 방식은 측정 전압의 변화가 그대로 측정 오차에 연결되므로 측정 전압을 안정화시키지 않으면 안 된다. 전지식 절연 저항계는 발전기식에 비해 소형 경량이고 조작도 간단하며, 기계적 접점이 없으므로 고장이 적은 점 등의 특징이 있다.

최근의 절연 저항계에서 측정 전압은 10 V, 25 V, 50 V, 100 V, 250 V, 500 V, 1000 V 등 다수의 레인지를 가지며, 고저항의 측정 범위는 500 kΩ~2×10^{16} Ω을 직독할 수 있다.

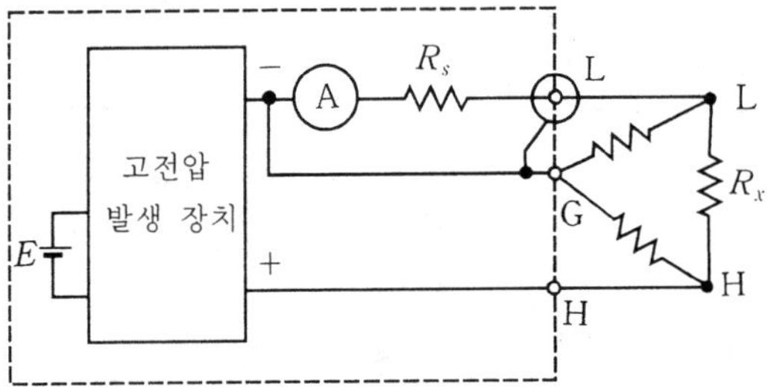

그림 5.12 전지식 절연 저항계

5.4 특수 저항의 측정

5.4.1 전해액의 저항 측정

전해액(電解液)의 저항은 액의 농도나 온도에 따라 다를 뿐만 아니라 전해액 중에 전극을 넣어 직류 전류를 흘리면 전기 분해가 일어나 전극 표면에 분극 작용(分極作用)이 생기므로 전해액의 겉보기 저항이 증가한다. 따라서 전해액 저항의 측정에는 교류 전원을 사용한 콜라우슈 브리지(Kohlrausch bridge)를 사용한다.

그림 5.13은 전해액을 담는 측정 용기와 콜라우슈 브리지의 원리를 나타낸 것이다. 이 브리지는 휘트스톤 브리지와 동일한 원리로 되어 있으며, 교류 전원에는 700~1000 Hz의 저주파 발진기를 사용하고, 검출기로는 수화기를 사용한다. 또, R은 기지 저항, AB는 저항값이 균일한 습동선 저항이다.

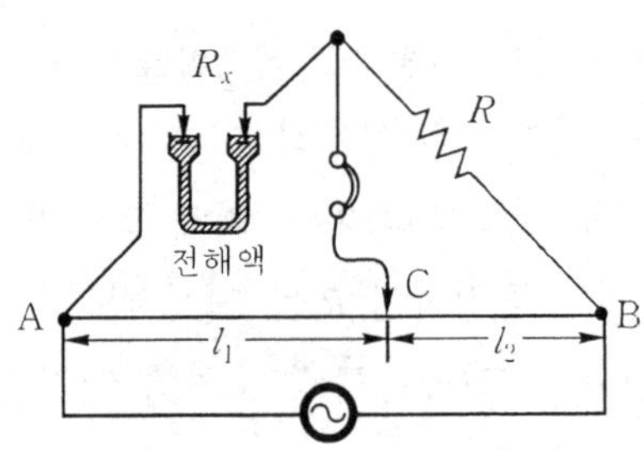

그림 5.13 콜라우슈 브리지에 의한 전해액의 저항 측정

전해액을 용기에 넣어 브리지의 측정 단자에 접속시킨 다음, R을 적당한 값(0.1, 1, 10, 100, 1000 Ω 등)으로 정하고 습동자를 움직여서 수화기의 음이 가장 작게 들리는 점, 즉 브리지의 평형점을 찾으면 이때의 값으로부터 전해액의 저항 R_x는

$$R_x = \frac{l_1}{l_2} R \qquad \cdots (5.29)$$

로 구해진다. 또한, 습동선 위에는 l_1/l_2의 값이 눈금으로 표시되어 있으므로, 이 값과 R를 곱하여 R_x의 값을 구할 수 있다. 또, 전해액의 저항률을 측정하려면 저항률 ρ_s가 알려져 있는 표준 전해액과 미지 저항률의 전해액을 동일 형상의 용기에 넣고 각각의 저항값 R_s, R_x를 측정하면 미지 전해액의 저항률 ρ_x는 다음 식으로 구해진다.

$$\rho_x = \frac{R_x}{R_s} \rho_s \qquad \cdots (5.30)$$

표준 전해액으로는 일반적으로 NaCl, KCl 등의 수용액(水溶液)이 이용되나, 두 경우 모두 온도 계수가 크므로 반드시 측정시 온도를 기록해야 한다. 예로, NaCl 264 g을 1 l의 증류수에 녹인 수용액의 저항률은 0.0442 Ω·cm (20℃)이다.

5.4.2 접지 저항의 측정

(1) 접지 저항

전기 설비는 설비 자체의 안전뿐만 아니라 인명, 가축의 안전을 보장하기 위하여 반드시 접지를 해야 한다. 접지 저항은 저항의 분포 구역이 명확하지 않으나 일반적으로 다음과 같이 정의된다.

그림 5.14(a)와 같이 2개의 접지판 E, C를 10 m 이상 떨어진 위치에 매설하고 E, C 사이에 교류 전압 e를 가하여 전류 i를 흘린다. 또, 보호 접지판 P를 설치하고 E, C 사이에 내부 저항이 높은 전압계 V를 접속한다. 지금 P를 EC 선상에서 순차적으로 이동시켜 E점으로부터의 전압 강하 e_x를 측정하고, EC 간의 거리 x와의 관계를 구하면 그림 (b)와 같이 된다. 이 곡선이 수평으로 된 위치의 전압 강하 e_x를 전류 i로 나눈 값을 E의 접지 저항으로 정의한다.

$$E\text{의 접지 저항 } R_x = \frac{e_x}{i} \qquad \cdots (5.31)$$

접지 저항은 대지의 건물 및 온도 등에 의해 변화하며, 또 직류로 측정하면 분극 작용을 일으키는 등 전해액 저항과 유사한 성질을 가지고 있다. 접지 저항의 측정에는 다음과 같은 방법이 사용된다.

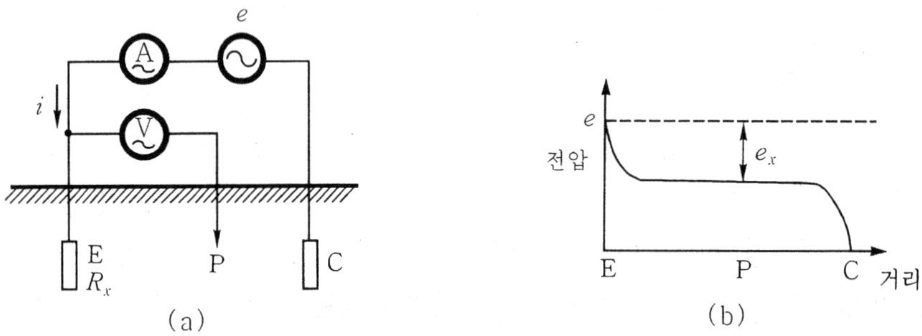

그림 5.14 접지 저항

(2) 접지 저항계

그림 5.15는 전위차계식 접지 저항계의 원리를 나타낸다. 그림에서 D는 수동 발전기, CT는 변류기, K는 변류비를 바꾸기 위한 스위치, G는 검류계, COM은 정류자(整流子), C_1은 대지 전류가 검류계 G에 흐르지 않도록 하기 위한 커패시터, P는 보조 전극이다. 정류자는 불평형 전류를 정류하여 직류 검류계에 공급하기 위한 것이다. 피측정 접지판 외에 두 보조 접지봉을 각각 10 m 간격으로 격리시켜 대지에 매설하고, 각각 도선으로 접지 저항계의 E, P, C 단자에 접속시킨다. 수동 발전기 D를 회전시켜 교류 i_1을 변류기 CT의 1차측에 흘리면 CT의 2차측 및 습동선 저항 a–b에는 전류 i_2가 흐른다. 다음에 습동자의 위치를 조정하여 c점에서 검류계의 지시가 0이 되게 하면 이때 접지판 E에서 전압 강하 $R_x i_1$과 a–c 간의 전압 강하 ri_2가 같아지게 된다. 즉, 접지 저항은

$$R_x i_1 = ri_2$$

$$R_x = \frac{i_2}{i_1} r = nr \qquad \cdots (5.32)$$

여기서 $n = i_2/i_1$은 CT의 변류비이다. 변류비가 n=1이면

$$R_x = r \qquad \cdots (5.33)$$

로 되어, R_x의 값을 r의 눈금으로부터 직독할 수 있다. 또, 변류비 n의 값을 바꾸면 측정 범위를 확대시킬 수 있다. 또한, 접지 저항 외에 절연 저항, 교류 전압, 교류 전류, 접지 전압도 함께 측정할 수 있게 되어 있는 배전 시험기라 하는 계기도 있다.

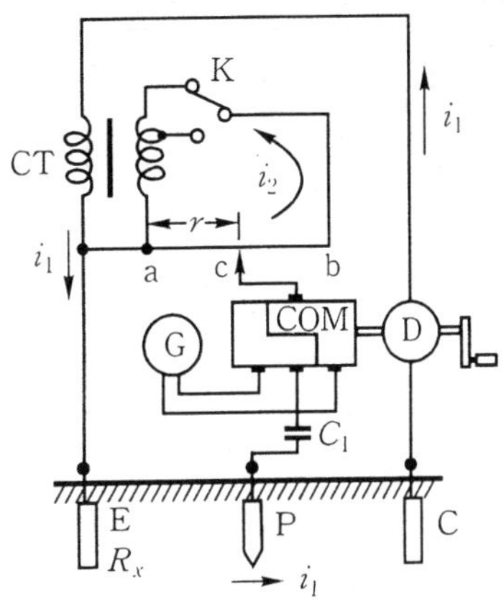

그림 5.15 접지 저항계

5.5 접지 고장점의 검출

전력선이나 통신선 등이 단선 또는 접지 등에 의하여 고장이 일어날 경우, 그 고장점을 신속히 검출할 필요가 있다. 고장점을 찾아내는 데에는 여러 가지 방법이 사용되고 있으며, 휴대용 휘트스톤 브리지를 이용한 머레이 루프 시험법(Murray-loop test method)과 발리 루프 시험법(Varley-loop test method)이 오래전부터 사용되고 있다.

5.5.1 머레이 루프 시험법

여러 가지 루프 시험법 중 가장 간단하고 잘 알려진 것은 머레이 루프 시험법이며, 주로 외장 케이블(sheathed cable) 내의 접지 고장점을 찾아내는 데 사용된다.

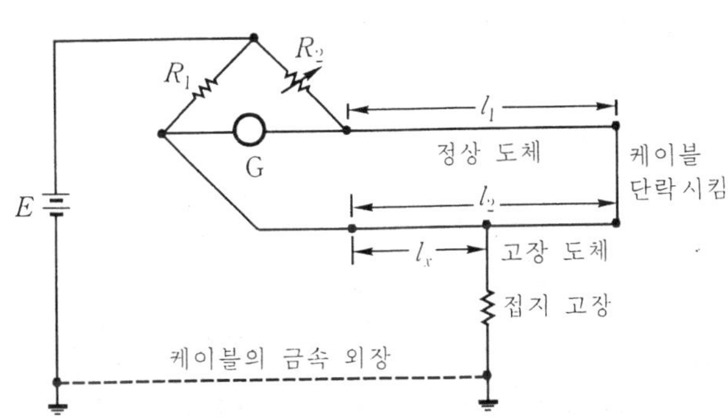

그림 5.16 머레이 루프 시험법

그림 5.16은 이 시험 방법을 나타낸 것이다. 길이 l_2인 고장 도체의 한쪽 끝은 고장 나지 않은 다른 도체의 l_1의 끝에 접속된다. 이 두 도체에 의해서 구성되는 루프를 그림과 같이 시험 장치에 연결시키고, 브리지의 가변 비례변을 R_2로 조정하여 평형을 취하면 다음 식이 성립된다.

$$\frac{R_2}{R_1} = \frac{R_L - R_x}{R_x} \qquad \cdots (5.34)$$

또는

$$R_x = \frac{R_1}{R_2 + R_1}(R_{l1} + R_{l2}) = \frac{R_1}{R_2 + R_1} R_L \qquad \cdots (5.35)$$

여기서 R_L은 루프의 총 저항(정상 도체 l_1 저항과 고장 도체 l_2 저항의 합)이고, R_x는 브리지 단자로부터 접지 고장점까지의 고장 도체 l_x의 저항이다. 도선의 저항은 도체 길이에 비례하기 때문에 식 (5.34)로부터

$$l_x = \frac{R_1}{R_2 + R_1}(l_1 + l_2) \qquad \cdots (5.36)$$

로 쓸 수 있다. 다심(多心) 케이블에 있어서 정상 도체 l_1은 고장 도체의 길이와 단면적이 같다. 즉, $l_1 = l_2 = l$이므로 고장점은

$$l_x = \frac{R_1}{R_2 + R_1} 2l \qquad \cdots (5.37)$$

여기서, l은 브리지 단자에서 다심 케이블 단자 끝까지의 길이이다.

귀환 도체가 고장 도체와 같은 특성을 갖지 않는다면 단위 길이당의 저항 차이를 고려해야 한다. 결국, 접지 고장의 저항이 낮으면(예를 들면, 단락 회로) 휴대용 시험 계기는 상당한 확도로 케이블의 고장 위치를 측정할 수 있다. 그러나 고장 저항이 높으면 전지에 의해 동작하는 계기는 부적합하며 높은 전압으로 측정해야 한다.

5.5.2 발리 루프 시험법

다심 케이블에서 접지, 혼촉 또는 단락 사고 지점을 측정하는 가장 정확한 방법 중의 하나가 발리 루프 시험법이다. 이 방법은 머레이 루프 시험법을 수정한 것으로 휘트스톤 브리지의 두 고정 비례변 A, B와 가감 저항기(또는 표준변)로 구성된다.

접지 고장점 발견에는 그림 5.17의 회로 구성이 사용된다. 먼저 스위치 S를 a측으로 접속한다. 비례변 R_1과 R_2의 비를 일정하게 유지하고 표준변의 가감 저항기 R_3에 의해

서 검류계의 지시를 0으로 하여 평형을 취한다. 이때, 다음 관계가 성립한다.

$$R_a + R_b = \frac{R_2 R_3}{R_1} \qquad \cdots (5.38)$$

스위치 S를 b로 놓고 다시 평형을 취하면

$$R_x = \frac{R_1(R_a + R_b) - R_2 R_3}{R_1 + R_2} \qquad \cdots (5.39)$$

$R_{ab}=R_a+R_b$라고 놓으면, 고장점까지의 저항은

$$R_x = \frac{R_1 R_{ab} - R_2 R_3}{R_1 + R_2} \qquad \cdots (5.40)$$

저항은 길이에 비례하기 때문에 고장점까지의 거리는 쉽게 결정된다.

회로가 여러 부분에서 치수가 서로 다른 도체로 구성되고 있을 경우에는 각 부분의 저항을 고려해야 한다. 예를 들면, 가공(架空) 케이블이 치수가 다른 지하(地下) 케이블에 접속되어 있는 경우, 두 부분의 저항 차이는 도체의 상이한 치수에 관계될 뿐만 아니라 가공 케이블과 지하 케이블 사이의 온도 차이에도 관계된다.

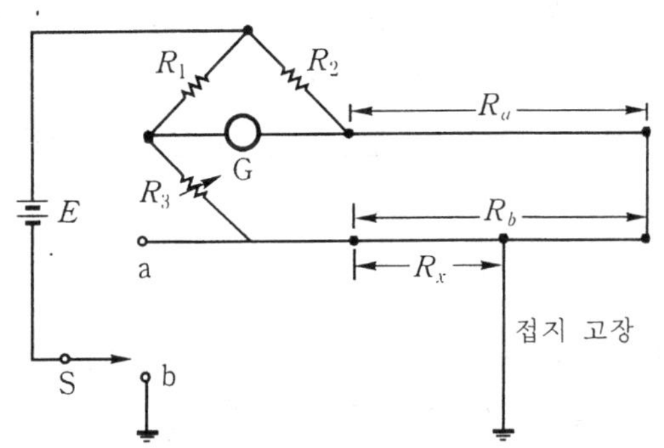

그림 5.17 발리 루프 시험법

연 습 문 제

****

5.1 그림 5.1의 휘트스톤 브리지에서 각 변의 저항이 $R_1=1000\ \Omega$, $R_2=100\ \Omega$, $R_3=500\ \Omega$, $R_4=50.5\ \Omega$이고, 검류계 G의 내부 저항은 75 Ω, 전지의 기전력은 $V_s=4$ V이다. 테브난 정리를 이용하여 다음을 구하여라.

(a) 검류계 단자에서 본 브리지의 등가 회로
(b) 검류계에 흐르는 전류

5.2 휘트스톤 브리지의 3 저항변이 ±0.1 %의 제한 오차를 갖는다. 이 브리지로 미지 저항을 측정하였을 때 미지 저항의 제한 오차를 구하어라.

5.3 그림 5.1에서 $R_1=1000\ \Omega$, $R_2=4000\ \Omega$, $R_3=100\ \Omega$, $R_4=400\ \Omega$일 때 브리지가 평형되었다. 검류계의 내부 저항이 100 Ω, 전류 감도는 100 mm / μA이고, 전지 전압은 3 V이다. 저항변 R_4가 1 Ω만큼 불평형으로 되었을 때 식 (5.11)과 식 (5.14), (5.16)을 이용해서 검류계 편위를 계산하고 두 결과를 비교하여라.

5.4 1000 Ω과 100 Ω의 비례변을 가진 휘트스톤 브리지로 25 Ω의 미지 저항을 측정하려고 한다. 전지의 내부 저항은 무시하고 기전력은 1 V이다. 측정에 두 개의 검류계를 사용하는데, 검류계 A는 25 Ω의 내부 저항과 20 mm/μA의 전류 감도를 가지며, 검류계 B는 200 Ω의 내부 저항과 100 mm/μA의 전류 감도를 가진다.

(a) R_x 변이 불평형일 때 각 검류계의 감도를 mm/Ω으로 나타내어라.
(b) 불평형시 검류계의 감도의 비를 계산하여라.

5.5 휘트스톤 브리지를 고저항(MΩ 범위) 측정에 사용하려고 한다. 브리지의 비례변은 10 kΩ과 10 Ω이고, 표준변은 1 Ω에서 10 kΩ까지 변화시킬 수 있다. 전지의 기전력은 10 V, 내부 저항은 0 Ω이다.

(a) 이 브리지로 측정할 수 있는 최대 저항을 구하여라.
(b) 검류계의 감도가 200 mm/μA, 저항이 50 Ω이고, (a)에서 구한 최대 저항이 R_x 단자에 접속되었을 때 검류계가 1 mm 편위하는 데 요구되는 불평형을 계산하여라.

(c) 검류계의 내부 저항이 1000 Ω, 전류 감도가 1000 mm/μA의 검류계로 대체할 경우, 검류계가 1 mm의 편위를 일으키는 데 요구되는 R_x의 불평형을 계산하여라.

5.6 켈빈 이중 브리지가 저저항 측정에 적합한 이유를 설명하여라.

5.7 켈빈 이중 브리지의 각 변을 1000 Ω, 검류계의 내부 저항 및 전류 감도는 각각 100 Ω, 500 mm/μA이다. 가감 저항기 R_b와 직렬로 연결되어 있는 2.2 V 전지로부터 10 A의 직류 전류가 표준변과 미지변에 공급된다. 표준 저항이 0.1000 Ω으로 조정되고, 검류계 편위가 30 mm이다. 미지 저항값을 구하여라.

5.8 다음과 같은 저항을 측정하는 데 가장 적당한 방법을 각각 열거하여라.

(a) 수백 분의 일 옴을 가진 굵은 전선
(b) 수천 옴을 가진 가는 전선
(c) 수십만 옴을 가진 절연물
(d) 수백 메가 옴을 가진 절연물

5.9 아래 저항을 작성하는 데 가장 적당한 방법을 말하여라.

(a) 황산구리 용액
(b) 길이 1 m의 굵은 나동선
(c) 백열 상태에 있는 백열 전구의 필라멘트

5.10 그림 5.18에서 1~100 kΩ 범위의 미지 저항을 측정하기 위한 R_3의 값의 변화는 얼마이어야 하는가?

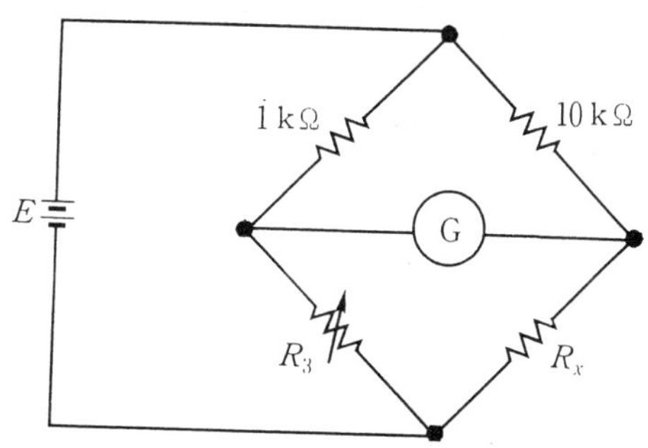

그림 5.18

5.11 고저항 측정시 보호 전극이나 보호선이 필요한 이유를 설명하여라.

5.12 접지 저항 측정시 주의할 점은 무엇인가?

5.13 그림 5.19에서 근사식 (5.14)와 (5.16)을 사용해서 테브난 등가 회로를 구하였을 경우 검류계를 통해 흐르는 전류값의 백분율 오차를 계산하여라.

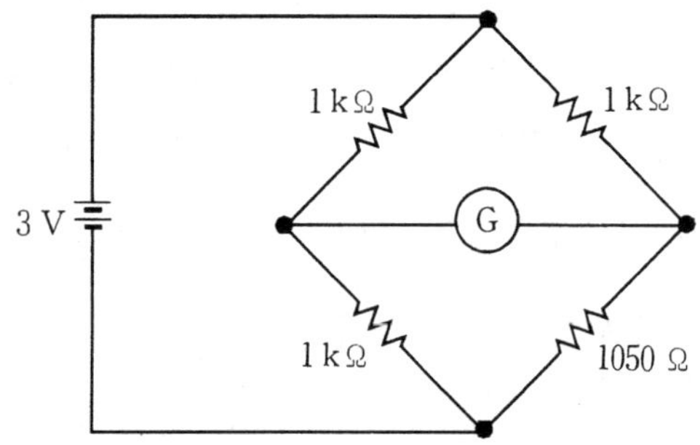

그림 5.19

5.14 발리 루프 시험을 위해 휘트스톤 브리지를 그림 5.20과 같이 접속하였다. 스위치 S가 a에, $R_1=1000\ \Omega$, $R_2=100\ \Omega$, $R_3=53\ \Omega$에서 브리지가 평형되었다. 또, S가 위치 b에 접속되면 $R_1=1000\ \Omega$, $R_2=100\ \Omega$, $R_3=52.9\ \Omega$에서 브리지는 평형되었다. 단락된 전선의 저항이 0.015 Ω/m이라면 대지에 단락된 지점은 브리지로부터 몇 m인가?

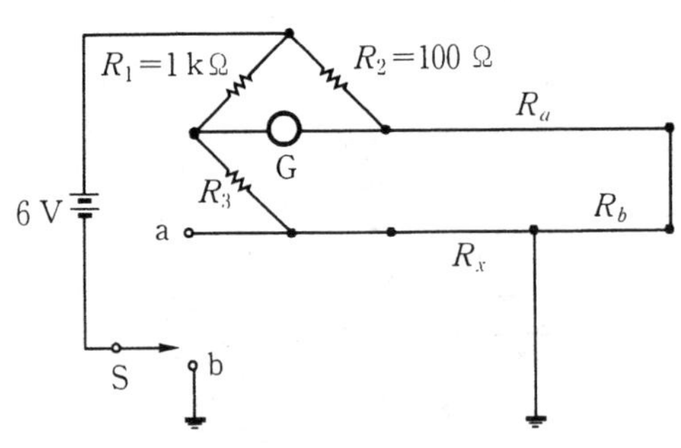

그림 5.20

5.15 머레이 루프 시험을 위해 휘트스톤 브리지는 그림 5.21과 같이 접속되어 평형되었다. 케이블 a는 저항이 0.1 Ω/1000 ft인 가공선이고, 케이블 b는 저항

0.005 Ω/1000 ft인 지중 케이블이다. 온도차를 무시하고, $L_a = L_b$일 때 접지 고장점으로부터 시험 계기까지의 거리 L_x를 계산하여라.

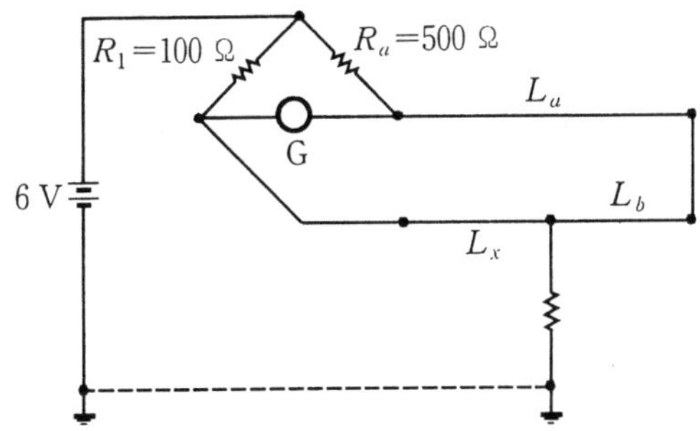

그림 5.21

6

교류 브리지

교류 회로에서 자기 인덕턴스(L), 상호 인덕턴스(M), 그리고 정전 용량(C) 등은 저항과 마찬가지로 중요한 회로 정수이다. 이들의 값을 정밀하게 측정하는 데에는 교류 브리지(ac bridge)가 사용된다. 교류 브리지는 대부분 미지의 양을 기지의 표준 소자의 값과 비교하여 측정한다.

본 장에서는 먼저 교류 브리지에 사용되는 표준 저항기, 표준 인덕터 및 표준 커패시터에 대해 간단히 설명하고, 다음에 각종 교류 브리지의 원리, 특성, 응용 등에 대해 기술한다.

6.1 측정기용 임피던스

인덕턴스 L이나 정전 용량 C의 정밀 측정에는 표준 R, L, C를 사용하는 교류 브리지가 널리 사용되고 있다. 교류 브리지는 대부분이 비교 측정이므로 L이나 C를 정밀하게 측정하기 위해서는 브리지에 사용되는 인덕터 및 커패시터와 같은 표준 소자의 특성이 우수하여야 하며, 여기서는 이들에 대해 설명한다.

6.1.1 교류용 표준 저항기

교류에 사용되는 저항기는 직류용 저항기에서 요구되는 조건 이외에 주파수에 의해서 저항값이 변하지 말아야 한다. 표준용에는 권선 저항기(捲線抵抗器)와 금속 박막 저항기(金屬薄膜抵抗器)가 사용되고 있다. 권선 저항의 재료에는 온도 계수가 작고 안정성이 높은 망가닌이나 콘스탄탄이 주로 사용된다.

권선 저항기는 긴 저항선을 코일상으로 감아 제조하므로, 권선에는 약간의 잔류(殘留) 인덕턴스(L), 권선 간에는 부유(浮游) 정전 용량(C)이 분포한다. 저항값이 R인 권선 저항기의 등가 회로를 나타내면 그림 6.1과 같이 된다.

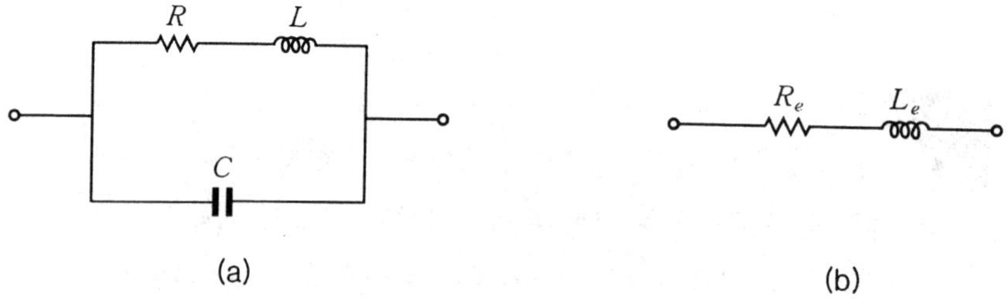

그림 6.1 저항의 등가 회로

저항 단자 간의 임피던스는

$$Z = \frac{1}{\dfrac{1}{R + j\omega L} + j\omega C} = \frac{R}{(1-\omega^2 CL)^2 + \omega^2 C^2 R^2} + \frac{j\omega[L(1-\omega^2 CL) - CR^2]}{(1-\omega^2 CL)^2 + \omega^2 C^2 R^2} \quad \cdots (6.1)$$

식 (6.1)의 실수부를 R_e, 허수부를 L_e로 나타내면

$$Z = R_e + j\omega L_e \quad \cdots (6.2)$$

$$R_e = \frac{R}{(1-\omega^2 CL)^2 + \omega^2 C^2 R^2} \quad \cdots (6.3)$$

$$L_e = \frac{L(1-\omega^2 CL) - CR^2}{(1-\omega^2 CL)^2 + \omega^2 C^2 R^2} \quad \cdots (6.4)$$

로 된다. 이 R_e를 실효 저항(實效抵抗), L_e를 실효 인덕턴스라 한다.

주파수가 높지 않은 $\omega L \ll R$, $\omega CR \ll 1$ 범위에서 식 (6.3)과 (6.4)의 분모는

$$\frac{1}{(1-\omega^2 CL)^2 + \omega^2 C^2 R^2} \fallingdotseq 1 + 2\omega^2 CL - \omega^2 C^2 R^2 = 1 + \omega^2 C(2L - CR^2) \quad \cdots (6.5)$$

로 되므로, 다음과 같이 쓸 수 있다.

$$R_e \fallingdotseq R[1+\omega^2 C(2L-CR^2)] \quad \cdots (6.6)$$

$$L_e \fallingdotseq L-CR^2 \quad \cdots (6.7)$$

또, 저항기의 시정수(時定數; time constant)는

$$\tau \fallingdotseq \frac{L_e}{R_e} = \frac{L}{R} - CR \quad \cdots (6.8)$$

교류용 표준 저항기가 순저항으로 작용하기 위해서는(또는 시정수를 작게 하기 위해서는) L, C를 가능한 한 작게, 또 $L-CR^2=0$이 되도록 저항선을 감아야 한다. 실제의 저항기에서는 L과 C가 0으로 되지 않으므로 L과 C가 상쇄되도록 감는다. 그림 6.2는 이 권선법을 나타낸 것이다. 그림 (a)는 보통 사용되는 권선법이며, (b)는 2본 권선법(2本捲線法; bifilar winding)이라고 하는데, L이 작게 되므로 고저항에 사용되지만, C가 크게 되어 사용 주파수의 한계는 수십 kHz 정도이다. (c)의 분할 2본권(分割2本卷)은 C가 작아진다. (d)는 에어톤 페리 권(Ayrton-pery winding)이라고 부르며, 2본의 저항선을 반대 방향으로 감아 L과 C는 작게 한다. 이 저항의 주파수 한계는 수백 kHz 정도이다.

금속 박막 저항은 권선형에 비해 안정도가 떨어지나 소형으로 되고, L과 C가 작아 주파수 특성이 우수하다.

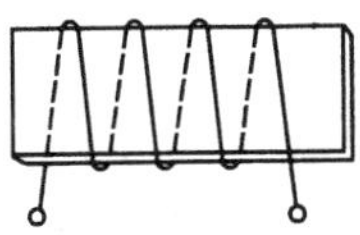
(a) 단권선

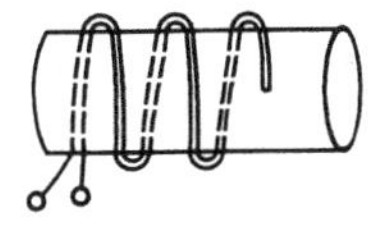
(b) 2본 권선

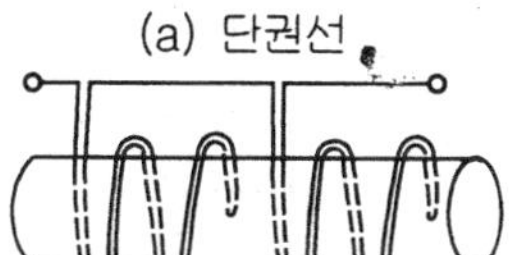
(c) 분할 2본권

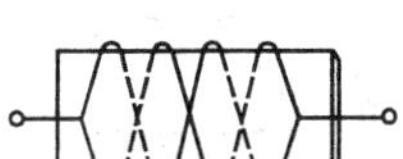
(d) 에어톤 페리권

그림 6.2 교류용 표준 저항기의 권선법

6.1.2 표준 인덕터

측정 회로의 각 변에 사용되는 표준 인덕터에는 표준 자기(自己) 인덕터(self inductor; L)와 표준 상호(相互) 인덕터(mutual inductor; M)가 있다. 또, 이들 인덕터에는 인덕턴스의 값이 고정되어 있는 고정(固定) 인덕터와 인덕턴스의 값을 변화시킬 수 있는 가변(可變) 인덕터가 있다.

(1) 표준 자기 인덕터

표준 자기 인덕터는 저항분이 될 수 있는 대로 작고, 인덕턴스가 전류나 주파수에 의해 변하지 않아야 한다. 그러나 인덕터는 금속선을 코일 모양으로 감아서 만들기 때문에 저항 R과 정전 용량 C가 존재한다. 인덕터의 등가 회로는 저항의 등가 회로(그림 6.1)와 동일하다. 그러나 이 경우는 $\omega L \gg R$이므로 실효 저항과 실효 인덕턴스는 다음과 같이 된다.

$$R_e \doteqdot R(1+2\omega^2 CL) \qquad \cdots (6.9)$$

$$L_e \doteqdot L(1+\omega^2 LC) \qquad \cdots (6.10)$$

C의 영향을 무시하면 인덕터는 그림 6.3과 같이 두 개의 등가 회로로 나타낼 수 있다. 두 등가 회로에 대한 임피던스는

$$Z_s = R_s + jX_s \qquad \cdots (6.11)$$

$$Y_p = \frac{1}{Z_p} = \frac{1}{R_p} - j\frac{1}{X_p} \qquad \cdots (6.12)$$

두 등가 회로 사이의 관계는 다음과 같이 된다.

$$Z_s = Z_p \qquad \cdots (6.13)$$

$$R_s = \frac{R_p X_p^2}{X_p^2 + R_p^2}, \quad X_s = \frac{R_p^2 X_p}{X_p^2 + R_p^2} \qquad \cdots (6.14)$$

(a) 직렬 등가 회로 (b) 병렬 등가 회로

그림 6.3 표준 인덕터의 등가 회로

인덕터의 양부(良否; quality)는 전력 소비에 의해서 결정된다. 이상적인 인덕터는 권선 저항이 0이므로 전력을 소비하지 않는다. 권선 저항이 존재하면 인덕터는 전력을 소비하므로 인덕터의 양부를 나타내는 Q 인자(quality factor 또는 Q factor)는 동작 주파수에서 유도성 리액턴스와 저항의 비로써 정의한다. 즉, 직렬 등가 회로에서 Q는

$$Q = \frac{X_s}{R_s} = \frac{\omega L_s}{R_s} \qquad \cdots (6.15)$$

이상적으로, ωL_s가 R_s보다 훨씬 커야 매우 큰 Q가 얻어진다. Q 값은 5 이하의 매우 작은 것부터 1000 이상의 매우 큰 것이 있다.

한편, 병렬 등가 회로에서 Q는

$$Q = \frac{R_p}{X_p} = \frac{R_p}{\omega L_p} \qquad \cdots (6.16)$$

로 정의된다

고정 표준 자기 인덕터는 그림 6.4(a)와 같이 충분히 건조시킨 목재나 대리석의 권선 틀에 구리선을 감은 것으로, L/R을 가능한 한 크게 하기 위해서 코일의 단면을 정방형으로 하고 코일의 평균 지름을 정방형 1변의 3배가 되도록 하고 있다. 고정 표준 자기 인덕터는 그림 6.4와 같이 2가지 형태가 있다. 그림 (a)의 다층권(多層卷)은 권선 사이의 결합이 우수하고, 비교적 작은 권수로 동일한 인덕턴스를 얻을 수 있고, Q가 크다. 그러나 자속이 외부로 누설되므로 부근에 있는 회로와의 결합으로 오차가 발생하기 쉽다. 또, 점선과 같은 주변의 방해 자속의 영향을 받기 쉽다. 그림 (b)의 토로이달 코일은 Q는 작지만 자속이 권선 내부에서만 존재하므로 외부 회로에 주는 영향이 작으며, 또한 외부 자속의 영향도 거의 받지 않는다. 이 인덕터는 100 μH ~ 1 H 정도의 인덕턴스를 갖는다.

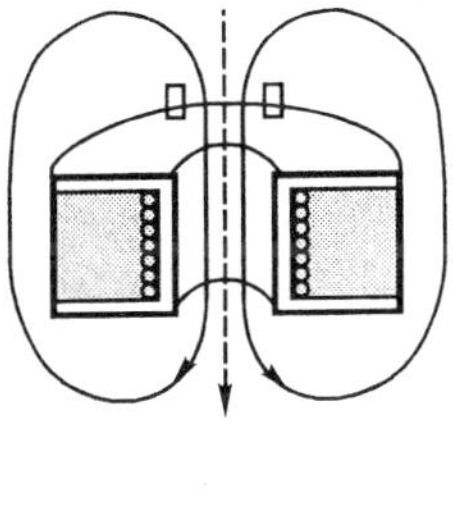

(a) 다층권

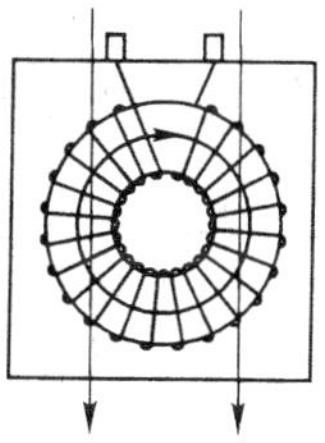

(b) 토로이달 권

그림 6.4 고정 표준 자기 인덕터

(2) 표준 상호 인덕터

표준 상호 인덕터는 1차 코일과 2차 코일을 동일한 권선 틀에 감은 고정형과, 2차 코일을 회전시켜 상호 인덕턴스를 변화시키는 가변형이 있다. 그림 6.5는 브루크스(Brooks)형 가변 인덕터의 원리를 나타낸 것이다. 고정 코일 P_1, P_2와 가동 코일 S가 모두 합성 수지판에 넣어져 있다. S를 회전시켜 두 코일 간의 결합을 변화시키면 상호 인덕턴스 M이 변화한다. 또, 1차 코일과 2차 코일을 직렬로 접속하고 회전각을 변화시키면 가변 자기 인덕터로서도 사용이 가능하다.

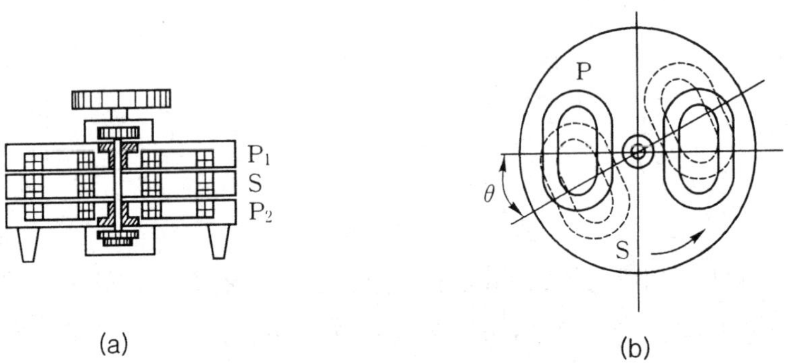

그림 6.5 브루크스형 가변 인덕터

(3) 표준 커패시터

커패시터가 순수한 정전 용량만으로 된 경우, 교류 전압 V를 인가하면 흐르는 전류 I의 위상은 전압 V의 위상보다 90° 앞선다. 그러나 실제의 커패시터에서는 유전체손(誘電體損; dielectric loss)이라 불리는 전력 손실이 있다. 유전체손을 나타내는 유전체 저항(dielectric resistance) 또는 누설 저항(leakage resistance) R을 고려한 커패시터의 등가 회로는 그림 6.6 (a), (b)와 같이 된다. 두 등가 회로에서 전압 V와 전류 I와의 위상차는 90°보다 약간 작아 $(\pi/2-\delta)$로 된다. 커패시터에서 발생하는 전력 손실은

$$P = VI\cos(90°-\delta) = VI\sin\delta \qquad \cdots (6.17)$$

δ는 보통 매우 작으므로

$$P = VI\sin\delta \fallingdotseq VI\tan\delta \qquad \cdots (6.18)$$

으로 된다. 위 식에서 δ 또는 $\tan\delta$는 유전체손의 크기를 나타내는 척도로서 커패시터의 양부를 판정하는 기준이 되며, δ를 유전손각(誘電損角; dielectric loss angle), $\tan\delta$를 유전역률(誘電力率; dielectric power factor) 또는 유전정접(誘電正接; dielectric loss tangent)이라

고 부른다. 순수한 커패시터의 절연 저항은 매우 커서 누설 전류가 0이므로 사실상 소비 전력이 0이다. 손실이 있는 커패시터의 절연 저항은 비교적 낮다.

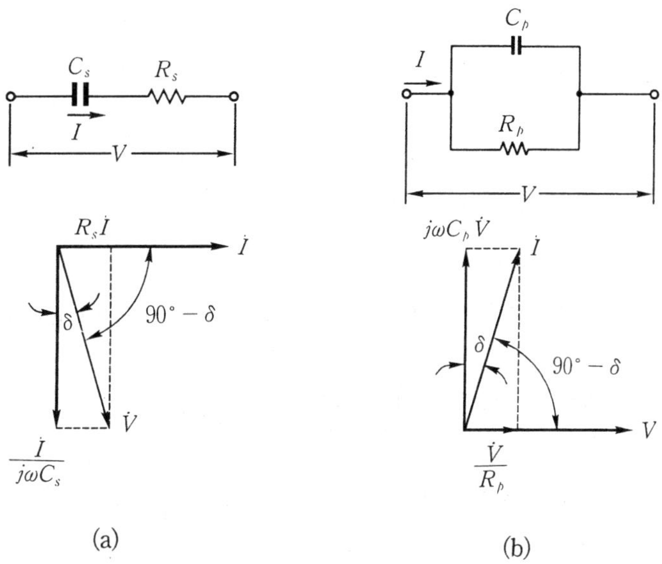

그림 6.6 커패시터의 등가 회로

커패시터의 양부를 손실률(損失率; dissipation factor) D로 나타내기도 한다. 병렬 등가 회로에서 손실률 D는

$$D = \frac{X_p}{R_p} = \frac{1}{\omega C_p R_p} \qquad \cdots (6.19)$$

이상적으로는 R_p가 $1/\omega C_p$보다 훨씬 커야 손실률 D가 작아진다. D의 값은 보통 0.1(전해 콘덴서)과 같이 큰 것에서 10^{-4} 이하의 플라스틱 필름 커패시터가 있다.

직렬 등가 회로에서 D는

$$D = \frac{R_s}{X_s} = \omega C_s R_s \qquad \cdots (6.20)$$

로 정의된다.

두 등가 회로에서 임피던스

$$Y_p = \frac{1}{R_p} + j\frac{1}{X_p} = \frac{1}{Z_p} \qquad \cdots (6.21)$$

$$Z_s = R_s - jX_s$$

위 식으로부터

$$R_p = \frac{R_s^2 + X_s^2}{R_s}$$
$$X_p = \frac{R_s^2 + X_s^2}{X_s} \quad \cdots (6.22)$$

교류 브리지에 사용되는 표준 커패시터는 유전체손(손실각)이 작고 주파수나 온도의 변화에 따라 정전 용량이 변화하지 않아야 하며, 절연이 좋고 절연 내력이 클 것 등의 조건이 요구된다. 이 표준 커패시터에는 정전 용량에 따라 사용하는 유전체가 다양하며, 10^{-2}~10 pF 정도에서는 용융 수정(熔融水晶) 커패시터, 10^{-2}~10^3 pF 정도에서는 공기 커패시터, 10^{-3}~1 μF 정도에서는 마이카 커패시터, 1~10 μF 정도의 용량에서는 폴리스티롤 필름을 유전체로 한 스티로 커패시터 등이 사용된다.

그림 6.7은 고정 표준 커패시터의 구조를 나타낸 것으로, 금속 상자에 수용하여 차폐를 실시한다. 이는 습기의 침입을 막고, 안정화를 도모하는 동시에 정전 차폐의 역할을 겸하고 있다. 이 경우 정전 용량은 그림 (b)와 같이 되고, 등가 회로는 (c)와 같이 3단자 커패시터로 된다. 커패시터 소자를 정전 차폐시키고 차폐 상자에 접지 단자 G를 설치하여 3단자 구조로 하면, 접속 리드선 간의 용량의 영향 및 고주파 전원으로부터의 유도에 의한 오차를 방지할 수 있다. 그림에서 C_{13}, C_{23}는 부유 용량으로 통상 수 pF~100 pF이다. 표준 커패시터 C_{12}가 부유 용량에 비해서 클 경우에는 2단자 커패시터로써 단자 2와 3을 접속하여 $C_{12}+C_{13}$ 또는 단자 1과 3을 접속하여 $C_{12}+C_{23}$를 측정해도 좋다. 그러나 C_{12}가 작을 때에는 3단자 커패시터로써 C_{12}만을 측정하는 것이 좋다.

가변 커패시터에도 공기 커패시터와 마이카 커패시터가 있다. 가변 공기 커패시터는 고정 전극과 가동 전극으로 구성되며, 가동 전극의 회전에 의해 전극 간의 대향 면적을 변화시킴으로써 정전 용량을 조절한다.

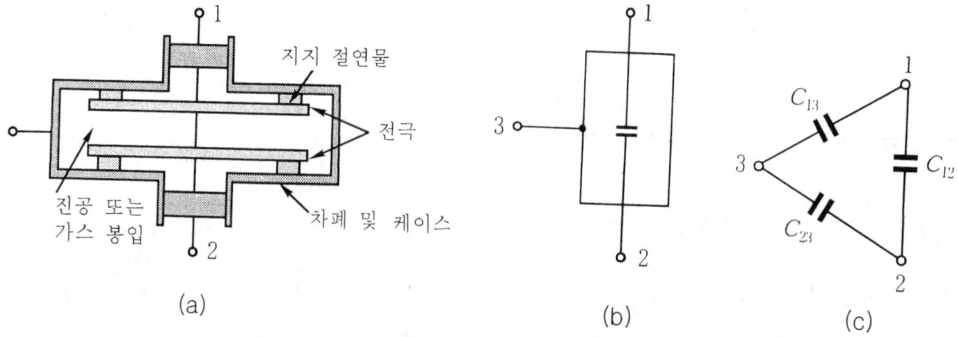

그림 6.7 표준 커패시터

6.2 교류 브리지의 기본 이론

6.2.1 교류 브리지의 평형 조건

교류 브리지는 직류 브리지의 변형이다. 교류 브리지의 기본 형태는 그림 6.8과 같이 4개의 임피던스 Z_1, Z_2, Z_3, Z_4, 교류 전원 V_s, 그리고 교류 검출기 D로 구성된다. 전원은 원하는 주파수의 교류 전압을 브리지에 공급한다. 저주파 측정에서는 상용 전압을 전원으로 사용하며, 고주파 측정에서는 일반적으로 발진기가 전압을 공급한다. 검출기는 c, d 사이에 흐르는 불평형 교류 전류를 확실히 검출하여야 하며, 수화기가 가장 경제적이고 효과적인 검출기이다.

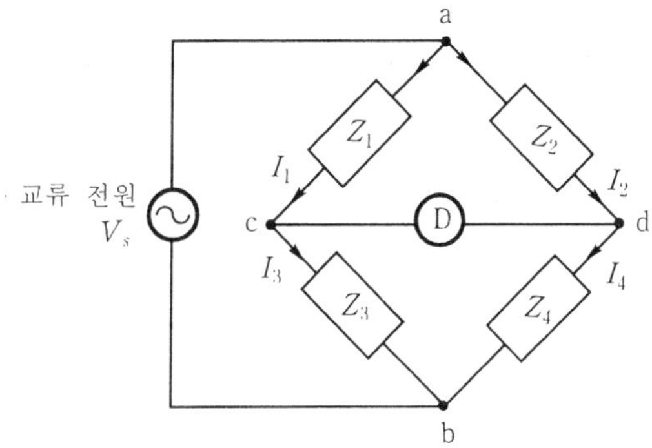

그림 6.8 교류 브리지

지금, 브리지 각 변에 흐르는 전류를 그림과 같이 I_1, I_2, I_3, I_4라 하고 Z_1, Z_2, Z_3, Z_4를 조정하여 검출기 D에 흐르는 전류를 0으로 만들면 c점과 d점의 전위가 같아진다. 따라서 다음 식과 같은 관계가 성립된다.

$$Z_1 I_1 = Z_2 I_2 \qquad \cdots (6.23)$$
$$Z_3 I_3 = Z_4 I_4$$

위 두 식에서

$$\frac{Z_1 I_1}{Z_3 I_3} = \frac{Z_2 I_2}{Z_4 I_4} \qquad \cdots (6..24)$$

그런데 c, d 간에는 전류가 흐르지 않으므로

$$I_1 = I_3, \quad I_2 = I_4 \qquad \cdots (6.25)$$

따라서 식 (6.24)는

$$Z_1Z_4 = Z_2Z_3 \qquad \cdots (6.26)$$

이 식을 교류 브리지의 평형 조건 또는 평형식(condition or equation for balance)이라고 부른다.

식 (6.26)에서 임피던스 대신에 어드미턴스를 사용하면,

$$Y_1Y_4 = Y_2Y_3 \qquad \cdots (6.27)$$

이 식은 브리지 변의 소자들이 병렬로 접속된 경우를 다룰 때 더 편리하게 사용된다. 식 (6.26)에서 각각의 임피던스를 $Z = Z\angle\theta$ 형태로 나타내면

$$(Z_1\angle\theta_1)(Z_4\angle\theta_4) = (Z_2\angle\theta_2)(Z_3\angle\theta_3) \qquad \cdots (6.28)$$

여기서, Z는 임피던스의 크기, θ는 위상각이다. 복소수의 곱셈에서 크기는 서로 곱하고, 위상각은 서로 더해 주므로 식 (6.28)은

$$Z_1Z_4(\theta_1+\theta_4)=Z_2Z_3(\theta_2+\theta_3) \qquad \cdots (6.29)$$

위 식으로부터 교류 브리지가 평형 상태로 되기 위해서는 다음의 두 가지 조건을 동시에 만족해야 됨을 알 수 있다.

① 마주보는 변의 임피던스 크기의 곱이 서로 같아야 한다.

$$Z_1Z_4 = Z_2Z_3 \qquad \cdots (6.30)$$

② 마주보는 변의 임피던스 위상각의 합이 서로 같아야 한다.

$$\angle\theta_1 + \angle\theta_4 = \angle\theta_2 + \angle\theta_3 \qquad \cdots (6.31)$$

그러므로 교류 브리지를 평형시키기 위해서는 통상 2개의 소자를 조정해야 된다.

교류 브리지의 전원은 1000 Hz 정도의 발진기를 사용하는 것이 많다. 검출기로는 1000 Hz에서 청각 감도가 가장 좋은 수화기가 주로 사용되고 있다. 또, 전원은 주파수가 안정된 정현파로 하는 것이 바람직하다.

〔**예제** 6.1〕 그림 6.8의 교류 브리지에서 각 변의 임피던스가 다음과 같을 때 미지변의 임피던스 Z_x를 구하라.

$Z_1=200\ \Omega\angle 10°$, $Z_2=150\ \Omega\angle 0°$, $Z_3=250\ \Omega\angle -40°$

〔**풀이**〕 첫 번째 브리지 평형 조건식 (6.30)으로부터

$$Z_1Z_x = Z_2Z_3$$

$$Z_x = \frac{Z_2Z_3}{Z_1} = \frac{150\Omega \times 250\Omega}{200\Omega} = 187.5\ \Omega$$

두 번째 평형 조건식 (6.31)로부터

$$\theta_1+\theta_x=\theta_2+\theta_3$$

$$\theta_x=\theta_2+\theta_3-\theta_1$$

$$=0°+(-40°)-30°=-70°$$

이것은 미지 임피던스 Z_x는 저항과 커패시터가 직렬로 접속된 용량성 소자임을 의미한다. 즉,

$$Z_x=187.5\ \Omega\angle-70°=(64.13-j\ 176.19)\ \Omega$$

6.3 자기 인덕턴스 측정

6.3.1 인덕턴스 비교 브리지

인덕턴스 비교 브리지(inductance comparison bridge)는 미지의 인덕턴스 L_x를 기지의 표준 인덕턴스 L_s와 비교하여 측정한다. 그림 6.9에서 R_1, R_2는 비례변 저항, L_s와 R_s는 표준 자기 인덕터의 자기 인덕턴스와 그 저항, L_x와 R_x는 미지 인덕터(코일)를 직렬 등가 회로로 나타낸 것이다. 이 브리지의 평형 조건은 식 (6.26)으로부터

$$R_2(R_x+j\omega L_x)=R_1(R_s+j\omega L_s) \quad \cdots (6.32)$$

$$R_2R_x+jR_2\omega L_x=R_1R_s+jR_1\omega L_s$$

위 식이 성립하려면 양변의 실수부와 허수부가 각각 같아야 하므로,

$$R_2R_x=R_1R_s \qquad \therefore R_x=R_s\frac{R_1}{R_2} \quad \cdots (6.33)$$

$$R_2\omega L_x=R_1\omega L_s \qquad \therefore L_x=L_s\frac{R_1}{R_2} \quad \cdots (6.34)$$

로 되고, 이 식으로부터 미지 인덕터의 자기 인덕턴스 L_x와 등가 저항 R_x가 구해진다.

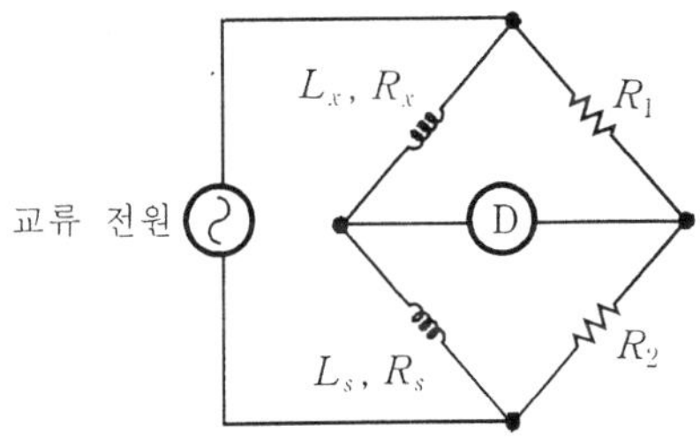

그림 6.9 인덕턴스 비교 브리지

6.3.2 맥스웰 브리지

그림 6.10에 나타낸 맥스웰 브리지(Maxwell bridge)는 기지의 정전 용량으로 미지의 인덕턴스를 측정하는 브리지이다. 표준 커패시터의 사용은 몇 가지 장점을 갖는다. 즉, 정전 용량은 외부 전자계의 영향을 덜 받으며, 커패시터는 사실상 외부 전계를 형성하지 않는다. 또, 커패시터는 그 크기가 작고 경제적이다.

비례변 중 하나는 저항과 정전 용량이 병렬로 연결되기 때문에 임피던스 대신 어드미턴스를 사용하여 평형식을 기술하는 것이 더 편리하다. 브리지 평형 조건에 대한 일반식 (6.26)을 다시 사용하면

$$Z_x = Z_2 Z_3 Y_1 \qquad \cdots (6.35)$$

여기서 Y_1은 변 1의 어드미턴스이다. 그림 6.10에서

$$Z_2 = R_2, \quad Z_3 = R_3, \quad Y_1 = \frac{1}{R_1} + j\omega C_1 \qquad \cdots (6.36)$$

식 (6.35)에 대입하면

$$Z_x = R_x + j\omega L_x = R_2 R_3 \left(\frac{1}{R_1} + j\omega C_1 \right) \qquad \cdots (6.37)$$

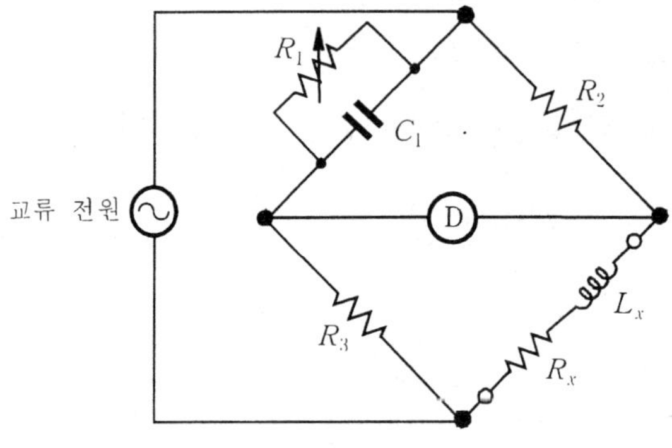

그림 6.10 맥스웰 브리지

실수부와 허수부를 분리하여 같게 놓으면

$$R_x = \frac{R_2 R_3}{R_1} \qquad \cdots (6.38)$$

$$L_x = R_2 R_3 C_1 \qquad \cdots (6.39)$$

맥스웰 브리지는 중간 정도($1<Q<10$)의 Q 값을 갖는 코일의 인덕턴스 측정에 제한된다. 이것은 위상각에 대한 평형 조건식 (6.31)을 검토하면 쉽게 알 수 있다. 변 2, 3은 저항이므로 그 위상각의 합은 0이 되며, 식 (6.31)을 만족시키려면 변 1, 4의 위상각의 합도 역시 0이 되어야 한다. 만약 코일의 Q가 크면 그 위상각은 거의 90°에 가깝기 때문에, 용량변의 위상각도 거의 90°로 되어야 $90°-90°=0$으로 되어 식 (6.31)이 만족된다. 이 조건을 만족시키려면 R_1의 저항값이 매우 클 것이 요구되는데, 이는 대단히 비실용적이다. 따라서 Q가 높은 코일은 일반적으로 다음 절에서 설명하는 헤이 브리지(Hay bridge)로 측정한다. 또한, 맥스웰 브리지는 Q가 매우 작은($Q<1$) 코일의 측정에서도 평형 상태를 얻기가 힘들기 때문에 부적당하다. 예를 들면, 유도성 저항기나 저주파로 측정하는 RF 코일 등에서는 Q 값이 대단히 작다. R_x와 L_x에 대한 평형식으로부터 알 수 있는 바와 같이 식 (6.39)의 인덕턴스 평형을 얻기 위해 R_s를 조정하면 R_1의 조정에 의해 이미 얻어진 저항 평형 조건식 (6.40)을 다시 교란시켜 슬라이딩 평형(sliding balance)이라고 하는 영향을 미친다. 슬라이딩 평형은 두 조정 사이의 상호 작용을 의미한다. 즉, 우리가 R_1을 조정하고 다음에 R_3로 평형을 취한 다음 다시 R_1으로 돌아갔을 때 새로운 평형점이 발견된다. 이와 같이 평형점은 여러 번 조정 후 최종점을 향해 이동한다. R_1과 C_1을 평형 조정에 사용하면 상호 작용이 발생하지는 않지만, 가변 커패시터가 반드시 적당한 것은 아니다. 맥스웰 브리지의 평형을 취하는 일반적인 과정은 R_3를 먼저 조정한 후 다음에 R_1을 조정한다. 그리고 다시 R_3 조정으로 되돌아오면, 저항 평형이 교란되어 새로운 평형점으로 이동함을 알 수 있다. 이와 같은 과정을 반복하면, 최후의 평형점으로 서서히 접근한다. Q 값이 중간인 코일에서는 저항 효과가 발생되지 않으며, 평형은 몇 번 조정 후에 얻어진다.

6.3.3 헤이 브리지

그림 6.11의 헤이 브리지(Hay bridge)는 맥스웰 브리지와는 달리 표준 커패시터 C_1과 저항기 R_1을 직렬로 접속한다. 따라서 큰 위상각에 대해서 R_1은 매우 작은 값이라야 한다. 그러므로 헤이 브리지는 Q가 높은 코일 측정에 더 편리하다. 그림 6.11(a)의 회로에서, 평형 조건은

$$\left(R_1 - \frac{j}{\omega C_1}\right)\left(R_x + j\omega L_x\right) = R_2 R_3 \qquad \cdots (6.40)$$

이것을 전개하면

$$R_1 R_x + \frac{L_x}{C_1} - \frac{jR_x}{\omega C_1} + j\omega L_x R_1 = R_2 R_3 \qquad \cdots (6.41)$$

양변의 실수부와 허수부를 분리하여 비교하면

$$R_1 R_x + \frac{L_x}{C_1} = R_2 R_3 \qquad \cdots (6.42)$$

$$\frac{R_x}{\omega C_1} = \omega L_x R_1 \qquad \cdots (6.43)$$

식 (6.42), (6.43)에는 L_x와 R_x가 동시에 포함되어 있으므로 두 식을 연립하여 풀면

$$R_x = \frac{\omega^2 C_1^2 R_1 R_2 R_3}{1 + \omega^2 C_1^2 R_1^2} \qquad \cdots (6.44)$$

$$L_x = \frac{R_2 R_3 C_1}{1 + \omega^2 C_1^2 R_1^2} \qquad \cdots (6.45)$$

위 두 식에는 주파수 ω가 포함되어 있으므로 전원 주파수를 정확히 알아야 한다. 그러나 Q가 큰 코일을 측정할 때에는 ω의 영향이 없음을 다음 고찰로부터 알 수 있다. 평형 조건에 의하면 마주보고 있는 변의 위상각의 합은 서로 같아야 한다. 그런데 그림 6.11에서 저항의 위상각은 0이므로 유도성 위상각과 용량성 위상각이 같아야 한다. 그림 6.11(b)에서 유도성 위상각의 탄젠트 값은

$$\tan\theta_L = \frac{X_L}{R} = \frac{\omega L_x}{R_x} = Q \qquad \cdots (6.46)$$

이고, 용량성 위상각의 탄젠트 값은 다음과 같다

$$\tan\theta_C = \frac{X_C}{R} = \frac{1}{\omega C_1 R_1} \qquad \cdots (6.47)$$

두 위상각이 같을 때 그들의 탄젠트 값도 역시 같으므로 다음과 같이 쓸 수 있다.

$$\tan\theta_L = \tan\theta_C$$

$$Q = \frac{1}{\omega R_1 C_1} \qquad \cdots (6.48)$$

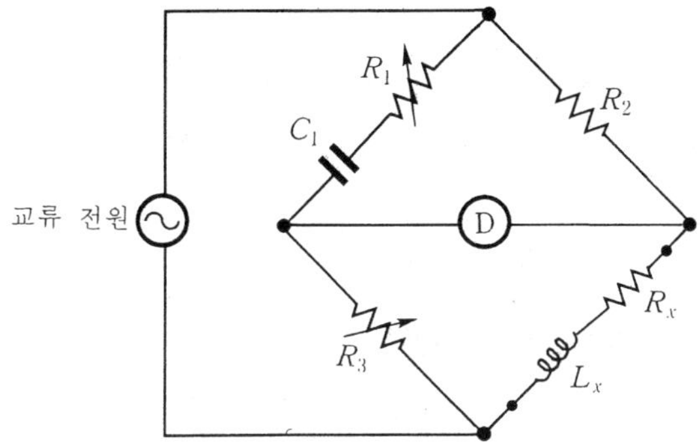

그림 6.11 헤이 브리지

식 (6.45)의 L_x 표현식에 식 (6.48)을 대입하면

$$L_x = \frac{R_2 R_3 C_1}{1 + \left(\frac{1}{Q}\right)^2} \qquad \cdots (6.49)$$

로 된다. Q가 10 이상이면, 식 (6.49)에서 $(1/Q)^2$ 항은 1/100보다 작아지므로 무시할 수 있고, 식 (6.49)는 맥스웰 브리지에서 유도한 표현식과 같아진다. 즉,

$$L_x = R_2 R_3 C_1 \qquad \cdots (6.50)$$

이와 같이 헤이 브리지는 Q가 큰 경우, 특히 10보다 더 큰 인덕턴스 측정에 적합하다. Q가 10 이하인 경우에는 항 $(1/Q)^2$을 무시할 수 없으며, 이때는 맥스웰 브리지가 더 적합하다.

6.3.4 캐리 포스터 브리지

캐리 포스터 브리지(Carry Foster bridge)는 상호 인덕턴스를 표준 커패시터 C_s와 비교하여 측정하는 것으로 그림 6.12는 그 원리도이다. 지금, 상호 인덕턴스는 차동 결합(差動結合)으로 되어 있으며 전류 I_1, I_2가 그림과 같이 흘러 평형을 이루었다고 하면 다음 식이 성립된다.

$$\begin{aligned} & R_1 I_1 - \left(R_3 - j\frac{1}{\omega C_s}\right) I_2 = 0 \\ & (R_2 + j\omega L_x) I_2 - j\omega M_x (I_1 + I_2) = 0 \end{aligned} \qquad \cdots (6.51)$$

위 식에서

$$\frac{I_2}{I_1} = \frac{R_1}{R_3 - j\dfrac{1}{\omega C_s}} = \frac{j\omega M_x}{R_2 + j\omega(L_x - M_x)} \quad \cdots (6.52)$$

이를 정리하면

$$R_1 R_2 = jR_1\omega(L_x - M_x) = \frac{M_x}{C_s} + j\omega M_x R_3 \quad \cdots (6.53)$$

로 된다. 따라서 M_x, L_x는

$$M_x = R_1 R_2 C_s$$
$$L_x = M_x\left(1 + \frac{R_3}{R_1}\right) = (R_1 + R_1)C_s R_2 \quad \cdots (6.54)$$

으로부터 구해진다.

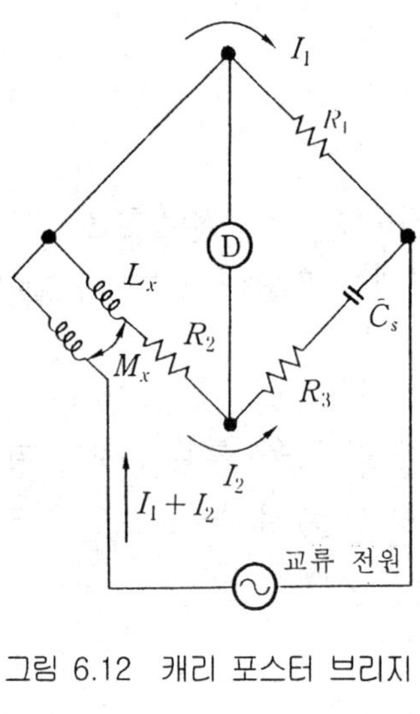

그림 6.12 캐리 포스터 브리지

6.4 정전 용량 브리지

6.4.1 직렬 저항 용량 브리지

직렬 저항 용량 브리지(series-resistance capacitance bridge)의 기본 원리는 그림 6.13과 같다. 이 브리지를 때로는 정전 용량 비교 브리지(capacitance comparison bridge)라고도 부른다. 비례변은 저항 R_1, R_2로 구성되고, 표준변은 양질의 표준 커패시터 C_s와 가변 저항 R_s를 직렬로 접속하여 구성한다. C_x는 미지의 정전 용량을 나타내며, R_x는 커패시터의 누설 저항이다. 브리지 평형 조건식은

$$R_1\left(R_x - \frac{j}{\omega C_x}\right) = R_2\left(R_3 - \frac{j}{\omega C_3}\right) \quad \cdots (6.55)$$

위 식을 전개하면

$$R_1 R_x - j\frac{R_1}{\omega C_x} = R_2 R_3 - j\frac{R_2}{\omega C_3} \quad \cdots (6.56)$$

위 식에서 실수부와 허수부를 각각 서로 같게 놓으면

$$R_x = \frac{R_2}{R_1} R_s \quad \cdots (6.57)$$

$$C_x = \frac{R_1}{R_2} C_s \quad \cdots (6.58)$$

식 (6.57)과 (6.58)은 동시에 성립해야 하므로 미지량 C_x, R_x를 구할 수 있다.

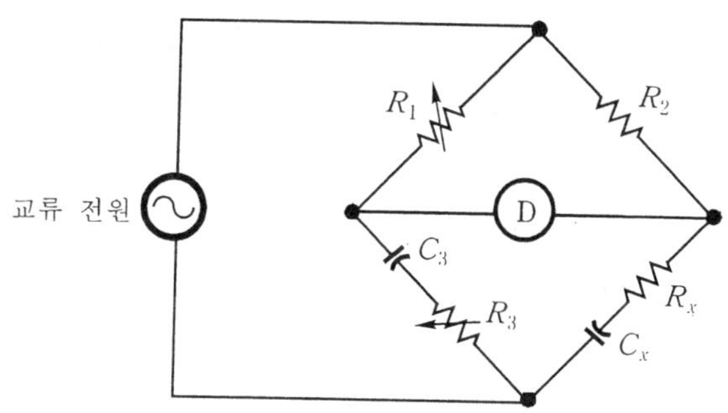

그림 6.13 직렬 저항 용량 브리지

두 평형 조건을 만족시키기 위해서 브리지는 두 개의 가변 요소를 가져야 한다. 4개의 요소 중 어느 것이든 2개를 선택할 수 있지만, 일반적으로 실제의 커패스턴스 C_3는 정도가 높은 고정 표준 커패시터이므로 조정에 사용할 수가 없다. 평형식 (6.58)을 살펴보면 C_x에는 R_3가 포함되어 있지 않다. 그러므로 두 평형 조건 사이에 상호 작용을 제거하기 위하여 R_3를 반드시 가변 요소로 선택한다. 또, 그림 6.13에 나타낸 바와 같이 두 번째 가변 요소는 R_1이다. 저항 효과가 매우 적은 미지 용량 C_x를 측정하기 때문에 미지 용량에 대한 평형 조건식 (6.58)을 먼저 만족시켜야 하므로 R_1을 조정하여 수화기에서 들리는 소리가 최소가 되도록 한다. 이 경우 두 번째 평형 조건이 아직 만족되지 않았기 때문에, 소리가 완전히 사라지지 않는다. 그러므로 두 번째 평형 조건에서 R_3를 조정하면 수화기의 출력은 0으로 되어 완전한 평형 조건이 얻어진다.

R_1과 R_3를 번갈아 조정하는 과정은 교류 브리지의 평형 조건을 얻는 대표적 방법이며, 이와 같은 과정을 평형점으로의 수렴이라고 한다. 또, 전원 주파수가 평형식에 포함되어 있지 않기 때문에 브리지는 인가 전압의 주파수와는 무관함을 알 수 있다.

6.4.2 셰링 브리지

셰링 브리지(schering bridge)는 가장 중요한 교류 브리지로서, 정전 용량 측정에 널리 사용된다. 이 브리지는 앞 절에서 설명한 직렬 저항(용량 비교) 브리지에 비해 몇 가지 장점을 가지고 있다. 셰링 브리지는 정전 용량의 측정뿐만 아니라 절연 특성을 측정하는 경우에도 사용된다. 셰링 브리지의 기본 회로는 그림 6.14와 같다. 변 1은 저항과 커패시터가 병렬로 결합되어 있고, 표준변은 단지 커패시터로만 되어 있다. 표준 커패시터로는 일반 측정의 경우 양질의 마이카 커패시터를 사용하며, 절연 측정의 경우에는 공기 커패시터를 사용한다. 양질의 마이카 커패시터는 손실이 대단히 작으므로(즉, 누설 저항 성분을 거의 갖고 있지 않으므로) 위상각이 거의 90°에 가깝다. 정밀하게 설계된 공기 커패시터는 매우 안정하며 대단히 약한 전계를 가진다. 따라서 측정할 절연물 내의 전계도 매우 약하게 할 수 있다. 또, 평형 조건에 의해 변 1, 4의 위상각의 합은 변 2, 3의 위상각의 합과 같아야 한다. 그런데 변 3은 표준 커패시터이므로 변 2, 3의 위상각 합은 0°+90°이다. 일반적으로 미지 정전 용량은 90°보다 작은 위상각을 가지므로, 변 1에는 커패시터와 저항기를 병렬로 접속하여 약한 용량성 임피던스로 만들어야 한다. 작은 용량성 위상각은 정전 용량이 작은 커패시터를 고저항과 병렬로 접속하면 쉽게 얻을 수 있다.

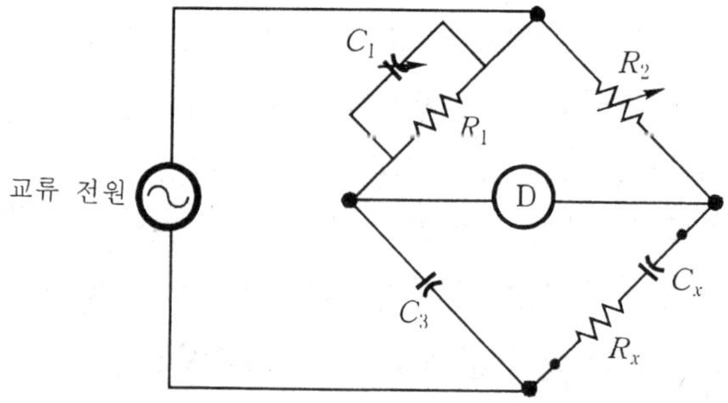

그림 6.14 셰링 브리지

평형 조건은 그림으로부터 다음과 같다.

$$R_x - \frac{j}{\omega C_x} = R_2\left(-j\frac{1}{\omega C_3}\right)\left(\frac{1}{R_1} + j\omega C_1\right) \qquad \cdots (6.59)$$

위 식을 전개하면

$$R_x - j\frac{1}{\omega C_x} = \frac{R_2 C_1}{C_3} - j\frac{R_2}{\omega C_3 R_1} \qquad \cdots (6.60)$$

실수부와 허수부를 같게 놓으면

$$R_x = \frac{C_1}{C_3} R_2 \qquad \cdots (6.61)$$

$$C_x = \frac{R_1}{R_2} C_3 \qquad \cdots (6.62)$$

그림 6.14에서 브리지 평형 조정에 사용되는 두 가변 요소는 커패시터 C_1과 저항기 R_2이다. 이 브리지는 가변 요소의 선택이나 평형식에 대해 특별히 고려해야 될 사항은 없으며, 다만 커패시터의 질을 어떻게 선택하느냐는 것이 문제이다.

셰링 브리지는 커패시터의 절연 특성 측정에도 사용된다. 손실률은 식 (6.20)에서

$$D = \tan\delta = \frac{R_x}{X_x} = \omega C_x R_x \qquad \cdots (6.63)$$

손실률 D는 커패시터의 양부(良否)에 대한 척도가 된다. 즉, 커패시턴스의 위상각이 얼마나 90°에 가까운가를 나타낸다. 식 (6.61)의 R_x와 식 (6.62)의 C_x를 식 (6.63)에 대입하면 손실률 D는

$$D = \omega C_x R_x = \omega R_1 C_1 \qquad \cdots (6.64)$$

로 된다. 따라서 그림 6.14의 셰링 브리지에서 R_1이 고정 저항이라면, 커패시터 C_1 눈금을 D의 눈금으로 교정하면 손실률을 지시할 수 있다. 또, 식 (6.64)의 손실률에는 ω가 포함되어 있는데, 이것은 다이얼 C_1의 눈금 교정이 특정 주파수에서만 유효함을 뜻한다. 만약, 다른 주파수가 사용된다면 눈금은 두 주파수비만큼 보정되어야 한다.

6.5 빈 브리지

빈 브리지(Wien bridge)는 주파수 측정용 교류 브리지일 뿐만 아니라 여러 가지 다른 회로에도 응용된다. 여기서는 빈 브리지를 이용한 주파수 측정에 관해서만 설명하고, 기타의 응용에 대해서는 다른 장에서 취급한다. 그림 6.15는 빈 브리지를 나타낸 것으

로, 변 1은 직렬 결합, 변 3은 병렬 결합으로 되어 있다. 변 1의 임피던스와 변 3의 어드미턴스는 각각

$$Z_1 = R_1 + \frac{1}{j\omega C_1}, \quad Y_3 = \frac{1}{R_3} + j\omega C_3 \qquad \cdots (6.65)$$

브리지 평형 조건으로부터

$$R_2 = \left(R_1 + \frac{1}{j\omega C_1}\right) R_4 \left(\frac{1}{R_3} + j\omega C_3\right) \qquad \cdots (6.66)$$

이것을 전개하면

$$R_2 = \frac{R_1 R_4}{R_3} + (j\omega C_3 R_1 R_4) - j\frac{R_4}{\omega C_1 R_3} + \frac{R_4 C_3}{C_1} \qquad \cdots (6.67)$$

실수부를 같게 놓으면

$$\frac{R_2}{R_4} = \frac{R_1}{R_3} + \frac{C_3}{C_1} \qquad \cdots (6.68)$$

또, 허수부를 같게 놓으면

$$\omega C_3 R_1 R_4 = \frac{R_4}{\omega C_1 R_3} \qquad \cdots (6.69)$$

그런데 $\omega=2\pi f$ 이므로 f에 대해서 풀면

$$f = \frac{1}{2\pi\sqrt{C_1 C_3 R_1 R_3}} \qquad \cdots (6.70)$$

위 두 평형 조건에서 알 수 있는 바와 같이 식 (6.68)을 만족하는 R_2/R_4를 선택하고, 식 (6.70)의 주파수로 회로를 여진시키면 브리지는 평형 상태로 될 것이다.

대부분의 빈 브리지에서, 각 변의 요소들은 $R_1=R_3$ 및 $C_1=C_3$가 되도록 선택한다. 이 값을 사용하면 식 (6.68)에서 $R_2/R_4=2$이므로, 식 (6.70)은 다음 식과 같이 된다.

$$f = \frac{1}{2\pi RC} \qquad \cdots (6.71)$$

이것이 빈 브리지의 주파수에 대한 일반적인 표현식이다. 실제의 브리지에서 C_1, C_3는 고정 커패시턴스이고, R_1, R_3는 가변 저항기이다. 빈 브리지는 주파수에 민감하기 때문에 인가 전압이 순수한 정현파가 아니면 인가 전압에 포함된 고조파가 평형점을 찾는 데 방해가 되어 진정한 평형을 얻기가 매우 어렵다.

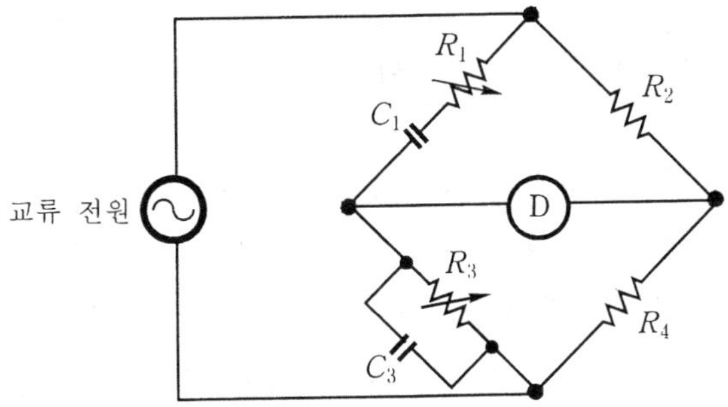

그림 6.15 빈 브리지

6.6 변성기 브리지

변성기 브리지는 그림 6.16과 같이 비례변의 저항을 변성기로 치환한 브리지이다. 전압 변성기의 전압은 권수에 비례하므로, 다음의 관계가 성립한다.

$$\frac{Z_1}{Z_2} = \frac{N_1}{N_2} \qquad \cdots (6.72)$$

만약 위 식에서

$$Z_1 = Z_x = \rho_x + \frac{1}{j\omega C_x}$$
$$Z_2 = \rho_s + \frac{1}{j\omega C_s} \qquad \cdots (6.73)$$

이라면, 식 (6.72)는

$$\frac{\rho_x}{\rho_s} = \frac{N_1}{N_2}, \quad \frac{C_x}{C_s} = \frac{N_1}{N_2} \qquad \cdots (6.74)$$

로 되어 정전 용량을 측정할 수 있다. 또, 자기 인덕턴스, 임피던스 등도 동종의 비교 소자를 사용하면 측정할 수 있다.

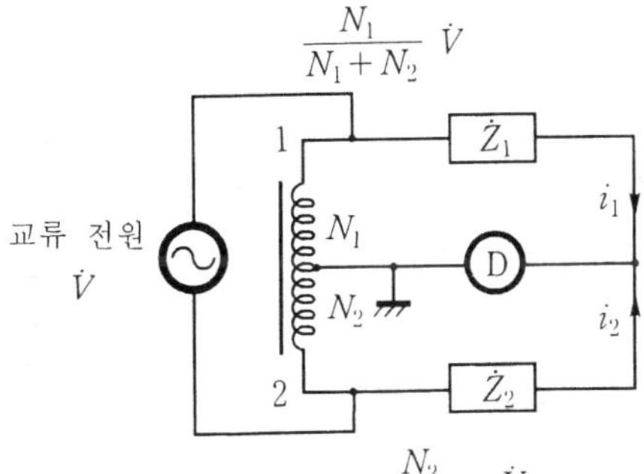

그림 6.16 변성기 브리지

6.7 만능 임피던스 브리지

만능 임피던스 브리지(universal impedance bridge)는 실험실에서 가장 유용한 브리지 중의 하나이다. 지금까지 설명한 여러 가지 브리지는 직류와 교류 저항, 인덕터의 인덕턴스와 Q, 커패시터의 정전 용량과 손실률 D를 측정할 수 있도록 단일 계기 내에 조합되어 있다. 만능 브리지는 5개의 기본 브리지 회로와 직류 및 교류 검출기, 직류 교류 발진기, 표준 임피던스 및 스위치로 구성된다. 그림 6.17은 임피던스 브리지에 사용된 여러 가지 브리지 회로이다. 휘트스톤 브리지 회로는 교류와 직류 저항 측정에 사용된다. 맥스웰 브리지 회로는 Q가 작은 인덕터 측정에 사용되며, Q가 10 이상인 경우에는 헤이 브리지로 측정한다.

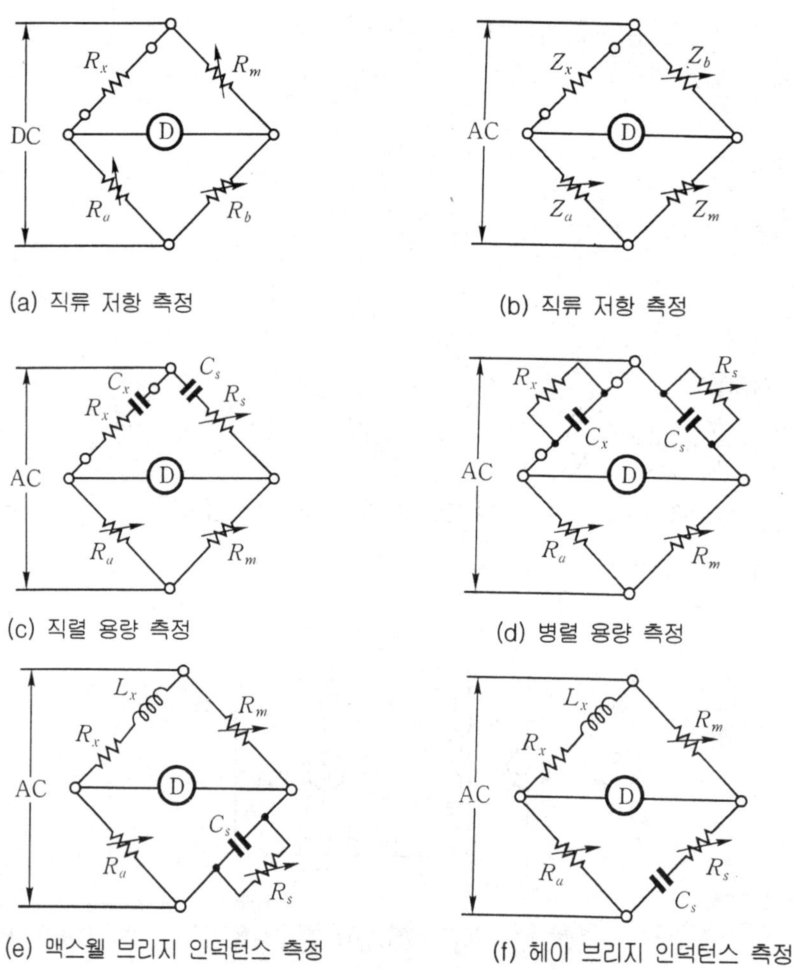

그림 6.17 만능 임피던스 브리지

6.8 각종 자동화 브리지

6.8.1 자동화 용량 브리지

변성기 브리지에서 변성기 대신 전자 회로로 전압을 공급하면 넓은 주파수 범위에서 사용할 수 있는 교류 반(半) 브리지가 된다. 그림 6.18은 자동 용량 브리지의 일례이다. 미지 용량 C_x에는 발진기의 출력 전압 E가 직접 가해진다. 발진기 출력의 다른 하나는 가변 분압기에 의해 $\alpha E(\alpha<1)$로 분압된 후 이것은 다시 위상 반전 증폭기를 거쳐 $-\alpha E$로 위상이 반전되어 표준 커패시터 C_s에 가해진다. 이때 C_x와 C_s에 흐르는 전류는 각각

$$I_x = j\omega C_x E \quad \cdots (6.75)$$

$$I_s = j\omega C_s(-\alpha E) = -j\alpha E\omega C_s \quad \cdots (6.76)$$

로 된다. 만약 두 전류가 같아지도록 α가 자동 조정된다면, 전류 검출기 D는 0을 지시하고, 이때 식 (6.75)와 (6.76)으로부터

$$I_x + I_s = j\omega C_x E + (-j\alpha E\omega C_s) = 0 \quad \cdots (6.77)$$

따라서

$$C_x = \alpha C_s \quad \cdots (6.78)$$

로 되어, 표준 커패시터 C_s와 α의 값으로부터 미지 정전 용량의 값을 구할 수 있다.

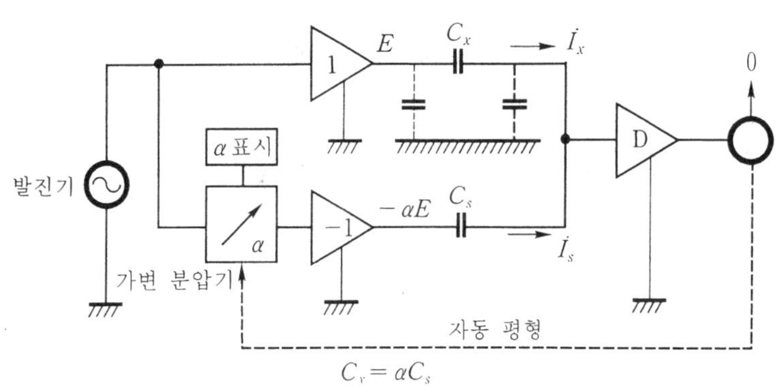

그림 6.18 자동화 용량 브리지

6.8.2 전위차계형 자동 임피던스 미터

측정하고자 하는 임피던스의 값이 작을 때에는 4단자 임피던스의 측정 회로가 사용

된다. 그림 6.19는 전위차계형 자동 임피던스 미터를 나타낸다. 그림에서 표준 저항 R_s와 피측정 임피던스 Z_x를 직렬로 접속하고 전류 I를 흘리면,

$$E_x = Z_x I = (R_x + jX_x)I, \quad E_R = R_s I \qquad \cdots (6.79)$$

로 되고, 그 출력을 벡터(vector) 비(比) 측정 회로에 가하면,

$$\frac{E_x}{E_R} = \frac{R_x + jX_x}{R_s} = \frac{R_x}{R_s} + j\frac{X_x}{R_s} = \alpha + j\beta \qquad \cdots (6.80)$$

따라서

$$R_x = \alpha R_s, \quad X_x = \beta R_s \qquad \cdots (6.81)$$

로 되어 R_s, α, β의 값으로부터 저항 R_x 및 리액턴스 X_x를 구할 수 있다. 이 방식은 낮은 임피던스 측정에 적용하고 있다.

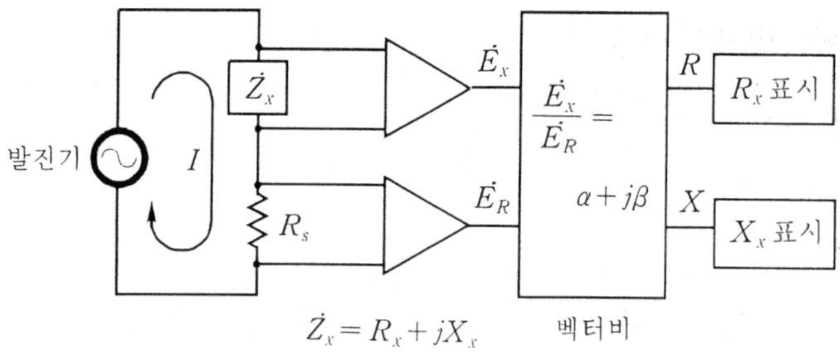

그림 6.19 전위차계형 자동 임피던스 미터

6.9 교류 브리지에서 대지 정전 용량과 전자 유도의 영향

6.9.1 대지 용량의 영향과 제거

그림 6.20(a)와 같이 교류 브리지의 각 소자 간, 소자와 대지 간 또는 도선 사이에는 부유 용량(浮游容量; stray capacitance)이 존재한다. 특히, 소자와 대지 간의 정전 용량(大地容量이라 함)은 크기 때문에 이를 통하여 전류가 흐르거나 또는 대지 용량이 변화함으로써 교류 브리지가 평형되는 경우가 있다. 대지 용량은 소자를 설치하는 위치나 인체의 근방에서도 변하므로, 그림에서 ab 사이의 임피던스가 일정하지 않게 된다. 그래서 그림 6.20(b)와 같이 교류 브리지의 각 소자를 금속 상자 안에 넣고 이 금속 상자

를 접지하여 정전 차폐(靜電遮蔽)시킨다. 이렇게 함으로써 C가 일정한 값으로 되고, 또 그림과 같이 하나로 묶어 버리면 ab 사이의 임피던스도 일정치로 된다. 이와 같이 정전 용량을 완전히 제거하지는 못해도, 적어도 그 값을 일정한 값으로 고정시킬 수 있기 때문에 보정이 가능하다.

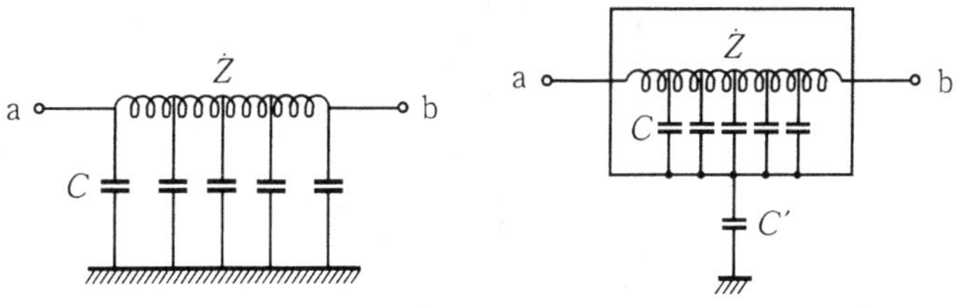

(a) (b)

그림 6.20 대지 용량과 그 차폐

교류 브리지 각 변의 소자를 정전 차폐시키면 그림 6.21과 같이 대지 용량은 4개의 접속점 a, b, c, d에 집중되어 있는 것으로 생각할 수 있으며, 이것을 각각 어드미턴스 Y_a, Y_b, Y_c, Y_d로 나타내었다.

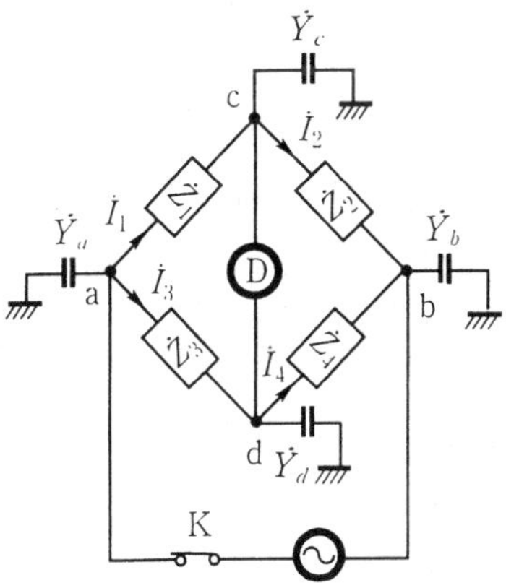

그림 6.21 교류 브리지의 등가 회로

이렇게 되면 브리지 평형 조건은 매우 복잡하게 되며, 이 접지 용량을 제거하기 위해 고안된 것이 그림 6.22에 나타낸 와그너 접지 장치(Wagner grounding device)이다.

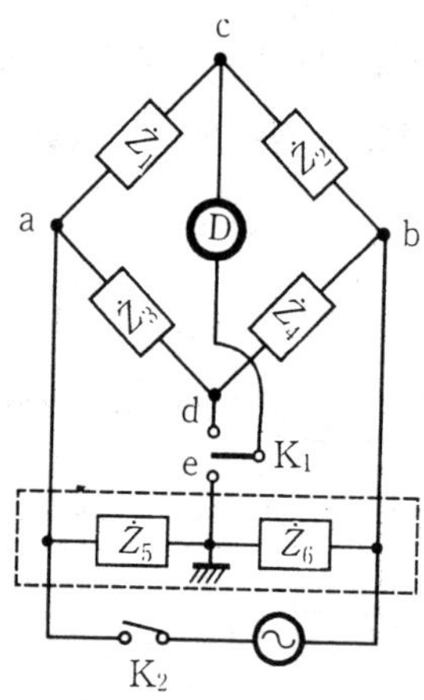

그림 6.22 와그너 접지 장치

단자 a, b 사이에 Z_5, Z_6을 접속하고 스위치 K_1을 d측으로 닫으면 Z_1, Z_2, Z_3, Z_4에 의한 주(主) 브리지 회로가 구성되고, K_1을 e측으로 닫으면 Z_1, Z_2, Z_5, Z_6에 의한 부(副) 브리지 회로가 구성된다. 먼저 K_1을 e측으로 닫아 브리지 회로의 평형을 취하면 c, e 간의 전위차는 0으로 된다. 그런데 e점이 접지되어 있어 0 전위이므로 c점도 0 전위로 된다. 따라서 Y_c, Y_d 양단 전압은 0이므로 이들의 영향은 제거된다. 다음에 K_1을 d측에 닫아 평형을 취하면 d점이 0 전위로 되어 Y_d의 영향이 없어진다. 또 Y_a, Y_b는 각각 Z_5, Z_6과 병렬 접속이므로 Z_5, Z_6에 포함시켜 생각할 수 있어 평형이 취해진 후에는 영향이 없어진다. 이와 같이 스위치 K_1을 d와 e측에 반복하여 접속하고 평형을 얻으면 대지 정전 용량에 의한 오차를 완전히 제거할 수 있다.

6.9.2 전자 유도의 영향

교류 브리지의 각 소자간, 전원, 검출기 등의 사이에는 전자 유도(電磁誘導; magnetic induction)가 일어나 오차가 발생할 가능성이 있으므로 전원이나 검출기용 변압기 등에 자기 차폐를 실시할 필요가 있다. 인덕터를 2개 이상 사용하는 경우에는 상호 배치를 멀리하던가 코일 축을 서로 직각이 되도록 한다. 또한, 전류가 흐르는 도선은 가급적 짧게 하고 주의하여 연결함으로써 전자 유도를 일으키지 않도록 한다.

연 습 문 제

****

6.1 교류 브리지의 두 가지 평형 조건에 대해서 설명하여라.

6.2 교류 브리지 각 변의 저항기, 커패시터, 인덕터가 갖추어야 할 조건을 설명하여라.

6.3 표준 저항기의 등가 회로를 그리고, 주파수 범위가 $\omega L \ll R$, $\omega CR \ll 1$인 경우, 등가 인덕턴스가 $L-CR^2$으로 됨을 설명하여라.

6.4 $2\times10^4\,\Omega$인 저항기의 누설 인덕턴스가 0.01 μF, 부유 용량이 15 pF이면, 이 저항기의 시정수는 얼마인가?

6.5 인덕턴스 측정에서 측정하고자 하는 코일의 저항분이 작을 경우 측정상 주의해야 할 점과 그 이유를 설명하여라.

6.6 그림 6.23과 같은 브리지 회로를 사용하여 자기 인덕턴스를 측정하고자 한다. 지금, $R_1=1000\,\Omega$, $R_2=700\,\Omega$, $R_s=3\,\Omega$, $L_s=1$ mH일 때 브리지가 평형되었다면 코일의 인덕턴스 L_x와 저항분 R_x의 값을 구하여라.

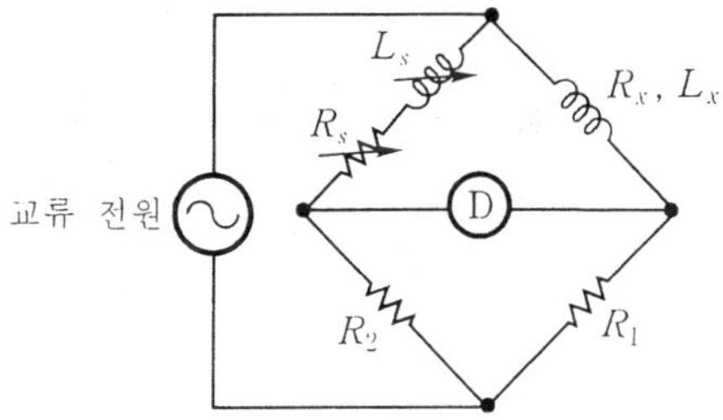

그림 6.23

6.7 그림 6.8의 교류 브리지 각 변이 다음과 같을 때 평형되었다고 한다. Z_3을 구하여라. 단, 교류 전원의 주파수는 1 kHz이다.

Z_1: $R=1$ kΩ과 $C=0.47\,\mu$F의 직렬 접속

Z_2: $R=2$ kΩ과 $C=0.047\,\mu$F의 병렬 접속

Z_4: $C=0.5\,\mu$F

6.8 다음과 같이 구성된 교류 브리지가 있다.

Z_1: $R=500\,\Omega$, Z_2: $C=0.2\,\mu$F

Z_3: $R=50\,\Omega$과 $L=0.1$ H의 직렬 접속

Z_4: $C=0.4\,\mu$F과 가변 저항 R_s의 직렬 접속

ω=5000 rad/s일 때 브리지가 평형되었다면, 다음을 구하여라.

(1) 브리지 평형시 R_s의 값

(2) R_s를 조정하여 완전한 평형을 얻을 수 있는가? 만약 얻을 수 없다면 조정해야 될 변의 위치와 그 조정값을 구하여라.

6.9 그림 6.15의 빈 브리지에 있어서, R_1=1 MΩ, R_3=2 MΩ, C_1=200 pF, C_3=400 pF일 때 브리지가 평형되었다고 하면, 전원 주파수는 얼마인가?

6.10 맥스웰 브리지와 헤이 브리지를 비교 설명하여라.

6.11 셰링 브리지로 측정할 수 있는 전기량은 무엇인가?

6.12 빈 브리지가 특히 유용한 응용 분야는 무엇인가?

6.13 그림 6.24의 용량 비교 브리지가 평형되었을 때 R_x와 C_x의 직렬 등가 회로값을 구하여라.

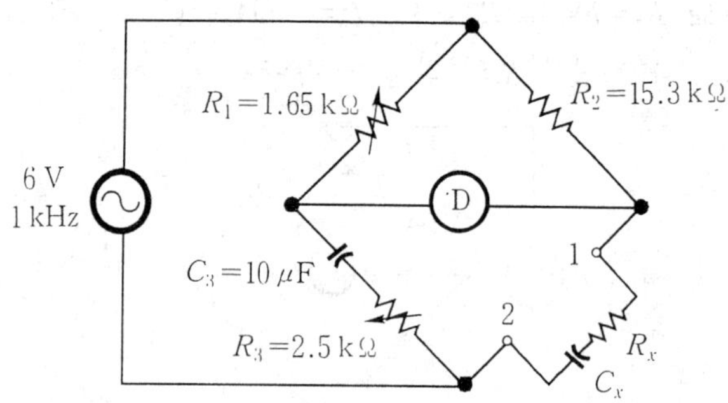

그림 6.24

6.14 그림 6.25의 맥스웰 브리지가 평형되었을 때 등가 직렬 저항 R_x와 인덕턴스 L_x를 구하여라.

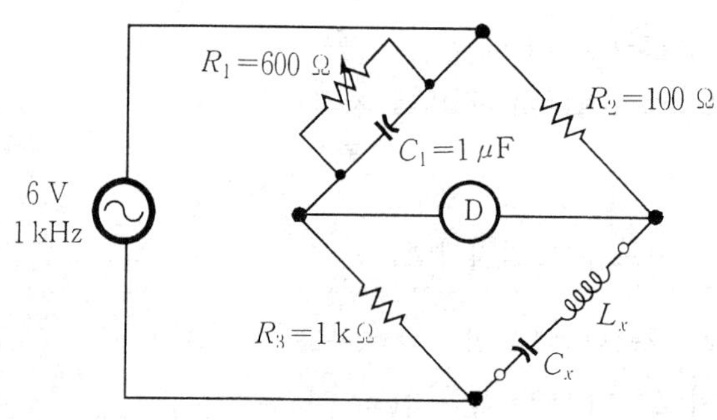

그림 6.25

6.15 그림 6.26의 헤이 브리지에서 평형되었을 때 등가 직렬 저항 R_x와 인덕턴스 L_x를 구하여라.

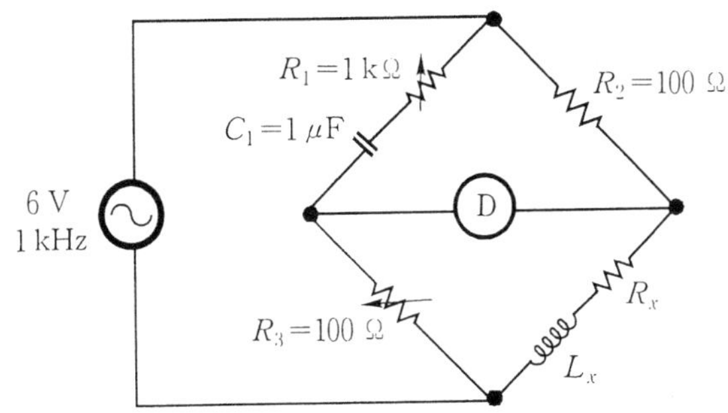

그림 6.26

6.16 그림 6.27의 셰링 브리지가 평형되었을 때 직렬 등가 저항 R_x와 정전 용량 C_x를 구하여라.

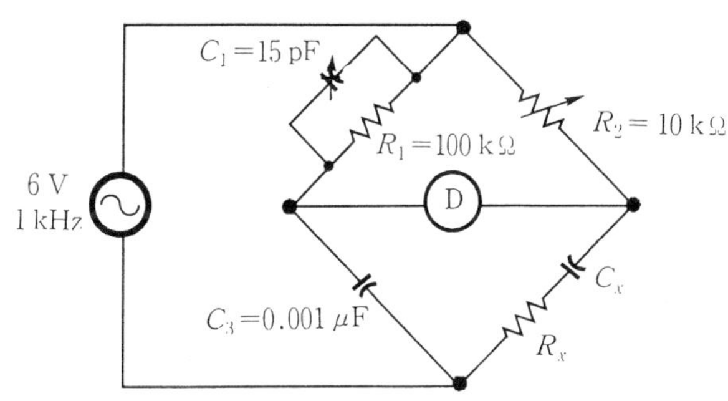

그림 6.27

7

아날로그 전자 계측기

영구 자석 가동 코일형 계기와 배율기 저항으로 구성되는 전압계는 내부 저항이 너무 작기 때문에 높은 임피던스 회로의 측정에 사용이 곤란하다. 또한 매우 낮은 전압 레벨도 측정할 수 없다. 이러한 문제는 높은 입력 임피던스를 가지며 저전압을 증폭할 수 있는 전자 소자를 사용함으로써 극복할 수 있다.

정류기, 증폭기 등과 같이 전자 소자를 사용하는 계측기를 전자 계측기(electronic instrument)라고 하며, 전자 전압계(electronic voltmeter), 전자 저항계(electronic ohmmeter) 등이 대표적인 전자 계측기이다. 전자 계측기 중 측정량을 재래식 가동 코일형 계기를 사용하여 지침의 변위로서 눈금판 위에 연속적으로 지시하는 계기를 아날로그 계기(analog instrument)라고 하고, 반면 측정량을 이산값 또는 숫자로 나타내는 계기를 디지털 계기(digital instrument)라고 부른다.

본 장에서는 아날로그 전자 계측을 이해하는 데 기본이 되는 사항을 요약하고, 현재 널리 사용되고 있는 몇몇 아날로그 계기에 대하여 설명한다. 기타 전자식 아날로그 계측기에 대해서는 각 측정 항목을 참고하기 바란다.

7.1 아날로그 전자 계측기의 기초

아날로그 계측기에서는 증폭 회로를 비롯한 각종 전자 회로가 사용된다. 본 절에서는 트랜지스터와 연산 증폭기를 사용한 기본적인 아날로그 전자 회로의 동작 원리를 중심으로 설명한다. 트랜지스터는 낮은 전압을 증폭할 수 있고, 계기의 입력 저항을 고저항으로 변환할 수 있는 3단자 소자이다. 트랜지스터를 크게 나누면 바이폴러 접합(接合) 트랜지스터(bipolar junction transistor; BJT)와 전계 효과(電界效果) 트랜지스터(field effect transistor; FET)로 대별할 수 있다.

7.1.1 바이폴러 트랜지스터의 특성과 기본 회로

(1) 트랜지스터의 정특성

바이폴러 접합 트랜지스터(BJT)는 보통 간단히 트랜지스터라고 부르며, 그림 7.1은 트랜지스터의 내부 구조를 나타낸 것으로, n형과 p형 반도체를 샌드위치 모양으로 접합시킨 구조로 되어 있다. 그림 (a)에서 p형 반도체는 n형 반도체 사이에 끼여 있으며, 이와 같은 구조를 npn 트랜지스터라 하고, 그림 (b)와 같이 반대로 된 구조를 pnp 트랜지스터라고 한다. 그리고 각 반도체 층을 작용에 따라 이미터(emitter; E), 베이스(base; B), 컬렉터(collecrtor; C)라고 부른다. npn과 pnp 트랜지스터의 동작은 기본적으로 동일하며, 단지 인가하는 전압의 극성이나 흐르는 전류의 방향이 반대로 되는 것뿐이다.

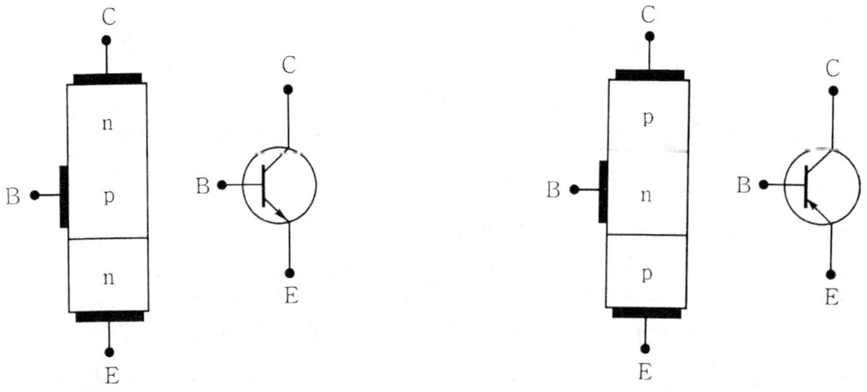

(a) npn 트랜지스터 (b) pnp 트랜지스터

그림 7.1 트랜지스터의 구조와 회로 기호

전자 회로에서 트랜지스터는 그림과 같은 기호를 사용하며, 화살표를 붙인 전극이 이미터를 나타낸다. 또, 이 화살표의 방향에 의해 트랜지스터를 구별하는데, 화살표 방향이 트랜지스터로부터 나오는 방향이면 npn 트랜지스터이고, 들어가는 방향이면 pnp 트랜지스터이다.

대부분의 트랜지스터 증폭 회로에서 그림 7.2(a)와 같이 이미터를 접지하여 입력과 출력의 공통 단자로 사용하며, 이 형식을 이미터 접지 증폭기(common emitter amplifier)라고 부른다. 여기서, 베이스를 트랜지스터의 입력 단자로 사용하며, 작은 베이스 전류(I_B)로 큰 컬렉터 전류(I_C)를 제어한다.

지금, V_{BB}에 의해 베이스–이미터 간 전압 V_{BE}를 변화시키면서 I_B를 측정하면, 그림 (b)와 같은 입력 특성이 얻어진다. 이번에는 베이스 전류 I_B를 임의 값으로 고정시키고 (예를 들면, I_B=40 μA) V_{CC}를 조정하여 컬렉터–이미터 전압 V_{CE}를 서서히 증가시켜 가면서 I_C를 측정하면 그림 (c)의 곡선 a가 얻어진다. 초기에 V_{CC}가 0이면 I_C=0, V_{CE}= 0이다. V_{CC}가 증가하면 I_C는 직선적으로 증가하다가 S점에서 포화되기 시작하여 V_{CE}가 계속 증가하더라도 거의 일정하게 된다. 다른 I_B에 대해서 위와 같은 측정을 반복하면 그림 (c)와 같은 I_C–V_{CE} 곡선군이 얻어지며, 이를 출력 특성(出力特性; output characteristics)이라고 부른다.

그림 7.2(a)에서 이미터 전류는 컬렉터 전류와 베이스 전류의 합이다. 즉,

$$I_E = I_C + I_B \qquad \cdots (7.1)$$

I_C는 I_B에 비하여 매우 크므로 다음과 같이 쓸 수 있다.

$$I_E \approx I_C \qquad \cdots (7.2)$$

이미터 접지 증폭기의 증폭률은 다음과 같이 컬렉터 전류와 베이스 전류의 비로 정의한다.

$$\beta = \frac{I_C}{I_B} \qquad \cdots (7.3)$$

이를 이미터 접지 전류 증폭률(common emitter current gain factor)이라고 부른다.

전자 전압계에 사용되는 저전력 트랜지스터의 I_C 및 I_E는 대개 100 μA ~ 10 mA 정도이며, I_B의 범위는 5 ~ 100 μA 정도이다. 또한 컬렉터 전류 I_C는 베이스 전류 I_B의 50 ~ 100배, 즉 β=50 ~ 100이다. 트랜지스터가 정상적으로 동작하는 경우, 그림 7.2에서 베이스–이미터 간 전압 V_{BE}는 실리콘 트랜지스터인 경우 0.7 V 정도이고, 컬렉터–이미터 전압 V_{CE}는 3 ~ 15 V이다.

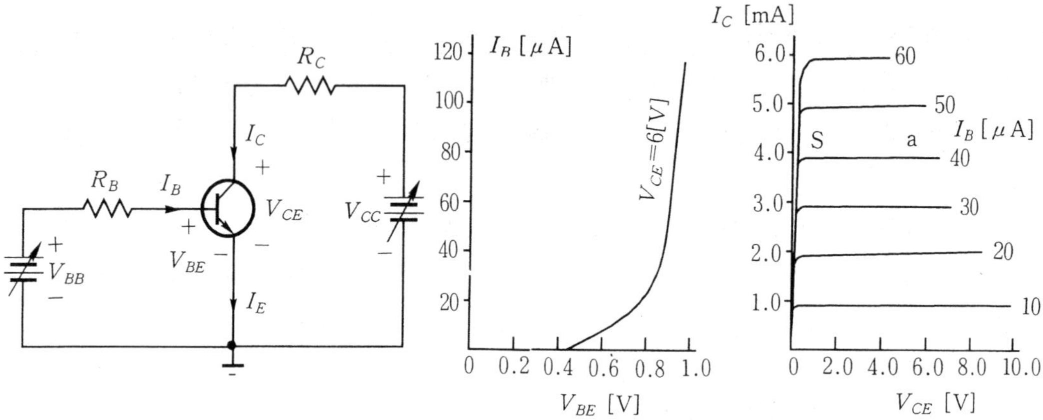

(a) 정특성 측정 회로 (b) V_{BE}-I_B 특성 (c) V_{CE}-I_C 특성

그림 7.2 트랜지스터의 출력 특성 곡선

(2) 이미터 접지 증폭 회로

그림 7.2에서는 직류를 사용해서 트랜지스터의 특성을 고찰하였다. 그러나 우리가 증폭하고자 하는 전기 신호는 많은 경우 교류 신호이다. 그림 7.3은 가장 널리 사용되는 이미터 접지 증폭 회로를 나타낸다. C_1, C_2는 직류 전류를 차단하고 교류 신호만을 통과시키는 결합 커패시터(coupling capacitor)이다. R_1과 R_2는 그림 7.2(a)의 회로에서 V_{BB}에 해당하는 전압을 베이스에 공급하기 위한 분압 저항이며, 이것에 의해서 분압된 전압 V_{BB}는

$$V_{BB} = \frac{R_2}{R_1 + R_2} V_{CC} \qquad \cdots (7.4)$$

로 되고, 이 직류 전압을 바이어스 전압(bias voltage)이라고 부른다. 두 저항을 통과하는 전류는 일반적으로 베이스 전류의 10배 이상으로 설계된다.

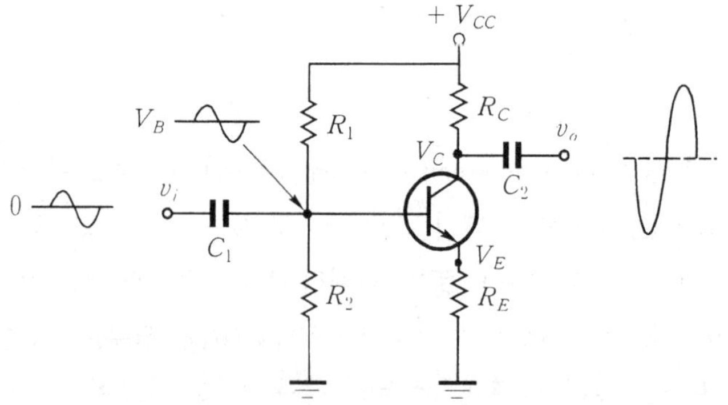

그림 7.3 이미터 접지 증폭기

트랜지스터 입력 전압 V_B는 바이어스 전압 V_{BB}와 커패시터 C_1을 통하여 들어온 교류 신호 v_i가 중첩된 것이고, 이것이 증폭되어 출력 전압이 얻어진다. 이때 커패시터 C_2에 의해서 직류 성분은 차단되고, 출력 단자에는 그림과 같이 교류 전압 v_o가 나타난다.

그림 7.4(a)는 그림 7.3의 회로를 교류 등가 회로로 나타낸 것이다.

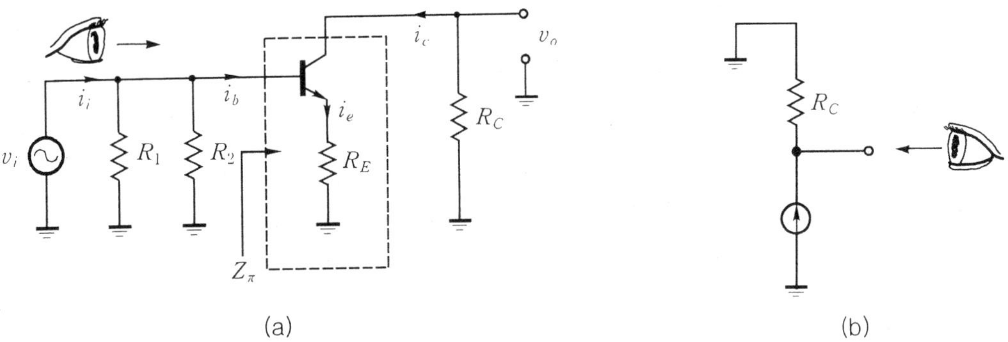

그림 7.4 그림 7.3의 교류 등가 회로

① 전압 증폭률

그림 (a)에서 이미터 전류 i_e, 입력 전압 v_i, 출력 전압 v_o는 각각 다음과 같이 쓸 수 있다.

$$i_e = i_b + i_c \cong i_b + \beta i_b = (1+\beta)i_b \qquad \cdots (7.5)$$

$$v_i = i_e(r_e + R_E) \qquad \cdots (7.6)$$

$$v_o = -i_c R_C \qquad \cdots (7.7)$$

위 식에서 r_e는 이미터 다이오드의 교류 등가 저항으로 교류 이미터 저항(ac emitter resistance)이라고 부르며, 다음 식으로 계산된다.

$$r_e = \frac{25\text{mV}}{I_E} \qquad \cdots (7.8)$$

여기서, I_E는 직류 이미터 전류이다.

전압 이득은 식 (7.6)과 (7.7)로부터

$$A_v = \frac{v_o}{v_i} = \frac{-i_c R_C}{i_e(r_e + R_E)} \approx -\frac{R_C}{(r_e + R_E)} \qquad \cdots (7.9)$$

만약 $R_E \gg r_e$이면,

$$A_v \cong -\frac{R_C}{R_E} \qquad \cdots (7.10)$$

이미터 저항 R_E가 없으면, 전압 이득은

$$A_v \cong -\frac{R_C}{r_e} \qquad \cdots (7.11)$$

로 된다.

② 입·출력 임피던스

입력 임피던스(input impedance)는 그림 7.4과 같이 입력 신호 단자에서 본 증폭 회로의 임피던스를 나타내며, 입력 단자에 가한 신호 전압 v_i와 그때 흐르는 신호 전류 i_i와의 비에 의해 구할 수 있다.

먼저, 트랜지스터의 입력 임피던스를 구해 보자. 신호 전압 v_i를 베이스에 인가하였을 때 흐르는 베이스 전류는 식 (7.5)로부터

$$i_b = \frac{i_e}{1+\beta} = \frac{1}{1+\beta} \cdot \frac{v_i}{r_e + R_E} \qquad \cdots (7.12)$$

트랜지스터의 입력 임피던스를 Z_π라고 하면

$$Z_\pi = \frac{v_i}{i_b} = (1+\beta) \cdot (r_e + R_E) \approx \beta(r_e + R_E) \qquad \cdots (7.13)$$

이것을 사용하면 입력 신호가 보는 증폭기의 입력 임피던스는 R_1, R_2, Z_π의 병렬 합성이다. 즉,

$$Z_i = \frac{v_i}{i_i} = R_1 \,//\, R_2 \,//\, Z_\pi = \frac{1}{\dfrac{1}{R_1} + \dfrac{1}{R_2} + \dfrac{1}{Z_\pi}} \qquad \cdots (7.14)$$

출력 임피던스(output impedance)는 그림 (b)와 같이 출력 단자에서 본 증폭 회로의 임피던스를 말한다. 여기서 상세한 유도는 생략하지만 출력 임피던스 Z_o는 다음 식으로 주어진다.

$$Z_o = R_C \qquad \cdots (7.15)$$

〔**예제** 7.1〕 그림 7.5의 증폭기 회로에서 v_i=25 $mV_{p\text{-}p}$, β=100 V일 때

(a) V_c

(b) 전압 증폭률

(c) 입력 임피던스

(d) 출력 임피던스를 구하라.

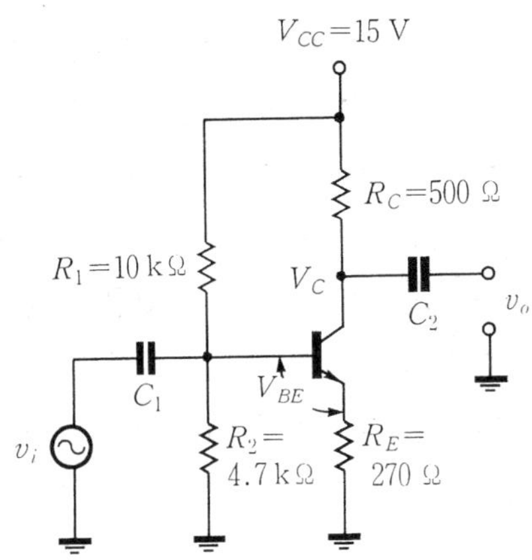

그림 7.5

〔풀이〕 (a) V_c의 계산

$$V_{R_2} = \frac{R_2}{R_1 + R_2} V_{cc} = \frac{4.7\,\text{k}\Omega}{14.7\,\text{k}\Omega} \times 15\,\text{V} = 4.8\ \text{V}$$

$$V_{R1} = V_{cc} - V_{R2} = 15 - 4.8 = 10.2\ \text{V}$$

$$V_{RE} = V_{R2} - V_{BE} = 4.8 - 0.7 = 4.1\ \text{V}$$

$$I_E = \frac{V_{RE}}{R_E} = \frac{4.1\text{V}}{270\Omega} = 15.2\ \text{mA}$$

$$I_C \fallingdotseq I_E = 15.2\ \text{mA}$$

$$V_{RC} = I_C \times R_C = 15.2\ \text{mA} \times 500\ \Omega = 7.6\ \text{V}$$

$$V_C = V_{CC} - V_{RC} = 15 - 7.6 = 7.4\ \text{V}$$

(b) 전압 이득 : A_v

$$r_e = \frac{25\,\text{mA}}{I_E} = \frac{25\,\text{mA}}{15.2\,\text{mA}} = 1.64\ \Omega$$

$$A_v = \frac{R_C}{r_e + R_E} = \frac{500}{1.64 + 270} = 1.84$$

(c) 입력 임피던스 : Z_{in}

$$Z_\pi = 100(1.64\ \Omega + 270\ \Omega) = 27.2\ \text{k}\Omega$$

$$Z_{in} = R_1 \,//\, R_2 \,//\, Z_\pi = 2.86\ \text{k}\Omega$$

(d) 출력 임피던스 : Z_o

$$Z_o = R_C = 500\ \Omega$$

③ 주파수 특성

증폭 회로에서 입력 신호의 주파수를 변화시켜 가면서 그에 대한 증폭률 변화를 측정하면 그림 7.6과 같은 곡선이 얻어진다. 이와 같은 특성을 주파수 특성(周波數特性; frequency characteristics) 또는 주파수 응답(周波數應答; frequency response)이라고 하며, 그림에서 볼 수 있는 바와 같이 일반적으로 저주파 영역과 고주파 영역에서 증폭률이 저하한다. 이때 중간 주파수 영역의 증폭률에서 3 dB만큼 증폭도가 감소하는 저역(低域) 및 고역(高域) 주파수 f_L, f_H를 각각 저역 차단 주파수(低域遮斷周波數; lower cutoff frequency) 및 고역 차단 주파수(高域遮斷周波數; upper cutoff frequency)라고 부른다. 저주파 영역에서 증폭률이 저하하는 것은 주파수가 감소함에 따라 그림 7.3의 회로에서 커패시터 C_1, C_2의 임피던스가 증가하기 때문이다. 한편, 고주파 영역에서 증폭률의 저하는 트랜지스터 자신의 증폭률 β가 주파수의 증가와 함께 감소하기 때문이며, 또 컬렉터–베이스 간의 정전 용량과 부유 용량(浮游容量; stray capacitance, 주로 컬렉터–접지, 베이스–접지 사이의 정전 용량)에 영향을 받는다.

이와 같은 증폭기의 주파수 특성은 전자 계측기의 사용 주파수 범위를 제한하는 원인이 된다.

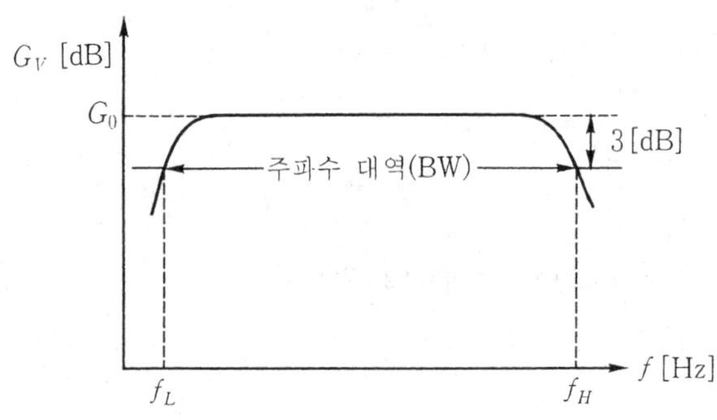

그림 7.6 트랜지스터 증폭기의 주파수 특성

(3) 이미터 폴로워 회로

그림 7.7과 같이 입력 전압을 베이스 단자에 인가하고, 출력 전압을 이미터 단자에서 꺼내는 회로를 이미터 폴로워(emitter follower)라고 부르며, 전자 계측기에서 자주 이용되는 회로이다.

이미터 전류와 출력 전압은 각각

$$i_e = \frac{v_i}{r_e + R_E} \qquad \cdots (7.16)$$

$$v_o = R_E \cdot i_e = R_E \cdot \frac{v_i}{r_e + R_E} \quad \cdots (7.17)$$

따라서 전압 증폭률은

$$A_v = \frac{v_o}{v_i} = \frac{R_E}{r_e + R_E} \quad \cdots (7.18)$$

입력 임피던스는 그림 7.3의 이미터 접지 방식과 동일하다. 즉,

$$Z_i = \frac{v_i}{i_i} = \frac{1}{\frac{1}{R_1} + \frac{1}{R_2} + \frac{1}{R_\pi}} \quad \cdots (7.19)$$

출력 임피던스는 교류 입력 신호원의 내부 저항을 알아야 계산할 수 있다. 교류 신호의 내부 저항을 R_s라고 하면, 출력 임피던스는 근사적으로

$$Z_o = \frac{R_s}{\beta} \,//\, R_E \quad \cdots (7.20)$$

로 된다.

일반적으로, 이미터 폴로워의 전압 이득 A_v는 1이나, 입력 임피던스가 크고, 출력 임피던스가 작은 특성을 갖기 때문에 여러 계측 회로에 이용되고 있다.

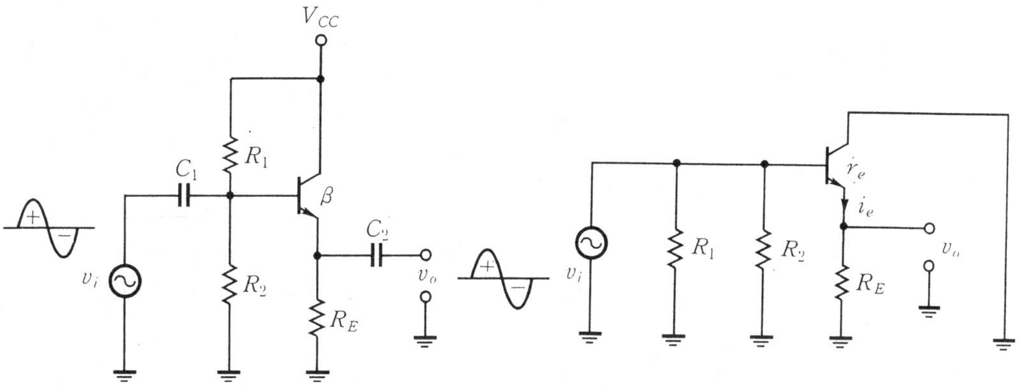

(a) 회로　　(b) 교류 등가 회로

그림 7.7 이미터 폴로워 회로

(4) 스위칭 회로

스위칭 회로(switching circuit)란 입력 신호에 따라서 트랜지스터가 온(on) 상태와 오프(off) 상태의 두 가지 경우만을 취하는 회로를 말한다. 그림 7.8은 트랜지스터가 스위칭 회로로 사용되는 경우이다. 먼저 차단 상태(cutoff)를 생각해 보자. 그림 (a)와 같이 입

력 신호가 0 V이면 베이스 전류가 0이므로, 출력 전류는 거의 0으로 되어 트랜지스터는 오프된다. 따라서 트랜지스터의 컬렉터-이미터 간 전압 V_{CE}는 전원 전압 V_{CC}와 거의 같은 값으로 된다. 즉,

$$V_o = V_{CE} \approx V_{CC}$$
$$I_C = 0 \quad \cdots (7.21)$$

이 상태는 트랜지스터 스위치가 개방된 것에 해당된다.

다음에 입력 신호 v가 인가되면(그림 b), 베이스 전류 I_B가 흐르고, 컬렉터 전류는 I_B에 비례해서 증가하다가 어느 값에서 포화된다(그림 7.2(c)에서 설명하였음). 이때 V_{CE}는 약 0.2 V로 되어 거의 0에 가깝다. 즉,

$$V_o = V_{CE} \approx 0$$
$$I_C = \frac{V_{CC}}{R_C} \quad \cdots (7.22)$$

이상과 같이 트랜지스터의 출력 전압이 0 V와 V_{CC}를 취함에 따라 스위칭 작용을 한다.

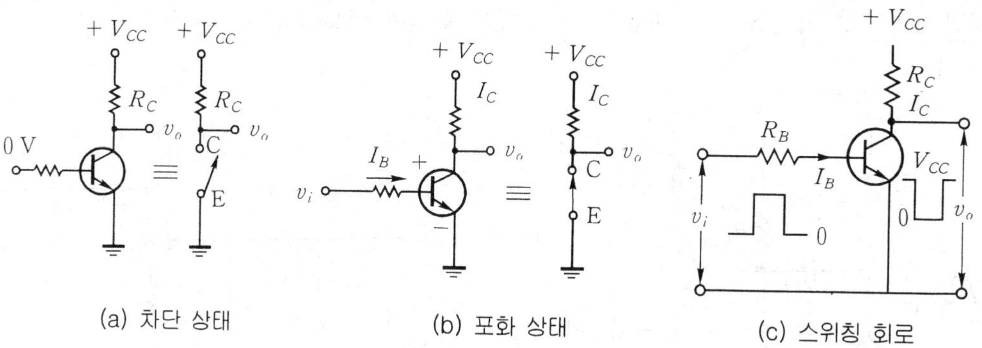

그림 7.8 트랜지스터의 스위칭 작용

그림 (c)는 간단한 스위칭 회로를 나타낸 것으로, 입력단에 그림과 같은 펄스 신호가 들어가면 출력 단자에는 입력과 반전된 펄스 전압이 나타난다.

7.1.2 전계 효과 트랜지스터 (FET)

(1) FET의 정특성

전계 효과(電界效果) 트랜지스터(FET)는 반도체 기판에 소스(source)와 드레인(drain)이라는 두 개의 전극과 게이트(gate)라고 부르는 제어 전극을 가진 반도체 소자의 총칭

이다. FET는 게이트 구조에 따라 JFET(junction field effect transistor)와 MOSFET (metal-oxide-semiconductor FET)로 대별되며, 전계 효과 트랜지스터는 종류가 매우 다양하기 때문에 여기에서는 JFET를 중심으로 FET를 이용한 증폭기 특성을 설명한다.

그림 7.9는 FET의 구조와 회로 기호를 나타낸 것이다. 소스(S)와 드레인(D) 사이에는 채널(channel)이라고 부르는 도전층이 있으며, 채널이 n형 또는 p형 반도체인가에 따라 n채널 또는 p채널 FET라고 부른다.

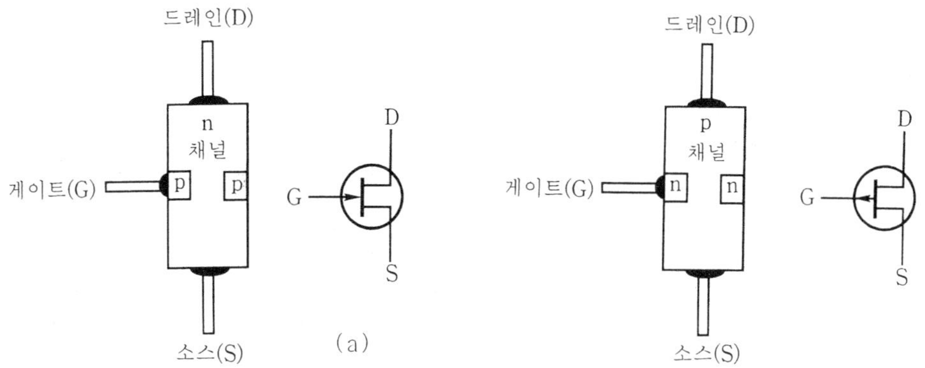

(a) n채널 JFET의 구조와 기호　　　(b) p채널 JFET의 구조와 기호

그림 7.9 전계 효과 트랜지스터의 구조와 회로 기호

그림 7.10은 JFET의 특성을 나타낸다. 일반적으로 증폭을 목적으로 하는 경우에는 소스를 공통으로 하여 입력을 게이트에 가하고 출력을 드레인에서 꺼내는 방식을 사용한다. 게이트 전압을 V_{GS}=0으로 하고 소스(S)와 드레인(D) 사이에 드레인 전압 V_{DS}를 가하면 소스로부터 드레인으로 전류가 흐르며 이것을 드레인 전류(I_D)라고 부른다. 드레인 전압이 증가하면 드레인 전류도 비례해서 증가하다가 그림의 점 p에서 전류는 포화되기 시작하여 드레인 전압을 계속 증가시켜도 전류는 거의 일정치로 된다. 지금, 게이트에 전압 V_{GS}를 인가하면 채널 저항이 변화하여 소스와 드레인 사이를 흐르는 드레인 전류의 크기가 변화한다. 여러 게이트 전압에 대해 드레인 전류–드레인 전압 특성을 나타내면 그림 (b)와 같으며, 이를 출력 특성이라고 한다. 앞에서 설명한 BJT에서는 컬렉터 전류 I_C가 베이스 전류 I_B에 의해 제어되었으나, FET의 경우에는 게이트 전압이 FET의 드레인 전류 I_D를 제어한다.

FET의 가장 중요한 파라미터는 전달 컨덕턴스(transconductance) g_m이며, 이를 다음과 같이 정의한다.

$$g_m = \frac{\partial I_d}{\partial V_{GS}} \quad \cdots (7.23)$$

전달 컨덕턴스는 FET 증폭기의 전압 이득을 결정하는 여러 인자 중의 하나이다. 또, 증폭 정수(增幅定數; amplification factor) μ는

$$\mu = g_m r_d \quad \cdots (7.24)$$

여기서, r_d는 FET의 드레인 저항이다.

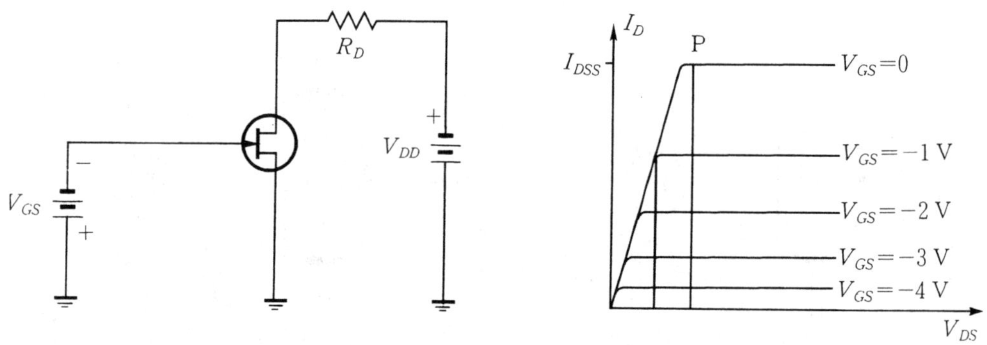

(a) 정특성 측정 회로 (b) $V_{DS}-I_D$ 특성

그림 7.10 JFET 특성

(2) FET 증폭 회로

그림 7.11은 FET를 사용한 소스 접지 증폭기(common source amplifier)이다. 그림에서 신호 전압은 게이트에 인가되고 출력 전압은 드레인 단자에서 꺼낸다. 입력 전압 v_i, 드레인 전류 i_d, 출력 전압 v_o 관계를 식으로 나타내면 다음과 같다.

$$v_i = v_{gs} \quad \cdots (7.25)$$

$$i_d = \frac{\mu}{r_d + R_D} v_i \quad \cdots (7.26)$$

$$v_o = -i_d R_D = -\frac{\mu R_D}{r_d + R_D} v_i = -\frac{g_m r_d R_D}{r_d + R_D} v_i \quad \cdots (7.27)$$

따라서 전압 이득은

$$A_v = \frac{v_o}{v_i} = -\frac{\mu R_D}{r_d + R_D} = -\frac{g_m r_d R_D}{r_d + R_D} \quad \cdots (7.28)$$

입력 임피던스는 게이트 전류가 0이므로 무한대로 된다. 즉,

$$Z_i = \frac{v_i}{i_g} = \infty \quad \cdots (7.29)$$

출력 임피던스는

$$Z_o = R_D // r_d = \frac{R_D r_d}{R_D + r_d} \quad \cdots (7.30)$$

FET 증폭기는 BJT 증폭기와 비교해서 다음과 같은 중요한 특징을 가지고 있다.

① 입력 임피던스가 $10^{10} \sim 10^{15}\,\Omega$으로 매우 높다.

② 전류의 온도 의존성이 낮고 안정성이 우수하다.

③ 고조파 왜율이 적다. 또, 잡음도 적다.

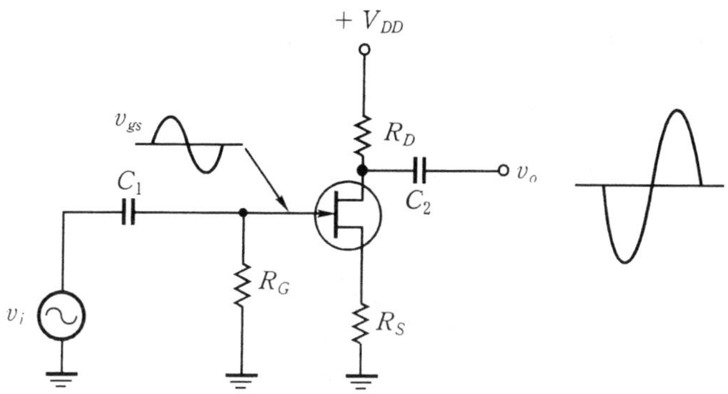

그림 7.11 소스 접지 증폭기

(3) 소스 폴로워

그림 7.12은 소스 폴로워를 나타낸다. 입력 신호는 결합 커패시터를 통해 게이트에 인가되고, 출력은 소스 단자에서 꺼낸다. 이 회로는 BJT의 이미터 폴로워와 매우 유사하다. 소스 폴로워 증폭기에서 입력 전압, 출력 전압 및 전류 관계는 다음과 같다.

$$v_i = v_{gs} + i_d R_s \quad \cdots (7.31)$$

$$i_d = \frac{\mu}{r_d + (1+\mu)R_S} v_i \quad \cdots (7.32)$$

$$v_o = i_d R_S = \frac{\mu R_S}{r_d + (1+\mu)R_S} v_i \quad \cdots (7.33)$$

위 식으로부터 전압 이득은

$$A_v = \frac{v_o}{v_i} = \frac{\mu R_S}{r_d + (1+\mu)R_S} \quad \cdots (7.34)$$

따라서 소스 폴로워의 전압 이득은 항상 1보다 약간 작음을 알 수 있다.

출력 임피던스는

$$Z_o = R_S // \left(\frac{r_d}{1+\mu}\right) = \frac{R_S R_d}{r_d + (1+\mu)R_S} \quad \cdots (7.35)$$

여기서 $r_d/(1+\mu)$은 소스 단자에서 FET를 들여다본 출력 저항이다.

만약 $\mu \gg 1$, $g_m R_s \gg 1$이면,

$$A_v = \frac{v_o}{v_i} = \frac{\mu R_S}{r_d + (1+\mu)R_S} \cong \frac{\mu R_S}{r_d + \mu R_S} \cong \frac{g_m R_S}{1 + g_m R_S} = 1 \quad \cdots (7.36)$$

$$Z_o = \frac{r_d R_S}{r_d + (1+\mu)R_S} = \frac{r_d R_S}{r_d + \mu R_S} = \frac{R_S}{1 + g_m R_S} \cong \frac{1}{g_m} \quad \cdots (7.37)$$

로 되어, 전압 이득이 1로 됨을 알 수 있다.

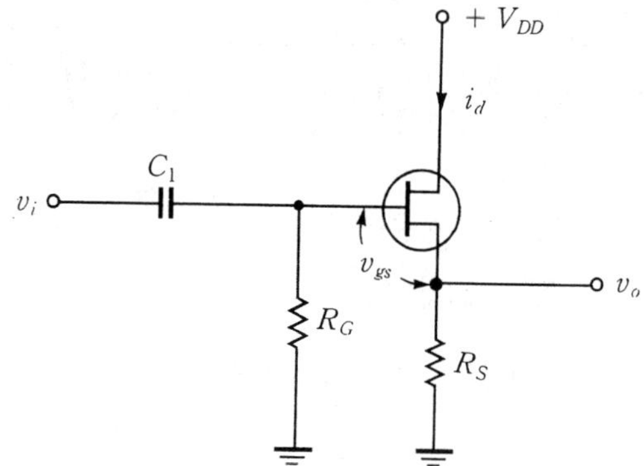

그림 7.12 소스 폴로워

〔예제 7.2〕 그림 7.12의 FET 증폭기에서 $g_m = 8000\ \mu S$일 때 증폭기의 (a) 전압 이득, (b) 출력 임피던스를 구하라.

〔풀이〕 (a) $A_v \doteqdot \frac{g_m R_s}{1 + g_m R_S} = \frac{(8000\ \mu S)(10\ k\Omega)}{1 + (8000\ \mu S)(10\ k\Omega)} = 0.988$

(b) 출력 임피던스

$$Z_o \doteqdot \frac{1}{g_m} = \frac{1}{8000\ \mu S} = 125\ \Omega$$

7.1.3 차동 증폭기

차동 증폭기(差動增幅器; differential amplifier)는 그림 7.13과 같이 2개의 입력 단자와 2개의 출력 단자를 가진 좌우 대칭적 회로이며, 두 입력 단자에 가해지는 전압의 차이

를 증폭한다. 예를 들어, 만약 차동 증폭기의 두 입력에 그림 7.14(a), (b)와 같은 두 전압 v_{i1}, v_{i2}가 입력되었다면 두 입력의 차($v_{i1}-v_{i2}$)는 그림 (c)와 같이 되고, 이 차 전압이 증폭되어 그림 (d)와 같은 출력이 얻어진다.

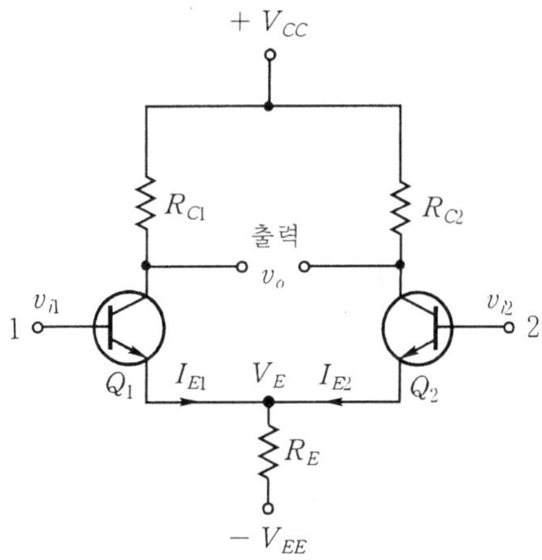

(a) 회로

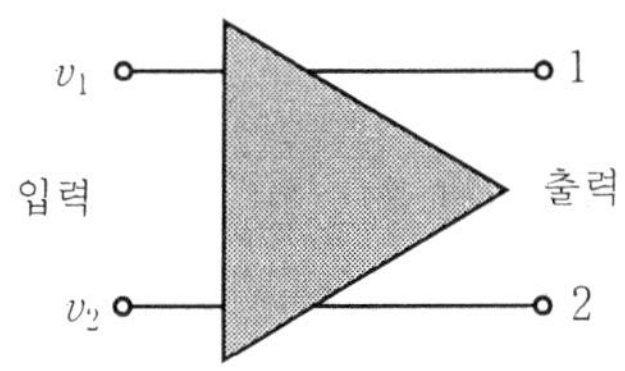

(b) 회로 기호

그림 7.13 차동 증폭기

또, 차동 증폭기는 온도 변동의 영향이 적어, 특히 직류 증폭기의 초단에 널리 이용되고 있다. 또, 차동 증폭기는 연산 증폭기를 구성하는 기본 회로이며, 많은 계측 시스템에서 이용되고 있다. 이 절에서는 기본적인 차동 증폭기에 대해서 설명한다.

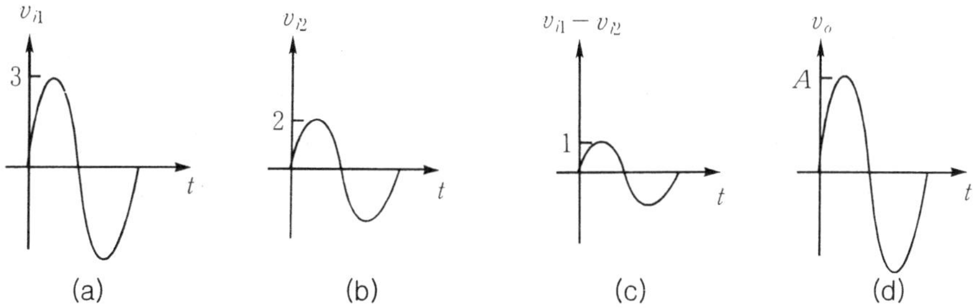

그림 7.14 차동 증폭기의 기본 동작

그림 7.13(a)에 나타낸 차동 증폭기를 가지고 차동 증폭기의 기본적인 동작을 설명해 보자. 먼저, 두 입력이 접지되어 있다고 가정하자. 두 트랜지스터는 동일하므로 트랜지스터에 흐르는 직류 이미터 전류는 동일하다.

$$I_{E_1} = I_{E_2} \qquad \cdots (7.38)$$

두 이미터 전류는 저항 R_E를 통해서 합쳐지기 때문에

$$I_{E_1} = I_{E_2} = \frac{I_{RE}}{2} \qquad \cdots (7.39)$$

여기서,

$$I_{RE} = \frac{V_E - V_{EE}}{R_E} \qquad \cdots (7.40)$$

보통 $I_C \cong I_E$ 이므로, 다음과 같이 쓸 수 있다.

$$I_{C_1} = I_{C_2} \cong \frac{I_{RE}}{2} \qquad \cdots (7.41)$$

또한 입력 전압이 0일 때 두 컬렉터 전류($I_{C_1} = I_{C_2} = I_C$)와 두 컬렉터 저항($R_{C_1} = R_{C_2} = R$)은 동일하므로

$$V_{C_1} = V_{C_2} = V_{CC} - I_C R_C \qquad \cdots (7.42)$$

(1) 단일 입력(single-ended input)

차동 증폭기가 이 모드에서 동작할 때 하나의 입력은 접지되고 신호 전압은 다른 하나의 입력에만 인가된다. 지금, 그림 7.15(a)와 같이 입력 단자 2를 접지하고 입력 1에 신호 전압 v_{i1}을 인가해 보자. 출력 단자 1에는 위상이 반전되고 증폭된 출력 전압 v_{o1}이 얻어지고, Q_1의 이미터에는 입력 신호와 동상(同相)인 전압 v_e가 나타난다. 그런데 Q_1의 이미터와 Q_2의 이미터는 공통으로 접속되어 있기 때문에 이 동상 전압 v_e는 Q_2의 입력으로 작용한다. 이 신호가 Q_2에 의해서 증폭되어, 출력 단자 2에 v_{i1}과 동상인 출력 전압 v_{o2}가 나타난다.

반대로, 그림 (b)와 같이 입력 단자 1이 접지되고, 신호 v_{i2}가 입력 2에 인가된 경우를 생각해 보자. 이번에는 출력 단자 2에는 위상이 반전되고 증폭된 신호 전압 v_{o2}가 나타나고, 출력 단자 1에는 Q_1에 의해 증폭된 동상 전압 v_{o1}가 나타난다.

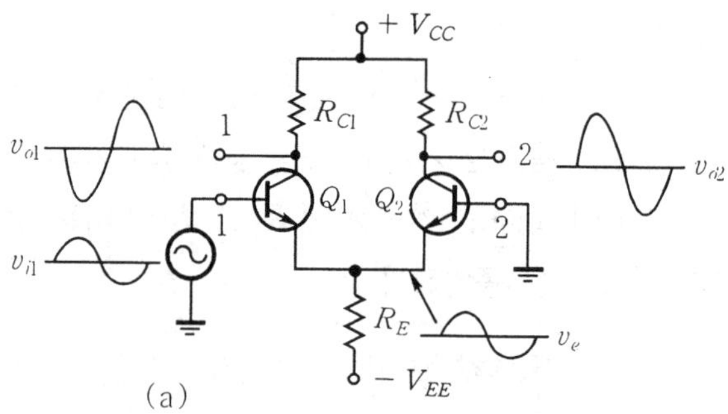

(a)

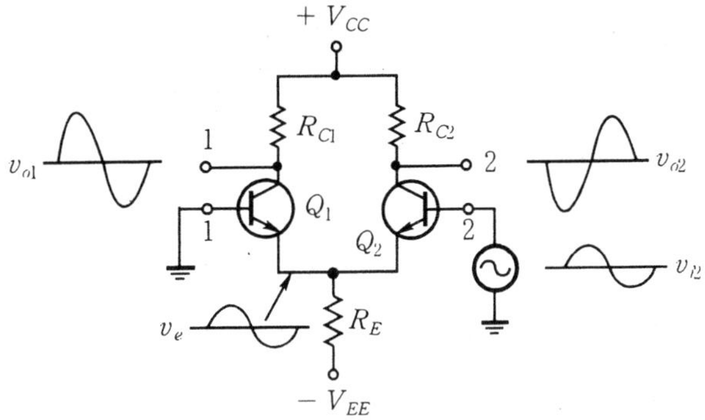

(b)

그림 7.15 차동 증폭기의 단일 입력 동작

(2) 차동 입력

이 동작 모드에서는 극성이 반대인(180° 위상차) 두 신호를 그림 7.16과 같이 인가한다. 그림 7.15에서 설명한 것과 마찬가지로, 입력 v_{i1}에 의한 출력 신호는 그림 (b)와

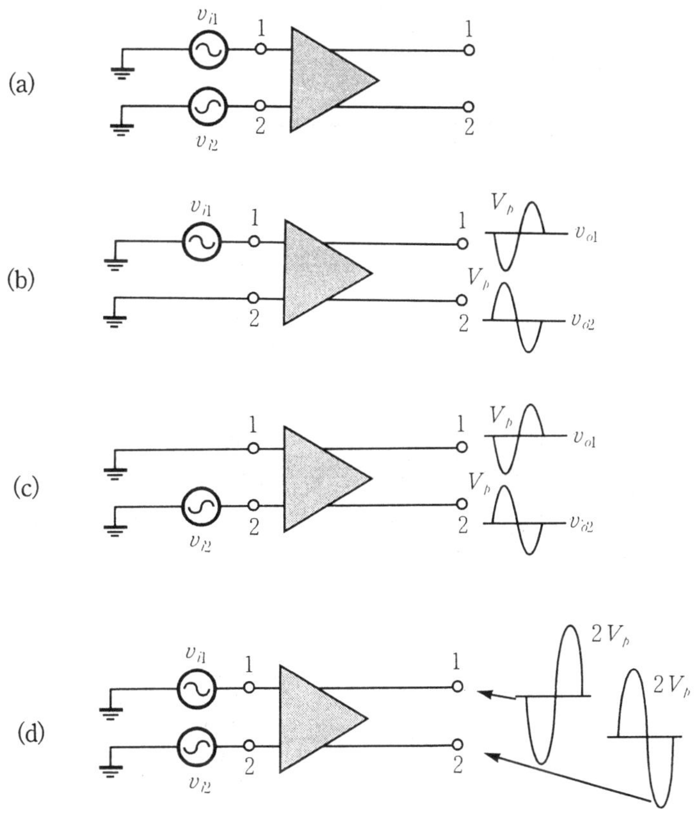

그림 7.16 차동 증폭기의 차동-모드 동작

같이 되고, 입력 v_{i2}에 의한 출력 전압은 (c)와 같이 된다. 따라서 두 입력에 의한 두 출력 전압을 중첩시키면 그림 (d)와 같은 차동 출력을 얻을 수 있다. 이때의 각 신호 입력 전압 v_i에 대한 증폭도는 이미터 접지 증폭기의 이득 식 (7.9)의 1/2이다. 즉,

$$A_{v1} = \frac{v_{o1}}{v_i} = -\frac{1}{2}\frac{R_C}{r_e + R_E}, \quad A_{v2} = \frac{v_{o2}}{v_i} = -\frac{1}{2}\frac{R_C}{r_e + R_E} \qquad \cdots (7.43)$$

일반적으로, 차동 전압 이득(differential voltage gain)은 다음과 같이 쓸 수 있다.

$$A_{v(d)} = \frac{1}{2}\frac{R_C}{r_e + R_E} \qquad \cdots (7.44)$$

(3) 동상 모드 입력

차동 증폭기의 가장 중요한 특성 중의 하나는 동상 모드 동작이다. 그림 7.17과 같이 위상, 주파수, 진폭이 모두 동일한 두 신호가 각 트랜지스터의 입력에 인가된다고

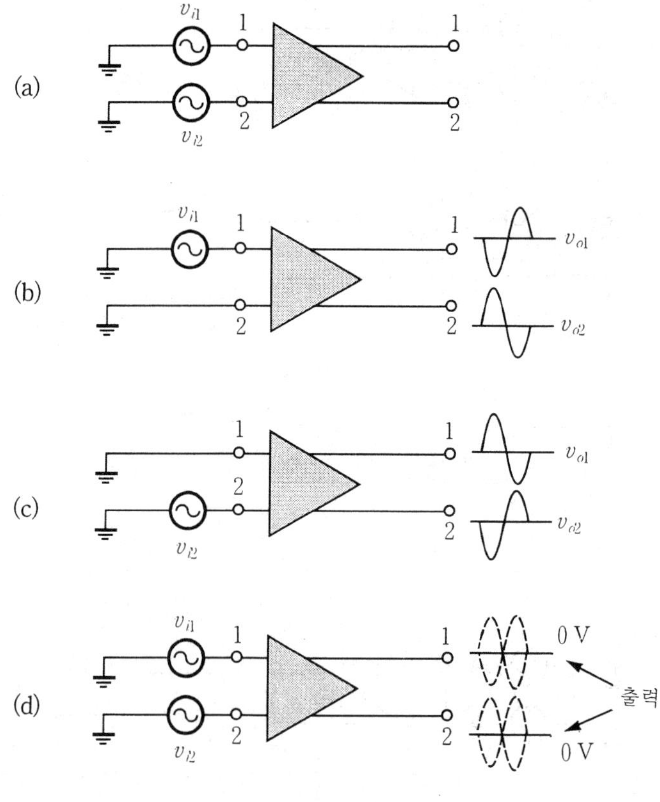

그림 7.17 차동 증폭기의 동상-모드 동작

가정하자. 그림 (b), (c)는 입력 v_{i1}과 v_{i2}에 대한 출력 전압을 나타낸 것이다. 두 입력 전압이 동일하므로 (b)와 (c)를 중첩시키면 출력이 서로 상쇄되어 그림 (d)와 같이 출력 전압은 거의 0으로 된다. 이와 같이 입력을 가하는 방식을 동상 입력(同相入力; common-mode input)을 가한다고 말하며, 동상 모드 신호(common-mode signal)는 그림 (d)에서처럼 제거된다. 동상 모드 이득에 대한 식은 다음과 같이 주어진다.

$$A_{v(cm)} = \frac{R_C}{2R_T + R_E + r_e} \quad \cdots (7.45)$$

위 식에서 저항 R_E가 클수록 동상 이득이 작아짐에 주목하라. 저항 R_E를 증가시키는 한 방법은 저항을 전류원으로 대체하는 것이며, 특히 집적 회로에서는 전류원이 사용된다.

차동 증폭기의 성능을 나타내는 기준으로 동상 신호 제거비(同相信號除去比; common mode rejection ratio; CMRR)가 사용된다.

$$CMMR = 20 \log \frac{A_{v(d)}}{A_{v(cm)}} \quad \cdots (7.46)$$

*CMRR*은 원하지 않는 동상 모드 신호를 제거하는 능력을 나타낸 것으로, 이 값이 작을수록 성능이 좋은 차동 증폭기라고 말할 수 있다.

〔**예제** 7.3〕 어느 차동 증폭기의 차동 전압 이득이 2000, 동상 모드 이득이 0.2이다. *CMRR*을 계산하라.

〔**풀이**〕 문제로부터

$$CMRR = \frac{A_{v(d)}}{A_{v(cm)}} = \frac{2000}{0.2} = 10{,}000$$

데시벨로 나타내면,

$$CMRR = 20 \log(10{,}000) = 80 \text{ dB}$$

지금까지는 BJT를 이용한 차동 증폭기에 대해서 설명하였으나, FET를 가지고도 구성할 수 있다. 그림 7.18은 FET를 사용한 차동 증폭기이다. 그림에서 x, y 점의 출력은 식 (7.27)로부터 각각

$$V_x = \frac{g_m r_d R_D}{r_d + R_D} v_{i1} \quad \cdots (7.47)$$

$$V_y = \frac{g_m r_d R_D}{r_d + R_D} v_{i2} \qquad \cdots (7.48)$$

따라서 차동 출력은

$$v_o = V_x - V_y = \frac{g_m r_d R_D}{r_d + R_D}(v_{i1} - v_{i2}) \qquad \cdots (7.49)$$

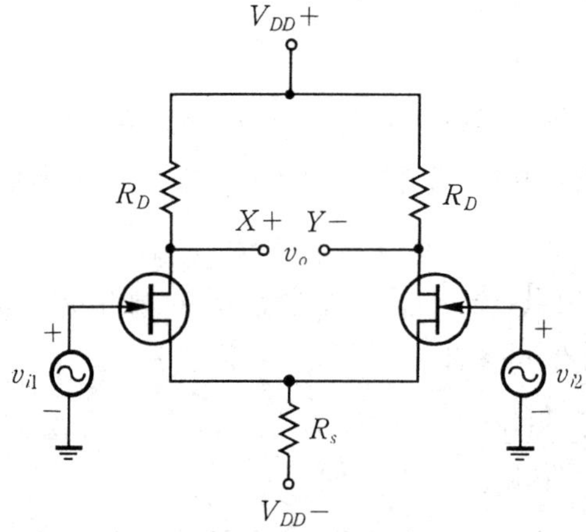

그림 7.18 FET를 사용한 차동 증폭기

7.1.4 연산 증폭기

연산 증폭기(演算增幅器; operation amplifier; op amp)는 단일 패키지 안에 다수의 트랜지스터와 저항들로 구성되어 있으며, 완전한 하나의 기능을 갖는 회로이다. op amp는 아날로그 계측기에 많이 사용되고 있으므로 이의 취급에 익숙해 둘 필요가 있다. 여기서는 그 주된 사용법을 간단히 설명한다.

그림 7.19(a), (b)는 op amp의 회로 기호를 나타낸 것으로 (b)는 공급 전원을 동시에 나타낸 것이다.

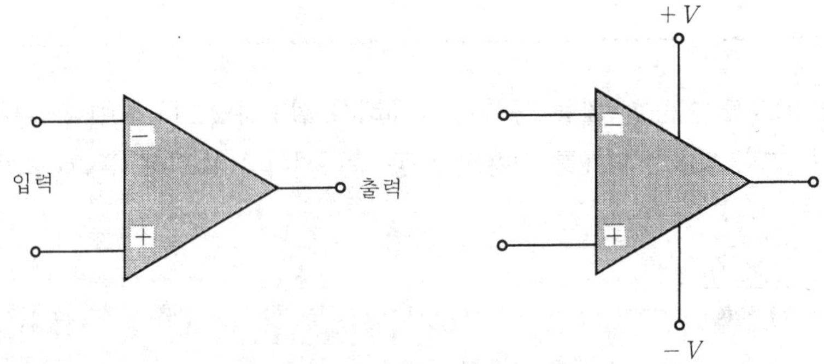

그림 7.19 op amp의 회로 기호

그림에서 (+)입력 단자를 비반전 입력 단자(非反轉入力端子; non-inverting terminal)라 하고, (−)입력 단자를 반전 입력 단자(反轉入力端子; inverting terminal)라고 부른다.

그림 7.20은 op amp의 외관과 다리 핀(pin)의 배치 예를 나타내고 있다.

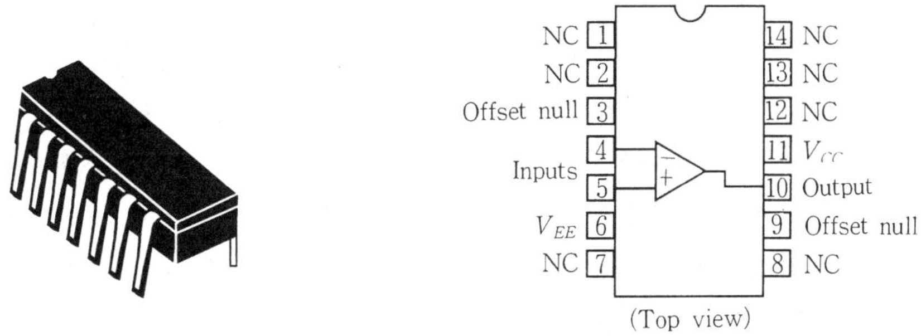

(a) 외관 (b) 핀 배치도

그림 7.20 op amp의 외관과 핀 배치의 일례

op amp의 내부 회로가 어떻게 동작하는가를 설명하는 것은 이 책의 범위를 벗어나지만, op amp로 구성된 회로를 이해하고 사용하는 데는 그 등가 회로만으로도 충분하다. 그림 7.21은 op amp의 등가 회로를 나타낸 것이다. 이와 관련된 op amp의 규격, 용어 등을 설명하면 다음과 같다.

① 입력 임피던스(Z_i) : 임력 임피던스는 직류 신호에 대한 값으로, 입력 단이 BJT인 경우에 500 kΩ~1 MΩ 정도, FET인 경우 10^6~10^{14} Ω 정도이다.

② 입력 오프셋(offset) 전압(V_{io}) : 입력 신호를 가하지 않았을 때 입력에 나타나는 미소한 전압.

③ 입력 바이어스 전류(I_i^+, I_i^-) : 입력 신호가 0일 때 (+) 또는 (−) 입력 단자에 유입(또는 유출)하는 전류.

④ 출력 임피던스(Z_o) : 출력 임피던스는 50 Ω~10 kΩ 정도.

⑤ 전원($+V_{CC}$, $-V_{EE}$) : 통상 ±15 V를 사용하며, 전압 변동률 1 % 이내의 안정화 전원을 사용한다.

⑥ 정격 출력 : 최대 출력 전압, 전류.

⑦ 이득(A) : 직류에서 차단 주파수(cut-off frequency)까지 균일한 개방 루프 이득(open-loop gain)이 얻어지나, 그 이상의 주파수에서는 20 dB/decade의 비율로 이득이 저하한다.

⑧ 대역폭(Band width) :

차단 주파수(cut-off frequency) = 이득이 3 dB만큼 저하하는 주파수.

단위 이득 주파수(unity gain frequency) = 이득이 0 dB로 되는 주파수

⑨ 최대 상승 전압 : 입력에 계단상 전압을 인가했을 때 단위 시간당 상승하는 전압값. 보통 0.5~50 V/μs 정도이다.

⑩ 입력 전압 범위 :

동상 정격 전압 = (+) 또는 (−)입력 단자와 접지 사이에 인가하는 최대 전압

차동 정격 전압 = (+)와 (−)입력 단자 사이에 인가하는 최대 전압.

⑪ 동상 신호 제거비(common-mode rejection ratio) : op amp의 (+)입력 단자에 동상 신호를 가해도 실제로는 내부 회로의 불평형(unbalance) 때문에 출력 신호가 나타나 오차의 원인이 된다. 동상 신호의 입력 전압을 e_{cm}, 출력을 e_o라고 하면 동상 신호 이득 A_{cm}은 $A_{cm}=e_o/e_{cm}$으로 된다. 동상 신호 제거비(*CMRR*)는 동상 신호 이득(A_{cm})에 대한 개방 루프 이득(A)의 비를 나타낸다. 즉,

$$CMRR = \frac{A}{A_{cm}} \quad \cdots (7.50)$$

⑫ 드리프트(drift) : 온도 변화에 기인하는 전압(또는 전류)의 미소 변동

IC op amp의 입력 저항은 매우 높기 때문에 입력 전류가 매우 작으며, BJT를 사용하는 경우 입력 전류는 0.2 μA 정도이고, FET 입력 op amp는 더 낮은 입력 전류를 가진다. 따라서 입력 저항은 대단히 높고, 반면 출력 저항은 매우 낮기 때문에 계기에 충분한 전류를 흘릴 수 있을 뿐만 아니라 부하 효과를 감소시킬 수 있다.

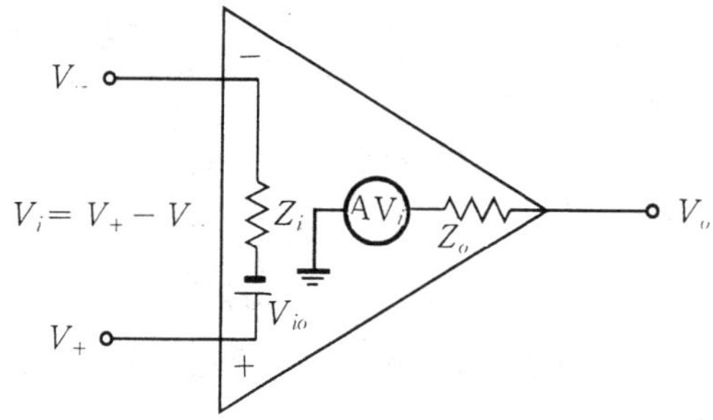

그림 7.21 op amp의 등가 회로

(1) 이상적인 연산 증폭기

앞에서 설명한 모든 정수를 고려하면 op amp의 회로 해석이 복잡하게 되므로, 실용상 그림 7.22와 같은 이상적인 연산 증폭기(ideal op amp)로써 회로를 해석한다. 이상적인 연산 증폭기는 두 개의 입력 단자 사이의 차 전압에 선형적으로 비례하는 출력 전압을 발생한다. 출력 전압의 극성은 비반전 입력과 동일한 극성을 갖는다. 즉, 개방 전

압 이득(open loop gain)이 A인 op amp의 비반전 입력 단자에 전압 v_+를, 반전 입력 단자에 전압 v_-를 인가할 때 출력 전압은

$$v_o = A(v_+ - v_-) \quad \cdots (7.51)$$

로 된다. 이상적인 연산 증폭기의 조건은 다음과 같다.

① 출력 전압 $v_o = A(v_+ - v_-)$
② 차동 이득은 무한대($A=\infty$)이고, 동상 이득은 0이다. 따라서 $(v_+ - v_-)=0$이다.
③ 입력 임피던스는 무한대이다($Z_i=\infty$).
④ 출력 임피던스는 0이다($Z_o=0$).
⑤ 주파수 대역폭은 무한대이다($BW=\infty$).
⑥ 오프셋(off set) 전압, 입력 바이어스 전류, 전압 · 전류 드리프트가 0이다.

다음은 이상적인 연산 증폭기와 연산 임피던스로 구성된 각종 연산 회로에 대해서 설명한다.

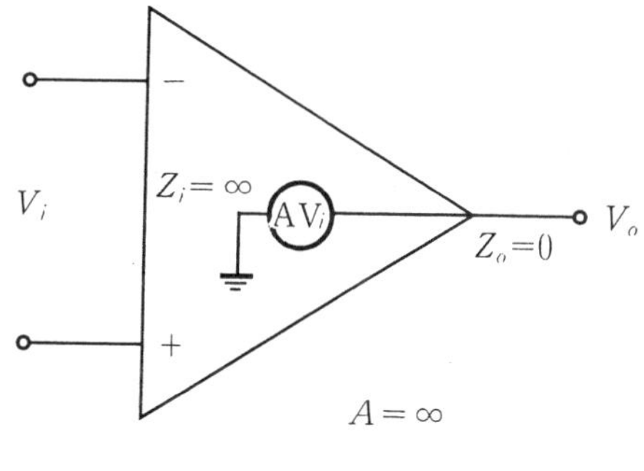

그림 7.22 이상적인 op amp 회로

(2) 반전 증폭기

그림 7.23은 반전 증폭기(反轉增幅器; inverting amplifier) 회로를 나타낸다. 이상적인 op amp를 가정하면 입력 임피던스가 무한대이므로, (+)입력 단자와 (−)입력 단자 사이에는 전류가 흐르지 않고, 입력 전류는 모두 귀환 회로를 통해서 흐른다고 볼 수 있다. 따라서

$$I_i + I_o = 0 \quad \cdots (7.52)$$

또, 이상적인 op amp에서는 두 입력 단자 간 전압이 거의 0이므로 (+)입력 단자가 접지되어 있으면 (−)입력 단자도 접지 전위라고 볼 수 있다. 즉, 접점 S는 실제로 접지되어 있는 것은 아니지만 전위는 접지 전위와 같으므로 이를 가상 접지(假想接地;

virtual ground)라고 부른다. 따라서 입력 저항에 흐르는 전류는

$$I_i = \frac{V_i - V_s}{R_i} = \frac{V_i - 0}{R_i} = \frac{V_i}{R_i} \quad \cdots (7.53)$$

가 된다. op amp 입력 임피던스는 무한대이므로, 이 전류는 모두 귀환 저항 R_f를 통해 흐른다.

$$I_o = \frac{V_o - V_s}{R_f} = \frac{V_o - 0}{R_f} = \frac{V_o}{R_f} \quad \cdots (7.54)$$

따라서 출력 전압 V_o는

$$V_o = R_f I_o = R_f(-I_i) = -\frac{R_f}{R_i} V_i \quad \cdots (7.55)$$

이고, 이득은

$$A_v = -\frac{R_f}{R_i} \quad \cdots (7.56)$$

이득이 (−)인 것은 출력 전압이 입력 전압과 180° 위상차를 가짐을 의미한다(그림 (b)). 이와 같이, 출력 전압은 입력 전압의 R_f / R_i 배로 되고 극성은 반전된다.

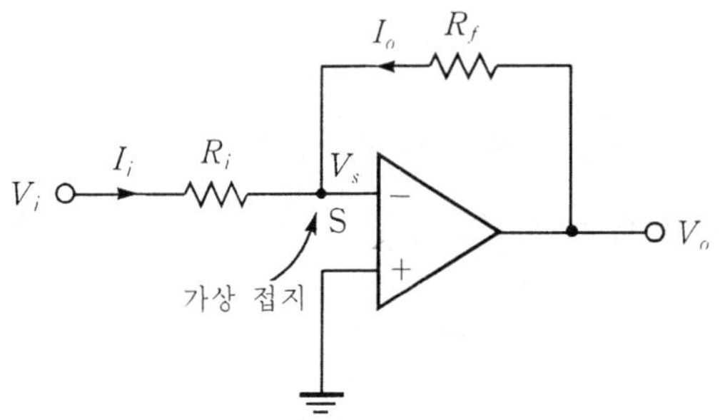

(a) 회로

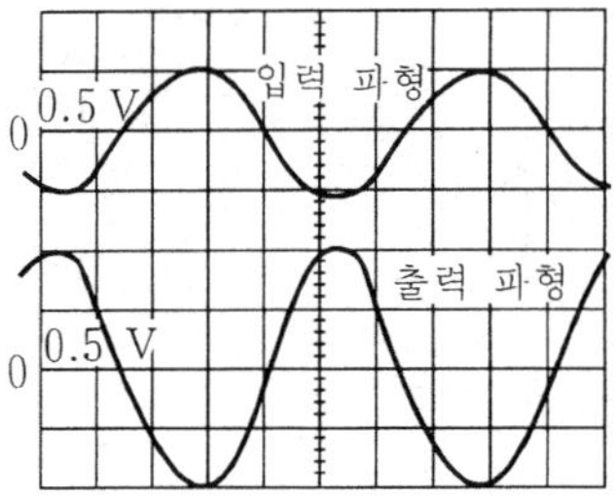

(b) 입출력 파형

그림 7.23 반전 증폭기

(3) 비반전 증폭 회로

그림 7.24는 비반전 증폭기(非反轉增幅器; noninverting amplifier)를 나타낸다. 그림에서 출력 전압 V_o의 일부가 분압기 R_1, R_2를 경유해 반전 입력으로 되돌아온다. 반전 입력 단자의 전압을 V_-라고 하면, 이 전압은

$$V_- = \frac{R_1}{R_1 + R_2} V_o \qquad \cdots (7.57)$$

또, 출력 전압은

$$V_o = A(V_i - V_-) \qquad \cdots (7.58)$$

이므로, 식 (7.57)을 식 (7.58)에 대입하면

$$V_o = A\left(V_i - \frac{R_1}{R_1 + R_2} V_o\right) \qquad \cdots (7.59)$$

A는 매우 크므로(무한대) 위 식은

$$V_i - \frac{R_1}{R_1 + R_2} V_o = 0 \qquad \cdots (7.60)$$

따라서 출력 전압은

$$V_o = \left(1 + \frac{R_2}{R_1}\right) V_i \qquad \cdots (7.61)$$

로 되고, 비반전 증폭기의 이득은 다음과 같다.

$$A_v = \frac{V_o}{V_i} = 1 + \frac{R_2}{R_1} \qquad \cdots (7.62)$$

즉, 출력 전압의 극성은 입력 전압의 극성과 동일하다(그림 (b)).

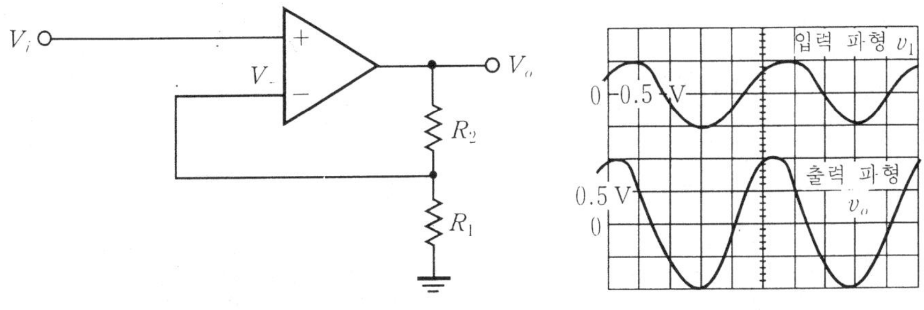

(a) 회로 (b) 입출력 파형

그림 7.24 비반전 증폭기

또 다른 방법으로는, 이 회로에서도 op amp의 (+), (−)입력 단자 간 전압 V_i가 거의 0이 되는 것을 이용한다. 즉, (−)입력 단자의 전위 V_-와 (+)입력 단자 전위 V_i가 동일하므로, 식 (7.57)에서

$$V_i = V_- = \frac{R_1}{R_1 + R_2} V_o \qquad \cdots (7.63)$$

$$\therefore A_v = \frac{V_o}{V_i} = 1 + \frac{R_2}{R_1} \qquad \cdots (7.64)$$

(4) 가산기

그림 7.25는 가산 회로(加算回路; adder)를 나타낸다. 그림에서,

$$I_1 + I_2 + \cdots + I_n + I_o = 0 \quad \text{또는} \quad I_o = -(I_1 + I_2 + \cdots + I_n) \qquad \cdots (7.65)$$

각 저항에 흐르는 전류는

$$\begin{aligned} I_1 &= \frac{V_1 - V_s}{R_1} = \frac{V_1}{R_1} \\ I_2 &= \frac{V_2 - V_s}{R_2} = \frac{V_2}{R_2} \\ &\vdots \\ I_n &= \frac{V_n - V_s}{R_n} = \frac{V_n}{R_n} \\ I_o &= \frac{V_o - V_s}{R_f} = \frac{V_o}{R_f} \end{aligned} \qquad \cdots (7.66)$$

따라서 출력 전압은

$$V_o = -\left(\frac{R_f}{R_1} V_1 + \frac{R_f}{R_2} V_2 + \cdots + \frac{R_f}{R_n} V_n \right) \qquad \cdots (7.67)$$

만약 $R_1 = R_2 = \cdots = R_n$이라면

$$V_o = -\frac{R_f}{R_1} \sum_{i=1}^{n} V_i \qquad \cdots (7.68)$$

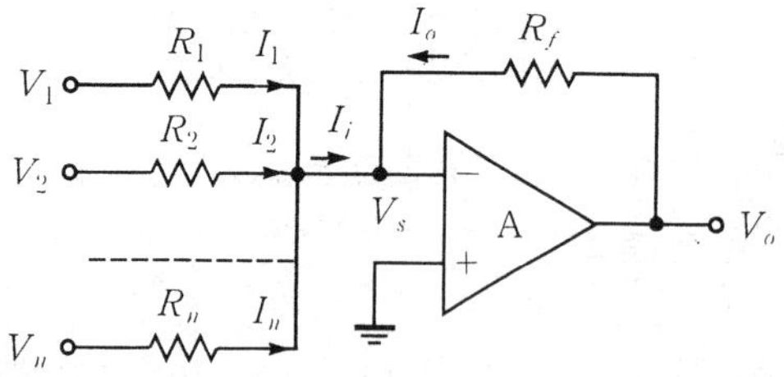

(a) 회 로

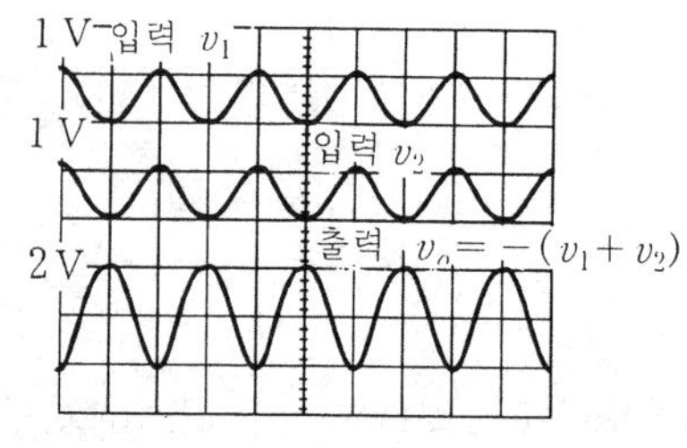

(b) 입출력 파형

그림 7.25 가산 회로

(5) 전압 폴로워(버퍼)

그림 7.26은 전압 폴로워(voltage follower) 회로를 나타낸다. 그림에서 출력 전압 V_o는

$$V_o = A(V_i - V_-) \qquad \cdots (7.69)$$

이다. 그런데 반전 입력 단자가 출력측에 접속되어 있으므로 $V_- = V_o$이다. 따라서 식 (7.69)는

$$V_o = A(V_i - V_o) \qquad \cdots (7.70)$$

로 된다. 이상적인 op amp의 전압 증폭도 A가 무한대이므로,

$$V_i - V_o = 0 \qquad \cdots (7.71)$$

출력 전압은

$$V_o = V_i \qquad \cdots (7.72)$$

로 되어, 입력 전압과 같다. 즉, 증폭도는 1이다.

또, 그림 7.26을 그림 7.24와 비교하면, 그림 7.24의 회로에서 $R_1 = \infty$, $R_2 = 0$인 경우로 볼 수 있으므로, 식 (7.62)로부터 동일한 결과가 얻어진다.

이 회로의 입력 임피던스는 op amp의 입력 임피던스와 같으며, 통상 $10^6 \sim 10^{12}\,\Omega$ 정도로 매우 높다. 한편, 출력 임피던스도 op amp의 출력 임피던스와 동일하며 그 값은 수 $10\,\Omega$ 정도로 낮다. 또 출력의 극성은 입력과 동일하다. 이상과 같은 특성 때문에 그림 7.26의 op amp 회로를 전압 폴로워(voltage follower)라고 부르며, 버퍼(buffer) 증폭기(임피던스 변환기)로써 계측에서 두 회로 사이를 접속할 때 자주 사용된다.

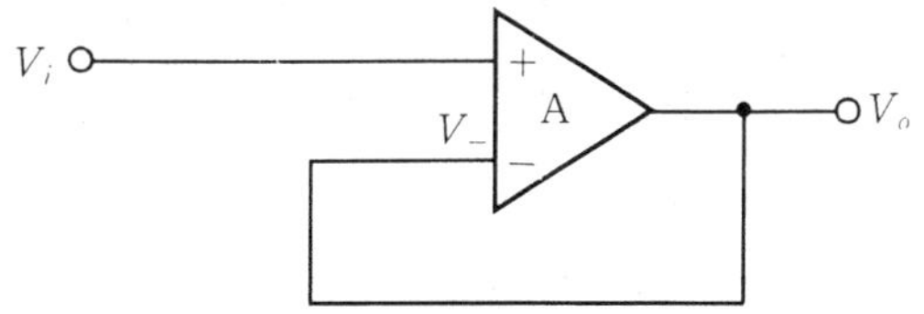

그림 7.26 전압 폴로워

(6) 적분 회로

그림 7.27은 적분 회로를 나타낸다. 그림과 같이 귀환 회로에 커패시터 C를 접속하면 점 S를 통과하는 전하가 커패시터에 축적되어 그것에 대응되는 전압이 출력측에 나타난다.

점 S를 통과하는 전하량 Q는

$$Q = \int_0^t I_i \, dt = (-V_o)C \qquad \cdots (7.73)$$

그러므로 출력 전압은

$$V_o = -\frac{1}{C}\int_0^t I_i \, dt \qquad \cdots (7.74)$$

여기서 입력 전류는 $I_i = V_i / R_i$이므로, 출력 전압은

$$V_o = -\frac{1}{CR}\int_0^t V_i \, dt \qquad \cdots (7.75)$$

즉, 출력 전압 V_o는 입력 전압 V_i를 적분한 값에 비례하고, 극성은 반전된다.

그림 (b)는 구형파를 입력에 대한 적분기 출력으로 나타낸 것으로, 삼각파 출력 전압의 기울기가 반전됨을 볼 수 있다.

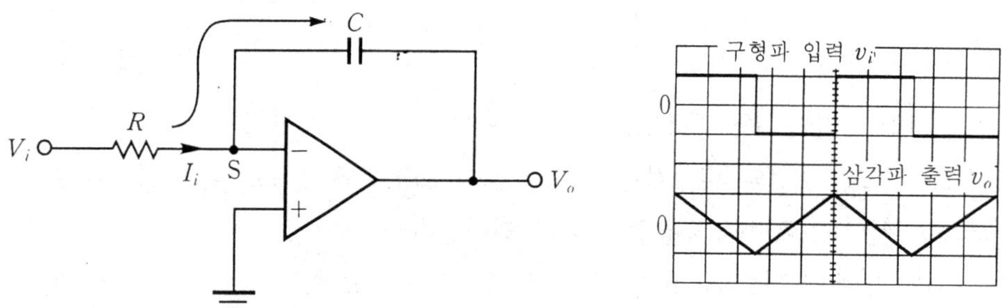

(a) 회로

(b) 구형파 입력에 대한 출력 파형

그림 7.27 적분 회로

〔예제 7.4〕 그림 7.27의 적분 회로의 입력에 $v_i = V_m \sin \omega t$를 가할 때 출력 전압을 구하고, 입출력 파형의 위상 관계를 그림으로 나타내어라.

〔풀이〕 식 (7.74)로부터 출력 전압은 진폭이 $\dfrac{V_m}{\omega CR}$이고, 위상은 90° 빠르다. 그림 7.28은 이 관계를 나타낸다.

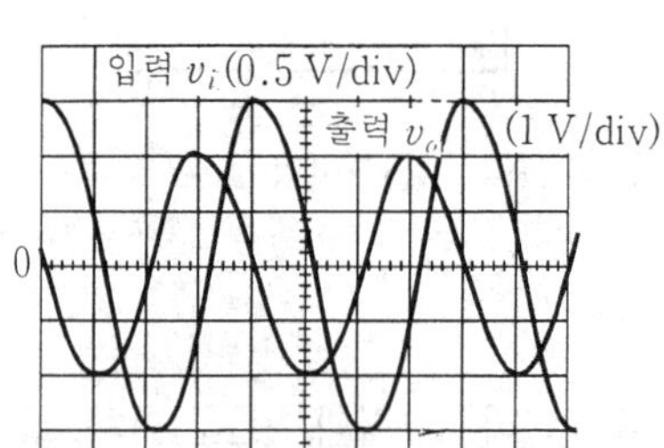

그림 7.28

(7) 미분 회로

그림 7.29는 미분 회로를 나타낸다. 입력 전압 V_i가 변화하면 그것에 대응해서 커패시터 C에 $I_i = V_o / R_f$의 충전 전류가 흐른다. 입력 전압 V_i의 변화 dV_i에 의해 커패시터 C에 충전되는 전하 dq는

$$dq = C \cdot dV_i \qquad \cdots (7.76)$$

로 된다. 또,

$$dq = -I_i dt = -(V_o/R_f)\, dt \qquad \cdots (7.77)$$

그러므로 식 (7.75)와 식 (7.76)을 같다고 놓으면, 출력 전압은

$$V_o = -CR_f \frac{dV_i}{dt} \qquad \cdots (7.78)$$

으로 된다. 출력 전압 V_o는 입력 전압 V_i의 시간 미분에 비례하고, 극성은 반전된다. 그림 (b)에서 입력 전압이 삼각파일 때 미분기의 출력이 구형파로 됨을 볼 수 있다.

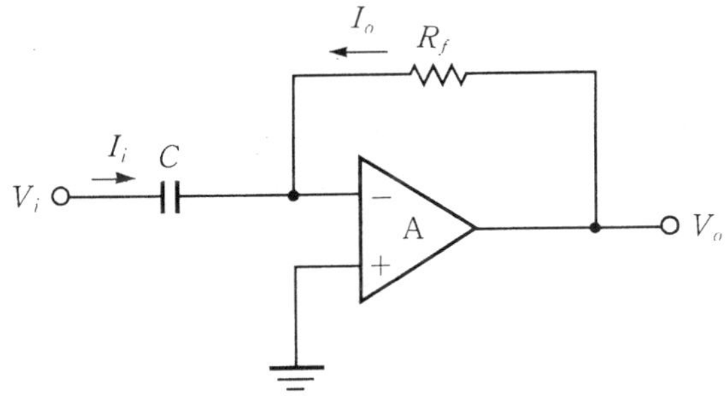

(a) 회로

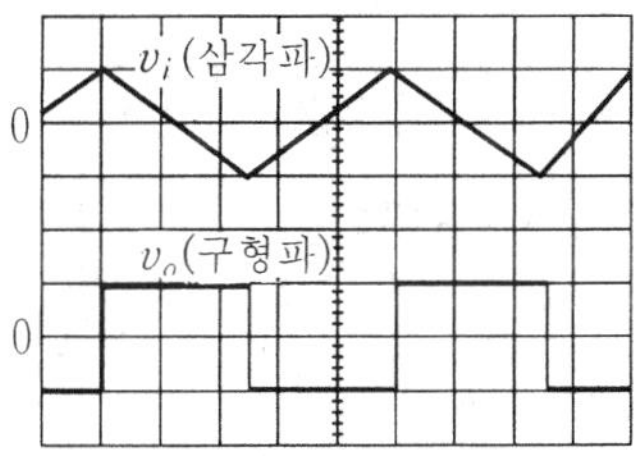

(b) 입출력 파형

그림 7.29 미분 회로

〔예제 7.5〕 그림 7.29의 미분 회로에 그림 7.30(a)와 같은 삼각파 전압(triangular wave-form voltage)이 인가되었다.

(a) 출력 파형을 도시하라.

(b) $R_f = 1\,\mathrm{M\Omega}$, $C = 0.1\,\mu\mathrm{F}$일 때 $t = 0.75$ ms에서 출력 전압의 크기를 계산하라.

〔풀이〕 (a) 삼각파 전압을 수식으로 나타내면,

$$V_i = \frac{4\,\mathrm{V}}{0.5\,\mathrm{ms}} t = 8t \quad (0 \le t \le 0.5\ \mathrm{ms})$$

$$V_i = \frac{-4\,\mathrm{V}}{0.5\,\mathrm{ms}} t + 8 = -8t + 8 \quad (0.5\ \mathrm{ms} \le t \le 1\ \mathrm{ms})$$

따라서 미분 회로의 출력 전압은

$$V_o = -R_f C\frac{dV_i}{dt} = -8R_f C \;\; (0 \le t \le 0.5\text{ ms})$$

$$V_o = -R_f C\frac{dV_i}{dt} = +8R_f C \;\; (0.5\text{ ms} \le t \le 1\text{ ms})$$

이것을 나타내면 그림 7.30(b)와 같다.

(b) 그림 (b)로부터

$V_o(t = 0.75\text{ms}) = 8 \times 1 \times 10^6 \times 0.1 \times 10^{-6} = 0.8\text{ V}$

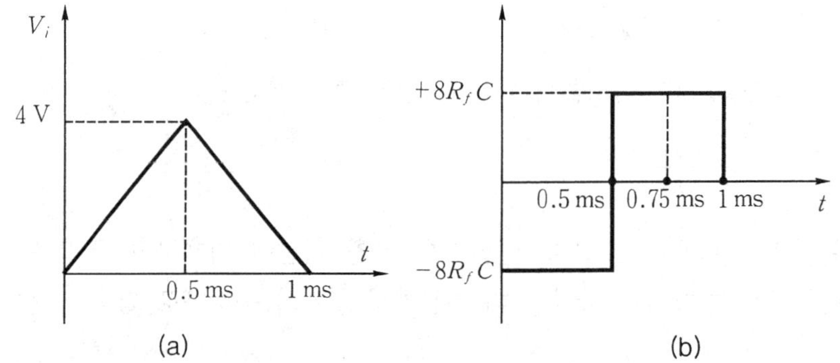

그림 7.30

---

(8) 차동 증폭기

그림 7.31에서,

$$I_1 + I_o = 0 \qquad \cdots (7.79)$$

$$\frac{V_1 - V_1^-}{R_1} + \frac{V_o - V_1^-}{R_2} = 0 \qquad \cdots (7.80)$$

위 식으로부터 V_1^-를 구하면

$$V_1^- = \frac{V_1 R_2 + V_o R_1}{R_1 + R_2} \qquad \cdots (7.81)$$

또, 회로에서

$$V_2^- = \frac{R_2}{R_1 + R_2} V_2 \qquad \cdots (7.82)$$

이상적인 op amp에서 V_1^-와 V_2^+는 같으므로, 식 (7.81)과 식 (7.82)를 같다고 놓고 V_o에 대해서 정리하면

$$V_o = \frac{R_2}{R_1}(V_2 - V_1) \qquad \cdots (7.83)$$

로 된다. 따라서 비반전 입력 단자 전압 V_2와 반전 입력 단자 전압 V_1의 차가 증폭되므로 차동 증폭 회로라고 한다.

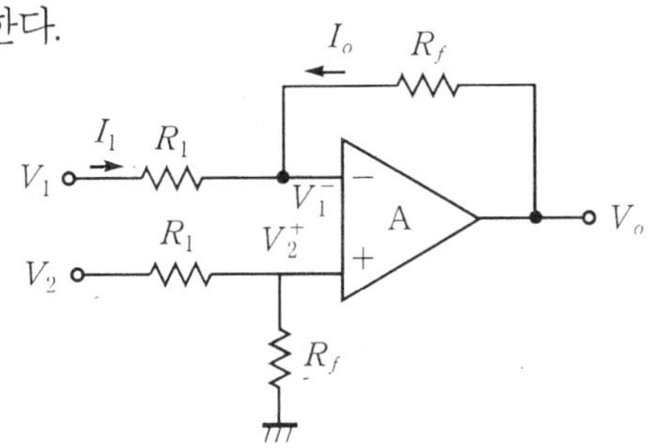

그림 7.31 차동 증폭기 회로

그림 7.32는 차동 증폭기의 차동 입력 신호와 동상 모드 입력 신호를 비교해서 나타낸 것이다.

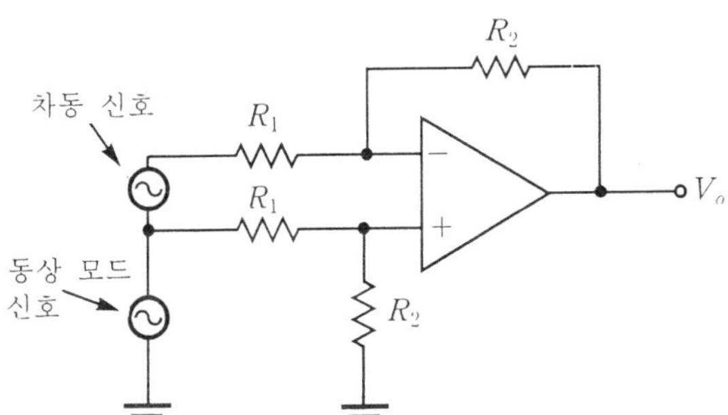

그림 7.32 차동 모드 입력과 동상 모드 입력의 비교

이 회로에 그림 7.33(a)와 같은 차동 입력 전압 v_1과 v_2만을 가하면 출력 전압 v_o가 얻어진다.

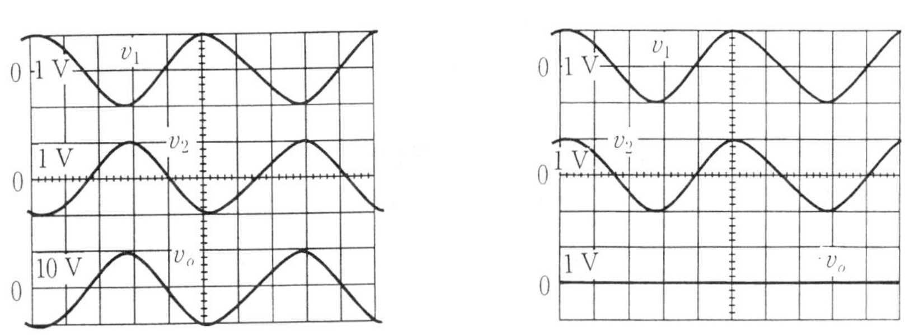

(a) 차동 입력에 대한 출력 파형 (b) 동상 입력에 대한 출력 파형

그림 7.33 차동 입력과 동상 입력 전압에 의한 출력 파형

그림에서 v_1과 v_2는 위상이 180° 다르며, 이 두 전압의 차가 R_2/R_1배 되어 출력 전압 v_o로 나타나고 있다. 또, 출력 전압은 (−)입력 단자 전압 v_1과 180° 위상차를, (+)입력 단자 전압 v_2와는 동상임을 보여 주고 있다. 그림 7.33(b)는 동상 입력 전압 $v_1=v_2$에 대한 출력 파형을 나타낸 것으로, 출력 전압이 극히 작음을 보여 주고 있다. 일반적으로 동상 입력 신호에 의해서 출력측에 생기는 출력 성분을 완전하게 제거하는 것은 불가능하다.

〔**예제** 7.6〕 그림 7.31의 회로에서 op amp의 *CMRR*은 70 dB이고 $R_1=1\ \text{k}\Omega$, $R_2=39\ \text{k}\Omega$이다. 이 회로가 30 mV의 차동 입력 전압과 100 mV, 60 Hz의 동상 잡음을 갖는다고 할 때, 다음을 계산하라.

(a) 출력 신호와 잡음을 계산하라.

(b) 만약 *CMRR* = 130 dB인 op amp로 대체하면, 출력 전압과 잡음의 크기는 어떻게 변하는가?

〔**풀이**〕 (a) 증폭기의 차동 이득은

$$A_{v(d)}=\frac{R_2}{R_1}=39$$

증폭기의 차동 출력 전압은

$$v_{o(d)}=A_{v(d)}v_{in(d)}=(39)(30\,\text{mV})=1.17\,\text{V}$$

$CMRR=20\log\left(A_{v(d)}/A_{v(cm)}\right)$이므로, 동상 모드 이득은

$$A_{v(cm)}=\frac{A_{v(d)}}{10^{(CMRR/20)}}=\frac{-39}{10^{(70/20)}}=0.0123$$

따라서 동상 모드 잡음 출력은

$$v_{o(cm)}=v_{i(cm)}A_{v(cm)}=(100\text{ mV})\,(0.0123)=1.23\text{ mV}$$

(b) $A_{v(d)}$는 외부 저항에 의해서 결정되므로, 출력 신호 전압은 변하지 않는다.

$$A_{v(cm)}=\frac{A_{v(d)}}{10^{(CMRR/20)}}=\frac{-39}{10^{(130/20)}}=1.23\times10^{-5}$$

출력 잡음 $v_{o(cm)}=v_{i(cm)}A_{v(cm)}=(100\text{ mV})\,(1.23\times10^{-5})=1.23\,\mu\text{V}$

이와 같이 *CMRR* 값이 클수록 이상적이다.

---

(9) 비교기

비교기(比較器; comparator)는 2개의 입력 전압 v_1과 v_2를 비교하여 그 차가 정(+) 또

는 부(−)인가에 따라 다른 레벨(level)의 전압을 출력하는 회로이다. 그림 7.34(a)와 같이 op amp를 사용해 귀환 회로 없이 차동 증폭기를 구성하여 반전 입력 단자에 V_i, 비반전 입력 단자에 V_r로 되는 전압을 인가하면 op amp의 포화 특성에 의해 그림 7.34(b)와 같은 차동 입력 (V_i-V_r)에 대한 출력 특성을 얻는다. 즉, $V_i=V_r$를 경계로 하여 출력 전압 V_o의 두 상태 V_L과 V_H가 정해진다.

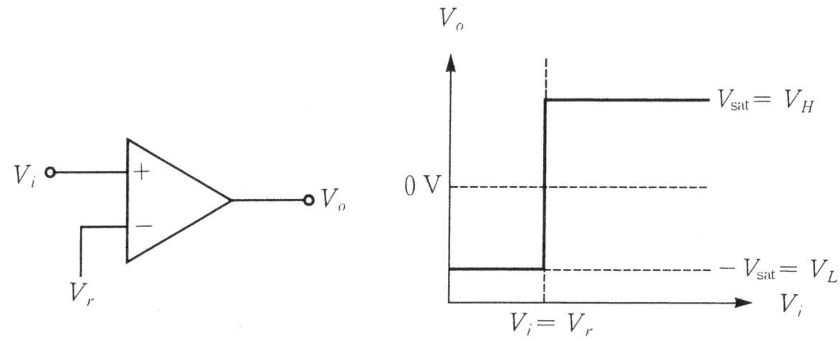

(a) 회로 (b) 전달 특성

그림 7.34 비교 회로

비교기의 일례로 그림 7.35(a)의 0 레벨 검출기(zero level detector)가 있다. 이것은 입력 전압이 0 V 레벨을 초과하는 시점을 검출하는 것이다. 그림에서 반전 단자는 접지되고, 입력 신호는 비반전 단자에 인가된다. 연산 증폭기의 개루프 이득(open loop gain)은 매우 크기 때문에 두 입력 사이에 매우 작은 차가 존재하더라도 증폭기 출력을 포화시킨다. 예를 들면, 그림 (b)와 같이 정현파 전압이 (+)에 인가되면 정현파의 (+)반파에서 증폭기 출력은 (+)최대값으로 되고, (−)반파에서는 (−)최대값으로 된다. 즉, 0 레벨을 경계로 하여 정현파의 크기가 0을 통과할 때마다 증폭기 출력 상태는 반전된다. 그림에서 알 수 있는 바와 같이 0 레벨 검출기는 정현파를 구형파로 만드는 회로로 사용할 수 있다.

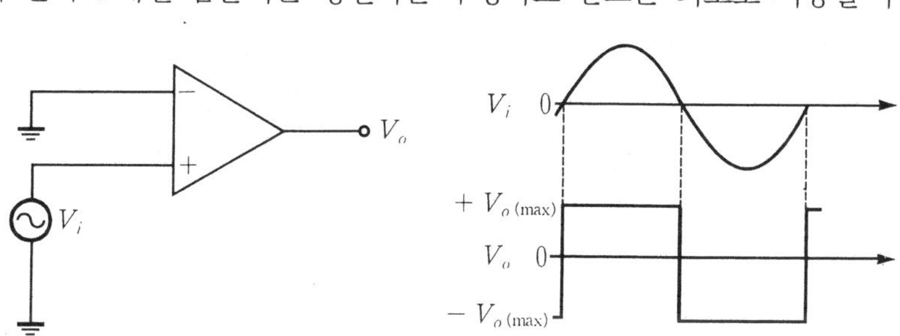

(a) (b)

그림 7.35 0 레벨 검출기

또한, 그림 7.36과 같이 반전 단자에 일정 기준 전압(fixed reference voltage) V_r을 접속하면 0이 아닌 전압 레벨을 검출할 수 있다. 비반전 단자에 그림 (b)와 같이 정현파 전압을 가하면 입력 전압이 V_r보다 크면 출력은 (+)최대 상태에, 작으면 (−)최대 상태에 머무른다. 이와 같이 입력 전압이 기준 전압을 초과할 때마다 출력은 (+)최대 상태로 된다.

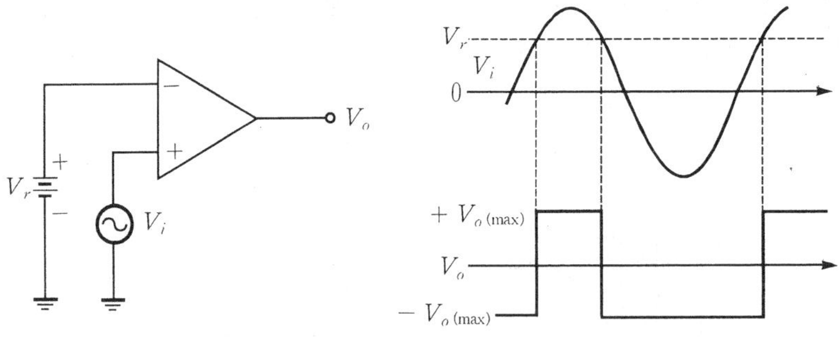

(a) 회로 (b) 입출력 파형

그림 7.36 레벨 검출기

(10) 슈미트 트리거(Schmitt trigger)

일반적으로 op amp를 사용하는 경우 부귀환을 걸어 동작시킨다. 이것은 정귀환을 사용하면 증폭시 이상 발진 현상과 같은 문제를 일으켜 정귀환이 바람직하지 못하기 때문이다. 그런데 슈미트 회로(Schmitt circuit)에서는 부귀환을 걸지 않고 그림 7.37과 같이 출력 단자 측에 저항 R_1, R_2를 접속하여 정귀환을 걸고 있다. 출력 전압을 V_o라고 할 때 그림에서 T 점의 전위는

$$V_T = \pm\frac{R_1}{R_1 + R_2}V_o \qquad \cdots (7.84)$$

지금, 입력 전압 V_i가 V_T보다 충분히 낮으면 출력 전압은 (+)로 된다. 다음 입력 전압이 차차 증가하여 V_T보다 약간이라도 크게 되면 출력은 즉시 $-V_o$로 반전하고, 그와 동시에 T 점의 전압 V_T도 (−)전압으로 된다. 그래서 슈미트 트리거 회루의 전달 곡선(transfer curve)은 그림 (b)와 같이 히스테리시스 특성(hysteresis)을 나타낸다. 그림에서 $+V_o$에서 $-V_o$로 되는 임계 전압을 상측 임계 전압(上側臨界電壓; upper threshold voltage), $-V_o$에서 $+V_o$로 되는 임계 전압을 하측 임계 전압(下側臨界電壓; lower threshold voltage)이라고 한다.

$$\text{상측 임계 전압(upper threshold voltage)} = +\frac{R_1}{R_1 + R_2}V_o \qquad \cdots (7.85)$$

$$\text{하측 임계 전압(lower threshold voltage)} = -\frac{R_1}{R_1 + R_2}V_o \qquad \cdots (7.86)$$

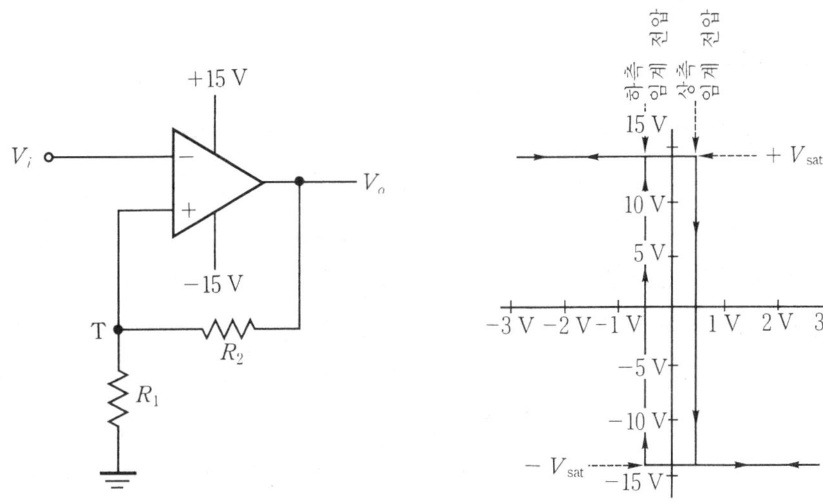

(a) 회로 (b) 전달 곡선(히스테리시스)

그림 7.37 슈미트 트리거

〔**예제** 7.7〕 그림 7.37의 슈미트 트리거 회로에서 $R_1 = 1\ \text{k}\Omega$, $R_2 = 33\ \text{k}\Omega$, $V_{cc} = 15$ V이다. $V_o = V_{sat} = V_{cc} - 1$일 때 다음을 구하라.

(a) 전달 곡선(히스테리시스)을 그려라.

(b) 입력 전압이 $v_i = \sin\omega t$ V일 때 상측 및 하측 임계 전압, 출력 파형을 도시하라.

〔**풀이**〕 (a) 상측 임계 전압 $= \dfrac{R_1}{R_1 + R_2}(+V_{sat}) = \dfrac{1\text{k}\Omega}{1\text{k}\Omega + 33\text{k}\Omega}(+14\ \text{V}) = +0.41\ \text{V}$

하측 임계 전압 $= \dfrac{R_1}{R_1 + R_2}(-V_{sat}) = \dfrac{1\text{k}\Omega}{1\text{k}\Omega + 33\text{k}\Omega}(-14\ \text{V}) = -0.41\ \text{V}$

이것을 그림으로 나타내면 그림 7.37(b)와 같다.

(b) 입력 전압이 +0.41 V와 −0.41 V일 때 출력 상태가 변한다. 이것을 나타내면 그림 7.38과 같다.

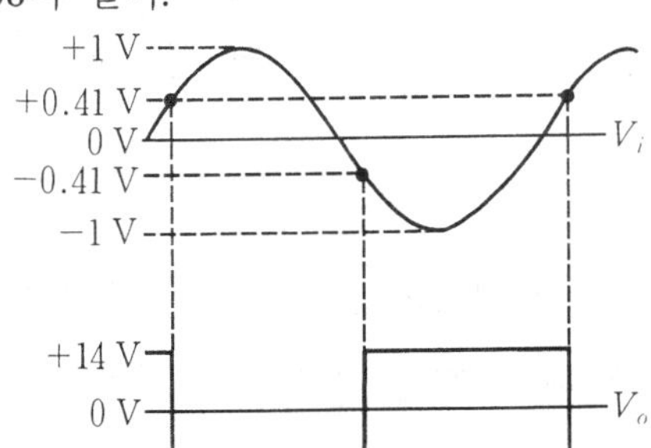

그림 7.38

7.1.5 필터

필터(filter)는 입력 신호의 주파수 성분에서 원하는 주파수 성분만을 추출하여 전달하는 회로이다. 필터는 회로 소자를 조합하여 구성하며, 회로 소자의 종류에 따라 수동(受動) 필터(passive filter)와 능동(能動) 필터(active filter), 또 아날로그 필터(analog filter)와 디지털 필터(digital filter)로 분류한다. 수동 필터는 L, C, R 등의 수동 소자를 조합해서 입·출력 사이에 적당한 전달 특성을 갖도록 하여 필요한 주파수의 성분을 추출하는 회로이다. 능동 필터는 전원이 필요하며 R, C 등의 소자를 사용하여 증폭기에 주파수 선택의 귀환 특성을 갖도록 하여 LCR 필터와 같은 필터 특성을 실현하는 것이다. 또, 디지털 필터는 디지털 회로에 의해서 아날로그형의 LCR 필터와 같은 동작을 하게 한다. 다음에서는 계측기에 사용되는 중요 필터의 특성에 대해서 간단히 설명한다.

(1) 수동 필터

수동 필터는 저항과 정전 용량만을 사용해서 구성한 RC 필터와 인덕턴스와 정전 용량을 조합한 리액턴스(LC) 필터가 있다. 그림 7.39는 각종 RC 필터와 입출력비의 주파수 특성을 보인 것이다. 그림 (a)는 저역 통과 필터(low pass filter)이며, 신호의 저주파 성분은 쉽게 통과시키고 고주파 성분은 차단하다. 이때 출력이 입력의 $1/\sqrt{2}$ (−3dB)배로 되는 주파수 f_h를 고역 차단 주파수(高域遮斷周波數; upper cutoff frequency)라고 한다. 그림 (b)는 고역 필터 특성을 나타낸 것으로, 저주파 성분을 차단한다. 이때 출력이 입력의 $1/\sqrt{2}$ (−3 dB)배로 되는 주파수 f_l을 저역 차단 주파수(低域遮斷周波數; lower cutoff frequency)라고 부른다. f_h와 f_l은 다음 식으로 된다.

$$f_h = f_l = \frac{1}{2\pi RC} \quad \cdots (7.87)$$

그림 (c)는 대역 통과(帶域通過) 필터(band pass filter)이며, 저역 통과 필터와 고역 통과 필터를 조합하여 만든 것이다. 주파수 특성에서 평탄한 부분의 중심 주파수는

$$f_o = \frac{1}{2\pi RC} \quad \cdots (7.88)$$

그림 (d)는 대역 제거(帶域除去) 필터(band stop filter)의 일례이고, 특히 매우 좁은 대역의 주파수를 제거하는 필터를 놋치 필터(notch filter)라고 부른다. 제거되는 중심 주파수는

$$f_n = \frac{1}{2\pi RC} \quad \cdots (7.89)$$

로 주어진다.

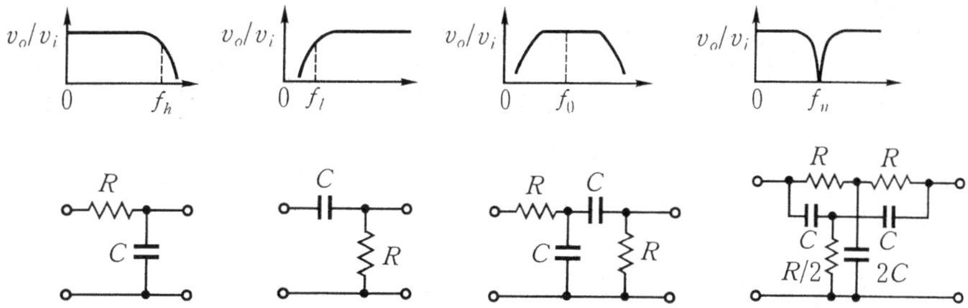

(a) 저역 통과 필터 (b) 고역 통과 필터 (c) 대역 통과 필터 (d) 대역 제거 필터

그림 7.39 *RC* 필터

이상 설명한 *RC* 필터는 저항에서 손실이 크고, 입·출력 비가 작은 결점이 있다. 그래서 인덕턴스와 정전 용량을 조합한 리액턴스(*LC*) 필터로 여러 가지 필터 특성을 실현한 것이 많다. 그림 7.40은 *LC* 회로로 구성된 간단한 리액턴스 필터의 예이다. 각 회로에 대한 차단 주파수(f_c), 중심 주파수(f_o), 공진 주파수(f_n)는 다음 식으로 주어진다.

$$f_c = f_o = f_n = \frac{1}{2\pi\sqrt{LC}} \qquad \cdots (7.90)$$

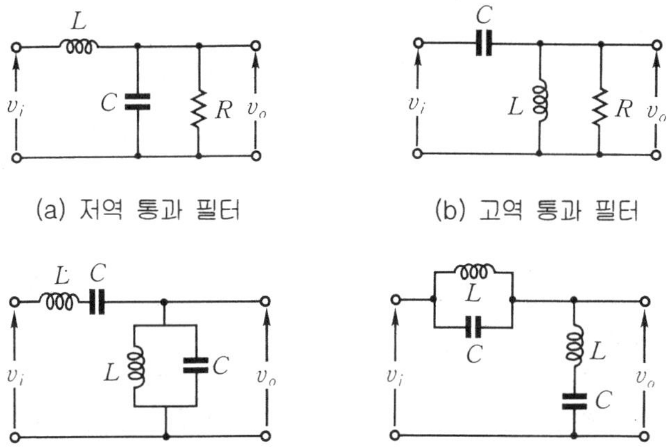

(a) 저역 통과 필터 (b) 고역 통과 필터

(c) 대역 통과 필터 (d) 대역 제거 필터

그림 7.40 리액턴스(*LC*) 필터

(2) 능동 필터

지금까지 기술한 필터는 *R*, *L*, *C* 등 수동 소자만으로 구성되었다. *RC* 필터는 저항에 의한 손실이 크고, 회로의 *Q* (quality factor)도 낮으며, 급준한 차단 특성을 가질 수 없다. 한편, *LC* 필터의 경우는 우수한 주파수 특성을 가지나, 코일을 사용하므로 소형화, 저가격화, 저주파화를 실현하는 데 문제가 있다. 그래서 코일을 사용하지 않고 *RC* 회로

와 증폭기를 조합시켜서 LC 필터의 특성을 갖도록 한 필터를 능동 필터(active filter)라고 한다. 능동 필터는 R, C, 연산 증폭기로 구성되므로 집적화가 가능하다. 그림 7.41(a)는 일반적인 능동 필터 회로이다. 이 회로의 입출력 전압비를 임피던스와 어드미턴스로 나타내면 다음 식으로 된다.

$$\begin{aligned}\frac{E_o}{E_i} &= -\frac{Z_1Z_3Z_4}{Z_1Z_2(Z_3+Z_4+Z_5)+Z_3Z_4(Z_1+Z_2)} \\ &= -\frac{Y_1Y_4}{Y_3Y_4+Y_5(Y_1+Y_2+Y_3+Y_4)}\end{aligned} \quad \cdots (7.91)$$

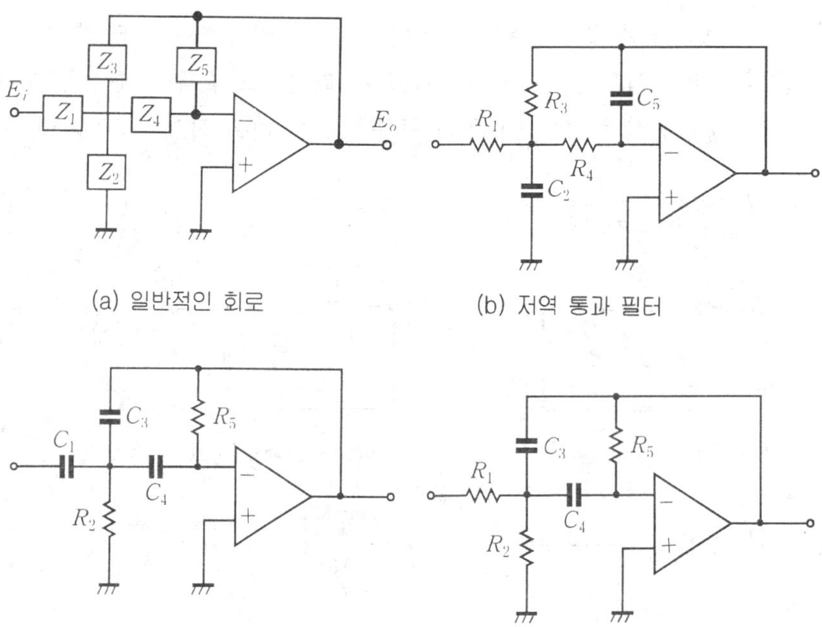

(a) 일반적인 회로 (b) 저역 통과 필터

(c) 고역 통과 필터 (d) 대역 통과 필터

그림 7.41 각종 능동 필터 회로

그림 7.41(b), (c), (d)는 각종 능동 필터를 나타낸 것으로, (b)는 저역 통과(低域通過; low pass) 필터, (c)는 고역 통과(高域通過; high pass) 필터, (d)는 대역 통과(帶域通過; band pass) 필터이다.

이들의 개략적인 주파수 특성, 차단 주파수 등을 나타내면 표 7.1과 같다. 전원 잡음 등과 같은 저주파 잡음 제거에는 고역 통과 필터를, 특정의 주파수 신호만을 추출하고자 할 경우에는 대역 통과 필터를 사용한다. 이와 같이 필터를 잡음의 성질에 따라 적절하게 사용함으로써 잡음 성분을 억제 또는 제거할 수 있다.

표 7.1 각종 능동 필터의 특성

	저역 통과	고역 통과	대역 통과
주파수 특성	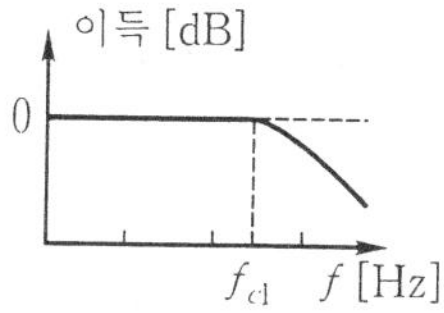	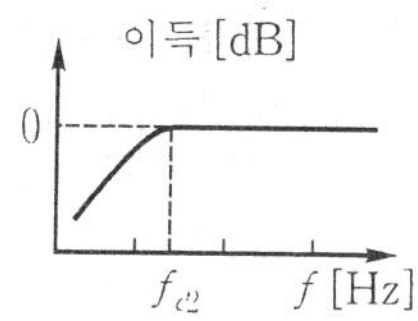	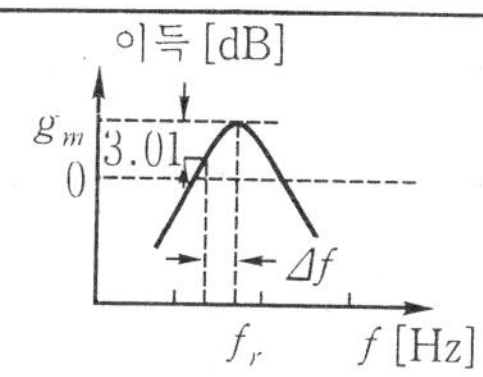
차단 주파수	$f_{c1}=\dfrac{1}{2\pi\sqrt{C_2C_5C_3C_4}}$	$f_{c2}=\dfrac{1}{2\pi\sqrt{C_3C_4C_2C_5}}$	$f_r=\dfrac{1}{2\omega}\sqrt{\dfrac{R_1+R_5}{C_3C_4R_1R_2R_5}}$ $g_m=20\log\dfrac{C_4C_5}{R_1(C_3+C_4)}$

7.2 직류 전자 전압계

2장에서 설명한 영구 자석 가동 코일형 직류 전압계는 입력 저항이 낮을 뿐만 아니라 각 측정 범위에 따라 입력 저항이 변한다. 이에 비해 직류 전자 전압계(dc electronic voltmeter)는 10～100 MΩ 사이의 높은 입력 저항을 가지며, 또한 입력 저항이 모든 측정 범위에서 동일하다. 전자 전압계는 사용된 전자 기술에 따라 여러 가지 명칭으로 불리우고 있다. 초창기에는 진공관이 사용되었으나, 현재는 BJT나 FET와 같은 트랜지스터가 사용되고 있다. 여기서는 앞 절에서 설명한 전자 회로를 이용한 각종 전자 전압계의 기본 원리에 대해서 설명한다.

7.2.1 이미터 폴로워 전압계

그림 7.6에서 설명한 바와 같이 이미터 폴로워(emitter follower)는 높은 입력 저항과 낮은 출력 저항을 갖는 증폭기이다. 따라서 이미터 폴로워를 전압계 회로에 사용하면 전압계의 부하 효과를 크게 감소시킬 수 있다. 그림 7.42는 이미터 폴로워 전압계(emitter follower voltmeter) 회로를 나타낸다.

트랜지스터 Q_1의 베이스는 저항 R_1을 통해 접지된다. 저항 R_4, R_5, R_6로 구성되는 분압 회로는 트랜지스터 Q_2의 베이스에 바이어스 전압(V_{B2})을 제공하며, 이 전압은 저항 R_5에 의해서 조정된다. 또, 트랜지스터 Q_1, Q_2의 이미터는 각각 저항 R_2, R_3를 통해서 (−)전원($-V_{EE}$)에 접속된다. 계기 회로(R_c, R_m, 계기 M)는 두 이미터 사이에 접속되어 있다. 이 전압계 회로의 입력 저항은 저항 R_1과 트랜지스터 베이스에서 본 입력 저항의 병렬 합성으로 구성된다.

먼저, 입력 전압을 가하지 않은 상태(V_{in}=0)를 생각해 보자. R_5로 Q_2의 베이스 전압을 조정해서 계기 M에 흐르는 전류를 0으로 하면 $V_{B2}=0$, $V_{BE1}=V_{BE2}\doteqdot 0.7$ V이므로, $V_{E1}=V_{E2}=-0.7$ V로 되고, 계기 회로의 양단 전압은

$$V_{E1}-V_{E2}=0\text{ V} \quad \cdots (7.92)$$

이제, 전압계에 측정 전압 V_{in}을 인가하면,

$$V_{in}=V_{BE1}+V_{E1} \quad \cdots (7.93)$$

그리고 계기 회로의 전압은

$$\begin{aligned} V_m &= V_{E1}-V_{E2}=(V_{in}-V_{BE1})-V_{E2} \\ &= (V_{in}-0.7\text{ V})-(-0.7\text{ V})=V_{in} \end{aligned} \quad \cdots (7.94)$$

로 되어, 전체 입력 전압(미지 전압)이 계기 회로에 나타나고, 계기에 흐르는 전류는

$$I_m=\frac{V_{in}}{R_c+R_m} \quad \cdots (7.95)$$

로 되어, 계기에는 입력 전압에 비례하는 전류가 흐른다.

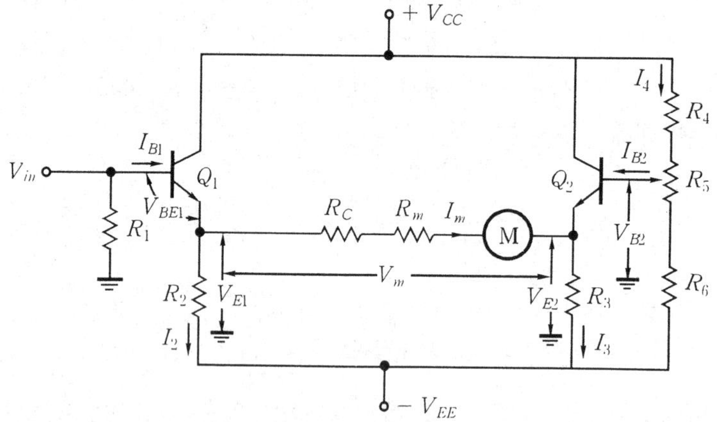

그림 7.42 이미터 폴로워 전압계 회로

〔예제 7.8〕 그림 7.42의 이미터 폴로워 전압계 회로에서 $R_2=R_2=3.9$ kΩ, $R_c=5$ kΩ, $R_m=1$ kΩ, $V_{CC}=V_{EE}=\pm 12$ V이다.

(a) $V_{in}=0$ V일 때 I_1과 I_2를 계산하라.

(b) $V_{in}=6$ V일 때 계기 회로의 전압을 계산하라.

(c) 계기 M에 흐르는 전류를 구하라.

〔풀이〕 (a) $V_{in} = V_{BE1} - V_{R2} + V_{EE}$ 이므로 저항 R_2와 R_3 양단 전압은

$$V_{R2} = V_{R3} = 0[\text{V}] - V_{BE1} - V_{EE}$$
$$= 0[\text{V}] - 0.7[\text{V}] - (-12[\text{V}]) = 11.3\text{ V}$$

따라서

$$I_2 = I_3 = \frac{V_{R2}}{R_2} = \frac{11.3\text{ V}}{3.9\text{ k}\Omega} = 2.9\text{ mA}$$

(b) $V_{E1} = V_{in} - V_{BE1} = 6\text{ V} - 0.7\text{ V} = 5.3\text{ V}$

$$V_{E2} = V_{B2} - V_{BE2} = 0\text{ V} - 0.7\text{ V} = -0.7\text{ V}$$
$$V_m = V_{E1} - V_{E2} = 5.3\text{ V} - (-0.7\text{ V}) = 6\text{ V}$$

(c) 계기 전류는

$$I_m = \frac{V_m}{R_c + R_m} = \frac{6\text{ V}}{1\text{k}\Omega + 5\text{k}\Omega} = 1\text{ mA}$$

7.2.2 소스 폴로워 전압계

그림 7.43은 FET를 이용한 소스 폴로워(source follower) 전압계 회로이다. 측정 전압은 트랜지스터 Q_1의 게이트에 인가되며, 트랜지스터 Q_2의 게이트는 접지된다. 입력 전압이 0 V이면 브리지가 평형되고 전류계에는 전류가 흐르지 않는다. Q_1은 소스 폴로워이고, 그것의 이득은 식 (7.34)로부터

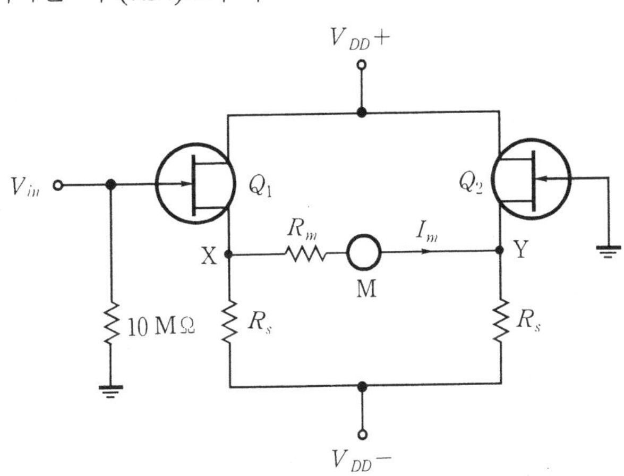

그림 7.43 소스 폴로워 전압계 회로

$$A = \frac{g_m r_d R_s}{r_d + R_s + g_m r_d R_s} \qquad \cdots (7.96)$$

따라서 소스 폴로워의 출력 전압은

$$V_o = \frac{g_m r_d R_s}{r_d + R_s + g_m r_d R_s} V_{in} \qquad \cdots (7.97)$$

테브난 정리를 사용해 계기에 흐르는 전류를 구해 보자. 그림 7.43 회로를 단자 x, y에서 본 테브난 등가 회로로 나타내면 그림 7.44(a)와 같다. 여기서 테브난 등가 전압은 식 (7.97)과 같다. 즉,

$$V_{TH} = \frac{g_m r_d R_s}{r_d + R_s + g_m r_d R_s} V_{in} \qquad \cdots (7.98)$$

테브난 등가 저항은 다음과 같이 구해진다. 먼저, 소스 폴로워 FET의 출력 저항은 식 (7.35)에서 다음과 같이 쓸 수 있다.

$$R_D = \frac{r_d}{g_m r_d + 1} \qquad \cdots (7.99)$$

이것을 사용해 그림 7.43 회로를 그림 7.44(b)와 같이 등가적으로 나타낼 수 있다. 테브난 등가 저항은 전류계를 제거하고 단자 X, Y에서 본 회로 저항이다. 즉,

$$\begin{aligned} R_{Th} &= R_s // \frac{r_d}{g_m r_d + 1} + R_s // \frac{r_d}{g_m r_d + 1} \\ &= 2\left(R_s // \frac{r_d}{g_m r_d + 1} \right) \end{aligned} \qquad \cdots (7.100)$$

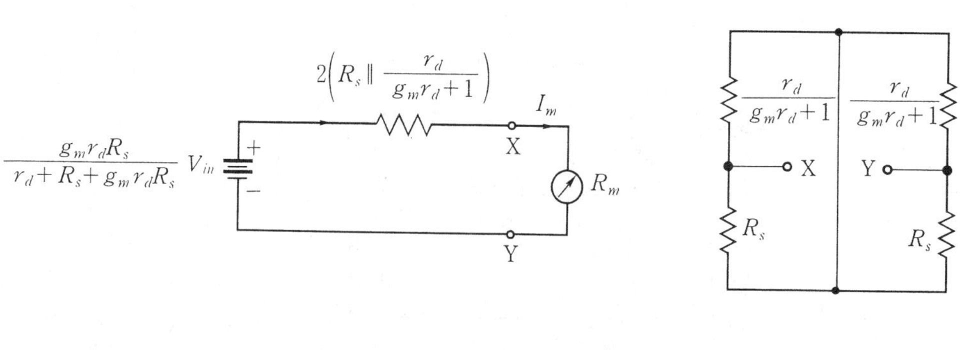

그림 7.44 테브난 등가 회로와 등가 저항

단자 X, Y에 전류계를 접속하면 계기에 흐르는 전류는

$$I_m = \frac{V_{Th}}{R_{Th} + R_m}$$
$$= \frac{g_m r_d R_s}{r_d + R_s + g_m r_d R_s} V_{in} \frac{1}{2\left(R_s \,//\, \dfrac{r_d}{g_m r_d + 1}\right) + R_m} \quad \cdots(7.101)$$
$$\approx \frac{V_{in}}{2r_d / g_m r_d + R_m} = \frac{V_{in}}{2/g_m + R_m}$$

위 과정에서 다음과 같은 조건이 사용되었다.

$$G_m r_d R_s \gg r_d,\ R_s$$
$$R_s \gg r_d / (g_m r_d + 1)$$

그림 7.45는 소스 폴로워를 사용한 전압계의 일례를 나타낸다. 저항으로 구성된 분압기는 입력 감쇠기(input attenuation)로 작용하여, 측정 범위를 확대해 준다. 측정 전압은 정확히 분압되어 입력 트랜지스터에 인가된다. 각 측정 범위에서 최대 전압이 입력되었을 때 트랜지스터 Q_1의 입력 전압은 항상 1 V이다. 예를 들면, 그림과 같이 10 V 측정 범위에서

$$V_G = 10\,\text{V} \times \frac{0.6\,\text{M}\Omega + 210\,\text{k}\Omega + 96\,\text{k}\Omega}{6\,\text{M}\Omega + 2.1\,\text{M}\Omega + 0.6\,\text{M}\Omega + 210\,\text{k}\Omega + 90\,\text{k}\Omega} = 1\,\text{V}$$

이 회로의 측정 전압에 대한 입력 저항은 총 감쇠기 저항과 같으며 9 MΩ이다.

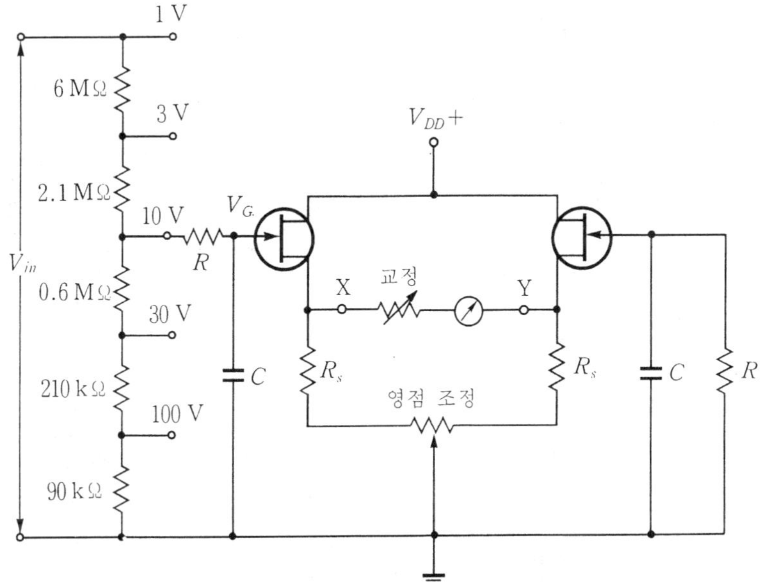

그림 7.45 소스 폴로워 전자 전압계의 일례

7.2.3 전압 폴로워 전압계

op amp를 사용한 전압 폴로워(voltage follower)에 대해서는 그림 7.26에서 설명한 바 있다. 이 회로를 이용한 전자 전압계 회로가 그림 7.46이다. 이 전압계는 그림 7.42에서 설명한 이미터-폴로워 전압계와 매우 유사하다. 그러나 이미터 폴로워와는 달리 입력에서 출력으로 베이스-이미터 전압 강하가 존재하지 않는다. 또, 전압 폴로워는 훨씬 더 높은 입력 저항과 낮은 출력 저항을 갖는다.

입력 전압(V_{in})은 감쇠되어 op amp의 비반전 입력 단자에 인가된다. 출력은 R_f를 통해 반전 단자로 귀환된다. op amp의 반전 단자와 비반전 단자에서 전압은 동일하므로 출력 전압은 입력 전압을 정확히 따른다. 즉, $V_o=V_+$이고, 이 전압이 계기 회로에 인가된다. 측정 전압 범위는 감쇠기에 의해서 선택된다. 현재의 S 위치에서 증폭기 입력 전압은

$$V_+ = \frac{R_3 + R_4}{R_1 + R_2 + R_3 + R_4} V_{in} = KV_{in} \quad \cdots(7.102)$$

여기서 K는 감쇠비이다. 따라서 계기에 흐르는 전류는

$$I_{im} = \frac{V_o}{R_s + R_m} = \frac{KV_{in}}{R_s + R_m} \quad \cdots(7.103)$$

로 되어, 계기에는 입력 전압에 비례하는 전류가 흐른다.

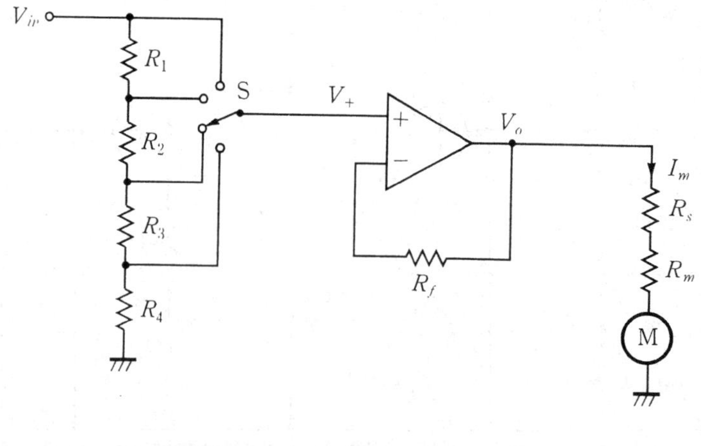

그림 7.46 전압 폴로워 전자 전압계

7.2.4 FET 입력 직류 전압계

BJT 전압계 회로의 입력 저항은 낮기 때문에 더 높은 입력 저항이 필요한 경우에는 입력단에 FET를 사용하고, FET의 출력을 BJT의 입력에 직접 결합한다. 직결합 직류 증폭기(直結合直流增幅器; direct-coupled dc amplifier)는 값이 저렴하기 때문에 일반적으로 저가(低價)의 직류 전압계에 널리 사용되고 있다.

그림 7.47은 FET-입력 직결합 직류 증폭기(FET input direct coupled dc amplifier) 회로이다. 미지 전압은 입력 감쇠기(input attenuator)를 통해 일그러짐(歪; distortion) 없이 n채널 FET Q_1의 게이트에 인가한다. FET Q_1의 출력은 이미터 폴로워 npn 트랜지스터 Q_2의 베이스에 직접 결합된다. 여기서 FET Q_1은 소스 폴로워로 작용하고, 입력 감쇠기와 Q_2 베이스 사이에 임피던스 변환을 제공한다. 트랜지스터 Q_2는 0점 조정 저항 R_z, R_E, R과 함께 평형 브리지 회로를 형성한다.

입력 전압 V_{in}이 0일 때 0점 조정 저항을 조정하여 브리지의 평형을 얻는다. 이 상태에서 $I_2 = I_3$ 및 $V_x = V_y$이므로 계기에 흐르는 전류는 $I_m = 0$으로 된다.

Q_2의 바이어스는 입력 전압 V_{in}에 의해서 제어되기 때문에 미지 전압 V_{in}이 인가되면 Q_2의 바이어스는 증가하고, 이것은 전압 V_x를 증가시킨다. 지금 V_x가 V_y보다 커지면 계기에 흐르는 전류 I_m은

$$I_m = \frac{V_x - V_y}{R_c + R_m} \qquad \cdots(7.104)$$

따라서 계기의 편위는 입력 전압 V_{in}에 비례한다.

계기의 교정은 계기와 직렬로 접속된 교정용 가변 저항 R_c를 조정하여 각 측정 범위에서 계기가 최대 눈금을 지시하도록 한다. 이 전압계의 입력 임피던스는 10 MΩ 정도로 매우 높아, 측정 회로에 대한 계기 자체의 부하 효과(負荷效果; loading effect)를 무시할 수 있다. 주요 단점은 0점 변동(zero drift)이 1 mV/hr 정도로 크다는 점이다.

그림 7.48은 또 다른 FET 입력 직류 전압계 회로이며, 그림 7.40의 이미터 폴로워 전압계의 입력 저항을 증가시키기 위해서 FET 입력을 추가한 것이다. FET Q_3는 소스 폴로워로 작용하고, Q_1에 필요한 베이스 전류를 공급한다. 입력 전압이 V_{in}=0 V일 때 FET의 게이트 전위는 0 V이다. 그런데 n채널 FET의 게이트(G)는 소스 단자(S)에 대해서 (−)전위이어야 한다(7.3절을 보라). 다시 말하면, 소스 단자가 게이트에 대해서 (+) 전위이어야 한다. 예를 들어, V_G=0 V이고, V_{GS}=−5 V이면 소스 단자 전압은 +5 V이다 (V_{SG}=+5 V라고 쓸 수 있다). 따라서 Q_1의 베이스 단자도 +5 V이다. 그런데 평형 상태

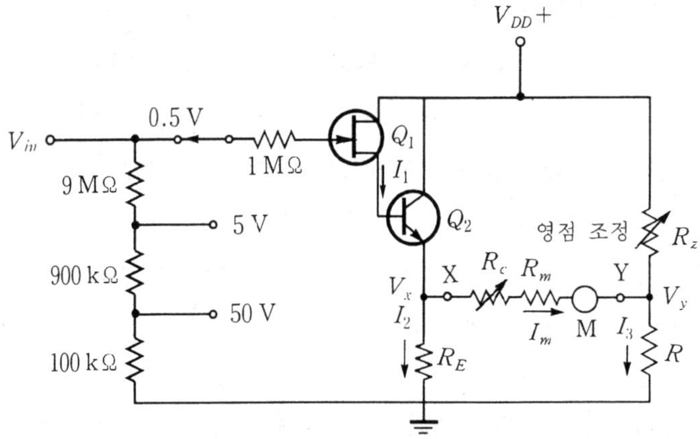

그림 7.47 FET 입력 직결합 직류 전압계

에서(계기 전류가 0인 상태) Q_2의 베이스 전압은 Q_1의 베이스 전압과 같아야 하기 때문에 Q_2의 베이스 전압도 +5 V이다. 그림에서, R_5는 입력 전압이 0일 때 계기의 지시를 0으로 조정하는 데 사용된다. 감쇠기는 각 측정 범위에서 최대 전압이 인가될 때 게이트 전압 V_G가 최대값(1 V)이 되도록 설계한다.

지금, 미지 전압 5 V가 회로에 인가되는 경우를 생각해 보자. 측정 범위 선택 스위치가 그림에서와 같이 10 V 위치에 있을 때 이 전압은 감쇠기에 의해 0.5 V로 감쇠되어 Q_3의 게이트에 인가되므로 V_G는 0.5 V이다. 따라서 V_{GS}를 −5 V로 유지하기 위해서는 소스 단자 전압이

$$V_s = 0.5\text{ V} + 5\text{ V} = 5.5\text{ V}$$

가 되어야 한다. 이와 같이 소스 전압이 0.5 V만큼 증가하면 트랜지스터 Q_1의 베이스 전압도 0.5 V만큼 증가한다. 이 증가된 전압은 전부 계기 회로 양단에 나타나고, 이 전압에 비례하는 전류가 계기를 통해 흐른다. 즉, 계기에 흐르는 전류 I_m은

$$I_m = \frac{0.5\text{ V}}{R_c + R_m}$$

따라서 R_c+R_m을 적절히 선택하면 계기의 지시치는 측정 전압을 나타낸다.

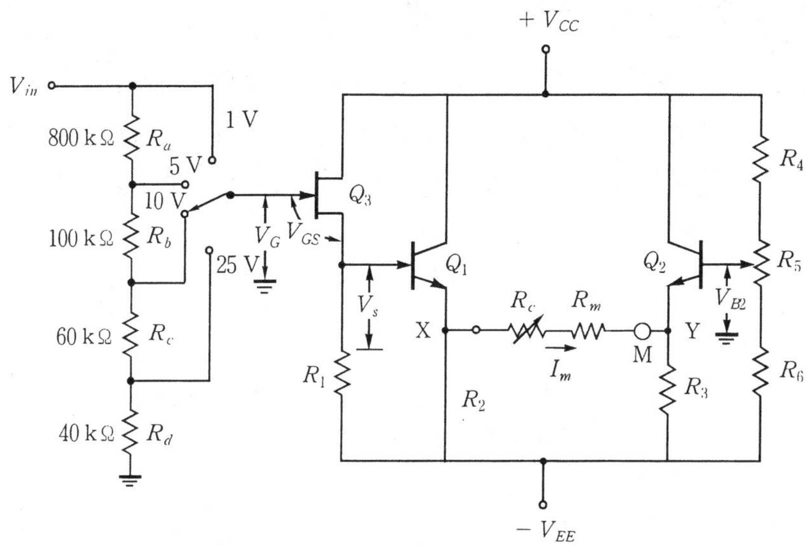

그림 7.48 FET 입력 전압계

〔**예제** 7.9〕 그림 7.48의 회로에서 입력 전압이 7.5 V일 때 계기의 지시값을 결정하라. 단, FET의 게이트–소스 간 전압은 −5 V, V_{B2}=+5 V, R_c=700 Ω, R_m= 300 Ω, 최대 눈금에서 계기 전류는 I_m=1 mA이다.

〔**풀이**〕 10 V 측정 범위에서 게이트 전압은

$$V_G = \frac{R_c + R_d}{R_a + R_b + R_c + R_d} V_{in} = \frac{60\,\text{k}\Omega + 40\,\text{k}\Omega}{800\,\text{k}\Omega + 100\,\text{k}\Omega + 60\,\text{k}\Omega + 40\,\text{k}\Omega} \times 7.5\,\text{V} = 0.75\,\text{V}$$

소스 단자 전압은 $V_S = V_G - V_{GS} = 0.75\text{ V} - (-5\text{ V}) = 5.75\text{ V}$

트랜지스터 Q_1의 베이스 전압 $V_{B1} = Vs = 5.75\text{ V}$

트랜지스터 Q_1의 이미터 전압 $V_{E1} = V_S - V_{BE} = 5.75\text{ V} - 0.7\text{ V} = 5.05\text{ V}$

트랜지스터 Q_2의 이미터 전압 $V_{E2} = V_{B2} - 0.7\text{ V} = 5\text{ V} - 0.7\text{ V} = 4.3\text{ V}$

계기 회로 양단 전압 $V_{xy} = V_{E1} - V_{E2} = 5.05\text{ V} - 4.3\text{ V} = 0.75\text{ V}$

이와 같이 계기 양단에 걸리는 전압이 입력 전압 V_G와 동일하다.

계기에 흐르는 전류는

$$I_m = \frac{V_{xy}}{R_c + R_m} = \frac{0.75\,\text{V}}{1\,\text{k}\Omega} = 0.75\,\text{mA}$$

따라서 계기는 최대 눈금(1 mA)의 75 %를 지시한다. 즉, 전압계의 지시값은

10 V × 0.75 = 7.5 V

7.2.5 차동 증폭기형 전자 전압계

그림 7.49는 차동 증폭기를 사용한 전압계(difference amplifier voltmeter) 회로이다. 앞에서 설명한 바와 같이 Q_2의 베이스 전압이 0이고, 입력 전압(V_{in})이 Q_1의 베이스에 인가될 때 두 트랜지스터의 베이스 전압의 차($V_{in}-0$)가 증폭되어 계기 회로에 나타나기 때문에 이와 같이 부른다.

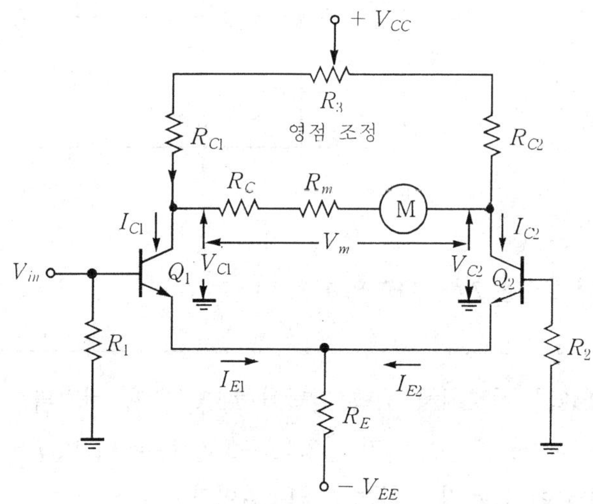

그림 7.49 차동 증폭기형 전압계

지금, 입력 전압이 Q_1의 베이스에 인가되면 I_{C_1}은 증가하고 I_{C_2}는 감소한다. I_{C_1}의 증가는 $I_{C_1}R_{C_1}$의 증가와 V_{C_1}의 감소를 가져온다. 유사하게, I_{C_2}의 감소는 V_{C_2}의 증가를 가져온다. 그 결과 계기 회로의 전압은 우측 단자에서는 (+)방향으로, 좌측 단자에서는 (−)방향으로 증가한다. 계기 전압은 입력 전압 V_{in}에 정비례한다. 계기의 영점 조정은 R_3에 의해서 이루어진다.

그림 7.50(a)는 FET를 사용한 차동 증폭기형 전압계 회로이다. 인가 전압이 0이면 회로는 평형되어 단자 X, Y 사이의 전압이 0으로 되므로 계기에는 전류가 흐르지 않는다.

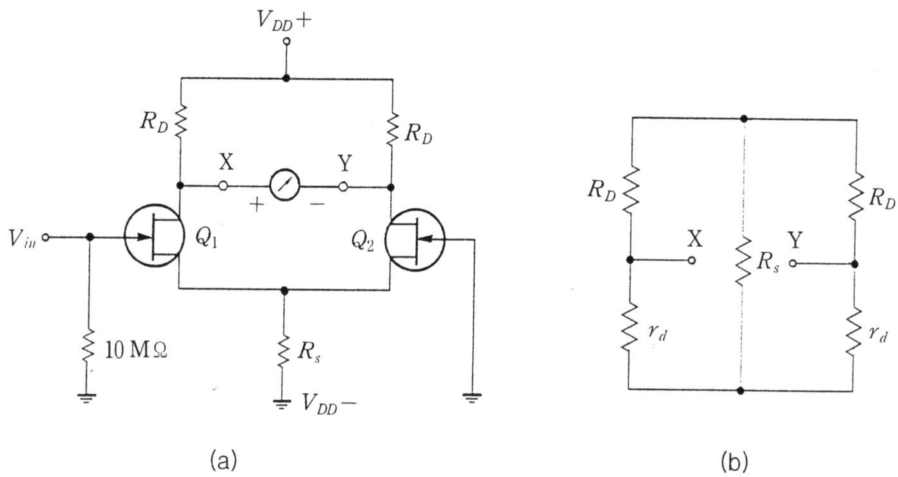

그림 7.50 FET를 사용한 차동 증폭기형 전압계

입력 단자에 미지 전압이 인가되면 FET Q_1에 흐르는 전류는 증가하고, Q_2에 흐르는 전류는 감소한다. 따라서 단자 X, Y에는 입력 전압에 비례하는 전압이 나타나고, 이에 따라 계기에는 입력 전압에 비례하는 전류가 흐른다. 테브난 정리를 사용하면 입력 전압과 계기 전류 사이의 관계식을 얻을 수 있다.

테브난 전압은 단자 X, Y를 개방했을 때 단자에 나타나는 개방 전압이다. 이 전압은 식 (7.49)로부터

$$V_o = \frac{g_m r_d R_D}{r_d + R_D}(V_1 - V_2) = \frac{g_m r_d R_D}{r_d + R_D} V_{in} \qquad \cdots(7.105)$$

테브난 저항을 계산하기 위해서 회로를 다시 그리면 그림 7.50(b)와 같다. 보통, 전원 저항은 매우 작으므로, 이를 무시하면 테브난 저항은

$$R_{Th} \approx 2r_d \,//\, 2R_D = 2\frac{r_d R_D}{r_d + R_D} \qquad \cdots(7.106)$$

식 (7.105)와 (7.106)을 테브난 등가 회로로 나타내면 그림 7.51과 같다. 이 회로로부터 계기에 흐르는 전류를 구하면

$$I_m = \frac{V_{Th}}{R_{Th} + R_m} = \frac{g_m r_d R_D}{2r_d R_D + R_m(r_d + R_D)} V_{in} \qquad \cdots(7.107)$$

$R_D \ll r_d$이면, 위 식은 다음과 같이 간단하게 된다.

$$I_m = \frac{g_m R_D}{2R_D + R_m} V_{in} \qquad \cdots(7.108)$$

이와 같이 전류계에 흐르는 전류는 입력 전압에 비례함을 알 수 있다.

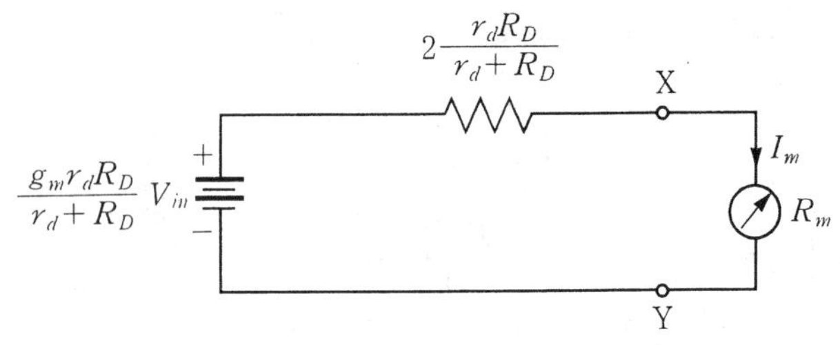

그림 7.51 그림 7.50(b)의 테브난 등가 회로

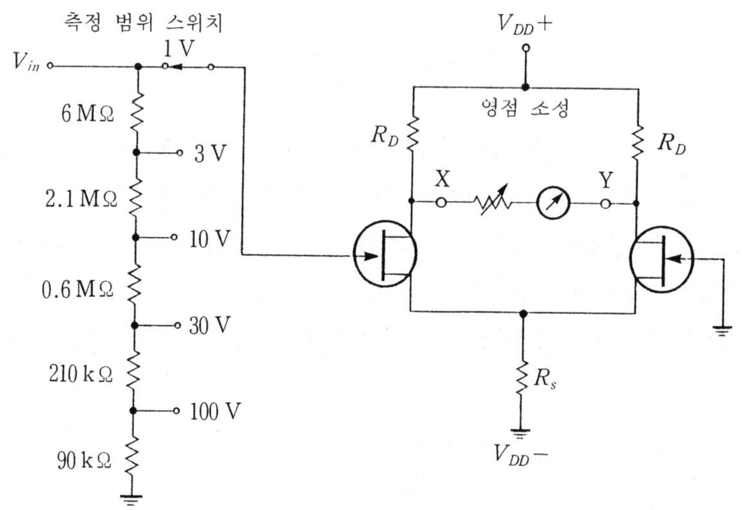

그림 7.52 FET를 사용한 차동 증폭기형 전자 전압계 회로의 일례

그림 7.52는 실제적인 FET 차동 증폭기형 전자 전압계의 일례를 나타낸 것이다. 입력 감쇠기에 의해 측정 범위는 100 V까지 확대될 수 있으며, 각 측정 범위에서 전압계의 입력 저항은 9 MΩ으로 모두 같다.

7.3 교류 전자 전압계

교류 전자 전압계는 오래전부터 사용되어 온 진공관 전압계에서 진공관 대신에 반도체 소자를 사용한 것이다. 즉, 교류 전압을 정류하여 직류 전압으로 변환시킨 후 이 값을 가동 코일형 직류 전류계로 지시하며, 그 회로 구성에 따라 그림 7.53과 같이 정류–증폭 방식과 증폭–정류 방식으로 분류된다.

정류-증폭 방식은 피측정 교류 전압을 정류 회로에 의해 직류 전압으로 변환시킨 다음 직류 증폭기로 증폭하여 고감도의 가동 코일형 계기로 지시시키는 방식이다. 이 방식은 직류 전압계, 저항계 등의 기능을 갖도록 하는 것이 용이하고, 다이오드 정류 회로가 넓은 주파수 범위에 걸쳐 대응할 수 있는 등의 장점을 갖지만, 입력 전압이 낮아지면 정류 회로의 효율이 저하하기 때문에 고감도로 하기가 곤란하다.

증폭 정류 방식은 교류 입력 전압을 증폭한 후에 직류 전압으로 변환하므로, 정류-증폭 방식에 비하여 교류-직류 변환 회로가 효율적으로 동작함으로써 고감도(高感度)로 되지만, 교류 전압을 직접 증폭하기 때문에 증폭기의 주파수 특성에 의해 사용 주파수가 제한된다.

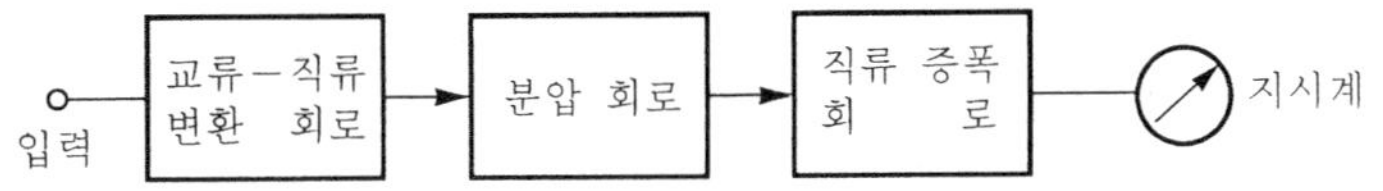

(a) 정류-증폭 방식

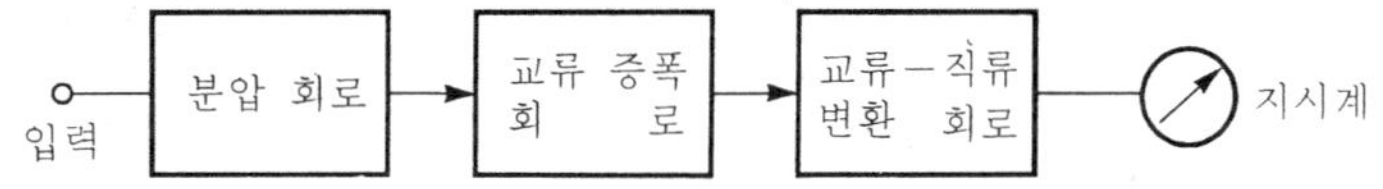

(b) 증폭-정류 방식

그림 7.53 교류 전자 전압계의 회로 구성

7.3.1 정류-증폭형 전자 전압계

그림 7.54는 반파 정류기, 전압-전류 변환기, 직류 전류계로 구성된 정류-증폭 방식의 교류 전자 전압계(整流-增幅型電子電壓計)이다. 피측정 교류 전압은 정류 회로에 의해 반파 직류 전압으로 변환된 다음, op amp에 입력된다. 7.1절에서 설명한 바와 같이 저항 R_2의 양단 전압 V_{R_2}는 입력 전압 V_{in}과 동일하며, $I_{R_2} \gg I_f$가 유지되는 한 계기에 흐르는 전류는

$$I_m = I_{R_2} = \frac{V_{R_2}}{R_2} = \frac{V_{in}}{R_2} \qquad \cdots(7.109)$$

이 방식은 직류 전압계, 저항계 등의 기능을 갖도록 하는 것이 용이하고, 다이오드 정류 회로가 넓은 주파수 범위에 걸쳐 대응할 수 있는 등의 장점을 갖지만, 입력 전압이 낮아지면 정류 회로의 효율이 저하하기 때문에 고감도로 하기가 어렵다.

정류-증폭 방식에서는 피측정 교류 전압을 그대로 정류하므로, 다음에 설명하는 증

폭–정류 방식에 비해 증폭기의 주파수 특성에 의한 영향이 없어 사용 주파수 범위가 20～700 MHz로 넓지만, 정류 효율이나 직류 증폭기의 안정성(安定性)이란 점에서 감도는 증폭–정류형보다 떨어지며, 측정 범위가 10 mV～300 V 정도의 것이 많다. 또, 입력 저항이 높아 10 MΩ 이상으로 된다.

일반적으로 이 방식의 전자 전압계에서는 교류 전압 외에 전환 스위치를 추가하여 직류 전압, 직류 전류, 저항 등을 동시에 측정할 수 있게 한 것이 대부분이다.

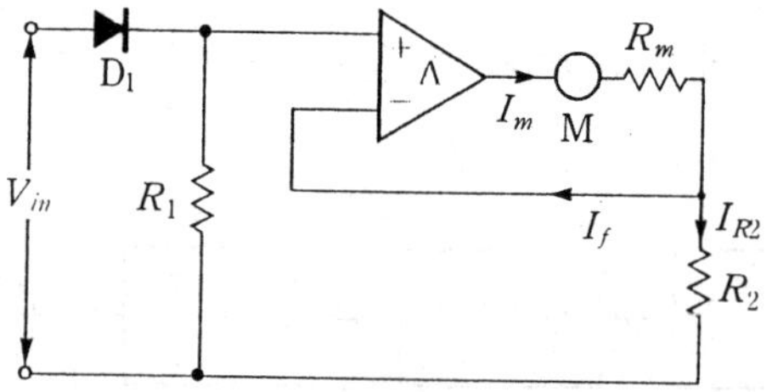

그림 7.54 정류–증폭형 교류 전자 전압계 회로

7.3.2 증폭-정류형 전자 전압계

증폭–정류 방식(增幅-整流方式)은 그림 7.55에 나타낸 바와 같이, 입력 교류 전압을 op amp로 증폭한 후 계기에 인가한다. 교류 입력의 (+)반파는 증폭된 후 다이오드 D와 직류 전류계를 통과하나, (−)반파는 통과하지 못한다. 따라서 계기에 흐르는 전류의 최대치와 평균치는 각각

$$I_p = \frac{V_p}{R_2} \qquad \cdots(7.110)$$

$$I_{av} = (0.5)\,(0.637 I_p)$$

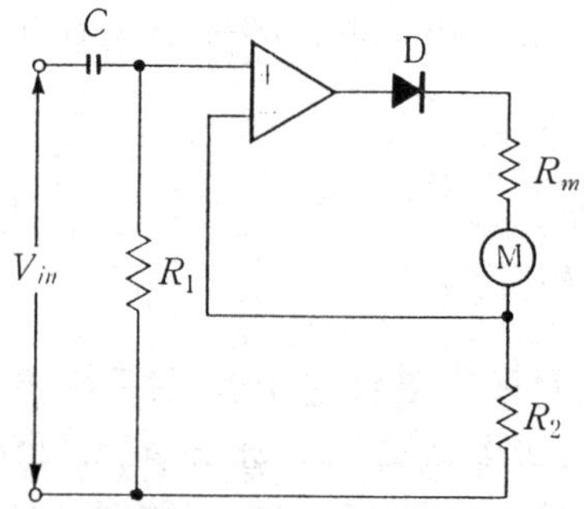

그림 7.55 증폭–정류형 전자 전압계 회로

그림 7.56은 전파 정류기를 사용한 교류 전자 전압계이다. 교류 입력의 (+)반파에서는 다이오드 D_1이 턴온되어 전류는 D_1→계기 M→R_4를 통해 흐르고, (−)반파에서는 D_2가 턴온되어 전류 경로는 R_3→계기 M→D_2로 된다.

증폭–정류 방식은 정류–증폭 방식에 비하여 고감도(高感度)로 되지만, 교류 전압을 직접 증폭하기 때문에 광대역의 교류 증폭 회로가 요구되며, 광대역용의 경우라도 사용 주파수 범위는 10 Hz~10 MHz 정도이고, 입력 저항은 10 MΩ 정도이다. 감도가 높아 1 mV~300 V 정도의 측정 범위를 가진 것이 많다.

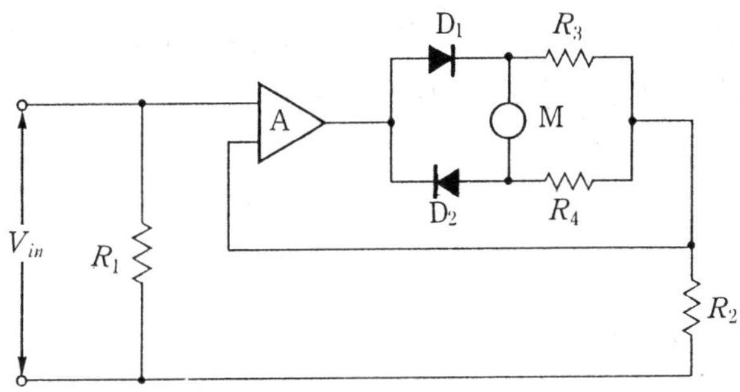

그림 7.56 전파 정류형 교류 전압계

교류 전자 전압계의 응답 형식에는 평균값 형, 실효값 형, 파고값 형이 있다. 많은 경우, 교류 전자 전압계는 동작 원리상 교류의 평균값에 응답하지만, 눈금은 정현파의 실효값으로 정해져 있다. 따라서 비정현파(非正弦波)를 측정하는 경우 파형 오차를 일으켜 실제값보다 크거나 또는 낮은 값을 지시하며, 이것은 입력 파형의 파형률(波形率; form factor)에 의존한다.

3장에서, 교류 전압 v의 파형률은 평균값에 대한 실효값의 비로 정의되었다. 즉,

$$k = \frac{\sqrt{\frac{1}{T}\int_0^T v^2 dt}}{\frac{1}{T}\int_0^T v\, dt} \quad \cdots(7.111)$$

순수 정현파(正弦波)일 경우 파형률은 다음과 같다.

$$k = \frac{V_{rms}}{V_{av}} = \frac{0.707V_m}{0.637V_m} = 1.11 \quad \cdots(7.112)$$

따라서 교류 전자 전압계가 정현파의 실효값으로 정한 눈금을 갖고 있을 때, 실제로 이 눈금은 인가 전압의 평균값에 파형률 1.11을 곱해서 교정된 것이다. 따라서 입력

전압 파형이 순수한 정현파가 아닐 경우에는 파형의 파형률에 따라 측정값에 다소 오차가 생기게 된다. 파형 오차에 대한 예가 3장에서 주어진 바 있다.

7.3.3 참실효값 응답형 전압계

복잡한 파형은 실효값에 응답하는 전압계, 즉 참실효값 전압계(true rms voltmeter)를 이용하면 가장 정확하게 측정할 수 있다. 이 계기에서는 교류 입력 전압을 교류 증폭기로 증폭한 후 3장에서 설명한 열전대(熱電對; thermocouple)를 이용해 직류로 변환한다.

그림 7.57은 열전대를 사용한 교류–직류 변환기이다. 히터에 입력된 교류 전압은 히터를 가열한다. 이때 히터에 전달되는 가열 전력은

$$P = \frac{V_{rms}^2}{R_H} \qquad \cdots(7.113)$$

로 되고, 열전대 출력 전압은

$$V = f(P) = kV_{rms}^2 \qquad \cdots(7.114)$$

여기서 k는 비례 상수이다. 이와 같이 열전대는 입력 파형의 가열 전력(heating power)을 감지하여 V_{rms}^2에 비례하는 출력 전압을 발생시키고, 이것에 의해서 계기를 편위시키기 때문에 입력 전압의 파형에 관계없이 실효값을 지시하는 전자 전압계를 만들 수 있다.

이 교류 전압계의 문제점은 열전대가 비선형성 특성을 갖는 것이다. 어떤 계기에서는 이 문제를 해결하기 위해서 그림 7.58에서처럼 두 개의 열전대를 동일한 열적(熱的) 환경에 설치한다. 입력 회로의 측정용 열전대(測定用熱電對; input-measuring thermocouple)의 비선형 특성은 귀환 회로에 있는 평형용 열전대(平衡用熱電對; balancing thermocouple)의 똑같은 비선형 동작에 의해서 상쇄된다. 두 열전대는 직류 증폭기의

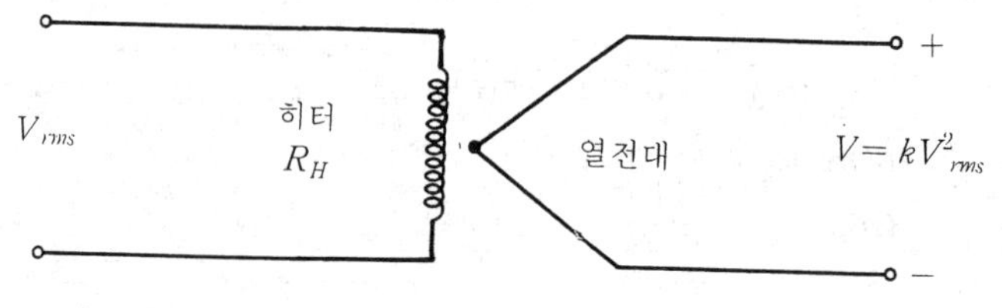

그림 7.57 열전대형 교류–직류 변환기

입력 회로에서 평형 브리지의 일부를 형성한다. 미지의 교류 입력 전압이 증폭되어 측정용 열전대의 히터에 인가되면 열이 발생하여 출력 전압 v_1이 생기므로 브리지의 평형이 깨진다. 이 불평형 전압은 직류 증폭기에 의해서 증폭되어 다시 평형용 열전대의 히터에 귀환된다. 이것에 의해 평형용 열전대에는 전압 v_2가 발생한다. 두 열전대의 출력 전압이 같아지면, 브리지는 다시 평형된다. 즉,

$$v_1 = v_2 \quad \cdots(7.115)$$

$$kV_{rms}^2 = kV_o^2 \quad \cdots(7.116)$$

또는

$$V_{rms} = V_o \quad \cdots(7.117)$$

따라서 직류 증폭기의 출력 전압을 직류 전압계로 측정하면 입력 교류 전압의 실효값과 같아짐을 알 수 있다.

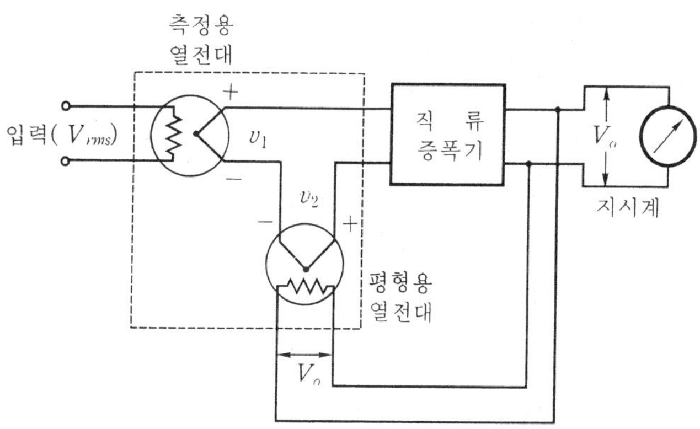

그림 7.58 참실효값 전압계 회로

대표적인 실험실용 참실효값 전압계를 사용하면 10 / 1의 파고율(波高率; crest factor, 실효값에 대한 첨두값의 비)을 가진 복잡한 파형의 실효값을 정확하게 측정할 수 있다. 계기의 최대 눈금 편위의 10 %에서는 증폭기가 포화될 가능성은 거의 없으며, 따라서 100 / 1만큼 높은 파고율을 가진 파형도 측정할 수 있다. 10 Hz~10 MHz 주파수 범위에서 100 μV~300 V 사이의 모든 전압을 측정할 수 있는 우수한 계측기도 있다.

7.4 전자식 검류계

지금까지 설명한 대부분의 전자 전압계는 mV 또는 그 이상의 전압 측정에는 아무 문제가 없으나, μV나 nV 레벨의 전압을 측정할 수 있을 만큼 충분히 높은 감도를 갖

지 못한다. 이와 같이 매우 낮은 전압원은 보통 매우 높은 출력 임피던스를 갖기 때문에 측정 전압은 계기의 입력 전류에 의해서 심각하게 영향을 받을 수 있다. 그래서 전압계의 입력 증폭 소자로는 JFET나 MOSFET와 같이 매우 높은 입력 임피던스를 갖는 전자 소자가 사용된다. 앞에서 설명한 여러 종류의 전자 회로를 사용해 매우 낮은 전압을 증폭할 때 일어나는 문제는 회로 내의 바이어스 조건의 미소 변동(drift)이다. 이 변동은 입력 전압이 변화하는 것과 동일한 영향을 나타낸다. 즉, 이 변동이 증폭되어 출력에 나타나므로 마치 입력 전압이 변화한 것처럼 되어 측정량에 심각한 오차의 원인이 된다. 만약, 직류 측정 전압이 커패시터 결합 증폭기에 의해서 증폭되면 입출력단에 있는 커패시터가 교류 신호 전압만 통과시키고 dc 전압과 dc 변동 전압을 차단하기 때문에 이 오차는 제거되거나 적어도 최소화될 수 있다. 이러한 이유 때문에 고감도 전자식 검류계에서는 초퍼 안정화 직류 증폭기(chopper-stabilized dc amplifier)를 사용해 dc 전압을 증폭하고 있다.

그림 7.59는 초퍼 안정화 직류 증폭기를 사용한 전자식 검류계 회로이다. 입력 단은 높은 입력 저항을 얻기 위해서 전압 폴로워 회로를 사용한다. 측정하고자 하는 낮은 직류 전압은 전압 폴로워를 통과해서 스위칭 회로에 들어간다. 이 스위칭 회로는 일정 주파수로 동작하는 발진기에 의해서 제어된다. 스위칭 회로는 직류 측정 전압을 통과시켰다 차단했다를 반복하여 직류 전압을 구형파 전압으로 변환시킨다. 이 구형파는 ac 양이므로 결합 커패시터를 통과하여 교류 증폭기에 의해 증폭된다. 일단 증폭되면 파형은 정밀하게 정류된다. 이 정류된 출력은 dc 전압(증폭된 입력 전압 V_{in})과 초핑 주파수(chopping frequency)의 교류 성분으로 구성된다. 따라서 저역 통과 필터를 통과시키면 직류 전압은 통과하고 ac 성분은 제거된다. ac 성분을 제거한 후 증폭된 dc 전압은 전압계 회로에 들어가 측정된다. 이와 같은 전자식 검류계는 10 μV/div의 전압 감도를 갖는다. 만약, 입력 저항이 10 MΩ이라면 이것은 1 pA/div의 전류 감도에 해당된다.

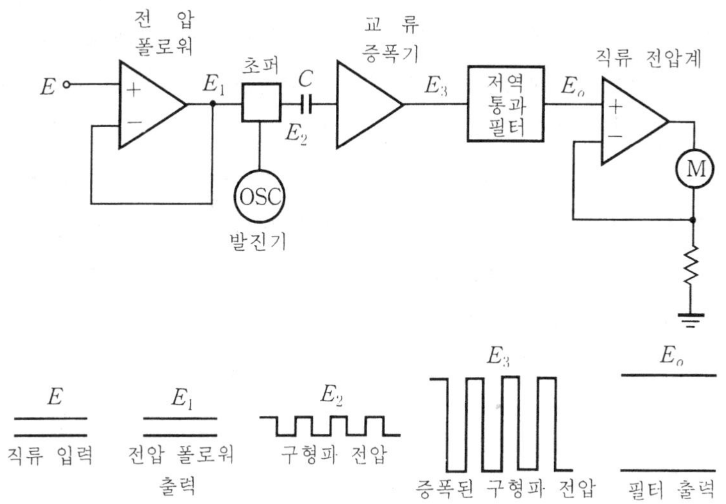

그림 7.59 전자식 검류계의 원리

전자식 검류계는 미소한 직류 입력을 증폭하여 전류계로 측정하므로 대단히 감도가 좋은 것이 특징이며, 최고 감도는 10^{-10} A/div로 반조 검류계의 최고급품에 필적하는 경우도 있다. 또한, 진동에 강하기 때문에 사용 장소에 구애 받지 않으며, 응답 속도도 빠르고(0.5초 정도) 외부 제동 저항을 고려할 필요가 없으므로 취급이 용이하다. 더욱이 출력 단자가 설치되어 있으므로 이 출력을 기록계로 기록할 수도 있다. 따라서 최근에는 반조 검류계 대신에 전자식 검류계가 널리 사용되고 있다.

일렉트로미터(electrometer)는 전압 레벨이 매우 낮으면서 매우 높은 출력 저항을 갖는 전압원의 전압을 측정할 수 있는 전압계를 부르는 또 다른 이름이다. 디지털 일렉트로미터는 10 nV의 감도와 1 GΩ 이상의 입력 저항을 갖는다. 아날로그 계측기는 최저 전압 범위가 $\pm\mu$V, 입력 저항이 1 MΩ이며, 눈금 중심이 0(center-zero scale)인 눈금판을 가지므로 전압계뿐만 아니라 영위 검출기(零位檢出器; null detector)로도 사용된다.

7.5 전자 저항계

앞에서 설명한 아날로그 전자 전압계는 영구 자석 가동 코일형(PMMC) 계기를 포함하고 있기 때문에 저항계 기능을 갖도록 설계할 수 있다. 여기서는 몇 가지 전자 저항계(electronic ohmmeter)에 대해서 간단히 논의한다.

7.5.1 직렬형 전자 저항계

그림 7.60은 전자 전압계를 이용한 직렬형 저항계(series ohmmeter)의 일례를 나타낸 것이다. 측정 범위를 결정하는 저항은 여러 개의 표준 저항으로 구성된다. 스위치 S는 측정 범위를 선택하는 스위치이다. 미지 저항 R_x는 단자 X, Y에 접속되고, 이 저항 양단 전압이 전압계의 입력 전압(E_{in})으로 된다. 이 전압을 측정하여 저항을 결정한다.

측정 범위 스위치 S가 현재의 위치에 있다고 가정하자. 단자 X, Y가 개방되면 전압계는 최대 눈금을 지시할 것이고, 이곳을 $R_x = \infty\ \Omega$로 표시한다. 단자 X, Y가 단락되면 전압계 입력 전압 E_{in}은 0 V로 되고, 지침은 편위하지 않는다. 따라서 이 점을 0 Ω으로 표시한다. 지금 $0 < R_x < \infty$인 미지 저항을 접속했을 때 전압계 입력 전압은 다음 식으로 된다.

$$E_{in} = \frac{R_x}{R_3 + R_x} E_s \qquad \cdots(7.118)$$

예로, 만약 미지 저항이 $R_x = 1\ \text{k}\Omega$이면,

$$E_{in} = \frac{1\text{k}\Omega}{1\text{k}\Omega + 1\text{k}\Omega} E_s = \frac{E_s}{2} \qquad \cdots(7.119)$$

로 되어, 계측기는 반눈금을 지시하고, 저항계 눈금의 중앙은 1 kΩ으로 표시된다. 따라서 $Rx = R_1$, R_2, R_3, R_4, R_5일 때 계기는 항상 반눈금을 지시한다.

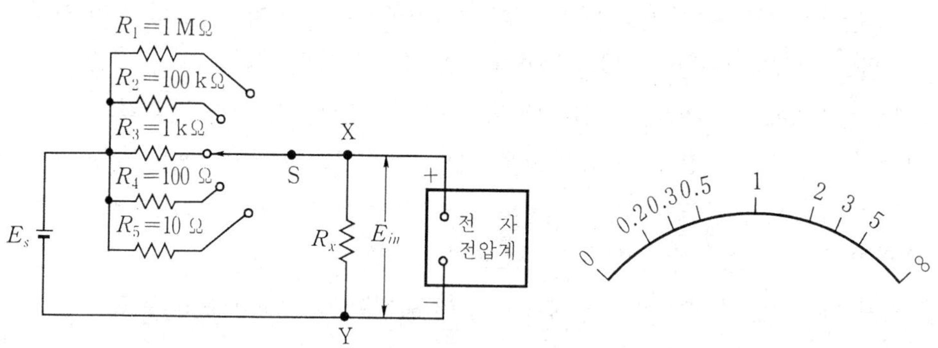

(a) 회로　　　　(b) 눈금

그림 7.60 직렬형 전자 저항계

이 저항계는 전지 전압 E_s가 정확히 유지되어야 된다. 그러나 전지 전압은 약간씩 변하므로, 이 문제점을 해결하기 위해서 가변 조정 저항기 R_s를 계기와 직렬로 접속한다. 이 저항계는 사용하기 전에 두 가지 조정을 먼저 해야 한다. 첫 번째 조정은 단자

를 단락시켰을 때 전압계가 전기적으로 0이어야 된다. 다음 조정은 단자를 개방하였을 때 최대 눈금을 지시하도록 교정 조정기를 조절한다. 이 두 조정이 끝난 후 미지 저항을 측정한다.

7.5.2 분류형 전자 저항계

그림 7.61(a)는 기본적인 분류형 전자 저항계(shunt ohmmeter) 회로를 나타낸다. 이 저항계는 전압 폴로워 회로를 사용하고 있다. 전압 폴로워의 입력 저항은 매우 높으므로 저항 회로와 계기 회로를 효과적으로 분리하고 있다. 미지 저항 R_x는 단자 X, Y에 접속된다. 이 회로를 해석하기 위해서, 단자 A, B에서 좌측을 본 저항 회로에 테브난 정리를 적용하면 그림 7.62(b)와 같이 된다.

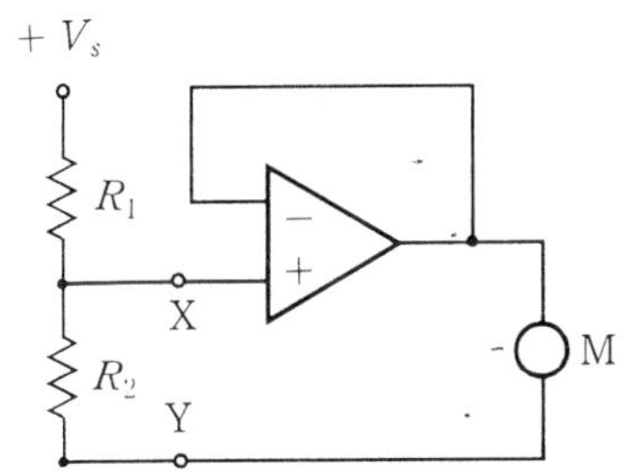

(a) 기본 회로

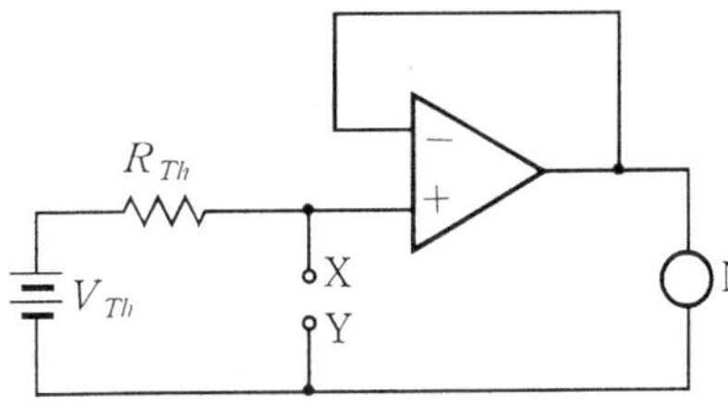

(b) 단자 X−Y의 좌측을 테브난 등가 회로로 변환

그림 7.61 분류형 전자 저항계

테브난 등가 전압은 그림 (a)에서 A, B 단자를 개방하였을 때 단자 A, B에 나타나는 전압과 같다.

$$V_{Th} = \frac{R_2}{R_1 + R_2} V_s \qquad \cdots(7.120)$$

또, 테브난 등가 저항은 전원 $+V_s$를 단락하고 단자 A, B에서 좌측을 본 저항과 같다.

$$R_{Th} = \frac{R_1 R_2}{R_1 + R_2} \qquad \cdots(7.121)$$

단자 X, Y를 단락하면(즉, $R_x=0$) op amp에 대한 입력 전압은 0 V이다. 이때 계기의 지침은 편위하지 않으며, 이 눈금을 0 Ω으로 표시한다. 단자 X, Y를 개방하면(즉, $R_x=\infty$) op amp의 입력 전압은 $V_{xy}=V_{Th}$로 되어 계기는 최대 눈금을 지시할 것이며, 이 눈금을 ∞ Ω으로 표시한다. 만약, $R_x=R_{Th}$인 미지 저항이 접속되면 op amp 입력 전압은

$$V_{xy} = V_{Th} \times \frac{R_x}{R_{Th} + R_x} = V_{Th} \times \frac{R_{Th}}{R_{Th} + R_{Th}} = \frac{V_s}{2} \qquad \cdots(7.122)$$

로 되어, 계기는 정확히 반눈금을 지시할 것이다.

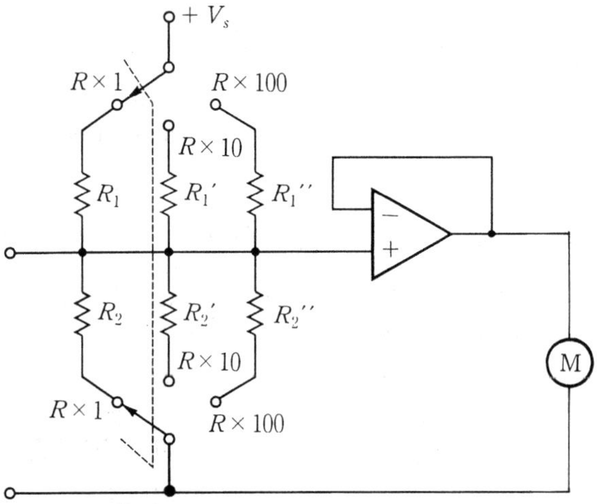

그림 7.62 다중 측정 범위 전자 저항계

다중 측정 범위를 갖는 전자 저항계는 그림 7.62와 같이 저항 회로를 설계한다.

〔**예제** 7.10〕 그림 7.62의 저항계 회로에서, 각 측정 범위의 중앙 눈금이 10 Ω, 100 Ω, 1000 Ω이 되도록 저항계를 설계하라.

〔**풀이**〕 • R×1 범위 : 중앙 눈금이 10 Ω이면, $R_1 = R_2 = 20\ \Omega$이다. 즉,

$$R_{Th} = \frac{R_1 R_2}{R_1 + R_2} = \frac{20 \cdot 20}{20 + 20} = 10\ \Omega$$

따라서 10 Ω의 미지 저항이 접속되면 계기는 반눈금 편위를 일으킬 것이다.

• R×10 범위 : 중앙 눈금이 100 Ω이면 $R_1 = R_2 = 200\ \Omega$이다.

즉, 100 Ω의 미지 저항이 접속되면 계기는 반눈금 편위를 일으키고, 눈금 중앙을 100 Ω으로 표시한다.

• R×100 범위 : $R_1'' = R_2'' = 2\ \text{k}\Omega$이면 중앙 눈금은

$$R_{Th} = \frac{2\,\text{k}\Omega \cdot 2\,\text{k}\Omega}{2\,\text{k}\Omega + 2\,\text{k}\Omega} = 1\,\text{k}\Omega$$

따라서 1 kΩ의 미지 저항이 접속되면 계기는 눈금 중앙을 지시하고, 이 점을 1 kΩ으로 표시한다.

7.6 아날로그 전자식 멀티미터

7.6.1 기본 회로

전자식 멀티미터(electronic multimeter)는 지금까지 배운 전자 계측기를 조합하여 교류 전압, 교류 전류, 직류 전압, 직류 전류, 저항 등을 측정할 수 있는 기능을 갖는 가장 용도가 다양한 계측기 중의 하나이다. 전자식 멀티미터의 세부적인 회로는 계기의 종류에 따라 다르지만, 일반적으로 다음과 같은 요소를 가지고 있다.

① 평형 브리지 직류 증폭기와 지시 계기

② 입력 전압의 크기를 원하는 값으로 제한하기 위한 입력 감쇠기(또는 측정 범위 스위치)

③ 교류 입력 전압을 직류 전압으로 변환하기 위한 정류기 회로

④ 저항을 측정하기 위한 추가 회로와 내부 전지

⑤ 계측기의 여러 측정 기능을 선택하기 위한 기능 전환 스위치

그림 7.63은 대부분의 전자 전압계에 사용되는 평형 브리지 회로(balanced bridge circuit)를 나타낸 것으로, 트랜지스터 Q_2와 Q_3로 구성되는 차동 증폭기를 이용하고 있다. 그림에서 두 트랜지스터는 브리지 회로의 상변을 이루고, 이미터 저항 R_5, R_6는 하변을 구성한다. 지시 계기는 두 트랜지스터의 이미터 단자 사이에 연결되어 있다. 두 트랜지스터는 회로의 열적 안정도(熱的安定度; thermal stability)를 보장하기 위해서 전류 이득이 서로 잘 일치해야 한다. I_1은 정전류원(constant current source)에 의해서 공급된다. I_1은 일정하므로, 다음의 관계가 성립한다.

$$I_1 = I_2 + I_3 = k \qquad \cdots(7.123)$$

입력 전압 V_{in}이 0일 경우 트랜지스터 Q_2의 베이스 단자 전압은 0 V이고, $I_2 = I_3$ 및 $V_x = V_y$가 되므로 브리지는 평형 상태로 되어 계기 M은 0을 지시한다. 그러나 실제로는 동일한 트랜지스터라 하더라도 그 동작 특성상 약간의 차이는 있기 마련이며, 또한 브리지를 구성하는 저항값에도 어느 정도의 허용 편차가 있기 때문에 두 트랜지스터에 흐르는 전류가 정확히 $I_2 = I_3$로 되지 않아 계기의 지침이 정확히 0점을 지시하지 않는다. 이때 0점 조정 저항 R_7을 조정하여 회로를 평형 상태로 만들어 계기가 0을 지시하도록 하면 이와 같은 오차를 제거할 수 있다.

Q_1의 게이트에 입력 전압 V_{in}이 인가되면 Q_1의 드레인 전류가 증가하여 소스 단자 전압(R_2 양단 전압)이 상승하고, 그 결과 Q_2의 바이어스 전압이 증가하여 x점의 전위

V_x도 상승한다. 이제 $V_x > V_y$이므로, 계기 회로에는 I_m이 흐르고, M의 지시는 V_{in}에 비례한다. 따라서 계기는 입력 전압 V_{in}을 지시하게 된다.

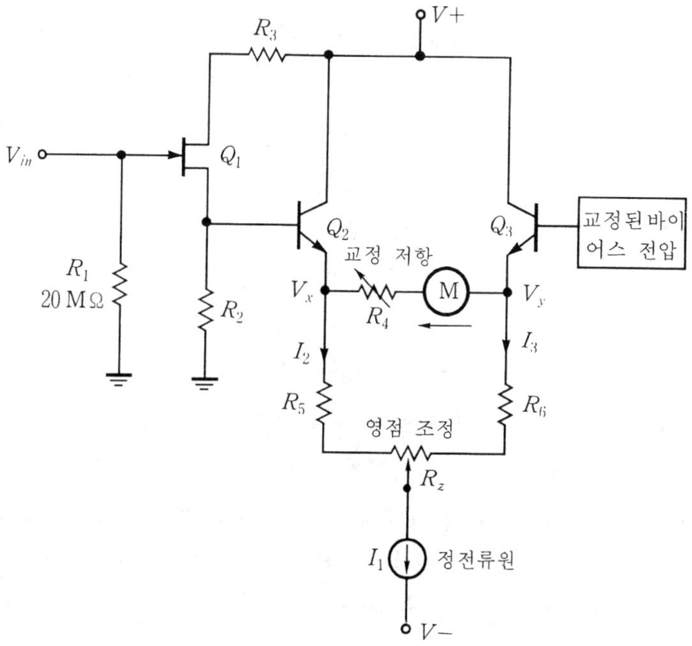

그림 7.63 대표적인 전자 전압계 회로

계기 M이 최대 눈금 변위를 일으키는 입력 전압 V_{in}의 값을 기본 측정 범위(basic range)라고 하며, 이 값은 계기마다 다르지만 일반적으로 매우 낮다. 그러므로 이보다 더 높은 전압을 측정하기 위해서는 입력 감쇠기를 사용해야 한다. 그림 7.64는 저항 감쇠기의 일종이며, 이것에 의해 입력 전압의 범위를 쉽게 확장시킬 수 있다. 그림에서 기본 측정 범위는 50 mV이다. 따라서 50 mV 이상의 전압은 분압 회로에 의해서 50 mV 이하로 감쇠되어야 한다. 예를 들어, 만약 스위치가 1000 V 측정 범위에 있을 때 입력 전압이 1000 V이면 감쇠기 출력은 V_G=50 mV이고, 500 V가 입력되면 감쇠기 출력은

$$V_G = \frac{500\text{ V}}{1000\text{ V}} \times 50\text{ mV} = 25\text{ mV}$$

로 된다. 이와 같이 각 측정 범위에서 최대 전압을 인가하면 FET의 게이트 전압은 항상 50 mV로 되고, 계기는 최대 눈금 편위를 일으킨다.

그림에서 정밀 저항 R_1~ R_{10}은 대부분 권선 저항이며, 상당한 인덕턴스를 갖는다. 따라서 교류 측정에 사용하는 경우 보상이 필요하다. 이것을 보상하기 위해서 커패시터 C_1~C_{10}가 사용된다. 이 중 몇 개는 가변 커패시터로 만들어 정확한 보상을 위해 조정한다. 이것의 보상 원리에 대해서는 9장의 오실로스코프를 참고하기 바란다.

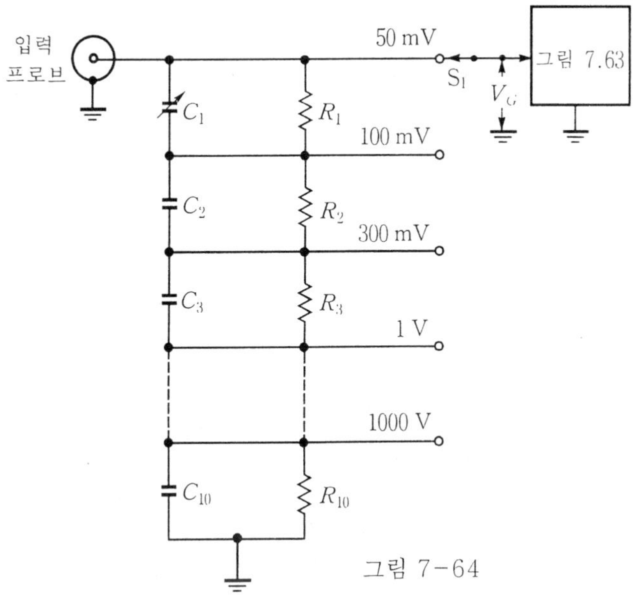

그림 7.64 입력 감쇠기 회로

교류 측정시 사용되는 회로는 그림 7.65와 같다. 그림 (a)와 같이 간단한 정류 회로를 사용하는 경우도 있으나, 그림 (b)는 좀더 우수한 정류기/필터를 사용한다. 이 경우 정류는 이상 정류기(ideal rectifier) 또는 정밀 정류기(precision rectifier)라고 부르는 op amp 회로에 의해서 제공된다. 보통의 pn 접합 다이오드는 낮은 순방향 전압에서 비선형 특성을 나타낸다(3장 참조). 일례로, 실리콘 다이오드는 인가된 순방향 전압이 0.6~0.7 V 이하에서는 비선형 특성을 나타낸다. 이와 같은 비선형은 op amp와 부귀환 루프에 의해서 제거된다. 정류기의 출력은 그림과 같이 맥동하는 dc 전압이며, 이것은 저역 통과 필터 R_7~R_9/C_3~C_5에 의해서 평탄하게 되어(즉, 평균화되어) 비교적 순수한 dc 출력이 얻어진다. 이 dc 전압을 그림 7.63의 전압계 회로에 가하여 교류 입력 전압이 측정된다.

비록 대부분의 교류 전압계가 실효값(rms)으로 교정되어 있지만, 입력 신호가 비정현파로 되면 오차가 발생한다는 것을 이미 설명하였다. 그러나 몇몇 전자 전압계에서는 그림 (c)와 같은 rms → dc 변환기를 사용한다. 이것은 가장 흔히 사용하는 ac 파형의 rms 값을 계산한다. 그와 같은 대부분의 회로는 10 kHz 또는 20 kHz에서 동작한다. 실효값은 다음과 같이 된다.

$$V_{rms} = \sqrt{\frac{1}{T}\int_0^T V_{in}^2\, dt} \qquad \cdots(7.124)$$

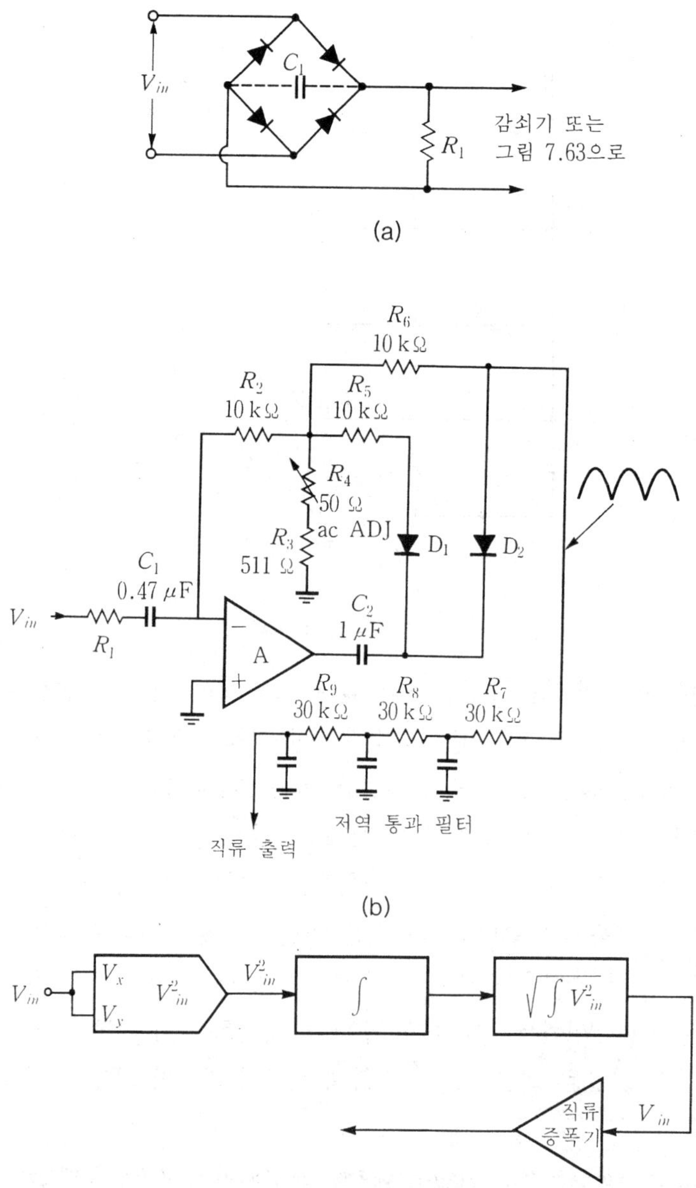

그림 7.65 교류 전압계 회로

그림 7.65(c)의 회로는 기본적으로 위 방정식의 해를 구하는 아날로그 계산기이다. 첫 단은 자승 회로(square circuit)로 접속된 아날로그 배율기이다. 즉, V_x와 V_y 단자는 함께 접속되어 V_{in}^2에 비례하는 출력을 만든다. 둘째 단에서는 자승 회로의 출력을 적분하고, 3단에서는 적분기 출력의 제곱근을 구한다. 제곱근 회로의 출력은 입력의 참 rms에 비례한다. 현대의 계기에서(디지털 또는 아날로그) 이 기능은 집적 회로로 만들어진다.

그림 7.66은 멀티미터에 사용되는 대표적인 저항 측정 회로이다. 멀티미터의 기능 스위치가 OHMS 위치로 전환되면 미지 저항은 내부 전지와 직렬로 접속되며, 계기는 미지 저항에서의 전압 강하를 측정하여 저항으로 지시한다. 그림의 회로는 저항 측정에만 사용되며, 여러 저항 측정 범위를 제공한다. 미지 저항 R_x가 OHMS 단자에 접속되면, 1.5 V 건전지는 미지 저항을 통하여 전류를 공급한다. R_x에서의 전압 강하 V_x는 브리지 증폭기에 입력되고, 계기의 지침을 편위시킨다. R_x 양단의 전압 강하는 저항값에 비례하므로 계기의 눈금을 저항 눈금으로 정하면 미지 저항의 값을 측정할 수 있다.

재래식 아날로그 멀티미터는 작은 전류일수록 고저항을 나타내는 반면, 전자식 멀티미터는 높은 전압일수록 고저항을 나타내기 때문에 전자식 멀티미터의 저항 눈금은 재래식 멀티미터의 저항 눈금과는 달리 왼쪽에서 오른쪽으로 갈수록 높은 값을 나타낸다.

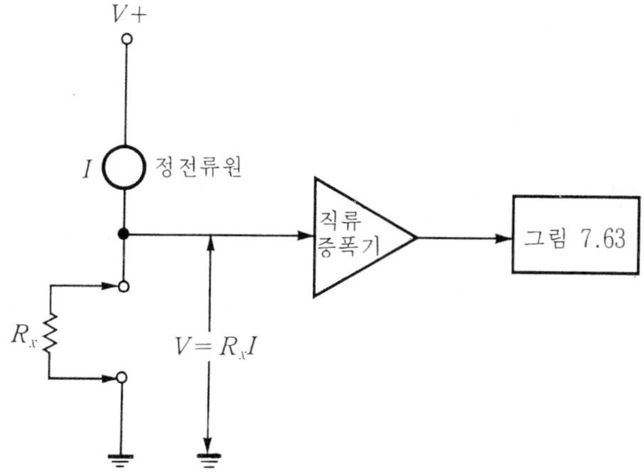

그림 7.66 전자 저항계 회로

연 습 문 제

****

7.1 정류–증폭형과 증폭–정류형 전자 전압계의 장단점을 비교 설명하라.

7.2 열전대를 사용한 참실효값 지시 전압계의 동작 원리와 특징을 설명하라.

7.3 전자식 검류계에서 직류를 교류로 변환하여 증폭하는 이유는 무엇인가?

7.4 종래의 멀티미터에 비해 아날로그 전자식 멀티미터의 장점은 무엇인가?

7.5 그림 7.42의 이미터 폴로워 전압계 회로에서, V_{cc}=9 V, V_{EE}=−9 V, R_1=12 kΩ, $R_2=R_3$=2.7 kΩ, $R_4=R_6$=3.3 kΩ, R_5=500 Ω, R_c+R_m=10 kΩ, 트랜지스터는 β=75, 지시 계기는 I_{fs} = 100 μA이다.

(a) V_{in}=0일 때 V_{B2}, I_2, I_3를 계산하라.

(b) V_{in}= 0.6, 0.75, 1 V일 때 계기에 흐르는 전류를 구하라.

7.6 그림 7.43의 소스 폴로워 전압계 회로에서 R_s=50 kΩ, R_d=100 kΩ, g_m=0.0057 S, R_m=50 Ω이다. 입력 전압이 0.5 V와 1 V일 때 계기에 흐르는 전류의 근사값을 계산하라.

7.7 그림 7.45의 전자 전압계에서 R_s=50 kΩ, r_d=100 kΩ, g_m=0.003 S이고, 지시 계기의 최대 눈금 전류는 I_{fs}=1 mA, R_m=50 Ω이다. 지금 입력에 1 V를 가하고, 교정용 저항을 조정하여 계기가 최대 눈금을 지시하도록 하였다. 교정용 저항값은 얼마인가?

7.8 그림 7.46의 op amp 전압 폴로워 전압계에서 R_a=800 kΩ, R_b=100 kΩ, R_c= 60 kΩ, R_d=40 kΩ이고, 지시 계기는 I_{fs}=50 μA, R_m=750 μA이다. 입력 전압이 V_{in}=10 V일 때 현재의 측정 범위에서 계기가 최대 눈금을 지시하도록 하기 위한 R_s의 값을 계산하라.

7.9 그림 7.48의 FET 입력 전압계에서, V_{in}=3.5 V일 때 각 측정 범위에서 V_G를 계산하라.

7.10 그림 7.60의 직렬형 전자 저항계에서, 측정 범위 선택 스위치가 100 kΩ 위치에 있다고 가정하자.

(a) 계기가 눈금판 중앙을 지시하였을 때 저항값은 얼마인가?

(b) 미지 저항 $R_x = 150\ \mathrm{k\Omega}$이 접속되었을 때 지침의 위치를 최대 눈금의 비로 계산하라.

7.11 그림 7.61의 분류형 저항계에서, 최대 눈금 전류가 $50\ \mu\mathrm{A}$, 내부 저항이 $2\ \mathrm{k\Omega}$인 계기를 사용할 때 V_s, R_1, R_2 값을 계산하라.

8

디지털 전자 계측기

최근 디지털 전자 공학이 급격히 진보함에 따라 아날로그 계측기를 대신하여 측정값을 숫자로 표시하는 디지털 계측기가 광범위하게 사용되고 있다. 디지털 계기는 정도가 높고, 측정 결과가 숫자로 표시될 뿐만 아니라 소수점, 극성, 단위도 함께 표시되므로 사용자의 시오차(視誤差)를 제거하고 판독 속도를 향상시키며 지루함을 없애 준다. 또한, 디지털 계기는 프린터를 통해 측정 결과를 자동으로 기록할 수도 있고, 전자 계산기에 의한 계산 처리, 판독, 정리 등이 가능하다. 따라서 측정이 성력화(省力化)됨과 동시에 수많은 측정값을 종합적으로 처리할 수 있다.

본 장에서는 디지털 계측기를 이해하는 데 필요한 기초적인 사항을 먼저 요약하고, 기본적인 디지털 계기인 전자 계수기와 디지털 전압계를 설명한다.

8.1 디지털 전자 계측기의 기초

디지털 계측기의 동작 원리, 성능, 응용 등을 공부하기 전에 기본적인 디지털 회로를 이해할 필요가 있다. 디지털 회로(digital circuit)는 정보를 2가지 전압 레벨로 나누어 처리하는 회로이며, 논리 게이트(logic gate)와 플립플롭(flip-flops)의 사용이 주가 된다.

8.1.1 2진수와 디지털 신호

디지털 전자 공학(digital electronics)은 두 개의 독립된 상태가 허용되는 스위칭 이론에 기초를 두고 있다. 이 두 상태를 1과 0, 또는 참(true)과 거짓(false), 또는 고(高; high)와 저(低; low), 또는 긍정(肯定; positive)과 부정(否定; negative)이라고 한다. 디지털 회로에서 취급하는 신호는 0과 1의 조합(組合)으로 구성되며, 통상 2진수(2進數; binary number)를 사용해서 나타낸다. 정수 N을 우리들이 사용하는 10진수(10進數; decimal number)와 2진수로 표현하면 다음과 같다.

$$\text{10진수 : } N = d_{m-1}10^{m-1} + d_{m-2}10^{m-2} + \cdots + d_0 10^0 = \sum_{i=0}^{m-1} d_i 10^i \text{ (단, } d_i = 0 \sim 9) \qquad \cdots (8.1)$$

$$\text{2진수 : } N = b_{n-1}2^{n-1} + b_{n-2}10^{n-2} + \cdots + b_0 2^0 = \sum_{i=0}^{n-1} b_i 2^i \text{ (단, } b_i = 0, 1) \qquad \cdots (8.2)$$

예로, 정수 39를 10진수과 2진수로 나타내면,

$$\begin{aligned}(39)_{10} &= 3\times10^1 + 9\times10^0 \\ &= 1\times2^5 + 0\times2^4 + 0\times2^3 + 1\times2^2 + 1\times2^1 + 1\times2^0 \\ &= (100111)_2\end{aligned}$$

2진수는 신호의 정보가 "0"인가 또는 "1"인가의 판정으로 식별되고, 이 정보(즉, 2진수 1개의 정보량)을 1비트(bit, binary digit의 약자)라 한다. 다음에는 디지털 회로에서 1과 0을 어떻게 식별하는가를 생각해 보자.

그림 8.1은 아날로그 파형과 디지털 파형을 나타낸 것이다. 아날로그 파형은 시간의 경과와 함께 전압이 연속적으로 변화하는 데 비해, 디지털 파형은 어떤 전압을 기준으로 하여 단지 1과 0의 불연속적인 변화만으로 구성된다. 그림에서, "1"은 High (5 V), "0"은 Low (0 V)에 대응한다. 디지털 회로에서는 전압 레벨의 고저(high or low), 전류의 대소, 전압·전류가 순방향인지 역방향인지만이 문제로 된다. 이와 같이 디지털 회로에서 어떤 전압값을 기준으로 신호 전압이 이 값보다 높으면 H(High), 낮으면 L(Low)로 생각하여 H 및 L 이내의 신호 전압의 차이는 전부 무시하는 신호를 디지털 신호(digital signal)라고 한다. 이때 기준 전압을 임계 레벨(threshold level)이라고 부른다. 그림 (b)는 대표적인 디지털 신호(1010)의 예를 나타낸다. 임계 전압값은 스위칭 소자의 입출력 특성에 의해 결정되며, 디지털 회로 설계시 그 값을 얼마로 할 것인가를 고려해야 한다.

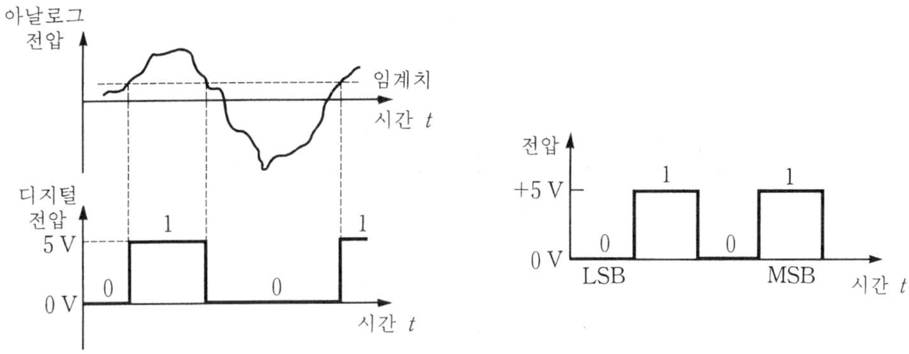

(a) 아날로그 신호와 디지털 신호 (b) (1010)의 디지털 신호 표현

그림 8.1 아날로그 신호와 디지털 신호

그림 8.2(a)와 같은 입출력 특성을 갖는 회로 소자를 생각해 보자. 여기서 임계 전압은 1.2~1.4 V이고, 입력 전압이 이보다 높으면 H (5 V), 낮으면 L (0.2 V)로 판정된다. 또, 소자의 출력 특성은 입력이 H (5 V)일 때 출력은 L (0.2 V), 입력이 L (0.2 V)일 때 출력은 H (5 V)로 된다. 만약 그림 (a)와 같이 출력 레벨이 H는 5 V로, L은 0.2 V로 재생되었다고 가정하면 이 신호가 동일한 특성을 갖는 소자에 가해질 때 H가 1.4 V까지 내려가도 H로 처리되고, L은 1.2 V까지 상승해도 L로 처리된다. 즉, 그림 (b)와 같이, H에 대해서는

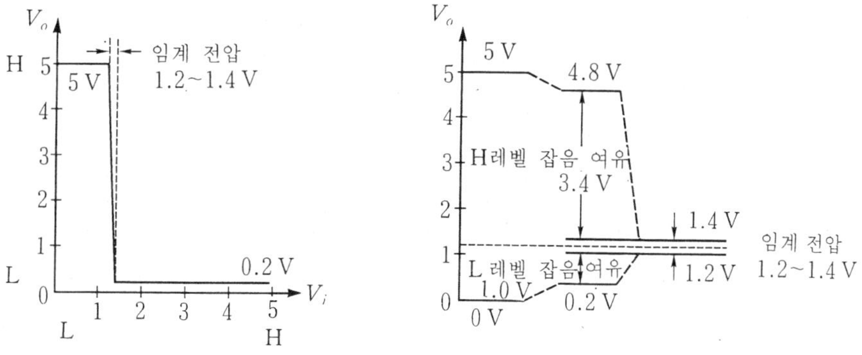

(a) 회로 소자의 입출력 특성 일례 (b) 잡음 여유

그림 8.2 임계 전압과 잡음 여유

3.4 V, L에 대해서는 1.0 V의 여유가 있어, 신호에 이 값까지 되는 잡음(noise)이 들어가도 H와 L은 확실하게 식별될 수 있으며, 이것을 잡음 여유(noise margin)라고 부른다.

대부분의 디지털 신호는 정확한 타이밍(timing)을 필요로 한다. 그림 8.3은 주기적인 클록 파형(periodic clock waveform)을 나타낸 것으로 0, 1, 2, 3, 4, 5, 6, 7로 표시한 8개의 클록 펄스(clock pulse)로 구성되어 있다. 이 클록 파형의 H(1)는 5 V, L(0)은 0 V이다. 또, 클록 파형의 주기를 T_p라고 하면 주파수는 $f = 1/T_p$이다.

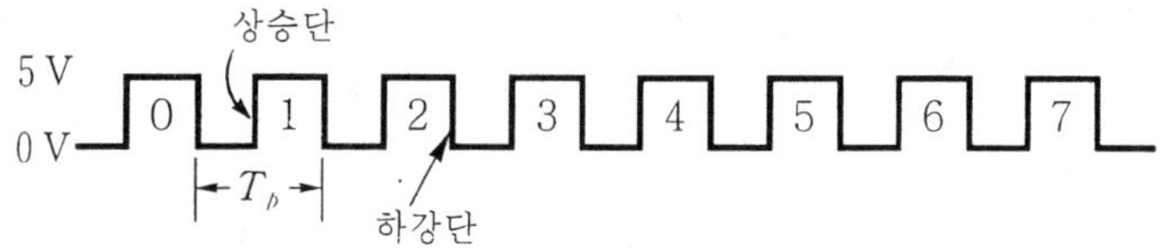

그림 8.3 주기적인 클록 파형

8.1.2 논리 게이트

디지털 회로에서 취급하는 신호는 0과 1의 조합(組合)으로 나타내며, 이것이 무엇을 의미하는가를 정하는 법칙이 논리(論理; logic)이다. 논리 회로의 기본 요소는 논리 게이트(logic gate)이다. 여기서는 기본적인 논리 게이트를 소개한다. 편의상 두 개의 입력만을 가정한다.

(1) AND 게이트

AND 게이트(회로)는 2개 이상의 입력과 하나의 출력을 갖는 논리 게이트이며, 모든 입력이 1일 때에만 출력이 1로 된다. 두 입력을 A와 B, 출력을 Q라 하고 AND 게이트를 논리식(logic equation)으로 나타내면 다음과 같다.

$$Q = A \text{ AND } B = A \cdot B \qquad \cdots (8.3)$$

그림 8.4는 AND 게이트의 논리 기호(logic symbol)와 진리표(眞理表; truth table)를 나타낸 것으로 A=1, B=1일 때 출력은 Q=1이다. 또, 표에서 2개의 입력에 대해 4개의 조합(combination)이 가능함을 알 수 있다. 일반적으로 N개의 입력에 대해 가능한 조합의 수는 2^N개이다.

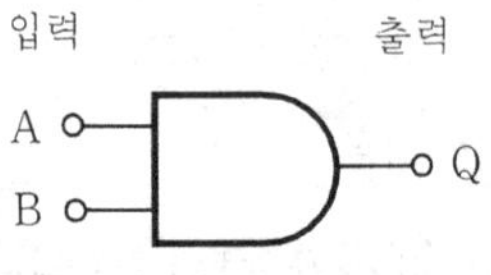

A	B	Q
0	0	0
1	0	0
0	1	0
1	1	1

그림 8.4 AND 게이트의 논리 기호와 진리표

그림 8.5는 2개의 입력 단자를 갖는 다이오드 AND 게이트 회로와 타이밍 해석(timing analysis)이다. 만약 입력 단자(다이오드의 음극) 중 하나가 접지되면 다이오드는 순방향 바이어스 되어 전류 I가 V_{cc}로부터 접지쪽으로 흐르므로 출력 전압은 다이오드의 순방향 전압 강하 V_D와 같아진다. 만약 공급 전압이 V_{cc}=5 V일 때 입력 A에 5V(1)를 인가하고, 입력 B를 접지시키면(0), 다이오드 D_A는 역바이어스 되고 D_B는 순방향 바이어스 되어, 출력은 $V_o \approx 0$ V (다이오드의 순방향 전압 강하 V_D=0.7 V를 무시)로 된다. 이것은 논리 "0"에 해당된다. 한편, 모든 입력 단자에 5 V (1)를 인가하면 다이오드는 모두 역바이어스 되므로 R을 통해 흐르는 전류는 0으로 되고, 출력은 $V_o \approx V_{cc}$=5 V이다. 이것은 논리 "1"에 해당된다. 이와 같이 AND 게이트에서는 입력 A 그리고(AND) 입력 B에 높은 입력 전압(논리 1)이 존재할 때에만 출력이 "1(H)"로 된다.

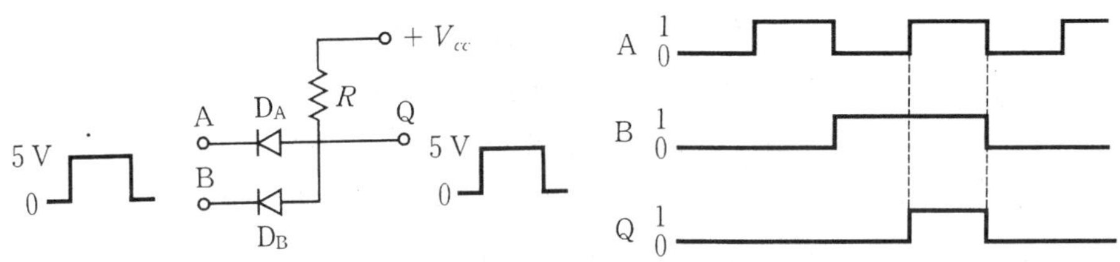

(a) 회로 (b) 타이밍

그림 8.5 다이오드를 사용한 AND 게이트와 타이밍 다이어그램

〔**예제** 8.1〕 3개의 입력을 갖는 AND 게이트에 그림 8.6과 같은 A, B, C 입력 파형이 인가될 때 출력 파형을 도시하라.

〔**풀이**〕 AND 게이트는 A=1, B=1, C=1일 때에만 출력이 1이다. 따라서 출력 Q의 파형은 그림과 같다.

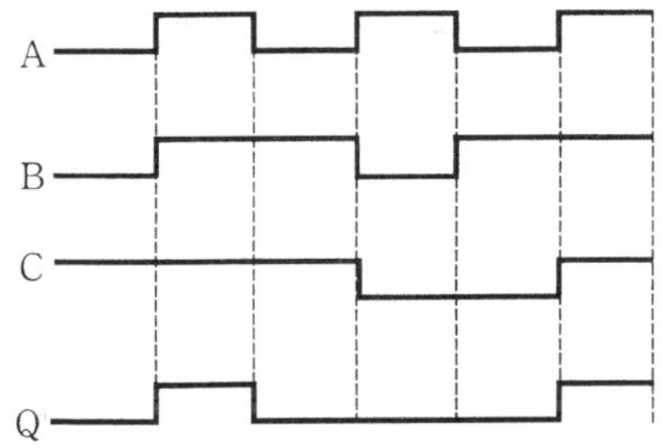

그림 8.6

---

(2) OR 게이트

OR 게이트는 2개 이상의 입력과 하나의 출력을 가지며, 입력 중 어느 하나가 1이거나 모두 1일 때 출력이 1로 되는 논리 게이트이다. OR 게이트에 대한 논리식은

$$Q = A \text{ OR } B = A + B \qquad \cdots (8.4)$$

그림 8.7은 OR 게이트의 논리 기호와 진리표이다. 표에서 A 또는 B가 1이거나 A, B 모두 1이면 출력 Q는 1이다.

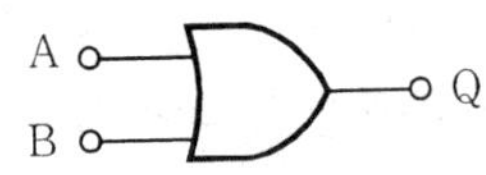

A	B	Q
0	0	0
1	0	1
0	1	1
1	1	1

그림 8.7 OR 게이트의 논리 기호와 진리표

그림 8.8은 2개의 입력을 갖는 다이오드 OR 게이트와 타이밍 다이어그램이다. 두 입력이 모두 접지되면(0), 출력은 0 V (0)이다. 입력 단자 A에 5 V (1)가 인가되고, 단자 B가 접지되면(0), 다이오드 D_A는 순방향 바이어스 되므로 출력은 $V_o \approx 5$ V (1)로 된다. OR 게이트에서는 "1(H)" 입력이 단자 A 또는(OR) 단자 B에 인가되면 출력이 "1(H)"로 된다.

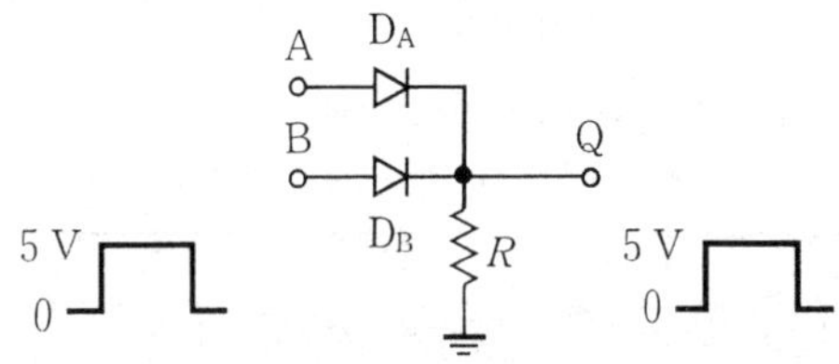

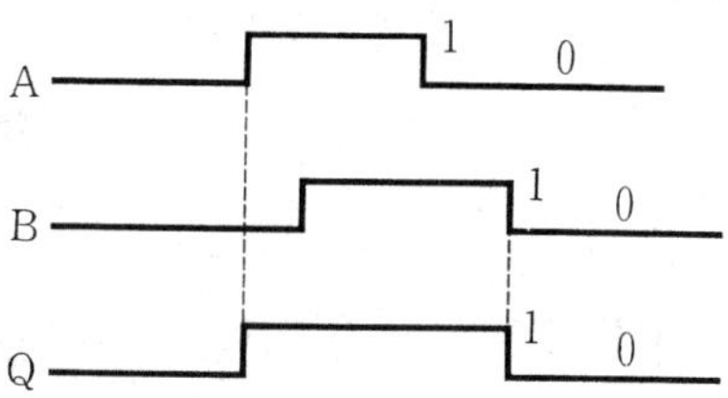

그림 8.8 다이오드를 사용한 OR 게이트와 타이밍 해석

〔**예제** 8.2〕 2개의 입력을 갖는 OR 게이트에 그림 8.9와 같은 A, B 입력 파형이 인가될 때 출력 파형을 도시하라.

〔**풀이**〕 OR 게이트는 A=1 또는 B=1 또는 A=B=1일 때 출력이 1이다. 따라서 출력 Q의 파형은 그림에서 Q와 같이 된다.

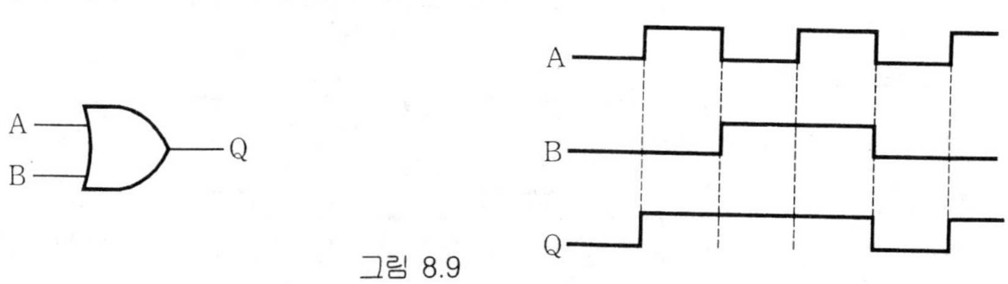

그림 8.9

(3) NOT 게이트

NOT 회로는 인버터(inverter) 회로라고도 부르며, 입력이 1이면 출력이 0, 반대로 입력이 0이면 출력은 1이 되는 회로이다. NOT 게이트의 논리 기호는 그림 8.10과 같으며, 이에 대한 논리식은

$$Q = \text{NOT } A = \overline{A} \qquad \cdots (8.5)$$

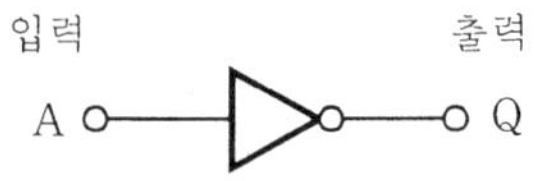

그림 8.10 NOT 게이트의 논리 기호와 진리표

그림 8.11은 가장 간단한 디지털 소자인 트랜지스터 인버터이다. 입력 A가 0 V (0)일 때 트랜지스터의 베이스 전압은 0 V이므로 트랜지스터는 오프(off) 상태로 되어 출력 Q에는 $V_o = +V_{cc}$(1)의 전압이 나타난다. 다음, 입력 A에 5 V (1)의 신호가 들어가면 트랜지스터는 턴온(on)되어 출력 Q는 0 V (0)가 된다. 이상과 같이 디지털 입력 신호의 극성이 반전되어 A가 "1(H)"일 때 Q는 "0 (L)"으로 되고, A가 "0 (H)"일 때 Q는 "1 (H)"로 된다. 이를 Q는 A의 NOT(부정)이라 하고, $Q = \overline{A}$로 나타낸다. 그림 (b)는 NOT 회로의 입출력 파형을 나타낸 것이다. 모든 입력 펄스는 극성이 반전되어 출력에 나타난다.

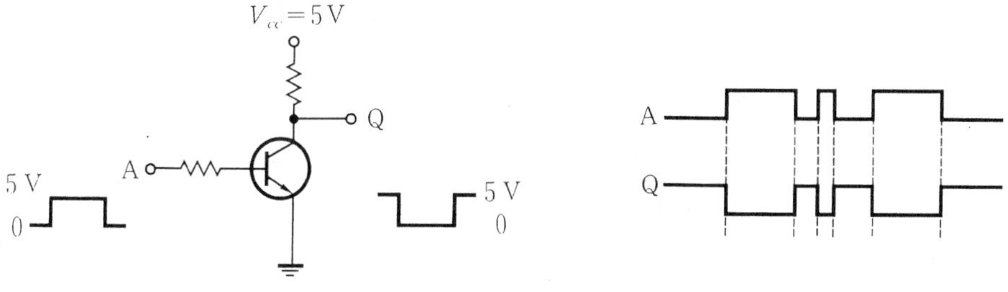

(a) 회로　　(b) 타이밍 해석

그림 8.11 NOT 회로

(4) NAND 게이트

만약 AND 게이트의 출력에 인버터가 접속되면 AND 게이트의 모든 입력이 "1 (H)"일 때 출력은 "0 (L)"으로 된다. 이와 같이 AND 게이트와 인버터(NOT 게이트)를 합친 것을 NOT-AND, 즉 NAND 게이트라고 부르며, 논리식은 다음과 같다.

$$X = \overline{A \cdot B} \qquad \cdots (8.6)$$

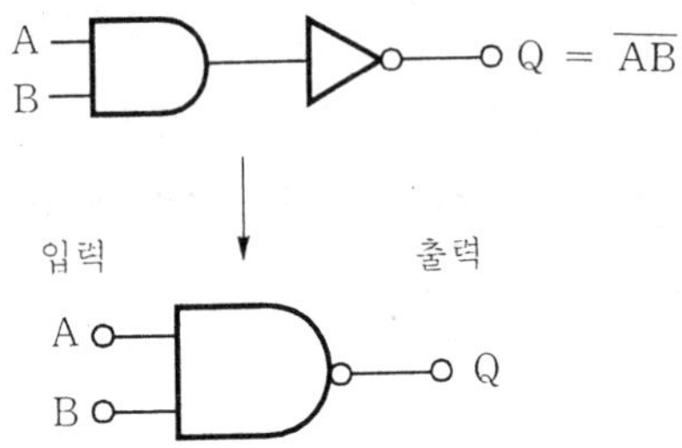

(a) 논리 기호

A	B	Q
0	0	1
0	1	1
1	0	1
1	1	0

(b) 진리표

그림 8.12 NAND 게이트의 논리 기호와 진리표

그림 8.12는 NAND 게이트의 논리 기호와 진리표이다.

그림 8.13은 다이오드와 트랜지스터로 구성된 NAND 게이트이다. 입력이 A=B=1이면 트랜지스터는 ON 상태로 되므로 출력 전압은 Q=0이다.

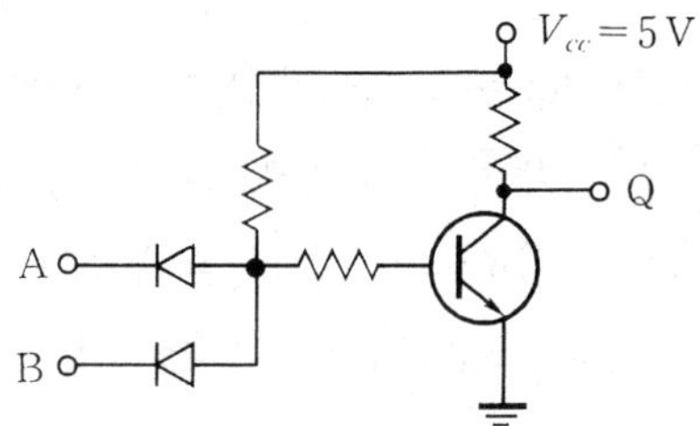

그림 8.13 다이오드와 트랜지스터로 구성된 NAND 게이트

〔예제 8.3〕 2개의 입력을 갖는 NAND 게이트에 그림 8.14와 같은 A, B 입력 파형이 인가될 때 출력 파형을 도시하라.

〔풀이〕 그림 8.13(b)에 주어진 진리표에 따라 출력 Q의 파형을 나타내면 그림과 같이 된다.

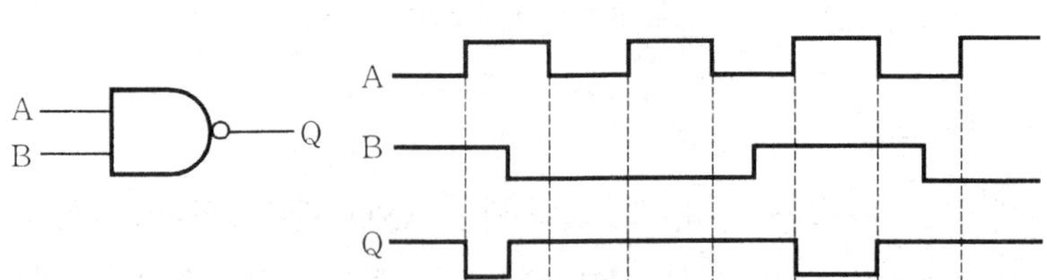

그림 8.14

(5) NOR 게이트

OR 게이트의 출력에 인버터(NOT 게이트)를 접속하면 입력 중 어느 하나가 "1(H)"로 되어도 출력이 0으로 된다. 이와 같이 NOT과 OR 게이트의 결합을 NOT-OR, 즉 NOR 게이트라 부른다. NOR 게이트의 논리 기호와 진리표를 나타내면 그림 8.15와 같으며, 그림 8.16은 다이오드와 트랜지스터를 이용한 NOR 게이트 회로이다.

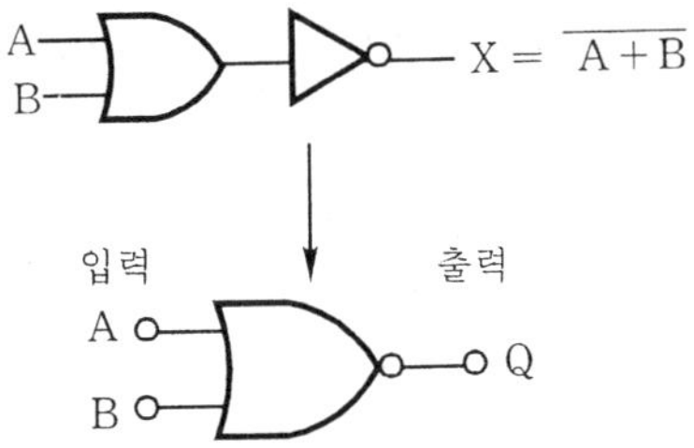

A	B	Q
0	0	1
0	1	0
1	0	0
1	1	0

그림 8.15 NOR 게이트

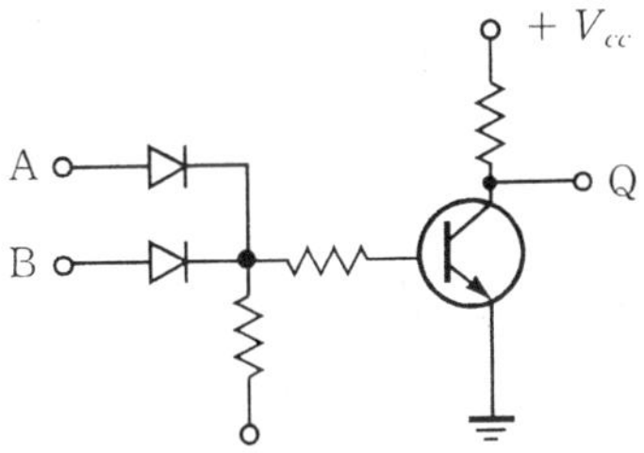

그림 8.16 다이오드와 트랜지스터를 사용한 NOR 게이트 회로

〔예제 8.4〕 그림 8.17과 같은 A, B 입력 파형이 2입력 NAND 게이트에 인가될 때 출력 파형을 도시하라.

〔풀이〕 그림 8.15(b)에 주어진 진리표에 따라 출력 Q의 파형을 나타내면 그림과 같이 된다.

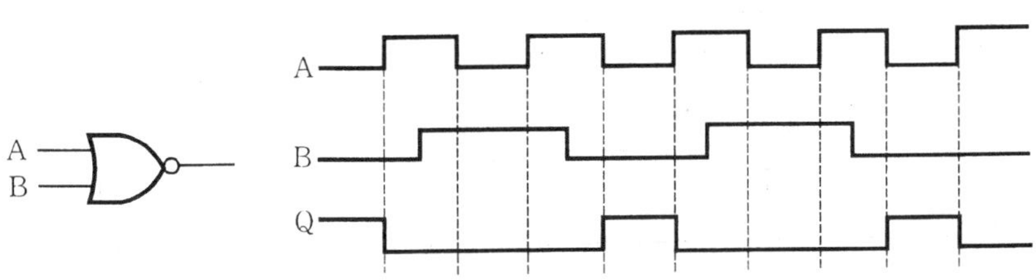

그림 8.17

---

(6) XOR 게이트

XOR(Exclusive-OR) 게이트는 2개 이상의 입력과 하나의 출력을 갖는다. 입력이 서로 다를 때에만 출력이 "1"로 되고, 입력이 서로 같으면(즉, 입력이 모두 1이거나 0이면) 출력이 "0"으로 되는 게이트이다. 이것을 논리식으로 나타내면 다음과 같다.

$$Q = (A + B)\cdot\overline{(A \cdot B)} = A \cdot \overline{B} + B \cdot \overline{A} = A \oplus B \qquad \cdots (8.7)$$

그림 8.18은 XOR 게이트의 기호, 진리표, 회로를 나타낸 것이며, (b)에서와 같이 XOR 회로는 여러 가지 방법으로 구성할 수 있다.

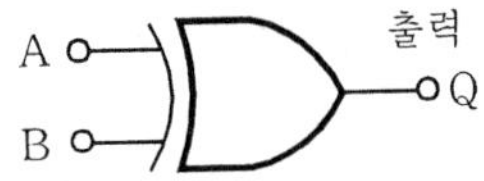

A	B	Q
0	0	0
1	0	1
0	1	1
1	1	0

(a) 논리 기호와 진리표

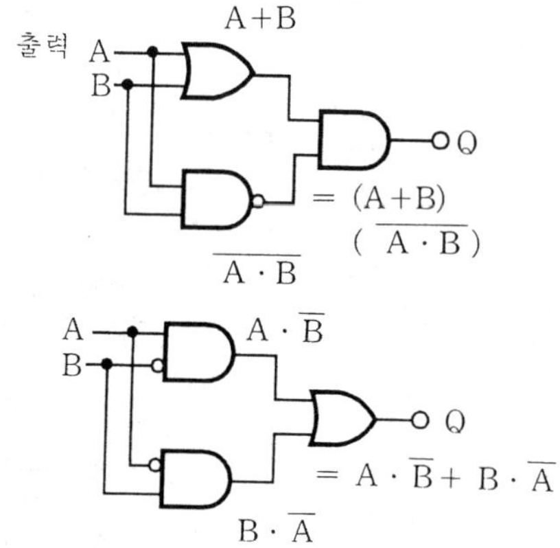

(b) 회로

그림 8.18 XOR 게이트

이상 설명한 논리 게이트와 논리식을 요약해서 나타내면 표 8.1과 같다.

표 8.1 기본적인 논리 회로

기능	논리 기호와 논리식	진리표
OR	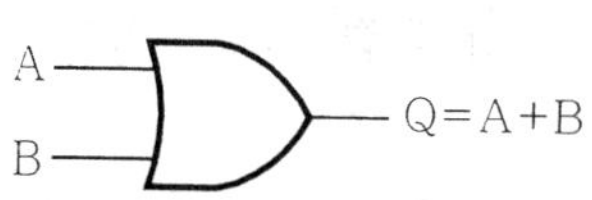 Q=A+B	A B Q: 0 0 0 / 0 1 1 / 1 0 1 / 1 1 1
AND	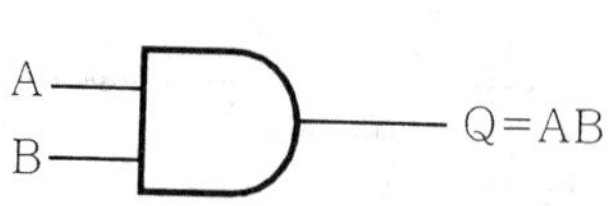 Q=AB	A B Q: 0 0 0 / 0 1 0 / 1 0 0 / 1 1 1

NOT	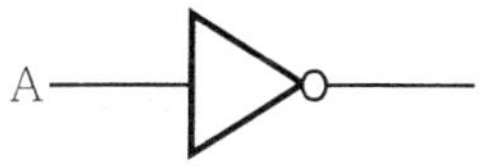 $Q=\overline{A}$	A ‖ Q 0 ‖ 0 1 ‖ 0
NOR	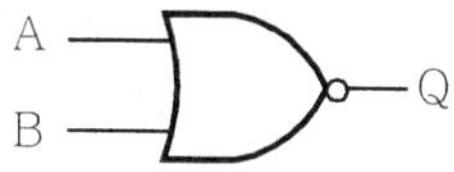 $Q=\overline{A+B}$	A | B ‖ Q 0 | 0 ‖ 1 0 | 1 ‖ 0 1 | 0 ‖ 0 1 | 1 ‖ 0
NAND	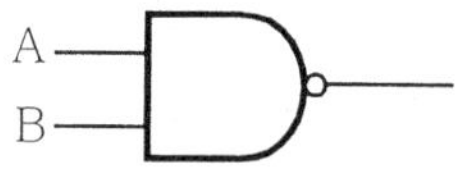 $Q=\overline{AB}$	A | B ‖ Q 0 | 0 ‖ 1 0 | 1 ‖ 1 1 | 0 ‖ 1 1 | 1 ‖ 0
XOR	 $Q=\overline{A}B+A\overline{B}$	A | B ‖ Q 0 | 0 ‖ 0 0 | 1 ‖ 1 1 | 0 ‖ 1 1 | 1 ‖ 0

8.1.3 플립플롭

앞에서 설명한 논리 게이트에서는 모든 입력 신호가 조합되어 출력이 정해짐을 알았다. 디지털 회로에서 이와 같은 논리를 조합 논리 회로(組合論理回路; combinational logic circuit)라고 부르며, 출력은 현재의 입력(present input)에 의해서만 결정되고, 어떠한 메모리(memory) 작용도 없다. 이에 대해서 과거에 입력된 정보와 현시점의 정보를 조합시켜 출력이 정해지는 회로를 순서 논리 회로(順序論理回路; sequential logic circuit)라고 한다. 순서 논리의 출력은 현재 입력과 과거 입력 모두에 의존하며, 1비트의 정보(디지털 상태 1 또는 0)를 기억하는 데이터 저장 기능을 가지기 때문에 훨씬 더 다양한 회로 구성이 가능하다. 순서 회로에는 플립플롭(flip-flop; FF), 계수기(counter), 시프트 레지스터(shift register) 등이 있다.

플립플롭 회로는 대표적인 순서 회로이다. 이 회로는 두 개의 안정 상태를 가지며, 입력 신호의 내용에 따라 어느 한 쪽의 안정 상태를 갖는다. 입력은 1개 이상이고, 출력은 2개이며, 그 중 어느 하나를 Q라고 하면, 다른 하나는 $\overline{Q}$(부정)로 된다. FF는 제어법에 따라 여러 형태의 플립플롭이 있다. SR–FF는 기억 기능, T–FF는 2진수의 계수기 기능, D–FF는 시프트(shift) 기능, 래치(latch)는 신호의 제어 기능, J·K–FF는 이상의 기능을 모두 수행할 수 있는 기능을 갖고 있다.

(1) SR 플립플롭

SR 플립플롭(Set-Reset flip-flop; SR-FF)는 앞 절에서 설명한 기본 게이트를 이용해서 구성할 수 있는 가장 간단한 데이터 저장 회로(data storage circuit)이다. 메모리의 가장 기본적인 형태를 셀(cell)이라고 하며, 이것은 1바이너리 비트(binary bit)를 저장할 수 있다.

그림 8.19는 2개의 NOR 게이트를 교차 결합한 SR 플립플롭(cross-coupled NOR SR-FF)의 회로 구성과 동작을 나타낸 것이다. SR-FF는 두 개의 입력 Set(S), Reset(R)과 두 개의 출력 Q, $\overline{Q}$를 가지며, 두 입력 신호에 의해 출력 상태가 정해지고, 이 상태를 유지한다. 2개의 NOR 게이트가 교차 결합되어 있기 때문에 한쪽 NOR 게이트의 출력이 다른 NOR 게이트의 입력으로 되돌려진다.

그림 (a)와 같이, S 입력에 1(H), R 입력에 0(L)을 인가한다고 가정하자. 이것을 세트 상태(set condition)로 정의하며, 이때 출력은 Q=1, $\overline{Q}$=0이어야 한다. S=1이면 상측 NOR 게이트의 두 입력은 모두 1이므로 출력은 $\overline{Q}$=0으로 된다. 이 0이 하측 NOR 게이트에 들어가면 두 입력이 모두 0이 되므로 출력은 Q=1이다. 이와 같이 SR-FF의 입력이 S=1, R=0이면 출력은 Q=1, $\overline{Q}$=0이다. 만약 지금 S 입력을 0으로 변경해 보자. FF는 이전의 상태인 세트 상태(Q=1, $\overline{Q}$=0)를 기억하고(remember) 있으므로, 상측 NOR 게이트의 입력은 0과 1로 되고, 따라서 출력은 $\overline{Q}$=0으로 된다. 반면, 하측 NOR 입력은 모두 0이므로 Q=1을 유지한다. 이와 같이 S 입력이 0으로 되어도 FF는 세트 상태에 머무른다. 즉, 두 입력이 모두 "0"이면 이전의 상태를 유지하므로 셀(cell)에 논리 "1"을 저장하는 것과 등가이며, 이를 래치(latch)라고 부른다.

이번에는 그림 (b)와 같이 입력을 S=0, R=1로 가정하자. R=1에서, 하측 NOR 게이트의 출력은 Q=0이고, 상측 NOR의 입력은 모두 0으로 되므로 출력은 $\overline{Q}$=1이다. 이와 같이 FF는 그것의 리셋(Reset) 상태로 돌아온다.

마지막으로 S, R 입력이 동시에 "1"일 때 출력 Q, $\overline{Q}$의 값은 "0"이지만, 이 경우 회로가 세트 상태에 있는지 또는 리셋 상태에 있는지 판단이 안된다. 이것을 부정(invalid)이라고 하며, 사용하지 않는 상태이다.

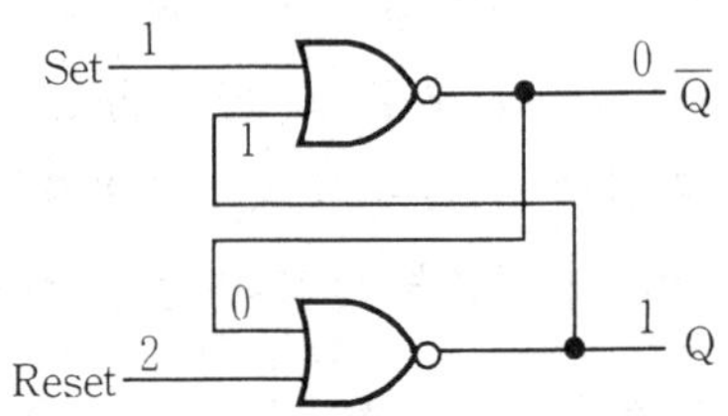

(a) 세트 상태

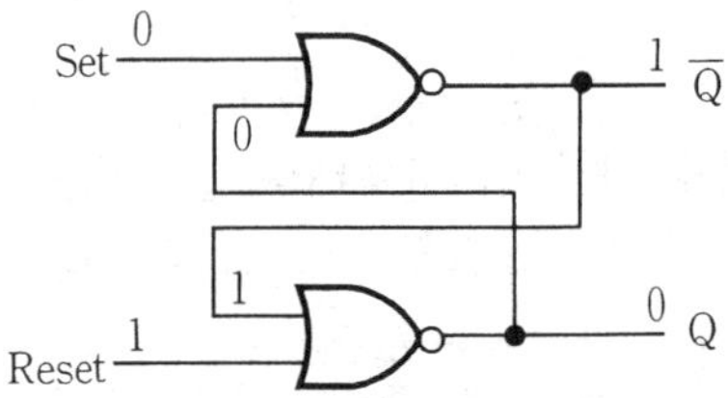

(b) 리셋 상태

그림 8.19 Cross-NOR SR 플립플롭

지금까지 설명한 것을 요약하면 표 8.2와 같은 SR 플립플롭의 기능표(function table)를 만들 수 있다.

표 8.2 SR 플립플롭의 기능표

S	R	Q	$\overline{Q}$	상태
0	0	Q	$\overline{Q}$	Hold condition(no change)
1	0	1	0	Set
0	1	0	1	Reset
1	1	0	0	Not used

그림 8.20은 SR-FF에 대한 기호를 나타낸 것으로, 기술적으로는 (b)의 기호가 더 정확하지만, 제조자의 데이터 매뉴얼에서는 그림 (a)의 기호가 더 많이 사용된다.

그림 8.20 SR 플립플롭의 기호

〔예제 8.5〕 SR-FF에 그림 8.21과 같은 SR 입력 파형이 접속되었을 때 출력 Q의 파형을 그림에 나타내고 그 기능을 설명하라.

〔풀이〕 세트 상태(S=1, R=0)이면 Q=1, 리셋 상태(S=0, R=1)이면 Q=0이다. 입력이 S=R=0이면 출력 Q의 상태는 변하지 않으며, 이것을 홀드 상태(Hold)라고 한다.

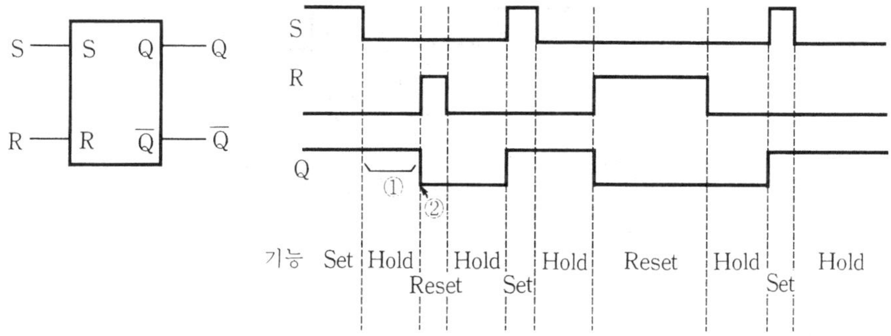

그림 8.21

지금까지 설명한 SR-FF는 출력 Q가 입력 변화에 즉시 응답하고(transparent or asynchronous), 또 S 입력이 0으로 되어도 FF는 입력 상태(즉, set 상태)를 기억하므로(latch), 이것을 SR 래치(transparent latch) 또는 비동기 플립플롭(asynchronous flip flop)이라고 부른다.

래치를 특정 시간 동안에만 인에이블(enable)하는 것이 바람직한 경우가 자주 있다. 그림 8.22(a)는 게이트(gated) 또는 클록(clocked) SR 래치를 나타낸 것이다. S_x, R_x는 본래의 세트(Set)와 리셋(Reset) 입력이고, 여기에 AND 회로를 부가하여 각 AND 회로의 입력 중 하나를 게이트(클록) 입력으로 하면 G 입력이 "1"일 때에만 SR 래치로서 동작하게 된다. 그림 8.22(b)는 게이트 SR 래치의 회로 기호를 나타낸다.

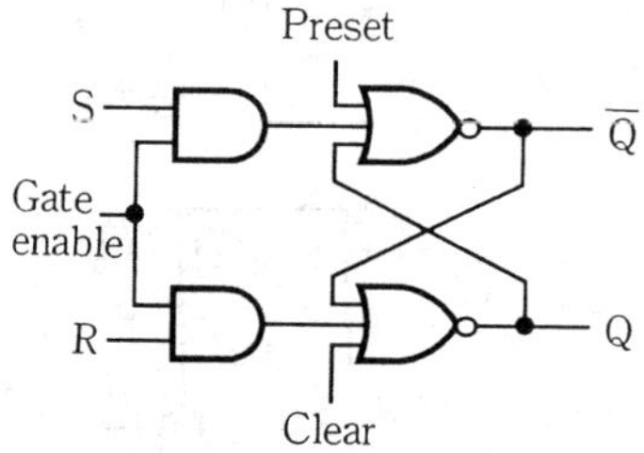

(a)

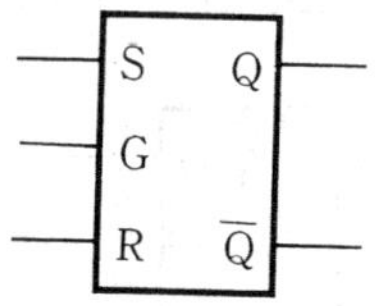

(b)

그림 8.22 게이트(클록) SR 래치

〔예제 8.6〕 게이트 SR-FF의 S, R, G 입력 단자에 그림 8.23과 같은 파형을 인가하였다. 출력 Q의 파형을 도시하고, FF의 기능을 나타내어라.

〔풀이〕

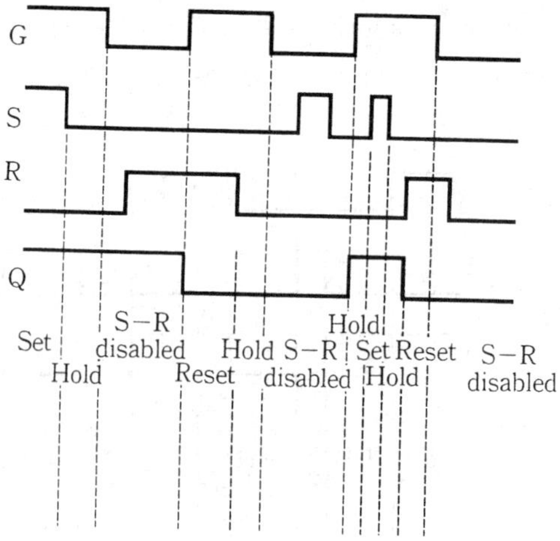

그림 8.23

지금까지 플립플롭(FF)과 래치(latch)를 구별 없이 설명하였는데, 사람들이 래치를 포함해서 쌍안정 스위치(Bistable switch)를 모두 플립플롭(Flip Flop)이라고 부르기 때문이다. 그러나 디지털 IC 제조자들은 클록 에지(clock edge)에서 트리거되는 소자만을 플립플롭이라고 부른다.

FF의 트리거 방식에는 그림 8.24의 (a)와 같이 클록 펄스의 상승단(上昇端; leading edge; ↑)에서 트리거하는 방식(positive edge trigger)과 (b)와 같이 펄스의 하강단(下降端; trailing edge; ↓)에서 트리거하는 방식(negative edge trigger)이 있다. 이것의 구별은 클록 단자(C_p)에 작은 원(○)이 있으면 하강단 트리거 방식이고, 원이 없으면 상승단 트리거 방식임을 의미한다. 또, 어떤 이상이 발생한 경우 등에 대하여 출력을 세트(set)할 수 있는 프리셋(preset) 입력 단자(PRE), 리셋(reset)할 수 있는 클리어(clear) 입력 단자(CLR)를 가지며, 이 입력들은 비동기(asynchronous input)로 동작한다.

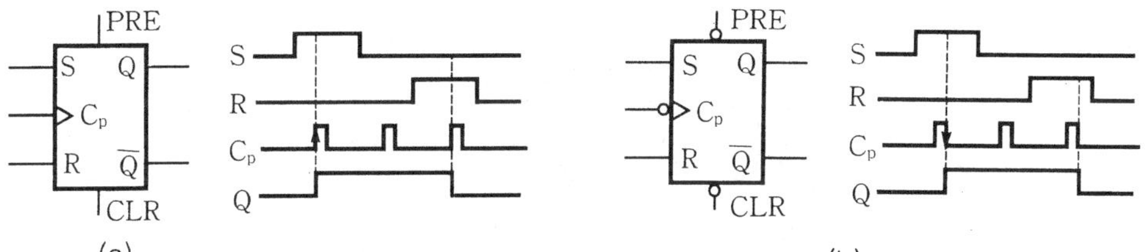

그림 8.24 에지 트리거 SR-FF의 기호와 타이밍 그림

(2) D-FF

D-FF는 데이터(data) FF라고 부르며, D 입력 단자를 가지고 있다. 그림 8.25는 D 래치의 논리 회로를 나타낸다. G 입력이 1 (H)인 시점에서 D 단자의 입력이 1 (H)이라면 Q도 1(H)로 되고, D의 입력이 0 (L)이라면 Q도 0 (L)이 된다. 이와 같이 D 래치는 클록이 인가될 때의 데이터 입력 D의 상태(0 또는 1)를 Q로써 출력하는 것으로, 데이터를 기억하기 위해서 사용한다.

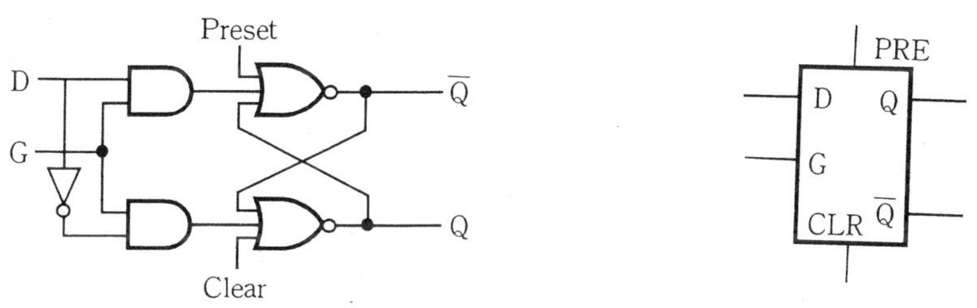

그림 8.25 D 래치

그림 8.26은 클록 펄스의 하강단(↓)에서 트리거되는 D-FF의 논리 기호와 타이밍 그림을 나타낸다.

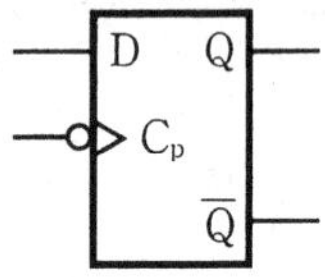

(a)

D	C_p	Q
0	↓	0
1	↓	1

(b)

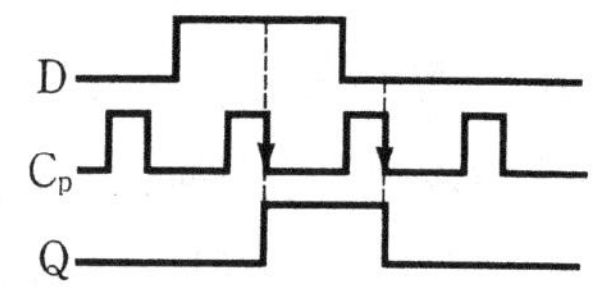

(c)

그림 8.26 D-FF의 기호, 기능표, 타이밍 그림

〔**예제** 8.7〕 그림 8.27과 같은 입력 파형과 클록 펄스를 D 래치와 포지티브 에지 트리거 D-FF에 인가하였을 때 출력 파형을 비교하여라.

〔**풀이**〕

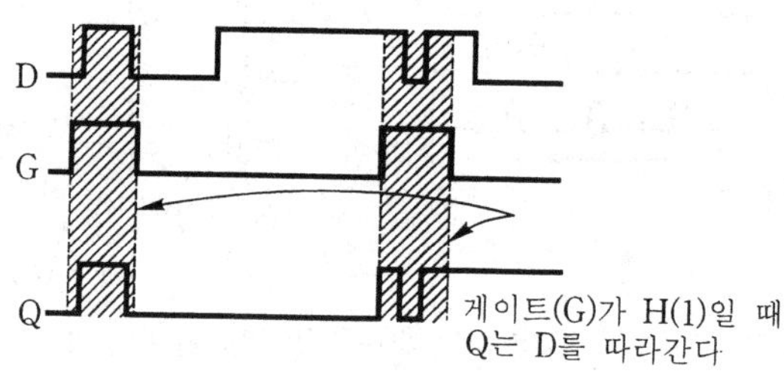

(a) D 래치

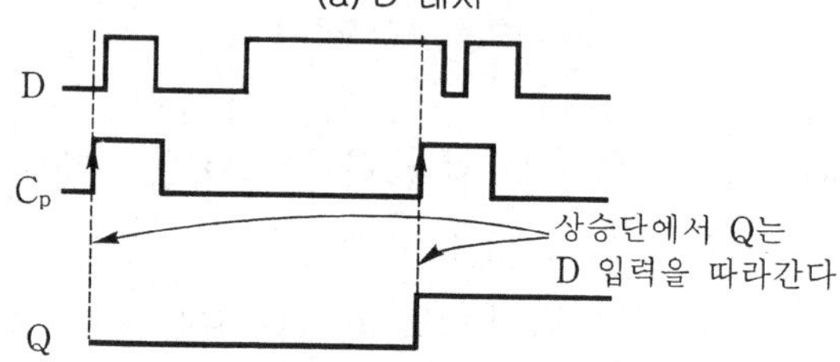

(b) 포지티브 에지 트리거 D-FF

그림 8.27

---

(3) J·K-FF

J·K-FF는 가장 일반적으로 사용되고 있는 플립플롭이고, SR-FF나 D-FF의 기능을 겸하고 있다. 그러나 J·K-FF는 SR-FF와는 달리 토글(toggle)이라는 새로운 동작 모드를 갖는다. 토글은 클록 펄스가 입력되면 출력 Q(또는 $\overline{Q}$)의 상태가 반전(즉, 1→0, 0→1) 되는 것을 의미한다.

그림 8.28은 J·K–FF의 회로 기호와 동작 모드를 나타낸다. 클록이 입력될 때 입력 단자 J, K의 값에 따라 몇 가지 동작으로 나눌 수가 있다. J, K 모두 0 (L)이면 출력 Q는 변하지 않는다(Hold). J가 0 (L)이고 K가 1 (H)이면 출력 Q는 0 (L)이 되고(Reset), J가 1 (H), K가 0 (L)이면 출력 Q는 1 (H)이 된다(Set). 또, 입력 J, K가 모두 1 (H)이면 출력 Q는 반전된다(Toggle).

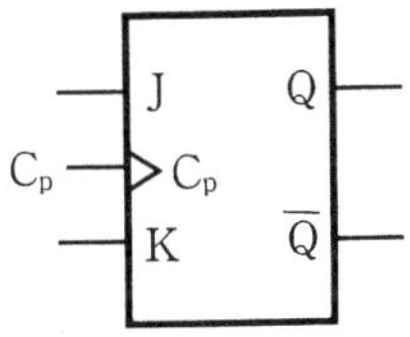

(a)

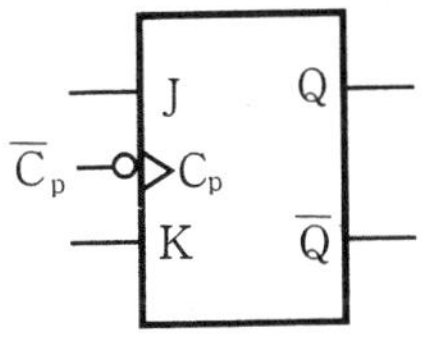

(b)

동작 모드	J	K
Hold	0	0
Set	1	0
Reset	0	1
Toggle	1	1

(c)

그림 8.28 J·K–FF의 회로 기호와 동작 모드

〔예제 8.8〕 네거티브 에지 트리거 J·K–FF의 입력 단자에 그림 8.29의 파형을 인가하였다. 출력 Q의 파형을 나타내어라.

〔풀이〕 클록 펄스의 하강단에서 트리거된다.

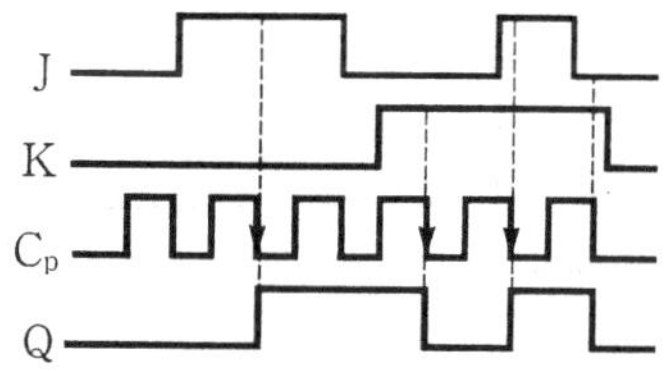

그림 8.29

J·K–FF에서 J를 S, K를 R이라고 생각하면 이 동작은 SR–FF로서 작용하고, 또 외부 접속을 적절히 하면 다른 플립플롭을 구성할 수가 있다.

그림 8.30은 J·K–FF를 D–FF로 동작하도록 접속한 것이다. J와 K 입력 사이에 인버터를 추가하고, 데이터를 J 입력에 인가한다. 데이터가 1이면 FF는 클록 펄스의 가장자리에서 세트(set) 상태로 되고, 데이터가 0이면 FF는 클록 펄스의 가장자리에서 리셋(reset)될 것이다. 이와 같은 접속에서는 토글 모드와 홀드 모드가 존재하지 않는다.

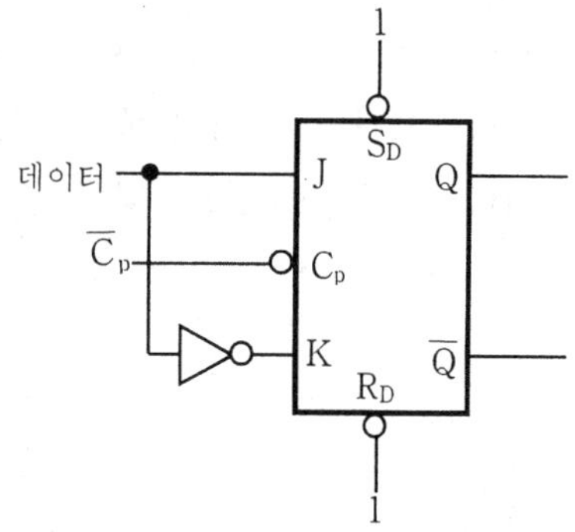

그림 8.30 J·K-FF로부터 만든 D-FF

또한, 많은 경우에 FF를 토글 모드로 동작시키는 것은 매우 중요하다. 이것은 입력 J와 K를 1에 접속하면 간단히 수행할 수 있다. 그림 8.31은 J·K-FF를 토글 FF로 접속한 예를 나타낸다. 이때 FF는 클록 입력의 하강단에서 상태를 반전하며, Q에서 출력 파형의 주파수는 입력 파형의 주파수의 1/2과 같음을 알 수 있다.

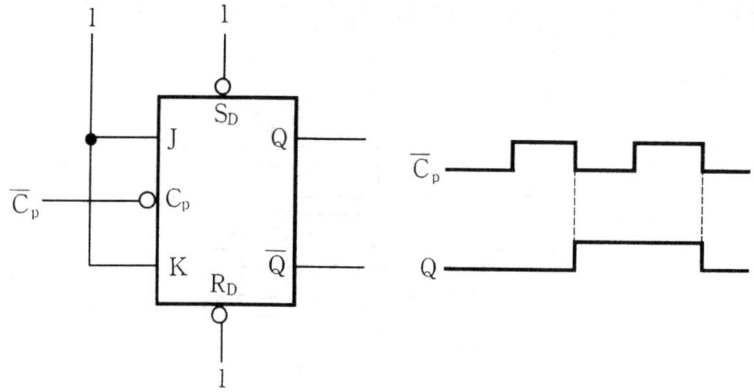

그림 8.31 토글 FF로 접속한 J·K-FF

8.1.4 계수기와 시프트 레지스터

계수기(計數器; counter)는 계수 회로라고도 하며, 일반적으로 2진수로 계수하고, 앞에서 배운 플립플롭(FF)을 사용해서 구성한다. 계수기에서 서로 다른 2진 상태의 수(number of different binary states)를 계수기의 모듈러스(modulus; MOD)로 정의한다.

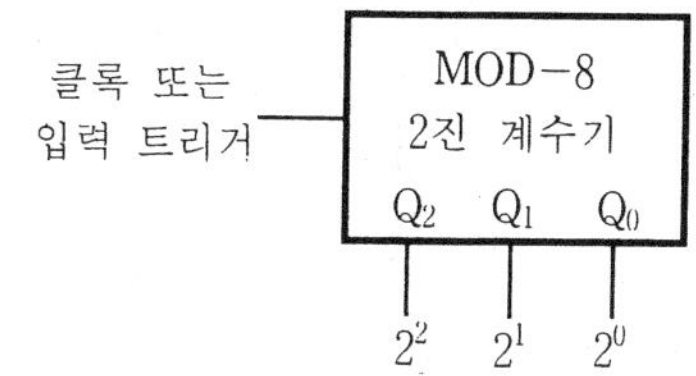

(a) 블록 다이어그램

Q_2	Q_1	Q_0	계수	
0	0	0	0	
0	0	1	1	
0	1	0	2	
0	1	1	3	8개의 2진 상태 (0~7)
1	0	0	4	
1	0	1	5	
1	1	0	6	
1	1	1	7	
0	0	0	0	
0	0	1	1	
0	1	0	2	
0	1	1	3	

(b) 계수 순서

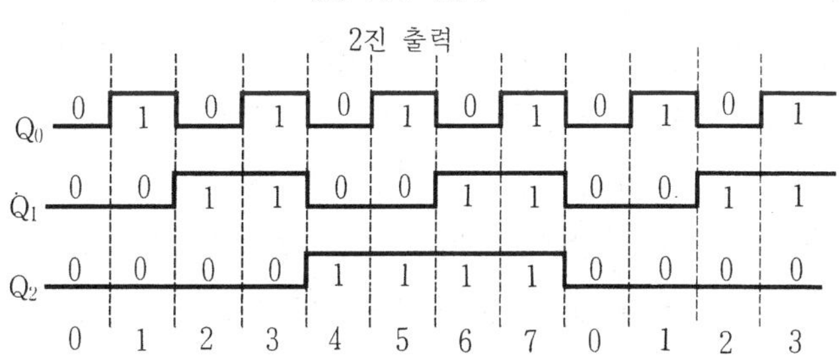

(c) 타이밍(파형)

그림 8.32 MOD−8 2진 계수기의 블록 다이어그램과 계수 순서

예를 들어, 0에서 7까지 계수할 수 있는 계수기를 MOD–8 계수기라고 부른다. 그림 8.32는 MOD–8 계수기를 단순화시켜 블록 다이어그램을 나타낸 것이다. 계수기가 0에서 7까지 계수하기 위해서는 3개의 2진 출력 단자와 1개의 클록 트리거 입력 단자가 필요하다. 이를 위해 MOD–8 계수기는 3개의 FF를 종속 접속하여 구성한다. 각 FF의 출력 Q는 각기 다른 2진 출력 2^2, 2^1, 2^0를 나타낸다. MOD–8 2진 계수기의 계수 순서(count sequence)를 나타내면 그림 (b), (c)와 같이 된다. 그림에서 2^3=8개의 서로 다른 2진 상태가 만들어짐을 알 수 있다.

4개의 FF를 사용해 계수기를 구성하면 16개의 서로 다른 2진 출력이 얻어지므로 0 (0000)에서 15 (1111)까지 계수할 수 있고, 1111 상태에서 다음 펄스가 입력되면 모든 FF는 0으로 되어 초기 상태로 되돌아간다. 이와 같이 FF를 n단 접속함에 따라서 0에서 2^n-1까지 계수할 수 있고, 서로 다른 2진 상태의 수, 즉 MOD는 2^n이다.

계수기용 IC에는 계수 기능 외에 리셋(reset) 기능이나 펄스 입력에 따라 계수치가 증가하는 업 계수기(up counter), 계수치가 감소하는 다운 계수기(down counter) 등의 부가적 기능을 갖는 것이 많다.

또, 계수기는 구성 방법에 따라 비동기식(非同期式; asynchronous)과 동기식(同期式; synchronous)으로 구분된다. 비동기식에서는 각 FF의 출력이 다음 단 FF의 클록 입력으로 사용되며, 여러 개의 FF는 비동기적으로 상태가 변한다. 비동기 계수기를 흔히 리플 계수기(ripple counter)라고 부른다. 비동기식에서는 다단인 경우 시간적 지연(propagation delay)이 발생한다. 동기식은 각 FF의 클록 입력을 공통으로 접속하여 각 FF를 동시에 동작시키는 계수기를 말하며, 비동기식 계수기의 문제점인 시간 지연을 해결할 수 있다. 다음에서는 2진 계수기를 비동기식과 동기식으로 나누어서 설명한다.

(1) 비동기식(리플) 계수기

그림 8.33은 3개의 J·K–FF를 종속 접속하여 구성한 3비트 비동기식 계수기이다. 여기서 J·K–FF는 토글 모드(toggle mode)로 동작하도록 J와 K 단자를 하나로 모아 이것을 1 (H)에 접속하고, 각 FF의 Q 출력을 다음 단 FF의 클록 입력에 접속한 것이다. 따라서 이것은 비동기식(또는 리플) 계수기이다. 그림 8.34(b)는 동작의 타이밍 도를 나타낸다. 입력 클록 펄스의 하강단에서 FF_1의 출력 Q_1은 0에서 1로, 또 1에서 0으로 반전을 되풀이한다. FF_2의 출력 Q_2는 Q_1의 하강단에서 0→1, 1→0으로 반전하고, 다시 FF_3의 출력 Q_3는 Q_2의 하강단에서 0→1, 1→0으로 반전한다. 이와 같이 하여 8개의 펄스 입력에 따라 8개의 FF 조합이 생기고, 8번째 펄스에서 초기 상태로 되돌아온다. 따라서 이것은 MOD–8 계수기로 된다.

그림 8.34와 같이 4단으로 하면 MOD–16 리플 계수기로 되고, 0 (0000)에서 15 (1111)까지 계수할 수 있다. 계수가 15 (1111)에 도달했을 때 추가의 펄스가 입력되면 모든 FF는 토글되어 계수가 0 (0000)으로 된다.

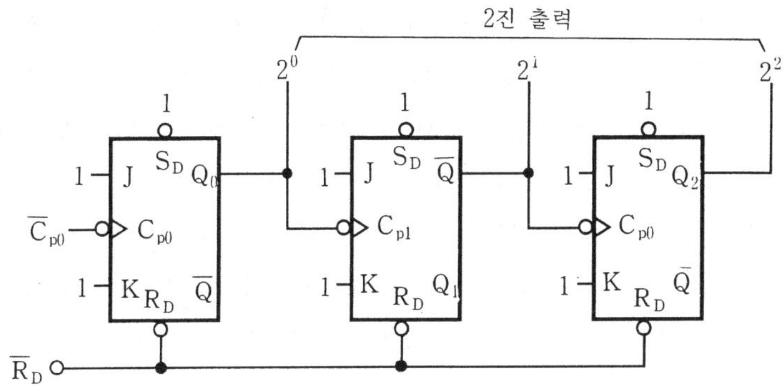

(a) 회로

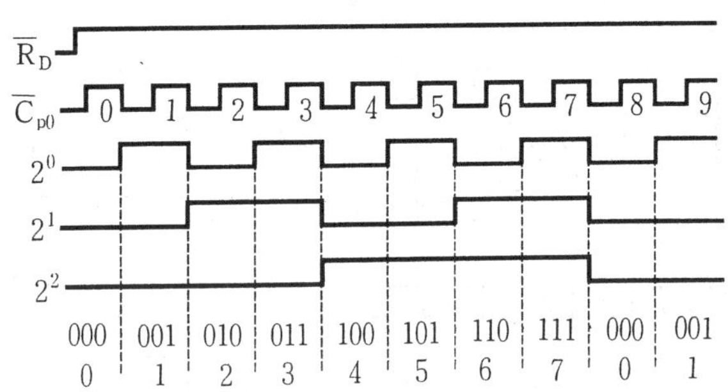

(b) 파형

그림 8.33 3비트 비동기식 계수기

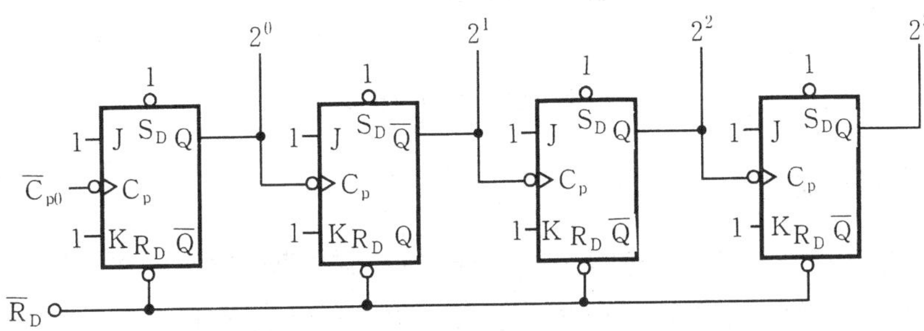

(a) 회로

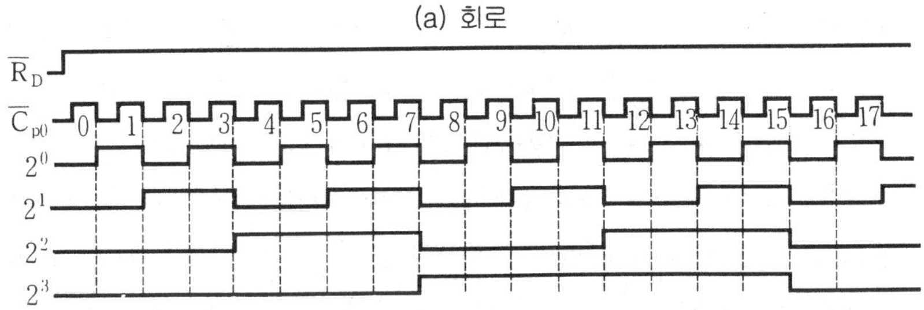

(b) 파형

그림 8.34 MOD-16 리플 계수기의 회로와 파형

그림 8.33과 그림 8.34의 계수기에서는 입력 펄스가 가해질 때마다 계수가 증가한다. 이러한 계수기를 업 계수기(up counter)라고 부른다. 반대로, 펄스가 가해질 때마다 계수가 감소하는 것을 다운 계수기(down counter)라고 하며, 그림 8.35는 다운 계수기의 일례를 나타낸 것이다. 지금, 출력 $\overline{Q}$를 다음 단 FF의 입력에 인가하여 출력 Q가 0에서 1로 변화할 때마다 다음 단 FF의 출력이 반전된다. 즉, 최초의 클록 펄스가 입력되면 $\overline{Q}_1$는 1→0으로 되고, $\overline{Q}_2$, $\overline{Q}_3$도 1→0으로 변한다. 또, 다운 계수기는 설정된 수치로부터 감소되어가는 것이므로 프리셋(preset) 입력에 0 신호를 주면 초기치를 111로 설정할 수 있다.

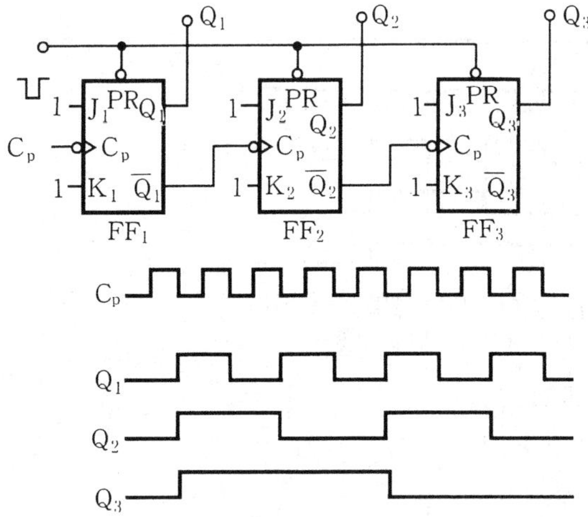

(a) 회로

펄스 수	$\overline{Q}_3$	$\overline{Q}_2$	$\overline{Q}_1$
0	0	0	0
1	1	1	1
2	1	1	0
3	1	0	1
4	1	0	0
5	0	1	1
6	0	1	0
7	0	0	1
8	0	0	0

(b) 기능표

그림 8.35 3비트 MOD-8 다운 계수기

(2) 동기식 계수기

지금까지 설명한 리플 계수기에서는 클록이 FF에서 FF로 전달될 때 시간 지연이 발생하고 다단인 경우 이것이 축적되어 문제로 된다. 이러한 문제를 제거하기 위해서 동기식 계수기에서는 클록 입력 단자(C_p)를 공통의 클록 입력선에 접속하여 모든 FF가 동시에 트리거 되도록 한다. 그림 8.36은 4비트 MOD-16 동기 계수기의 회로와 출력 파형을 나타낸다. 그림에서 하나의 클록 입력이 4개의 FF를 구동하고 있다. FF0 (2^0)의 출력 Q_0는 첫 번째 클록 펄스의 하강단에서 1로 된다. FF1 (2^1)는 FF0의 출력이 1(H)로 갈 때까지 홀드 모드($J_1=K_1=0$)에 있다가 FF0의 출력 Q_0가 1(H)로 되면 J_1, K_1이 1로 되므로 다음 클록 펄스가 입력되었을 때 펄스의 하강단에서 출력 Q_1은 1로 간다.

이제 FF3와 FF4의 동작을 살펴보자. 첫 번째 AND 게이트의 출력은 J_2와 K_2의 입력에 접속되어 있으므로 출력 Q_0와 Q_1이 모두 1이 될 때까지 FF2의 출력 Q_2는 0을 유지한다. $Q_0=Q_1=1$이 되면 AND 게이트의 출력인 J_2, K_2가 1로 되므로 FF2의 출력 Q_2는 1로 변한다. 같은 방법으로, 두 번째 AND 게이트 때문에 출력 $Q_0=Q_1=Q_2=1$이 될 때까지 FF3의 출력 Q_3는 0 상태를 유지한다.

이상의 설명에서 알 수 있듯이, 동기식 계수기의 회로는 좀더 복잡하지만 클록 펄스가 FF를 통해 전달될 때 발생하는 지연 시간의 축적과 같은 문제점은 제거된다.

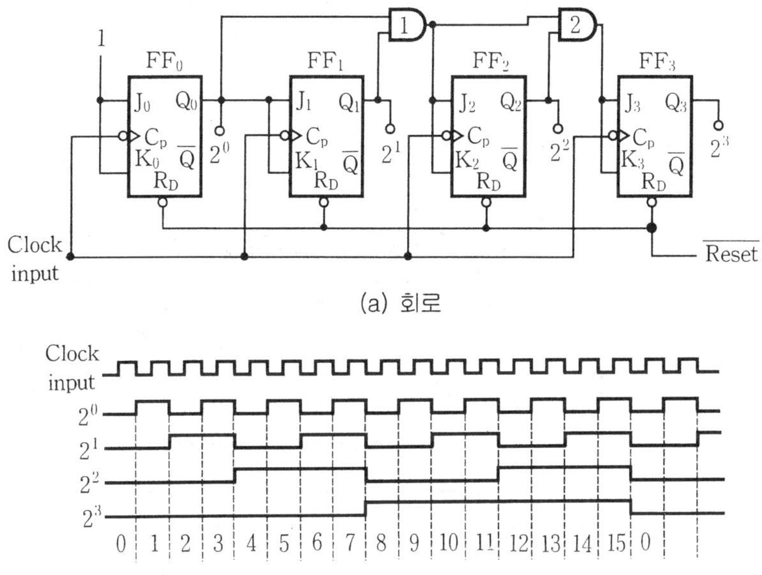

그림 8.36 4비트 MOD-16 동기식 업 계수기

(3) 10진 계수기

앞에서 설명한 MOD-8 또는 MOD-16 계수기는 2^n개의 클록 펄스가 입력되면 초기 상태(0)로 돌아간다. 만약 10을 계수하는 MOD-10 계수기가 필요하다면 3비트 계수기는 부족하고, 4비트 계수기는 너무 크다. 그러므로 MOD-10 계수기를 구성하기 위해서는 4비트(MOD-16) 계수기의 16개 2진 상태 중 6개의 상태를 제거하여야 한다. 즉, MOD-16 계수기가 10 (1010)에 도달하는 순간 모든 FF를 0으로 리셋시키면 새로운 계수 순서(truncated sequence) 0-1-2-3-4-5-6-7-8-9-0 등이 얻어진다.

그림 8.37은 MOD-16 계수기를 수정하여 10진 계수기(decade counter or MOD-10)를 구성한 논리 회로 및 진리표를 나타낸다. 9개의 클록 펄스가 입력된 후 계수기 출력은 (1001)이다. 10번째 펄스에서 계수기를 초기의 상태(0000)로 리셋시키기 위해 NAND 게이트가 사용되었다. NAND 게이트의 입력은 Q_1, Q_3이다. 계수기가 10 (1010)를 계수하기 시작하면 $Q_1=1$, $Q_3=1$에서 NAND 게이트의 출력 $\overline{CLK}$가 0 (L)으로 되어 모든 FF를 리셋시킨다.

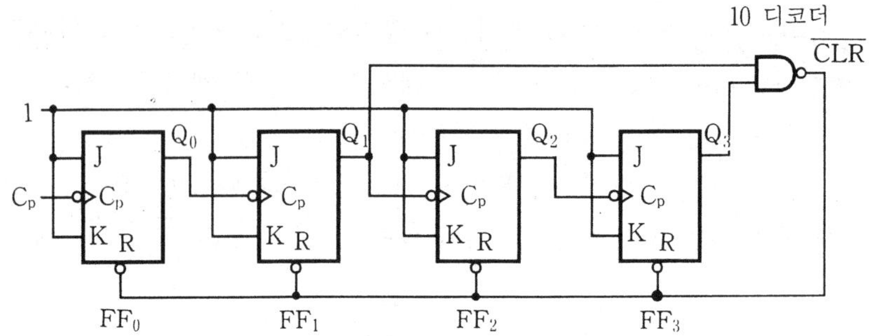

(a) 회로

Q_3	Q_2	Q_1	Q_0	클록 펄스
0	0	0	0	0
0	0	0	1	1
0	0	1	0	2
0	0	1	1	3
0	1	0	0	4
0	1	0	1	5
0	1	1	0	6
0	1	1	1	7
1	0	0	0	8
1	0	0	1	9
1	0	1	0	10
0	0	1	1	0

(b) 기능표

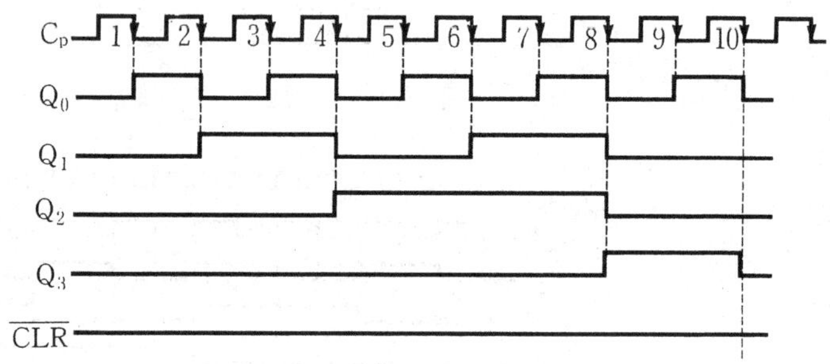

(c) 파형

그림 8.37 비동기식 10진 계수기

앞에서 설명한 바와 같이 비동기식 계수기에서는 시간 지연이 발생하므로 더 우수한 10진 계수기 구성 방법은 동기식 계수기이다. 그림 8.38은 동기식 10진 계수기의 예이다. $J_0=K_0=1$이므로 클록 펄스가 입력될 때마다 FF0의 출력은 토글한다. FF1의 입력은 첫 번째 AND 게이트의 출력이므로 $J_1=K_1=Q_0\overline{Q_3}$이다. FF2의 입력 J_1, K_1은 두 번째 AND 게이트 출력 Q_0Q_1과 같다. 또, FF3의 입력은 $J_3=K_3=Q_0Q_1Q_2+Q_0Q_3$로 된다. 지금 계수기에 10번째 클록 펄스가 입력되면 모든 FF는 초기 상태 (0000)로 되돌아가고, 회로는 단지 10개의 상태만을 갖는다.

10진 계수기의 출력 상태는 2진수로 표현되지만, 그것이 MOD-16 계수기의 출력에서 얻어지는 숫자에 대응되는 것은 아니다. 10진 계수기의 출력은 4개의 2진수로 10진수의 0~9를 표시하는 것으로 이것을 BCD(binary coded decimal) 숫자라고 한다. 10진수 138을 BCD로 나타내면 0001 0111 1000이다.

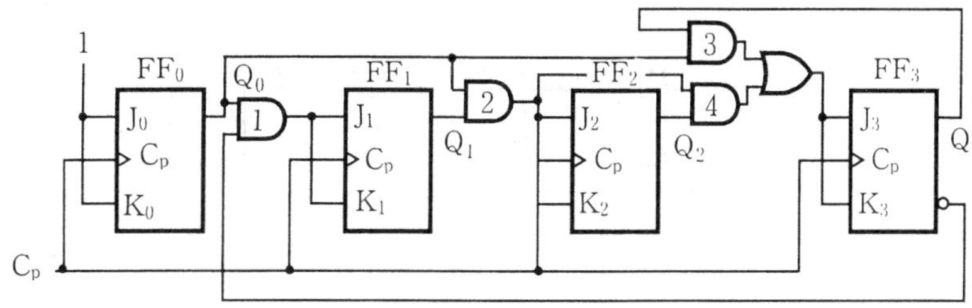

(a) 회로

Q_3	Q_2	Q_1	Q_0	클록 펄스
0	0	0	0	0
0	0	0	1	1
0	0	1	0	2
0	0	1	1	3
0	1	0	0	4
0	1	0	1	5
0	1	1	0	6
0	1	1	1	7
1	0	0	0	8
1	0	0	1	9

(b) BCD 십진 계수기의 상태

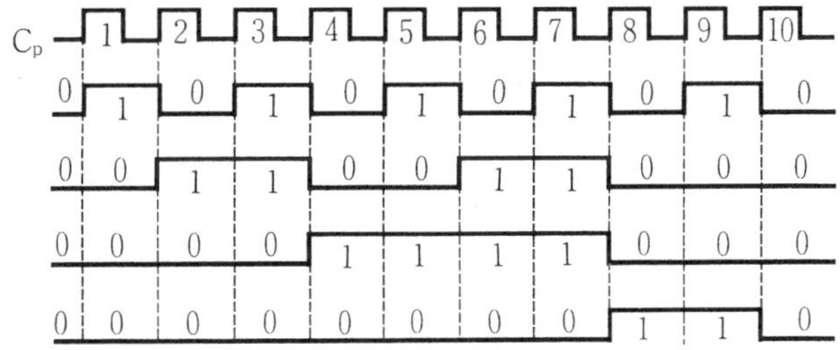

(c) 타이밍 도

그림 8.38 동기식 10진 계수기

(4) 시프트 레지스터

시프트 레지스터(shift register)는 데이터 비트(1과 0)의 이동과 저장을 수행하는 회로이다. 레지스터 회로는 디지털 시스템에서 데이터를 일시적으로 저장(temporary storage)하는 회로로서, 1비트 레지스터는 1개의 FF를 사용해서 구성할 수 있다. 또, n개의 FF를 병렬로 접속함으로써 n비트 레지스터를 구성할 수 있다. 시프트 레지스터도 FF를 이용하여 구성할 수 있고, 그림 8.39는 D-FF를 이용한 4비트 시프트 레지스터이다.

그림에서, 4개의 FF에 대한 클록 입력을 공통으로 접속하였으므로 모든 FF가 동기되어 동작한다. 첫 단의 FF 출력은 2단의 FF의 입력으로 되며, 이후 동일한 형태로 앞단의 출력을 다음 단의 입력으로 사용한다. 이 회로의 타이밍을 그림 (b)에 나타내었다. 입력 데이터가 그림과 같이 "1", "1", "0", "0"으로 변한다고 가정하면, 출력 Q_0는

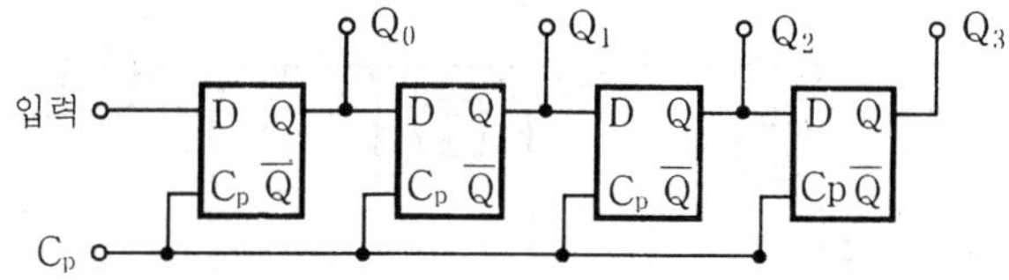

(a) 회로

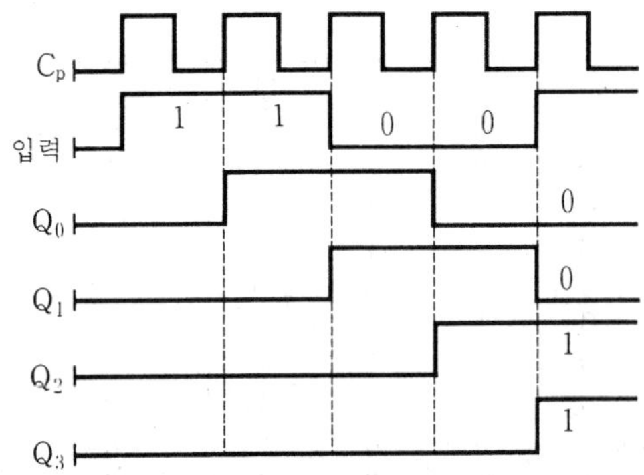

(b) 타이밍

그림 8.39 4비트 시프트 레지스터

1클록의 시간만큼 지연되어 "1", "1", "0", "0"으로 변화하고, 출력 Q_1은 2클록의 시간만큼 지연되어 같은 형태의 변화를 한다. 이렇게 하여 5번째의 클록이 입력되면 원래의 "1", "1", "0", "0"과 같이 시간적으로 직렬 데이터(serial data)가 그림에서와 같이 $Q_0 \sim Q_3$ 출력에 동시에 존재하므로 직렬 데이터가 병렬 데이터(parallel data)로 변환된다.

이상은 직렬-병렬 변환(serial-to-parallel conversion)에 대해서 설명하였으나, 시프트 레지스터는 또한 그림 8.40에 나타낸 것과 같이 여러 형태의 데이터 이동(movement)과 변환(conversion) 동작을 수행하는 데 사용되고 있다.

8.1.5 디지털 표시 장치

(1) 발광 다이오드

GaAs와 같은 화합물 반도체(compound semiconductor)로 된 pn 접합에 순방향 바이어스를 가하면 접합 부근에서 전자와 정공(正孔; positive hole)의 재결합(再結合; recombination)이 일어나 빛이 방출된다. 이를 이용한 것이 발광 다이오드(light emitting diode; LED)이다. LED는 순방향(順方向)으로 바이어스되면 빛을 방출하고, 역방향(逆方向)으로 바이어스되면 오프(off)된다. 사용되는 반도체 재료에 따라 적색, 황색, 녹색, 청색 등을 방출하며, 또한 우리 눈에 보이지 않는 적외선을 방출하는 IRED(Infrared emitting diode)도 있다.

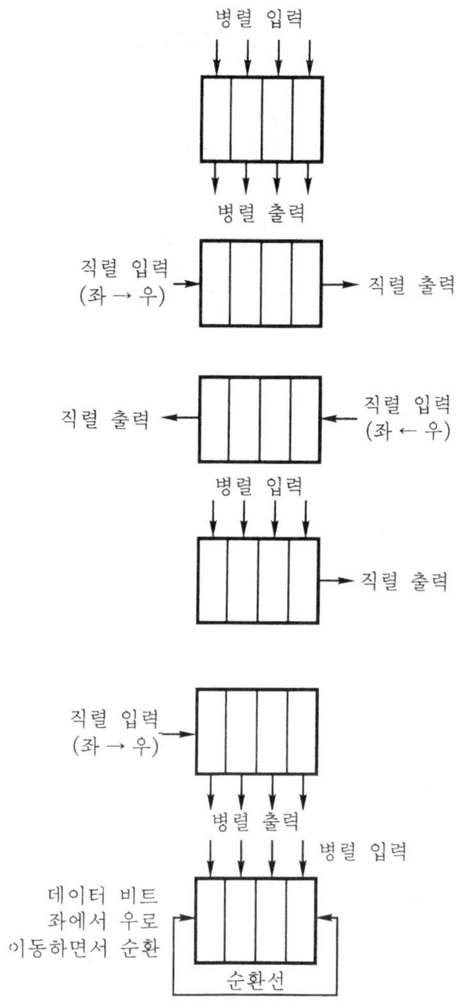

그림 8.40 시프트 레지스터에 의한 데이터 이동과 변환

그림 8.41은 우리가 주위에서 흔히 볼 수 있는 가전 제품이나 전자 장치에 널리 사용되고 있는 7세그먼트 LED 표시기(seven-segment LED display)이다. 이것은 하나의 패키지에 7개의 세그먼트로 구성되어 있으며, 각 세그먼트는 하나의 LED에 대응한다. 따라서 적절한 세그먼트에 전류를 흘리면 발광하여 1~9 사이의 어느 숫자도 나타낼 수 있다. 대부분의 7세그먼트 표시기는 소수점용 LED를 갖고 있다. 7세그먼트 표시기에서 LED의 애노드를 공통으로 접속하는 방식을 공통 애노드(common anode), 캐소드를 공통으로 접속하는 방식을 공통 캐소드(common cathode)라고 하며, 전자가 거의 사용된다.

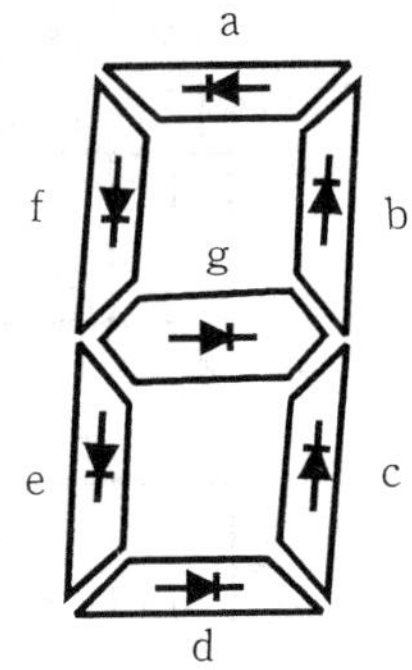

그림 8.41 7세그먼트 표시기

그림 8.42는 공통 애노드 방식으로 접속한 7세그먼트 표시기이다. 각 LED의 양극은 그림 (b)와 같이 +5 V에 공통으로 접속된다. LED를 발광시키기 위해서는 그림 (c)와 같이 전류 제한 저항 R을 LED와 직렬로 접속한다. LED에서 전압 강하를 1.7 V, 동작 전류를 10 mA라고 하면, 이 저항은 다음과 같이 계산된다.

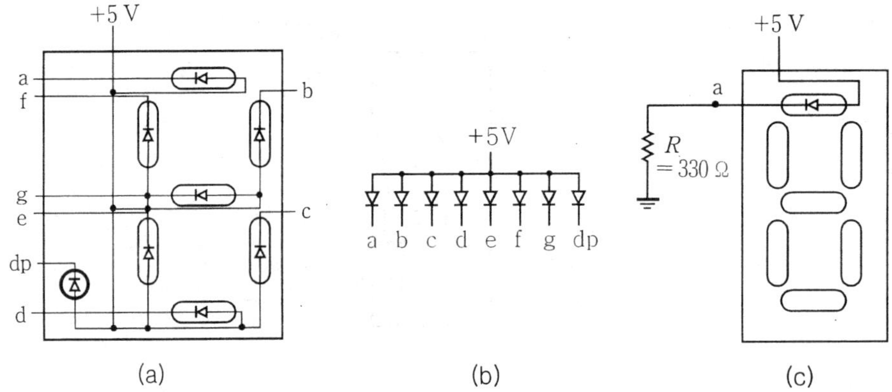

그림 8.42 7세그먼트 공통 애노드 LED 표시기

$$R = \frac{5.0\,\text{V} - 1.7\,\text{V}}{10\,\text{mA}} = 330\,\Omega$$

LED의 동작 전압은 보통 2 V 이하이지만, 동작 전류는 다른 표시 소자에 비해 크다. 그러나 동작 전압이 낮고, 견고하며 소형인 것이 장점이다.

(2) 액정 표시기

액정 표시기(liquid crystal cell display; LCD)를 사용해서도 LED 표시기와 같이 7–세그먼트 숫자를 나타낼 수 있다. 가장 흔한 LCD는 TN형(twisted nematic type)이다. 그림 8.43(a)는 TN 셀의 구조, (b), (c)는 동작 원리, (d)는 7–세그먼트 표시기를 나타낸 것이다.

내측에 투명 전극(transparent electrode)을 갖는 유리판 사이에 액정 물질을 주입하고, 2개의 얇은 편광 필터(polarizer)가 각 유리판 표면에 설치되어 있다. 액정 분자의 방위는 두 전극 사이에서 90°만큼 트위스트(twisted)되어 있다. 그림 (b)와 같이 셀(cell)에 전계를 가하지 않으면 액정 물질은 셀을 통과하는 빛을 트위스트(twist) 시켜 빛이 편광 필터를 통과할 수 있게 한다. 그래서 그 셀은 우리 눈에 보이지 않게 된다. 반면에 그림 (c)와 같이 셀에 전계를 가하면 액정 분자는 전계와 같은 방향으로 회전하여 빛의 트위스트(twist)가 일어나지 않게 되므로 빛은 편광 필터를 통과하지 못한다. 그래서 그림 (d)와 같이 7-세그먼트 중 전계를 가한 셀만이 우리 눈에 보이게 된다.

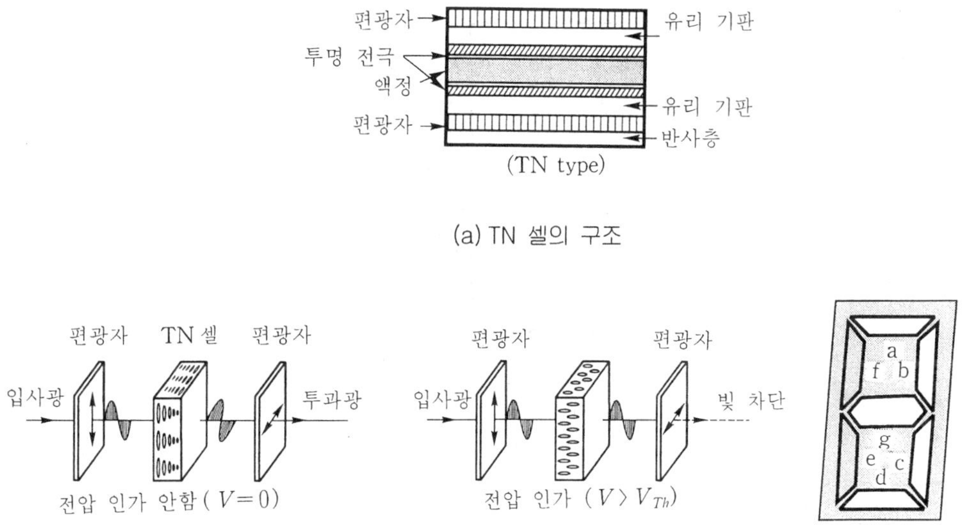

(a) TN 셀의 구조

(b) (c) (d) LCD 7-세그먼트 표시기

그림 8.43 액정 표시기

LCD는 광원이 아니고 단지 빛을 반사시키거나 통과시키는 소자이므로 에너지 소비가 매우 적다. 셀에는 액정을 구동시키기 위한 에너지만이 필요하므로 4개의 LCD 7-세그먼트를 작동하기 위해서 300 μA 정도의 전류가 필요하다. 그러나 이 소자는 정현파나 구형파의 교류 전원이 필요하며, dc를 인가하는 경우에는 전극이 손상을 입는다. LCD의 구동 전원은 60 Hz, 8 $V_{p\text{-}p}$ 구형파를 사용한다. LED와 같이, LCD에서도 셀의 한 단자를 공통으로 접속한다. 그러나 LCD에서는 애노드, 캐소드 단자를 구별하지 않으며, 공통 단자를 백 플레이트(back plate)라고 부른다.

(3) 7-세그먼트 표시기 디코더/구동기

10진 계수기(decade counter)의 FF의 출력은 BCD(binary-coded decimal) 형태이다. 7-세그먼트 표시기를 구동시키기 위해서는 4비트 BCD 코드를 7-세그먼트 코드로 변환해야 한다. 이와 같은 목적에 사용되는 것이 BCD-7-세그먼트 디코더(BCD-to-seven segment decoder)이다. 예를 들면, 만약 BCD가 $(0111)_{BCD}$이면 이것은 7을 의미하므로 디코더는 이것을 그림 8.41에서 3개의 세그먼트 a, b, c를 턴온할 수 있는 코드로 변환해야 한다.

그림 8.44는 가장 흔히 사용되는 공통 애노드 디코더/LED 구동기이다. 기본적으로, 7447은 4비트 BCD 입력과 7개의 출력 단자를 갖는다. 각 출력 단자는 하나의 LED에 대응된다.

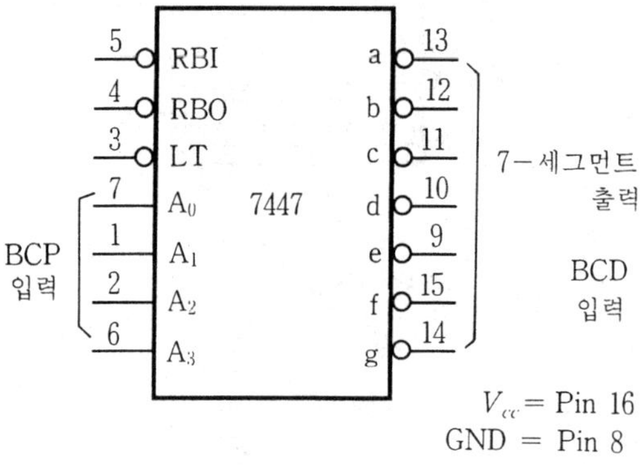

그림 8.44 7447 디코더의 논리 기호

그림 8.45는 대표적인 7-세그먼트 LED 표시기를 구동하는 회로이다. 그림에서 전류 제한 저항으로 7개의 330 Ω 저항이 사용되었다. 지금, 10진 계수기의 출력이 BCD 입력에 접속되고, 계수가 $(0110)_{BCD}$에 있다고 가정하면 다음과 같은 일이 발생한다.

① 디코더는 $(0110)_{BCD}$를 변환하여 출력 $\bar{c}$, $\bar{d}$, $\bar{e}$, $\bar{f}$, $\bar{g}$를 0 (Low), 출력 $\bar{a}$, $\bar{b}$를 1(High)로 만든다.

② 출력 0 (Low)인 단자에 접속된 LED는 순방향 바이어스(그림 8.42(c) 참조)되므로, 전류는 전원(+5 V)으로부터 LED를 통해 흐르고, LED는 발광한다. 표시기에는 숫자 6이 나타난다.

③ dp(decimal point) 스위치가 닫히면 소수점 LED가 턴온하여 표시기에는 소수 0.6이 나타난다.

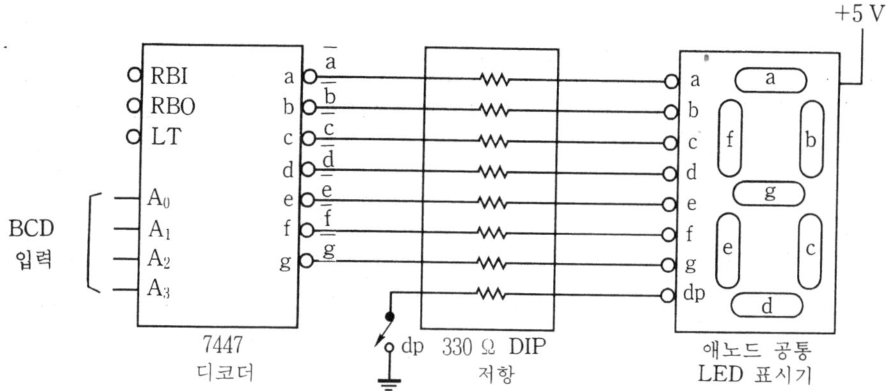

그림 8.45 7-세그먼트 LED 구동 회로

그림 8.46은 3개의 10진 계수기, BCD-7-세그먼트 구동기/표시기, 한 개의 FF로 구성된 2000진 계수기이다.

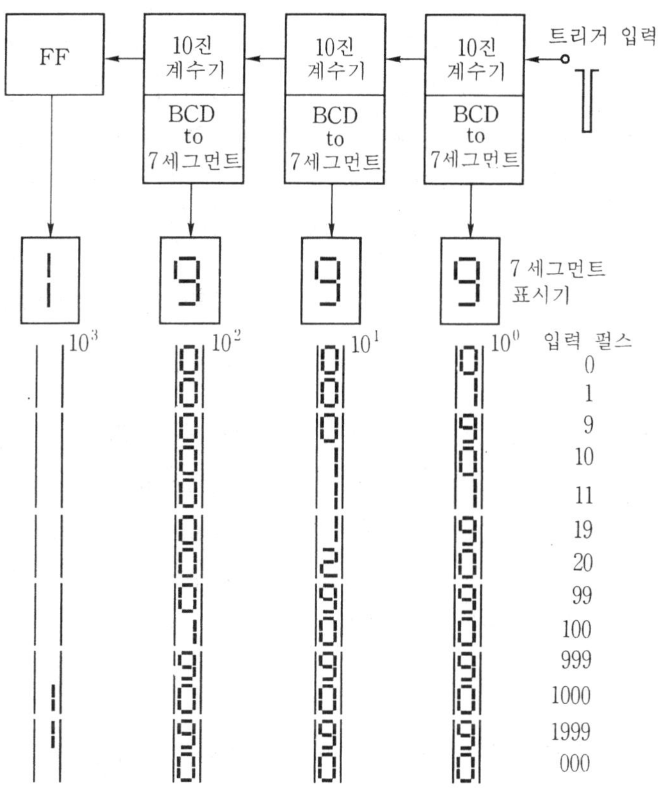

그림 8.46 3개의 10진 계수기를 사용한 2000진 계수기

첫 번째 10진 계수기는 입력 펄스의 1자리, 두 번째 10진 계수기는 10자리, 세 번째 10진 계수기는 100자리를 계수한다. 첫 번째 10진 계수기는 입력 펄스에 의해서 토글

되고, 2번째 계수기부터는 전단(前段)으로부터 나오는 (−)펄스에 의해서 토글된다. 입력 펄스가 들어오면 계수기는 초기 상태 000에서 999까지 계수를 계속하다가 1000번째 펄스가 입력되는 순간 3개의 10진 계수기는 999에서 000으로 되고, 3번째 계수기에서 출력된 (−)펄스가 플립플롭을 트리거하여 1을 나타낸다. 그래서 표시기에는 1000이 나타난다. 이 계수기는 최대 1999까지 계수할 수 있으며, 이 상태에서 하나의 펄스가 더 입력되면 표시기는 초기 상태인 000으로 되돌아간다. 디지털 표시기에서 999까지 나타내는 표시 방식을 3자리 표시(three-digit display)라고 하며, 여기에 1을 추가하여 1999까지 나타낼 수 있는 표시 방식을 3½ 자리 표시(3½ digit display)라고 부른다.

8.1.6 디지털 분주 회로

많은 디지털 계측기는 정확한 주기(週期; time period) 또는 시간축(時間軸; time base)을 필요로 한다. 그림 8.47은 디지털 분주기(digital frequency divider)에 대한 구성도와 파형을 나타낸 것이다. 1 MHz 수정 발진기(11장 참조)는 매우 정확한 출력 주파수(주기 1 μs)를 제공한다. 앞에서 설명한 바와 같이 10진 계수기에서 최종 FF의 출력 주파수는 정확히 입력 클록 주파수의 1/10배이다. 이것은 그림 8.47에서 첫 번째 10진 계수기의 출력 주기가 입력 파형 주기의 10배임을 의미한다. 즉,

$$\text{10진 계수기의 출력 파형의 주파수} \quad f_1 = 1\,\text{MHz} \times \frac{1}{10} = 100\,\text{kHz}$$

$$\text{주기} \quad T_1 = 10 \times 1\,\mu\text{s} = 10\,\mu\text{s}$$

유사한 방법으로, 2번째 10진 계수기의 출력 주파수와 주기는 각각 f_2=10 kHz, T_2= 100 μs, 3번째 10진 계수기의 출력 주파수와 주기는 f_3=1 kHz, T_3=1 ms 등으로 계산된다. 10진 계수기를 추가하면 주기를 더욱 증가시킬 수 있을 것이다. 또, 10진 계수기 대신에 16진 또는 12진 계수기를 사용하면 출력 파형의 주기는 수정 발진기 주기의 16배 또는 12배로 된다. 출력 주기에 대한 식은

$$T = T_c \times N^n \qquad \cdots (8.8)$$

여기서 T_c는 발진기 주기이고, N은 계수기 진수(進數; modulus number), n은 계수기의 수이다.

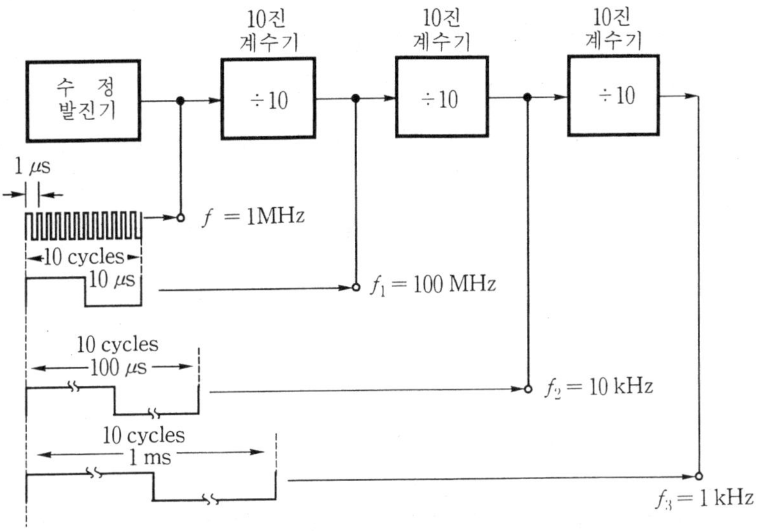

그림 8.47 디지털 분주기

8.2 전자 계수기

전자 계수기(電子計數器; electronic counter)는 앞에서 설명한 디지털 회로 기술을 이용하여 입력 신호파의 수를 계수하여 표시 장치에 숫자로 나타내는 계기이다. 전자 계수기의 기능이 주파수 측정 전용인 것을 주파수 계수기(frequency counter)라고 부르고, 주기, 시간, 주파수비, 분주 등 다기능이 부가된 것을 만능 계수기(universal counter)라고 부른다. 초기의 전자 계수기는 주파수 계수기가 대부분이었지만 최근에는 만능 계수기가 주류를 이루고 있다.

전자 계수기는 일정 시간 동안만 게이트를 열어 그 시간 내에 게이트를 통과하는 펄스 신호를 계수하고 이를 숫자 표시기에 나타낸다. 여기에는 게이트의 조작 방법이나 펄스 신호의 생성 방법에 의해 두 가지 회로 구성이 있다. 이러한 대표적인 예가 주파수 측정인 경우와 주기 측정인 경우로서, 일반적으로 스위치 전환만으로 이 양자의 선택이 가능하게 되어 있다.

8.2.1 주파수 측정 모드

그림 8.48은 주파수 측정인 경우의 회로 구성과 각부의 파형을 나타낸 것이다. 입력 파형은 일반적으로 잡음을 포함하기도 하고 진폭이 변화하기도 하기 때문에 증폭(또는 감쇠)한 후 정형 회로(整形回路; wave shaping circuit)에 의해서 일정 진폭의 구형파로 만

들어 게이트 회로에 보낸다. 한편, 수정 발진기 출력을 분주(分周)하여 펄스 폭이 1 μs, 10 μs, 100 μs, 1 ms, 10 ms, 100 ms, 1 s인 게이트 개폐용 펄스를 만들고, 이것을 게이트 회로의 다른 입력에 인가한다. 따라서 게이트 출력에는 t 시간 동안 열려 있는 게이트를 통과한 입력 펄스의 개수 n이 나타나고, 이것을 계수하여 주파수로서 표시된다. 이때 각부의 파형을 나타내면 그림 (b)와 같다. 입력 신호의 주파수는

$$f = \frac{n}{t} \text{ Hz} \qquad \cdots (8.9)$$

예를 들면, 입력 신호의 주파수가 5 MHz라고 할 경우 게이트를 1초간 열어 놓으면 5×10^6 Hz로 표시된다.

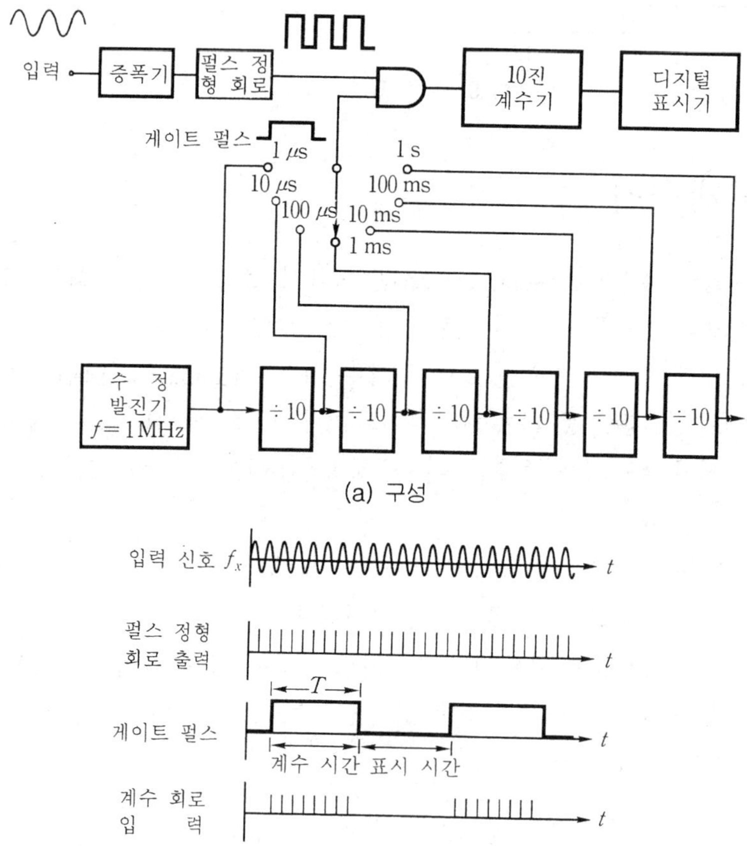

(a) 구성

(b) 각부의 파형

그림 8.48 전자 계수기의 주파수 측정 모드

한편, 정확하게 일정 시간(예를 들면 1초간) 동안만 게이트를 열어 놓기 위해서 계수기 내부에는 고정도(高精度)의 아주 안정된 수정 발진기(水晶發振器; crystal oscillator)

가 준비되어 있다. 수정 발진기는 10 kHz, 100 kHz, 1 MHz 등의 정확한 기준 주파수 신호를 발생하며, 이를 기준으로 게이트 제어 회로를 동작시켜 게이트가 열려 있는 시간을 정확히 설정한다. 기준 주파수를 그림 8.48에서 설명한 분주기에 의하여 1/10, 1/100 등으로 분주시켜 게이트 개방 시간을 10초, 1초, 0.1초, 0.01초, 0.001초 등으로 설정할 수 있다. 게이트 시간 설정은 전환 스위치에 의해 임의로 선택할 수 있으며 이에 따라 계수 결과의 자릿수가 결정된다.

〔**예제** 8.9〕 그림 8.48에서 10진 계수기의 눈금이 8211이고, 시간축이 1 ms일 때 입력 신호의 주파수를 계산하라.

〔**풀이**〕 $f = \dfrac{counts}{time} = \dfrac{8211\ \text{counts}}{0.001\ \text{s}} = 8{,}211{,}000\ \text{Hz}$

8.2.2 주기 측정 모드

어떤 응용에서는 신호의 주파수보다는 주기를 측정하는 것이 더 바람직한 경우가 있다. 그림 8.49는 주기 측정에 대한 회로 구성과 각부의 파형을 나타낸다. 입력 신호에 의해 게이트 신호를 만들고, 입력 신호의 1주기 동안만 게이트가 열리도록 한다.

클록 펄스를 게이트에 인가하여 입력 신호 1주기 동안 게이트를 통과한 클록 펄스의 수를 계수하고 주기로서 나타낸다. 클록 펄수의 주파수를 f, 계수된 펄스의 개수를 n이라고 할 때 입력 신호의 주기는

$$T_i = \frac{n}{f} \qquad \cdots (8.10)$$

예를 들면, 클록 펄스의 주기가 10^{-6}초(=1 MHz), 게이트를 통과한 펄스 수가 10,000개라 하면 입력 신호의 주기는 T_i = 10 000/1 000 000 = 0.01 s로 된다. 이제, 입력 신호를 1/10, 1/100로 분주하여 게이트 시간을 10배, 100배로 하면 표시되는 자릿수가 많아지고 측정 정도를 높일 수 있다.

계수기로 펄스를 계수할 때 그림 8.50에 나타낸 것과 같이 1 카운트(one count)의 오차가 발생한다. 이것을 LSD(least significant digit)라고 정의한다. 따라서 주파수 측정시 확도는

확도 = ±1 LSD ± 시간축 오차

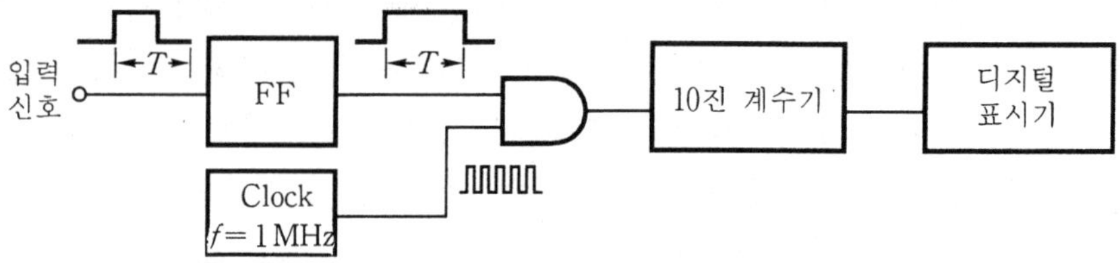

(a)

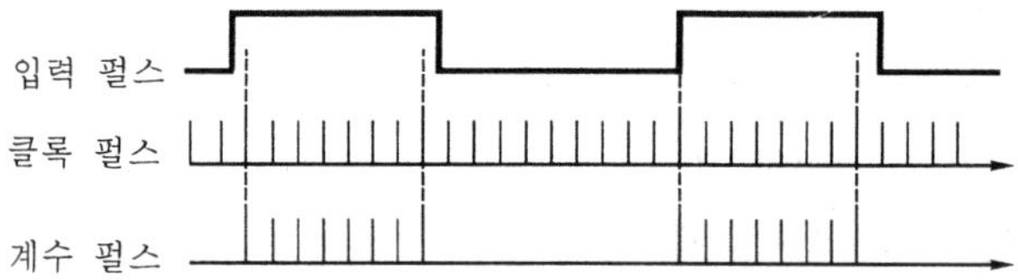

(b)

그림 8.49 전자 계수기의 주기 측정 모드

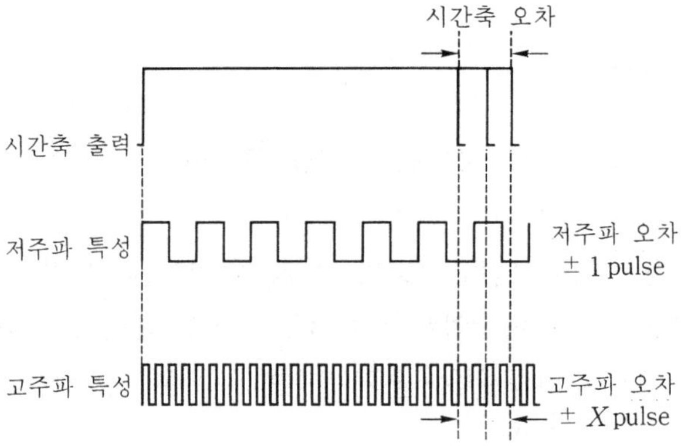

그림 8.50 전자 계수기의 계수 오차

로 된다. 수정 발진기가 사용되는 경우, 시간축 오차(time base error)는 매우 작아 보통 1×10^{-6} 이하이다.

예를 들어, 계기의 오차가 $\pm$LSD$\pm(1\times10^{-6})$인 계측기를 가지고 100 Hz와 1 MHz의 주파수를 측정하는 경우 발생되는 오차는

100 Hz의 경우 :

$$\text{오차} = \pm(1\ \text{count} + 100\ \text{Hz} \times 10^{-6}) = \pm(1\ \text{count} + 1\times10^{-4}\ \text{count})$$

$$\approx \pm 1\ \text{count}$$

$$\%\text{오차} = \pm\frac{1}{100\,\text{Hz}} \times 100\,\% = \pm 1\,\%$$

1 MHz의 경우 :

$$\text{오차} = \pm(1\text{ count} + 1\text{ MHz} \times 10^{-6}) = \pm(1\text{ count} + 1\text{ count})$$

$$\approx \pm 2\text{ count}$$

$$\%\text{오차} = \pm\frac{2}{1\text{MHz}} \times 100\,\% = \pm 2 \times 10^{-4}\,\%$$

위의 예에서 알 수 있는 바와 같이 저주파에서는 1 카운트에 기인하는 오차가 1 %로 시간축 오차보다 훨씬 크다. 그러나 1 MHz 측정시 총 오차는 2×10^{-4} %로 훨씬 감소하였으나, 두 오차가 같아졌다. 이와 같이 고주파 측정에서 총 오차는 감소하지만 시간축 오차가 1 카운트 오차보다 커지고(그림 8.50), 저주파에서는 1 카운트 오차가 시간축 오차보다 크다. 따라서 전자 계수기로 저주파 신호(100 Hz 이하)를 측정하면 1 카운트 오차에 기인하는 %오차가 1 % 이상으로 되어 큰 측정 오차가 발생한다. 그래서 기준 신호보다도 주파수가 극단으로 낮은 입력 신호의 주파수를 측정하는 경우, 확도를 높이기 위해 그림 8.51과 같이 입력 신호와 기준 신호의 역할을 반대로 해서 주기를 측정한 후 역산(逆算) 연산 회로를 이용해 주파수로 변환해서 표시하는 것도 있다. 이 방식을 역계수 방식(逆計數方式; reciprocal counting method)이라고 한다.

〔**예제** 8.10〕 역계수 방식으로 100 Hz를 측정하는 경우 발생되는 오차의 크기를 구하라. 단, 발진 주파수는 1 MHz이다.

〔**풀이**〕 게이트 시간은 $t = \dfrac{1}{100\,\text{Hz}} = 10\text{ ms}$

클록 펄스의 주기 $T = \dfrac{1}{1\text{ MHz}} = 1\,\mu\text{s}$

t 시간 동안 AND 게이트를 통과한 펄스 수는 $n = \dfrac{10\,\text{ms}}{1\,\mu\text{s}} = 10000$

따라서 측정된 주기는 10000 μs이다. 이것의 역수를 취하면 입력 주파수는 1/10000 μs=100 Hz로 계산된다.

이 방식으로 주파수를 측정하는 경우, 오차는 10000에 대해 ±1 count이므로

$$\text{오차} = \frac{1}{10000} \times 100\% = \pm 0.01\,\%$$

앞에서, 주파수를 직접 측정했을 경우 오차는 1 %였으나, 역계수 방식으로 측정하면 0.01 %로 크게 향상된다. 고주파를 측정하는 경우에는 직접 측정하는 방식이 가장 정확한 결과를 준다.

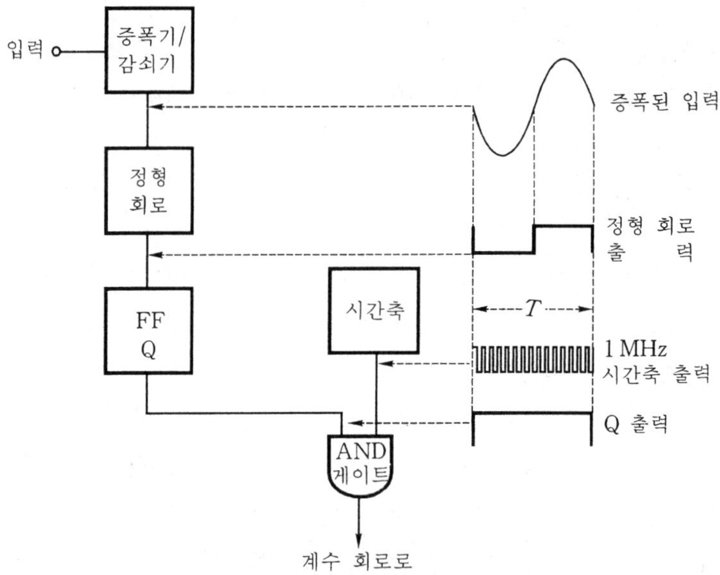

그림 8.51 전자 계수기를 역계수 방식으로 접속한 경우

8.2.3 주파수비 모드

주파수비 모드(frequency ratio mode)에서는 두 주파수 ($f_1 > f_2$)의 비(比)가 측정된다. 그림 8.52는 이 측정 회로를 나타낸다. 주파수가 더 낮은 f_2 신호가 클록 발생기 측에 인가되어 게이트 펄스를 발생시키고, 이 게이트 펄스가 존재하는 동안 주파수가 더 높은 f_1 신호의 사이클 수가 두 주파수의 비로 직접 지시된다.

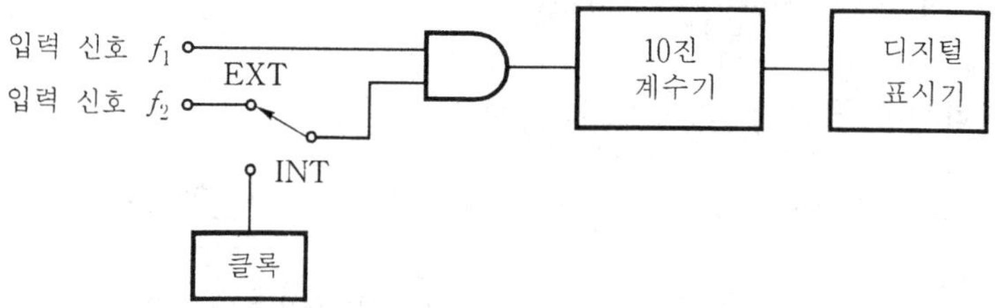

그림 8.52 전자 계수기의 주파수비 측정 모드

8.2.4 시간 구간 모드

시간 구간 모드(time-interval mode)에서는 두 사건 사이의 경과 시간을 측정한다. 그림 8.53은 이 측정 회로를 나타낸다. 게이트는 두 독립된 입력에 의해서 제어된다. 시작(START) 입력은 게이트를 열고, 정지(STOP) 입력은 게이트를 닫는다. 두 신호 사이의 시간 구간 동안 게이트를 통과한 펄스가 10진 계수기에 의해서 계수되어 두 사건 사이의 경과 시간을 지시한다.

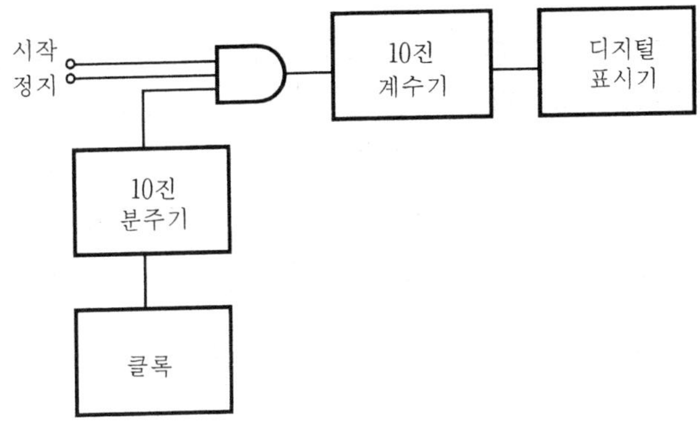

그림 8.53 전자 계수기의 시간 구간 측정 모드

8.3 디지털 전압계

아날로그 전자 전압계는 측정치를 연속적인 눈금에 지침의 편위로 지시한다. 이와 달리, 디지털 전압계(digital voltmeter; DVM)는 직류 또는 교류 전압의 측정치를 불연속적인 숫자로 나타낸다. 그림 8.54는 디지털 전압계의 기본적인 회로 구성을 나타낸다. 신호 변환기는 미지 전압을 적당한 크기의 직류 전압으로 변환하는 부분으로, 변환 원리는 아날로그 전자 전압계와 동일하다. 다음, 전압은 연속적인 아날로그 양이므로 입력 전압은 A/D 변환기(analog-digital converter)에 의해 디지털 양으로 변환된다. 즉, 미지 전압을 그에 대응하는 펄스 신호로 변환시킨 후 전자 계수기로 펄스 신호를 계수하여 전압을 표시한다.

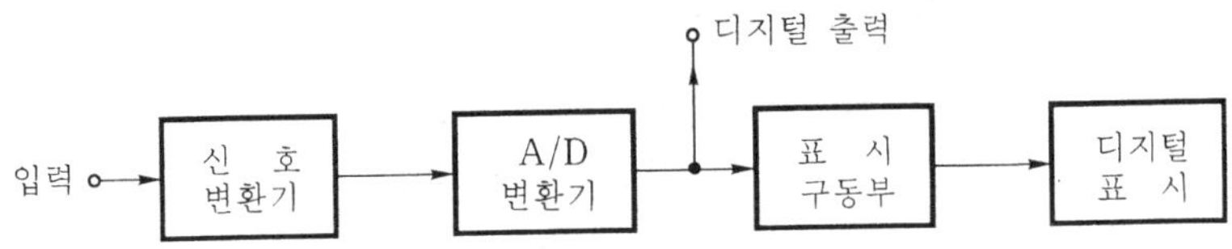

그림 8.54 디지털 전압계의 기본 구성도

8.3.1 A/D 변환

전압, 전류 등 대부분의 전기적 양은 아날로그 양이기 때문에 디지털 회로를 사용해 아날로그 신호를 처리하기 위해서는 연속적인 아날로그 신호를 불연속적인 디지털 형태로 변환해야 한다. 아날로그 신호를 디지털 신호로 변환하는 과정을 A/D 변환(analog-digital conversion)이라 부르며, 그 장치를 A/D 변환기(analog-digital converter)라고 한다.

A/D 변환은 그림 8.55에 나타낸 것과 같이 표본화(標本化; sampling), 양자화(量子化; quantizing), 부호화(符號化; coding)라는 과정을 거친다. 그림 (a)와 같은 아날로그 신호를 그림 (b)와 같이 어떤 시간 간격으로 샘플링하는 것을 표본화라고 한다. 이 샘플링한 아날로그 값을 불연속적인 수치로 변환하는 것을 양자화라고 하며, 그림 (c)는 1~5의 정수치에 양자화한 예이다. 또, 양자화된 수치를 2진수의 부호로 변환하는 부호화(符號化)를 행한다.

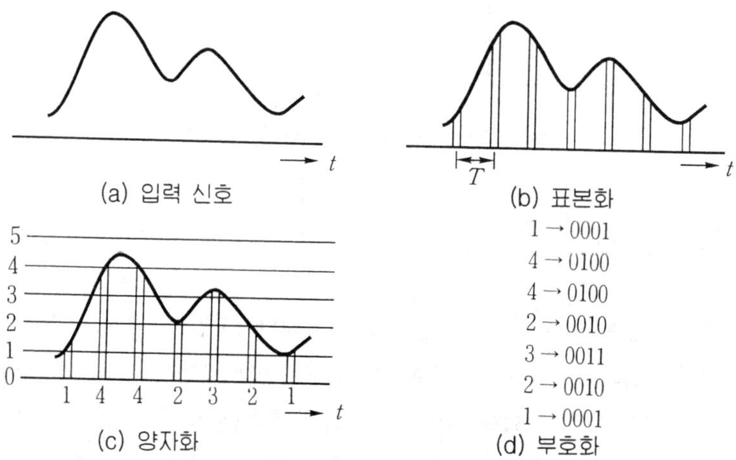

그림 8.55 아날로그 신호의 디지털화

그림 8.56은 3비트 A/D 변환기의 이상적인 전달 특성(ideal transfer curve)을 나타낸다. 그림에서 아날로그 입력 전압의 최소값에서 최대값까지의 범위를 FSR (full scale range)이라고 부르며, 이 FSR를 몇 단계로 나누는 것을 양자화라고 한다. 양자화할 때 전압의 판정점(decision level)이 스텝의 변화점이다.

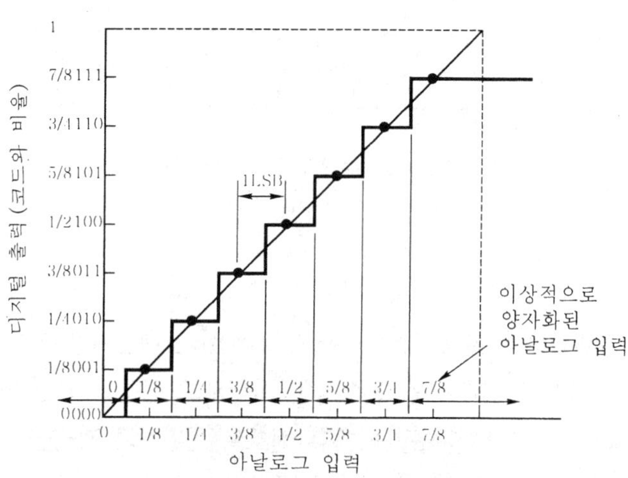

그림 8.56 이상적인 A/D 변환기의 변환 특성

A/D 변환기의 중요한 특성은 확도(確度; accuracy), 정도(精度; precision), 분해능(分解能; resolution), 변환 시간(속도)(變換時間; conversion time)이다. 분해능은 양자화의 최소 전압 범위를 말하며, 양자수 q 또는 1 LSB (least significant bit)로 나타낸다. 즉,

$$q = \frac{FRS}{2^n} = 1\ \text{LSB} \qquad \cdots (8.11)$$

여기서, n은 비트수이다. 예로, 풀스케일이 10 V, 3비트 A/D 변환기인 경우, 분해능은

$$q = \frac{10\ \text{V}}{2^3} = 1.25\ \text{V}$$

위 예에서, 2진수 3비트로 10 V를 나타내려면 1비트당 1.25 V로 된다. 즉, 001일 때 1.25 V, 010일 때 2.5 V … 등으로 되고, 1.25 V가 식별 가능한 아날로그 입력의 최소값이며, 이것을 분해능이라 부른다. 확도는 입력된 아날로그 전압(true analog voltage)과 디지털 출력값(digital output value) 사이의 측정된 차이를 말한다. 이와 같은 오차가 발생하는 원인에는 여러 가지가 있으며, 양자화 오차, 비직선성 오차, 오프셋 오차, 이득 오차 등이 있다. 양자화 오차(quantization error)란 입력 아날로그 전압(original analog signal)과 양자화된 출력 전압(quantized value) 사이의 진폭차 ΔV를 말한다. 오프셋 오차란 입력이 0 V일 때 출력이 0 V가 되지 않는 경우를 말한다.

정도는 위의 오차와는 무관하며, 단지 디지털 출력의 비트 수에만 의존한다. 예를 들어 8비트 변환기의 경우, 가능한 상태 수는 256개이고, 따라서 그것의 분해능은 1/256이고, 이것은 정도 0.4 %라고 말할 수 있다.

변환 속도(시간)는 변환 개시 명령이 전달되고 나서 디지털 출력이 전해지기까지의 시간, 즉 변환하는 데 요하는 시간이다.

디지털 전압계는 사용된 A/D 변환 방식에 의해서 구분된다. 계측기에 A/D 변환을 응용할 때 변환 시간과 분해능에 관한 요구가 분야마다 다르기 때문에 여러 변환 방식이 제안되고 있다. 주요 A/D 변환 방식을 정리하면 표 8.1과 같다.

원리적으로, 적분 방식(積分方式)과 비교 방식(比較方式)으로 나눌 수 있다. 적분 방식에는 전압–주파수 변환과 전압–시간 변환이 있다. 또, 비교 방식에는 축차 비교형(逐次比較型), 추종 비교형(追從比較型), 병렬 비교형(並列比較型) 등이 있다. 보통 적분 방식은 변환이 저속이고, 비교 방식은 고속이다. 여기서는 디지털 전자 계측기에 많이 사용되는 것을 설명하고 고속의 변환기는 데이터 획득 시스템(15장)을 설명할 때 다룬다.

표 8-2 주요 A/D 변환 방식

변환 방식		특징
적분 방식	전압-시간 변환형 (V-T 변환형)	저속, 회로 간단, 중급의 공업용 A/D 변환기
	2중 적분형	저속, 잡음에 강함, 회로 간단, 비교적 정도가 높음, 디지털 전압계, 디지털 멀티미터 등에 널리 사용됨.
	전압-주파수 변환형 (V-f 변환형)	저속, 간단한 디지털 전압계에 사용됨
비교 방식	축차 비교형 (逐次比較形)	고속, 고정도, 많이 사용됨
	병렬 비교형 (竝列比較形)	고속, 비교기의 수가 2^n, n이 커지면 회로 복잡
	추종 비교형 (追從比較形)	변환에 따라 표본화 동작을 함

(1) 적분기

그림 8.57(a)의 op amp 적분기에 그림 (b)와 같은 직류 전압 $+V_i$를 인가하면 출력 단자에는 입력 직류 전압을 시간으로 적분한 신호가 나타난다.

$$V_0 = -\frac{1}{C}\int_0^t i\,dt = -\frac{1}{RC}\int_0^t V_i\,dt = -\frac{V_i}{RC}t \qquad \cdots (8.12)$$

즉, 출력 단자에는 시간에 비례해서 (−)방향으로 증가하는 램프 전압(ramp voltage) V_0가 나타나며, V_i가 작으면 램프 전압의 기울기가 완만하고 V_i가 크면 램프 전압의 기울기가 급하게 된다.

그림 (c)와 같은 구형파가 입력되면 적분기 커패시터 C는 시간 구간 $t_1 \sim t_2$ 사이에서 충전되고, $t_2 \sim t_3$ 사이에서는 다시 방전된다. 다음 구간에서는 이와 같은 과정이 반복된다.

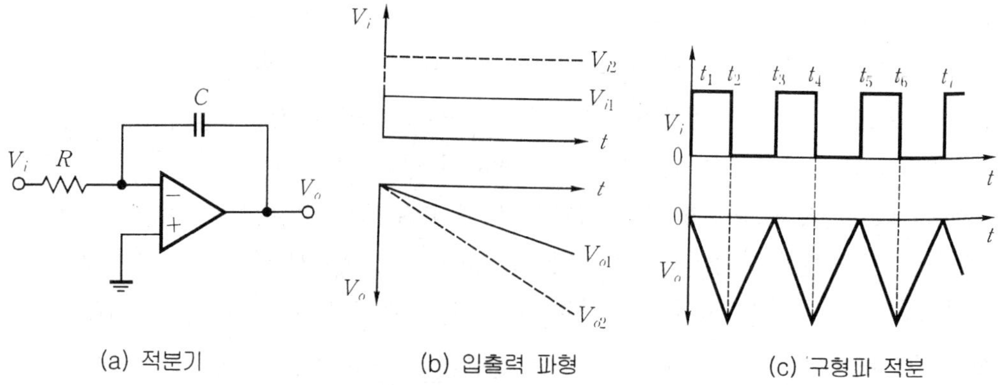

(a) 적분기　　(b) 입출력 파형　　(c) 구형파 적분

그림 8.57 적분기와 입출력 파형

만약 적분기에 교류 전압을 인가하면 적분기의 출력은 입력 전압의 적분값에 비례하므로 교류 전압의 (−), (+)값이 서로 소거되어 적분값이 0이 되므로 출력 전압도 0으로 된다. 미지 전압에 혼입되는 잡음은 보통 교류 성분뿐이므로 피측정 전압을 적분기에 통과시킴으로써 잡음의 영향을 제거할 수 있으며, 정확한 디지털 전압계로 만들 수 있다.

(2) 단일 경사 A/D 변환기

그림 8.58는 단일 경사 A/D 변환기(單一傾斜變換器; single-slope A/D converter)의 기본 원리를 나타낸다. 전압–시간(*V-T*) 변환기로 아날로그 전압 V_i를 펄스 폭 T_i로 변환하고, 그 펄스 폭 T_i 동안 게이트 회로를 통과하는 클록 펄스 수를 계수기로 계수하는 방식이다. 단일 경사 변환기를 전압–시간(*V-T*) 변환형이라고도 한다.

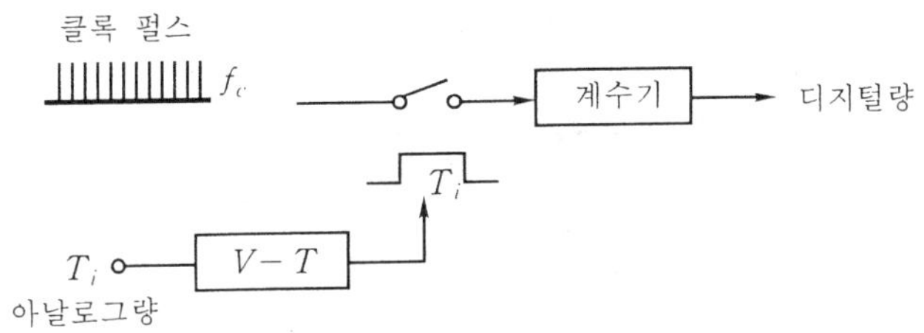

그림 8.58 단일 경사 A/D 변환기의 기본 원리

그림 8.59(a)는 단일 경사 변환형 디지털 전압계의 구성을, (b)는 각부의 동작 상황을 나타내고 있다. 측정이 시작되면, 게이트 제어 회로가 시간 t=0에서 (+)제어 펄스(그림 ①)를 발생시켜 스위치 S를 개방하고, AND 게이트의 입력 A를 1 (high)로 만든다. 스위치 S가 개방되면 적분기의 커패시터 *C*는 그림 ②와 같이 0 V로부터 (+)방향으로 기준 전압($-V_r$)에 의해 선형적으로 충전되기 시작하여 램프 전압(ramp voltage)를 발생시킨다. 충전 전압은 식 (8.12)로부터 다음과 같이 쓸 수 있다.

$$V_C = -\frac{(-V_r)}{RC}t = \frac{V_r}{RC}t \qquad \cdots (8.13)$$

이 전압은 비교기의 (−)입력 단자에 인가된다. 비교기는 (+)단자에 인가되어 있는 미지 전압 V_x와 램프 전압 V_c를 비교하여 미지 전압이 램프 전압보다 크면 비교기 출력은 그림 ③과 같이 (+)이다. 이 출력은 게이트의 입력 B에 인가되고 단자 B를 1로 만든다. 또, 클록 발생기로부터 펄스열(pulse train)이 AND 게이트의 입력 C에 인가된다(그림 ④). 이때 AND 게이트의 입력 A, B가 모두 1이므로 AND 게이트의 출력에는 그림 ⑤와 같은 일련의 클록 펄스가 나타나고, 2진 계수기가 이 클록 펄스를 계수하기 시작한다.

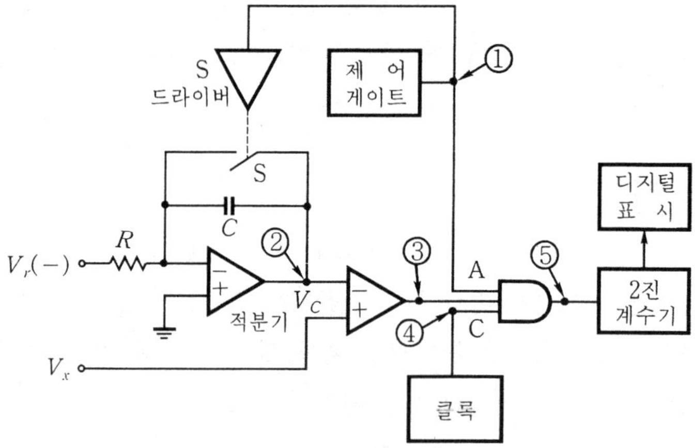

(a) 회로

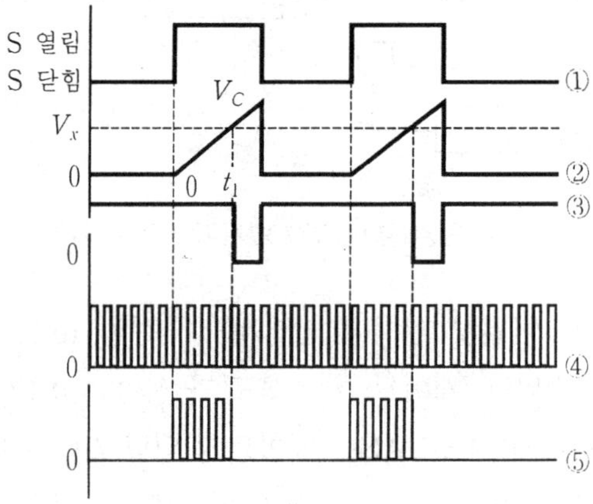

(b) 타이밍

그림 8.59 단일 경사 변환형 디지털 전압계

지금, 시간 t_1에서 적분기 출력 V_C가 미지 전압 V_x보다 약간 커지는 순간(1 mV 이내), 비교기 출력 ③은 급격히 0으로 된다. 따라서 AND 게이트의 입력 B가 0 (low)으로 되므로, AND 게이트는 클록 펄스를 더 이상 통과시키지 않는다. 게이트가 열려 있는 시간 t_1은 다음과 같이 구해진다.

$$V_C = \frac{V_r}{RC}t_1 = V_x \quad \cdots (8.14)$$

$$t_1 = \frac{V_x}{V_r}RC \quad \cdots (8.15)$$

위 두 식에서 램프 전압의 기울기(V_r / RC)는 일정하므로 V_x는 시간 t_1에 비례한다. 따라서 미지 전압(V_x)은 시간(t_1)으로 변환된다. 게이트가 열려 있는 시간 동안(t_1)에 게이트를 통과한 클록 펄스 수를 계수 회로에서 계수한다. 시간 t_1과 그때 게이트를 통과한 펄스 수는 비례하므로 미지 전압 V_x를 나타낼 수 있다. 이 방식은 회로 구성이 간단하고 가격이 저렴하지만 잡음에 약하고 안정성이 모자라는 결점이 있다.

(3) 이중 경사형 A/D 변환기

2중 경사 A/D 변환기(二重傾斜型; dual slope A/D converter)는 디지털 전압계 등에 주로 이용되는 A/D 변환기이며, 원리를 나타내면 그림 8.60과 같다. t=0에서 제어 회로의 개시 신호에 의해 스위치 S_2가 닫히고, 스위치 S_1은 아날로그 입력 전압 V_i(정전압으로 가정)에 접속된다. V_i는 S_1을 통해 적분기 A_1의 (−)단자에 가해지고, 적분기의 C는 그림 (b)와 같이 (−)방향으로 충전되기 시작하고 출력은 다음 식으로 된다.

$$V_{A_1}(t) = -\frac{V_i}{RC}t \qquad \cdots (8.16)$$

적분기의 출력 V_{A_1}이 증가하면 비교기 출력 V_{A_2}는 상태를 바꾸어 1로 되고, AND 게이트 G의 입력 B로 들어간다. AND 게이트의 입력 A, B가 모두 1이므로 클록 펄스는 게이트를 통과해 계수기 회로로 들어간다. t=0에서 리셋(reset) 상태에 있던 n단 계수기는 클록 펄스를 계수하기 시작한다. 계수가 진행되어 일정 시간 t_1이 경과하면 계수기는 0으로 리셋되고, 제어 신호에 의해 스위치 S_1은 기준 전압($-V_r$) B측으로 전환된다. 이 시점의 시각을 t_1, 클록 펄스의 주기를 T_c라고 하면, t_1에서 적분기 출력은 식 (8.14)로부터

$$V_{A_1}(t_1) = -\frac{V_i}{RC}t_1 = -\frac{V_i}{RC}(2^n T_c) \qquad \cdots (8.17)$$

시각 t_1 이후부터는 기준 전압 $-V_r$가 그림 (b)와 같이 (+)방향으로 적분되기 시작하고, 그 사이 계수기는 리셋 상태에서 적분기의 출력 V_{A_1}가 0이 될 때까지 계수를 계속한다. V_{A_1}이 0이 되는 순간 비교기의 출력이 0으로 반전되어 제어 회로에 전달되고 게이트 G를 닫기 때문에 클록 펄스는 G를 통과하지 못하므로 계수기의 계수는 멈춘다. 이때의 시각을 t_2라고 하면, 적분기 출력은

$$V_{A_1} = \frac{V_r}{RC}(t_2 - t_1) \qquad \cdots (8.18)$$

식 (8.17)과 (8.18)은 크기가 같으므로,

$$T_2 = t_2 - t_1 = \frac{V_i}{V_r} 2^n T_c \qquad \cdots (8.19)$$

n단 계수기에 저장된 내용을 λ라고 하면

$$\frac{V_i}{V_r} 2^n T_c = \lambda T_c \qquad \cdots (8.20)$$

$$\lambda = \frac{2^n}{V_r} V_i \qquad \cdots (8.21)$$

즉, λ는 아날로그 입력 전압 V_i의 디지털 양을 나타낸다. V_i가 큰 경우에는 그림 (b)의 점선과 같이 적분기 출력이 0으로 돌아갈 때까지의 시간 T_2가 T_2'로 증가한다.

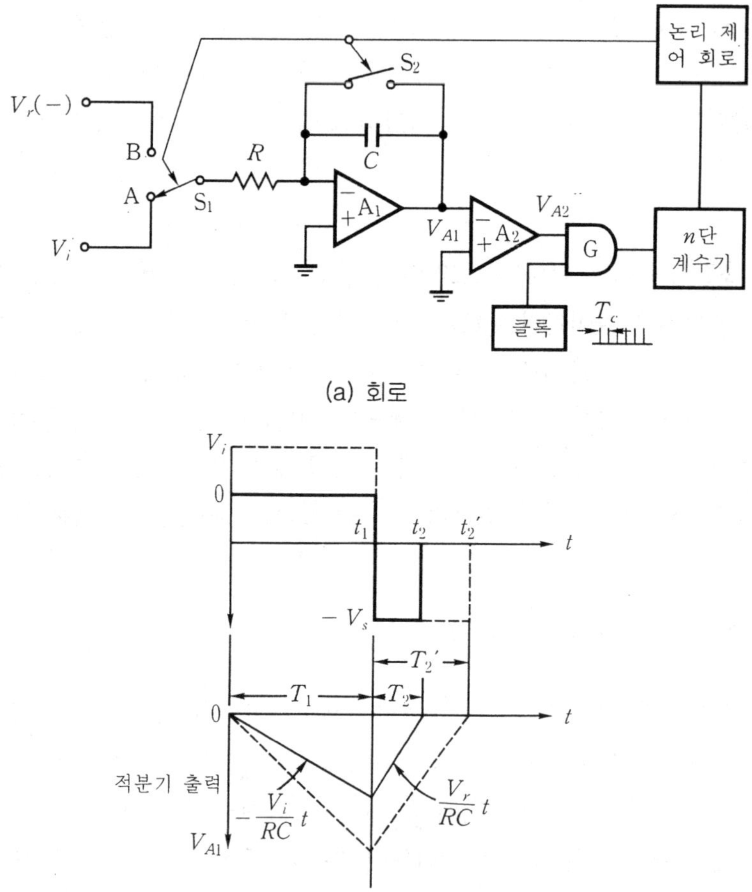

그림 8.60 이중 경사 A/D 변환형 디지털 전압계

이상과 같이 T_2는 V_i에 비례하므로 그림 (b)의 시각 t_1에서 게이트를 열고 t_2에서 게이트를 닫아 시간 T_2 동안 게이트를 통과하는 펄스를 계수하면 피측정 전압 V_i를 디지

털로 표시할 수 있다. 이 방식에서는 입력 전압 V_i와 기준 전압 $-V_r$에 대해서만 적분 동작을 행하기 때문에 식 (8.13)과는 달리 식 (8.21)에는 시정수 RC나 클록 펄스 주기 T_c가 포함되지 않으므로 시정수나 펄스 주기가 변동해도 RC나 T_c의 영향이 나타나지 않는다. 단일 경사 방식이나 전압-주파수 변환 방식에서는 V-T, V-f 변환기의 특성이 변화하면 A/D 변환기의 특성도 변화해 버린다.

〔**예제** 8.11〕 그림 8.60의 디지털 전압계에서 V_i=2 V, V_r=−5 V, C=0.1 μF, R=10 kΩ, T_c=1 μs, n=8일 때 적분기의 출력 파형과 계수기의 값을 나타내어라.

〔**풀이**〕 그림 8.61에 적분기의 출력 파형을 나타낸다.

$$t_1=2^8\cdot T_c = 256\,\mu\text{s}$$

$$t_2=\frac{V_i}{V_r}t_1+t_1 = 1.4\,t_1$$

$$RC=10^{-7}\cdot 10^4 = 1\text{ ms}$$

$$V_{A_1}(t_1) = -\frac{V_i}{RC}t_1 = -\frac{2\text{ V}}{1\text{ ms}}256\,\mu\text{s} = -0.512\text{ V}$$

$$\lambda = \frac{2^n}{V_r}V_i = \frac{2^8}{5\text{V}}2\text{ V} = 102.4 \fallingdotseq 102$$

그림과 같이 λ=102일 때 계수기의 동작은 정지한다.

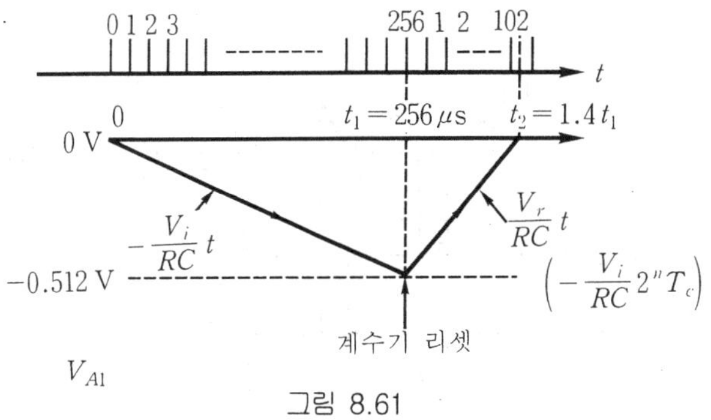

그림 8.61

(4) 전압-주파수 변환형

그림 8.62는 전압(V)–주파수(f) 변환형의 기본 원리를 나타낸 것으로, 입력 전압에 비례하는 반복 주파수의 펄스를 발생시키고, 이 펄스를 계수함으로써 아날로그 입력 전압을 디지털 양으로 변환한다.

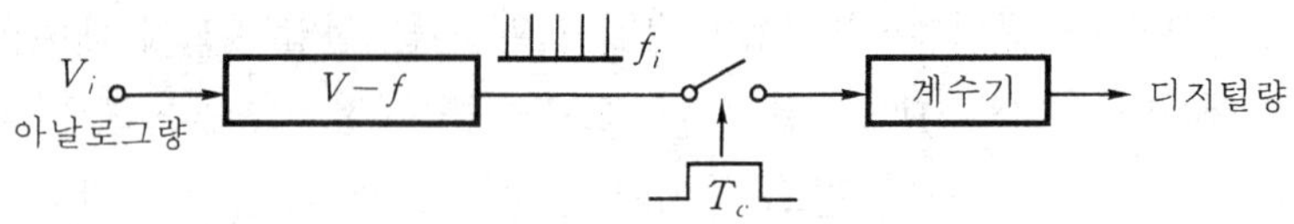

그림 8.62 전압-주파수 변환형 디지털 전압계의 기본 원리

그림 8.63(a)는 전압-주파수 변환형 디지털 전압계의 구성을, (b)는 각부의 동작 파형을 나타낸다.

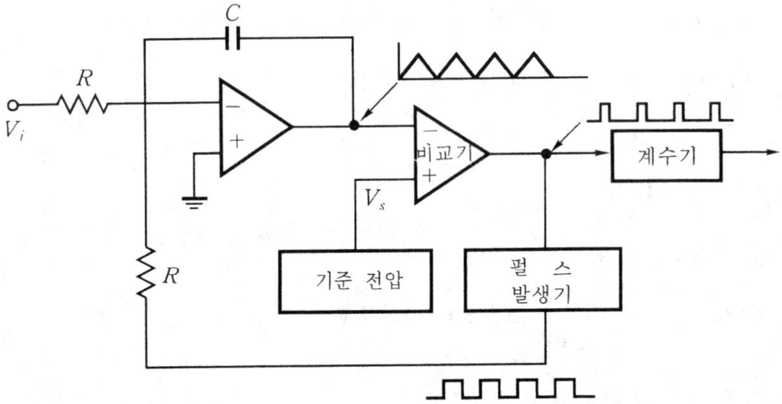

(a) 회로

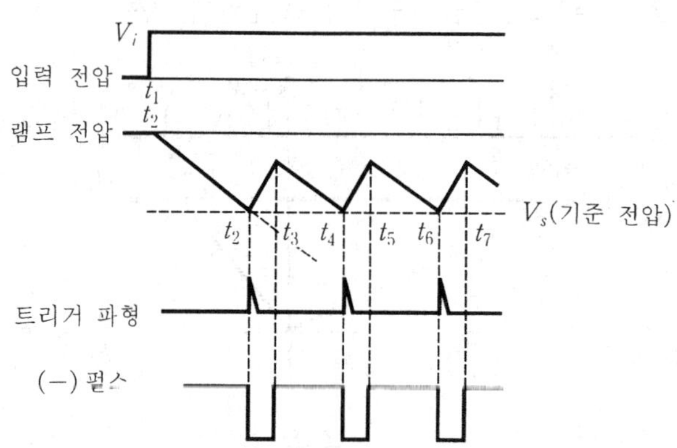

(b) 각부 파형

그림 8.63 전압-주파수 변환형 A/D 변환기

미지 전압 V_i를 적분기에 인가하면 적분기의 출력 단자에는 그림 (b)에서와 같이 시간이 경과함에 따라 (−)방향으로 증가하는 램프 전압(ramp voltage)이 나타난다. 비교기는 램프 전압의 절대치와 기준 전압 V_s를 비교하고 두 전압이 일치하는 시점 t_2에서 비교기의 출력이 반전되고 트리거 펄스가 발생한다. 이 트리거 펄스가 (−)펄스 발생

회로를 트리거하여 (−)펄스를 발생시킨다. (−)펄스가 적분기에 귀환되어 V_i에 더해지면 (−)펄스가 발생되고 있는 기간인 t_3-t_2 동안에는 적분기의 입력 전압이 펄스 전압분만큼 낮아진다. 그 결과 적분기 출력인 램프 전압의 기울기는 (+)로 반전된다. (−)펄스가 없어지는 시각 t_3가 되면 적분기의 입력 전압은 다시 V_i만으로 되므로 램프 전압의 극성은 전과 같이 (−)방향으로 증가하고, 기준 전압에 이르면 다시 펄스 전압을 발생시킨다. 이와 같이 동일한 변화 과정을 반복하여 적분기 출력은 그림에서와 같이 톱니파 형태로 변환된다. 그리고 V_i가 커지면 램프 전압의 기울기가 급하게 되므로 펄스 발생기로부터 발생되는 반복 펄스 주파수는 높아진다. 즉, 펄스의 반복 주파수는 미지 전압의 크기에 비례한다. 따라서 미지 전압은 주파수로 변환되고, 이 펄스를 계수함으로써 미지 전압을 디지털 양으로 표시할 수 있다.

(5) 디지털 전압계의 일반적인 특성과 용도

디지탈 전압계는 많은 실험실 측정에 이용될 수 있는 용도가 다양하고 정밀한 계측기이다. 집적 회로 모듈(module)의 개발로 디지털 전압계의 크기, 소비 전력 및 가격이 현저히 감소해서, 현재는 재래식 아날로그 계기와 그 크기와 가격 면에서 당당히 경쟁할 수 있게 되었다. 디지털 전압계의 최소 전압 범위는 0.02～0.2 V, 최소 전류 범위는 0.2 mA 정도이다. 교류 측정시 주파수 범위의 상한은 1.0～100 kHz 정도인 것이 많다. 30 MHz 이상의 고주파 교류 측정에서는 아날로그 전자 전압계를 사용해야 한다. 또, 측정 속도는 2중 적분형의 경우 1초당 1～4회 정도이다. 입력 용량은 30～50 pF인 것이 많다.

다음은 디지털 전압계의 우수한 특성을 간단히 요약한 것이다. 이와 같은 특성은 어느 특정한 계기에만 적용되는 것은 아니다.

① 입력 전압 범위 : ±1.000000 V에서 ±1,000.000 V까지. 자동 범위 선택 및 과부하 지시.

② 절대 확도 : 판독값의 ±0.005 %.

③ 안정도 : 단기 24시간 동안 판독값의 0.002 %, 장기 6개월 동안 판독값의 0.008 %.

④ 입력 특성 : 대표적인 입력 저항은 10 MΩ, 대표적인 입력 용량은 40 pF.

⑤ 교정 : 내부 교정 표준을 통해 계측 회로에 관계없이 교정할 수 있다.

⑥ 출력 신호 : 프린트 명령으로 출력을 프린트시킴. 디지털 프로세싱 또는 기록을 위한 BCD(binary-coded-decimal) 출력.

디지털 전압계는 원리적으로는 직류 전압계이지만 변환기를 사용하여 교류 전압을 직류 전압으로 변환시킴으로써 직류 전류, 교류 전류, 교류 전압, 저항, 전력, 온도 등 여러 종류의 양을 측정할 수 있다.

디지털 전압계는 다음 절에서 설명하는 디지털 저항계나 디지털 멀티미터에 응용된다.

8.4 디지털 저항계

그림 8.64는 디지털 전압계를 응용한 중저항 측정용 디지털 저항계의 회로 예를 나타낸다. 이 저항계는 정밀급 휘트스톤 브리지와 같이 0.01 %의 높은 정도로 저항을 측정할 수 있다. 정전압 전원부에서는 일정 전압을 발생시키고, 이를 분압하여 10 V, 1 V, 0.1 V 등의 측정 전압을 얻는다. 연산부의 연산 증폭기의 입력 저항에 기지 저항 R_s를, 귀환 저항에 미지 저항 R_x를 사용하면 입력 전압 E_s와 출력 전압 E_o의 관계는

$$E_o = -\frac{R_x}{R_s} E_s \qquad \cdots (8.22)$$

로 된다. 따라서 R_x는

$$R_x = -\frac{E_o}{E_s} R_s \qquad \cdots (8.23)$$

으로 표시된다. 여기서 E_s와 R_s는 일정하므로 출력 전압 E_o를 디지털 전압계로 측정하면 미지 저항 R_x의 값을 알 수 있다. 또, 스위치 S_1과 S_2를 사용하여 측정 전압 E_s와 입력 저항 R_s의 조합을 바꾸면 측정 범위를 변환시킬 수 있다.

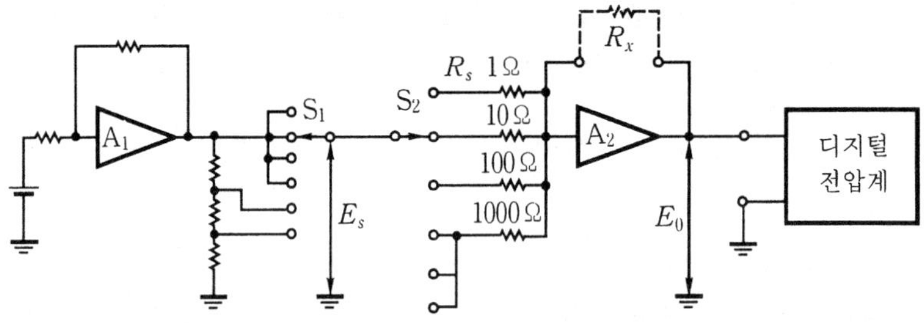

그림 8.64 디지털 저항계

8.5 디지털 멀티미터

디지털 멀티미터(digital multimeter)는 전압 측정뿐만 아니라 전류, 저항 측정 기능도 가지며, 그 구성을 나타내면 그림 8.65와 같다.

전압, 저항, 전류 등의 입력 신호는 입력 신호 변환부에서 A/D 변환기가 받아들일 수 있는 크기의 직류 전압으로 변환된다. A/D 변환에 대해서는 앞 장에서 이미 설명하였으므로 여기에서는 신호 변환부에 대해서 설명한다. 레벨 변환은 수동으로 바꾸거나 자동적으로 측정 범위를 선택할 수 있도록 되어 있다.

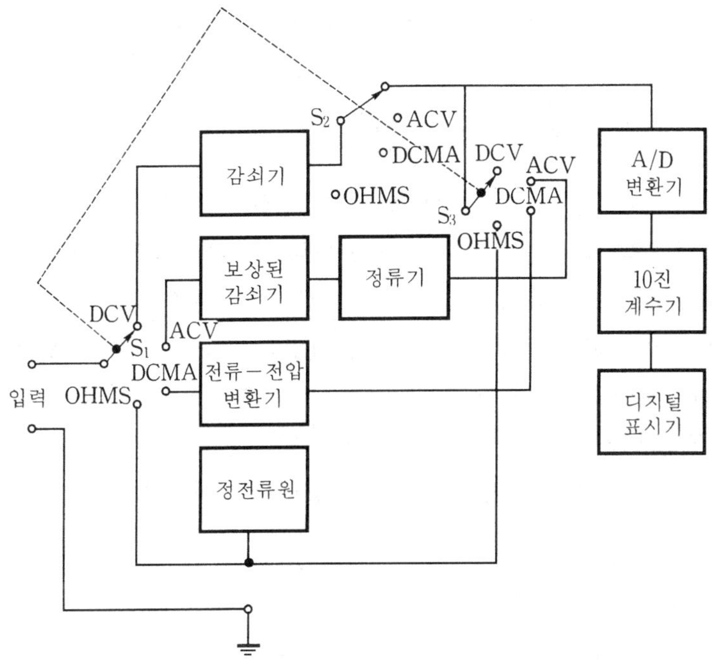

그림 8.65 디지털 멀티미터의 구성도

8.5.1 저항-직류 전압 변환

저항을 측정하기 위해서는 저항을 전압으로 변환해야 한다. 그림 8.66은 op amp 반전 증폭기를 이용한 저항–전압 변환기를 나타낸다. 그림에서 V_s를 표준 전압, R_s를 표준 저항이라고 하면 정전류 V_s/R_s가 미지 저항 R_x에 흐르고, 출력 전압 V_o는 다음 식으로 된다.

$$V_o = -\frac{R_x}{R_s}V_s = (-\frac{V_s}{R_s})R_x \qquad \cdots (8.24)$$

V_s / R_s는 일정하고 V_o는 R_x에 비례하므로, V_o로부터 미지 저항 R_x가 결정된다.

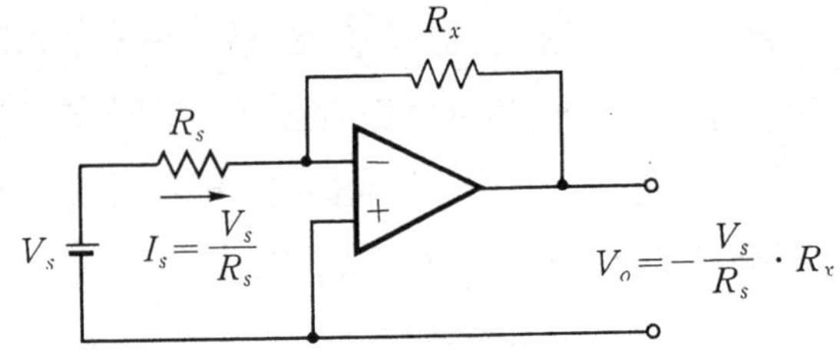

그림 8.66 저항-직류 전압 변환

8.5.2 교류 전압-직류 전압 변환

교류 전압은 정류된 파형의 평균값에서 실효값으로 측정된다. 그 회로와 각부의 파형을 그림 8.67에 나타낸다. A_1은 교류 신호를 반파 정류하는 회로이고, (+)반파 동안에만 다이오드가 턴온된다. 한편, A_2는 가산기와 저역 필터의 역할을 한다. 한 입력 단자에는 측정하고자 하는 교류 신호(v_2)가 직접 들어오고, 다른 하나에는 A_1으로부터 반파 정류된 신호(v_1)가 들어온다. 가산점 S에서의 전류가 전파 정류 파형이 되도록 v_1과 v_2에 대한 입력 저항비가 1 : 2로 되어 있다. 이와 같이 전파 정류된 파형이 저역 필터에 의해서 평활화되고, R_3 / R_2를 적당히 조정하여 평균값이 실효값으로 변환된 출력 전압이 V_o이다.

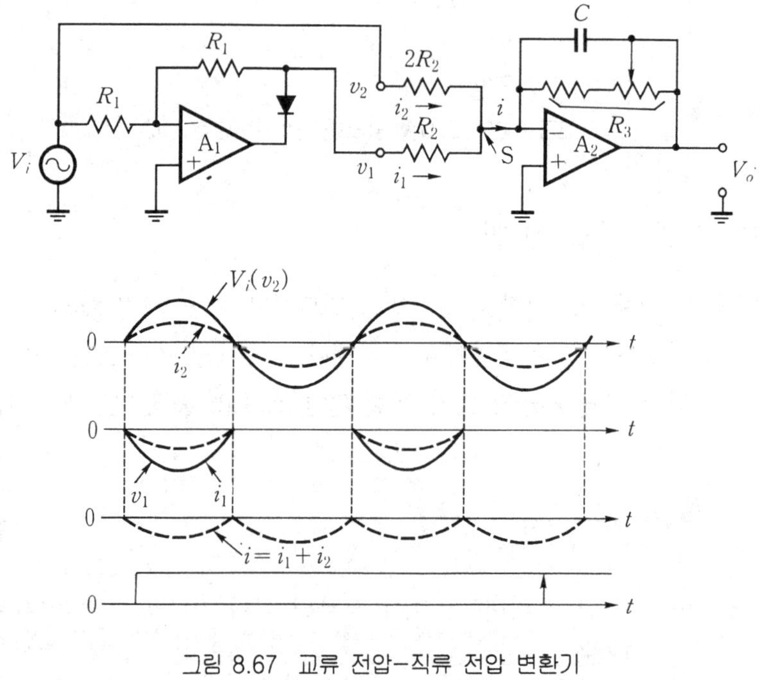

그림 8.67 교류 전압-직류 전압 변환기

〔예제 8.12〕 정현파 교류 전압 $V_m \sin\omega t$를 전파 정류했을 때 평균값과 실효값을 나타내어라. 또 두 값의 비를 구하여라.

〔풀이〕 평균값 $= \dfrac{2}{T}\int_0^{T/2} V_m \sin\omega t = \dfrac{2V_m}{\pi}$

실효값 $= \sqrt{\dfrac{2}{T}\int_0^{T/2} (V_m \sin\omega t)^2} = \dfrac{V_m}{\sqrt{2}}$

실효값/평균값 $= \left(V_m/\sqrt{2}\right)/\left(2V_m/\pi\right) = 1.11$

따라서 그림에서는 $\dfrac{R_3}{R_2} = 1.11$로 하면 평균값이 실효값으로 변환된다.

8.5.3 전류-전압 변환

그림 8.68에 나타낸 회로에서 측정 전류 I_x를 기지의 저항 R_s에 흘리면 출력 V_o는 다음 식으로 나타내어진다.

$$V_o = -R_s I_x \qquad \cdots (8.24)$$

op amp의 입력 임피던스는 ∞이고, 입력 전압은 거의 0이므로 측정 전류 I_x가 흐르는 회로에는 영향을 미치지 않는다.

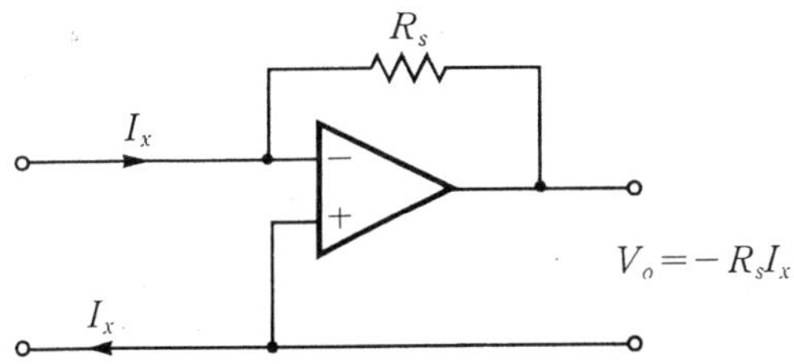

그림 8.68 전류-전압 변환

8.5.4 상용 디지털 멀티미터

현재 시판되고 있는 디지털 멀티미터는 종류나 형식이 매우 다양하다. 여기서는 가장 기본적인 DMM에 대해서 간단히 설명한다.

표 8.3은 기본적인 DMM의 대표적인 사양(specification)이다. 이 DMM의 입력 임피던스는 10 MΩ // 100 pF이고, 교류 측정시 주파수 범위는 40 Hz~500 Hz이다.

표 8.3 기본적인 DMM의 사양

측정 항목	측 정 범 위
교류 전압	0~1.999 / 19.99 / 199.9 / 750 V
직류 전압	0~1.999 / 19.99 / 199.9 / 1000 V
저 항	0~199.9 Ω, 0~1.999 / 19 / .99 / 199.9 kΩ, 0~1.999 / 19.99 MΩ
교류 전류	0~199.9 / 19.99 / 199.9 / 1999 mA
직류 전류	0~1.999 / 19.99 / 199.9 / 1999 mA

또한 디지털 멀티미터의 사양에는 버든 전압(burden voltage)이 있는데, 이것은 DMM를 전류계로 사용할 때 계기 양단에서의 전압 강하를 의미한다. 예로, 버든 전압 6 mV/mA는 전류계 저항이 6 Ω임을 나타낸다. 만약, 200 mA 전류를 측정하면 이것에 의해 발생되는 단자 전압의 크기는

$$V_T = 200\text{ mA} \times 6\text{ mV/mA} = 1.2\text{ V}$$

이다. 이 전압 강하가 시험 회로에 삽입되므로 회로에 미치는 영향을 고려하여야 한다(2장 전류계 삽입 오차 참조).

8.5.5 디지털 멀티미터와 아날로그 멀티미터의 비교

디지털 멀티미터는 적어도 확도와 내구성에 있어서는 아날로그 멀티미터보다 우수하다. 양질의 아날로그 계측기의 확도는 전형적으로 최대 눈금에서 ±2 %, 반눈금에서 ±4 %로 되고, 눈금이 내려갈수록 저하한다. 디지털 멀티미터의 경우, 가장 값싼 것이라도 측정값의 ±0.6 %보다 더 좋은 확도를 가진다. 토트-밴드 지지 방식을 채택한 많은 아날로그 계측기는 실험대 높이에서 바닥으로 떨어지는 정도로는 고장이 나지 않지만, 더 높은 곳에서 떨어지면 손상을 입을 수 있다. 베어링을 사용한 계기는 이 경우 거의 확실히 손상을 입는다. 디지털 멀티미터는 이보다 더 심하게 다루어도 견딜 수 있다. 그리고 많은 경우 방수까지 된다. 아날로그 멀티미터는 극성을 잘못 접속하거나 또 입력 전압이나 전류가 측정 범위를 초과하는 경우 손상을 입을 수 있다. 그러나 디지털 멀티미터의 경우, 극성을 잘못 접속하면 (−)값을 나타내며, 그리고 과대한 전압이 입력되더라도 적절한 측정 범위로 자동 절환되거나 과부하를 지시한다.

많은 사람들이 아날로그 계측기를 선호하는 응용 분야 중의 하나가 측정량의 변화 상태를 모니터링하는 경우이다. 아날로그 계측기의 지침은 디지털 표시보다 더 빨리 응답한다. 그러나 디지털 계측기는 아날로그보다 더 우수한 분해능을 갖는다. 그래서 디지털 계기는 측정량의 매우 작은 변화도 가장 명확하게 지시한다.

연 습 문 제

****

8.1 아날로그 계기에 비해 디지털 계기의 장점은 무엇인가?

8.2 주요 A/D 변환기의 특성을 비교 설명하라.

8.3 디지털 전압계에 가장 널리 사용되는 A/D 변환기의 방식은 무엇인가?

8.4 디지털 주파수계에서 발생하는 오차에 대해서 설명하라.

8.5 역계수 방식을 정의하고, 역계수 방식이 왜 사용되는가를 설명하라.

8.6 전자 계수기를 가지고 주기, 펄스 폭, 주파수비를 측정하는 구성도를 나타내고 각각에 대해 설명하라.

8.7 그림 8.59의 디지털 전압계에서 계수기로 2000진 계수기를 사용한다. 클록 펄스의 주파수가 1.5 MHz일 때 최대 시간 t_1을 계산하라.

8.8 다음 그림 8.60의 2중 경사 A/D 변환형 디지털 전압계에서 $R=100\ \text{k}\Omega$, $C=1\ \mu\text{F}$, $V_r=1$ V, 클록 주파수가 1 kHz, 그리고 3단 10진 계수기가 사용된다.

(a) 1 V가 인가될 때 1초 후의 적분기 출력 전압을 계산하라.
(b) $T_2=t_2-t_1$을 계산하라.
(c) 계수기가 1600펄스를 저장하고 있다면 입력 전압은 얼마인가?

8.9 전자 계수기가 주기 측정 모드로 동작하고 있다. 클록 펄스의 주파수는 2 MHz이다. 입력 신호의 주기 동안 500펄스 수가 계수되었다면 입력 신호의 주파수는 얼마인가?

8.10 확도 ±LSD±(1×10^{-5})인 주파수 계수기를 가지고 주파수 30 Hz, 30 MHz, 300 MHz를 측정하였다. 각 측정에 대한 %오차를 계산하라.

8.11 문제 8.10에서 30 Hz를 역계수 방식으로 측정하는 경우 발생할 수 있는 오차를 결정하라.

8.12 클록 주파수가 1 MHz인 전자 계수기로 입력 신호의 주기를 측정하고자 한다.

(a) 계수기가 1560펄스를 계수하였다면 측정된 주기는 얼마인가?
(b) 만약 클록 주파수가 1.5 MHz로 대체되었다면 동일 입력 파형에 대한 계수기의 지시를 구하라.

8.13 그림 8.67에서 미지 저항에 1 mA의 전류가 흐르고 있고, 출력 전압은 전압-주파수 A/D 변환기에 입력된다. 전자 계수기로 A/D 변환기의 출력을 0.1 sec 동안 계수한 결과 1580 펄스 수를 나타내었다. 미지 저항값을 계산하라. 단 전압-주파수 변환기의 출력은 $f = 50\ V_i$이다.

8.14 디지털 전압계 선택시 주의할 사항은 무엇인가?

9

오실로스코프

오실로스코프는 시시각각으로 변화하는 전기적 양이나 다른 현상들을 형광면에 파형으로 나타내어 관측, 측정 및 분석하는 장치이다.

오실로스코프는 전자의 관성이 아주 작아 고속으로 변하는 현상에 추종할 수 있고, 입력 임피던스가 대단히 커서 측정 회로에 미치는 영향이 매우 작기 때문에 직류로부터 초고주파까지 미소한 신호를 관측할 수 있으며, 또 여러 가지 현상을 동시에 관측할 수 있는 등의 특징을 가진다. 이와 같은 특징으로 오늘날 오실로스코프는 전기전자 공학에서 가장 중요한 계측기이며, 다른 이공학 분야에서도 광범위하게 사용되고 있다.

본 장에서는 파형 관측 장치로서 가장 일반적이고 옛부터 사용되고 있는 음극선 오실로스코프에 대해서 자세히 설명하고, 샘플링 오실로스코프, 아날로그 스토리지 오실로스코프, 또 최근에 보급되고 있는 것으로 메모리 기능을 갖춘 디지털 스토리지 오실로스코프의 동작 원리와 응용 측정에 대해서 설명한다.

9.1 음극선 오실로스코프의 구성

음극선(陰極線; cathode ray) 오실로스코프(oscilloscope)는 교류 전압과 같이 시간에 따라 변화하는 전기 현상을 음극선관(陰極線管; cathode ray tube)의 형광면에 파형으로 나타내어 관측하는 측정 장치이다. 그림 9.1은 음극선 오실로스코프의 기본 구성도를 나타낸 것으로, 다음과 같이 5개의 주요 부(副)시스템으로 구성된다.

① 음극선관(陰極線管; cathode ray tube; CRT)
② 수직 편향 시스템(垂直偏向시스템; vertical deflection system)
③ 수평 편향 시스템(水平偏向시스템; horizontal deflection system)
④ 트리거 회로(trigger section)
⑤ 전원(電源; power supplies)

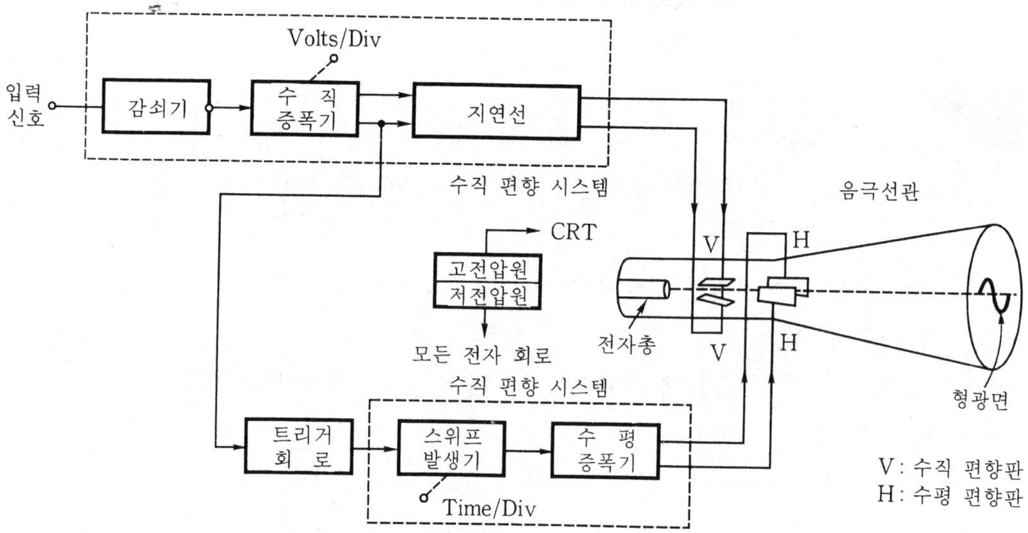

그림 9.1 음극선 오실로스코프의 기본 구성도

음극선관은 오실로스코프의 가장 중요한 부분이다. 전자총(電子銃; electron gun)은 음극(陰極; cathode)에서 방출된 전자를 집속(集束)하여 전자빔(electron beam)을 만들고, 이것을 큰 속도로 가속시킨다. 가속된 전자빔이 음극선관의 형광면(螢光面)으로 이동하여 스크린에 도포된 형광 물질을 때리면 형광면에 작은 광점(光點)이 발생한다. 전자빔은 전자총으로부터 형광면으로 이동하는 동안 수직 편향판(vertical deflection plate)과 수평 편향판(horizontal deflection plate)을 통과한다. 이때 전자빔은 수직 편향판에 인가된 전압에 의해 상하로 편향되므로, 전자빔의 충돌로 발생된 형광면의 광점도 상하로 이동한다. 한편, 수평 편향판에 인가된 전압은 전자빔을 좌우로 편향시키므로 스크린에 생기는 광점은 좌우로 이동한다. 두 편향 이동은 서로 무관하게 동작하므로 수직 편향판과 수평 편향판에 인가하는 전압을 적당히 조정하면 광점을 형광면상에서 임의 위치로 이동시킬 수 있다.

9.2 음극선관

음극선관은 오실로스코프의 핵심 부분이다. 그림 9.2는 음극선 오실로스코프에 일반적으로 사용되고 있는 음극선관의 내부 구조를 나타낸 것으로, 주요 부분은 다음과 같다.

- 전자총부(電子銃部; electron gun assembly)
- 편향부(偏向部; deflection plate assembly)
- 형광면(phosphor-coated screen)

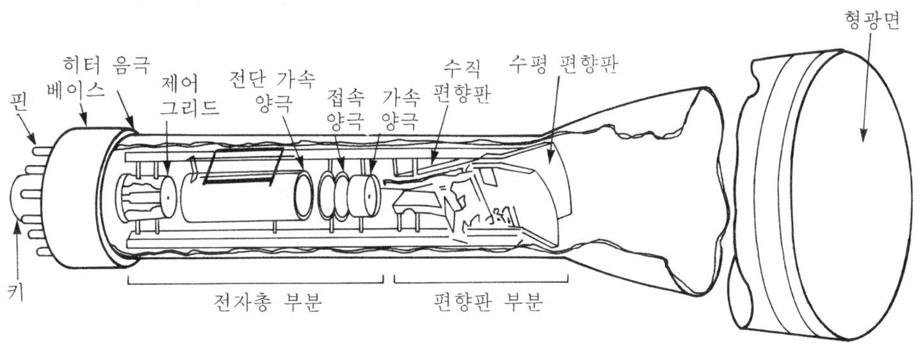

그림 9.2 음극선관

9.2.1 전자총

전자총의 역할은 음극에서 방출된 전자를 고속으로 가속 및 집속하여 전자빔을 만들고, 이 빔을 형광면을 향하여 이동시키는 것이다. 전자빔이 형광면을 때리면 고속도 전자의 운동 에너지는 광방출로 변환되고, 형광면 상에 조그마한 광점이 발생한다. 이 발광 부분을 휘점(輝點)이라고 한다. 전자총이란 명칭은 그것에서 방출되는 전자의 운동과 총으로부터 발사되는 총알의 진행 경로가 유사하기 때문에 붙여진 것이다.

전자총은 히터(heater), 음극(cathode), 제어 그리드(control grid), 가속 및 집속 양극(accelerating and focusing anode)으로 구성된다. 음극이 히터에 의해서 어느 온도 이상으로 가열되면 음극 표면으로부터 전자가 방출된다. 이 과정을 열전자 방출(熱電子放出; thermionic emission)이라고 부른다. 음극의 온도가 증가하면 방출되는 전자의 수도 증가한다. 음극에서 방출된 전자들은 음극을 완전히 둘러싸고 있는 원통형 제어 그리드를 통과한다. 제어 그리드는 니켈 실린더로 되어 있으며, 실린더 중앙에는 조그만 구멍이 뚫려 있다. 이 작은 구멍을 통과한 전자들은 소위 빔 전류(beam current)를 형성하며, 이 전류의 크기는 제어 그리드에 의해 제어된다. 제어 그리드는 음극에 대해 (−)전압으로 바이어스 되기 때문에 바이어스 전압을 증가시키면 전자가 그리드를 통과하기 어렵게 되므로 형광면에 도달하는 빔 전류가 감소하여 광점의 밝기도 감소한다. 반면, 그리드 전압을 감소시키면 빔 전류가 증가하여 휘도도 증가한다. 이 작용은 3극 진공관에서 제어 그리드의 역할과 동일하다. 이와 같이 제어 그리드의 전압을 조정하면 형광면에 발생하는 광점의 휘도가 변화하므로 그리드 전압을 조정하는 것을 휘도 조정(輝度調整; brightness control)이라고 부른다.

제어 그리드를 통과한 전자들은 두 가속 양극(加速陽極; accelerating anode)에 가해진 높은 (+)전압에 의해 가속된다. 두 가속 양극은 집속 양극(集束陽極; focusing anode)에 의해 분리되어 있다. 집속 양극은 전자들을 좁고 예리한 빔으로 만들므로 초점(焦點; focus)을 조정할 수 있다. 두 가속 전극과 집속 양극도 실린더 형태로 되어 있으며, 각 실린더의 중심에는 작은 구멍이 있다.

9.2.2 정전 집속

음극에서 방출된 전자빔은 전자의 흐름이므로, 음극에서 형광면까지 이동하는 도중에 전자들이 서로 반발하여 퍼지려는 경향이 있다. 따라서 전자빔을 집속하여 스크린에 초점을 맞추어야 한다.

현재 사용되고 있는 집속 방법으로는 전자 광학의 원리를 응용한 전자 렌즈(electron lens)가 있다. 전자 렌즈에는 전자빔을 전계로 집속하는 정전 집속(靜電集束; electrostatic focusing)과 자계로 집속하는 전자 집속(電磁集束; electromagnetic focusing)이 있으나, 음극선관에서는 일반적으로 정전 집속 방식이 사용된다. 그림 9.3은 정전 집속 시스템의 원리를 나타낸 것이다.

제1전극은 전치 가속 양극(前置加速陽極; pre-accelerating anode)이며, 몇 개의 차폐벽(遮蔽壁)을 가진 금속 실린더로 되어 있어, 작은 구멍을 통하여 들어오는 전자빔을 축 과 평행하게 만든다. 제2전극은 집속 양극이고, 제3전극은 가속 양극이다. 세 전극 모두 실린더 형태이며 음극선관과 동축으로 놓여 있다.

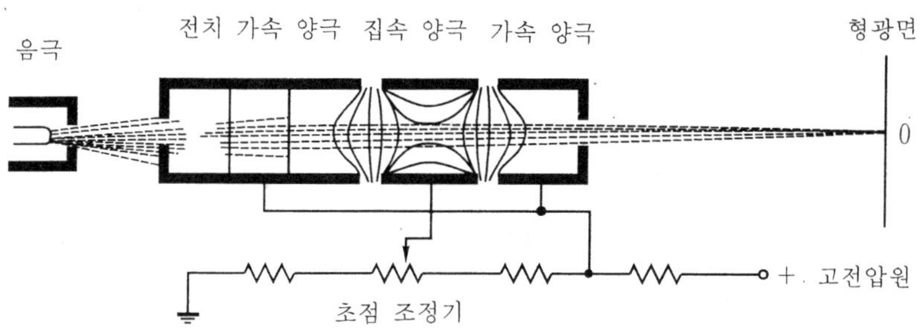

그림 9.3 음극선과 정전 집속 시스템

이 세 전극이 전자 렌즈를 형성한다. 중앙의 집속 양극은 두 가속 양극에 대해 낮은 전위에 연결되어 있다. 집속 전극과 가속 전극 사이의 전위차로 인해 실린더 양단 사이에는 전계가 형성되고, 이 전기력선은 불균일하게 분포되기 때문에 등전위면(等電位面; equipotential surface)은 그림 9.4와 같이 양쪽으로 만곡을 이룬다.

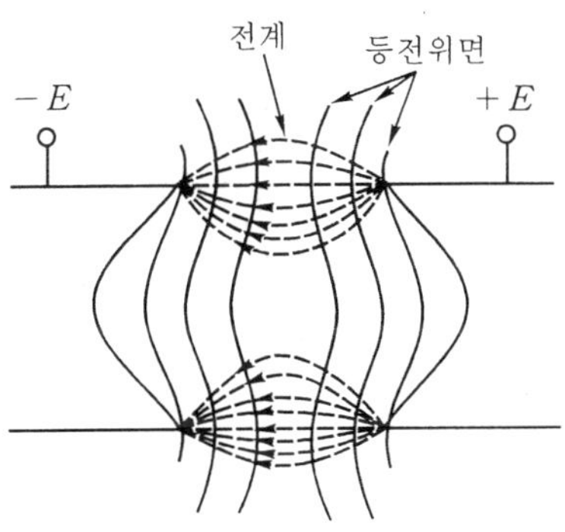

그림 9.4 두 실린더 사이에 형성된 전계와 등전위면

약간 분산된 형태로 음극에서 방출된 전자는 전치 가속 양극과 집속 전극 사이에 형성된 등전위면에 비스듬히 입사한 후 정전력에 의해 등전위면에 수직한 방향으로 굴절된다. 이것을 보이기 위해서 그림 9.5와 같이 등전위면 S에 속도 v_1으로 입사하는 전자를 생각해 보자. 전계는 등전위면에 수직으로 작용하므로 전자가 O점을 통과할 때 전자에 작용하는 힘은 등전위면에 수직한 축 방향으로 향한다. 따라서 전자 속도의 접선 성분 v_t는 변하지 않지만 수직 성분은 v_{n1}에서 v_{n2}로 증가한다. 그림에서

$$v_t = v_1 \sin\theta_i = v_2 \sin\theta_r \qquad \cdots (9.1)$$

여기서, θ_i는 전자빔의 입사각, θ_r는 굴절각이다. 위 식을 정리하면,

$$\frac{\sin\theta_i}{\sin\theta_r} = \frac{v_2}{v_1} \qquad \cdots (9.2)$$

위 식은 굴절률이 다른 두 매질의 경계면에서 빛의 굴절과 관련된 식과 동일하다. 이와 같이 등전위면은 광학에서 렌즈의 표면과 같이 작용한다.

이상과 같은 원리에 의해서 그림 9.6의 1차 전자 렌즈에서 전자빔은 음극선관의 축을 향해 모이게 되고, 다시 2차 전자 렌즈를 통과할 때 한 번 수렴된 후 형광면 상에 초점을 이룬다. 전자 렌즈계의 초점 거리는 광학 렌즈와는 달리 집속 양극 전압을 변화시키면 증감시킬 수 있으며, 빔의 초점은 음극선관의 축을 따라 이동한다. 집속 양극 전압을 조정하는 조정기는 오실로스코프의 전면 패널에 FOCUS라고 표시되어 있다. 이것을 조정하여 전자빔이 정확히 형광면 상에 초점을 맞추도록 하여 작은 휘점을 만든다.

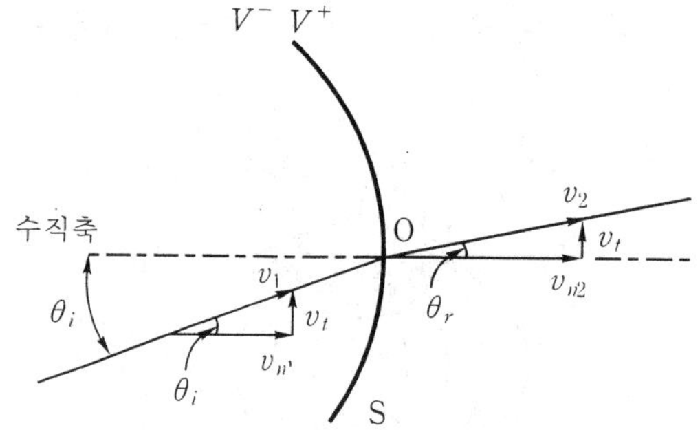

그림 9.5 등전위면에서 전자빔의 굴절

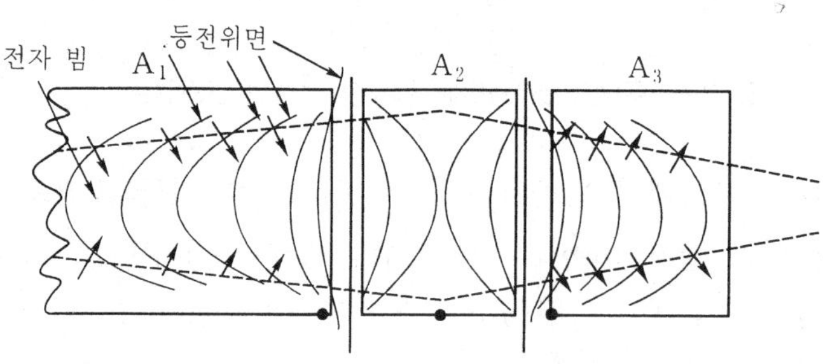

그림 9.6 음극선관의 정전 집속 원리

9.2.3 정전 편향

집속 및 가속된 전자빔은 형광면으로 향하는 도중 그림 9.7에서 나타낸 바와 같이 수직 편향판 V–V와 수평 편향판 H–V라고 하는 2조의 두 편향판을 통과하고, 여기에 인가된 전압에 따라 수직 및 수평 방향으로 편향된다. 집속된 전자빔을 편향시키는 데에는 파형의 변형이 작은 정전 편향(靜電偏向; electrostatic deflection) 방식이 사용된다. 편향판에 전압을 가하지 않은 상태에서는 전자빔이 직진하여 형광면의 중심에 도달하고 그림 (b)의 A에 휘점을 만든다. 그림 (a)와 같이 수직 편향판 V–V 간에 직류 전압 (E)를 인가하면 전자빔은 그림과 같이 위쪽으로 편향되어 B에 휘점을 만들고, 또 인가 전압의 극성을 역으로 하면 C에 휘점이 생긴다. 이 휘점이 A점으로부터 이동하는 거리는 편형판에 인가된 전압에 비례한다. 따라서 V–V 간에 교류 전압을 인가하면 그림과 같이 전압의 크기에 비례하는 길이를 갖는 광대(光帶)가 수직 방향(B–C)으로 나타난다. 마찬가지로, 수평 편향판 H–V 간에 직류 전압을 인가하면 그 극성에 따라 D점 또는 E점에 휘점을 만들며, 교류 전압을 인가하면 수평 방향(D–E)으로 하나의 광대가 나타난다. 양 편향판에 직류 전압을 동시에 인가하면 수직 및 수평 방향으로 편향시키는 힘이 발생하고, 이 두 힘의 합력에 의해 휘점의 위치가 정해진다. 이제 정전 편향이 어떻게 일어나는가를 살펴보자.

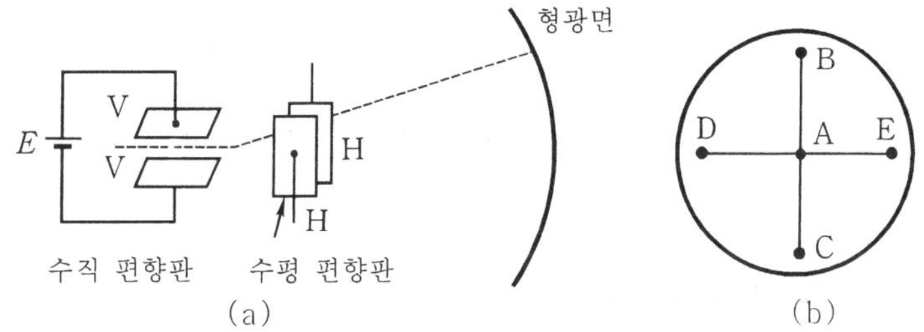

그림 9.7 수직 편향과 수평 편향의 원리

그림 9.8과 같이 편향하게 놓인 두 편향판 사이에 전압 V_d를 인가하면 판 사이에 평등 전계가 형성되며, 그 세기 E_y는 다음과 같다.

$$E_y = \frac{V_d}{d} \qquad \cdots (9.3)$$

이 전계 내에 전자($-e$)를 놓으면 전자는 힘

$$F = eE_y \qquad \cdots (9.4)$$

를 받아 전계와 반대 방향으로 가속된다. y 방향 가속도는 식 (9.4)와 $F=ma_y$로부터

$$a_y = \frac{eE_y}{m} \qquad \cdots (9.5)$$

이번에는 그림 9.9에 나타낸 것과 같이, 전자가 초속도 v_{0x}를 가지고 편향판 내부로 입사하는 경우를 생각해 보자. 전자의 y 방향 속도는 식 (9.5)로부터

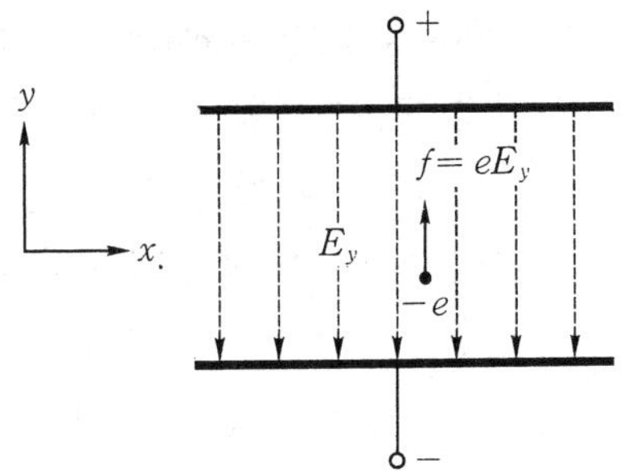

그림 9.8 평등 전계 내에 놓여 있는 전자에 작용하는 힘

$$v_y = a_y t = \frac{eE_y t}{m} \qquad \cdots (9.6)$$

로 되고, 편향 거리는 다음 식과 같다.

$$y = \frac{1}{2}a_y t^2 = \frac{eE_y t^2}{2m} \qquad \cdots (9.7)$$

한편, x 방향의 가속도는 0이므로, 전자의 x 방향 속도는 변하지 않는다. 즉,

$$v_x = v_{0x} \qquad \cdots (9.8)$$

따라서 x축 방향으로의 이동 거리는

$$x = v_{0x} t \qquad \cdots (9.9)$$

이고, 거리 x를 이동하는 데 걸리는 시간은

$$t = \frac{x}{v_{0x}} \qquad \cdots (9.10)$$

식 (9.10)을 식 (9.7)에 대입하면

$$y = \frac{eE_y}{2mv_{0x}^2}x^2 \qquad \cdots (9.11)$$

이와 같이 초속도 v_{0x}로 편향판에 입사한 전자의 궤적은 그림에 나타낸 포물선을 따라 (+)전극판을 향해 편향됨을 알 수 있다.

전자가 편향판을 통과하면 편향력이 작용하지 않으므로 형광면 상의 B점을 향하여 직진한다. 전자가 전계의 영향으로부터 벗어난 지점인 $x = l_d$에서 접선의 기울기는

$$\tan\theta = \left.\frac{dy}{dx}\right|_{x=l_d} = \frac{eE_y l_d}{mv_{0x}^2} \qquad \cdots (9.12)$$

전자의 직선 궤적은 $x = l_d$에서 포물선에 접선을 이루며, 이 접선은 점 O에서 x축과 교차한다. 이 O의 위치는 식 (9.11)와 (9.12)로부터

$$x - O = \frac{y}{\tan\theta} = \frac{eE_y l_d^2 / 2mv_{0x}^2}{eE_y l_d / mv_{0x}^2} = \frac{l_d}{2} \qquad \cdots (9.13)$$

그러므로 점 O는 편향판의 중심이다. 점 O와 형광면과의 거리를 L이라 하면 형광면 상에서 편향 거리는

$$y_d = L\tan\theta \qquad \cdots (9.14)$$

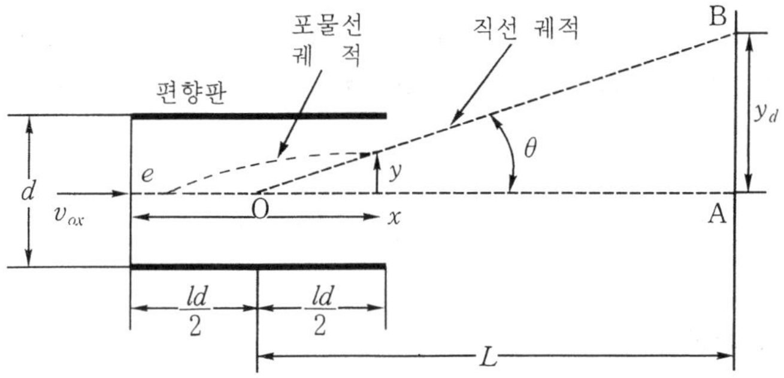

그림 9.9 전자빔의 편향

식 (9.12)의 $\tan\theta$를 식 (9.14)에 대입하면 다음과 같이 된다.

$$y_d = L\frac{eE_y l_d}{mv_{0x}^2} \qquad \cdots (9.15)$$

초속도 v_{0x}로 편향판 사이에 입사한 전자의 퍼텐셜 에너지는

$$\frac{1}{2}mv_{0x}^2 = eV_a \qquad \cdots (9.16)$$

여기서 V_a는 가속 양극에 인가된 가속 전압이다. 식 (9.16)을 정리하면

$$v_{0x} = \sqrt{\frac{2eV_a}{m}} \qquad \cdots (9.17)$$

식 (9.3)의 E_y와 식 (9.17)의 v_{0x}를 식 (9.15)에 대입하면 형광면 상에서 광점의 편향 거리는 다음과 같이 구해진다.

$$y_d = L\frac{eE_y l_d}{mv_{0x}^2} = \frac{Ll_d V_d}{2dV_a} \qquad \cdots (9.18)$$

여기서, y_d : 형광면 상에서의 편향 거리〔m〕

L : 편향판 중심과 형광면 사이의 거리〔m〕

l_d : 편향판의 유효 길이〔m〕

d : 편향판의 간격〔m〕

V_d : 편향 전압〔V〕

V_a : 가속 전압〔V〕

식 (9.18)로부터 가속 전압 V_a와 음극선관의 치수가 일정하면 전자빔의 편향은 편향 전압 V_d에 정비례함을 알 수 있다. 즉, 편향 전압 V_d를 2배로 하면 편향 거리도 2배로 되고, V_d를 1/2로 감소시키면 편향 거리도 1/2로 감소한다. CRT의 동작과 관련된 중요한 파라미터는 음극선관의 편향 감도(偏向感度; deflection sensitivity)이다. 편향 감도 S는 전자빔을 스크린상에서 단위 길이(즉, 1 cm)만큼 편향시키는 데 필요한 전압으로 정의된다. 즉,

$$S = \frac{V_d}{y_d} = \frac{2dV_a}{Ll_d} \ \text{V/m} \qquad \cdots (9.19)$$

즉, 음극선관의 감도는 편향 전압 V_d에는 무관하고, 가속 전압 V_a에 비례해서 변한다. 따라서 가속 전압이 높을수록 편향 감도는 나빠지고 높은 편향 전압이 요구된다. 고속으로 가속된 전자빔은 큰 운동 에너지를 갖게 되므로 형광면에 밝은 상을 만든다. 그러나 편향시키는 것은 더욱 어렵게 된다. 편향 감도의 전형적인 값은 10～100 V/m이다.

지금까지 정전 편향에 대해서 설명하였는데, 오실로스코프에서 수직 편향과 수평 편향 작용에 의해서 입력 파형이 형광면상에서 어떻게 재현되는가를 생각해 보자. 그림 9.10은 정현파 입력 전압이 오실로스코프에 의해서 형광면에 재현되는 과정을 나타낸 것이다. 먼저, 관측하고자 하는 정현파 전압을 오실로스코프에 접속하면 그림 (a)와 같이 음극선관의 수직 편향판에 입력된다. 수직 편향판을 통과하는 전자빔은 입력 신호의 크기와 극성에 따라 상하로 편향되므로, 형광면상의 광점도 동일한 운동을 한다. 한편, 수평 편향판에는 램프(톱니파) 전압이 가해진다. 이 전압은 시간에 비례해서 직선적으로 증가하기 때문에 광점을 형광면의 왼쪽에서 오른쪽으로 일정 속도로 이동시킨다. 톱니파 전압은 최대값(그림에서 점 8)에서 갑자기 0으로 떨어지기 때문에 형광면상의 광점은 왼쪽의 기점(그림에서 점 0)으로 빠르게 되돌아간다. 이와 같이 톱니파 전압은 전자빔을 형광면의 왼쪽으로부터 오른쪽으로 주기적으로 이동시킨다. 이것을 스위프(sweep) 또는 소인(掃引)이라고 하며, 이때의 톱니파 전압을 시간축(time base) 전압이라고 부른다.

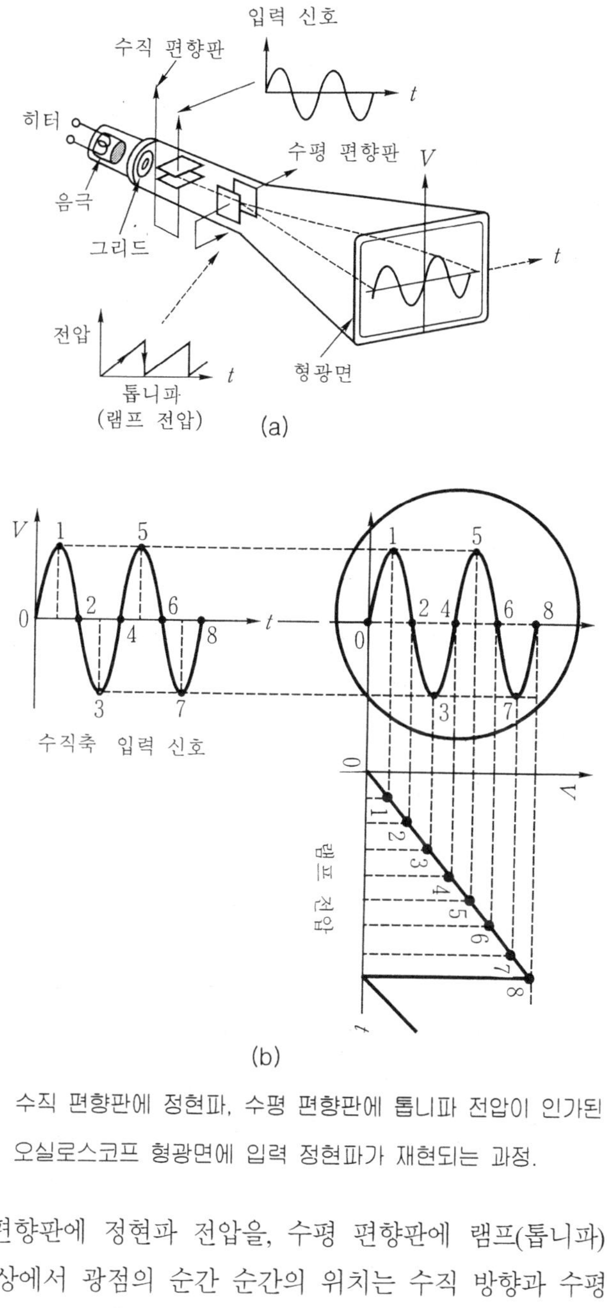

그림 9.10 수직 편향판에 정현파, 수평 편향판에 톱니파 전압이 인가된 후 오실로스코프 형광면에 입력 정현파가 재현되는 과정.

이와 같이 수직 편향판에 정현파 전압을, 수평 편향판에 램프(톱니파) 전압을 동시에 인가하면 형광면상에서 광점의 순간 순간의 위치는 수직 방향과 수평 방향으로 작용하는 두 힘의 합력으로 결정된다. 따라서 전자빔의 운동은 시간의 함수로 관측하고자 하는 전압의 파형을 형광면에 나타낸다. 이때 형광면에서 수직 방향(y축)은 전압 변화를 나타내고, 수평 방향(x축)은 시간 경과를 나타내므로, 입력 신호가 시간적으로 어떠한 변화를 하고 있는가를 관측할 수 있다. 또, 이 파형으로부터 입력 전압의 크기, 주파수, 주기, 위상 등을 형광면에 새겨진 눈금으로부터 알아낼 수가 있다.

9.2.4 형광면

전자빔이 음극선관의 형광면에 충돌하면 광점이 나타난다. 이러한 효과를 나타내도록 음극선관의 유리 내면에 도포한 물질을 형광체(phosphor)라고 한다. 형광 물질은 충돌하는 전자의 운동 에너지를 흡수하여 가시 광선을 방출한다. 형광체의 이와 같은 특성을 형광(螢光; fluorescence)이라고 한다. 형광 물질은 또 인광(燐光; phosphorescence)이라는 특성도 가지는데, 이것은 전자빔이 차단된 후에도 계속해서 빛을 내는 것을 말한다. 인광이 지속되는 시간이 형광체의 잔광 시간(殘光時間; persistence)을 결정한다.

음극선관의 형광면으로부터 방출되는 빛의 세기(즉, 강도)는 다음과 같은 요인에 의존한다.

① 빛의 세기는 형광면에 충돌하는 전자의 초당 개수, 즉 빔 전류에 의해 제어된다. 빔 전류가 증가하거나 또는 같은 양의 빔 전류라 해도 휘점의 크기를 감소시켜 더 작은 영역에 집중시키면 휘도는 증가된다.

② 휘도는 스크린에 충돌하는 전자가 가지는 에너지에 의존한다. 전자의 운동 에너지는 가속 전압(V_a)에 의해서 결정되므로 가속 전압의 증가는 휘도를 증가시킨다.

③ 휘도는 전자빔이 형광체에 충돌할 때까지의 시간에 의존한다. 그러므로 스위프 속도(sweep speed)는 휘도에 영향을 미친다.

④ 휘도는 형광체의 물리적 특성에 의존한다.

전면 패널에 있는 조정기를 부정확하게 취급하면 형광면을 심하게 손상시킬 수 있다. 과도한 전자빔이 형광체에 입사되면 형광체가 회복 불가능한 손상을 입는 경우가 있으며, 따라서 광출력이 감소한다. 소손을 일으킬 수 있는 두 가지 요인은 전자빔 밀도와 여기 지속 시간(勵起持續時間)이다. 빔 밀도는 전면 패널에 있는 INTENSITY, FOCUS, ASTIGMATISM에 의해 조정되고, 빔이 형광체를 여기시키는 시간은 스위프 또는 TIME / DIV 조정기에 의해 조정된다. 전자빔의 세기를 약하게 하고 노출 시간을 짧게 함으로써 형광체의 소손이나 완전한 손상을 피할 수 있다.

위에서 설명한 바와 같이 휘도는 전자빔의 속도에 의존한다. 따라서 최대 휘도를 위해서 전자는 가능한 한 최대 속도로 가속되어야 한다. 그러나 편향판을 통과할 때 전자의 속도가 너무 크면 이미 설명한 바와 같이 편향 전압의 효과가 감소하여 편향 감도가 나빠진다. 이런 이유 때문에 편향 후 가속(post deflection acceleration)을 실시한다. 즉, 전자빔이 편향판을 통과한 후 다시 가속시킨다. 그림 9.11은 편향 후 가속을 갖는 음극선관을 나타낸 것으로, 나선형(helix)으로 저항 물질을 편향판과 스크린 사이의 튜브 내벽에 도포하고, 나선형 도체의 스크린쪽 끝에 고전압(+2 kV)을 가하고 다른 끝은 접지하여 0 V로 한다. 이렇게 하면 편향판을 떠난 전자빔은 그들이 스크린에 도달할 때까지 계속적인 가속력을 받아 높은 에너지를 가지고 스크린에 충돌한다.

편향 후 가속을 하면, 전자빔의 속도가 증가하기 때문에 필요한 전자빔의 편향을 얻기 위해서는 일반적으로 음극선관의 길이가 길어진다. 그래서 CRT 스크린을 증가시키는 대신 그림 9.11과 같이 편향판 바로 뒤에 돔 형태의 메시(dome-shaped mesh)를 설치한다. 그러나 편향 후 가속 전압을 매우 크게 하지 않으면 메시는 휘도를 감소시키고 광점의 크기를 증가시킨다. 대부분 현대의 오실로스코프는 메시를 갖는 CRT를 채용하고 있으며, 편향 후 가속 전압은 약 20 kV이다.

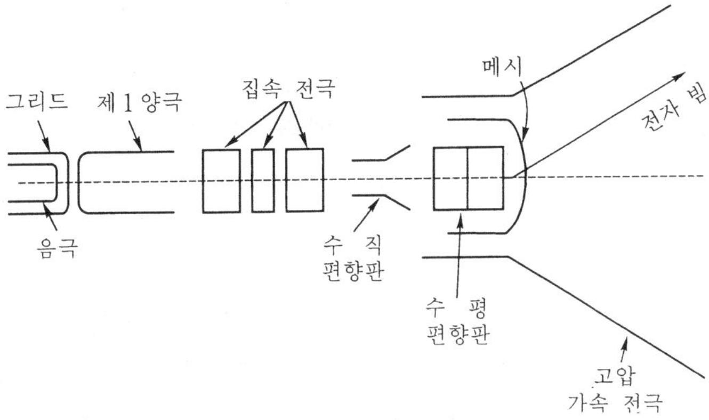

그림 9.11 돔형 메시를 갖는 CRT

9.2.5 음극선관의 결선

음극선관 내부의 여러 구성 요소 간의 전기적 결선은 관의 베이스를 통해서 이루어진다. 그림 9.12는 일반용 음극선관의 전기적 결선의 일례를 나타낸 것이다.

전자총부에 대한 전압 공급은 직렬로 연결된 두 개의 전원 장치, 즉 가속 전압용 고전압원과 보조 회로용 저전압원으로부터 공급된다. 분압기 회로는 두 전원에 병렬로 연결되어 필요한 동작 전압을 각 부분에 공급한다. 전자빔의 세기는 음극에 대한 그리드 전압을 변화시켜 조정한다. 이 조정은 500 kΩ의 가변 저항기에 의해 이루어지며, 전면 패널에 INTENSITY 조정기로 표시되어 있다.

분압 회로에서 2.5 MΩ의 전위차계는 전면 패널에 FOCUS 조정기로 표시되어 있다. 이것은 집속 렌즈에 공급하는 (−)전압을 조정한다. 집속 양극 전압이 두 개의 가속 양극에 대해서 더욱 (−)로 됨에 따라 집속 렌즈의 효과는 점점 더 강해진다. 전면 패널에 ASTIGMATISM으로 표시되어 있는 조정기는 가속 양극 전압을 수직 편향판에 대해서 조정한다. 이것은 실린더형 렌즈로 아직도 집속되지 않은 전자빔을 집속한다. 이것을 조정하면 형광면에 가장 둥근 휘점을 만들 수 있다.

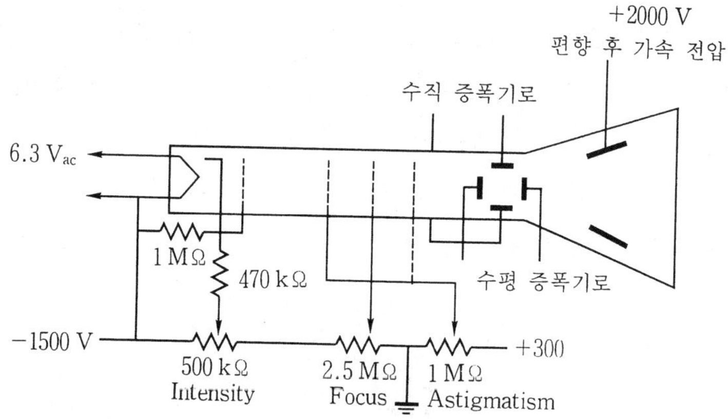

그림 9.12 음극선관의 결선도

〔예제 9.1〕 CRT의 수직 편향판에 그림 9.13(a)와 같은 삼각파를, 수평 편향판에 그림 (b)와 같은 톱니파를 인가하였다. CRT 스크린에 나타나는 파형을 도시하라. CRT의 수직 편향 감도는 0.1 cm/V, 수평 편향 감도는 0.08 cm/V이다.

〔풀이〕 t=0.5 ms에서

수직축 전압 = +40 V

수평축 전압 = −37.5 V

따라서 CRT 스크린상에서 광점의 위치는 중심 O로부터

수직 편향 거리 = +40 V × 0.1 cm/V = +4 cm

수평 편향 거리 = −37.5 V × 0.08 cm/V = −3 cm

t=1 ms에서

수직축 전압 = 0 V

수평축 전압 = −25 V

CRT 스크린상에서 광점의 위치는

수직 편향 거리 = 0

수평 편향 거리 = −25 V × 0.08 cm/V = −2 cm

위와 동일한 방법으로 각 시각에서 광점의 위치를 구하면 그림 (c)에 나타낸 것과 같다.

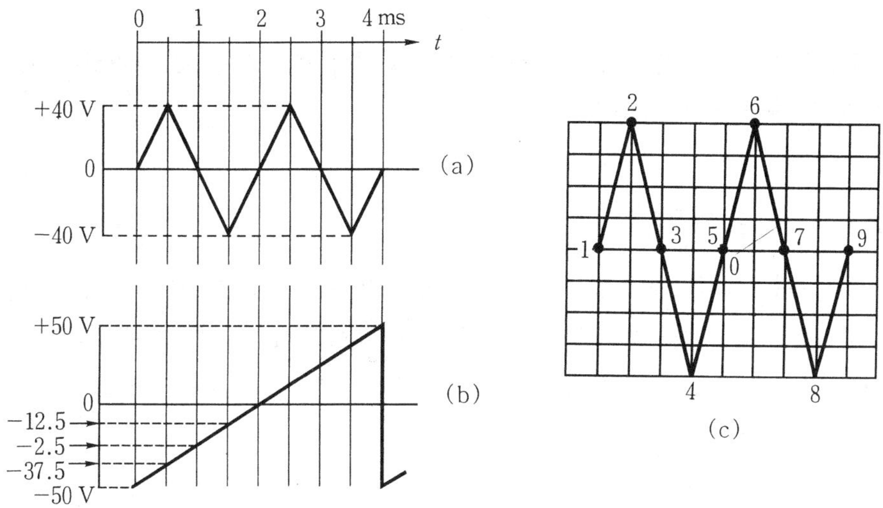

그림 9.13

9.3 수직 편향 시스템

수직 편향 시스템(vertical deflection system)은 전자빔을 상하로 편향시키는 시스템이며, 일반적으로 그림 9.14와 같이 입력 선택기(input selector), 입력 감쇠기(input attenuator), 수직 증폭기(vertical amplifier) 등으로 구성되어 있다.

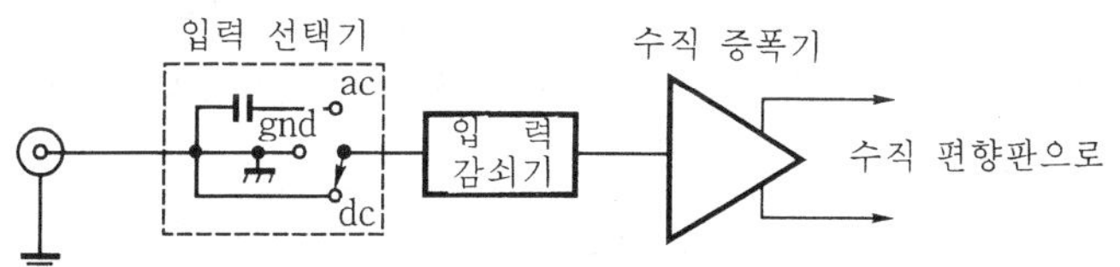

그림 9.14 수직 편향 시스템의 기본 구성도

9.3.1 입력 선택기

그림 9.14의 입력 선택기에는 ac – gnd – dc 등 3가지 위치가 있다. 입력 선택기를 ac 위치로 하면 입력 전압을 감쇠기에 용량적으로 결합해 준다. 이 위치에서 입력 파형의 직류 성분은 커패시터에 의해 차단되고 교류 성분만이 증폭기에 입력된다. 따라서 직류 바이어스나 직류 전원에 중첩되어 있는 교류 신호 전압의 측정을 가능하게 한다. 입력 선택기를 dc 위치에 놓으면 입력 전압을 감쇠기에 직접 연결해 주어 교류나 직류 성분이 모두 증폭기에 가해진다. 이 위치는 총 순시 전압을 결정하는 데 특히 유용하다. 입력 선택기를 gnd 위치에 놓으면 dc 위치에서 ac 위치로 전환될 때 감쇠기 입

력을 순간적으로 접지시켜 줌으로써 입력 감쇠기에 축적되어 있는 전하를 방전시켜 안전하게 해 주는 특징이 있다.

9.3.2 입력 감쇠기

입력 감쇠기는 입력 신호를 수직 증폭기에 인가하기 전에 그 크기를 감소시키는 역할을 하며, 오실로스코프의 전면 패널에 표시된 VOLTS / DIV 선택기에 의해 조정된다. 대표적인 입력 감쇠기의 조정 범위는 0.1, 0.2, 0.5, 1, 2, 5, 10, 20, 50 V/div이다.

(1) 저항 분압 감쇠기

그림 9.15는 저항만으로 구성된 가장 간단한 감쇠 회로이다. 총 감쇠기 저항은 R_t= 100 kΩ이다. 스위치 S가 A로 조정되면, 출력 전압 V_{OA}는

$$\frac{V_{OA}}{V_i} = \frac{10\Omega}{100\,\text{k}\Omega} = 10^{-4}$$

즉, 감쇠율(減衰率; attenuation factor)은 10000이다. 이와 같이 계산하면 B, C, D, E에서 감쇠율은 각각 1000, 100, 10, 1로 된다. 만약 수직 증폭기의 입력 임피던스 R_i가 높으면 감쇠기의 입력 임피던스와 감쇠율은 스위치 S의 위치에 관계없이 일정하다.

오실로스코프를 직류 측정에만 사용한다면 저항 감쇠기만으로 충분할 것이다. 그러나 오실로스코프는 주로 교류 파형을 관측하는 데 사용하며, 보통 10～30 pF 사이의 입력 정전 용량을 갖는다.

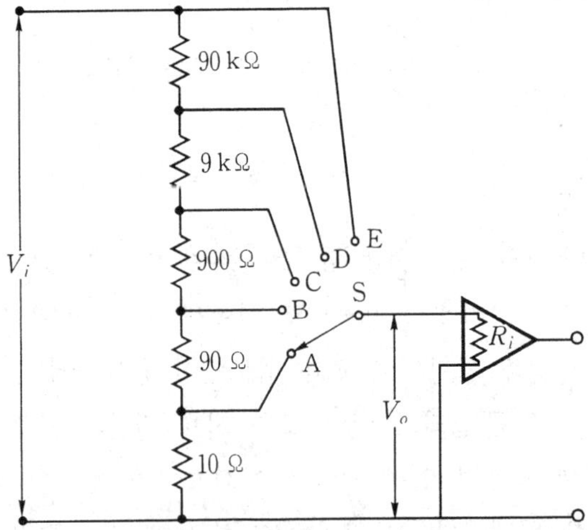

그림 9.15 간단한 저항 감쇠기

그림 9.16은 증폭기의 입력 용량을 보여 주는 보상되지 않은 감쇠기(uncompensated attenuator)이다. 이 경우 증폭기가 보는 감쇠기 임피던스는 감쇠기 S의 위치에 따라 상당히 변한다. 이것 때문에 *RC* 시정수 또는 증폭기의 주파수 응답이 감쇠기 S의 위치에 의존하게 되며, 이것은 매우 바람직하지 못하다.

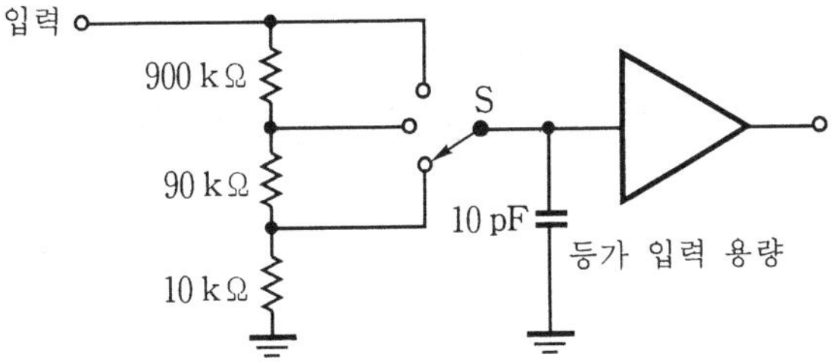

그림 9.16 보상되지 않은 감쇠기

예로, 그림 9.17과 같이 저항 R_1, R_2로 구성된 간단한 감쇠기를 생각해 보자. 입력 커패시터 C_2를 고려하지 않으면

$$V_o = \frac{R_2}{R_1 + R_2} V_i \qquad \cdots (9.20)$$

입력 커패시터 C_2를 고려할 때, 교류 입력 전압의 분압비는

$$\frac{V_o}{V_i} = \frac{Z_2}{Z_1 + Z_2} \qquad \cdots (9.21)$$

여기서, $Z_2 = \frac{1}{R_2} + j\omega C_2$

로 되어, 분압비가 입력 전압의 주파수에 의존하게 됨을 알 수 있다. 사용 주파수 범위에 걸쳐서 선형 동작을 확실하게 하기 위해서는 소위 보상된 감쇠기(compensated attenuator)가 요구된다.

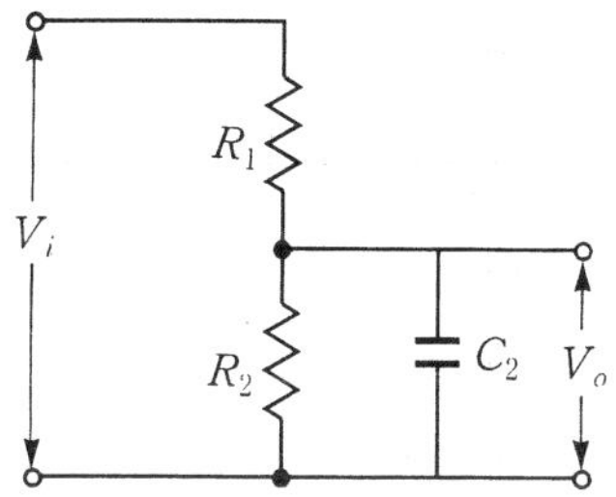

그림 9.17 계산을 위해 간단히 나타낸 감쇠기

(2) 보상된 감쇠기

그림 9.18은 RC 분압기로 구성한 보상된 감쇠기의 일례이다. 여기서, C_1은 분압비의 주파수 의존성을 제거하기 위해서 추가된 것이다. 그림에서 저항 R_1, R_2와 커패시터 C_1, C_2는 브리지 회로를 구성한다. 이 브리지는 $R_1X_{C_2}=R_2X_{C_1}$ 또는 $R_1C_1=R_2C_2$일 때 평형된다. 평형 상태에서는 a, b를 연결하여도 전류가 흐르지 않으므로, ab 접속을 회로로부터 제거할 수 있다. 따라서 브리지 평형시 출력 전압은 저항 분압기에 의해서 결정된다. 즉,

$$V_o = \frac{R_2}{R_1 + R_2} V_i \qquad \cdots (9.22)$$

로 되어, 입력 신호 주파수와 무관하게 된다.

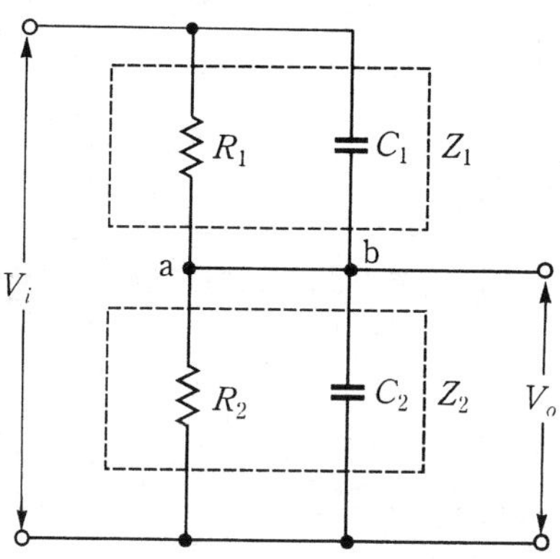

그림 9.18 감쇠기 보상 원리

그림 9.19는 이와 같은 원리를 이용한 보상된 감쇠기의 일례이다.

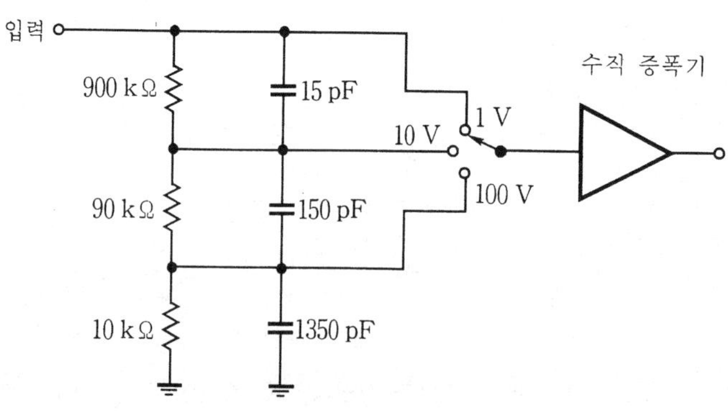

그림 9.19 간단한 보상 감쇠기

9.3.3 수직 증폭기

전자빔을 편향시키는 데 사용되는 전압은 크기가 같고 위상이 반대(즉, $+V_d/2$, $-V_d/2$)인 두 전압으로 변환되어야 한다. 수직 증폭기의 이득은 몇 단계로 고정되어 있으며, 보통 편향을 V/div로 나타낸다. 고정 이득의 장점은 증폭기의 안정도와 대역폭에 대한 요구 조건을 만족하도록 설계가 용이한 점이다. 수직 증폭기는 그림 9.20과 같이 일반적으로 전치 증폭기(前置增幅器; preamplifier)와 주수직 증폭기(主垂直增幅器; main vertical amplifier) 회로로 구성된다.

전치 증폭기의 입력단은 보통 FET 소스 폴로워(source follower)로 구성되는데, 이것은 고입력 임피던스를 제공한다. 주수직 증폭기의 최종단은 푸시-풀 출력단(push-pull output stage)으로 구성되어 있어 음극선관의 수직 편향판에 극성이 반대(180° 위상차)이고 크기가 같은 두 신호 전압($+V_d/2$, $-V_d/2$)을 전달한다. 푸시-풀 회로는 음극선관의 편향 직선성(deflection linearity)을 개선시키기 때문에 수직 증폭기뿐만 아니라 수평 증폭기에서도 반드시 사용된다.

수직 증폭기는 오실로스코프의 감도와 대역폭을 결정하는 중요한 요소이다. 일반적으로 감도를 높이면 대역폭이 희생된다. 왜냐하면 주어진 증폭기의 이득-대역폭 적(利得 – 帶域幅積; gain × bandwidth)은 일정하기 때문이다.

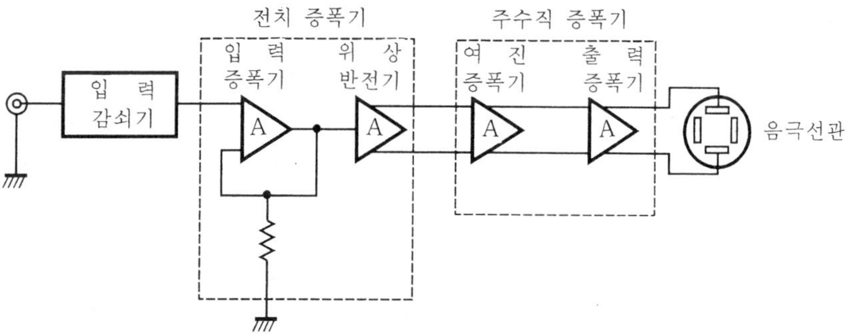

그림 9.20 수직 증폭기의 구성

수직 증폭기의 이득은 오실로스코프가 형광면에 만족스럽게 재현할 수 있는 최소 신호의 크기를 결정한다. 오실로스코프의 감도는 수직 증폭기의 이득에 정비례한다. 즉, 이득이 증가하면 감도도 증가하여 더욱 진폭이 작은 신호를 관측할 수 있다. 수직 감도는 전자빔이 주어진 입력 신호에 대해서 얼마만큼 편향될 것인가를 나타내는 척도이며, 일반적으로 오실로스코프의 전면 채널에 VOLTS / DIV로 표시되어 있다. VOLTS / DIV 스위치의 위치는 수직 눈금에서 1 div만큼 전자빔을 편향시키는 데 요구되는 신호의 진폭을 의미한다. 오실로스코프의 수직 감도는 로터리 스위치를 가지고 선택한다. 예로써, 만약 VOLTS / DIV 로터리 스위치를 5 mV/div 위치에 선택하였다면, 그때 오실로스코프의 수직 감도는 5 mV/div이다.

오실로스코프의 대역폭(bandwidth)은 CRT의 형광면에 정확히 재현할 수 있는 주파수 범위를 결정한다. 대역폭이 크면 클수록 오실로스코프를 가지고 관측할 수 있는 주파수 범위가 넓어진다. 이상적인 광대역 증폭기라면 그것의 이득이 관측 가능한 상한 주파수까지 일정해야 한다. 광대역 증폭기의 이득–주파수 특성 곡선(주파수 응답 곡선)을 나타내면 그림 9.21과 같다. 그림에서 f_2는 수직 증폭기의 이득이 중간 주파수 이득에 비해 3 dB만큼 감소하는 주파수로 정의되며, 이 주파수 이내의 범위를 대역폭이라고 부른다.

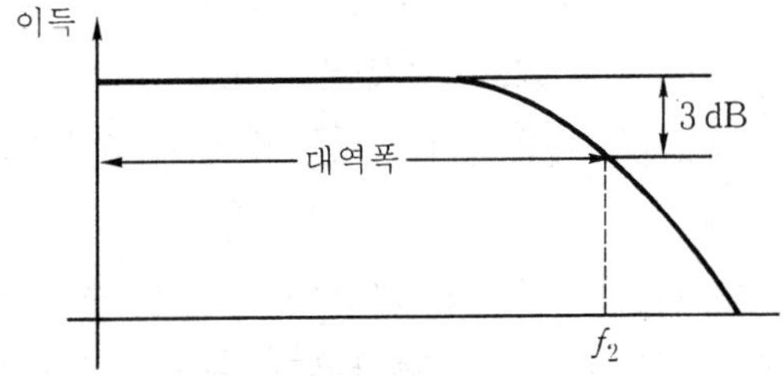

그림 9.21 광대역 증폭기의 전형적인 주파수 응답 곡선

오실로스코프 사양서에 포함되는 수직 증폭기 특성 중의 하나는 상승 시간(上昇時間; rising time)이다. 펄스의 상승 시간은 최대 진폭의 10 %로부터 90 %에 도달하는 데 걸리는 시간으로 정의된다. 오실로스코프로 펄스 또는 구형파를 관측하는 경우, 그것의 상승 시간은 파형의 상승 시간보다 더 빨라야 한다. 그렇지 않으면 관측된 신호는 정확히 재현되지 않는다. 대역폭(BW)과 상승 시간(t_r) 사이의 정확한 관계는 증폭기 설계에 따라 약간 다르지만 다음과 같은 근사적인 관계가 성립한다.

$$t_r \times BW = 0.35 \qquad \cdots (9.23)$$

여기서 t_r은 상승 시간〔sec〕, BW는 대역폭〔Hz〕이다.

〔예제 9.2〕 오실로스코프의 대역폭이 0~10 MHz라고 할 때 이 계측기에 의해서 정확히 재현될 수 있는 정현파의 가장 빠른 상승 시간을 계산하라.

〔풀이〕 식 (9.23)으로부터 가장 빠른 상승 시간은

$$t_r = \frac{0.35}{10 \times 10^6\ \text{Hz}} = 35\ \text{ns}$$

9.3.4 지연선

모든 전자 회로는 입력과 출력 사이에 전송 시간(propagation time)을 필요로 하며, 수평축 회로도 예외는 아니다. 그래서 입력 신호가 오실로스코프 내의 모든 전자 회로를 통과해 CRT의 편향판까지 도달하는 데는 어느 정도 시간적으로 지연된다. 그림 9.22에서 수직 편향과 수평 편향 회로를 비교해 보면 수평 신호(시간축 전압 또는 스위프 전압)는 음극선관의 수직 편향판에 인가되는 수직 입력 신호의 일부에 의해 트리거됨을 알 수 있다. 시간축 회로의 신호 처리 과정을 살펴보면 트리거 펄스가 발생하고 파형이 정형되어 스위프 발진기를 구동시키고, 스위프 발진기의 출력은 수평 증폭기를 거쳐 수평 편향판에 가해진다. 이 전 과정은 약 80 ns 정도의 시간이 걸린다. 그러므로 수직 입력 신호가 직접 CRT 편향판에 가해지면 입력 신호 파형의 선단(先端; leading edge) 일부가 상실되어 사용자가 관찰할 수 없다. 이러한 문제점을 극복하기 위해서는 수직 편향판에 가해지는 입력 신호도 최소한 수평축 회로에서 발생하는 지연 시간만큼 지연되어야 할 것이다. 이것이 지연선(遲延線; delay line)의 기능이다. 그림 9.22에서는 200 ns 지연선을 수직 채널에 삽입하여 CRT 편향판에 인가되는 신호 전압을 200 ns만큼 시간적으로 지연시키고 있다. 그래서 수평 스위프가 수직 편향보다 먼저 시작된다.

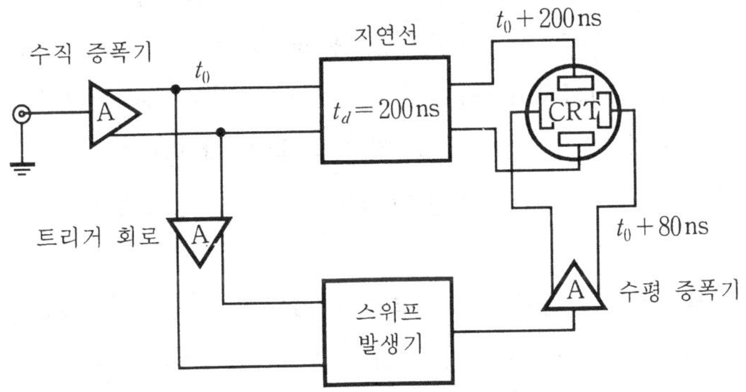

그림 9.22 지연 회로의 역할

지연선에는 집중 정수 지연선(集中定數遲延線; lumped parameter delay line)과 분포 정수 지연선(分布定數遲延線; distributed parameter delay line) 등 두 가지 종류가 있다. 집중 정수 지연선은 그림 9.23과 같은 T형 LC 회로를 무수히 종속 접속하여 구성한다. 이 필터의 차단 주파수(遮斷周波數; cutoff frequency)는 다음 식으로 주어진다.

$$f_c = \frac{1}{\pi\sqrt{LC}} \qquad \cdots (9.24)$$

입력 신호 v_i의 주파수가 차단 주파수 f_c보다 훨씬 낮으면 출력 신호 v_o는 v_i를 충실히 재현할 것이다. 그러나 입력 신호는 시간 t_s

$$t_s \approx \frac{1}{\pi fc} = \sqrt{LC} \qquad \cdots (9.25)$$

만큼 지연된다. 여기서 t_s는 단일 T형 필터의 지연 시간이다. 지금 n개의 T형 필터를 종속 접속하여 집중 정수 지연선을 구성하면 총 지연 시간은 n배로 증가한다. 즉,

$$t_d = nt_s \qquad \cdots (9.26)$$

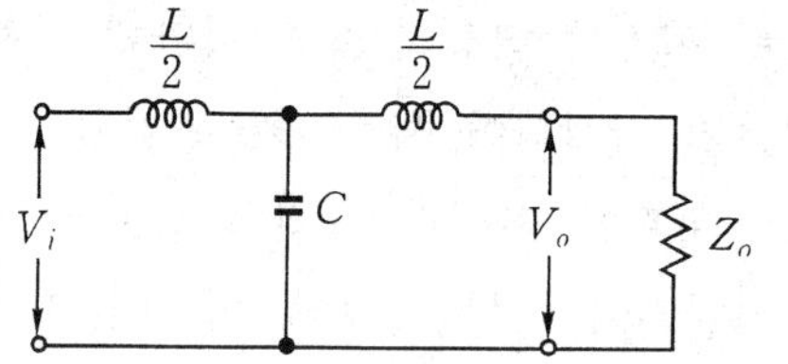

그림 9.23 T형 필터

분포 정수 지연선은 그림 9.24와 같이 단위 길이당 인덕턴스가 큰 동축(同軸) 케이블(coaxial cable)로 구성된다. 내부 도체는 내부 코어(inner core)에 도체를 나선형(helical)으로 감은 것이다. 외부 도체는 와전류(渦電流; eddy current)를 감소시키기 위해서 보통 편조절연선(編組絶緣線; braided insulated wire)으로 만들어지며, 전기적으로 케이블의 끝에 접속된다. 이 지연선의 인덕턴스(L)는 내부 코일에 의해 얻어지고 그 값은 단위 길이당 권수가 n인 솔레노이드(solenoid)의 값과 같다. 강자성 코어에 내부 도체를 감으면 L을 증가시킬 수 있다.

지연선의 정전 용량(C)은 폴리에틸렌 절연체에 의해서 분리된 두 동축 실린더로 구성되는 커패시터로부터 얻어진다. C는 내부와 외부 도체 사이의 유전체 두께를 얇게 하면 증가한다. 이 지연선의 지연 시간은 t_d = 180 ns/m이다. 동축 지연선은 집중 정수 지연선에 비해 주의 깊은 조정이 필요하지 않으며, 또 공간도 덜 차지하는 장점을 갖는다.

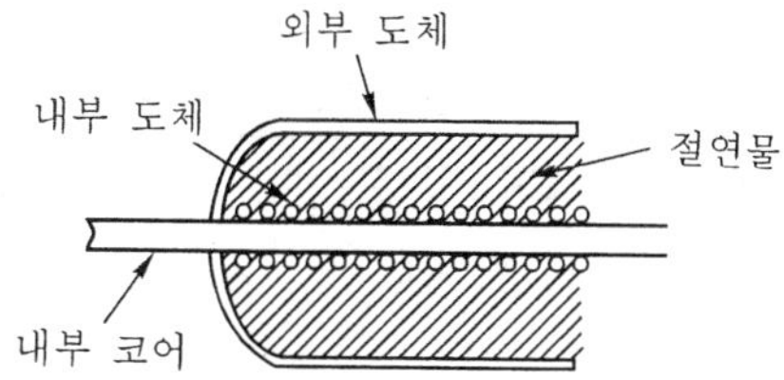

그림 9.24 높은 임피던스를 가지는 나선형 지연선

그림 9.25는 지연선이 사용된 CRT 구성도이다. 지연선이 없는 경우 입력 펄스의 앞부분을 관측할 수 없으나, 지연선이 사용되면 완전한 펄스 파형을 관측할 수 있음을 보여 주고 있다.

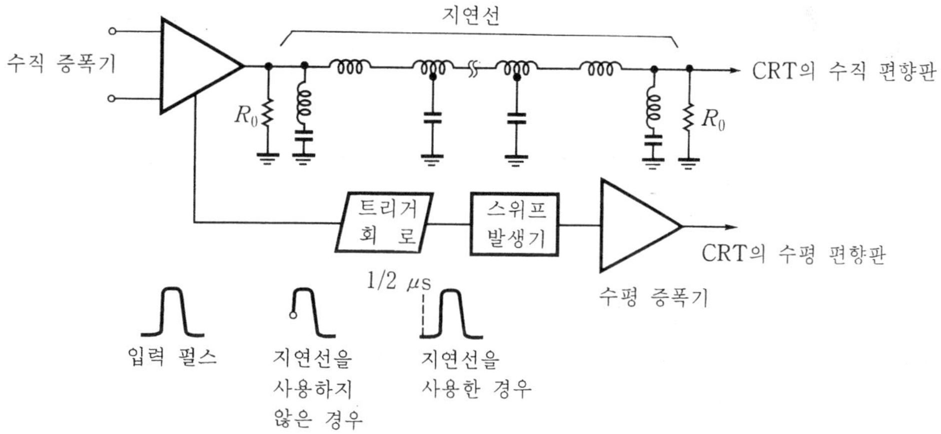

그림 9.25 지연선을 사용한 CRT

9.3.5 오실로스코프 프로브

측정하고자 하는 입력 신호는 프로브(probe)를 통해 오실로스코프의 수직 입력에 접속된다. 그림 9.26은 오실로스코프에 사용되는 프로브의 일례이다. 프로브는 입력(input; 프로브 tip이라고 부름)과 접지(ground)를 갖는다. 동축 케이블은 절연된 중심 도체와 그 주위를 둘러싼 편조선으로 되어 있다. 중심 도체는 입력 신호를 전달하고, 외부 도체는 접지시켜 잡음이 오실로스코프의 입력 단자에 들어가는 것을 방지한다.

프로브의 종류는 다양하나 크게 분류하면 1 : 1 프로브(ono-to-one probe), 감쇠기 프로브(attenuator probe), 능동 프로브(active probe) 등과 같은 전압 측정용 프로브와 전류 프로브(current probe)가 있다. 전류 프로브(current probe)는 오실로스코프를 가지고 회로를 절단하지 않고도 전류를 측정할 수 있는 프로브이다. 그 구조는 3장에서 설명한 홀 변류기와 유사한 구조로 되어 있으며, 교류 전류를 전압으로 변환시키는 변압기와 직류를 전압으로 변환하는 홀 소자(Hall device)로 구성되어 있으며, dc~50 MHz 주파수 범위의 전류를 측정할 수 있는 것도 있다. 여기서는 전압 측정에 흔히 사용되는 몇 가지 프로브에 대해서 설명한다.

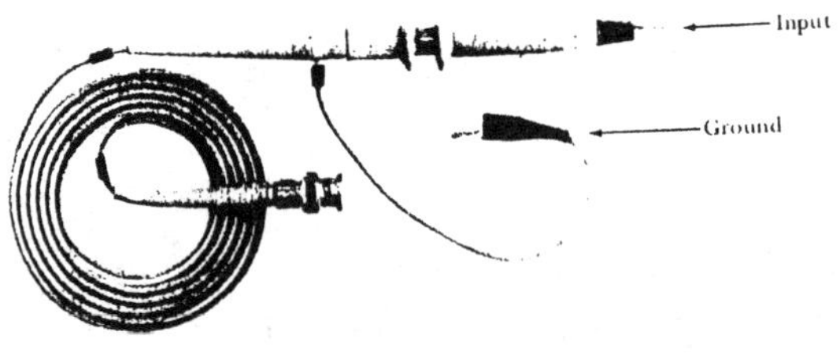

(a) 1 : 1 프로브

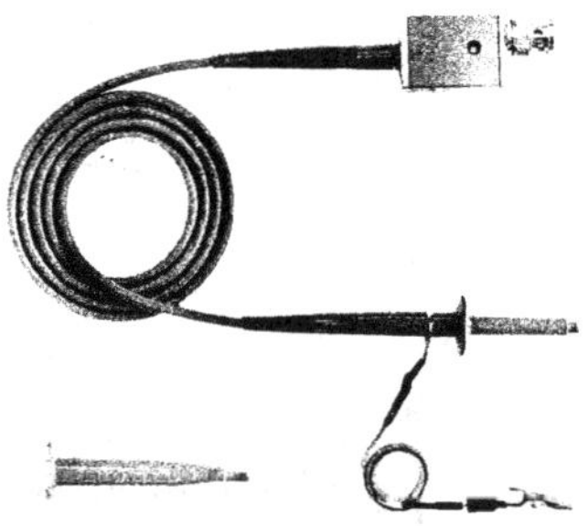

(b) 10 : 1 프로브

그림 9.26 오실로스코프의 프로브

(1) 1 : 1 프로브

1 : 1 프로브(one-to-one probe)는 단순히 프로브 팁이 달린 동축 (同軸) 케이블(coaxial cable)과 같으며, 입력 신호를 감쇠 없이 직접 오실로스코프 입력에 전달한다. 일반적으로 오실로스코프의 입력 임피던스는 입력 저항 R_i=1 MΩ과 입력 용량 C_i=10~30 pF의 병렬 접속이다. 프로브의 동축 케이블도 정전 용량(C_c)을 가지며, 이것이 입력 용량에 추가된다.

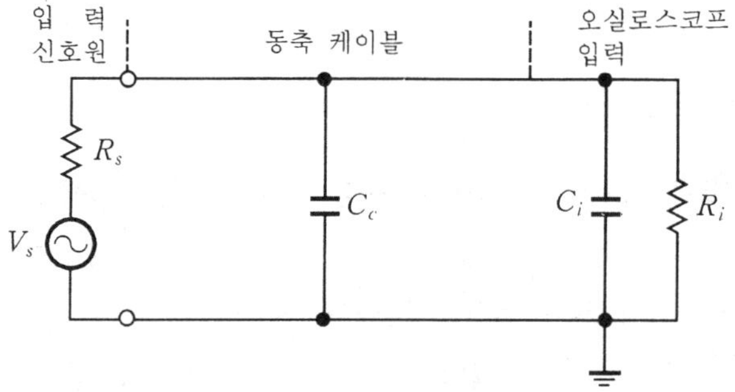

그림 9.27 1 : 1 프로브

그림 9.27은 신호원, 프로브, 오실로스코프의 회로를 나타낸다. 프로브 팁에서 본 임피던스(C_c+C_i)는 신호원 임피던스보다 항상 커야 한다. 그렇지 않으면 신호 전압이 감쇠되어 오실로스코프에 접속되고, 또 위상 이동(phase shift)이 발생한다. C_c+C_i의 리액

턴스 $1/\omega(C_c+C_i)$가 R_s와 R_i보다 훨씬 더 크면 커패시터의 영향은 무시될 수 있고, 오실로스코프의 단자 전압은

$$V_i = \frac{R_i}{R_s + R_i} V_s \qquad \cdots (9.27)$$

로 된다. 신호 주파수가 증가하면 커패시터의 리액턴스는 점점 감소하므로, 입력 신호는 오실로스코프 입력에서 상당히 감쇠된다. 이때 커패시터의 리액턴스와 신호원 저항이 같아지는 주파수에서 입력 신호는 3 dB만큼 감쇠한다.

1 : 1 프로브는 오실로스코프의 입력 용량에 보통 100 pF을 추가한다.

〔**예제** 9.3〕 V_s=1 V, R_s=600 Ω인 신호원이 C_c=100 pF인 프로브를 통해 R_i=1 MΩ, C_i=30 pF인 오실로스코프에 접속된다. 신호 주파수가 100 Hz일 때 오실로스코프의 입력 전압 V_i를 계산하라. 또, 입력 전압이 V_s의 3 dB 이하로 감쇠되는 주파수를 결정하라.

〔**풀이**〕 총 정전 용량 $= C_i+C_c$ = 30 pF + 100 pF

= 130 pF

리액턴스 $Xc = \frac{1}{2\pi fC} = \frac{1}{2\pi \times 100\,\text{Hz} \times 130\,\text{pF}} = 12.2\ \text{M}\Omega$

따라서 $X_c \gg R_s$, R_i이므로, 입력 전압은

$$V_i = \frac{R_i}{R_s + R_i} V_s = \frac{1\,\text{M}\Omega}{600\,\Omega + 1\,\text{M}\Omega} 1\,\text{V} = 0.9994$$

$V_i = V_s$의 −3 dB로 되는 주파수는

$$X_C = R_s = 600\,\Omega = \frac{1}{2\pi fC}$$

$$\therefore\ f = \frac{1}{2\pi CR_s} = \frac{1}{2\pi \times 130\,\text{pF} \times 600\,\Omega} = 2.04\ \text{MHz}$$

---

(2) 감쇠기 프로브

만약 1 : 1 프로브가 오실로스코프에 접속되면 동축 케이블의 정전 용량이 오실로스코프의 입력 용량에 추가되기 때문에 프로브 팁에서 본 입력 용량은 더 커질 것이다. 특히, 고주파에서 입력 용량은 20～30 pF보다 훨씬 작은 것이 바람직하다. 이것을 위해 감쇠기 프로브가 사용된다.

감쇠기 프로브(attenuator probe)는 입력 신호를 보통 10배만큼 감쇠시킨다. 그래서 이 프로브를 보통 10 : 1 프로브라고 부른다. 감쇠기 프로브는 1 : 1 프로브보다 훨씬 높은 입력 임피던스를 제공하기 때문에 측정 회로에 대한 부하 효과를 감소시킨다. 또, 오실로스코프 입력 용량(C_i)과 케이블 용량(C_c)에 대한 보상 커패시터(compensating capacitor)가 포함되어 있다.

그림 9.28(a)는 10 : 1 프로브 회로, (b)는 등가 회로이다. 9 MΩ 저항이 입력 단자와 직렬로 접속되고, 가변 커패시터 C_1이 9 MΩ 저항과 병렬로 접속된다. 그림 (b)에서 C_2는 오실로스코프의 입력 용량 C_i와 동축 케이블 용량 C_c의 합이다.

입력 신호가 저주파이거나 중간 주파수일 때 용량성 임피던스는 너무 커 영향을 미치지 못한다. 이 경우 오실로스코프의 입력 전압은

$$V_i = \frac{R_i}{R_1 + R_s + R_i} V_s \qquad \cdots (9.28)$$

$R_1 \gg R_s$이면, 위 식은

$$V_i \cong \frac{R_i}{R_1 + R_i} V_s = \frac{1\text{M}\Omega}{9\text{M}\Omega + 1\text{M}\Omega} V_s \qquad \cdots (9.29)$$

또 그림 (b)의 회로에서 y점의 전위는

$$\begin{aligned} V_i &= \frac{X_{c2}}{X_{c1} + X_{c2}} V_s = \frac{1}{(C_2/C_1)+1} V_s \\ &= \frac{C_1}{C_2 + C_1} V_s \end{aligned} \qquad \cdots (9.30)$$

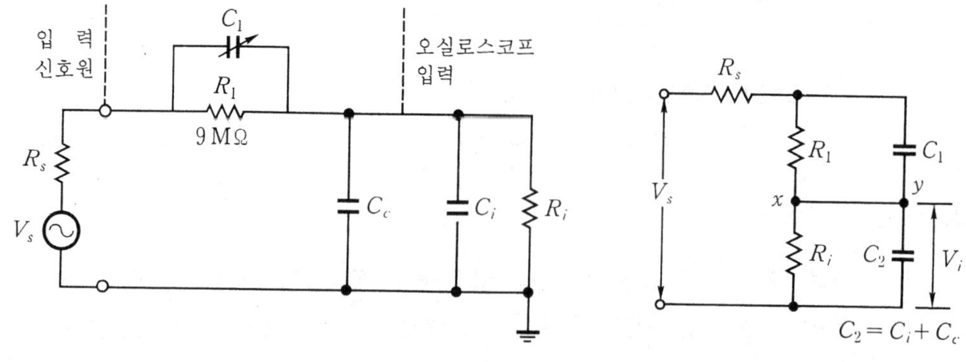

(a) 회로

(b) 등가 회로

그림 9.28 10 : 1 프로브

이 전압이 x점의 전압과 같으려면 식 (9.29)와 식 (9.30)으로부터

$$\frac{R_i}{R_1+R_i}=\frac{C_1}{C_2+C_1} \quad \cdots (9.31)$$

위 식을 C_1에 대해 정리하면,

$$C_1=\frac{R_i}{R_1}C_2 \quad \cdots (9.32)$$

즉, C_1 값이 위의 관계식을 만족하도록 조정되면 C_2를 완전히 보상할 수 있다.

〔**예제** 9.4〕 그림 9.28에서 C_i가 30 pF, C_c가 100 pF일 때 10 : 1 프로브를 보상하기 위한 C_1 값을 구하라. 또, 프로브가 신호 전압을 3 dB만큼 감소시키는 주파수를 계산하라. 신호원의 저항은 600 Ω이다.

〔**풀이**〕 $C_2=C_c+C_i=130\text{ pF}$

$$C_1=\frac{R_i}{R_1}C_2=\frac{1\,\text{M}\Omega}{9\,\text{M}\Omega}\times 130\,\text{pF}=14.4\text{ pF}$$

$$R_s=\frac{1}{2\pi fC},\quad C=\frac{C_1C_2}{C_1+C_2} \text{ 로부터}$$

$$f=\frac{1}{2\pi CR_s}=20.4\text{ MHz}$$

그림 9.29는 또 다른 10 : 1 프로브이다. 여기서 C_1은 고정되고, 프로브 베이스에 보상 조정용으로 가변 커패시터 C_3를 추가하여 입력 커패시터와 병렬로 접속한다. 이 프로브에 대한 등가 회로는 그림 9.28(b)의 회로에서 C_2 대신에 $C_i+C_c+C_3$로 하는 것과 같다.

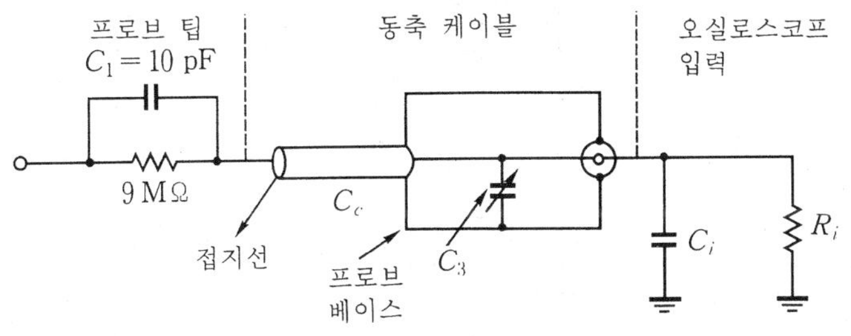

그림 9.29 프로브 베이스를 갖는 10 : 1 프로브

10 : 1 프로브에서 병렬 용량과 직렬 용량의 비가 정확히 10 : 1이 되도록 조정해야 한다. 그러나 오실로스코프의 입력 용량 C_i는 오실로스코프마다 다르기 때문에 10 : 1 프로브를 사용할 때 매번 보상용 커패시터를 조정해야 한다. 만약, 직렬 : 병렬 용량비가 정확히 10 : 1이 되지 않으면 오실로스코프의 주파수 응답 특성은 나빠진다.

오실로스코프가 정확히 보상되었는가를 검사하는 실제적인 방법은 오실로스코프 전면 패널에 있는 구형파 시험 신호를 수직 입력에 가하여 관측되는 출력 전압 파형이 입력 신호의 파형과 정확히 같도록 보상 용량을 조정하는 것이다. 그림 9.30은 오실로스코프 보상의 영향을 나타낸 것이다. 교정 신호가 입력에 가해지고 그림 9.28 또는 9.29의 프로브에서 보상 용량을 조정하여 용량비가 정확히 10 : 1이 되면 오실로스코프 입력에서 분압비(分壓比)도 모든 주파수에 대해서 정확히 10 : 1이 될 것이다. 이때 입력 신호는 그림 (a)와 같은 구형파가 된다. 저주파에서 커패시터의 리액턴스($1/\omega C$)는 증가하므로 그림 9.28(b)의 등가 회로에서 분압비는 저항에 의해서 결정된다. 또, 고주파에서는 커패시터의 리액턴스가 감소하므로 커패시터가 감쇠비를 결정하게 된다. 이것은 다음과 같은 두 가지 영향을 일으킨다. 만약 용량비가 10 : 1 이하로 되면 고주파는 덜 감쇠되어 그림 9.30(b)에서와 같이 펄스 파형에는 오버슈트(overshoot)가 발생하고, 고주파 정현파에는 실제보다 진폭이 더 크게 된다. 이것을 과보상(過補償; over compensation)이라 한다. 한편 용량비가 10 : 1보다 커지면 고주파 부분의 감쇠가 커져, 그림 9.28(c)와 같이 구형파의 모퉁이 부분이 둥글게 되고, 고주파 정현파 신호의 감쇠가 과도하게 일어난다. 이것을 부족보상(不足補償; under compensation)이라 한다.

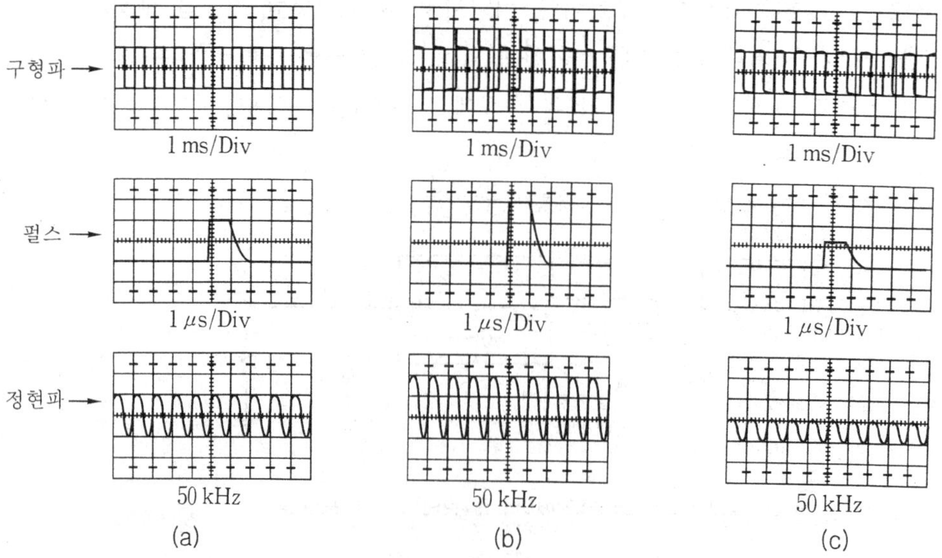

그림 9.30 감쇠기 보상 효과

(3) 능동 프로브

능동 프로브(active probe)는 전자 증폭기를 사용해서 프로브의 입력 저항을 증가시키고, 입력 용량을 최소화시킨다. 그림 9.31은 능동 프로브의 일례이다. 입력 단에는 전계 효과 트랜지스터(FET)가 사용되고, 이것은 소스 폴로워로 작용한다. FET 소스 폴로워의 이득은 1이고, 대표적인 입력 임피던스는 1 MΩ // 3.5 pF이다. 또한 10 MΩ 이상의 입력 임피던스도 가능하다. FET가 전압 프로브 팁에 위치되어야 접속 케이블의 정전 용량이 제거될 수 있다. 따라서 오실로스코프로부터 프로브 팁에 있는 FET에 전원이 공급되어야 한다.

FET 프로브의 심각한 단점은 FET 증폭기와 프로브 팁 사이에 신호 감쇠가 전혀 없기 때문에 FET 프로브가 처리할 수 있는 신호 전압 범위가 제약을 받는다는 것이다. 이것이 능동 프로브의 사용이 제약을 받는 이유이다.

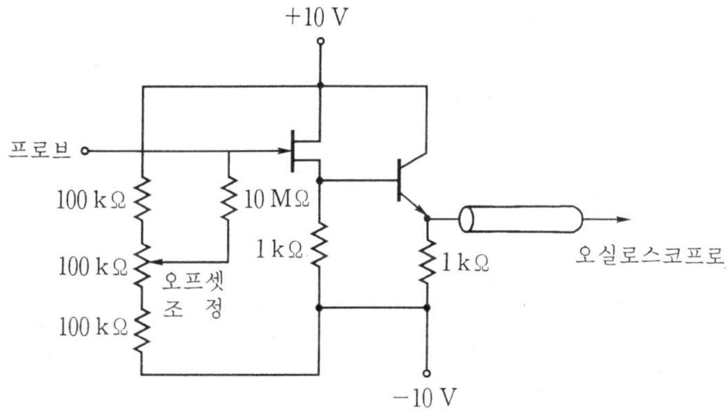

그림 9.31 FET와 트랜지스터를 사용한 능동 프로브

9.4 수평 편향 시스템

그림 9.32는 수평 편향 시스템을 나타낸 것으로, 트리거 회로(trigger circuit), 스위프 발진기(sweep generator), 수평 증폭기(horizontal amplifier)로 구성된다.

9.4.1 스위프 발진기

그림 9.10에서 설명한 바와 같이 수직 편향판에 인가된 입력 파형을 시간의 함수로 나타내기 위해서는 수평 편향판에 램프(톱니파) 전압을 인가하여야 한다. 이 톱니파 전압에 의해 형광면의 휘점은 왼쪽에서 오른쪽으로 일정 속도로 이동한 후, 다시 왼쪽

시점으로 되돌아와 다음 동작을 준비한다. 이와 같은 동작을 스위프(sweep) 또는 소인(掃引)이라고 부르며, 이때 수평 편향판에 가해지는 램프(톱니파) 전압을 스위프 전압(sweep voltage), 소인 전압(掃引電壓) 또는, 시간축 전압(time base voltage)이라고 한다.

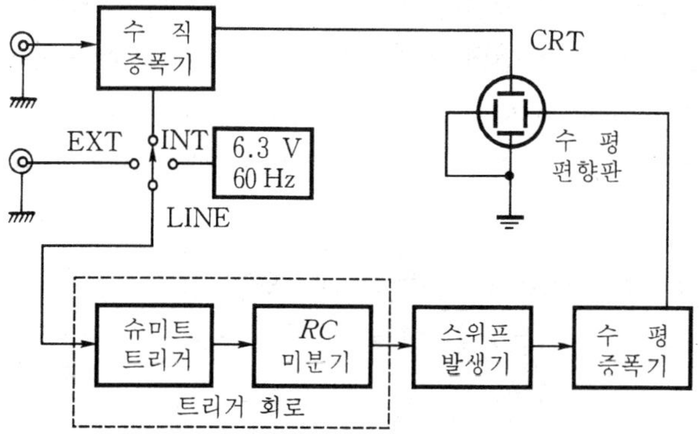

그림 9.32 수평 편향 시스템의 기본 구성

그림 9.33은 수평 편향판에 인가하는 톱니파 전압을 나타낸다. 이상적인 스위프 전압은 어떤 최소 전압(V_{min})으로부터 어떤 최대값(V_{max})까지 직선적으로 상승한 다음, 다시 원점으로 되돌아오는 것이다.

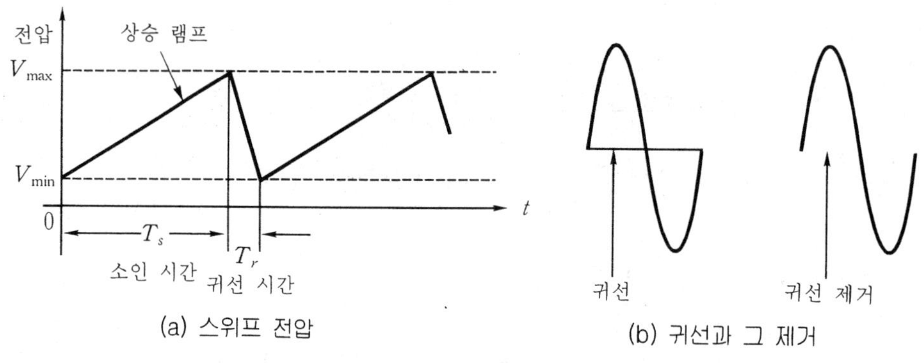

그림 9.33 수평축 편향판에 인가하는 스위프 전압

톱니파에서 직선적으로 상승하는 부분을 램프 전압(ramp voltage)이라 한다. 램프 전압이 V_{min}에서 V_{max}로 상승하는 데 걸리는 시간 T_s를 스위프 시간(sweep time)이라고 하며, 이 시간 동안 휘점은 형광면의 좌측에서 우측으로 스위프된다. 또, 스위프 전압이 최대값에서 최소값으로 돌아가는 데 걸리는 시간 T_r을 귀선 시간(歸線時間; retrace or flyback time)이라고 하며, 이 시간 동안 휘점은 형광면의 왼쪽 시점으로 되돌아온다. 이 귀선 시간 때문에 형광면에는 그림 (b)와 같이 귀선이라고 하는 불필요한 선이 나타난다. 이 귀선을 없애기 위하여 귀선 시간 동안 음극선관의 그리드에 (−)펄스를 가하여 전자빔의 방출을 억제하면 전자빔이 형광면에 도달하지 못하므로 귀선이 제거된다. 이때 그리드에 인가하는 (−)펄스를 블랭킹 펄스(blanking pulse)라고 한다(후에 다시 설명함).

스위프 전압을 발생시키는 회로를 스위프 발진기라고 하는데, 모든 스위프 발진기는 그림 9.34(a)에 나타낸 기본적인 *RC* 충전 회로의 변형이다. 먼저, t=0 이전에 트랜지스터 Q가 온(on) 상태에 있고, 커패시터 *C*의 양단 전압 v_o는 0이라고 가정하자. t=0에서 베이스 입력 전압 v_{in}이 0이면 Q가 오프(off) 상태로 되고, 커패시터는 충전되기 시작하여 출력 전압은 그림과 같이 지수 함수적으로 증가한다. 이때 출력 전압 v_o는 다음 식으로 주어진다.

$$v_o = \left(1 - e^{-\frac{t}{RC}}\right) V_{cc} \qquad \cdots (9.33)$$

여기서 *RC*는 충전 회로의 시정수이다. 위 식에서 커패시터 전압 v_o는 대단히 비직선적으로 변화하므로 그림 9.33과 같은 스위프 전압으로는 사용할 수 없다. 그래서 정전류원이 사용된다.

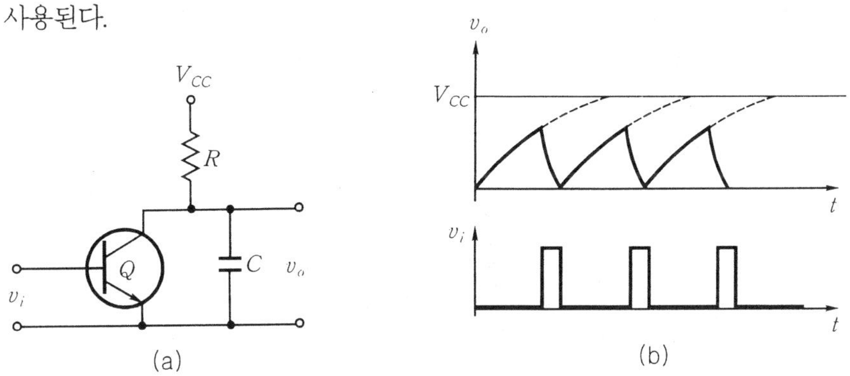

그림 9.34 간단한 톱니파 발생기

일반적으로, 커패시터에 흐르는 전류와 양단 전압 사이에는

$$v_o = \frac{1}{C}\int_0^t i\,dt \qquad \cdots (9.34)$$

의 관계가 있으므로, 만약 그림 9.35와 같이 정전류원(定電流原)으로 *C*를 충전시키면, 식 (9.34)는

$$v_o = \frac{I}{C}t \qquad \cdots (9.35)$$

로 되어, 전압이 시간 t에 따라 직선적으로 증가하는 선형 램프 전압이 얻어진다.

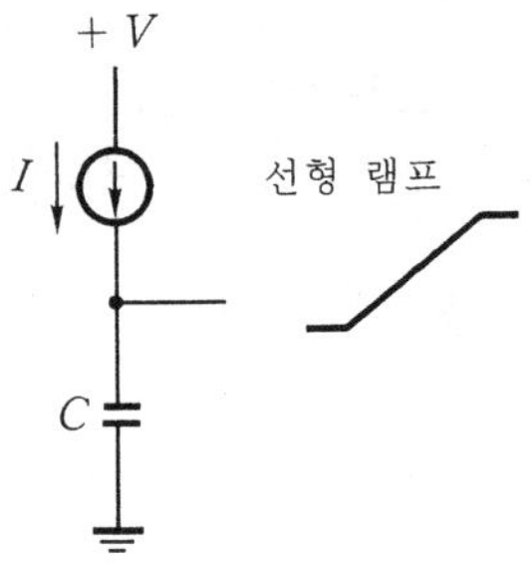

그림 9.35 정전류원과 커패시터를 이용한 선형 램프 전압 발생기

그림 9.36은 정전류원을 사용한 톱니파 발생 회로이다. 정전류원에 의한 전류는 V_{cc}/R이므로, 이것을 식 (9.35)에 대입하면, 램프 전압은

$$v_o = \frac{V_{cc}}{RC}t \qquad \cdots (9.36)$$

램프 전압의 주기는 충전 전류 I(즉, 저항 R)와 C의 값을 조정하여 변화시킬 수 있다. 실제의 스위프 회로에서 저항 R은 주파수의 연속적인 가변을 위해서 사용되고(전면 패널에 VARIABLE로 표시됨), 커패시터 C는 몇 개의 주파수 범위(전면 패널에 TIME / DIV로 표시됨)를 얻기 위해서 단계적으로 변화한다. 그림 9.36에서 저항 R은 R, $R/2$, $R/5$ 등으로, 커패시터 C는 C, $C/10$, $C/100$ 등으로 변한다.

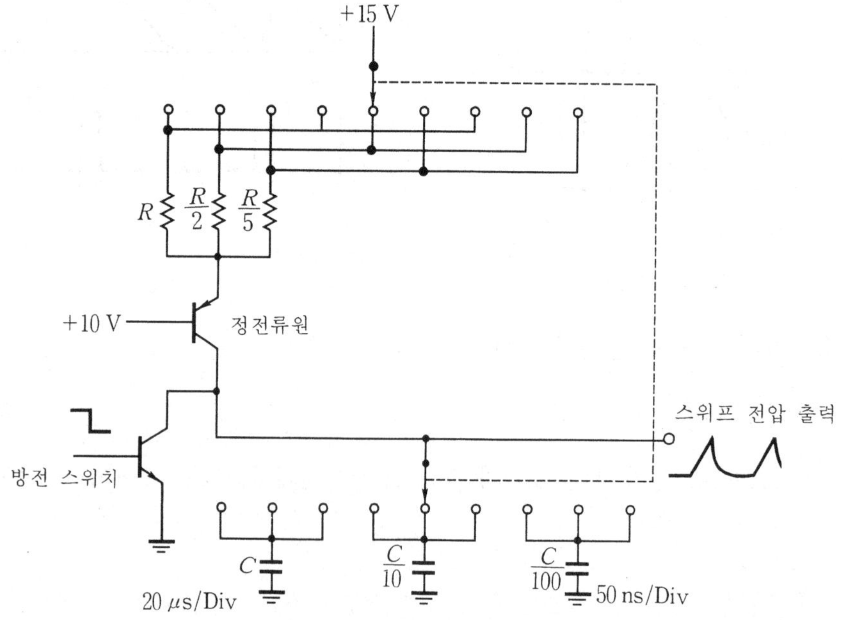

그림 9.36 오실로스코프의 스위프 전압 발생기

9.4.2 수직 입력과 스위프 신호의 동기화

오실로스코프의 스크린에 나타나는 파형을 정지시켜 관측하기 위해서는 수평 편향판에 가하는 스위프 전압(톱니파 전압)의 1주기마다 관측 전압과 완전히 동일한 파형이 스크린상의 같은 위치에 반복해서 나타나야 파형이 정지되어 보인다. 이를 위해서는 스위프 주파수가 관측 전압 주파수의 $1/n$이 되어야 하며(n은 정수), 이때 파형이 n개 나타난다. 예를 들어, 그림 9.37에서 스위프 전압의 주파수가 관측 전압 주파수와 같을 경우에는 (c)와 같이 1주기의 파형이 나타나고, 1/2인 경우에는 그림 (d)와 같이 2주기의 파형이 나타난다. 그러나 스위프 전압의 주파수가 조금이라도 어긋나면 그림 (b)와 같이 1주기마다 나타나는 파형의 위상이 어긋나기 때문에 파형은 스크린에서 옆으로 흐르게 되어 정지하지 않으므로 관측이 불가능하게 된다. 따라서 관측 파형을 정지시키기 위해서는 톱니파 전압의 주파수를 항상 관측 전압 주파수의 $1/n$로 유지시켜야 하며, 이를 동기화(同期化; synchronization)라 한다.

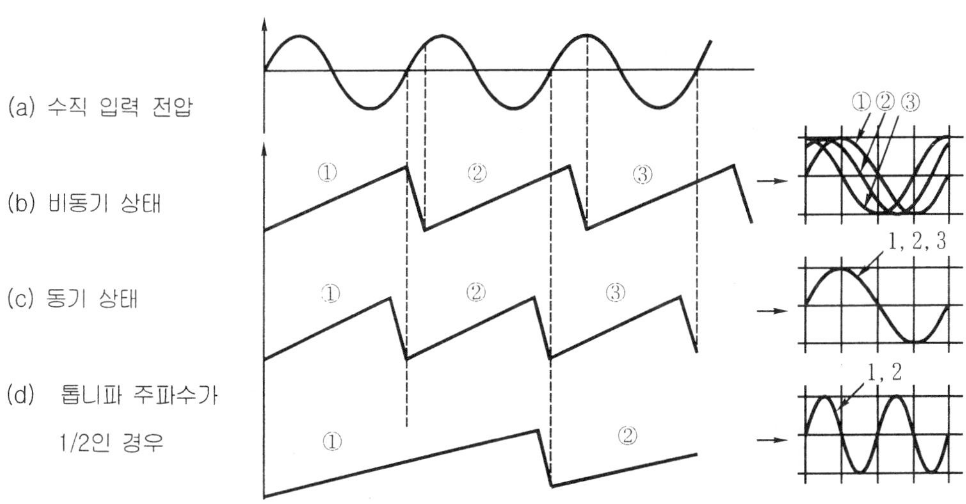

그림 9.37 수직 입력 전압과 톱니파 전압의 주파수 관계

입력 파형과 스위프 신호를 동기시키는 방법에는 자주형(自走形; free-running)과 트리거 스위프(triggered sweep) 방식이 있다.

초기의 오실로스코프에서는 간단한 RC 회로를 사용해 C의 연속적인 충방전으로부터 스위프 전압을 얻는 자주형이 주로 사용되었다. 이 방식에서는 스위프 전압 주파수를 관측 전압의 주파수에 강제적으로 동기시키기 때문에 입력 신호의 주파수나 진폭이 일정하지 않은 신호(목소리나 음악 신호 등)를 관측할 경우 동기를 유지하지 못하는 심각한 단점을 갖는다. 그래서 현재의 오실로스코프는 관측 전압이 가해지지 않을 때에는 스위프 작용을 하지 않고 있다가, 수직 입력에 관측 전압이 가해짐과 동시에 스위프를 시작하는 트리거 스위프(trigger sweep) 방식을 사용한다. 트리거 스위프 방식을 이용하면 측정 전압에 대하여 완전히 동기시킬 수 있으므로 펄스 파형이나 과도 현상 등 고속 전기 현상의 관측이 용이하게 된다.

그림 9.38은 트리거 스위프 방식을 채택한 오실로스코프의 스위프 발진기 회로를 나타낸다. 스위프 발생기는 램프 전압 발생기와 비반전 슈미트 트리거 회로로 구성된다. 램프 전압 발생기에 대해서는 이미 그림 9.36에서 설명하였다. 그림 9.38을 그림 9.36과 비교하면 정전류는 트랜지스터 Q_1과 주변 저항에 의해서 얻어진다. 트랜지스터의 컬렉터 전류와 이미터 전류는 거의 같으므로 정전류 I_1는 다음과 같이 된다.

$$I_1 \approx I_{E_1} = \frac{V_{B_1} - V_{BE}}{R_3} \qquad \cdots (9.37)$$

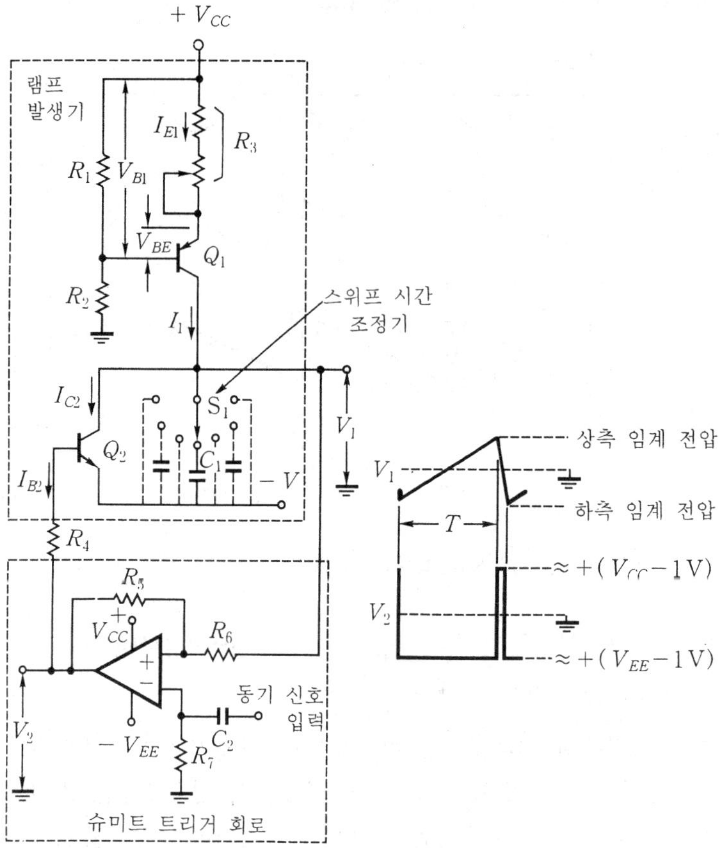

그림 9.38 스위프 발생기의 기본 회로

지금 트랜지스터 Q_2가 오프(off) 상태에 있다고 가정하면, 커패시터 C_1은 충전되기 시작하고 그 전압은 식 (9.36)으로부터

$$V_i = \frac{I_1}{C_1}t \qquad \cdots (9.38)$$

로 되어, 시간에 따라 직선적으로 증가한 램프 전압이 발생한다. 이 램프 전압은 저항 R_6를 통해 비반전 슈미트 트리거 회로의 (+)입력 단자에 들어가고, 슈미트 출력은 포화되어 그림과 같이 $(V_{cc}-1)$ V로 된다(슈미트 회로에 대해서는 그림 7.37 참조). 슈미트 트리거의 출력을 (+)로 포화시키는 입력 전압의 크기를 상측 임계 전압점(upper threshold voltage; UTV)이라고 부른다. 또 출력을 (−)로 포화시키는 입력 전압의 크기를 하측 임계 전압(lower threshold voltage; LTV)라고 부른다. 이 회로에서

$$\text{상측 임계 전압} : UTV \doteq +(V_{cc}-1)\frac{R_6}{R_5} \qquad \cdots (9.39)$$

$$\text{하측 임계 전압} : LTV \doteq -(V_{cc}-1)\frac{R_6}{R_5} \qquad \cdots (9.40)$$

로 된다. 슈미트 트리거 회로의 출력이 $(V_{cc}-1)$로 되면 I_{B2}가 흘러 트랜지스터 Q_2가 턴온하고, 이것이 C_1을 급속히 방전시켜 램프 전압 V_1은 급격히 하측 임계 전압(LTP)으로 떨어진다. 따라서 슈미트 트리거 회로의 출력 전압도 다시 $-(V_{cc}-1)$로 된다. 이때 Q_2가 턴오프되므로, 커패시터 C_1은 다시 충전된다. 이와 같은 과정이 반복되어 스위프 전압이 발생된다. 그러면 이 스위프 전압을 어떻게 수직 입력 신호에 동기를 시키는가를 살펴보자.

그림 9.39는 오실로스코프의 시간축 구성을 나타낸다. 트리거 회로는 그림에 나타낸 것과 같이 INT, EXT, LINE 등 세 개의 전압으로부터 입력을 받는다. 내부 동기(INT)는 수직 입력에 인가된 관측 전압의 일부를 수직 증폭기 회로에서 끄집어내어 이것을 동기 펄스로 사용하는 것으로, 일반의 파형 관측시 사용한다. 외부 동기(EXT)는 스위프 발진기가 외부로부터 별도의 동기 신호에 따라 동기화되는 것이다. 전원 동기(LINE)는 상용 전원의 일부가 스위프 발진기에 가해져 관측 신호가 전원의 상용 주파수 (60 Hz)에 동기되는 방식이다. 이것은 상용 전원의 주파수 신호나 그 고조파의 관측에 사용한다. 그림에서와 같이 트리거 선택기를 INT의 위치에 놓으면 수직 입력 신호의 일부(그림 ①)가 슈미트 트리거 회로에 들어가고, 미분기, 클리퍼를 거쳐 (−)트리거 펄스를 발생시켜 스위프 발진기에 가하면 톱니파 전압이 발생하여 스위프를 시작한다.

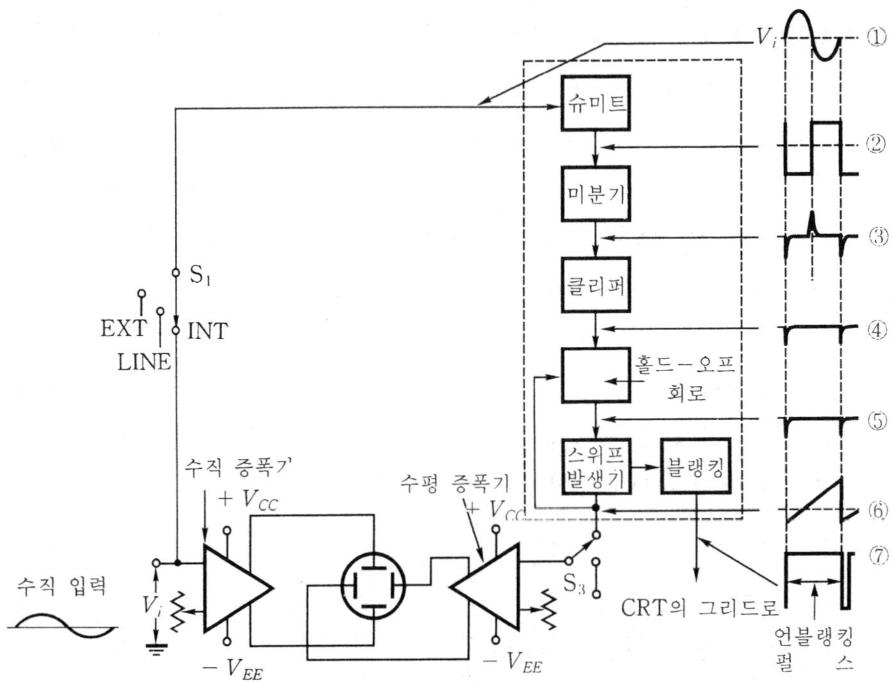

그림 9.39 오실로스코프의 자동 시간축 회로 구성

예를 들어, 그림과 같이 정현파 전압이 수직 입력에 인가되고 동기 선택기가 INT 위치에 있다고 가정하자. 정현파 수직 입력은 수직 증폭기에 의해서 증폭되어 수직 편향판에 들어가고, 일부는 (그림 ①) 트리거 회로에 입력된다. 반전 슈미트 트리거 (inverting Schmitt trigger)는 7장에서 설명한 바와 같이 입력 파형과 위상이 반대인 구형파(그림 ②)를 출력하고, 이것이 *RC* 미분기에 의해 미분되어 그림 ③과 같은 스파이크 (spike) 전압이 얻어진다. 다음 클리퍼 (clipper) 회로를 이용해 (+)스파이크를 제거하고 (−)스파이크만 통과시킨다(그림 ④). 이 (−)스파이크는 수직 입력 ①의 매사이클이 시작하는 점과 일치한다. 이 (−)스파이크가 그림 9.38에서 설명한 스위프 발진기의 동기 입력 단자 (sync input)에 인가되면 C_2를 경유해서 op amp의 (−)단자에 들어간다. 지금 적분기 출력인 램프 전압이 그림 9.40과 같이 슈미트의 상측 임계 전압에 접근하고 있는 경우를 생각해 보자. 입력 전압의 또 다른 사이클이 시작되기 전에는 상측 임계 전압 (UTV)에 도달하지 못한다고 가정하자. op amp의 (−)단자에 (−)스파이크가 입력되면 반전 단자는 접지 레벨 이하로 되고, 또 (+)단자 전압보다 작으므로 지금 비반전 단자는 반전 단자에 대해 (+)전위로 된다. 따라서 슈미트 출력이 빠르게 (+)로 포화되어 Q_2가 턴온한다. 그리고 램프 전압은 급격히 슈미트의 하측 임계 전압(LTV)으로 떨어진다. 이와 같이 스위프 전압은 입력 정현파에 동기되고 스크린에는 정지된 1주기의 정현파가 나타난다. 만약 2주기의 정현파를 관측하는 경우에는 홀드- 오프(hold-off) 회로를 사용해 (−)스파이크를 제거하여 그림 9.40(b)와 같이 스위프 전압을 정현파의 2주기에 동기시키면 된다.

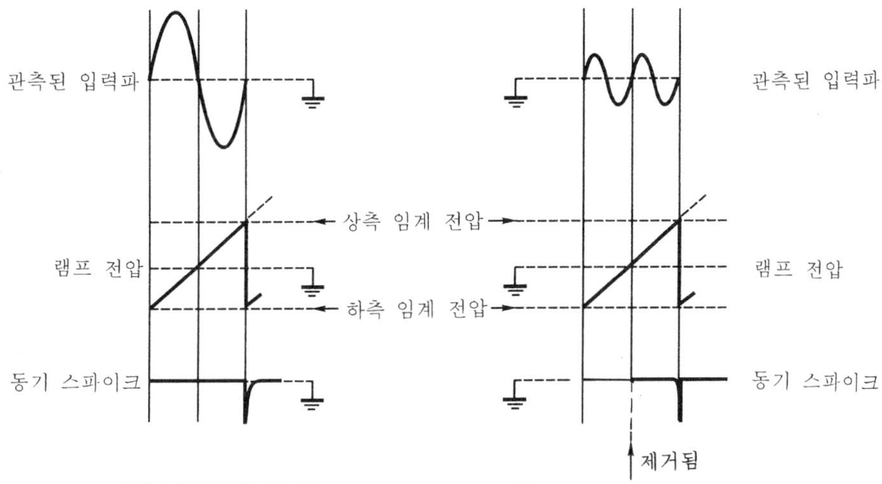

(a) 1사이클의 동기화 (b) 2사이클의 동기화

그림 9.40 자동 시간축의 동기화 과정

9.4.3 수평 증폭기

스위프 발진기에서 출력된 램프 전압의 진폭은 매우 작기 때문에 수평 증폭기를 사용해 수평 편향에 요구되는 레벨까지 증폭한다. 또, 수평 증폭기는 오실로스코프가 X-Y 모드에서 사용될 때 수평 입력 단자에 인가되는 신호 전압을 증폭한다.

수평 증폭기에 요구되는 이득 대역폭 적(gain × bandwidth) 특성은 수직 증폭기보다 덜 엄격하다. 즉, 수직 증폭기는 진폭이 작고 상승 시간이 빠른 신호를 다루는 반면 수평 증폭기는 상당히 큰 진폭과 상승 시간이 비교적 느린 스위프 신호를 증폭하게 된다. 그러나 오실로스코프의 수평 편향 감도는 수직 편향 감도보다 더 작기 때문에 수평 증폭기의 이득은 수직 증폭기의 이득보다 훨씬 더 크다. 그림 9.41은 기본적인 수평 증폭기의 구성도이며, 수직 증폭기와 마찬가지로 최종단은 푸시- 풀 증폭기로 구성된다. 증폭기 첫 단은 스위프 발진기로부터 받은 신호를 두 균형된 출력 신호로 만들어 푸시–풀 출력 증폭기에 인가한다. 푸시–풀 출력 증폭기는 (+)로 상승하는 램프 전압(positive-going ramp)과 (−)로 상승하는 램프 전압(negative-going ramp)을 발생 증폭시켜 두 램프 전압을 동시에 오실로스코프의 수평 편향판에 가한다.

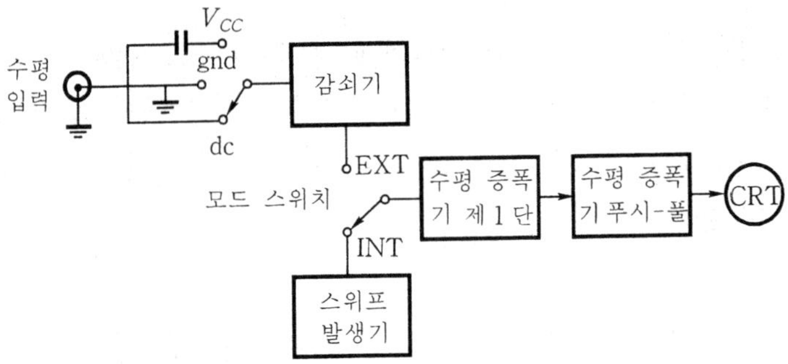

그림 9.41 수평 증폭기의 구성

9.5 2현상 오실로스코프

하나의 CRT 스크린에 두 개의 입력 파형을 동시에 나타내면 두 입력 신호 사이의 파형, 위상, 전압 등의 차이를 쉽게 관측할 수 있다. 이를 2현상(二現象) 오실로스코프(dual-trace oscilloscope) 또는 다현상(多現象) 오실로스코프(multi-trace oscilloscope)라고 부른다. 2현상 오실로스코프를 실현하는 방법에는 CRT 내에 2개의 전자총을 갖는 이중빔(dual-beam) 방식과 1개의 전자총을 전자 스위치로 절환하는 방식이 있으며, 일반적으로 후자가 사용되고 있다.

9.5.1 전자 스위치를 이용하는 방법

이 방법은 2개의 입력 신호를 전자 스위치(electronic switch)로 절환하여 하나의 전자총을 가진 CRT 형광면에 두 입력 신호 파형을 교대로 나타내는 방법이다. 절환 속도가 빠르면 두 개의 파형을 동시에 관측할 수 있다. 그림 9.42는 이 방식의 회로이다. 그림에서 A, B 두 수직 입력 신호는 전자 스위치에 의해서 수직 증폭기의 입력 단자에 교대로 접속된다. 전자 스위치 방식에는 교번 방식(交番方式; alternate mode)과 절단 방식(切斷方式; chopped mode)이 있다.

전자 스위치가 ALTER 모드에 있으면 전자 스위치는 수직 증폭기를 입력 A, B에 교대로 연결한다. 전자 스위치의 스위칭 율(switching rate)을 스위프 율(sweep rate)에 동기시키면 그림 43(b)와 같이 형광면에는 첫 번째 스위프에서는 입력 A의 신호 파형이, 다음 스위프에서는 입력 B의 신호 파형이 나타난다. A, B 두 수직 증폭기는 각각 별개의 입력 감쇠기와 수직 위치 조정기를 가지고 있기 때문에 두 입력 신호의 진폭과 위치를 개별적으로 조정할 수 있다. 이 동작 방식에서는 스위프 속도가 대단히 빠른 경우에 특히 유용하다.

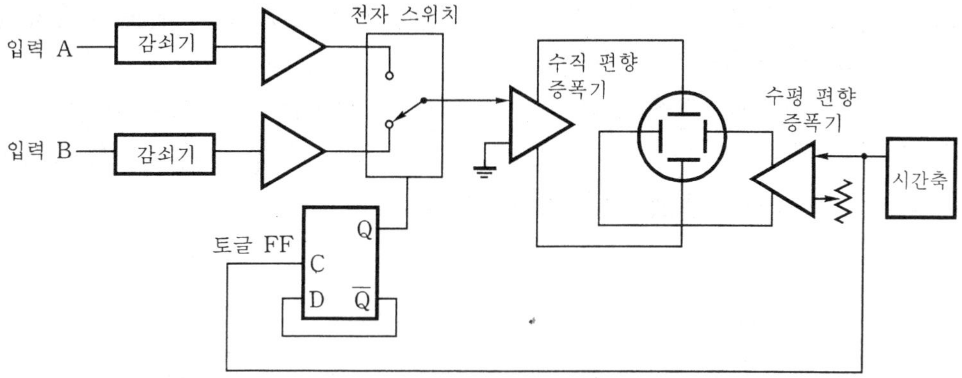

그림 9.42 전자 스위치를 사용한 2현상 오실로스코프의 기본 구성도

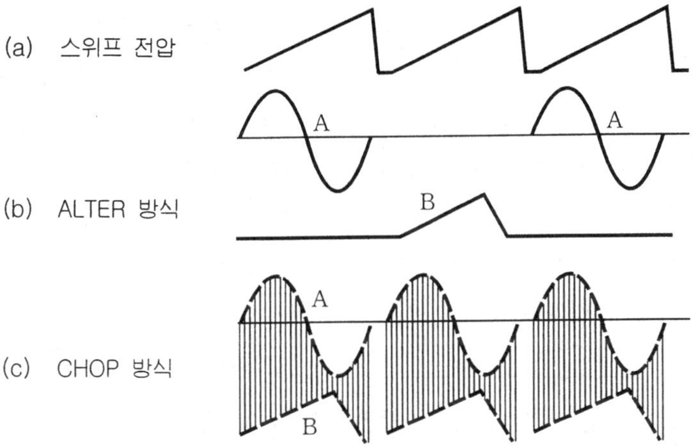

그림 9.43 전자 스위치 방식의 오실로스코프 동작

한편, CHOP 모드에서는 전자 스위치로 비안정 멀티바이브레이터를 사용하여 A, B 입력 파형의 미소 부분을 주수직 증폭기에 빠른 속도로 교대로 접속시킨다. 절단 주파수(chopping frequency)는 입력 신호 주파수보다 훨씬 높아야 하며, 20 kHz~1 MHz 범위에서 선택된다. 스위치의 절단 주파수가 500 kHz 정도로 빠르면 각 입력 파형의 1 μs 부분이 음극선관에 입력된다. 절단율이 수평 스위프 율보다 훨씬 더 빠르다면 본래의 A, B 입력 파형을 스크린에 재구성한다. 전환율과 스위프 율이 비슷하면 A, B의 입력 파형은 잘게 절단된 부분으로 구성되어 불연속적으로 보인다. 따라서 이 경우에는 ALTER 방식을 사용하는 것이 더 좋다. 그림 9.43(c)는 절단 방식의 동작을 나타낸 것이다.

이상 설명한 두 가지 방식 외에 다른 전자 스위치 선택 모드에는 Add, X-Y 동작 모드가 있다. Add 위치에서는 A, B 입력 신호가 대수적으로 합성되어 단일 파형으로 형광면에 나타난다. 극성 반전 스위치가 두 채널에 사용된다면 A+B, A−B, B−A, −A−B 등과 같이 합성된 파형을 나타낼 수 있다.

X-Y 동작 모드에서는 스위프 발진기가 분리되고, 채널 B는 수평 증폭기에 접속된다. A 및 B 채널의 증폭기는 동일하며, 또한 같은 지연 시간을 갖기 때문에 정확한 X-Y 측정이 가능하다. X-Y 측정에 대해서는 9.10.3절을 참조하라.

9.5.2 2중 빔 음극선관을 이용하는 방법

그림 9.44와 같이 하나의 음극선관 내에 2개의 전자총을 가진 2중 빔 음극선관(dual-beam CRT)을 사용하여 동시에 두 현상을 관측할 수 있는 오실로스코프를 2중 빔 오실로스코프라 한다. 그림 9.44(b)는 2중 빔 오실로스코프의 구성도를 나다낸 것으로, 두 개의 수직 증폭기와 두 개의 수직 편향판 및 한 개의 수평 편향판으로 구성된다. 스위프 회로는 하나밖에 없으며 2개의 수직 입력 신호를 동일 톱니파 전압으로 스위프하도록 되어 다. 스위프 발진기는 두 입력 A, B로부터 내부적으로 트리거될 수도 있고, 또는 외부 트리거 신호 및 전원으로부터 트리거될 수 있다. 2중 빔 오실로스코프는 전자 스위치를 사용한 2현상 오실로스코프만큼 다양한 동작 모드를 갖지는 못하지만, 서로 매우 다른 입력 신호를 동시에 관측하는 이상적이다.

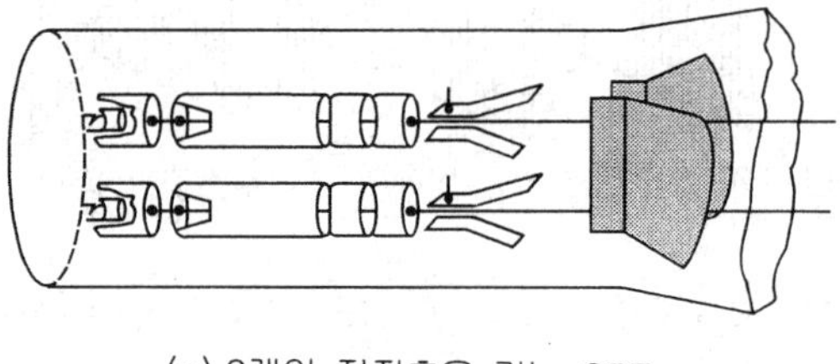

(a) 2개의 전자총을 갖는 CRT

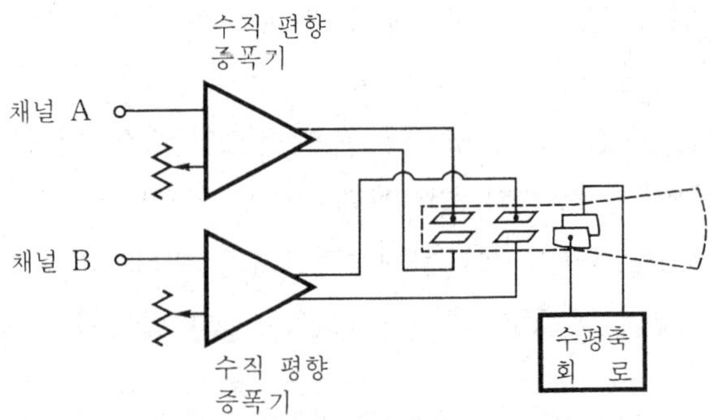

(b) 2중 빔 OSC의 편향 시스템

그림 9.44 2개의 전자총을 갖는 2현상 오실로스코프의 구성도

9.6 지연 스위프

대부분의 실험실용 오실로스코프는 보통의 스위프 동작을 하는 시간축 (time base A)과 지연 스위프 (delayed sweep)를 하는 지연 시간축 (delayed time base; time base B)을 갖는다. 지금까지 설명한 보통의 시간축에서는 수직 입력 신호가 들어오면 입력 파형의 선단에서 트리거 펄스가 발생하여 스위프가 시작된다. 한편, 입력 파형 중 임의의 부분만을 확대하여 자세히 관측해야 될 경우에는 지연 스위프 (delayed sweep)를 사용한다. 이것의 원리는 관측하고 싶은 부분의 파형이 도달할 때까지 스위프 동작을 지연시키는 것이다. 예를 들면, 그림 9.45에서 입력 펄스의 t_x 부분만을 확대해서 관측하고자 할 때 입력 펄스의 선단에서 지연 회로를 트리거하여 시간 t_d만큼 지연시킨 후 시간축을 트리거 하면 그림과 같이 t_x 부분이 스크린 전체로 확대되어 나타나므로 파형을 자세히 관측할 수 있다.

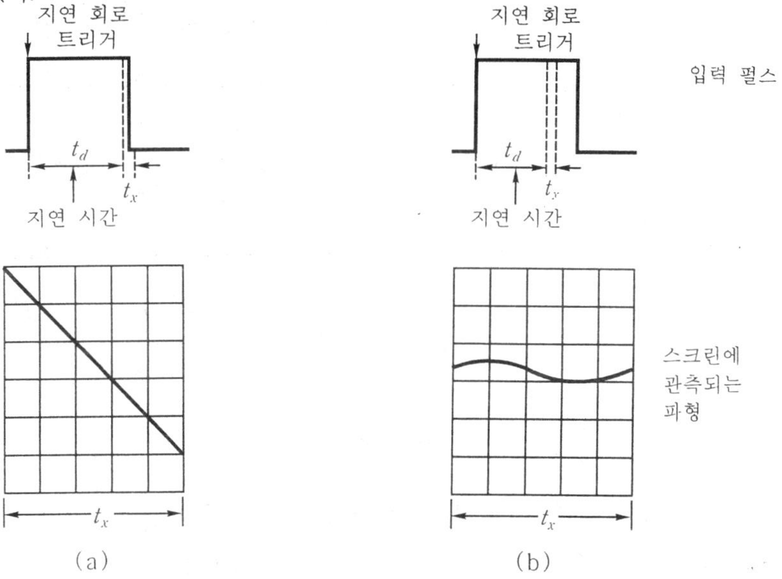

그림 9.45 지연 스위프를 사용한 파형 확대

그림 9.46은 지연 시간축 회로의 구성을, 그림 9.47은 그 동작 상태를 보이고 있다.

그림 9.47(a)와 같은 신호 전압 파형이 수직 증폭기에 가해졌다고 가정하자. 그림 9.46에서 스위치 S를 ⓐ측으로 하면 보통의 스위프 상태로 된다. 그림 9.39에서 설명한 바와 같이, 보통의 시간축에서는 트리거 정형 회로에 의해 그림 9.47(b)와 같은 트리거 펄스가 만들어지고, 이것이 스위프 발생기를 트리거하여 그림 (c)의 톱니파(램프) 전압을 발생시킨다. 이렇게 하면 입력 파형과 톱니파 전압이 동기되어 CRT 스크린에는 우측의 원 안에 나타낸 것과 같이 입력 신호 전압의 전체 파형이 관측된다.

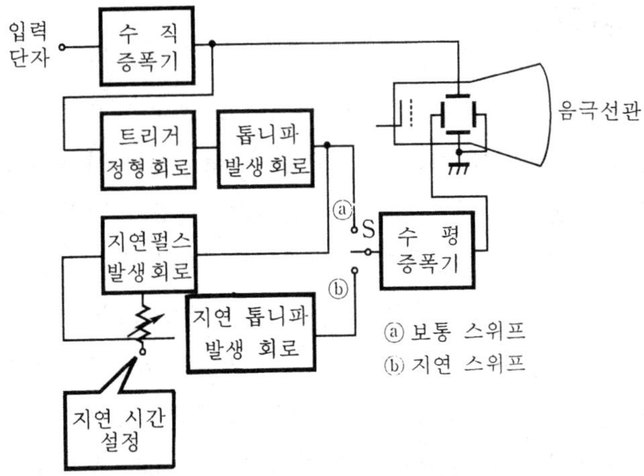

그림 9.46 지연 스위프를 갖는 오실로스코프의 시간축 회로의 구성

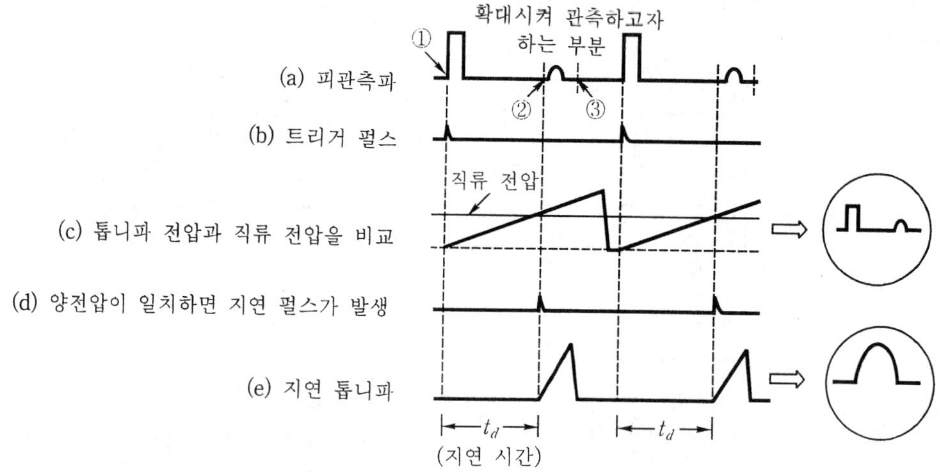

그림 9.47 지연 스위프 회로의 동작

이제, 그림 9.47(a)의 ②~③ 부분만을 확대하여 자세히 관측하고자 할 경우 지연 스위프 회로가 어떻게 동작하는지를 살펴보자. 스위치 S를 ⓑ의 위치로 놓으면 보통 시간축(time base A)의 톱니파(램프) 발생 회로에서 발생된 톱니파(램프) 전압(c)은 지연 시간축(time base B)의 지연 펄스 발생 회로에 들어간다. 지연 펄스 발생 회로는 그림 9.48과 같이 전압 비교기로 되어 있다. 비교기는 보통 시간축으로부터 공급되는 선형 램프 전압과 지연 시간 설정용 전위차계로부터 나오는 직류 전압을 비교하여 두 전압이 일치했을 때(그림 9.47(c)) 그림 (d)와 같은 지연 펄스를 발생시킨다. 다음에, 이 지연 펄스를 사용해 지연 톱니파 발생 회로를 트리거하여 그림 (e)와 같이 시간 t_d만큼 지연된 톱니파(램프) 전압을 발생시키고, 이것으로 스위프시키면 스크린에는 입력 신호 파형의 일부분(②~③)을 확대시킨 파형이 나타난다.

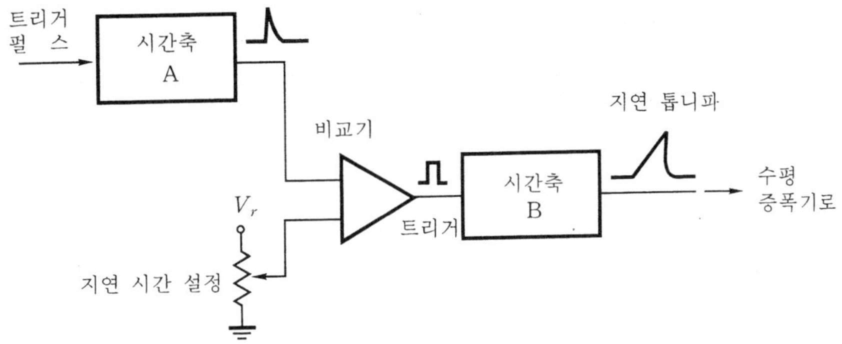

그림 9.48 지연 스위프 회로의 구성

이상 설명한 지연 스위프만 사용하면 입력 신호 파형 중 확대시킨 일부분만 스크린에 나타나고 나머지 부분은 상실되기 때문에 관측하고자 하는 일부 파형과 함께 입력 신호 파형 전체가 스크린에 나타나도록 할 필요가 있다. 이것은 지연 시간축에 언블랭킹 회로(unblancking circuit)를 설치하고 지연 램프 시간 동안에만 언블랭킹 펄스를 발생시켜 지연 시간(t_d) 후 나타나는 파형의 일부분을 밝게 함으로써 가능하다.

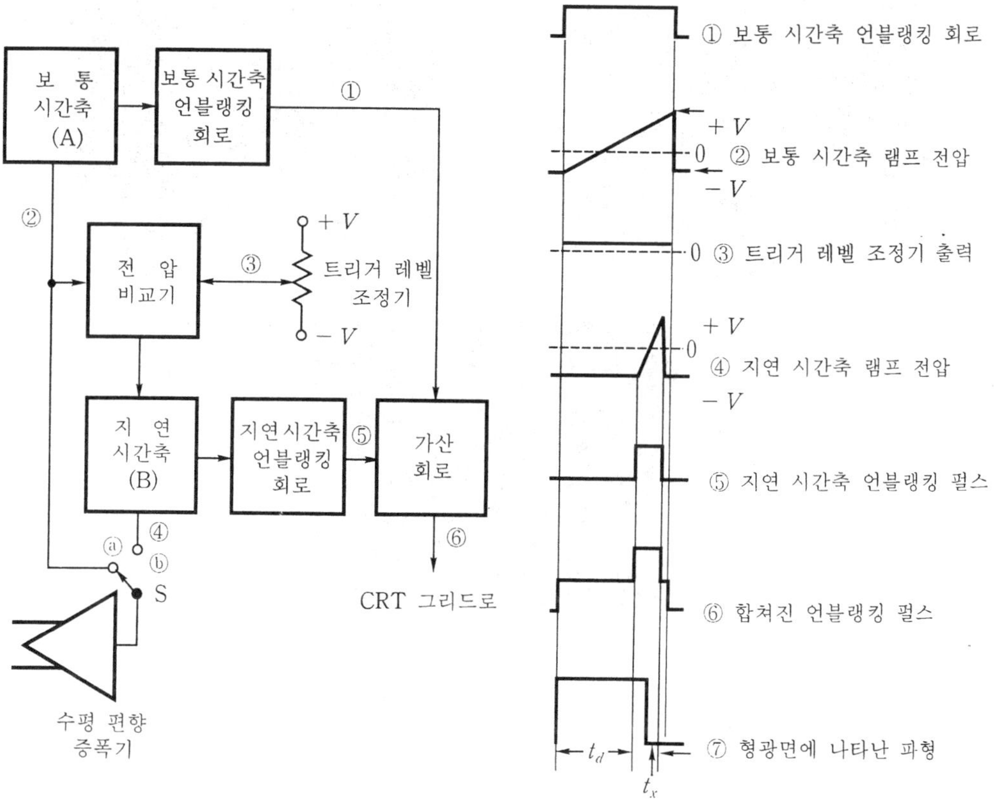

그림 9.49 확대하고자 하는 파형을 밝게 하는 시간축 구성

그림 9.49는 이 과정을 나타낸다. 보통 시간축의 언블랭킹 펄스 ①과 지연 회로의 언블랭킹 펄스 ⑤를 가산 회로(summing circuit)에 인가하여 두 펄스를 합친다(⑥). 보통 시간축 언블랭킹 펄스 ①이 단독으로 CRT의 그리드에 인가될 때는 스크린에 나타나는 파형의 밝기가 균일하다. 그러나 두 언블랭킹 펄스가 합쳐진 펄스 ⑥이 CRT의 그리드에 인가되면 그리드 전압은 지연 램프 시간(t_x) 동안 2배로 되어 CRT의 전자빔 밀도가 증가하기 때문에 이 시간(t_x) 동안 스크린에 나타나는 파형의 일부분만 밝게 된다.

그림 9.50은 지연 스위프를 사용해서 정현파를 관측한 예이다. 그림 (a)는 정현파 입력 신호를 나타낸 것이며, 밝게 나타난 부분이 지연 회로에 의해서 설정된 부분이다. 지연 시간 t_d는 전위차계에 의해서 변화시킬 수 있기 때문에 파형의 밝은 부분을 원하는 위치로 이동시킬 수 있다. 밝은 부분을 확대하면 그림 (b)와 같이 되어 그림 (a)의 경우보다 파형의 특성을 훨씬 상세히 관측할 수 있다. 그림 (c)는 (a), (b) 파형을 동시에 나타낸 것이다. 지연 스위프는 파형 일부를 확대해서 관측할 때 매우 편리한 기능이지만, 모든 오실로스코프가 지연 스위프 기능을 갖고 있지는 않다.

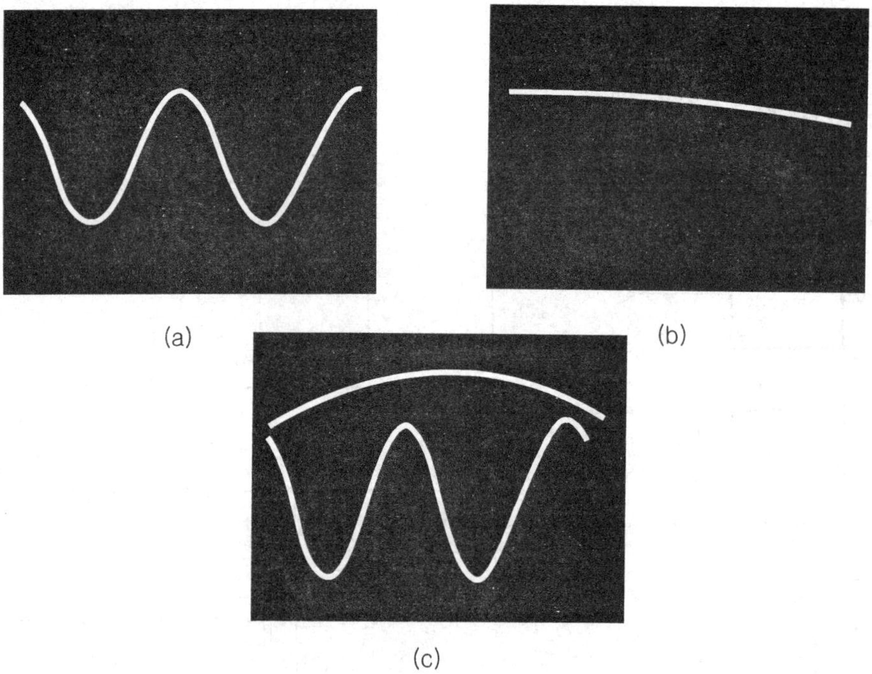

그림 9.50 지연 스위프를 사용한 파형 관측

9.7 샘플링 오실로스코프

일반 오실로스코프로 관측할 수 있는 피관측 전압의 주파수는 증폭기의 이득-대역폭 관계와 음극선관의 특성에 의해서 정해지며 최고 300~400 MHz 정도이다. 이것보다 더 높은 주파수에서는 전자빔의 기록 속도가 너무 빨라 형광면에 나타나는 파형이 희미해져 관측이 어려워진다. 충분한 밝기를 얻기 위해서는 전자빔이 더 높은 속도로 가속되어 더 큰 운동 에너지를 가지고 형광면에 충돌해야 한다. 전자빔의 속도는 가속 양극 전압(V_a)을 높이면 쉽게 증가되지만, 그 대신에 고속의 전자빔을 편향시키기 위해서는 더 큰 편향 전압(V_d)이 요구되어 수직 증폭기에 상당한 부담이 된다. 이러한 문제점을 해결하고, 오실로스코프의 고주파 특성을 향상시킨 것이 샘플링 오실로스코프(sampling oscilloscope)이다.

샘플링 오실로스코프에서는 샘플링에 의해 주파수를 압축하여 고속 반복 파형을 저속 반복 파형으로 변화한 후 통상의 오실로스코프로 파형을 나타내는 장치이다. 이렇게 함으로써 10 GHz 이상의 반복 파형을 관측할 수 있다.

9.7.1 파형 샘플링

샘플링 오실로스코프에서는 고주파 입력 파형의 각 주기에서 진폭 샘플을 취해 저주파 파형으로 재구성한다. 그림 9.51은 파형 샘플링의 원리를 나타낸 것이다. 그림 (a)와 같이 주파수 f Hz의 입력 신호가 들어오면 입력 신호에 동기된 샘플링 펄스(sampling pulse) (b)에 의해 입력 파형의 일부를 샘플링한다. 이때 사용되는 회로는 그림 (f)와 같이 고속으로 동작하는 반도체 스위칭 소자를 사용한다. 주기 $T_s (= T_h + \Delta T$, $\Delta T = T_h/n)$로 짧은 시간 동안 스위치를 턴온(on)시켜 그 순간의 입력 파형의 값을 샘플링하여 커패시터에 충전 전압으로 그림 (c)와 같이 기억시킨다. 샘플링된 출력은 그림 (c)와 같은 펄스가 되지만, 이것을 평활하게 하면 그림 (c)의 점선으로 나타낸 파형이 얻어진다. 이것은 그림 (a)의 입력 신호 파형과 서로 비슷한 저주파로 되고, 이것의 주기 T_l은

$$T_l = nT_s = n(T_h + T_h/n) = (n+1)T_h \qquad \cdots (9.41)$$

즉, 주파수 f인 입력 신호를 파형이 서로 유사하고 주파수가 f_l인 저주파 신호로 변환할 수 있다. 이것이 샘플링 변환의 원리이다. 또, 샘플링할 때에는 입력 신호의 매회 파형에서 샘플링할 필요는 없고, 그림 (d), (e)와 같이 m개마다 조금씩 샘플링하여도 좋다.

이 경우 주기 관계는

$$T_l = nT_s = n(mT_h + \Delta T) = n(mT_h + T_h/n) = (mn+1)T_h \approx mnT_h \qquad \cdots (9.42)$$

로 되어, 샘플링 출력의 저주파 주기는 본래 파형의 mn배로 된다.

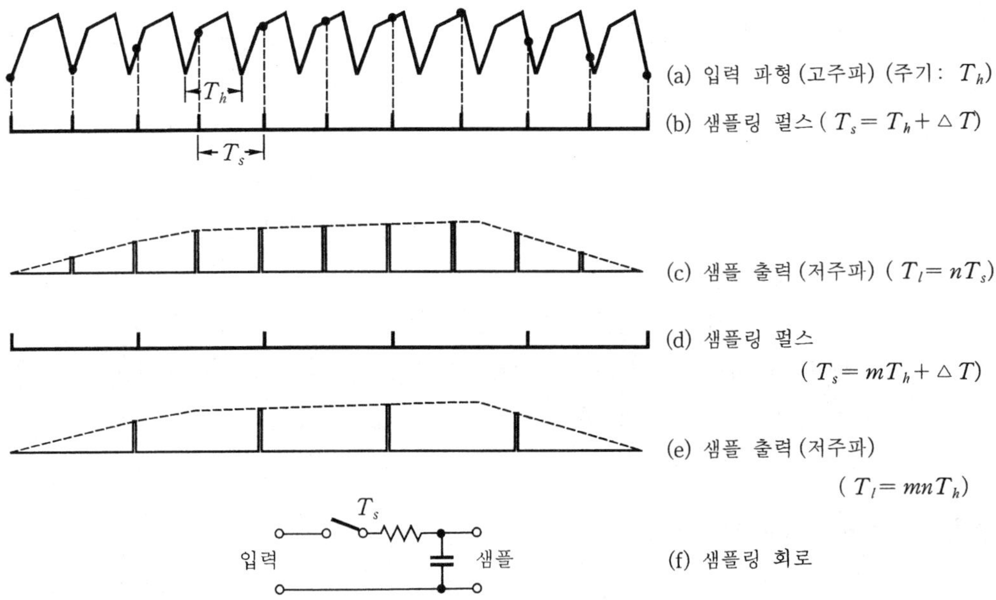

그림 9.51 샘플링 오실로스코프의 원리

이 방식을 이용하면 입력 단자의 샘플링 회로에서는 초고주파 회로로 되지만, 샘플링한 후의 회로는 1 MHz 정도의 주파수 대역을 가지는 증폭기로도 충분하기 때문에 입력 감도도 좋고, 관측 가능한 주파수 범위도 직류에서 10 GHz 이상으로까지 확대된다. 이 방식의 단점은 순수 주기 파형만 관측이 가능한 점이다. 따라서 과도 파형은 관측이 불가능하다.

〔**예제** 9.5〕 그림 9.52는 입력 고주파 정현파를 샘플링하는 예로서, 고주파의 10사이클을 나타낸 것이다. 고주파 입력의 주기가 $T = 0.01\,\mu$s일 때 샘플링한 저주파의 주파수를 구하라. 또, 샘플링 주기를 100 T로 하면 어떻게 되는가?

〔**풀이**〕 입력 주파수는 $f = 1/0.01\,\mu s = 100$ MHz이다. 샘플링한 저주파수는 $f_2 = 100$ MHz / 10 = 10 MHz가 된다. 또, 샘플링 주기를 100 T로 하면 주파수 f_2는 1 MHz로 된다.

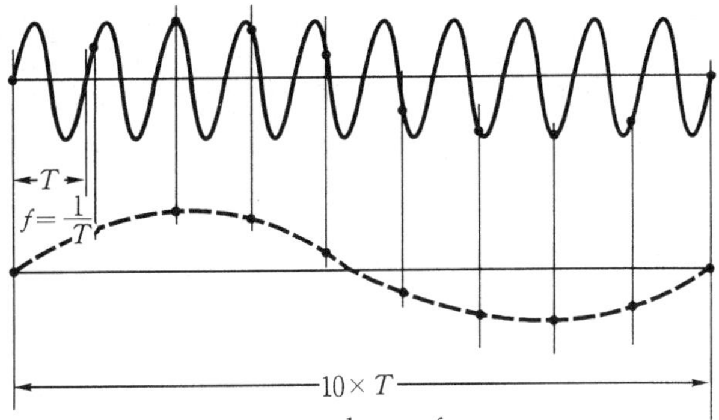

$$f_2=\frac{1}{10T}=\frac{f}{10}$$

그림 9.52

9.7.2 동작 원리

샘플링 오실로스코프의 기본 구성도와 각부의 파형을 나타내면 그림 9.53과 같다. CRT에서 전자빔을 수평 편향시키기 위해서 보통의 오실로스코프에서는 톱니파(램프) 전압을 사용하였으나 샘플링 오실로스코프에서는 그림 ⓑ와 같은 계단파 전압(staircase voltage)을 사용한다. 계단파 발생기(staircase generator)의 출력 ⓑ는 (−)레벨($-V$)에서 (+)레벨($+V$)까지 계단 모양으로 증가하는 전압이고, 이 계단파 전압은 스위프 주기 끝에서 다시 초기 레벨($-V$)로 되돌아간다.

한편, 램프 발생기(ramp generator)는 계단파 발생기로부터 나오는 펄스 신호 ⓐ에 의해 트리거되어 계단파 전압이 레벨을 바꿀 때마다 램프 출력(ⓒ)을 발생시킨다. 계단파 전압은 CRT의 수평 편향 증폭기와 전압 비교기(voltage comparator)에 동시에 인가된다. 비교기는 계단파 전압 ⓑ와 램프 발생기의 출력 ⓒ를 비교하여 램프 전압의 순시 레벨이 계단파 전압과 같을 때마다 진폭이 짧은 펄스 ⓓ를 발생시킨다. 이 샘플링 펄스가 샘플링 게이트를 턴온하여 고주파 입력 파형 ⓔ의 순시 진폭을 샘플링한다. 샘플링한 후 다음 샘플링을 취할 때까지 샘플링 게이트는 출력 레벨 ⓕ를 일정하게 유지한다. 또한 비교기의 펄스 출력은 CRT의 그리드에 언블랭킹 펄스(unblanking pulse)로 가해진다. 이것은 음극에서 방출된 전자빔을 짧은 시간 동안 그리드를 통과시켜 CRT의 형광면에 점이 나타나도록 한다.

이제, 고주파 입력 전압 ⓔ를 어떻게 저주파 파형으로 변환하여 형광면에 점으로 나타내는지를 알아보자. 위에서 설명한 바와 같이, 입력 고주파는 샘플링되어 저주파 계단 전압 ⓕ로 변환되고, 이 계단파는 CRT의 수직 편향 증폭기에 인가된다. 반면, 계단파 발생기로부터 출력된 계단파 ⓑ는 CRT의 수평 편향 증폭기에 인가된다. CRT의 그리드는 (−)로 바이어스 되어 있기 때문에, 어떠한 파형도 형광면에 나타나지 않으나, 첫 번째 언블랭킹 펄스가 CRT의 그리드에 인가될 때마다 형광면에는 광점이 나타난다. 각 광점의 위치는 수평 및 수직 편향판에 인가된 전압과 CRT의 편향 감도에 의해서 결정된다. 첫 번째 언블랭킹 펄스(ⓓ에서 ①)가 발생하였을 때 수직 편향 전압(즉, 샘플링된 전압)은 +2 V (ⓕ에서 첫 번째), 수평 편향 전압(계단파 전압)은 −3 V (ⓑ에서 첫 번째)이다. CRT의 수직 편향 감도를 0.5 cm/V, 수평 편향 감도를 1 cm/V라고 가정하면 전자빔은 중심선으로부터 수직으로 2 V × 0.5 cm/V = 1 cm, 중심으로부터 왼쪽으로 3 V × 1 cm/V = 3 cm만큼 편향된다. 이 점이 그림 9.54에서 광점 1에 해당된다. 두 번째 언블랭킹 펄스(그림 ⓓ에서 ②)에서 수직 및 수평 편향 전압은 각각 +5 V, −1 V이고, 따라서 다음 광점은 중심으로부터 수직으로 2.5 cm, 왼쪽으로 −1 cm에 위치한다. 이와 같은 과정을 반복하면 그림 9.54와 같이 점으로 구성되는 정현 파형이 얻어진다.

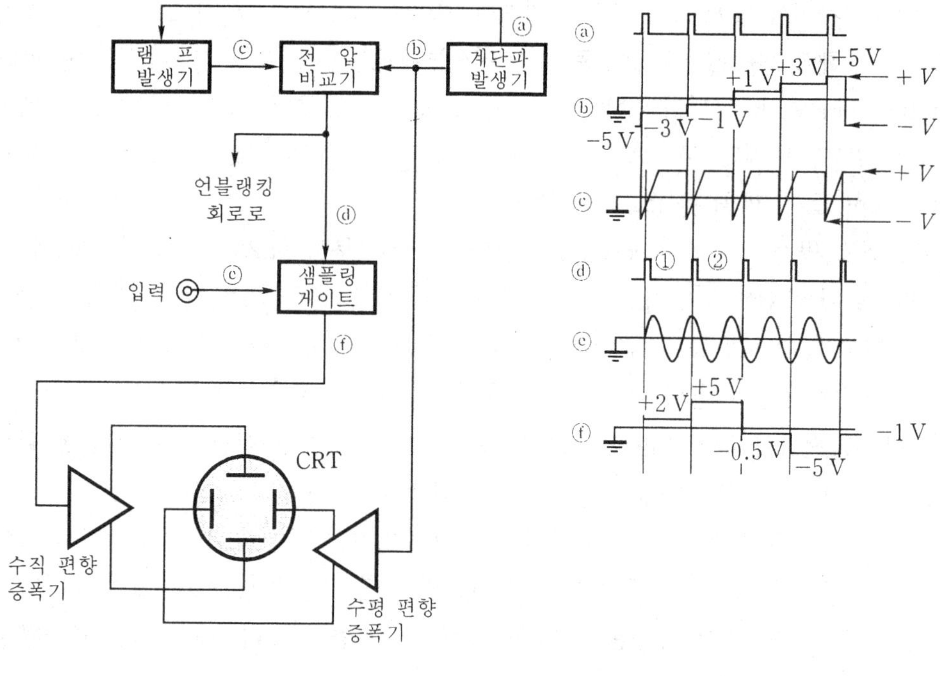

그림 9.53 샘플링 오실로스코프 구성도와 각부 파형

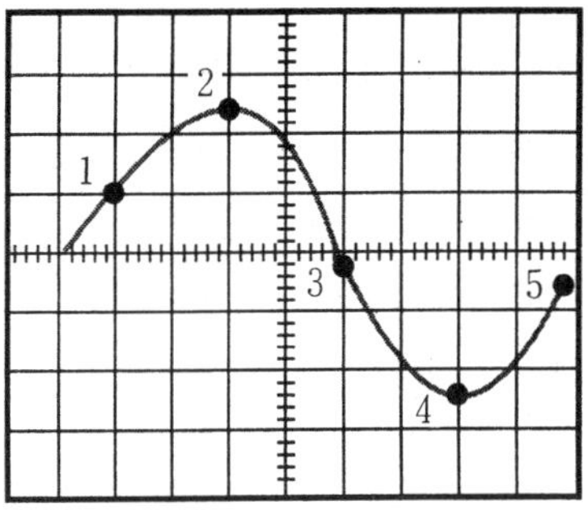

그림 9.54 샘플링 오실로스코프에 의해 만들어진 입력 파형
(5개의 점으로 구성되어 있다.)

9.7.3 확대 모드 동작

샘플링 오실로스코프가 확대 모드(expanded mode)에서 동작하면 9.6절에서 설명한 일반 오실로스코프의 지연 시간축(delayed time base)과 유사한 결과가 얻어진다. 그림 9.55(a)는 근사적인 구형파 입력 신호를 점으로 나타낸 것이다. 파형은 16개의 점(16개의 진폭 샘플)으로 구성되어 있기 때문에 신호는 16번 샘플되었다. 이를 위해서는 그림 9.55(a)에서 계단파 시간축은 16계단을 가져야 한다.

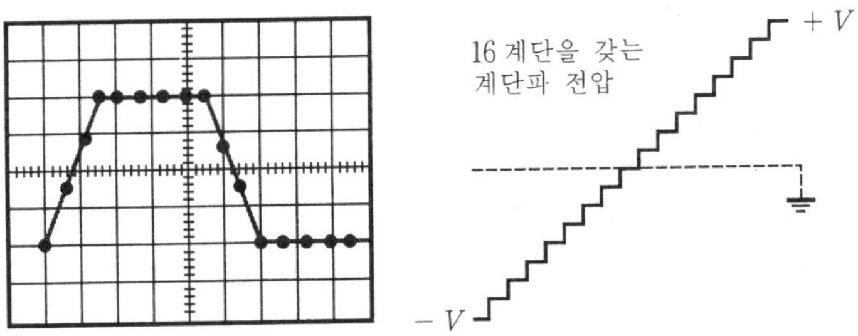

(a) 입력 신호의 1사이클을 나타냄

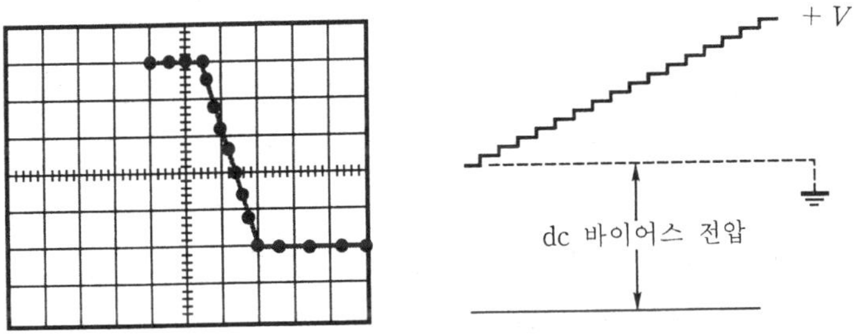

(b) 입력 신호의 반사이클을 나타냄

그림 9.55 확장 모드에서 동작하는 샘플링 오실로스코프

지금 그림 (b)와 같이 시간축을 조정하여 16개의 더 작은 계단으로 구성하고, 이것을 dc 바이어스 전압에 중첩시켰다고 가정하자. 이렇게 하면 입력 신호의 후반부에서만 16번의 진폭 샘플이 취해진다. 따라서 입력 신호의 후반부만이 오실로스코프에 나타난다. 오실로스코프의 수평 편향 감도를 증가시켜 이 부분을 스크린 전체로 확대하면 입력 파형을 훨씬 자세히 관찰할 수 있다.

9.8 아날로그 스토리지 오실로스코프

9.4절에서 설명한 바와 같이 보통의 오실로스코프 형광면에 사용되는 형광체는 수 ms 동안 발광하는데, 이를 잔광 시간(persistence)이라고 한다. 잔광 시간이 짧더라도 대부분의 파형을 관측하는 데에는 문제가 없다. 그러나 통상의 오실로스코프를 가지고는 과도 현상(過度現象; transient)이나 단발 현상(單發現象; single-shot signals; 단 한 번만 나타나는 비주기성 파형) 등을 관측할 수 없으며, 스토리지 오실로스코프(storage oscilloscope; 축적형 오실로스코프라고도 함)라고 하는 특수 오실로스코프가 사용되고 있으며, 스토리지 오실로스코프에는 아날로그와 디지털 스토리지 오실로스코프가 있다. 여기서는 먼저 아날로그 스토리지 오실로스코프를 설명한다.

아날로그 스토리지 오실로스코프는 스토리지 음극선관(또는 축적형 음극선관; storage CRT)이라고 하는 특수한 CRT에 입력 파형을 제한된 시간 동안 축적시킨다.

9.8.1 쌍안정 스토리지 CRT

그림 9.56(a)는 쌍안정 스토리지 음극선관(bistable storage CRT)의 기본 구조를 나타낸다. 형광체 축적층(螢光體蓄積層; phosphor storage layer)은 두 개의 안정 상태(stable state)를 가지며 수시간 동안 전자를 유지할 수 있는 특수 형광체를 코팅한 것이다. 이 형광체는 어느 임계치 이상의 전자빔에 닿으면 2차 전자를 방출(secondary emission)하며, 형광체 입자 사이의 절연 저항이 매우 높은 형광체이다. 2차 전자 방출이란 높은 에너지를 가진 전자가 어떤 물질에 충돌하였을 때 또 다른 전자들이 방출되는 현상을 말한다. 투명한 금속막(metal film)이 축적층과 CRT 유리 사이에 위치한다. 이 금속막은 접지에 대해 +1～+3 V의 전위를 가진다.

기록총(記錄銃; write gun)은 통상의 오실로스코프와 마찬가지로 가속 및 편향 전극으로 구성된다. 또, 2개의 읽기총(flood gun)은 낮은 에너지를 가진 전자를 방출하는 단순한 캐소드이다. 콜리메이터(collimator)는 CRT 주위에 설치된 금속 필름이다. 케소드는 접지되고 콜리메이터는 접지 전위이거나 약간 (+)전위를 가진다.

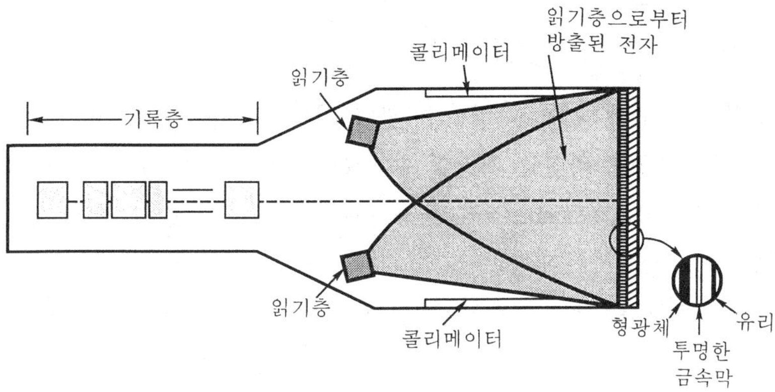

그림 9.56 쌍안정 스토리지 오실로스코프

입력 신호가 없으면 읽기총(flood gun)에서 방출된 전자들은 금속막의 (+)전위에 의해서 끌려와 그림과 같이 스크린 전체를 꽉 채운다. 그러나 이 전자들의 에너지는 작기 때문에 형광체는 이 전자들로부터 아무런 영향을 받지 않는다. 이 전자들은 형광체를 통과하지 못하고, 콜리메이터에 의해서 수집되어 제거되므로 스크린에는 아무런 파형도 나타나지 않는다.

지금 아주 짧은 시간 동안 입력 신호를 CRT에 인가하는 경우를 생각해 보자. 기록총(write gun)으로부터 방출되는 고속의 전자빔이 충분한 에너지를 가지고 형광체에 충돌하면 형광체는 2차 전자를 방출한다. 방출된 2차 전자는 콜리메이터에 의해서 수집되고, 2차 전자가 방출된 형광체의 각 점은 전자를 잃었기 때문에 (+)로 대전된다. 따라서 형광체 축적층에 형성된 (+)전하들로 이루어지는 모양은 입력 파형의 모양과 동일하다. 이 형광체는 높은 절연 저항을 가지고 있으므로, 전하의 누설이 거의 없어 수시간 동안도 (+)전하 궤적을 유지할 수 있다.

이제, 기록총이 턴오프(off)되고 읽기총(flood gun)이 턴온(on)되었다고 하면 읽기총으로부터 방출된 낮은 에너지의 전자들은 축적층에 형성된 (+)전하에 의해 끌려오고, 축적층을 통과하여 더 (+)전위인 투명 금속막에 의해 수집된다. 이들 전자가 축적층을 통과할 때 형광체가 계속 빛을 방출하여 기록총에 의해서 만들어진 입력 파형이 CRT 스크린에 나타난다. 따라서 단 한 번만 발생하는 과도 파형도 계속 스크린에 남아 있게 된다. 파형을 스크린에서 소거하려면 투명 금속막을 (−)전압으로 한다. 이렇게 하면 읽기총이 방출한 전자들은 반발되어 투명 금속막에 도달하지 못하고 축적층으로 되돌아가 (+)전하를 중화시켜 주위와 동일한 전위로 만들기 때문에 축적되었던 입력 파형은 소거된다.

쌍안정 스토리지 오실로스코프의 특징은 구조가 간단하고 가격이 저렴하나, 단지 하나의 휘도만으로 파형을 나타내며, 형광막을 소손시키기 쉬운 단점이 있다.

9.8.2 가변 지속 시간 CRT

그림 9.57은 스크린에 기록된 입력 파형의 지속 시간을 변화시킬 수 있고(variable-persistence), 여러 휘도로 파형을 저장할 수 있는 스토리지 CRT의 구조이다. 이와 같은 CRT를 가변 지속 시간(variable-persistence 또는 halftone storage) 또는 메시-스토리지(mesh-storage) CRT라고 부른다.

쌍안정 스토리지 CRT와는 달리 미세한 선의 스토리지 메시(storage mesh)와 컬렉터 메시(collector mesh)가 있고, 또 제어 그리드가 읽기총(flood gun) 앞에 온다. 유전체 축적층은 그림과 같이 스토리지 메시의 안쪽 면에 코팅되어 있다. 스토리지 메시는 0 ~ −10 V 사이에서 동작하고, 컬렉터 메시의 전위는 약 +100 V이다. 기록총과 스크린은 보통의 오실로스코프와 유사하다. 기록총은 높은 (−)전압(대표적으로 −5 kV)에서 동작하고 잘 집속된 고에너지의 전자빔을 방출한다. CRT 형광면은 높은 (+)전위를 가지며, 보통의 CRT 스크린과 같이 지속 시간이 짧다. 지금, 입력 신호가 들어오면 기록총에서 방출된 높은 에너지의 전자빔은 미세 구조의 컬렉터 메시를 통과한 후 축적층(유전체)에 충돌하여 2차 전자를 방출시킨다. 따라서 유전체 축적층에는 입력 파형과 동일한 모양의 (+)전하 궤적을 만든다. 이 (+)전하 궤적은 장시간 유지된다.

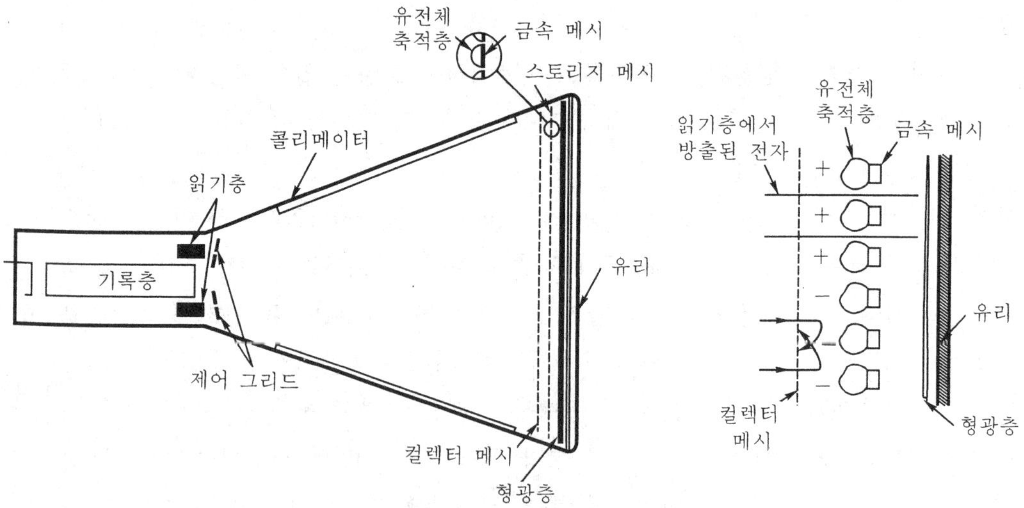

그림 9.57 가변 지속 시간 스토리지 오실로스코프

이제, 기록총을 오프하고 읽기총(flood gun)을 턴온하면 여기서 방출되는 저에너지 전자들은 컬렉터 메시에 의해서 끌려온다. 그러나 이 전자들의 대부분은 스토리지 메시에 인가된 작은 (−)전압(−10 V 이하) 때문에 (+)전하가 있는 영역을 제외한 모든 축적층으로부터 반발되어 형광면에 도달하지 못한다. 스토리지 메시를 통과 못한 낮은 에너지 전자들과 방출된 2차 전자들은 (+)전위인 컬렉터 메시로 다시 끌려간다. 그러나 낮은 에너지 전자의 일부는 2차 전자 방출에 의해 만들어진 (+)영역을 통과하고, 이 전자들은 형광면에 인가된 (+)고전압에 의해 가속되어 CRT 형광면에 입력 파형을 만든다.

CRT 형광체의 지속 시간은 짧지만, 스토리지 층에 형성된 (+)전하는 오랫동안 유지되므로 (+)영역을 통과하는 저에너지 전자는 계속해서 형광면에 도달하므로 입력 파형은 오랫동안 CRT 스크린에 나타난다.

축적된 파형을 소거하기 위해서는 순간적으로 스토리지 메시를 컬렉터 메시와 같은 (+)전위에 접속하여 전 스크린을 밝게 하여 모든 파형을 제거한다.

파형 지속 시간은 축적된 파형을 서서히 지움으로써 변화시킬 수 있다. 즉, 주기적인 (−)펄스(−4∼−11 V)를 스토리지 메시에 인가하여 (+)전하 영역을 방전시킨다. 이 펄스의 주파수는 보통 1200 Hz로 일정하지만 펄스 폭은 연속적으로 가변시킬 수 있다. 펄스 폭이 작을수록 지속 시간은 길어지고, 펄스 폭이 클수록 스토리지 층이 더욱 빠르게 방전하므로 지속 시간은 짧아진다. 펄스 폭은 전면 패널에 PERSISTENCE 조정기에 의해서 조정된다. 또한 펄스 폭을 일정하게 하고 주파수를 증감시켜 지속 시간을 짧게 하거나 길게 할 수 있다.

측정 파형의 휘도는 스크린에 충돌하는 낮은 에너지 전자의 수와 에너지에 의존한다. 이것은 읽기총(flood gun)의 제어 그리드에 (−)전압을 인가하여 조정하는데, (−)전압이 높으면 읽기총에서 방출되는 전자를 완전히 차단하고, 그리드 전압이 0이면 전자 방출은 최대로 된다.

가변 지속 스토리지 오실로스코프의 특징은 표시 화상의 휘도를 연속적으로 조정할 수 있고, 축적 전하의 보유 기간이 1시간에서 1주일까지 가능하다. 또, 매우 저속의 주기 신호(10 ms/div)를 정지시킬 수 있어 매우 느린 스위프 속도를 요구하는 스펙트럼 분석기나 의료 진단용 CRT에도 유용하게 사용된다.

9.9 디지털 오실로스코프

9.8절에서 설명한 바와 같이 아날로그 스토리지 오실로스코프는 입력 파형을 특수 CRT에 저장한다. 디지털 스토리지 오실로스코프(digital storage oscilloscope; DSO)는 파형

기억 장치와 오실로스코프 기능을 일체화한 것이다. 그림 9.58은 디지털 스토리지 오실로스코프의 기본 구성도이다. 아날로그 입력 신호는 아날로그–디지털 변환기(ADC)에 의해 디지털로 변환되어 메모리에 저장된다. 메모리 회로의 출력 단에 있는 디지털–아날로그 변환기(DAC)는 디지털 양을 아날로그 전압으로 다시 변환하여 수직 증폭기에 가하면 증폭기 출력은 CRT 수직 편향판을 구동시킨다. 메모리는 초당 여러 번 스캔되므로 CRT 스크린은 메모리에 저장된 데이터에 의해서 계속 리프레시(refresh)된다.

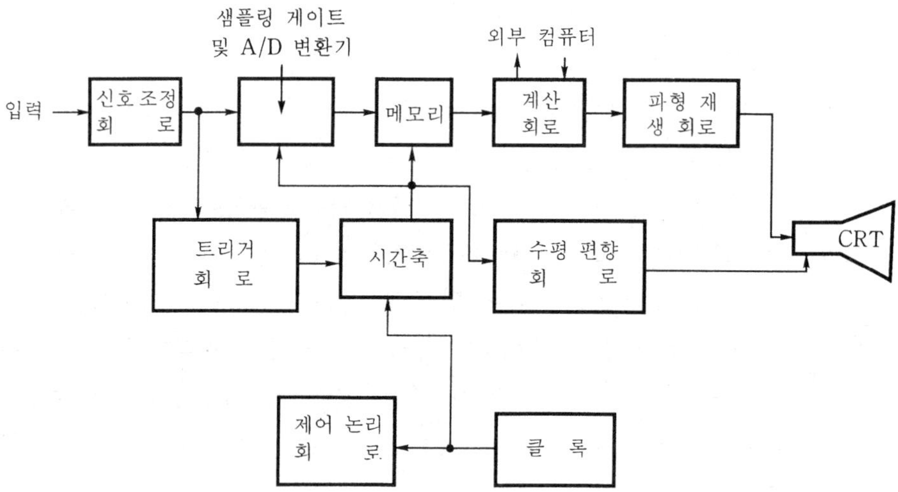

그림 9.58 디지털 오실로스코프의 구성도

9.9.1 디지털 샘플링

디지털 오실로스코프에서 입력 파형은 그림 9.59와 같이 일정 간격으로 샘플링되고, 각 샘플은 아날로그–디지털 변환기(ADC)에 의해서 디지털 형태로 변환된다. 이 디지털화된 샘플은 다시 부호화된다. 각 샘플에서 점선은 펄스가 없는 것이고, 실선은 펄스가 존재함을 의미한다. 이 두 펄스를 조합하여 아날로그 샘플의 크기를 나타낸다. 4개의 펄스가 존재하는 1111 상태는 입력 파형의 최대 진폭을 나타낸다. 1111은 아날로그 15에 대응하는 디지털 양이므로, 0001 상태는 최대 진폭의 1/15을 나타낸다. 마찬가지로, 0100은 최대 진폭의 4/15, 1101은 최대 진폭의 13/15을 의미한다.

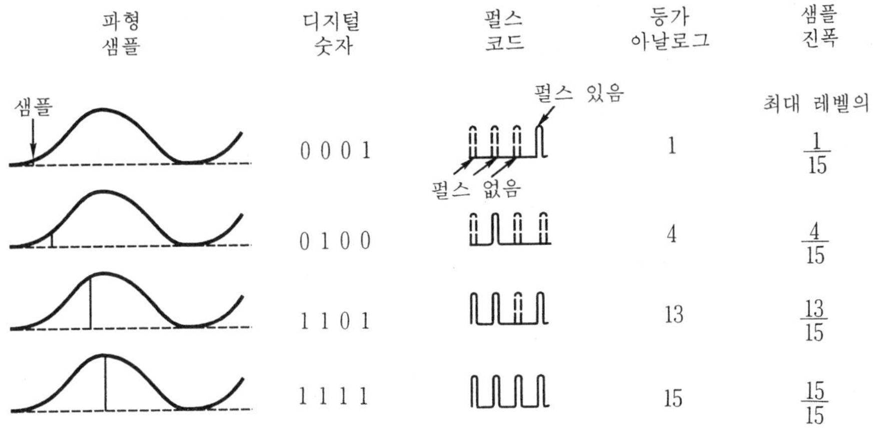

그림 9.59 디지털 샘플링

9.9.2 디지털 오실로스코프의 기본 동작

DSO의 기본적인 샘플링 및 저장 시스템을 나타내면 그림 9.60과 같다. 정현파 입력 신호 ⓐ가 인가되면 시간축은 원하는 샘플링 주파수를 갖는 펄스 신호 ⓑ를 발생시킨다. 각 펄스는 샘플링 게이트와 ADC를 짧은 기간 동안만 스위치 온(on)시킨다. 샘플링 게이트는 입력 신호 ⓐ를 샘플링하여 일련의 아날로그 샘플 ⓒ를 발생시킨다. ADC는 각 샘플을 부호화된 펄스 그룹 ⓓ, 즉 디지털 데이터로 변환시킨다. 이 디지털 데이터는 반도체 메모리로 들어가 순차적으로 저장된다.

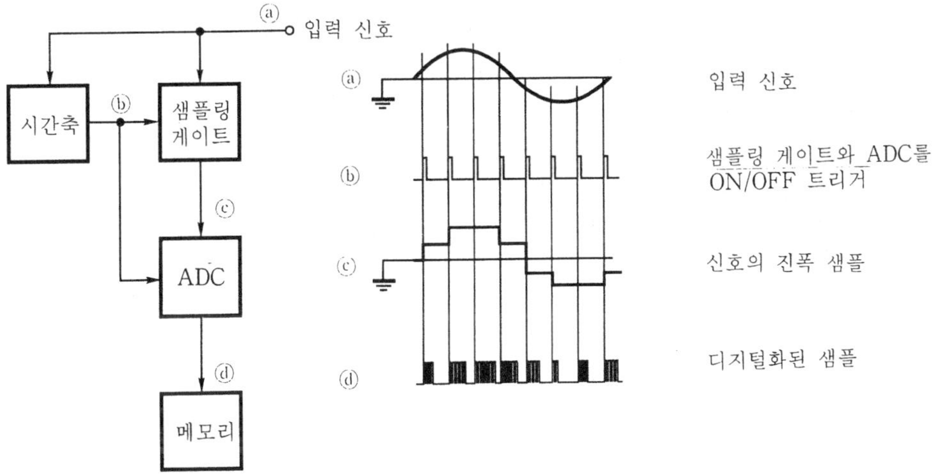

그림 9.60 디지털 오실로스코프의 샘플링 및 저장 시스템

그림 9.61은 저장된 정보로부터 본래의 신호 파형을 복원하는 시스템을 나타낸다. DAC는 시간축으로부터 발생된 펄스 ⓐ에 의해서 트리거 되며, 각 디지털 샘플을 아날로그 계단 전압 ⓒ로 변환하여 CRT의 수직 편향 증폭기에 가한다. 시간축 전압 ⓑ를 수평 편향 증폭기에 가하면 스코프의 형광면에는 저장되었던 파형이 ⓓ와 같이 점으로 재생된다. 이렇게 하면 단발 현상의 기록, 관측도 가능하다.

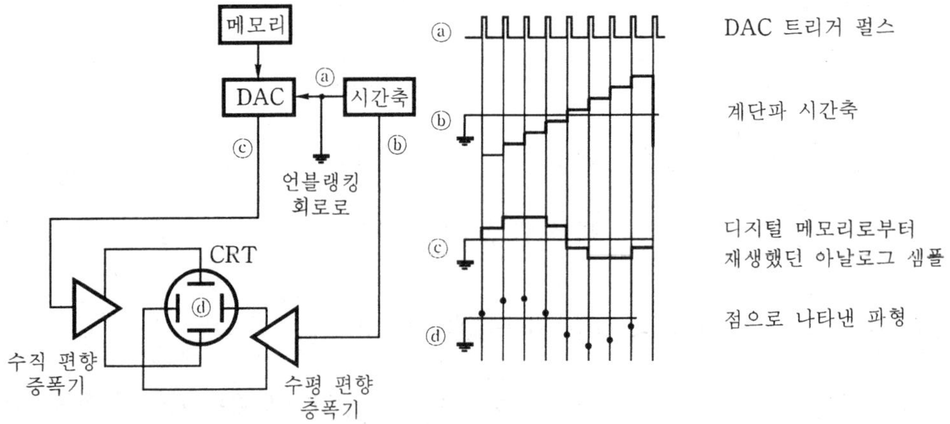

그림 9.61 저장된 데이터로부터 본래의 신호 파형을 복원하는 시스템

9.9.3 디지털 메모리 및 분해능

디지털 샘플을 저장하는 메모리는 수많은 SR-FF로 구성된다. 그림 9.62는 8개의 FF로 구성된 메모리를 나타낸다. 이 8비트 메모리는 아날로그 샘플의 255 레벨까지 나타낼 수 있기 때문에, 각 샘플에 대한 파형의 순간 전압 레벨을 1/255의 분해능(0.4 %이상)을 갖고 기록한다. 분해능은 측정의 정밀도와 관련되기 때문에 대부분의 디지털 오실로스코프는 8비트 분해능으로 샘플링한다. 즉, 1개의 샘플링한 값은 8비트를 1 word로 한 디지털 신호로 변환된다.

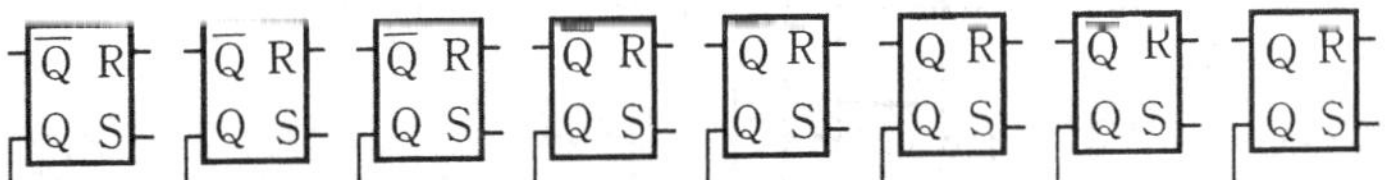

FF의 출력 상태								등가 아날로그 양	샘플 진폭 (최대값의)
0	0	0	0	1	0	1	0	10	$\frac{10}{255}$
0	0	1	1	1	1	0	0	60	$\frac{60}{255}$
1	0	0	1	0	1	1	1	151	$\frac{151}{255}$
1	1	1	1	1	1	1	1	255	$\frac{255}{255}$

그림 9.62 8비트 플립 플롭 메모리

따라서 8개의 FF로 구성되는 1조(set)는 단지 하나의 샘플만을 저장할 수 있다. 여러 개의 복잡한 파형을 나타내는데 충분한 샘플을 저장하기 위해서는 수많은 FF 세트가 필요하다. 4000 샘플을 저장할 수 있는 DSO는 보통 총기억 용량이 4000 words 메모리 또는 4 K 메모리를 갖는다고 말한다. 또, 입력 신호의 최대 주파수는 250 k~25 MHz 정도이다.

9.9.4 보간(인터폴레이션)

점 또는 계단 파형을 좀더 정확하게 나타내기 위해서 그림 9.63과 같이 디지털 오실로스코프는 보통 샘플링 레벨 사이에 선을 연결하는 기능을 갖고 있다. 이것을 보간(補間; interpolation)이라고 부르며, 선형 보간법(linear interpolation)과 정현파 보간법(sine-wave interpolation)이 있다.

선형 보간법은 레벨 사이에 직선을 그을 때 사용된다. 이것은 펄스 파형을 나타내는데 가장 적합하다. 정현파 보간법은 샘플 레벨 사이에 정현파 함수를 도입한 것으로 정현 파형에 사용된다.

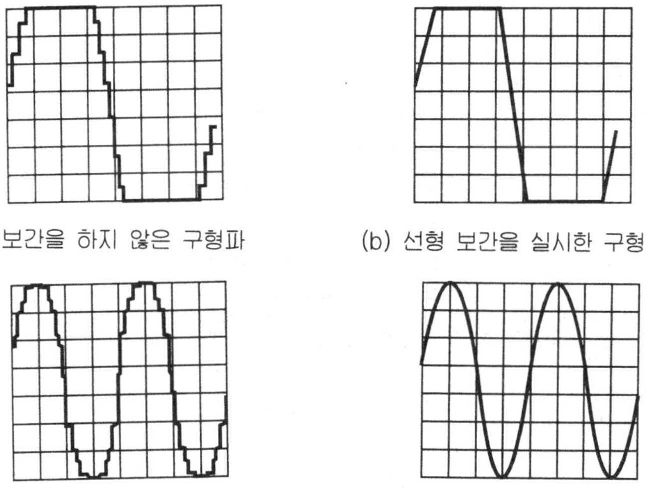

(a) 보간을 하지 않은 구형파

(b) 선형 보간을 실시한 구형파

(c) 보간을 하지 않은 정현파

(d) 정현파 보간을 실시한 정현파

그림 9.63 디지털 오실로스코프의 보간법

두 보간법의 차이를 정현파를 사용해서 설명해 보자. 그림 9.64(a)와 같이 선형 보간법을 사용해 정현파를 나타내기 위해서는 매사이클당 많은 수의 샘플을 취해야 어느 정도 정현파를 만들 수 있다. 샘플 수가 작으면 파형의 일그러짐이 나타난다. 한편, 정현파 보간법의 경우에는 그림 (b)와 같이 사이클당 2.5 샘플만을 취하더라도 정현파를 만족스럽게 재현할 수 있다. 정현파 보간을 펄스 파형에 사용하면 오버슈트(overshoot)와 같은 일그러짐이 발생한다.

(a) (b)

그림 9.64 (a)는 선형 보간, (b)는 정현파 보간을 사용해서 나타낸 정현파

9.9.5 샘플링 율과 대역폭

아날로그 스토리지 오실로스코프와 마찬가지로, 디지털 오실로스코프에 의해서 관측되는 파형의 양부는 파형 사이클 또는 과도 기간 동안에 취해지는 샘플 수에 의존한다. 그림 9.65(a)와 같이 샘플링 율(sampling rate)이 매우 높으면 파형을 아주 자세히 재현할 수 있다. 그러나 샘플링 수가 작으면 그림 (b)와 같이 파형의 중요한 부분이 상실될 수 있다.

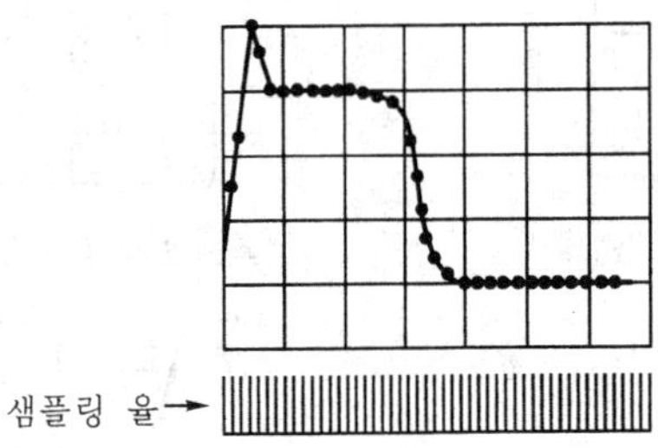

(a) 샘플링 율이 높은 경우

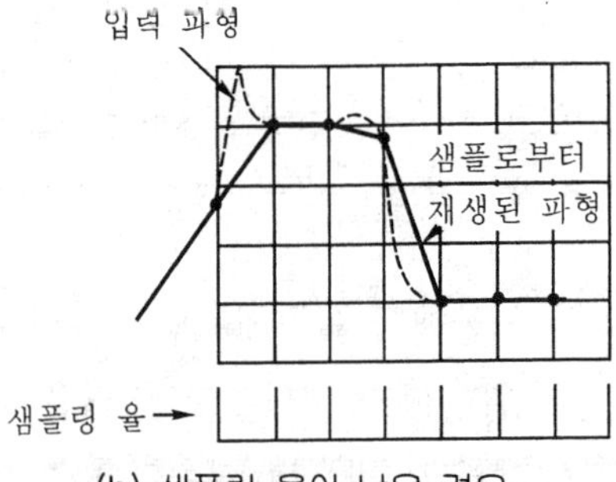

(b) 샘플링 율이 낮은 경우

그림 9.65 본래의 파형을 정확히 재현하기 위해서는 높은 샘플링 율이 요구된다.

예를 들어, 샘플링 율이 50 MS/sec (초당 50메가 샘플)인 디지털 오실로스코프에 의해서 500 kHz 파형을 관측한다고 가정하자. 1사이클 동안 취하는 샘플 수는

$$\frac{\text{신호의 주기}}{\text{샘플링 율의 주기}} = \frac{\text{샘플링 율의 주기}}{\text{신호의 주기}} = \frac{50\,\text{MS}}{500\,\text{kHz}} = 100$$

그러므로 관측 파형의 1사이클은 100개의 샘플로 구성된다. 만약 샘플링 율이 5 MS/sec이면 500 kHz 파형의 1사이클은 단지 10개의 샘플로 구성된다. 사이클당 100 샘플은 만족스러운 파형을 나타내지만, 반면 사이클당 10샘플은 관측 파형을 명확히 나타내지 못한다. 오실로스코프의 샘플링 율은 만족스럽게 나타낼 수 있는 최대 신호 주파수를 결정한다. 샘플링 이론에 따르면, 반복 파형을 재현하기 위해서 샘플링 율(f_s)은 가장 높은 파형 주파수(f_{max})의 2배보다 더 커야 한다(Nyquist rate). 즉,

$$f_s \geq 2f_{max} \qquad \cdots (9.43)$$

사실상 파형을 좋게 나타내기 위해서는 최소 사이클당 25샘플이 요구된다. 그러나 정현파, 구형파 또는 다른 반복 파형을 관측하는 경우에는 더 작은 샘플도 만족스러운 결과를 보여 줄 수 있다. 식 (9.43)보다 더 낮은 율로 샘플링 될 때 에일리어징(aliasing)이라고 알려진 에러가 발생한다(14장 참조).

디지털 스토리지 오실로스코프의 주요 장점은 신호 저장이다. 많은 DSO는 아날로그와 디지털 겸용으로 사용할 수 있도록 설계된다. 즉, DSO는 파형을 직접 나타낼 수도 있고, 또 차후에 사용하기 위해서 샘플링하여 저장할 수도 있다. 이와 같은 DSO를 실시간 및 축적 오실로스코프(real-time & storage oscilloscope; RSO)라고 부르기도 한다. DSO의 특징은 메모리 내용을 디지털 출력으로 꺼내어 디지털 데이터를 처리할 수 있고, 아날로그 출력으로 꺼내어 기록계로 기록할 수 있는 것 등이다.

9.10 오실로스코프의 측정

오실로스코프에는 교정 전압 발생기를 내장하고 있으므로 수직축(전압)과 수평축(시간)의 눈금을 정밀하게 교정할 수 있기 때문에, 입력 신호 전압의 단순한 파형 관측뿐만 아니라 그 크기와 주기의 정량적 측정도 가능하다. 따라서 펄스 계측을 비롯하여 주파수의 측정, 자성체의 B-H 곡선이나 히스테리시스 루프 또는 반도체의 여러 특성을 직접 볼 수 있는 직시 장치(curve tracer) 등에 이용되고 있다. 여기서는 오실로스코프를 이용한 기본적인 측정법에 대해서 설명한다.

9.10.1 전압, 전류, 주파수, 위상 측정

오실로스코프를 가지고 신호 파형의 진폭이나 주기 등을 측정하는 경우, 전면 패널에 있는 Volts/div 조정기와 Time/div 조정기를 세밀히 조정하여 스크린에 안정된 파형을 얻은 다음, 스크린 눈금〔div〕과 두 조정기의 위치로부터 측정하고자 하는 양의 크기를 계산한다. 오실로스코프의 스크린은 중심부보다 가장자리에서 오차가 커지기 때문에 스크린 상에서 파형의 위치는 좌우 상하의 가장자리로부터 1 div만큼 떨어뜨리는 것이 바람직하다. 다음에서는 기본적인 전기적 양을 측정하는 방법을 예를 들어 설명한다.

(1) 전압 측정

〔**예제** 9.6〕 미지의 직류 전압을 오실로스코프로 관측하였더니 스크린에 그림 9.66과 같은 파형이 나타났다. 직류 입력 전압의 크기를 계산하라.

〔**풀이**〕 수직축 눈금이 3.6 div이므로

$V = 3.6\ \text{div} \times 1\ \text{V/div} = 3.6\ \text{V}$

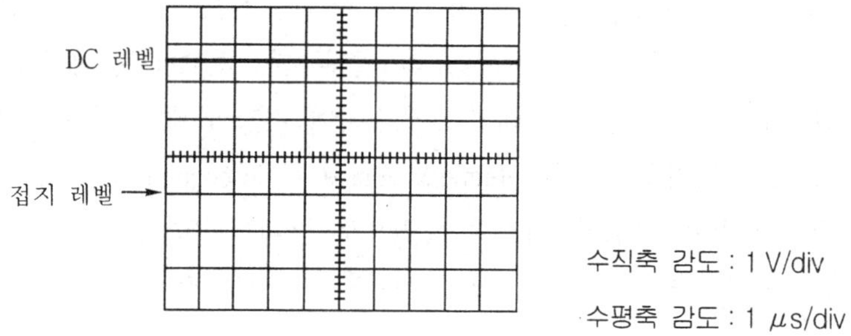

그림 9.66

〔**예제** 9.7〕 오실로스코프의 스크린에 그림 9.67과 같은 교류 전압이 관측되었다. 교류 입력 전압의 피크–피크 전압과 실효값을 계산하라.

〔**풀이**〕 피크–피크 사이의 수직축 눈금이 2 × 2 div이므로

$V_{p\text{-}p} = 2 \times 2\ \text{div} \times 0.2\ \text{V/div} = 0.8\ \text{V}$

실효값의 정의로부터

$$V_{rms} = \frac{V_{p-p}}{2\sqrt{2}} = \frac{0.8}{2\sqrt{2}} \doteqdot 0.28\ \text{V}$$

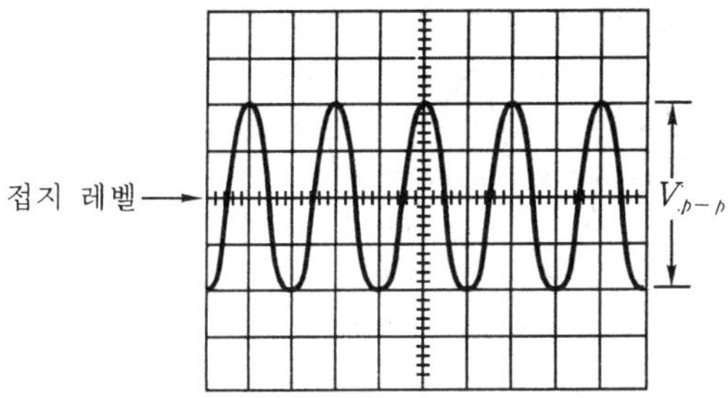

수직축 감도 : 0.2 V/div

수직축 감도 : 1 μs/div

그림 9.67

〔**예제** 9.8〕 교류와 직류가 중첩된 미지 전압을 오실로스코프로 관측하였더니 스크린에 그림 9.68과 같은 파형이 나타났다. 직류 성분과 교류 성분의 최대 진폭을 계산하라.

〔**풀이**〕 직류 성분의 수직축 눈금이 5 div이므로

V_{dc} = 5 div × 0.5 V/div = 2.5 V

교류 성분의 최대 진폭은

V_{ac} = 0.8 div × 0.5 V/div = 0.4 V

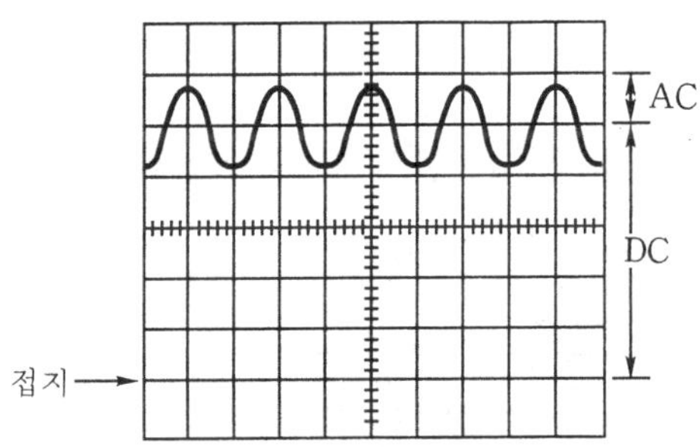

수직축 감도 : 0.5 V/div

수평축 감도 : 1 μs/div

그림 9.68

(2) 주파수 측정

〔**예제** 9.9〕 오실로스코프에 그림 9.69과 같은 정현파 전압이 관측되었을 때, 이 교류 파형의 주기와 주파수를 계산하라.

〔**풀이**〕 1사이클의 눈금은 4 div이므로, 주기 T는

T = 4 div × 100 μs/div = 400 μs

주파수 f는

$$f = \frac{1}{400\,\mu s} \doteq 2500\ \text{Hz}$$

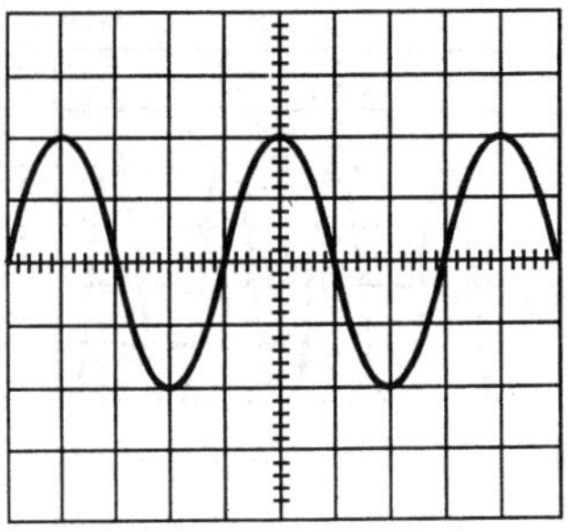

수직축 감도 : 0.2 V/div
수평축 감도 : 100 μs/div

그림 9.69

(3) 위상 측정

〔**예제** 9.10〕 오실로스코프를 가지고 두 정현파 전압을 관측하였더니 그림 9.70과 같은 파형이 얻어졌다. 두 파형 사이의 위상차를 구하라.

[**풀이**] 그림에서 1사이클 = 수평축으로 6 div = 360°이다.

따라서 1 div는

$$1\,\mathrm{div} = \frac{360°}{6} = 60°$$

두 파형 사이의 수평축 눈금 차이는 1 div이므로, 위상차는

$$\text{위상차} = \Phi_{AB} = 1\ \mathrm{div} = \frac{360°}{6} = 60°$$

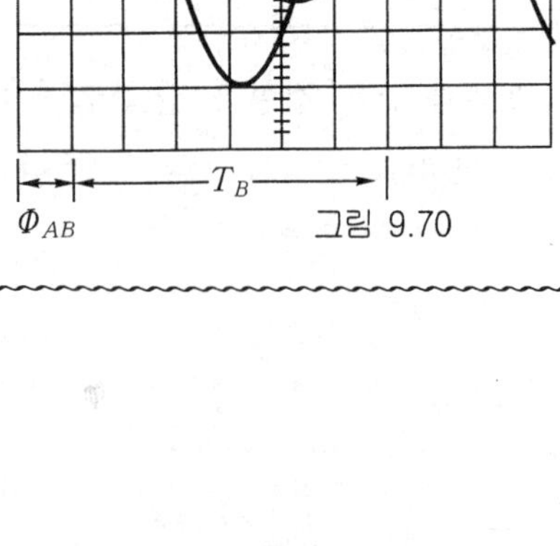

수직축 감도 : 0.2 V/div
수평축 감도 : 1 μs/div

그림 9.70

9.10.2 펄스 측정

펄스의 특성을 나타내는 인자는 펄스 진폭, 펄스 폭, 주기, 상승 시간, 하강 시간, 지연 시간 등이며, 이들을 측정법에 대해서 간단히 설명한다.

(1) 펄스 진폭과 펄스 폭 측정

〔**예제** 9.11〕오실로스코프로 관측한 펄스가 그림 9.71과 같을 때, 펄스의 진폭, 펄스 폭, 주기를 구하라.

〔**풀이**〕 펄스 진폭 $= 4\ \text{div} \times 2\ \text{V/div} = 8\ \text{V}$

펄스 폭 $= 3\ \text{div} \times 5\ \mu\text{s/div} = 15\ \mu\text{s}$

주기 $= 5.6\ \text{div} \times 5\ \mu\text{s/div} = 28\ \mu\text{s}$

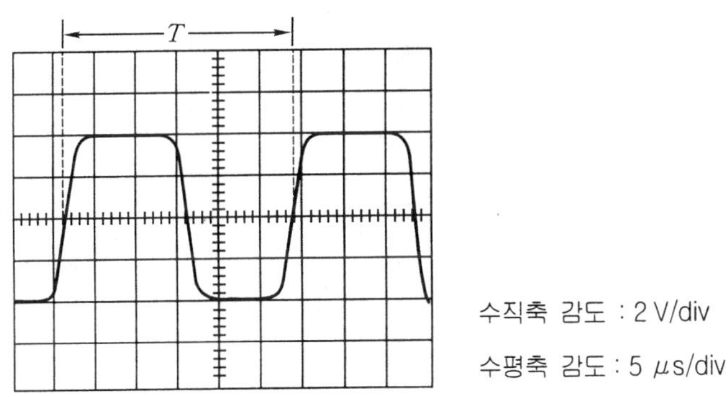

그림 9.71

(2) 상승 시간, 하강 시간, 지연 시간 측정

펄스의 상승 시간(上昇時間; rise time), 하강 시간(下降時間; fall time), 지연 시간(遲延時間; delay time)은 다음과 같이 정의된다.

① 상승 시간 (t_r)

펄스의 선단(leading edge)이 진폭의 10 %에서 90 %로 상승하는 데 걸리는 시간.

② 하강 시간 (t_f)

펄스의 파미단(trailing edge)이 진폭의 90 %에서 10 %로 하강하는 데 요하는 시간.

③ 지연 시간 (t_d)

입력 펄스의 시점(始点)에서부터 출력 펄스가 10 % 진폭에 도달하는 시간.

〔예제 9.12〕 어느 회로의 입출력 파형을 오실로스코프로 관측하였더니 그림 9.72와 같았다. 두 펄스의 상승 시간, 하강 시간, 지연 시간을 계산하라.

〔풀이〕 입력 펄스 A의 상승 시간과 하강 시간은 너무 짧아 이 오실로스코프를 가지고는 관측이 불가능하다. 출력 펄스 B에 대해서만 계산하면 다음과 같다.

상승 시간 : t_r = 0.8 div × 1 μs/div = 0.8 μs

하강 시간 : t_f = 0.8 div × 1 μs/div = 0.8 μs

지연 시간 : t_d = 1 div × 1 μs/div = 1 μs

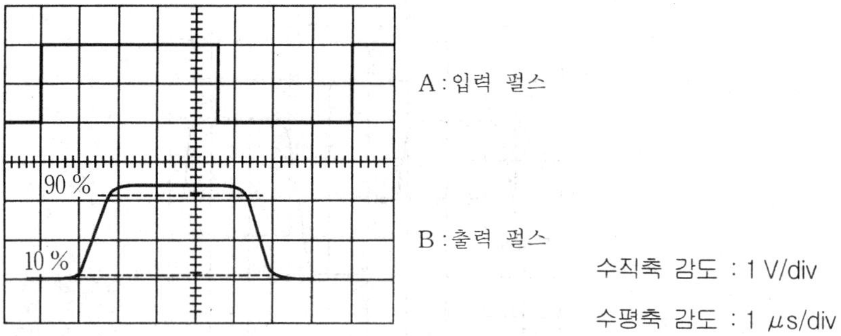

그림 9.72

9.10.3 X-Y 측정

(1) 리사주 도형의 형성

오실로스코프의 시간축(톱니파 전압) 대신에 임의의 주파수를 갖는 정현파를 그림 9.73과 같이 수평 및 수직 편향판에 동시에 인가하면 형광면에는 두 정현파 신호의 주파수와 위상 관계에 따라 여러 가지 형태의 도형이 나타난다. 이 도형을 리사주 도형 (Lissajous figure)이라고 부른다.

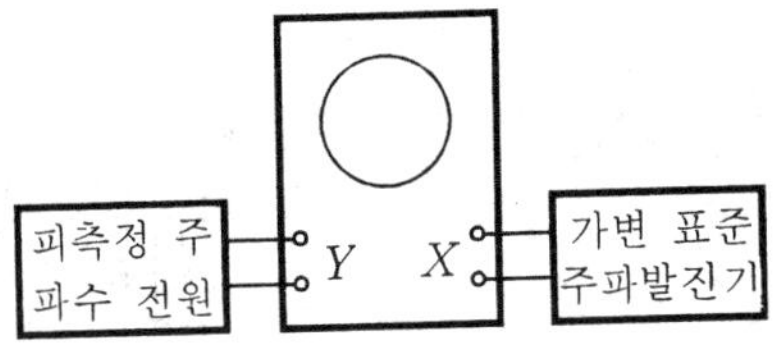

그림 9.73 오실로스코프의 X-Y 측정

그림 9.74는 두 입력 전압의 주파수와 위상이 동일할 경우 리사주 도형이 구성되는 과정을 나타낸 것이다. 그림에서 정현파 신호 e_v는 수직 편향 전압(Y 입력), e_h는 수평 편향 전압(X 입력)이며, 두 파형에 나타낸 숫자(1~5)는 서로 대응되는 시간 구간의 점들을 나타낸다. 이와 같이 두 정현파 전압의 주파수와 위상이 동일하면 리사주 도형은 직선으로 된다.

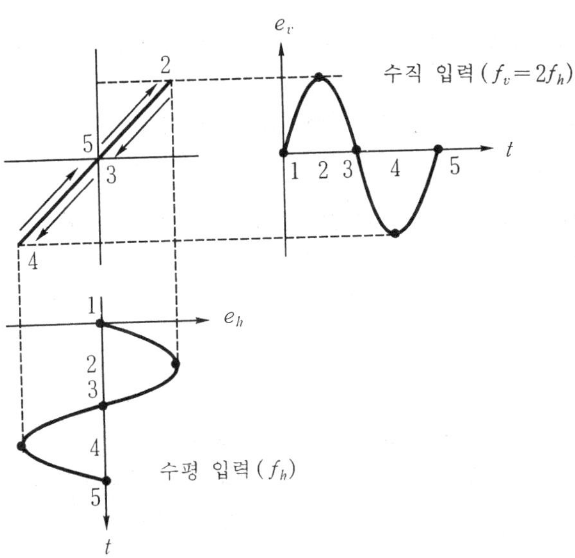

그림 9.74 주파수가 동일한 두 정현파 입력에 대한 리사주 도형

그림 9.75는 수직 입력 전압의 주파수(f_v)가 수평 입력 전압의 주파수(f_h)의 2배인 경우에 대해 리사주 도형을 도시한 것이다. 여기서 형광면의 휘점이 수평 방향으로는 1 사이클, 수직 방향으로는 2사이클 이동한다. 형광면의 중심(그림에서 0점)에서 휘점이 시작된다고 가정할 때 두 입력 신호에 의해 휘점의 이동은 그림과 같은 도형을 그릴 것이다.

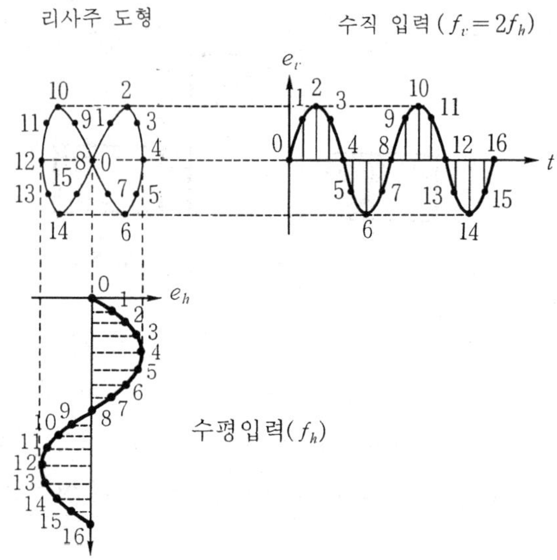

그림 9.75 수직 입력 주파수가 수평 입력 주파수의 2배인 경우

한편, 주파수가 동일하더라도 두 정현파의 위상 및 진폭에 따라 직선, 타원 또는 원 등의 리사주 도형이 얻어진다. 두 신호의 진폭이 같으면 원이 되고, 위상이 같지 않거나 지상이면 타원이 형성된다. 그림 9.76은 0~90° 사이의 위상차를 가지는 두 정현파 입력 전압에 대한 리사주 도형이다.

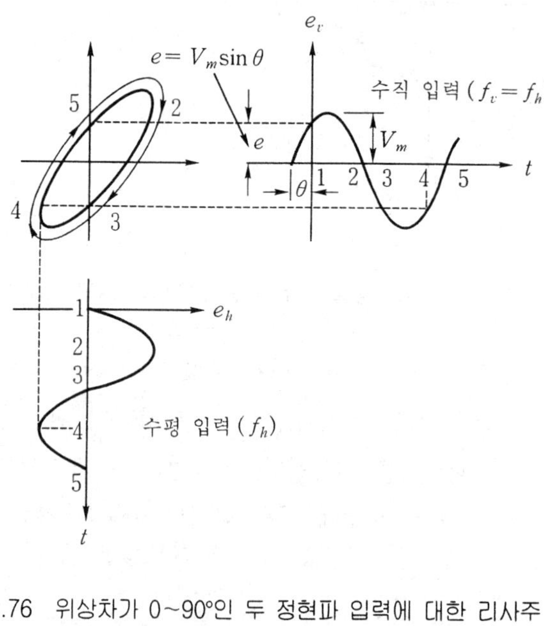

그림 9.76 위상차가 0~90°인 두 정현파 입력에 대한 리사주 도형

(2) 주파수 및 위상각 측정

오실로스코프의 수직 편향판에 측정 주파수가 f_x인 전압을, 수평 편향판에 표준 주파수가 f_s인 전압을 동시에 인가하면, 앞에서 설명한 과정에 따라 형광면에는 주파수비와 위상차에 의해 결정되는 그림 9.77과 같이 여러 가지 리사주 도형이 나타난다. 따라서 가변 표준 주파수 발진기의 주파수를 조정하여 그림과 같은 리사주 도형을 만들어 비교하면 피측정 주파수 f_x를 직독할 수 있다.

그림의 리사주 도형에서 수직 입력 주파수(f_v)와 수평 입력 주파수(f_h)의 비는 다음과 같이 된다.

$$\frac{f_v}{f_h} = \frac{\text{(+)피크의 수}}{\text{우측 방향으로의 피크 수}} \qquad \cdots (9.44)$$

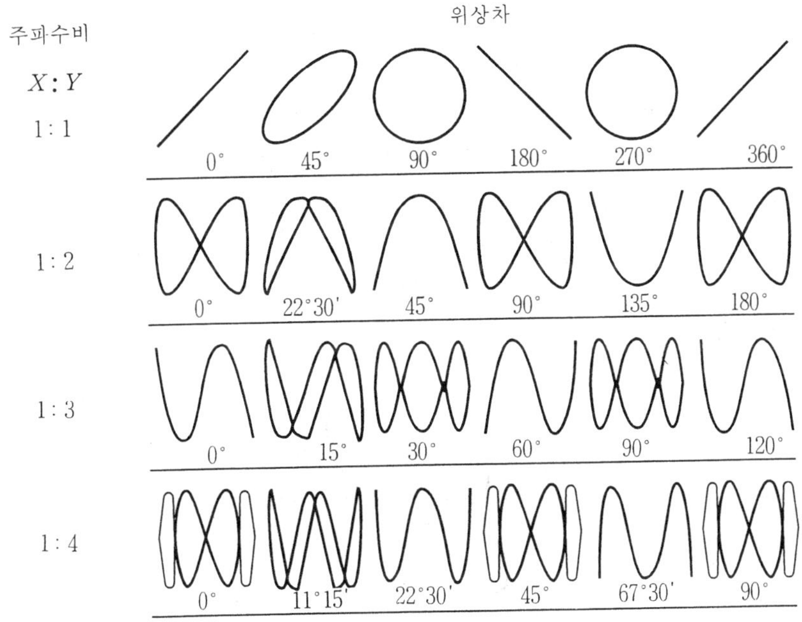

그림 9.77 리사주 도형

예를 들어, 그림 9.78과 같은 도형에서,

그림 (a)의 경우 : (+)피크의 수는 a, b 둘이다. 우측 방향에서 피크는 c 하나이다. 따라서

$$\frac{f_v}{f_h} = \frac{2}{1} = 2$$

그림 (b)의 경우 : (+)피크는 a, b, c, 우측 방향 피크는 d, e이다. 따라서

$$\frac{f_v}{f_h} = \frac{3}{2}$$

그러므로 위 관계식에서 f_h를 표준 주파수라고 하면 미지 주파수를 쉽게 결정할 수 있다.

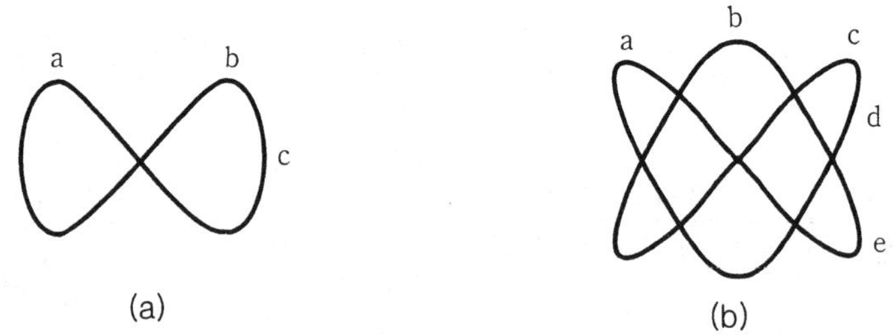

그림 9.78 주파수를 계산하기 위한 리사주 도형의 예

한편, 두 신호의 주파수가 동일한 경우 상호 진폭에 관계없이 리사주 도형은 그림 9.76에서 타원이 됨을 알았다. 타원으로부터 두 신호 사이의 위상각을 간단히 결정할 수 있다. 그림 9.79의 타원에서 각 축과의 교점을 $Y_1(X_1)$, 최대 편향 거리를 $Y_2(X_2)$라고 하면, 두 신호 사이의 위상각 θ는 다음 식에 의해서 결정된다.

$$\sin\theta = \frac{Y_1}{Y_2} = \frac{X_1}{X_2} \qquad \cdots (9.45)$$

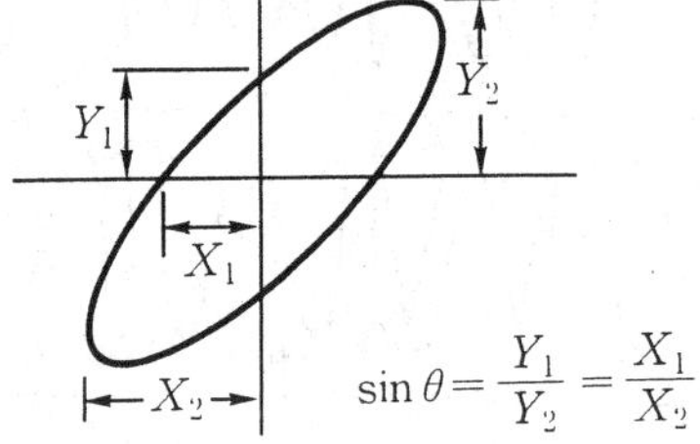

그림 9.79 주파수가 같고 위상이 다른 두 정현파 신호에 의한 리사주 도형은 타원이 된다

그림 9.80은 이 관계를 나타낸 것으로, 장축이 1, 3상한에 걸쳐 있으면 위상각 θ는 0~90° 또는 270~360° 사이에 있고, 또 장축이 2, 4상한에 있으면 위상각은 90~180° 또는 180~270° 사이에 있음을 알 수 있다.

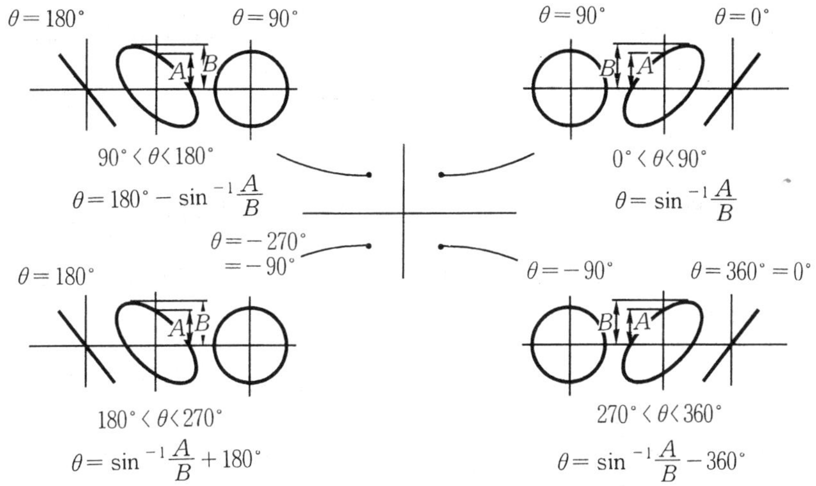

그림 9.80 위상각 변화에 따른 리사주 도형의 형태

연 습 문 제

****

9.1 기본적인 음극선 오실로스코프의 주요 구성도를 그리고, 각부의 명칭과 기능을 간단히 설명하라.

9.2 음극선관에서 전자빔을 접속 및 편향시키는 방법에 대해서 설명하여라.

9.3 음극선관의 형광면에 명확한 광점을 만들기 위해서 전자빔의 초점을 어떻게 조절해야 되는가?

9.4 오실로스코프의 수직 회로에 지연 회로를 사용하는 이유는 무엇인가?

9.5 다음 그림 9.81은 음극선관을 간단히 그린 것이다. 각부의 명칭을 기입하고 그 기능을 간단히 설명하라.

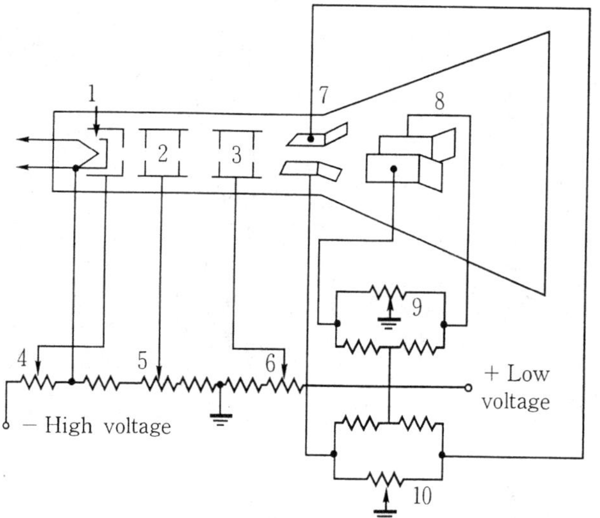

그림 9.81

9.6 감쇠 프로브를 사용하는 목적은 무엇인가?

9.7 오실로스코프의 프로브 보상이란 무엇이며, 어떻게 조정하는가? 보상이 정확히 되지 않았을 경우 어떤 영향이 일어나는가?

9.8 지연 스위프 시스템이란 무엇이며, 그것의 필요성과 파형 관측이 어떻게 향상되는가를 설명하라.

9.9 오실로스코프의 스위프 발진기의 기본 회로와 동작을 설명하라.

9.10 ALTER 모드와 CHOP 모드의 차이점은 무엇이며, 어느 경우에 사용되는가를 설명하라.

9.11 음극선관에서 다음과 같은 조정은 전기적으로 무엇을 변화시키는가?

(a) 휘도 조정 (b) 초점 조정 (c) 위치 조정

9.12 오실로스코프에서 블랭킹(blanking)과 언블랭킹(unblanking)을 설명하고, 블랭킹의 필요성을 논하라.

9.13 오실로스코프에 관한 다음 물음에 답하여라.

(a) 측정하고자 하는 신호는 수직, 수평 단자 중 어느 쪽에 인가하는가?
(b) 어느 파형을 관측할 때 내부 동기(INT)를 사용한다면 수평 입력 단자에는 어떤 신호를 가할 필요가 있는가?
(c) 외부 동기 신호 단자는 어떤 경우에 사용되는가?

9.14 피크 진폭 10 V, 주파수 1 kHz인 삼각파를 CRT의 수직 편향판에 인가하고, 피크 진폭 20 V, 주파수 1 kHz인 톱니파를 수평 편향판에 인가하였다. CRT의 수직 편향 감도가 0.4 cm/V, 수평 편향 감도가 0.25 cm/V이고, 두 입력이 동기되었다고 가정할 때, 형광면에 나타나는 파형을 결정하라.

9.15 내부 저항이 600 Ω인 신호 발생기로부터 나오는 펄스파를 오실로스코프로 관측하였다. 오실로스코프의 입력 임피던스는 $R_i = 1\ \text{M}\Omega$, $C_i = 30\ \text{pF}$, $C_c = 0.1\ \text{pF}$이다.

(a) 오실로스코프의 입력 선택기를 ac로 하였을 때 일그러짐 없이 측정할 수 있는 가장 긴 펄스 폭을 결정하라.
(b) 오실로스코프의 입력 선택기를 dc로 하였을 때 일그러짐 없이 측정할 수 있는 가장 짧은 펄스 폭을 결정하라.

9.16 신호원 저항 $R_s = 1\ \text{k}\Omega$, 진폭 $V_s = 500\ \text{mV}$, 주파수 120 Hz인 신호를 입력 임피던스가 $R_i = 1\ \text{M}\Omega$, $C_i = 40\ \text{pF}$인 오실로스코프에 접속하였다. 사용된 1 : 1 프로브가 $C_c = 80\ \text{pF}$의 정전 용량을 가질 때 오실로스코프 단자에서 신호 전압의 크기를 결정하라.

9.17 입력 임피던스가 $R_i = 1\ \text{M}\Omega$, $C_i = 40\ \text{pF}$인 오실로스코프에 10 : 1 프로브가 사용된다. 이 프로브의 직렬 저항이 $R_1 = 9\ \text{M}\Omega$, 동축 케이블 용량이 $C_c = 80\ \text{pF}$일 때 9 MΩ 저항과 병렬로 접속되는 정전 용량 C_1의 크기를 결정하라.

9.18 오실로스코프의 Time/div 스위치가 10 μs, Volt/div 스위치가 200 mV로 조정되었을 때 스크린에는 그림 9.82와 같은 파형이 관측되었다. 입력 신호의 주파수와 피크–피크 진폭을 계산하라.

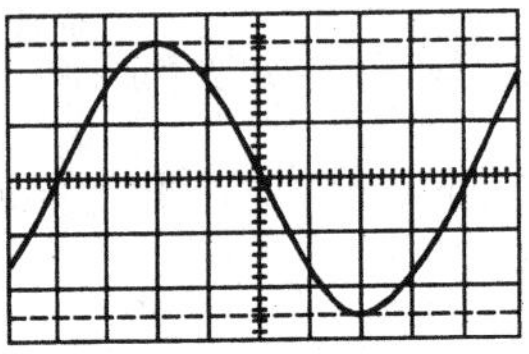

그림 9.82

9.19 그림 9.83(a)와 같은 펄스로 스위프 발진기를 트리거하여 CRT 스크린에 그림 (b)와 같은 파형을 얻었다고 하면 Time/div 조정기의 위치를 계산하라.

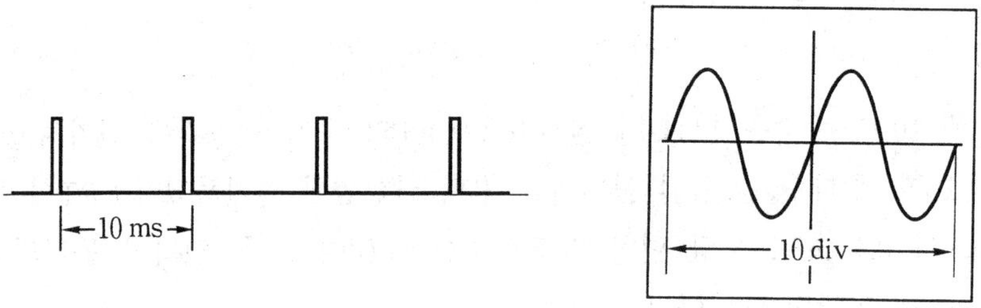

(a) (b)

그림 9.83

9.20 다음 그림 9.84에서 $V_o = 0.1\ V_i$이기 위해서는 C_1의 값은 얼마이어야 하는가?

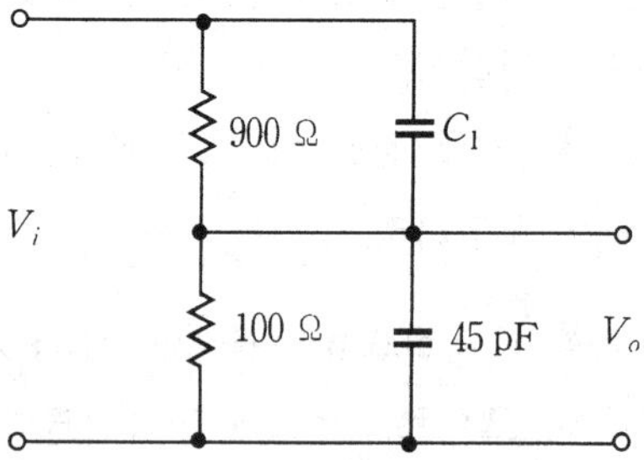

그림 9.84

9.21 오실로스코프의 편향 감도가 35 V/cm이다. 만약 편향판과 CRT 스크린 사이의 거리가 16 cm, 편향판 사이의 거리가 1.2 cm라면 가속 양극 전압은 얼마인가?

9.22 상승 시간이 20 ns인 구형파를 일그러짐 없이 관측하기 위해서는 오실로스코프의 최소 대역폭은 얼마이어야 하는가?

9.23 샘플링 오실로스코프의 사용 목적은 무엇인가?

9.24 샘플링 오실로스코프의 확대 모드 동작을 설명하라.

9.25 아날로그 스토리지 오실로스코프와 디지털 스토리지 오실로스코프의 차이점을 설명하라.

9.26 디지털 메모리로부터 아날로그 샘플을 재생하기 위한 시스템의 구성도와 동작을 설명하라. 각부의 파형을 도시하여라.

9.27 디지털 오실로스코프에 사용되는 선형 보간과 정현파 보간을 설명하라. 두 보간법이 펄스파와 정현파 전압 측정에 사용되는 경우 각 문제점에 대해서 설명하라.

9.28 지연 시간축 시스템을 이용한 펄스의 주기 및 상승 시간 측정법을 그림을 그려 설명하라.

9.29 오실로스코프에서 입력 신호의 진폭과 시간 측정 과정을 간단히 설명하라.

9.30 오실로스코프의 고정된 시간축은 0.1 ms/cm이고, 스위프 폭(sweep width)은 10 cm이다. 스위프 전압이 이상적인 램프이고 귀환 시간이 0이라 가정하자. 수직 증폭기 입력 단자에 다음과 같은 신호를 가할 때 음극선관의 스크린에 나타나는 파형을 도시하여라.

(a) 주파수 5 kHz 정현파 (b) 주기 0.5 ms의 정현파 (c) 주기 2 ms의 정현파
(d) 주파수 10 kHz의 구형파

9.31 다음 그림 9.85의 리사주 도형에서 수평축 입력 신호의 주파수가 53 Hz일 때 수직축 입력 신호의 주파수를 계산하라.

그림 9.85

9.32 다음 그림 9.86의 리사주 도형에서 두 정현파 사이의 위상차를 계산하라.

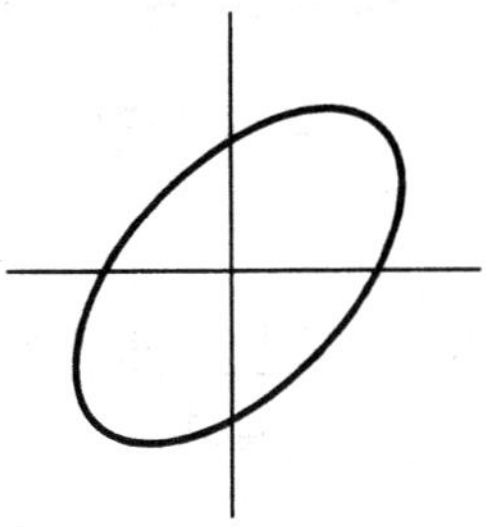

그림 9.86

9.33 X-Y 모드에서 (a) 동상, (b) 위상차 90°, (c) 위상차 180°인 두 정현파 신호가 각각 수직축과 수평축 입력 단자에 인가되었을 때 오실로스코프의 형광면에 나타나는 파형을 도시하라.

9.34 X-Y 모드에서 진폭이 같고 주파수가 다른 두 정현파 신호를 각각 수직축과 수평축 입력에 인가하였다. 수직축 신호의 주파수(f_v)와 수평축 신호의 주파수(f_h)비가 (a) $f_v / f_h = 3/2$, (b) $f_v / f_h = 2$일 경우에 대해 리사주 도형을 그려라.

10

그래픽 기록 계기

어떤 종류의 전기량이나 공업량 등을 측정할 때 측정량의 시간적 변화 상태를 계측해서 기록해야 되는 경우 기록 장치를 사용한다. 기록 계기는 측정치의 시간적 변화 상태를 기록지에 영구히 기록하는 계기로서, 측정량의 시간에 대한 변화를 기록하는 형식과 두 측정량 사이의 관계를 나타내는 형식이 있다. 전자를 스트립 차트 기록계(strip-chart recorder)라고 하며, 후자를 X-Y 기록계(x-y recorder)라고 한다.

본 장에서는 각종 기록 계기의 원리를 간단히 설명한다.

10.1 스트립 차트 기록계

10.1.1 검류계형 스트립 차트 기록계

검류계형 스트립 차트 기록계(galvanometric strip-chart recorder)는 전자력(電磁力)에 의해 펜 또는 반사경 등을 움직여 잉크 또는 빛에 의한 감광 현상을 이용하여 기록하는 것이다.

그림 10.1은 검류계형 스트립 차트 기록계의 원리를 나타낸 것으로, 그림과 같이 영구 자석 가동 코일형(PMMC) 검류계의 지침 선단에 펜을 설치한 구조로 되어 있다. 가동 코일에 전류가 흐르면 코일에 전자력이 생기고, 이 토크는 전류의 방향과 크기에 따라 변화하므로 지침이 좌우로 움직이게 된다. 따라서 펜과 접촉되어 있는 기록지를 일정 속도로 이동시키면 가동 코일에 흐르는 전류의 변화를 지시, 기록할 수 있다. 검류계형 기록계에서는 가동부에 펜 등의 기록 기구를 부착하기 때문에 가동부의 중량이 증가하고 또한 펜과 기록지 사이의 마찰도 상당히 크기 때문에 보통의 지시 계기보다 구동 회전력을 크게 해야 한다.

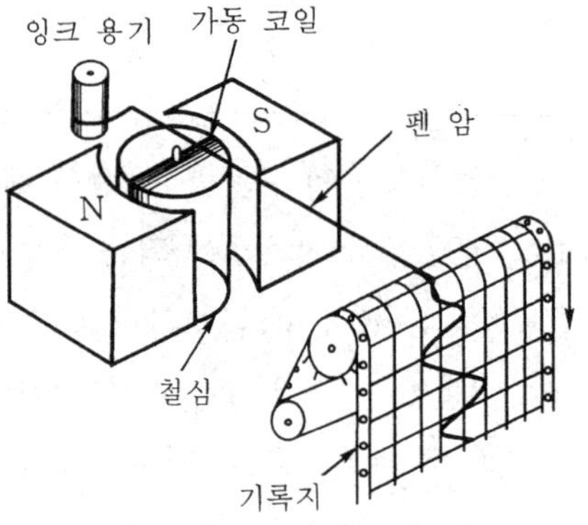

그림 10.1 검류계형 기록계의 기본 구조

가동부의 회전은 펜 암(pen-arm)에 의해 그대로 펜 끝에 전달되어 기록되므로 펜은 그림 10.2(a)와 같은 원호상(圓弧狀; arc)으로 운동한다. 따라서 기록지상의 눈금도 횡축은 원호 상으로 되고, 종축은 그 간격이 등간격은 아니고 중앙부가 양단보다 넓게 된다. 이 영향을 가능한 한 적게 하기 위하여 가장 널리 사용되고 있는 방식은 그림 10.2(b)과 같이 펜 암의 길이를 길게 하고(long pen) 펜 암이 움직이는 각 θ를 작게 하거나, 또한 그림 10.2(c)에 나타낸 링크(link) 기구를 이용하여 펜 끝의 원통 운동을 직선 운동으로 변환하는 방식도 많이 사용되고 있다.

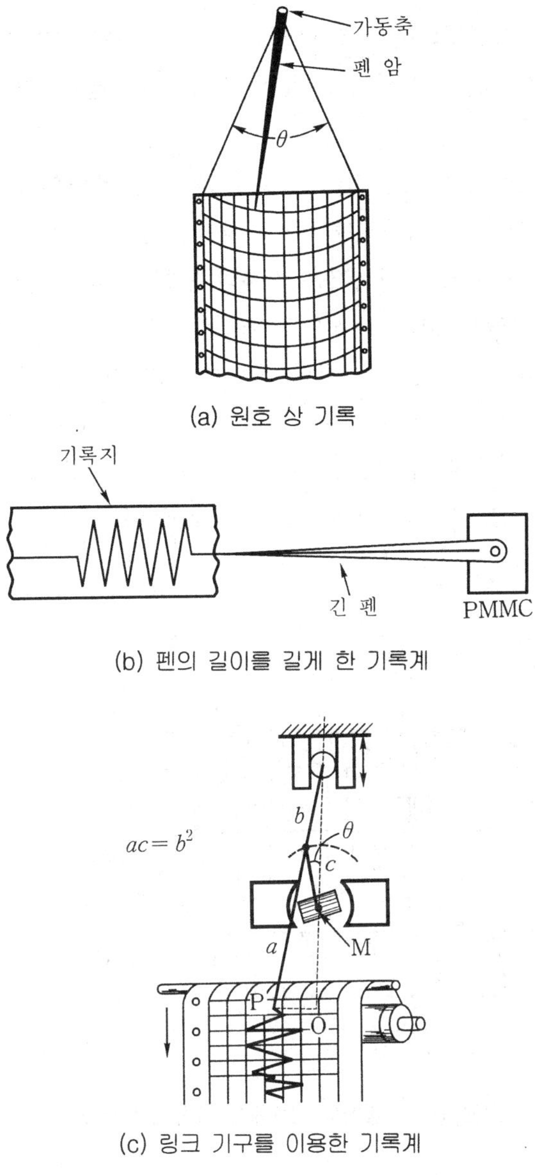

(c) 링크 기구를 이용한 기록계

그림 10.2 검류계형 기록계의 기록 방식

한편, 기록지를 일정 속도로 송출시키는 방식에는 여러 가지가 사용되고 있으며, 동기 전동기 송출 방식이 정확하고 장시간 연속 기록에 적합하므로 가장 많이 이용되고 있다.

펜을 사용해서 기록하는 방식에서는 펜 암이나 펜 등 가동부의 관성으로 인하여 기록 가능한 신호 주파수는 100~200 Hz로 제한된다. 검류계형 기록계는 뒤에서 설명하는 자기 평형에 비해 주파수 특성이나 감도는 떨어지지만 비교적 취급이 간단하고 장치와 기록지의 가격이 저렴하다는 특징을 갖고 있기 때문에 전기 현상의 기록만이 아니라 여러 종류의 변환기를 조합하여 기계적 진동, 전파, 심전도의 기록 등에도 널리 이용되고 있다.

또 다른 검류계형 기록계는 그림 10.3과 같이 펜 대신 반사경(mirror)을 사용한 광학식 검류계형 기록계이다. 고유 진동수가 매우 높은 가동부에 파형을 관측하고자 하는 전류를 흘리면 가동부에 설치된 반사경은 전류의 변화에 따라 움직인다. 그리고 여기에 광원으로부터 빛을 조사하고, 반사경으로부터 반사된 빛을 렌즈로 기록지상에 집광시키면 광점은 반사경의 움직임, 즉 전류의 변화에 따라 기록지 위에서 좌우로 움직인다. 따라서 기록지를 일정 속도로 이동시키면 그림과 같이 기록지에 전류의 파형을 기록할 수 있다. 가동부를 작게 하여 고유 진동수를 높여서 높은 주파수까지 사용할 수 있게 되어 있다. 전류 감도나 고유 진동수는 가동부에 따라 다르고 용도에 따라 구별하여 사용된다.

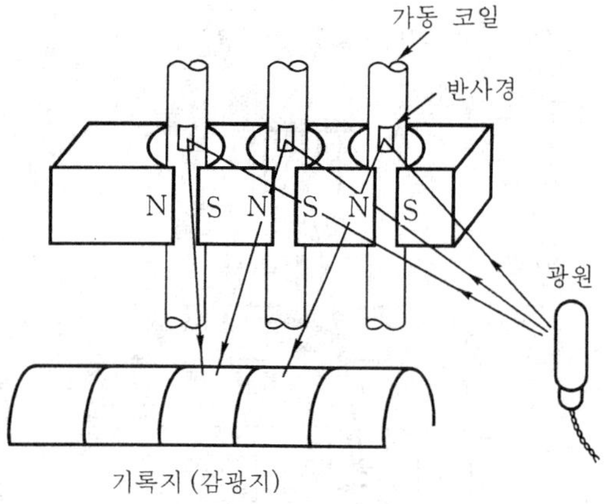

그림 10.3 광학식 검류계형 기록계의 원리

광학식 기록계에서 광점의 움직임은 펜 기록계와 마찬가지로 원호 상으로 되지만, 펜 기록계에 비해 그림 10.4와 같이 반사경이 θ만큼 편위하면 반사광 빔은 2θ만큼 편위하며, 또 거울에서 반사되는 빛이 기록지에 도달할 때까지의 거리, 즉 광학 레버(lever)가 300～450 mm로 길기 때문에 원호에 의한 오차는 극히 작고, 최대 진폭시에도 1.2% 정도이다. 또한 가동부의 중량이 가볍고 관성이 작으므로 고유 진동수가 높고 주파수 특성이 좋아 5000 Hz까지의 파형을 기록할 수 있다. 기록지는 현상 처리를 필요로 하지 않는 감광지가 사용된다.

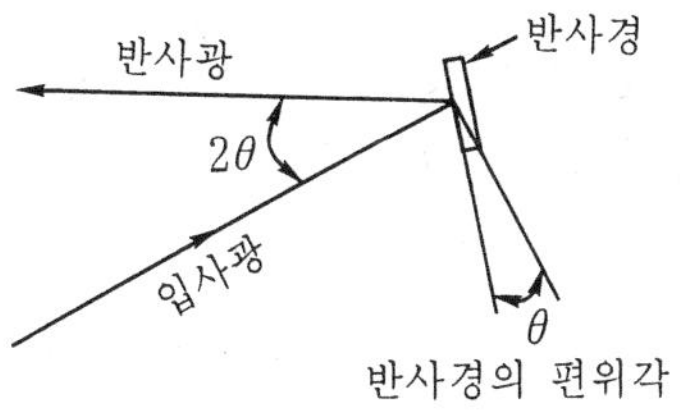

그림 10.4 반사경의 편위각과 광 빔의 편위각

10.1.2 자기 평형 스트립 차트 기록계

검류계형 기록계는 측정 회로의 전류에 의해 가동 코일을 구동시키기 때문에 측정 회로로부터 크든 작든 에너지를 취해 기록하는 방식이지만 자기 평형(自己平衡; self-balance or automatic balance) 기록계는 측정 회로로부터 거의 에너지를 취하지 않고 별도의 전원으로부터 가동부의 구동 에너지를 얻는 방식의 기록계이다. 자기 평형 기록계의 측정 회로 방식에는 전위차계(potentiometer) 방식과 브리지(bridge) 방식이 있다. 전자는 직류 전압 및 직류 전압으로 변환시킬 수 있는 제량의 측정에, 후자는 온도 등 임피던스로 변환될 수 있는 제량의 측정에 사용된다.

(1) 전위차계식 자기 평형 기록계

그림 10.5는 전위차계식 자기 평형 기록계의 원리도이다. 배율기를 사용해서 피측정 직류 입력 전압을 기록계의 최대 눈금에 맞도록 분압하고 입력 필터에 의해 교류 잡음 전압을 제거하여 얻어진 미지 전압 V_x와 기지 전압 V_s(표준 전압 E_s를 습동 저항기로 분압한 전압)를 비교하여 차전압 $V_e = V_x - V_s$를 검출한다. V_e를 초퍼에 의해 교류 전압으로 변환시킨 다음 교류 증폭기로 증폭하여 서보 모터에 가한다. 서보 모터의 회전력은 습동 저항기의 습동자에 전달된다.

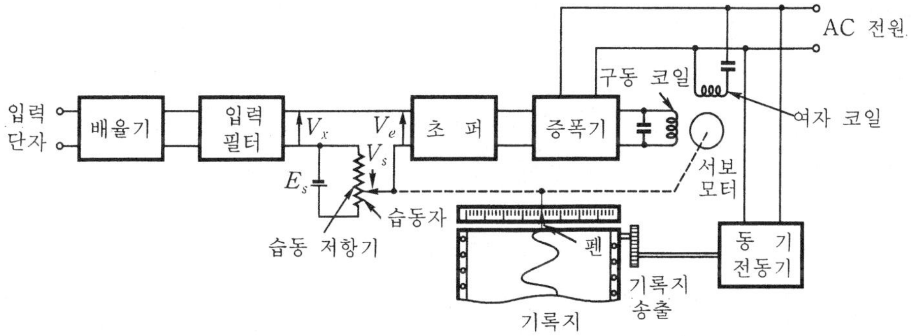

그림 10.5 전위차계식 자동 평형형 기록계의 구성

이때 습동자가 이동하여 차전압 V_e가 감소하는 방향으로 서보 모터가 회전하도록 극성을 잡으면 V_e가 0으로 되는 위치에서 서보 모터가 멈추고, 습동자도 정지한다. 따라서 습동자는 입력 전압의 크기에 대응하는 위치에서 정지하기 때문에 펜을 습동자와 연동시키면 입력 전압의 변화를 기록할 수 있다. 그림 10.5의 회로에서 평형을 이루는 것은 입력 전압 V_x가 0～E_s 범위에 있을 때뿐이며, 그 밖의 입력 전압에서는 평형을 이루지 못한다. 또, 서보 모터는 1방향으로 계속 회전하여 펜이 멈추게 되고, (−) 전압도 측정할 수 없다.

실제의 회로는 그림 10.6과 같이 구성되어 (−)전압도 측정할 수 있게 되어 있다. 그림에서 R_{v1}은 측정용 습동 저항기, R_{v2}는 펜 위치(pen position)용 습동 저항기이다. R_{v2}의 습동자 B_2를 움직이면 입력 전압 V_x가 0이라도 차전압 V_e가 생겨 서보 모터가 회전하여 습동자 B_1이 움직이고 B_2에 대응되는 위치에서 정지한다. 따라서 B_2에 의해 입력 전압이 0일 때의 펜 위치를 조정할 수 있다. 표준 전압에는 제너 다이오드 등을 이용한 고안정 정전압 전원이 사용되고 있다. 초퍼에는 트랜지스터 초퍼, FET 초퍼 등의 반도체 초퍼가 사용된다.

전위차계식 자동 평형 기록계는 펜을 둘 설치하여 두 측정량을 동시에 기록할 수 있는 방식과 기구를 갖추어 2～12개의 측정량을 바꾸어 가며 기록하는 다채널 기록계도 있다.

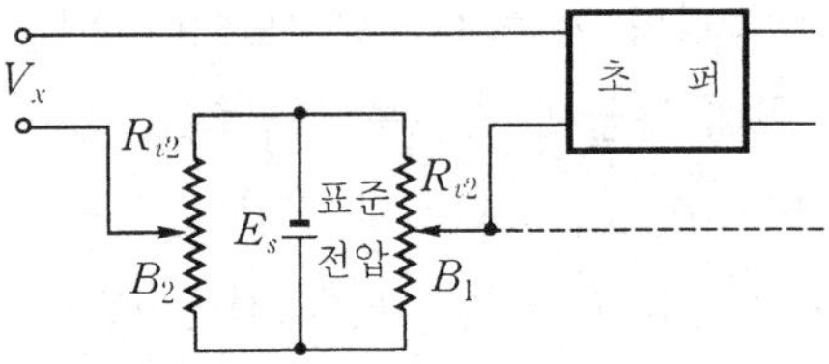

그림 10.6 표준 전압 회로

(2) 브리지식 자기 평형형 기록계

그림 10.7은 브리지식 자기 평형형 기록계의 원리를 나타낸 것이다. 측정량을 저항(임피던스) r_x로 변환시켜 저항 r_1, r_2, r_3와 함께 브리지를 구성한다. r_1과 r_3는 습동 저항이다. 지금, 습동 저항의 습동자를 조정하여 r_1과 r_3의 값을 변화시켜

$$r_1 r_2 = r_x r_3 \qquad \cdots (10.1)$$

의 관계가 만족되도록 하면, 브리지는 평형되어 CD간의 전위차는 0으로 된다. 그러나 r_x의 값이 변화하여 식 (10.1)의 관계가 만족되지 않으면 브리지는 불평형 상태로 되어

CD간에는 불평형 전압 V_e가 발생하고, 이 전압 V_e를 증폭하여 전위차계식의 경우와 같이 서보 모터에 가하여 회전시킨다. 그 회전력이 습동자에 전달되어 습동 저항 r_1, r_2를 조정하고, 브리지가 평형을 이루면 서보 모터의 회전은 멈추고 습동자도 정지한다. 이와 같이 r_x 값의 변화는 습동자의 위치 변화로 변환되므로, 펜을 습동자와 연동시키면 r_x 값의 변화를 기록할 수 있다. 따라서 각종 변환기(transducer)를 사용하여 전기량이나 공업량을 저항(임피던스)으로 변환시키면 그 양의 시간적 변화를 기록할 수 있다.

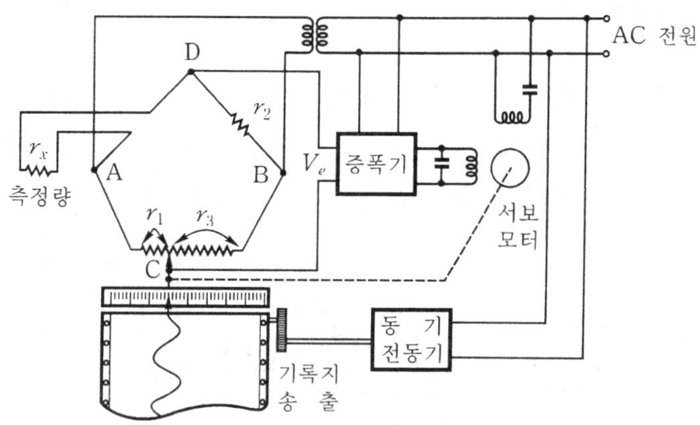

그림 10.7 브리지식 자동 평형형 기록계의 원리

(3) 자동 평형형 기록계의 특징과 용도

자동 평형형 기록계는 검류계형 기록계에 비해 다음과 같은 특징이 있다.

① 영위법을 이용하여 측정, 기록하므로 평형시에는 측정 회로로부터 거의 전류를 취하지 않는다. 즉, 입력 임피던스가 매우 크기 때문에(1 M 정도) 측정 회로를 교란시키지 않고 측정, 기록할 수 있다.

② 측정 결과를 입력측에 귀환시켜 입력값과 지시값이 일치할 때까지 구동력이 작용하므로 정도가 좋다. 귀환 작용이 없는 검류계형 기록계의 정밀도가 2~5 %인데 비해서 자동 평형형 기록계에서는 0.3~0.5 %의 높은 정밀도를 기대할 수 있다.

③ 서보 모터의 회전력으로 습동자를 움직여 평형을 취하는 등 기계적인 동작이 많으므로 응답이 늦다. 사용 주파수 범위는 DC~2 Hz이나, 샘플링(sampling) 변환기에 의해 고주파 현상을 저주파로 변환시키면 1 MHz 정도의 고주파 파형도 기록할 수 있다.

④ 검류계형 기록계와는 달라 원호(arc)의 영향이 없고, 눈금이 직선이므로 읽기 쉬우며 기록 폭이 크다(250 mm 정도).

⑤ 펜이나 지침을 움직이는 구동력이 크므로 펜의 무게나 기록지와의 마찰 등은 문제가 되지 않으며 이 점으로부터도 정밀도가 좋다는 사실을 알 수 있다.

자동 평형형 기록계는 이와 같은 우수한 특징이 있으므로 전압, 전류, 주파수 등의 전기량이나 온도, 압력, 회전수 등과 같은 공업량의 기록계로서, 또한 분광 장치나 분석 장치 등 이화학 기기용의 기록계로서 사용되고 있다.

10.2 X-Y 기록계

지금까지 설명한 기록계는 기록지를 일정한 속도로 움직여서 시간에 대한 측정량의 변화를 기록하는 것이었으나, X-Y 기록계(x-y recorder)는 주로 두 변화량의 상호 관계를 자동적으로 기록하는 장치이다. 그림 10.8은 X-Y 기록계의 원리도이다.

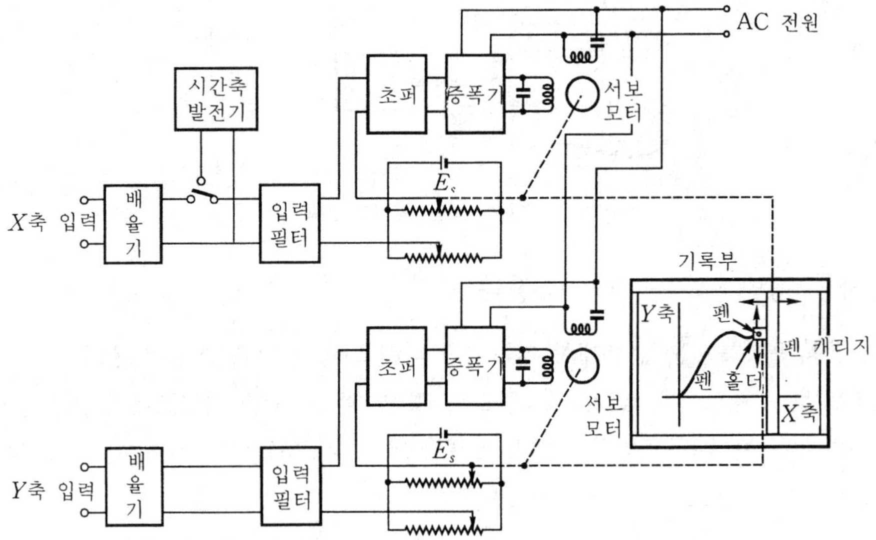

그림 10.8 X–Y 기록계의 원리

X-Y 기록계의 기록부는 그림과 같이 펜, 펜 캐리지(pen carriage), 펜 홀더(pen-holder)로 구성되어 있다. 펜 캐리지는 X축 입력의 변화에 따라, 펜 홀더는 Y축 입력의 변화에 따라 자유롭게 이동할 수 있게 되어 있다. 따라서 X축, Y축에 서로 독립적인 입력을 가하면 펜은 X축 입력과 Y축 입력의 변화에 따라 움직이므로 기록지상에 X축 입력과 Y축 입력의 상호 관계를 기록할 수 있다. 입력 변화에 따라 펜 캐리지와 펜 홀더를 X축 및 Y축 방향으로 자유롭게 이동시키기 위해서 완전히 동일한 회로 구성을 갖는 2개의 전위차계식 자동 평형형 기록계의 기구가 사용된다. 또한, X-Y 기록계를

사용하여 보통 기록계와 같이 시간에 따른 측정량의 변화를 기록하기 위하여 X축에 시간축 발진기가 설치되어 있다. 시간축 발진기는 시간에 따라 그 값이 증가하는 톱니파 전압을 발생시키므로 이를 X축에 입력으로 가해 주면 X축, 즉 펜 캐리지는 일정한 속도로 이동한다. 이를 스위프(sweep)라고 한다. 따라서 Y축에 측정량을 인가하면 시간에 따른 그 측정량의 변화를 기록할 수 있다. 그런데 시간축 발진기를 사용하지 않고 기록지 송출 장치를 장치시킴으로써 X축 방향으로 기록지를 일정한 속도로 송출시켜 보통의 전위차계식 자동 평형 기록계로도 사용할 수 있다. X-Y 기록계는 전기, 물리, 화학, 의학 등 다방면에 걸쳐 광범위하게 사용되고 있다.

X-Y 기록계를 사용할 때 적당한 측정 범위를 선택하도록 되어 있는데, 그림 10.9는 입력 증폭단의 일례이다. 스위치 S_1과 S_2의 현재 위치에서 비반전 증폭기의 이득은 10(=10 kΩ + 900 kΩ / 100 kΩ)이다. 따라서 0.1 V가 입력되면 출력은 1 V로 되어, 계측기 펜은 1 cm만큼 이동한다. S_2 위치를 바꾸면 증폭기 이득이 변하여 입력 전압의 범위도 변한다. 또, S_1을 Range에서 Vernier로 스위치하면 증폭기 이득을 최소 1에서 최대 11까지 연속적으로 가변시킬 수 있으므로 〔V/cm〕도 연속적으로 조정할 수 있다.

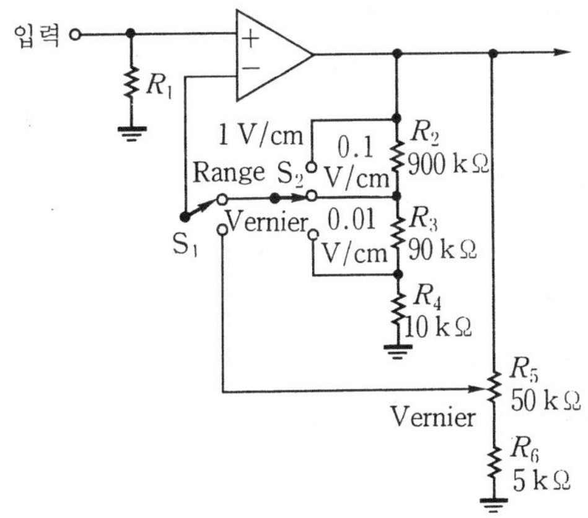

그림 10.9 X-Y 기록계의 입력 증폭기

X-Y 기록계의 입력 저항은 11 kΩ~1 MΩ 사이이다. 확도는 보통 최대 눈금의 약 0.2 %이고, 공통 모드 제거비(common-mode rejection ratio; CMRR)는 약 90 dB 이상이다. 공통 모드 입력이란 두 X 입력(+와 −)에 또는 두 Y 입력에 동시에 나타나는 전압을 의미한다. 그와 같은 입력이 펜을 이동시키지 않도록 하는 것은 중요하다. 90 dB CMRR은 공통 모드 입력이 90 dB (약 32000배)만큼 감소함을 의미한다.

X-Y 기록계의 또 다른 사양은 슬루 속도(slewing speed)이다. 이것은 펜이 편위할 수 있는 최대 속도를 정의하며, 일반적으로 50 cm/s 정도이다. 슬루 속도는 기록계의 주파

수 응답을 제한한다. 대부분의 X-Y 기록계가 따라갈 수 있는 최대 신호 주파수는 약 10 Hz이다.

10.3 플로터

X-Y 기록계가 아날로그 입력을 기록하는 것에 비해서 X-Y 플로터(plotter)는 디지털 입력을 취급한다. 플로터는 한 장의 종이에 그림을 그리는 것을 제외하고는 기본적으로 전위차계식 스트립 차트 기록계와 동일하다. 종이는 롤러(roller)에 의해 앞으로 이동하고, 펜은 수평으로 이동한다. 플로터는 X-Y 기록계와 같은 분야에 응용될 수 있으며, 특히 도안을 그리는 데 널리 사용된다. X-Y 플로터는 여러 가지 측정 결과를 기록하는 것 외에 계산기와 접속해서 직선, 곡선, 문자 등도 그릴 수 있기 때문에 측정 데이터를 보다 더 인간에게 알기 쉬운 형태로 정리할 수가 있다. X-Y 플로터를 그래픽 플로터(graphic plotter)라고도 부른다.

그림 10.10은 X-Y 플로터의 구성도이다. 펜의 구동에는 펄스에 의해 구동되는 스테핑 모터가 사용된다. 이 스테핑 모터는 귀환 기능이 없어도 대단히 정밀도가 높은 동작을 할 수 있다. 마이크로프로세서는 입력 신호에 포함되어 있는 명령 신호(command)에 따라 메모리의 입출력, 펜 이동 신호, 펜 상하 신호의 출력을 행한다. 그림에서 RAM은 고속의 수신 데이터를 일시 수용하는 버퍼 메모리로서의 역할을 하고, ROM은 문자, 기호, 숫자, 직선 등의 작도법을 기억하는 기능을 갖는다.

X-Y 플로터의 특징은 인텔리전트 기능을 갖는 일이다. 즉, 간단한 지시로 이미 메모리 내에 기억되어 있는 순서에 따라 고도의 동작을 할 수가 있다. 예를 들면, 좌표축, 눈금, 눈금에 대응하는 수치 등을 지시하면 자동적으로 작도한다. 그래서 종래에는 인간이 데이터를 정리해서 좌표축이나 눈금 등을 기록하던 일들도 이제는 플로터가 자동적으로 해준다.

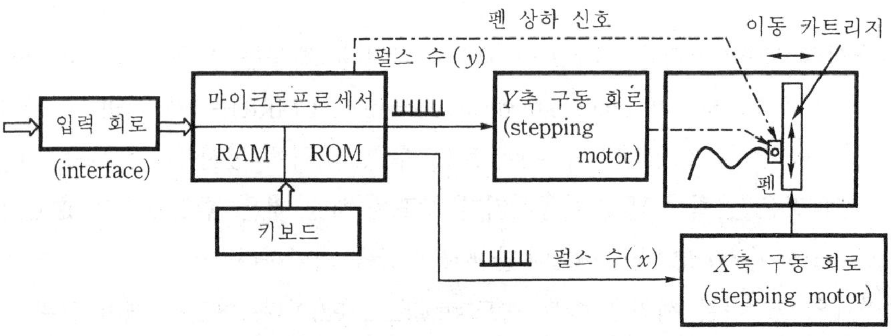

그림 10.10 X-Y 플로터의 구성

연 습 문 제

****

10.1 스트립 차트 기록계와 X-Y 기록계의 기본적인 차이점은 무엇인가?

10.2 기록계에서 자동 평형 원리를 설명하여라.

10.3 펜형 기록계와 광학식 기록계를 비교 설명하여라.

10.4 X-Y 기록계로 다이오드 특성을 그리고자 한다. 그 회로를 간단히 나타내고, 각 회로의 동작을 설명하여라.

10.5 플로터를 간단히 기술하고 그 응용 분야를 열거하라.

11

신호 발생기

신호 발생기는 생산 라인, 수리 또는 연구소 등의 시험 설비에서 필수 불가결한 계측기이다. 신호원은 단계 이득, 주파수 이득, 그리고 수신기의 조정과 다른 전자 장비의 광범위한 검사를 포함하여 다양하게 응용되고 있다.

신호 발생기는 보통 저전력에서 전자 회로 실험에 필요한 다양한 파형을 제공한다. 여러 가지 파형은 간단한 정현파 발진기로부터 복잡한 통신 장비 시험에 사용되는 매우 정교한 계기에 이르기까지 여러 가지 다른 계측기에 의하여 발생된다.

비록 보편적인 용어는 아니지만, 발진기(oscillator)는 일반적으로 단지 정현파 출력 신호만 제공되는 계기에 사용되고, 발생기(generator)는 출력 신호의 진폭 변조(amplitude modulation)와 함께 정현파, 구형파, 삼각파, 그리고 펄스열을 포함한 여러 출력파를 제공하는 계기에 적용된다.

본 장에서는 각종 주파수와 파형을 발생시키는 신호 발생기에 대해서 설명한다.

11.1 발진의 요건 : 귀환 발진기

반복되는 신호를 발생하는 회로를 발진 회로(發振回路)라고 부르며, 그 종류가 매우 다양하다. 원리적으로는 증폭 회로에 귀환 회로(歸還回路; feedback network)를 삽입하여 정귀환(正歸還; positive feedback)을 가하는 귀환형 발진 회로와 부성 저항(負性抵抗; negative resistance) 특성을 이용하는 부성 저항형 발진 회로가 있다. 여기서는 귀환 발진형 회로의 발진 조건을 설명한다.

그림 11.1은 기본적인 귀환 발진기 회로(歸還發振器; feedback oscillator circuit)를 나타낸 것으로, 증폭기와 귀환 회로로 구성된다. 이것을 귀환 발진기라고 부르는 이유는 증폭기의 출력 신호가 귀환 회로를 통해 증폭기 자신의 입력으로 되돌아오기 때문이다. 그림에서, 증폭기 입력은

$$V_i = V_{in} + V_f \qquad \cdots (11.1)$$

$$V_{in} = V_i - V_f \qquad \cdots (11.2)$$

여기서, V_f는 귀환 신호이다. 회로로부터

$$V_f = \beta V_o \qquad \cdots (11.3)$$

$$V_o = AV_i \qquad \cdots (11.4)$$

이므로, 전달 함수 또는 이득은

$$A_f = \frac{V_o}{V_{in}} \qquad \cdots (11.5)$$

식 (11.2), (11.3), (11.4)를 식 (11.5)에 대입하면

$$A_f = \frac{AV_i}{V_i - \beta V_o} = \frac{AV_i}{V_i - \beta AV_i} \qquad \cdots (11.6)$$

따라서,

$$A_f = \frac{A}{1 - A\beta} \qquad \cdots (11.7)$$

여기서, A_f : 폐루프 이득 (closed loop gain)

A : 개루프 이득 (open-loop gain)

β : V_i/V_o = 귀환율 (feedback ratio)

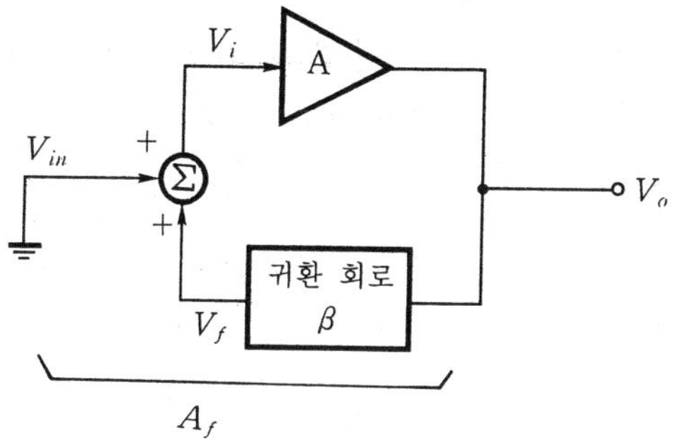

그림 11.1 귀환 발진 회로의 모델

위 식은 정귀환 증폭기와 발진기에 동시에 적용된다. 정귀환이기 때문에 $A\beta > 0$이지만, 만약

$$1 - A\beta = 0 \qquad \cdots(11.8)$$

또는

$$A\beta = 1 \qquad \cdots(11.9)$$

이면 외부에서 입력 신호를 주지 않아도(즉, $V_{in} = 0$이어도), 출력 V_o가 지속되어 발진이 지속적으로 일어날 수 있다. 회로 내에서 발생한 미소 전압(잡음 전압이나 과도 전압)은 증폭 회로에 의해서 A배 증폭된 후, 귀환 회로를 통하여 입력에 $A\beta$배로 되돌아오고, 다시 증폭되어 출력에 나타나는 과정을 반복한다. 발진이 성장하기 위해서는 어느 과정에서 $A\beta > 1$이 되는 조건이 필요하지만, 이득 A는 포화하는 경향이 있어 진폭이 증대함에 따라 A는 저하하고, 드디어 $A\beta = 1$ 조건이 성립하는 곳에서 진폭이 정해지고 안정된 발진을 지속한다.

본래 발진 회로에는 정전 용량이나 인덕턴스 등의 리액턴스 성분($j\omega L$, $1/j\omega C$)이 포함되므로 $A\beta$는 복소수이다. 즉, $A\beta = a + jb$이다. 그러므로 입력이 증폭 회로와 귀환 회로를 거쳐 되돌아오면 전압의 위상 변이(位相變移; phase shift)가 일어나지만, 어떤 특정한 주파수에 대해서 이 위상 변이를 0으로 하면 발진의 성장이 나타난다. 이 조건은 $A\beta$가 실수일 때에 만족된다. 즉,

$$a \geq 1, \quad b = 0$$

이상 설명한 것을 정리하면, 귀환 발진기가 발진을 유지하기 위한 조건은

① 귀환 전압(V_f)이 입력 전압(V_i)과 동상(同相; in phase; 360°)이어야 한다(b = 0).

② 루프 이득(loop gain) $A\beta$가 1이어야 한다(a = 1).

위 두 조건을 발진에 대한 바크하우젠 기준(Barkhausen criteria)이라고 부른다.

발진 회로용 증폭기에는 여러 종류가 있으나, 현재 널리 사용되고 있는 것은 출력과 입력이 180° 위상차를 갖는 반전 증폭기이다. 조건 ①에 따라 360° 위상 변이를 얻기 위해서는 귀환 회로에 의해 발진 주파수에서 추가로 180° 위상 변이가 제공되어야 한다. 즉, 하나의 발진 주파수에서만 180° 위상 변이가 일어나도록 귀환 회로를 설계하면, 발진기는 그 주파수에서 정현파 출력을 만들 것이다.

귀환 회로를 구성하는 방법에는 여러 가지가 있으며, 저항과 커패시터(*RC*) 또는 인덕터와 커패시터(*LC*)의 조합으로 구성되는 이상 회로(移相回路; phase shift circuit)가 사용된다. 인덕턴스와 정전 용량의 조합은 보통 동조 회로(同調回路) 또는 탱크 회로(tank)라고 부른다. *RC* 조합을 채용한 발진기는 *LC*형의 발진기보다 인덕터의 크기를 줄일 수 있는 현저한 장점을 갖는다.

11.2 저주파 신호 발생기

저주파 신호 발생기(低周波信號發生器; low frequency signal generator)는 보통 최대 100 kHz의 정현파 발생기이다. 이 계측기는 진폭과 주파수가 가변인 정현파를 발생하고, 보통 구형파도 함께 제공한다. 출력 파형의 최대 진폭은 보통 25 V_{rms} 정도이고, 가장 일반적인 출력 임피던스는 75 Ω과 600 Ω이다. 이 발생기를 가청 주파수 발진기(可聽周波數發生器; audio frequency generator)라고도 하며, 가청 주파수 영역(20 Hz~20 kHz)에서 동작하는 장비의 시험에 유용한 계측기이다.

저주파 신호 발진에는 *RC* 발진 회로가 사용된다. *RC* 발진기는 귀환 회로를 저항과 커패시터로 구성하며, 발진 주파수 영역은 수 Hz~수백 kHz의 저주파로 된다. 대표적인 저주파 발진기에는 *RC* 이상 발진기(phase shift oscillator)와 빈 브리지 발진기(Wien bridge oscillator)가 있다.

11.2.1 이상 발진기

그림 11.2는 *RC* 이상 발진기(移相發振器; phase shift oscillator)를 나타낸 것으로, 반전 증폭 회로와 *RC* 귀환 회로로 구성된다. 증폭 회로의 출력 V_o는 특정 주파수에 대해 위상이 반전하는 *RC* 귀환 회로를 통해 입력에 다시 가해지고, 바크하우젠 조건 ①이 만족되면 발진이 일어난다. 귀환 회로의 180° 위상 반전에는 진상형(進相形)과 지상형(遲相形)이 있다.

이상 회로는 그림처럼 커패시터와 저항으로 구성된 *RC* 회로망이다. 각 *RC* 회로에서 60°씩, 총 180°의 위상 변이가 얻어진다. 그리고 증폭기는 반전 증폭기이므로 위상을 180° 변화시킨다. 따라서 *RC* 회로가 180° 위상 변이를 제공하는 주파수에서 이 회로의 총 위상 변이는 360°이다.

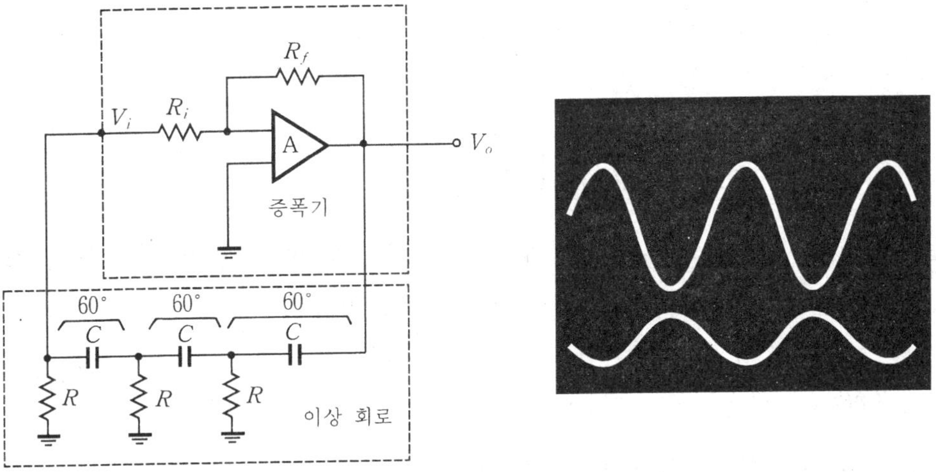

(a) 회로　　　(b) 입출력 파형

그림 11.2 기본적인 *RC* 이상 발진 회로

이상 발진 회로에 대한 발진 주파수를 유도해 보자. 그림 11.3은 진상형 등가 회로를 나타낸 것이다. 이 회로에 키르히호프의 법칙을 적용하면,

$$V_o = AV_i,\quad V_i = RI_3 \qquad \cdots(11.10)$$

$$V_o = \left(R + \frac{1}{j\omega C}\right)I_1 - RI_2 \qquad \cdots(11.11)$$

$$RI_1 - \left(2R + \frac{1}{j\omega C}\right)I_2 + RI_3 = 0 \qquad \cdots(11.12)$$

$$RI_2 - \left(2R + \frac{1}{j\omega C}\right)I_3 = 0 \qquad \cdots(11.13)$$

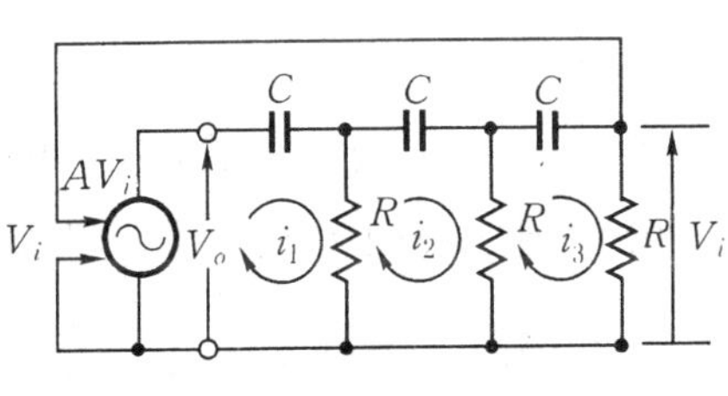

그림 11.3 진상형 *RC* 발진 회로의 등가 회로

위 식으로부터 입력과 출력 전압 사이의 관계를 구하면,

$$V_o = \left\{\left(1 - \frac{5}{\omega^2 C^2 R^2} - j\frac{1}{\omega CR}\left(6 - \frac{1}{\omega^2 C^2 R^2}\right)\right)\right\} V_i \qquad \cdots (11.14)$$

$$A = \frac{V_o}{V_i} = 1 - \frac{5}{\omega^2 C^2 R^2} - j\frac{1}{\omega CR}\left(6 - \frac{1}{\omega^2 C^2 R^2}\right) \qquad \cdots (11.15)$$

또는

$$\beta = \frac{V_i}{V_o} = \frac{1}{1 - \frac{5}{\omega^2 C^2 R^2} - j\frac{1}{\omega CR}\left(6 - \frac{1}{\omega^2 C^2 R^2}\right)} \qquad \cdots (11.16)$$

이득 A와 β는 실수이어야 한다. 즉, 귀환 회로망의 위상 변화가 180° 위상 변이 조건을 만족시키면 식 (11.16)의 허수 항이 0이어야 한다. 따라서,

$$\frac{1}{(\omega RC)^3} - \frac{6}{\omega RC} = 0 \qquad \cdots (11.17)$$

위 식을 정리하여 회로의 발진 주파수를 구하면

$$\omega = \frac{1}{\sqrt{6}RC} \qquad \cdots (11.18)$$

$$f = \frac{1}{2\sqrt{6}\pi RC} \qquad \cdots (11.19)$$

식 (11.15)와 (11.16)에 식 (11.18)의 ω를 대입하면 다음과 같이 된다.

$$A = \frac{V_o}{V_i} = 1 - 5/(1/6) + j\left(6\sqrt{6} - 6\sqrt{6}\right) = -29 \qquad \cdots (11.20)$$

$$\beta = \frac{V_i}{V_o} = \frac{1}{1 - 5/(1/6) + j\left(6\sqrt{6} - 6\sqrt{6}\right)} = -\frac{1}{29} \qquad \cdots (11.21)$$

따라서 발진 주파수에서 입력과 출력의 관계는

$$V_o = -29V_i \qquad \cdots (11.22)$$

으로 된다.

위 식의 의미는 발진 주파수에서 귀환 회로의 감쇠량(1/29)을 보상하기 위해서 증폭기 이득은 적어도 29가 되어야 조건 $A\beta = 1$을 만족하여 회로가 발진을 유지한다.

〔**예제** 11.1〕 그림 11.2의 이상 발진기에서 $R = 5\ \text{k}\Omega, C = 0.01\ \mu\text{F}$일 때 발진 주파수를 구하라.

〔**풀이**〕 식 (11.19)를 이용해 발진 주파수를 계산하면

$$f = \frac{1}{2\pi\sqrt{6}RC}$$

$$= \frac{1}{\left(2\pi\sqrt{6}\right)\left(5\,\text{k}\Omega\right)\left(0.01\,\mu\text{F}\right)} = 1300\,\text{Hz}$$

RC 이상 발진기는 간단하기 때문에 안정성이 크게 문제되지 않는 응용 분야에서 특히 중간 및 저주파(1 Hz까지도) 발진에 적합하다. 그러나 다음에서 설명하는 빈 브리지 발진기에 비해 주파수 안정도가 좋지 않고, 왜율이 크며, 또 커패시터를 조정하여 주파수를 변화시켜야 되기 때문에 불편하다.

11.2.2 빈 브리지 발진기

빈 브리지 발진기는 설계가 간단하고, 비교적 순수 정현파 출력이 얻어지며, 매우 안정된 발진 주파수를 갖는 등 아주 매력적인 특성을 나타낸다. 빈 브리지 발진기는 빈 브리지 자체가 이상 회로(移相回路)로 작용하는 귀환 증폭기이다. 그래서 증폭기는 비반전 증폭기가 사용된다. 5장에서 설명한 바와 같이 빈 브리지는 교류 브리지이며, 특정 주파수에서 평형 상태로 된다.

그림 11.4는 빈 브리지 발진기를 나타낸 것으로, 빈 브리지와 연산 증폭기로 구성된다. 연산 증폭기는 높은 전압 이득, 고입력 임피던스, 그리고 낮은 출력 임피던스를 갖는 IC 증폭기이다. 먼저, 빈 브리지의 발진 주파수를 구해 보자.

각 점에서 임피던스 Z_1과 Z_2를 구하면

$$Z_1 = R_1 - \frac{j}{\omega C_1}, \quad Z_2 = \frac{R_2(-j/\omega C_2)}{R_2 - (j/\omega C_2)} = \frac{R_2}{1 + j\omega C_2 R_2} \qquad \cdots (11.23)$$

증폭기의 출력 전압 V_o가 빈 브리지의 신호 전압(V_s)으로 된다. 두 저항 R_3, R_4는 저항 분압기를 형성하고, 이것에 의한 분압 전압은

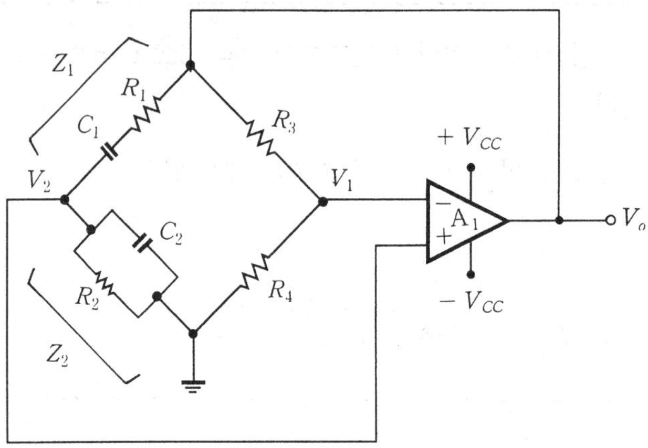

(a) 회로

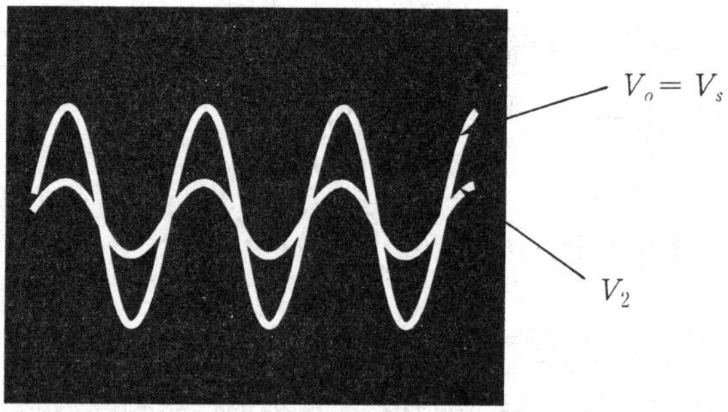

(b) 입출력 파형

그림 11.4 빈 브리지 발진 회로

$$V_1 = \frac{R_4}{R_3 + R_4} V_o \quad \cdots (11.24)$$

또, 다른 변 Z_1, Z_2에 의한 분압 전압 V_2는

$$V_2 = \frac{Z_2}{Z_1 + Z_2} V_o = \frac{1}{1 + R_1 / R_2 + C_2 / C_1 + j\left\{\omega C_2 R_1 - 1/(\omega C_1 R_2)\right\}} V_o \quad \cdots (11.25)$$

증폭기 입력 전압 V_i는

$$V_i = V_2 - V_1 = \left(\frac{Z_2}{Z_1 + Z_2} - \frac{R_4}{R_3 + R_4}\right) V_o \quad \cdots (11.26)$$

따라서 귀환율 β는

$$\beta = \frac{V_i}{V_o} = \frac{1}{1 + R_1 / R_2 + C_2 / C_1 + j\left\{\omega C_2 R_1 - 1/(\omega C_1 R_2)\right\}} - \frac{R_4}{R_3 + R_4} \quad \cdots (11.27)$$

증폭기에서 위상 변이가 없다고 하면(즉, 입출력이 동상인 증폭기), 정귀환이 되기 위해서 식 (11.26)의 허수부가 0이 되어야 한다. 따라서 발진 조건은

$$\omega C_2 R_1 - \frac{1}{\omega C_1 R_1} = 0 \qquad \cdots (11.28)$$

이기 때문에, 발진 주파수는

$$\omega = \frac{1}{\sqrt{C_1 C_2 R_1 R_2}} = 0 \qquad \cdots (11.29)$$

$$f = \frac{1}{2\pi\sqrt{C_1 C_2 R_1 R_2}} \qquad \cdots (11.30)$$

가 된다. 또 식 (11.28)이 만족되었을 때 필요한 전압 증폭도는 식 (11.26)에 의해

$$A = \frac{1}{\beta} = \frac{1}{\dfrac{1}{1 + R_1 / R_2 + C_2 / C_1} - \dfrac{R_4}{R_3 + R_4}} \qquad \cdots (11.31)$$

통상 $C_1 = C_2 = C$ 및 $R_1 = R_2 = R$로 하므로, 발진에 필요한 전압 증폭도 A와 발진 주파수 f는 다음과 같이 간략화된다.

$$A = \frac{1}{\dfrac{1}{3} - \dfrac{R_4}{R_3 + R_4}} \qquad \cdots (11.32)$$

$$f = \frac{1}{2\pi CR} \qquad \cdots (11.33)$$

발진 주파수는 R과 C를 조정하면 변화시킬 수 있다. $R_3 = 2R_4$이면 $A = \infty$로 되어 발진할 수 없다. 따라서

$$R_3 = 2R_4 \qquad \cdots (11.34)$$

로 한다. 식 (11.25)에 의해 $R_1 = R_2$, $C_1 = C_2$를 대입하면 발진 주파수에서 V_2는

$$V_2 = \frac{1}{3} V_o \qquad \cdots (11.35)$$

이와 같이 브리지 평형 주파수(식 11.33)에서 증폭기 입력 전압 V_2는 출력 전압 V_o와 동상이다. 다른 모든 주파수에서는 브리지가 불평형 되므로, 귀환 전압과 출력 전압의 위상이 서로 다르게 되어 발진은 지속되지 못한다.

〔예제 11.2〕 그림 11.4에서 $R = 6\,\text{k}\Omega$, $C = 0.003\,\mu\text{F}$일 때 빈 브리지 발진기의 발진 주파수를 구하라.

〔풀이〕 식 (11.30)으로부터 발진 주파수는 다음과 같이 계산된다.

$$f = \frac{1}{2\pi RC} = \frac{1}{(2\pi)(6\,\text{k}\Omega)(0.003\,\mu\text{F})} = 8.842\,\text{kHz}$$

그림 11.4(b)는 V_2와 V_s의 관계를 보여 준다. $V_2 = V_o/3$이고, V_2와 V_s가 서로 동상으로 됨을 알 수 있다.

빈 브리지가 발진을 지속하기 위해서는 증폭기 이득이 $A = 3$보다 약간 더 커야 한다. 그러나 증폭기의 이득이 안정된 발진에 필요한 값 어느 이상으로 증가하면, 증폭기의 출력의 진폭은 공급 전압 $+V_{CC}$와 $-V_{CC}$에 접근해 가기 때문에 그림 11.5(a)와 같이 정현파 출력에 일그러짐(歪; distortion)이 발생한다. 이와 같은 문제점을 극복하기 위해서, 여러 가지 방법이 사용되고 있는데, 그림 11.5(b)는 그중 하나로서 그림 11.4의 저항 R_3를 R_5와 R_6로 분리하고 소신호 다이오드를 R_6와 병렬로 접속한다. 출력 진폭이 작을 때에는 R_6 양단 전압은 다이오드를 턴온시킬 만큼 충분히 크지 못하므로 회로 이득은

$$A_v = \frac{V_o}{V_2} = 1 + \frac{R_3}{R_4} \qquad \cdots (11.36)$$

가 된다. 또한

$$A_{v1} = 1 + \frac{R_5 + R_6}{R_4} \qquad \cdots (11.37)$$

출력 진폭이 다이오드를 순방향 바이어스 시킬 만큼 충분히 커지면 R_6는 단락되고, 이득은

$$A_{v2} = 1 + \frac{R_5}{R_4} \qquad \cdots (11.38)$$

로 된다. 따라서 A_{v2}를 3보다 작게 설정해 놓으면 발진 조건을 만족시키지 못하므로 큰 출력 전압은 지속되지 못한다. 그러나 식 (11.37)을 만족하는 진폭 발진은 계속된다.

빈 브리지는 동작 주파수와 각 변에 흘릴 수 있는 전류 크기를 결정하여 설계한다. 브리지 전류는 일반적으로 증폭기의 최대 입력 전류보다 적어도 100배 크며, 정현파 출력 전압의 피크값은 보통 V_{CC}의 90% 정도이다. 주파수는 식 (11.33)에서 R과 C를 조정하여 변화시킨다.

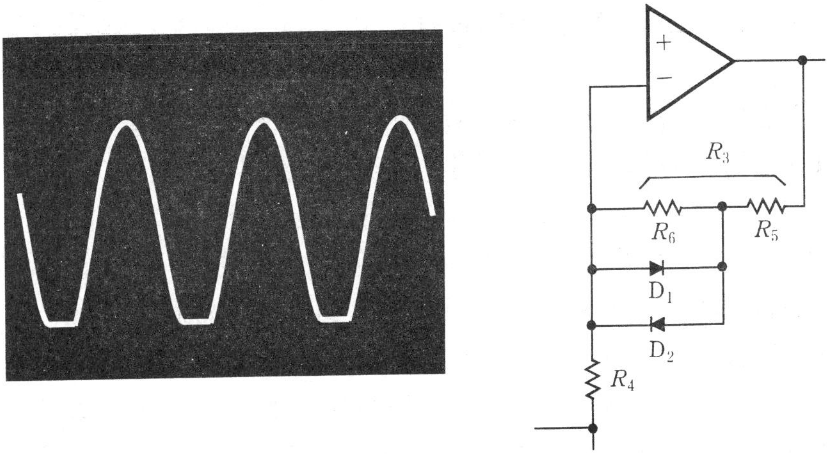

(a) 출력 정현파의 일그러짐 (b) 출력 진폭을 안정시키기 위해 변형된 회로

그림 11.5 기본적인 빈 브리지 회로에서 정현파 출력의 일그러짐과 안정화 회로

〔**예제** 11.3〕 다음과 같은 규격을 갖는 빈 브리지를 설계하라.

$f = 15\text{ kHz},\ V_{CC} = \pm 10\text{ V},\ I_{in} = 1\ \mu\text{A},\ I_{R4} = 100\ I_{in}$

〔**풀이**〕 정현파의 피크값이 V_{CC}의 90 %이면 $R_3 + R_4$의 값은 다음과 같이 계산된다.

$$R_3 + R_4 = \frac{0.9V_{CC}}{100\,\mu\text{A}} = 90\text{ k}\Omega$$

식 (11.30)을 사용하면

$$R_3 = 2R_4$$

따라서,

$$3R_4 = 90\text{ k}\Omega,\ R_4 = 30\text{ k}\Omega,\ R_3 = 2R_4 = 60\text{ k}\Omega$$

일반적으로, $R_1 = R_2 = R_4$로 선택하면 편리하다.

$$R_1 = R_2 = 30\text{ k}\Omega$$

식 (11.30)을 사용하여 커패시턴스 C를 구하면

$$C = \frac{1}{2\pi fR} = \frac{1}{(2\pi)(15\text{kHz})(30\text{k}\Omega)} = 354\text{ pF}$$

빈 브리지 발진기는 비교적 파형의 일그러짐이 적고 진폭과 주파수 안정성이 우수하며, 비교적 넓은 주파수 범위를 가지며, 주파수 변화가 용이한 점 등으로 인하여 가청 주파수 발진에 널리 사용되고 있다.

저주파 대역에서 발진 회로의 선택은 응용 분야에 맞게 결정해야 한다.

11.3 무선 주파수 신호 발생기

무선 주파수 발생기(無線周波數發生器; radio-frequency generator; RF generator)는 약 100 kHz~40 GHz 사이의 주파수를 갖는 정현파 출력 신호를 제공한다.

그림 11.6은 무선 주파수 발생기의 구성 회로를 나타낸다. 이 계측기는 기본적으로 RF 발진기, 증폭기, 교정된 감쇠기로 구성된다. 또한 RF 신호를 진폭 변조(振幅變調; amplitude modulation; AM)와 주파수 변조(周波數變調; frequency modulation; FM)시킬 수 있는 변조 발진기(modulation oscillator)를 갖고 있다. 발생기의 주파수 안정도는 *LC* 발진 회로의 안정도에 의하여 제한된다. 따라서 주 발진기의 설계에 상당한 주의를 기울여야 한다. 광대역 증폭기는 발진기의 정현파 출력 신호를 증폭하고, 또 출력 단자에 접속되는 임의 부하와 발진기를 완충해 주는 역할을 한다. 필요한 경우, RF 신호는 변조 발진기에 의해 증폭기에서 변조된다. 증폭기 출력은 감쇠 회로에 인가되어 적당한 진폭으로 조정되고, 출력 계기에 의해서 지시된다.

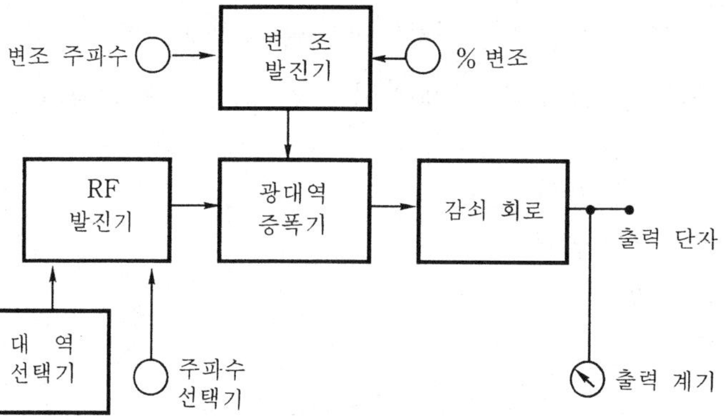

그림 11.6 기본적인 RF 신호 발생기

11.3.1 무선 주파수 발진기

11.2절에서 설명한 *RC* 발진기는 저주파 신호 발진에 사용되는 반면, *LC* 발진 회로는 수십 kHz 이상의 고주파 발진에 이용된다. *LC* 무선 주파수 발진기도 *RC* 발진기와 마찬가지로 바크하우젠 기준을 만족시킨다. 그러나 귀환 회로를 인덕턴스(*L*)와 정전 용량(*C*)으로 구성한 *LC* 회로를 사용한다. 이 *LC* 회로를 보통 탱크 회로(tank circuit)라고도 부르며, 탱크 회로를 원하는 발진 주파수에서 공진 상태가 되도록 설계하면 원하는 발진 주파수만 통과시키고 다른 모든 주파수는 차단하는 필터로 작용한다.

LC 회로는 보통 고주파 발진에 사용하는데, 일반적으로 op amp는 고주파에 사용하지 않으므로 증폭기로는 바이폴러 트랜지스터(BJT)나 전계 효과 트랜지스터(FET)가 사용된다. 그림 11.7은 *LC* 발진 회로의 기본형을 나타낸 것이다. 여기서 증폭기를 포함한 발진 조건을 유도하는 것은 복잡하므로 생략하지만 다음과 같이 얻어진다(문제 11.8을 보라).

$$\text{이득 조건 : } \beta + \frac{Z_1 + Z_3}{Z_3} = 0 \qquad \cdots (11.39)$$

$$\text{위상 조건 : } Z_1 + Z_2 + Z_3 = 0 \qquad \cdots (11.40)$$

위 두 조건식에서

$$\beta = -\frac{Z_1 + Z_3}{Z_3} = \frac{Z_2}{Z_3} \qquad \cdots (11.41)$$

위 식에서 β는 귀환 회로의 귀환율이므로 그 값이 (−)이어야 한다. 따라서 Z_2와 Z_3의 부호는 같고, Z_1과 Z_2, Z_3의 부호는 서로 다르다. 즉, *LC* 발진 회로의 구성에서 Z_1이 커패시터(*C*)이면 Z_2, Z_3는 인덕터(*L*)이어야 하고, Z_1이 인덕터이면 Z_2, Z_3는 커패시터이어야 한다.

(a) BJT 사용　　(b) FET 사용

그림 11.7　*LC* 발진 회로의 기본형

그림 11.8은 대표적인 *LC* 발진 회로이며, 그림 (a)를 하틀리 발진기 (Hartley oscillator), (b)를 콜피츠 발진기 (Colpitts oscillator)라고 부른다. 두 발진기에서 증폭기는 입력 신호를 증폭할 뿐만 아니라 위상도 반전시킨다. 증폭된 출력이 귀환 회로를 거쳐 증폭기 입력 단자로 돌아오는 동안 귀환 회로에서 감쇠되고 추가로 180° 위상 변이를 일으킨다. 증폭기 이득은 귀환 회로의 감쇠율의 역수와 같다. 이와 같이 두 발진기에서 루프 이득이 1, 루프 위상 변이가 360°로 되어 바크하우젠 발진 조건을 만족한다.

그림 11.8(a)의 하틀리 발진기는 발진 조건에서 Z_2, $Z_3 > 0$, $Z_1 < 0$ 인 경우에 해당되며, 이상 회로는 L_1과 L_2로 구성된 탭이 달린 인덕터와 발진 주파수를 변화시키기 위한 가변 용량 C로 구성된다. 그림에서,

$$Z_1 = \frac{1}{j\omega C}, \quad Z_2 = j\omega(L_1 + M), \quad Z_3 = j\omega(L_2 + M) \qquad \cdots (11.42)$$

이므로, 귀환율 β는 식 (11.41)로부터

$$\beta = \frac{L_1 + M}{L_2 + M} \quad \text{또는} \quad \beta = \frac{L_1}{L_2}\ (M\text{을 무시한 경우}) \qquad \cdots (11.43)$$

발진을 유지하기 위해서는 바크하우젠 조건 $A\beta \geq 1$을 만족시켜야 한다. 즉,

$$A \geq \frac{1}{\beta} \qquad \cdots (11.44)$$

식 (11.43)을 (11.44)에 대입하면 다음 식이 얻어진다.

$$A \geq \frac{(L_2 + M)}{(L_1 + M)} \qquad \cdots (11.45)$$

위 식은 발진 유지를 위해 증폭기의 이득이 $L_2 + M$과 $L_1 + M$의 비보다 크던가 같아야 됨을 의미한다.

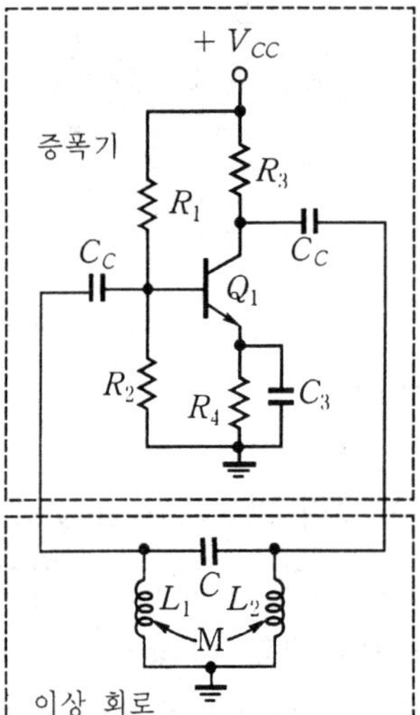

(a) 하틀리 발진기

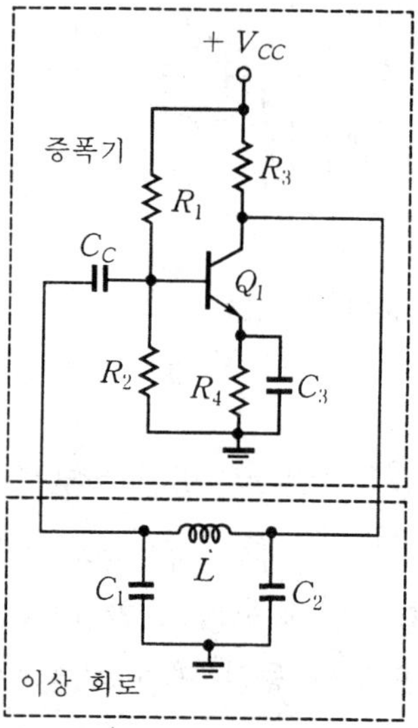

(b) 콜피츠 발진기

그림 11.8 RF 신호 발진기에 사용되는 대표적인 LC 발진 회로

한편, 식 (11.40)의 위상 조건으로부터

$$\begin{aligned} &\frac{1}{j\omega C} + j\omega(L_1 + M) + j\omega(L_2 + M) = 0 \\ &\omega(L_1 + L_2 + 2M) - \frac{1}{\omega C} = 0 \end{aligned} \qquad \cdots (11.46)$$

식 (11.46)을 주파수 f에 대해 풀면 무선 주파수 발진기의 발진 주파수에 대한 식이 얻어진다. 발진 주파수 f는

$$f = \frac{1}{2\pi\sqrt{C(L_1 + L_2 + L_3)}} = \frac{1}{2\pi\sqrt{CL}} \qquad \cdots (11.47)$$

여기서, $L =$ 이상 회로의 총 인덕턴스 $= L_1 + L_2 + 2M$

$C =$ 이상 회로의 총 용량

그림 11.8(b)의 콜피츠 발진기는 발진 조건에서 Z_2, $Z_3 < 0$, $Z_1 > 0$ 인 경우이다. 즉,

$$Z_1 = j\omega L, \quad Z_2 = \frac{1}{j\omega C_1}, \quad Z_3 = \frac{1}{j\omega C_2} \qquad \cdots (11.48)$$

발진 조건은 식 (11.41)에서

$$\beta = \frac{C_2}{C_1} \qquad \cdots (11.49)$$

이고, 발진 주파수는 식 (11.40)에서

$$f = \frac{1}{2\pi}\sqrt{\frac{1}{L}\left(\frac{1}{C_1} + \frac{1}{C_2}\right)} = \frac{1}{2\pi\sqrt{L\dfrac{C_1C_2}{C_1 + C_2}}} = \frac{1}{2\pi\sqrt{LC}} \qquad \cdots (11.50)$$

로 된다. 여기서 C는 C_1과 C_2의 직렬 합성이다

〔**예제** 11.4〕 그림 11.8(a)의 하틀리 발진기에서 $L_1 = 10\,\mu$H, $L_2 = 270\,\mu$H, $C = 0.001\,\mu$H 일 때 발진 주파수를 구하라. $M = 0$으로 생각한다. 또, 발진을 유지하기 위한 증폭기의 최소 이득을 얼마로 설계해야 되는가?

〔**풀이**〕 발진 주파수는 식 (11.47)로부터 다음과 같이 구해진다.

$$f = \frac{1}{2\pi\left[\left(L_1 + L_2\right)C\right]^{1/2}} = \frac{1}{2\pi\left[\left(280\,\mu\mathrm{H}\right)\left(0.001\,\mu\mathrm{H}\right)\right]^{1/2}}$$

$$= \frac{1}{\left(2\pi\right)\left(5.29\times10^{-7}\right)} = 300\,\mathrm{kHz}$$

증폭기의 최소 이득은 식 (11.45)를 사용하면 다음과 같이 된다.

$$A_{\min} = \frac{L_2}{L_1} = \frac{270\,\mu\mathrm{H}}{10\,\mu\mathrm{H}} = 27$$

11.3.2 변조 회로

대부분 RF 신호 발생기는 출력의 진폭 변조(振幅變調; amplitude modulation; AM)와 주파수 변조(周波數變調; frequency modulation; FM) 기능을 갖고 있다.

변조(變調; modulation)란 고주파 파형의 어떤 특성(통신 시스템에서 이것을 캐리어, carrier라고 함)을 저주파 파형(이것을 변조 신호, modulating signal이라고 함)에 의해 변화시키는 과정이다. 변조 신호는 외부 신호원으로부터 공급될 수도 있고, 또한 발진기 자체 내에서 발생시킬 수도 있다. 보통 정현파, 구형파, 삼각파, 램프 전압 등이 변조 신호로 사용된다. 변조 모드에는 AM, FM, 펄스 등이 있다. 변조되는 파라미터는 고주파 신호의 진폭, 주파수, 위상이다. 그림 11.9는 AM과 FM 변조 방식을 비교한 것이다. 진폭 변조는 출력 신호의 진폭이 변조 신호에 의해서 결정되는 율로 변화하는 것이다. 주파수 변조는 주파수가 변조 신호에 의해 결정되는 율로 변화한다.

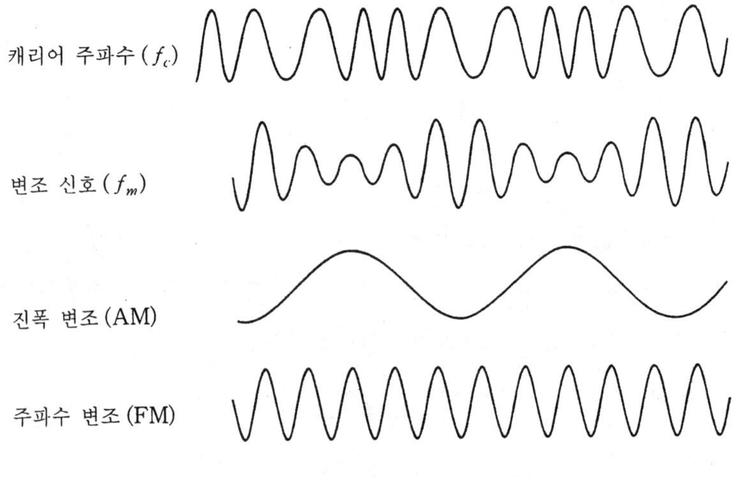

그림 11.9 진폭 변조(AM)와 주파수 변조(FM)

진폭 변조는 증폭단에서 쉽게 이루어진다. 그림 11.10은 진폭 변조 회로의 일례를 나타낸다. Q_2가 없으면 이 증폭기의 이득은 근사적으로

$$A_v \doteqdot \frac{R_3}{R_4} \qquad \cdots (11.51)$$

이다. Q_2는 C_2를 거쳐 R_4에 결합되어 있다. C_2가 dc를 차단하므로, 증폭기 Q_1의 dc 바이어스 조건에는 영향을 미치지 않는다. 지금 Q_2가 존재하면 증폭기 이득은

$$A_v \doteqdot \frac{R_3}{R_4 \,//\, r_d} \qquad \cdots (11.52)$$

여기서, r_d는 FET의 드레인 저항(drain resistance)이다. 저주파 신호가 FET의 게이트에 인가되면 Q_2의 드레인 저항 r_d가 변화하므로 식 (11.52)에 따라 증폭기의 이득이 변화한다. 따라서 RF 출력의 진폭은 그림에 나타낸 것과 같이 저주파 입력과 동상(同相)으로 증감한다.

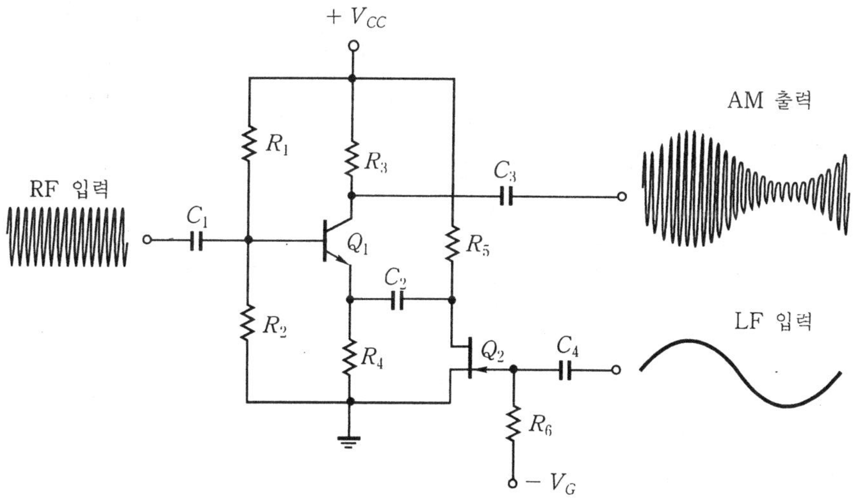

그림 11.10 진폭 변조 회로

한편, 주파수 변조는 보통 RF 신호 발생기의 발진 단계에서 수행된다. 주파수를 변조시키는 방법 중의 하나는 그림 11.11과 같이 가변 전압 용량(可變電壓容量) 다이오드(variable-voltage capacitance diode) D_1을 사용하는 것이다. 이 다이오드의 정전 용량 C_d는 다이오드 양단에 걸리는 역 바이어스 전압에 따라 변화한다. 저주파 신호가 Q_1의 베이스에 인가되면 증폭기의 출력 전압(R_3 양단 전압)이 변하고, 이에 따라 D_1 양단 전압이 변화하여 다이오드의 정전 용량 C_d가 변한다. D_1은 C_3를 통해 발진기의 탱크 회로(L과 C_4)에 결합되어 있으나, C_3의 값을 크게 하면 커패시터는 단락된 것과 마찬가지

이므로 D_1의 용량은 C_4와 병렬로 접속된 것과 동일하다. 따라서 탱크 회로의 발진 주파수(공진 주파수)는

$$f = \frac{1}{2\pi\sqrt{LC}} \quad \cdots (11.53)$$

여기서 C는

$$C = C_d \,//\, C_4 = \frac{C_d C_4}{C_d + C_4} \quad \cdots (11.54)$$

이상 설명한 것과 같이 저주파 입력의 진폭이 변하면, D_1의 용량 C_d가 변하므로, 식 (11.53)으로 주어지는 탱크 회로의 공진 주파수가 변하게 되어 발진기의 출력 주파수는 저주파 입력 신호에 의해서 변조된다.

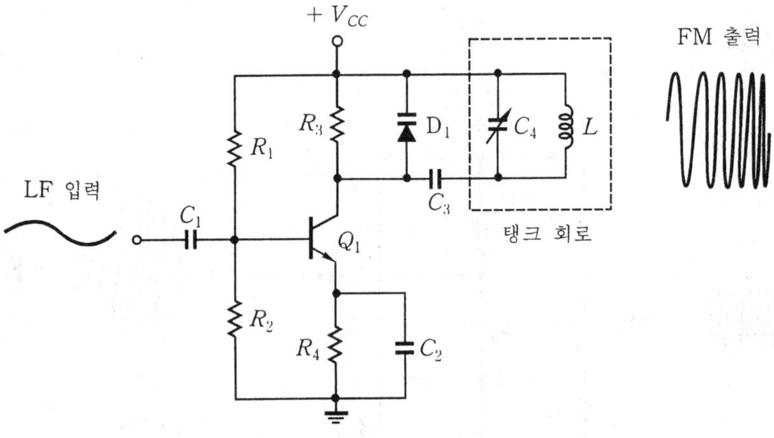

그림 11.11 주파수 변조 회로

11.4 함수 발생기

함수 발생기(函數發生器; function generator)는 넓은 주파수 범위에 걸쳐 여러 형태의 출력 파형을 제공하는 매우 중요하고 용도가 다양한 계측기이다. 가장 대표적인 출력 파형은 정현파, 구형파, 삼각파, 램프파, 펄스파이다.

함수 발생기가 정현파, 구형파, 삼각파 출력을 발생시키기 때문에 이 3가지 파형 중 어느 하나를 계측기의 기본 파형으로 삼는다. 앞에서 설명한 *RC* 또는 *LC* 발진 회로에 의해서 발생되는 정현파를 기본 파형으로 삼을 수 있으나 일반적으로 진폭과 주파수 안정도의 어려움 때문에 특히 낮은 주파수에서는 정현파를 기본 파형으로 사용하지 않는다.

그림 11.12는 기본적인 함수 발생기에 사용되는 여러 가지 방식 중의 하나이며, 이 회로에서는 구형파를 기본 파형으로 채택하고 있다. 구형파를 기본 파형으로 선택한 이유는 구형파를 발생하는 회로가 정현파 발생 회로보다 더 간단하고 진폭과 주파수 안정도가 현저히 우수하기 때문이다.

회로에서, 전압 비교기 A_1은 구형파 출력을 발생한다. A_1의 출력 V_{o1}은 그림 11.13의 (a)와 같이 포화되어, $+V_{CC}$이거나 $-V_{CC}$의 구형파를 발생시킨다. 구형파 출력 중 일부는 적분기 A_2에 들어가고, 여기서 삼각파 출력 V_{o2}가 발생한다. 다른 일부는 구형파-정현파 변환기에 입력된다. 이 변환기는 구형파를 구성하는 기본 정현파만 통과시키고 다른 기수 고조파를 제거하여 정현파 출력을 얻는다. 이 정현파 출력은 반전 증폭기 A_3에 의해서 증폭되어 출력 V_{o3}로 된다.

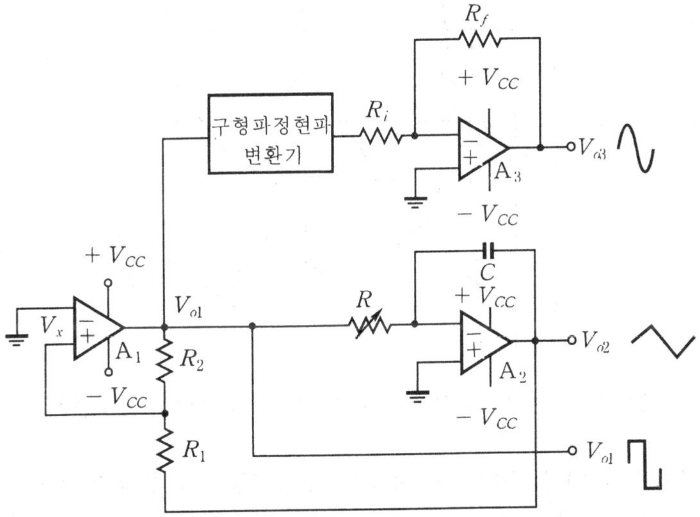

그림 11.12 구형파를 기본 파형으로 한 함수 발생기 회로

$t = 0$에서, 비교기 출력 V_{o1}이 $-V_{CC}$에 있는 것으로 가정하고 이 회로의 동작을 설명해 보자. 출력 전압 V_{o1}은 A_1의 비반전 입력 전압 V_x가 반전 입력 단자 전압(이 경우 0 V)을 초과하기 직전까지는 $-V_{CC}$로 유지된다. 비반전 입력 V_x는 전압 V_{o1}의 일부와 V_{o2}의 일부로 구성된다. 즉,

$$V_x = \frac{R_1}{R_1 + R_2}(-V_{CC}) + \frac{R_2}{R_1 + R_2}V_{o2} \qquad \cdots (11.55)$$

출력 V_{o1}은 $V_x = 0$일 때 상태가 변화하므로 다음과 같이 쓸 수 있다.

$$0 = \frac{R_1}{R_1 + R_2}(-V_{CC}) + \frac{R_2}{R_1 + R_2}V_{o2} \qquad \cdots (11.56)$$

위 식을 정리하면 다음과 같다.

$$V_{o2} = \frac{R_1}{R_2} V_{CC} \qquad \cdots (11.57)$$

적분기 출력 전압 V_{o2}가 식 (11.57)에 주어진 진폭에 도달하면 비교기 출력의 상태가 변화하여 삼각파는 직선적으로 감소하기 시작한다. 출력 V_{o2}가 0 V 축에 대해 대칭이므로 식 (11.57)은 V_{o2}의 최대값과 최소값을 동시에 나타낸다. $R_1 = R_2$인 경우 출력 V_x, V_{o1}, V_{o2}의 파형을 나타내면 그림 11.13과 같다.

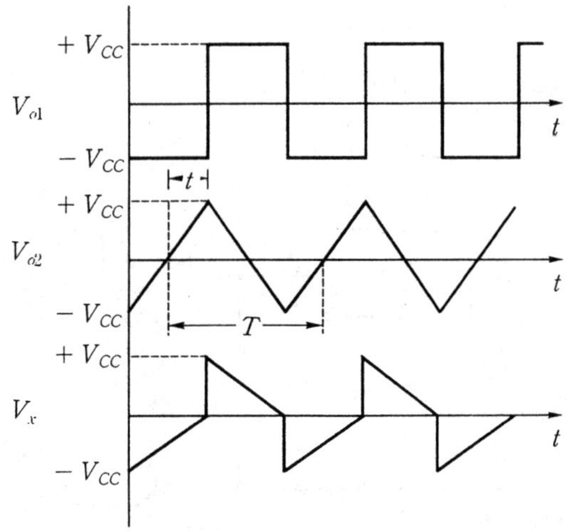

그림 11.13 함수 발생기 회로의 각부 파형 ($R_1 = R_2$인 경우)

이제 발진 주파수에 대한 표현식을 유도해 보자. 7장에서 설명한 바와 같이 연산 증폭기 A_2의 (+)단자가 접지되어 있으므로 (−)단자의 전압도 0으로 된다(가상 접지). 따라서 저항 R을 통해 흐르는 전류는

$$i_R = \frac{V_{o1} - 0}{R} \qquad \cdots (11.58)$$

한편, 적분기의 커패시터 C에 충전되는 전하와 흐르는 전류 사이의 관계는

$$i_C = \frac{dq}{dt} = \frac{d(CV_{o2})}{dt} = C\frac{dV_{o2}}{dt} \qquad \cdots (11.59)$$

연산 증폭기의 입력 저항은 매우 높기 때문에 저항 R을 통해 흐르는 전류는 거의 모두 커패시터를 통해 흐른다. 따라서 다음과 같이 쓸 수 있다.

$$i_R = i_C$$
$$\frac{V_{o1}}{R} = C\frac{dV_{o2}}{dt} \qquad \cdots (11.60)$$

위 식을 적분하면

$$V_{o2} = \frac{1}{RC}\int_0^t V_{o1}\,dt = \frac{V_{o1}}{RC}t \qquad \cdots (11.61)$$

식 (11.57)을 식 (11.61)에 대입하면

$$\frac{R_1}{R_2}V_{CC} = \frac{V_{o1}}{RC}t \qquad \cdots (11.62)$$

$V_{o1} = V_{CC}$이므로 식 (11.62)는 다음과 같이 간략화된다.

$$t = \frac{R_1}{R_2}RC \qquad \cdots (11.63)$$

여기서 커패시터의 초기 전압을 0으로 가정하였으므로(식 11.61의 적분 구간을 보라), 식 (11.63)의 시간 t는 그림 11.13에 나타낸 것과 같이 커패시터가 0 V에서부터 1/4 사이클까지 충전되는 시간이다. 따라서 주기 T는

$$T = 4t = 4RC\left(\frac{R_1}{R_2}\right) \qquad \cdots (11.64)$$

발진 주파수는 주기의 역수이므로 다음과 같이 구해진다.

$$f = \frac{1}{T} = \frac{1}{4RC}\left(\frac{R_2}{R_1}\right) \qquad \cdots (11.65)$$

이와 같이 발진 주파수는 RC 시정수에 의해서 제어된다.

〔**예제** 11.5〕 그림 11.12의 회로에서 $R = 10\ \text{k}\Omega$, $R_1 = 10\ \text{k}\Omega$, $R_2 = 20\ \text{k}\Omega$, $C = 0.01\ \mu\text{F}$이다.
(a) 삼각파 출력의 주파수 (b) 삼각파와 구형파의 진폭비를 계산하라.

〔**풀이**〕 출력 주파수는 식 (11.65)를 사용하여 계산한다.

$$f = \frac{1}{4RC}\left(\frac{R_2}{R_1}\right) = \frac{1}{4(10\,\text{k}\Omega)(0.01\,\mu\text{F})}\left(\frac{20\,\text{k}\Omega}{10\,\text{k}\Omega}\right)$$
$$= 5000\,\text{Hz}$$

삼각파의 진폭과 구형파의 진폭비는 식 (11.62)로부터 계산된다.

$$\frac{V_{o2}}{V_{CC}} = \frac{R_1}{R_2} = \frac{1}{2} = 0.5$$

지금까지 구형파를 기본 파형으로 하는 함수 발생기에 대해서 설명하였다. 한편, 삼각파가 기본 파형인 함수 발생기 회로를 나타내면 그림 11.14와 같으며, 적분기와 슈미트 트리거로 구성되어 있다. 적분기 출력은 슈미트 트리거에 들어가고, 적분기는 슈미트 트리거 출력에 의해서 구동된다. 두 회로의 결합된 동작을 이해하기 위해서, 슈미트 트리거 출력 V_{o2}가 $+V_{CC}$에 있고, 적분기 출력이 접지 레벨(0 V)에 있다고 가정하자(그림에서 a점). 슈미트 출력이 $+V_{CC}$이기 때문에 V_R은 (+)이다. 지금, $+V_R$이 R_1을 통해 적분기의 (−)입력 단자에 가해지면 (+)단자가 접지되어 있으므로 R_1을 통해 흐르는 전류는

$$I_1 = \frac{V_R}{R_1} \qquad \cdots (11.66)$$

이 전류에 의해 C_1은 좌측이 (+), 우측이 (−)로 충전된다. 따라서 적분기 출력 V_{o1}은 서서히 감소한다. 즉, (−)방향으로 증가한다. V_{o1}이 슈미트 트리거의 하측 임계 전압(*LTV*)에 도달하면 슈미트 트리거의 출력 전압은 갑자기 $-V_{CC}$로 스위칭한다. 이것은 V_R의 극성을 (−)로 역전시킨다. 그 결과 I_1의 방향은 반대로 된다.

이제, C_1은 반대 방향(좌측 −, 우측 +)으로 충전되기 시작하고, V_{o1}은 *LTV*로부터 직선적으로 증가한다. C_1은 적분기 출력이 슈미트 트리거의 상측 임계 전압(*UTV*)과 같아질 때까지 충전이 계속된다. V_{o1}이 *UTV*에 도달하면 슈미트 트리거 출력의 극성이 즉시 반전되어 출력 전압은 $V_{o2} = +V_{CC}$로 된다.

이와 같은 과정이 반복되어 적분기 회로는 삼각파를 발생시키고, 슈미트 트리거는 구형파를 발생시킨다. V_{o1}이 *UTV*에서 *LTV*로 가는 시간은 그림에서,

$$t = \frac{C_1 \Delta V}{I_2} = C_1 \frac{UTV - LTV}{I_2} \qquad \cdots (11.67)$$

t는 출력 파형의 반주기이다. 따라서 출력 주파수는

$$f = \frac{1}{2t} = \frac{I_2}{2C_1\left(UTV - LTV\right)} \qquad \cdots (11.68)$$

주파수 조정은 그림 11.14에서 R과 C_1를 변화시켜 조정한다. R을 조정하면 V_R을 변화시키고, 이것은 다시 I_1을 변화시켜 C_1의 충전 시간이 변하여 주파수가 조정된다.

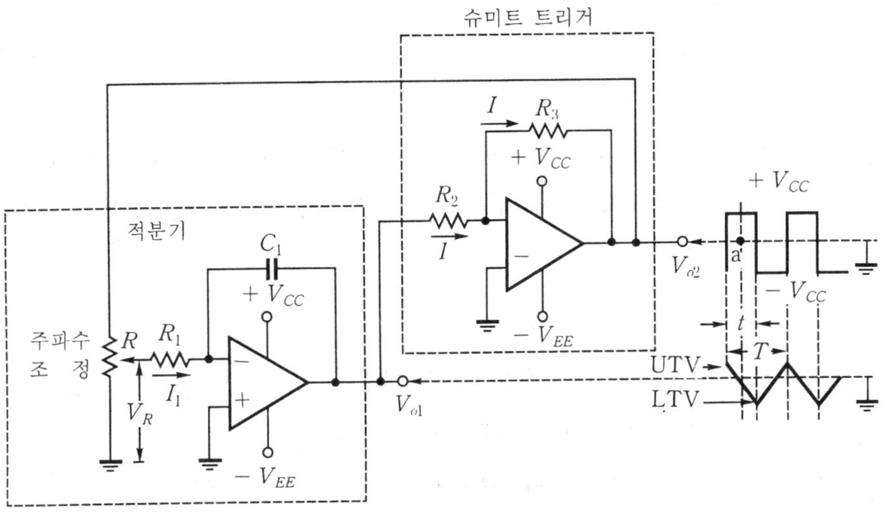

그림 11.14 삼각파를 기본 파형으로 한 함수 발생기 회로

그림 11.14로부터 정현파를 얻기 위해서는 삼각파를 정현파로 변환해야 한다. 그림 11.15는 저항-다이오드로 구성된 정현파 변환기(sine wave converter)이다. 그림에서 다이오드 D_1, D_3, D_5는 $V_1 < V_2 < V_3$인 전압으로 바이어스 한다. 지금 삼각파의 (+)반파가 입력된다고 생각해 보자. 입력 전압이 낮아 a점의 전위(R_2 양단 전압) V_a가 V_1보다 낮으면 모든 다이오드는 오프(off) 되므로 출력 전압 V_o는 R_1과 R_2에 의해서만 분압된 전압이다. 즉,

$$V_{o1} = \frac{R_2}{R_1 + R_2} V_i \qquad \cdots (11.69)$$

V_i가 증가하면 V_a도 증가하고 다음과 같이 생각할 수 있다. 만약, $V_1 < V_a < V_2$이면 다이오드 D_1이 턴온되어 R_2와 R_3는 병렬로 접속되고, 이때 출력 전압은

$$V_{o2} = \frac{R_{23}}{R_1 + R_{23}} V_i \qquad \cdots (11.70)$$

$$R_{23} = R_2 \, // \, R_3$$

$V_2 < V_a < V_3$이면 다이오드 D_1과 D_3가 on되고, 출력 전압은

$$V_{o3} = \frac{R_{25}}{R_1 + R_{25}} V_i \qquad \cdots (11.71)$$

$$R_{25} = R_2 \, // \, R_3 \, // \, R_5$$

$V_a > V_3$이면, 다이오드 D_1, D_3, D_5가 on되고, 출력 전압은

$$V_{o4} = \frac{R_{27}}{R_1 + R_{27}} V_i \qquad \cdots (11.72)$$
$$R_{27} = R_2 \,//\, R_3 \,//\, R_5 \,//\, R_7$$

식 (11.69)~(11.72)에서 알 수 있는 바와 같이 출력 전압 V_o와 입력 전압 V_i의 비가 점점 작아진다. 입력이 피크값에 도달한 후 다시 감소하기 시작하면 동일한 과정이 반복된다.

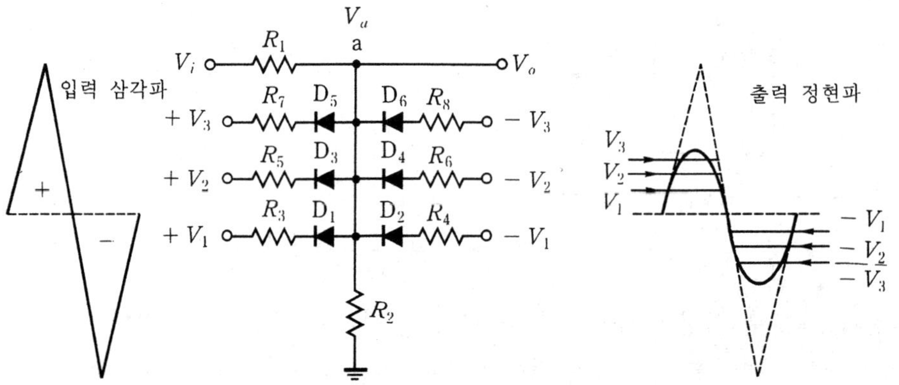

그림 11.15 삼각파-정현파 변환기

이제, 삼각파의 (−)반파가 들어오면 V_a도 (−)전압으로 변하고, 이때 출력 전압은 $-V_{o1}$로 된다. 입력이 더욱 (−)로 되어 a점의 전위가 $-V_1$보다 낮아지면 다이오드 D_2가 턴온되고 출력은 $-V_{o2}$로 된다. D_4가 on 되면 출력은 $-V_{o3}$로 되고, D_6가 on 되면 출력 전압은 $-V_{o4}$로 된다. 이와 같이 (−)반파에서의 출력 파형도 (+)반파의 출력 파형과 유사해짐을 알 수 있다.

많은 다이오드와 저항을 사용하고 바이어스 전압을 정확히 선택하면 출력 파형의 모양은 정현파로 된다.

11.5 펄스 발생기

11.5.1 펄스 파형

펄스 파형이란 넓은 의미로 비정현파로서, 일정 시간 간격으로 같은 파형이 반복해서 나타나는 주기적인 것과 나타나는 파형이나 시각이 불규칙한 비주기적인 것으로 분류할 수 있다.

그림 11.16은 이상적인 펄스 파형이다. 그림에서 A는 진폭, T는 주기, W는 펄스 폭이다. 또, 충격 계수(衝擊係數; duty cycle)는 펄스 주기와 펄스 폭의 비로 정의되고, 다음과 같이 백분율로 나타낸다.

$$\text{충격 계수 } D = \frac{\text{펄스 폭} W}{\text{펄스주기 } T} \times 100\% \quad \cdots (11.73)$$

펄스 발생기는 구형파와 유사하지만 충격 계수가 다른 파를 만든다. 구형파의 충격 계수는 50 %인 반면, 펄스파의 충격 계수는 일반적으로 약 5 %에서 95 % 정도이다.

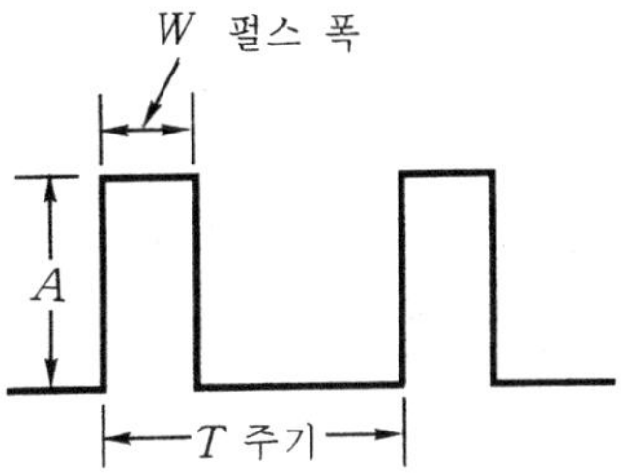

그림 11.16 이상적인 펄스

그림 11.16에 나타낸 펄스는 이상적인 펄스 파형이다. 그러나 실제의 펄스파를 확대해서 크게 나타내면 그림 11.17과 같은 파형으로 된다. 펄스파의 특성을 나타내는 양으로는 다음과 같은 것들이 있다.

상승 시간(上昇時間; rise time) t_r: 진폭 A의 10 %에서 90 %까지 상승하는 시간.

하강 시간(下降時間; fall time) t_f : 진폭 A의 90 %에서 10 %로 하강하는 시간.

새그(sag 또는 drop) S: 펄스의 뒤 부분이 앞 부분보다 낮아지는 양.

$\frac{S}{A} \times 100\,\%$로 나타냄.

오버슈트 (overshoot) : 상승 직후 A보다 높게 되는 양.

$\frac{O}{A} \times 100\,\%$로 나타냄.

언더슈트(under shoot) : 하강 직후 0 레벨보다 낮아지는 양.

$\frac{U}{A} \times 100\,\%$로 나타냄.

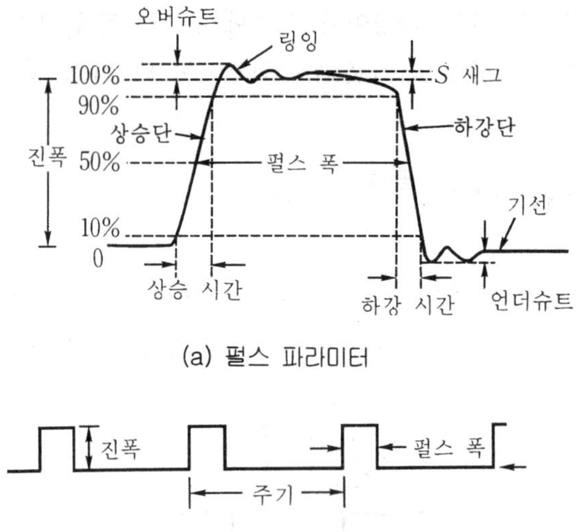

(a) 펄스 파라미터

(b) 주기 펄스 파라미터

그림 11.17 실제의 펄스 파형

11.5.2 펄스 발생기

기본적인 펄스 발생기는 그림 11.18과 같이 비안정(非安定) 멀티바이브레이터(astable multi-vibrator)와 단안정(單安定) 멀티바이브레이터 (monostable multivibrator), 그리고 감쇠기(attenuator)로 구성된다.

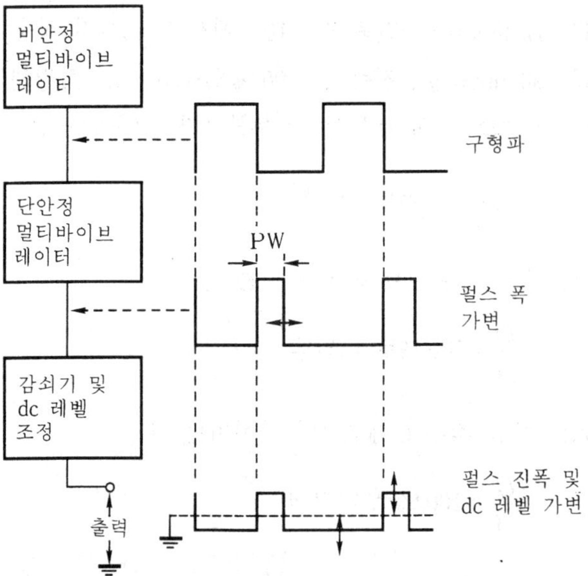

그림 11.18 기본적인 펄스 발생기 회로의 구성도

(1) 비안정 멀티바이브레이터

이름에서 알 수 있듯이, 안정한 상태(stable state)를 갖지 않는 펄스 회로이다. 이 회로의 출력은 높은 값(output high)과 낮은 값(output low) 사이에서 끊임없이 발진하여 대칭적인 구형파를 발생시킨다.

그림 11.19는 두 개의 동일한 RC 회로를 사용하여 비안정 멀티바이브레이터의 회로를 구성한 것으로, 외부에서 트리거를 가하지 않아도 두 트랜지스터는 on/off를 교대로 반복한다. 지금, 트랜지스터 Q_1이 off에서 on으로 변화하는 경우를 생각해 보자(이때 Q_2는 on에서 off로 변화한다). Q_1에 컬렉터 전류 I_{C1}이 흐르기 시작하면 Q_1의 컬렉터 전위 V_{C1}(a점)은 저항 R_{C1}에서의 전압 강하 $R_{C1}I_{C1}$만큼 저하한다. 이 전위의 변화는 커패시터 C_1을 통해서 Q_2의 베이스 전위 V_{B2}(d점)를 저하시킨다. 이 때문에 Q_2의 컬렉터 전류 I_{C2}가 감소하여 컬렉터 전위 V_{C2}(b점)가 높아진다. 컬렉터 전위의 상승은 커패시터 C_2를 통해서 Q_1의 베이스 전위 V_{B1}(c점)을 상승시켜 컬렉터 전류 I_{C1}를 증가시킨다. 이와 같은 정귀환(正歸還) 작용에 의해 트랜지스터 Q_1이 off에서 on으로 변한다. 이와 함께 a점의 전위는 거의 0으로 되고, b점의 전위는 거의 V_{CC}와 같다. 또, d점의 전위는 $-V_{CC}$로 된다. 이후 커패시터 C_1은 시정수 R_1C_1으로 전과 반대의 극성(a점이 −, d점이 +로)으로 충전되어 d점의 전위는 서서히 상승한다. 이와 함께, Q_2에 베이스 전류 I_{B2}가 흘러서 컬렉터 전류 I_{C2}가 다시 흐르기 시작한다. 이로 인해 Q_2의 컬렉터 전위 V_{C2}가 감소하기 시작하며, Q_1의 베이스 전위 V_{B1}의 감소 → 컬렉터 전류 I_{C1}의 감소 → 컬렉터 전위 V_{C1}의 상승 → Q_2의 베이스 전위 V_{B2}의 상승 → 컬렉터 전류 I_{C2}의 증가와 같은 정귀환 작용이 생겨 Q_2가 on되고 Q_1이 off된다.

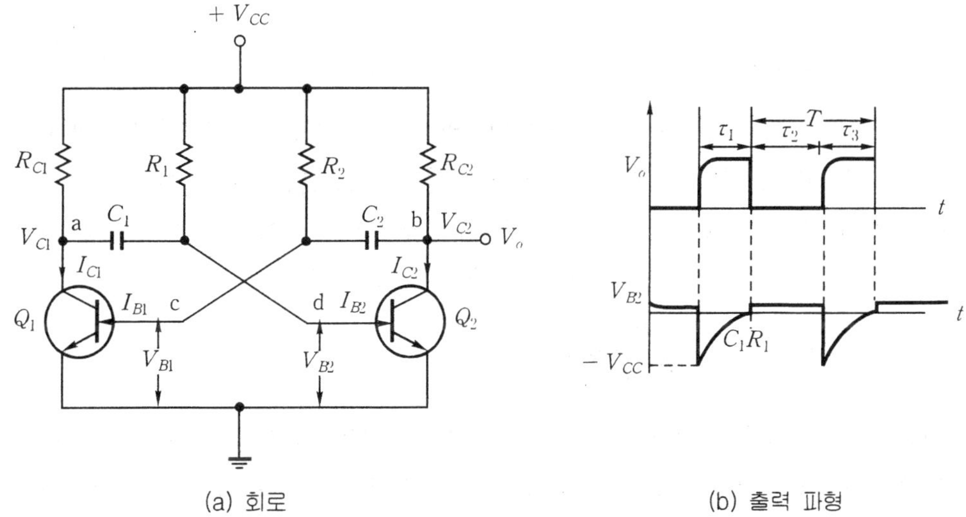

그림 11.19 비안정 멀티바이브레이터

이와 같은 사이클이 반복되어, 외부에서 트리거를 가하지 않아도 그림 (b)와 같이 주기적인 구형파 펄스가 얻어진다. 이 구형파의 반복 주기는 Q_1, Q_2가 각각 on되는 시간의 합계로 된다.

지금, Q_1이 on되는 시간을 구해 보자. Q_1이 on에서 off로 변화할 때까지의 과정은 전술한 것과 같이 전원 V_{CC}에서 R_1을 통한 C_1의 충전에 의존한다. Q_1이 on된 순간의 시각을 $t=0$으로 두면, $t=0$에서 V_{B2} 값은 $-V_{CC}$이다. 이후 커패시터 C_1이 충전됨에 따라 V_{B2}는 시정수 R_1C_1으로 상승한다. 이것을 식으로 나타내면 다음과 같다.

$$V_{B2} = V_{CC}\left[1 - 2e^{-t/R_1C_1}\right] \qquad \cdots (11.74)$$

$V_{B2}=0$으로 될 때 Q_2가 on된다고 하면, 위 식에서 τ_1은

$$\tau_1 = R_1C_1 \ln 2 \fallingdotseq 0.693R_1C_1 \qquad \cdots (11.75)$$

로 된다. 마찬가지로,

$$\tau_2 = R_2C_2 \ln 2 \fallingdotseq 0.693R_2C_2 \qquad \cdots (11.76)$$

이고, 출력 구형파의 반복 주기 T와 주파수는 다음과 같이 된다.

$$T = \tau_1 + \tau_2 \fallingdotseq 0.693(R_1C_1 + R_2C_2) \qquad \cdots (11.77)$$

$$f = \frac{1}{T} = \frac{1}{0.693(R_1C_1 + R_2C_2)} \qquad \cdots (11.78)$$

만약, $R_1 = R_2 = R$과 $C_1 = C_2 = C$로 선택하면 출력 주파수는

$$f = \frac{1}{1.386RC} \qquad \cdots (11.79)$$

그림 11.20은 op amp를 이용한 비안정 멀티바이브레이터 회로이다. 이 회로의 발진은 슈미트 회로와 커패시터의 충방전 동작에 의한 것으로 설명할 수 있다.

지금, 전원 스위치를 넣는 순간 커패시터 C_1은 충전되지 않아 $V_C=0$으로 생각하자 (그림에서 a점). op amp의 출력 V_o가 $+V_H$ 상태에 있다고 하면, V_{R1}은

$$V_{R1} = \frac{R_1}{R_1+R_2}V_o = \frac{R_1}{R_1+R_2}V_H \qquad \cdots (11.80)$$

로 된다. 따라서 (+)단자 전압이 (−)단자 전압보다 크므로, 즉 $V_{R1} > V_C$이므로 V_o의 값은 현 상태($+V_H$)를 유지한다. 그런데 C_1은 V_o에 의해 R_3를 경유해 시정수 R_3C_1으로 충전되기 시작하고, V_C는 곧 상승하여 $V_C = V_{R1}$이 되는 순간 지금까지 유지되었던 출력

$(+V_H)$은 반전되어 $-V_L$로 된다. 이에 따라 커패시터 C_1은 다시 (−)방향으로 충전되기 시작하므로, V_C는 $+V_{R1} \rightarrow 0 \rightarrow -V_{R1}$로 강하하여 최초의 상태로 돌아간다. 이러한 동작이 시정수 R_3C_1으로 반복되어 구형파가 발생한다.

구형파의 주파수는 커패시터 C_1이 $-V_{R1}$에서 $+V_{R1}$까지, 또는 $+V_{R1}$에서 $-V_{R1}$까지 충방전 되는 시간 t에 의해서 결정된다. 시간 t는

$$t = R_3C_1 \ln\left[\frac{V_o - (-V_{R1})}{V_o - (+V_{R1})}\right] \qquad \cdots (11.81)$$

그림에서, 구형파의 주기 T와 주파수 f는

$$T = 2t = 2R_3C_1 \ln\left[\frac{V_o - (-V_{R1})}{V_o - (+V_{R1})}\right] \qquad \cdots (11.82)$$

$$f = \frac{1}{T} = \frac{1}{2R_3C_1 \ln\left[\dfrac{V_o - (-V_{R1})}{V_o - (+V_{R1})}\right]} \qquad \cdots (11.83)$$

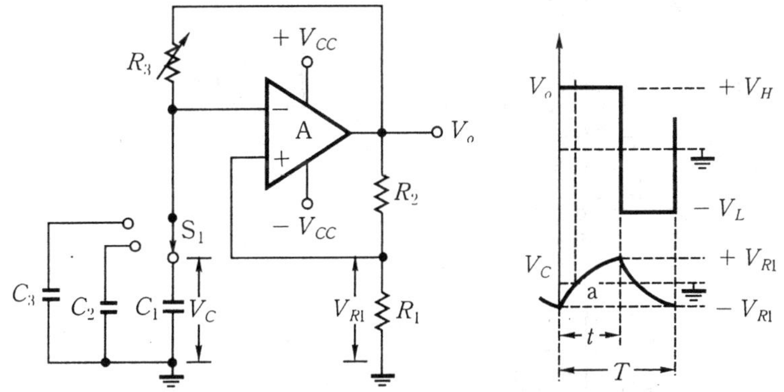

그림 11.20 op amp를 사용한 비안정 멀티바이브레이터

(2) 단안정 멀티바이브레이터

단안정 멀티바이브레이터는 이름 그대로 하나의 안정한 상태(one stable state)만을 갖는 펄스 회로이다. 이 회로는 외부에서 인가하는 트리거 펄스에 의해서 구동되며, 회로의 정수에 따라 정해지는 폭을 갖는 펄스를 발생한다. 지연 회로, 파형 정형 회로 등으로 사용되고 있다.

그림 11.21은 op amp를 사용한 단안정 멀티바이브레이터 회로이다. 반전 입력 단자에는 (+)바이어스 전압$(+V_B)$가 인가된다. V_B는 대표적으로 1V이다. 비반전 단자는 저항 R_2를 경유해 접지된다. 그래서 회로의 dc 조건은 반전 입력$=+V_B$, 비반전 입력=

0 V이다. 따라서 op amp 출력은 (−)방향으로 포화되어 약 $-V_o \approx -(V_{CC}-1\text{ V})$로 된다. 커패시터 C_2의 좌측 단자는 저항 R_2를 경유해 접지되어 있고, 우측 단자의 전위는 $-V_o$에 있다. 그러므로 C_2는 그림의 극성과 같이 $V_{C2}=-V_o$로 충전된다. 이러한 상황은 트리거 신호가 커패시터 C_1을 통해 입력될 때까지 유지된다.

지금, 그림과 같은 구형파 전압이 단안정 멀티바이브레이터에 인가되면 미분 회로 C_1R_1에 의해 미분되어 구형파의 선단에서 (+)스파이크가, 후미에서 (−)스파이크가 발생한다. (+)스파이크는 다이오드 D_1을 순방향 바이어스시키므로 다이오드 D_1에 의해 제거되고, (−)스파이크만 op amp의 반전 단자에 입력된다. 이제 반전 입력 단자의 전위(V^-)는 비반전 입력 단자(V^+)보다 낮기 때문에 op amp의 출력이 빠르게 (+)방향으로 포화하여 $+V_o \approx V_{CC}-1\text{ V}$로 된다.

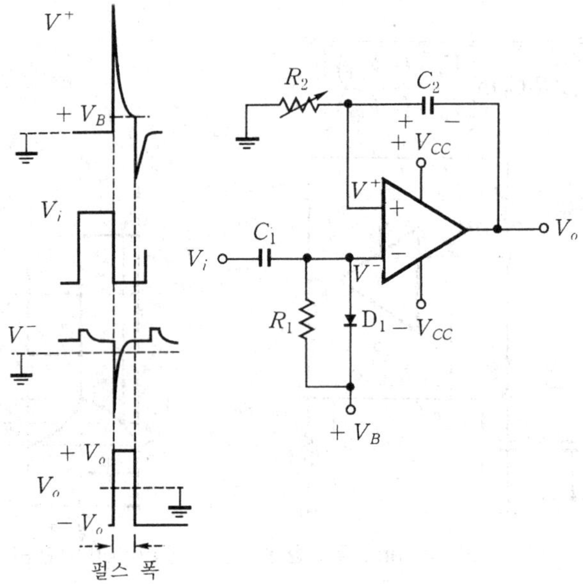

그림 11.21 op amp를 사용한 단안정 멀티바이브레이터 회로

한편, 커패시터 C_2는 R_2를 경유해 방전되기 시작하고, 그리고 반대 극성으로 재충전된다. C_2가 충전됨에 따라 비반전 단자 전압은 접지 레벨을 향해 감소하기 시작하고, 이 전압이 반전 단자 전압(V_B) 이하로 내려가자마자 op amp 출력 전압은 급격히 $+V_o$에서 $-V_o$로 변화한다.

출력 전압이 높은 상태($+V_o$)로 유지되는 시간, 즉 (+)출력 펄스의 폭은 저항 R_2와 커패시터 C_2의 값에 의존하며, 출력 펄스의 폭(ω)을 결정하는 식은 다음과 같다.

$$W = C_2 R_2 \ln\left[\frac{(+V_o)-(-V_o)}{V_B}\right] \quad \cdots (11.84)$$

위 식에서 C_2를 조정하여 출력 펄스 폭의 범위(range)를 선택하고, R_2를 조정하여 펄스 폭을 연속적으로 변화시킨다.

〔예제 11.6〕 그림 11.21의 단안정 멀티바이브레이터 회로에서, $+V_o = +9\text{ V}$, $-V_o = -9\text{ V}$, $R_1 = 22\text{ k}\Omega$, $R_2 = 10\text{ k}\Omega$, $C_1 = 100\text{ pF}$, $C_1 = 0.01\ \mu\text{F}$일 때,

(a) 출력 펄스 폭을 계산하라.

(b) 출력 펄스 폭을 6 ms로 하기 위한 C_2의 값을 계산하라.

〔풀이〕 (a) 펄스 폭 W는

$$W = C_2 R_2 \ln\left[\frac{(+V_o)-(-V_o)}{V_B}\right]$$

$$= 0.01\ \mu\text{F} \times 10\text{k}\Omega \times \ln\left[\frac{9\text{ V}-(-9\text{ V})}{1\text{V}}\right] = 289\ \mu\text{s}$$

(b)

$$C_2 = \frac{W}{R_2 \ln\left[\frac{(+V_o)-(-V_o)}{V_B}\right]}$$

$$= \frac{6\times 10^{-3}\text{ s}}{10\text{k}\Omega \times \ln\left[\frac{9\text{ V}-(-9\text{ V})}{1\text{V}}\right]} = 0.2\ \mu\text{F}$$

그림 11.22는 지금까지 설명한 펄스 발생기의 전체 회로이다. 여기서 단안정 멀티바이브레이터는 그림 11.21의 회로와는 달리 약간 변형되었다. $+V_B$ 대신 $-V_B$가 사용되었고, 다이오드는 미분 회로에서 발생된 (−)스파이크를 제거하고, (+)스파이크를 op amp의 (+)입력 단자로 통과시킨다. 그림 11.22(b)는 ⓐ, ⓑ, 출력에서의 파형을 나타낸다. 출력 펄스의 폭은 다음으로 계산된다.

$$t = R_3 C_3 \ln\left(\frac{R_1 + R_2}{R_2}\right) \quad \cdots (11.85)$$

만약, 저항 R_1과 R_2가 같으면,

$$t = 0.693\,R_3C_3 \qquad \cdots (11.86)$$

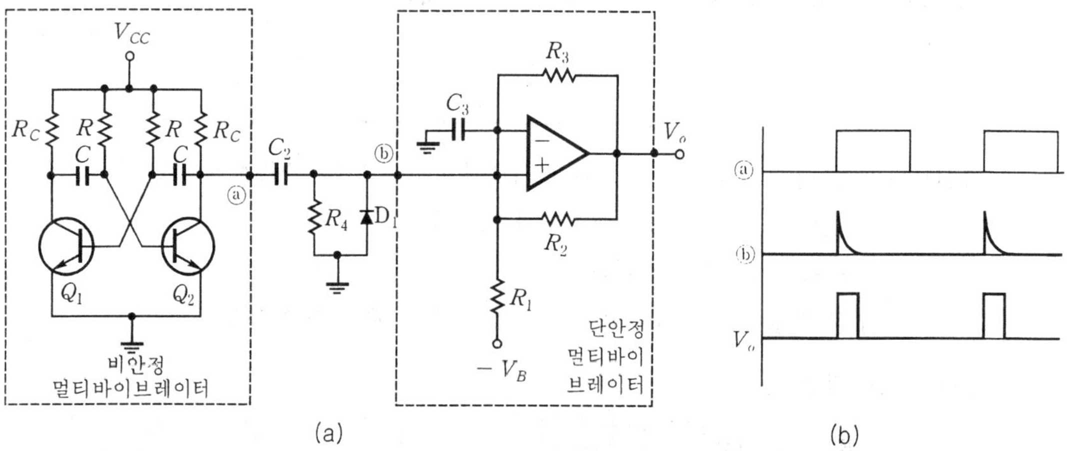

그림 11.22 펄스 발생기의 기본 회로

〔예제 11.7〕 그림 11.22의 회로에서 $R = 75\text{ k}\Omega$, $R_C = 5\text{ k}\Omega$, $R_1 = 50\text{ k}\Omega$, $R_2 = 50\text{ k}\Omega$, $R_3 = 50\text{ k}\Omega$, $C = 0.01\,\mu\text{F}$, $C_3 = 0.05\,\mu\text{F}$일 때 출력 펄스의 (a) 주파수, (b) 펄스 폭, (c) 충격 계수를 구하라.

〔풀이〕 (a) 비안정 멀티바이브레이터로 발생되는 구형파의 주파수는 식 (11.79)로부터.

$$f = \frac{1}{1.386RC} = \frac{1}{1.386 \times 75\text{k}\Omega \times 0.01\,\mu\text{F}} = 962\text{ Hz}$$

(b) 펄스 폭은 다음으로 계산된다.

$$t = 0.693\,R_3C_3 = (0.693)\,(50\text{ k}\Omega)\,(0.005\,\mu\text{F}) = 0.173\text{ s}$$

(c) 충격 계수를 계산하기 위해서는 펄스 주기를 먼저 계산해야 한다.

$$T = \frac{1}{f} = \frac{1}{962\text{ Hz}} = 1.04\text{ ms}$$

충격 계수는 다음과 같다.

$$\text{충격 계수} = \frac{\text{펄스 폭}}{\text{펄스 주기}} \times 100\% = \frac{0.17\text{ ms}}{1.04\text{ ms}} \times 100\%$$
$$= 16.6\%$$

11.6 스위프 주파수 발생기

스위프 주파수 발생기 (sweep frequency generator)는 미리 설정된 두 주파수 사이에서 출력 주파수가 자동적으로 변하는 정현파를 발생시키는 계측기이다. 이 계측기를 사용하면 전자 회로(증폭기나 필터 등)나 전자 기기의 주파수 응답을 빠르고 편리하게 자동적으로 측정할 수 있다.

스위프 주파수 발생기의 출력은 주파수 변조 파형이다. 예를 들면, 그림 11.23은 RF 신호를 가청 주파수의 램프 전압으로 변조시킨 것이다. 그림에서 출력(주파수)은 먼저 설정된 주파수 f_1(그림의 시점에서 주파수로 생각하면 됨)에서 시작하여 두 번째 설정된 주파수 f_2(그림의 종점에서 주파수로 생각하면 됨)에 도달할 때까지 선형적 비율로 변화한다. 이 과정을 스위프 (sweep)라고 부른다.

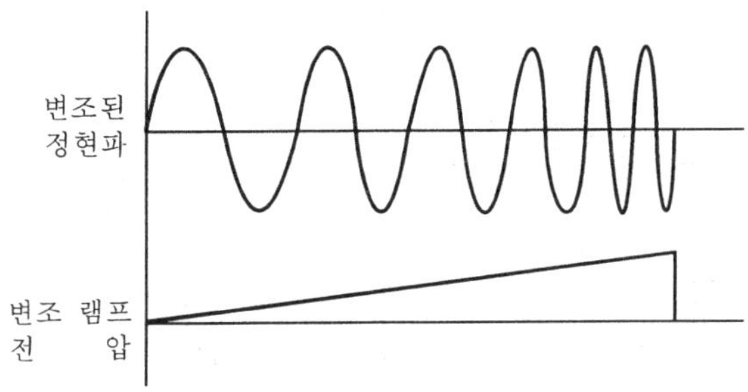

그림 11.23 스위프 주파수 발진기의 출력 파형
램프 전압으로 RF 신호를 변조함

기본적으로, 스위프 주파수 발생기는 앞에서 설명한 RF 발진기에 출력 신호의 주파수를 넓은 주파수 범위에 걸쳐 연속적으로 변화시킬 수 있는 회로를 부가한 것으로 생각할 수 있다. 그림 11.24는 스위프 주파수 발생기의 기본 구성도이다. 그림에서 RF 발진기는 앞 절에서 설명한 표준 RF 발진 회로 중의 하나이고, 램프 전압(톱니파) 발생기는 오실로스코프의 수평축(스위프) 발진기와 동일하다. 램프 발생기의 출력은 전압 제어 발진기(電壓制御發振器; voltage-controlled oscillator; VCO)에 입력된다. VCO는 기본적으로 전압–주파수 변환기(V-F converter)의 일종으로, 입력 전압이 직선적으로 증가하면 그것에 비례해서 VCO 출력 신호의 주파수도 증가한다. VCO 출력과 RF 발진기(고정 주파수)의 출력은 동시에 혼합기 (mixer) 회로에 들어가고, 여기서 두 신호의 차 주파수(差周波數; difference frequency)가 만들어진다.

혼합기를 사용하는 이유는 큰 주파수 비(比)에 대해 동조되는 발진기를 설계하는 것이 어렵기 때문이며, 혼합기를 사용해서 출력 범위를 확대시킬 수 있다. 이를 위해, 요구되는 주파수보다 훨씬 높은 주파수로 VCO를 스위프시킨 다음 VCO 출력을 RF 발진기(주파수 고정)와 혼합하여 저주파의 차 신호를 만든다. 이때 차 주파수도 VCO와 같은 크기의 주파수만큼 변화하지만 VCO보다 더 낮은 주파수이기 때문에 고주파수(f_2)와 저주파수(f_1)의 비(比)는 훨씬 증가한다. 예를 들면, VCO 출력이 10 MHz에서 15 MHz로 변한다면(5 MHz만큼 변함), 주파수 비는 1.5 : 1이다. VCO 출력을 9 MHz (RF 발진기 출력)와 혼합하면 차 주파수는 1 MHz에서 6 MHz까지 VCO와 같은 주파수(5 MHz)만큼 변하여 주파수 비는 6 : 1이 된다. 혼합기는 차 주파수 이외에 본래의 두 입력 주파수 및 그 합 주파수도 만들어 내기 때문에 저역 통과 필터를 사용해 차 주파수 이외의 다른 원하지 않는 주파수를 제거한다. 차 주파수는 모든 주파수에 대해 일정 진폭으로 증폭된다. 증폭된 신호는 교정된 감쇠기에 들어가 RF 출력을 만든다.

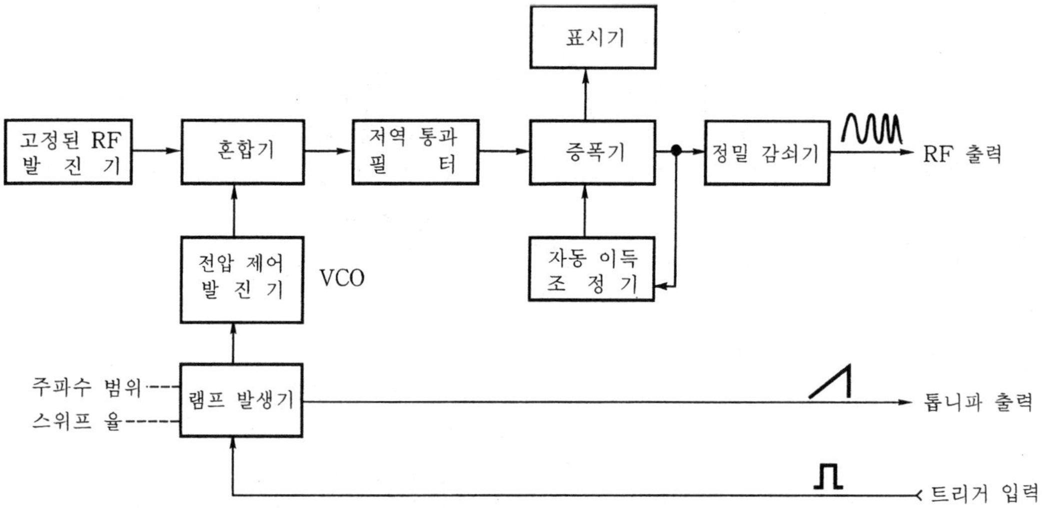

그림 11.24 기본적인 스위프 주파수 발생기 회로

그림 11.25는 스위프 주파수 발생기를 이용한 측정 회로이다. 스위프 발진기의 출력이 시험하고자 하는 장치에 인가되고, 여기서 스위프 주파수 신호는 장치의 주파수 응답 특성에 의해서 변화된다. 예를 들면, 고역 필터 (high pass filter)를 시험하는 경우 필터는 스위프 주파수 (RF 출력)에서 저주파 성분은 감쇠시키고, 고주파 성분은 통과시킬 것이다. 검파기 의해서 RF 신호는 검파되고, 검파된 신호는 오실로스코프에 보내진다 (RF 신호가 보내지는 것이 아님). 검파기는 넓은 범위의 주파수에 응답할 것이 요구된다. 가장 흔한 검파기는 다이오드 검파기이다. 오실로스코프에서 주파수 응답을 관측하기 위해서 오실로스코프의 시간축 (time base)을 주파수 축 (frequency base)으로 바꾸어야 한다. 오실로스코프를 XY 모드에 놓고, 검파기의 출력을 오실로스코프의 Y 입

력에, 스위프 발생기의 톱니파 출력을 X 입력에 접속한다. 이렇게 하면 스위프 주파수 발생기의 출력 주파수를 결정하는 동시에 오실로스코프 전자빔의 수평축 위치를 결정한다. 이와 같이 오실로스코프의 수평축 빔은 스위프 발생기의 주파수에 비례해서 X 축을 따라 이동한다. 주파수 축의 교정은 보통 주파수 마커(marker)에 의해서 행해진다. 주파수 마커는 내부적으로 발생하거나 또는 외부의 마커 발생기에 의해서 발생시킨다.

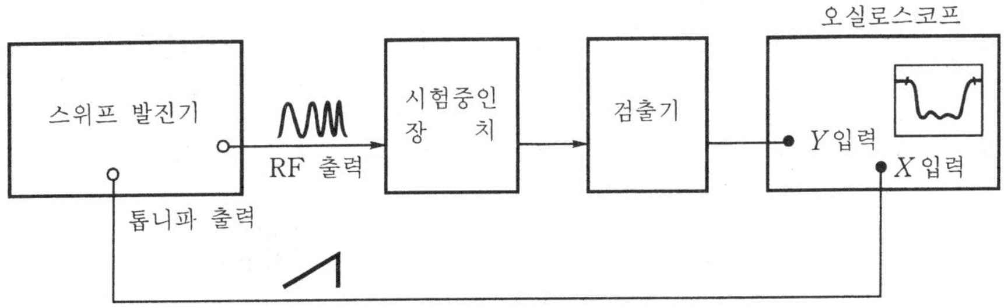

그림 11.25 스위프 주파수 발진기를 이용한 시험 회로

11.7 주파수 합성 신호 발생기

주파수 합성 신호 발생기 (周波數合成信號發生器; frequency-synthesized signal generator)는 임의의 주파수를 높은 정밀도(精密度)로 발생하는 계측기이다. 주파수 합성기의 기본 기능을 이해하기 위해서, 사용 중인 신호 발생기의 주파수가 변동하는 경우를 생각해 보자. 사용자가 주파수 변동을 감소시키기 위해서 수초마다 출력 주파수를 카운터로 측정한 후 다시 정확한 주파수로 조정한다고 할 때 그와 같은 일을 전자적으로 하는 것이 PLL (phase-locked loop) 주파수 합성이다. 인간이 수동적으로 발진기를 안정화시키는 것은 주파수 카운터가 정확한 주파수를 지시하는 데 걸리는 시간과 카운터의 분해능에 의존한다. 그러나 PLL은 주파수를 측정할 필요가 없기 때문에 그와 같은 문제점을 극복한다. 그 대신 PLL은 위상 측정에 기초를 두고 주파수를 안정화시킨다.

그림 11.26은 주파수 합성기에 사용되는 PLL 시스템의 구성도이며, 기준 주파수 발진기 (基準周波數發振器; reference frequency oscillator), 전압 제어 발진기 (voltage controlled oscillator; VCO), 프로그래머블 분주기 (分周器; programmable frequency divider), 위상 검출기 (位相檢出器; phase detector), 루프 필터 (loop filter) 등 5개의 주요 요소로 되어 있다.

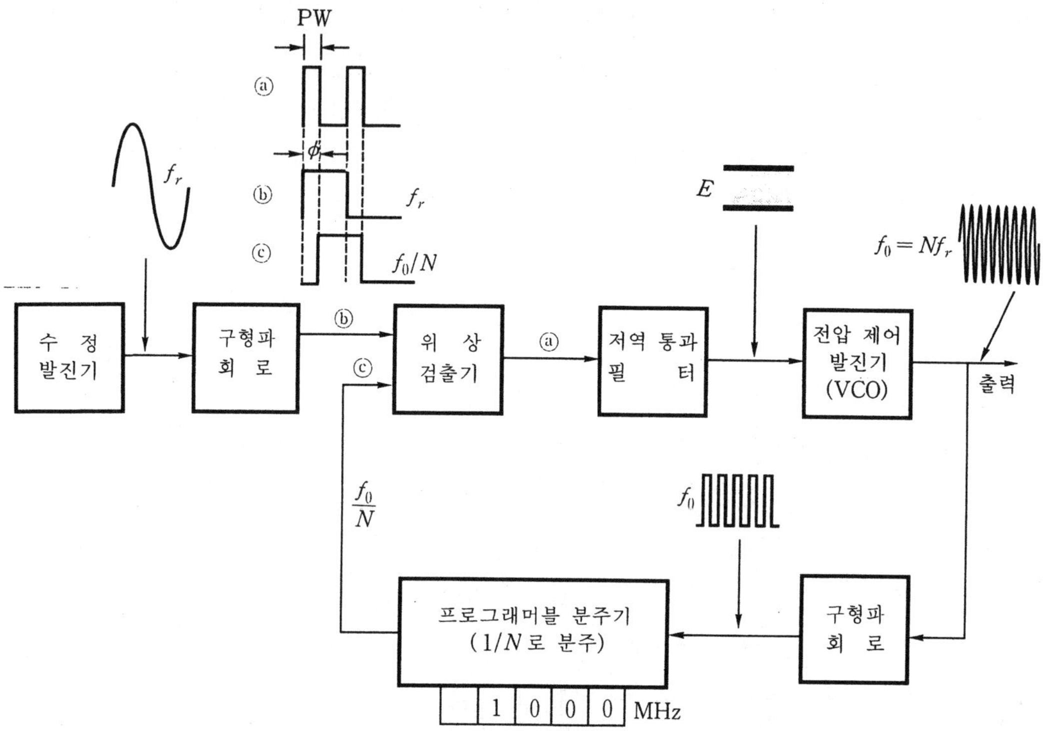

그림 11.26 주파수 합성기에 사용되는 PLL 시스템

기준 주파수 발진기(基準周波數發振器; reference frequency oscillator)는 매우 정확하고 안정된 주파수 발진기이며, 보통 수정 발진기(水晶發振器; quartz crystal oscillator)가 사용된다. 수정(水晶)은 13장에서 설명하는 압전 효과(壓電效果; piezoelectric effect)에 의해 안정된 기계적 진동을 발생하고, 그 진동에 대응하는 전하의 발생과 전계의 변동이 일어난다. 수정 진동자의 고유 진동수가 전계의 주파수와 일치하면 공진 현상에 의해 큰 진동 전류가 흘러 주파수 안정도가 높은 발진이 얻어진다. 수정 진동자는 1~10 MHz 범위에서 동작하며, 합성기에 필요한 클록(clock)이나 기준 주파수 f_r를 제공한다. 주파수 합성기의 전체 확도는 기준 주파수 발진기의 확도에 의존한다.

그림 11.27은 수정 진동자의 등가 회로를 나타낸 것으로, C_0는 전극간 용량(수 pF 정도)이고 R, L, C는 각각 수정 진동자의 실효 저항, 고유 인덕턴스, 고유 용량이다. R은 매우 작아서 무시할 수 있다. $R = 0$에서 등가 임피던스는 순 리액턴스로 되므로

$$jX = j\frac{\omega L - \dfrac{1}{\omega C}}{\dfrac{C + C_0}{C} - \omega^2 LC} \qquad \cdots (11.87)$$

이것의 주파수 특성은 그림 11.27(c)와 같다. 주파수 f_0에서 직렬 공진이 일어나고, 이 공진 주파는 $X=0$에서 구해진다. 즉, 식 (11.87)로부터

$$\omega L - \frac{1}{\omega C} = 0 \qquad \cdots (11.88)$$

$$f_0 = \frac{1}{2\pi\sqrt{LC}} \qquad \cdots (11.89)$$

를 얻는다. 한편, 주파수 f_∞에서 병렬 공진이 발생하고, 그 공진 주파수는 $X=\pm\infty$에서, 즉 식 (11.87)의 분모를 0으로 하면 구해진다.

$$f_\infty = \frac{1}{2\pi\sqrt{L\dfrac{CC_0}{C+C_0}}} \qquad \cdots (11.90)$$

일반적으로 $C_0 << C$이기 때문에, f_∞는 f_0보다 약간 더 크다.

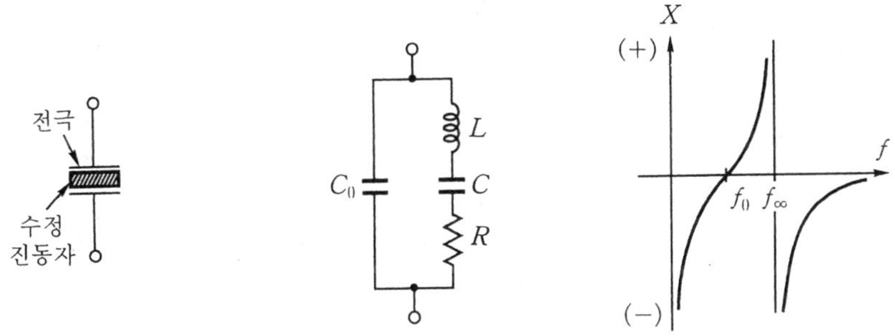

(a) 수정 진동자 (b) 등가 회로 (c) 임피던스 특성

그림 11.27 수정 진동자의 등가 회로와 임피던스 특성

그림 11.28은 수정 발진 회로의 예를 보인 것으로, 수정 진동자를 유도성 리액턴스(인덕턴스 소자)로써 사용한다. 그림 (a)는 10장에서 설명한 하틀리 발진기에서 L 대신 수정 진동자를 사용한 것이고, 한편 그림 (b)와 같이 동조 회로를 용량성(커패시터 특성)으로 하면 콜피츠 LC 발진 회로로 동작한다.

(a) 하틀리형 수정 발진기 (b) 콜피츠형 수정 발진기

그림 11.28 수정 발진 회로

전압 제어 발진기(voltage controlled oscillator; VCO)는 입력 전압에 비례하는 출력 주파수를 발생시키는 발진기이다. 그림 11.29는 기본적인 전압 제어 발진 회로를 나타낸다. 그림에서 A_1은 적분기, A_2는 비교기로 동작하고, 비교기의 출력 전압 V_{o2}에 의해서 적분기 입력 전류의 방향을 변화시킨다. 슈미트 회로 A_2의 UTV와 LTV는

$$UTV \text{ 또는 } LTV = \pm\frac{R_5}{R_5 + R_6}V_{cc} \qquad \cdots (11.91)$$

따라서 슈미트의 (−)입력 단자 전압이 UTV와 LTV에 도달할 때마다 A_2의 출력은 $+V_{CC}$와 $-V_{CC}$ 사이를 반복하여 구형파 전압 V_{o2}가 얻어진다. 그리고 (−)전압에서 스위치(SW)를 열어 C를 충전하고(시정수 R_1C), (+)전압에서 SW를 닫아 C를 방전시켜(시정수 $2R_2C$) 대칭적인 삼각파를 얻고 있다.

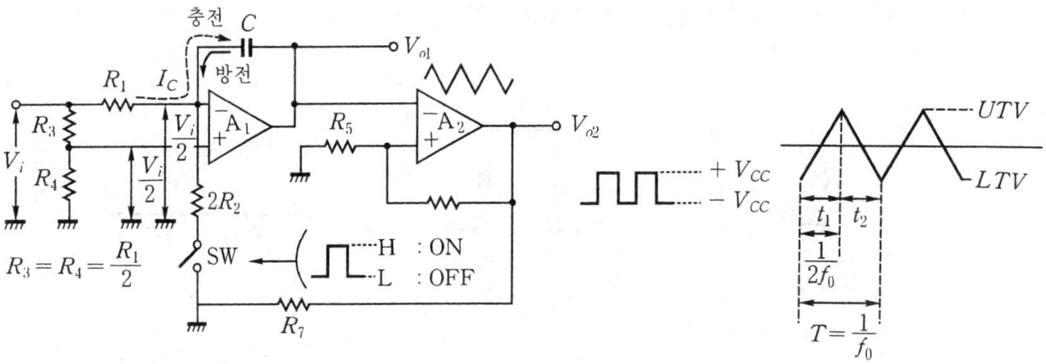

그림 11.29 전압 제어 발진기 회로

제어 전압 V_i와 발진 주파수 f_o와의 관계를 구해 보자. 그림 중의 삼각파 출력에서 삼각파의 기울기를 구하면,

$$S = \frac{UTV - LTV}{t_1} = \frac{1}{t_1}\frac{2R_5}{R_5 + R_6}V_{CC} \qquad \cdots (11.92)$$

위 식으로부터

$$t_1 = \frac{2R_5V_{CC}}{R_5 + R_6}\frac{1}{S} \qquad \cdots (11.93)$$

한편, 커패시터 C의 충전 전류 I_C는

$$I_C = \frac{V_i - \dfrac{V_i}{2}}{R_1} = \frac{V_i}{2R_i} \qquad \cdots (11.94)$$

그런데, 커패시터에 흐르는 전류는

$$I_C = \frac{dq}{dt} = C\frac{dv}{dt} = CS \qquad \cdots (11.95)$$

또는

$$S = \frac{I_C}{C} = \frac{V_i}{2R_iC} \qquad \cdots (11.96)$$

그러므로 출력 주파수는

$$f_o = \frac{1}{2t_1} = \frac{1}{2} \times \frac{R_5 + R_6}{2R_5V_{cc}} \times \frac{V_i}{2R_1C} = \left(\frac{R_5 + R_6}{8R_1CR_5V_{CC}}\right)V_i \qquad \cdots (11.97)$$

로 되어, f_o가 입력 제어 전압 V_i에 비례해서 변하는 것을 알 수 있다.

프로그래머블 분주기 (分周器; programmable frequency divider)는 VCO의 출력 주파수를 사용자가 선택한 정수 N으로 나눈다. 즉, f_o/N으로 된다.

위상 검출기(位相檢出器; phase detector)는 두 입력 신호 사이의 위상차에 비례하는 아날로그 전압을 출력한다. 여기서 두 입력 주파수원은 기준 주파수 f_r과 프로그래머블 분주기 f_o/N이다. 그림 11.30은 위상 검출기의 동작 원리를 나타낸 것이다. 위상각 ϕ는 두 신호 사이의 위상각을 나타낸다. 주파수 f_r과 f_r/N의 위상, 주파수가 같으면 위상 검출기의 출력 전압은 0이고, VCO는 그대로 주파수 $f_o = Nf_r$로 발진을 계속한다. 두 입력의 위상, 주파수가 같지 않으면 위상 검출기는 위상차(ϕ)에 비례하는 직류 전압을 출력한다.

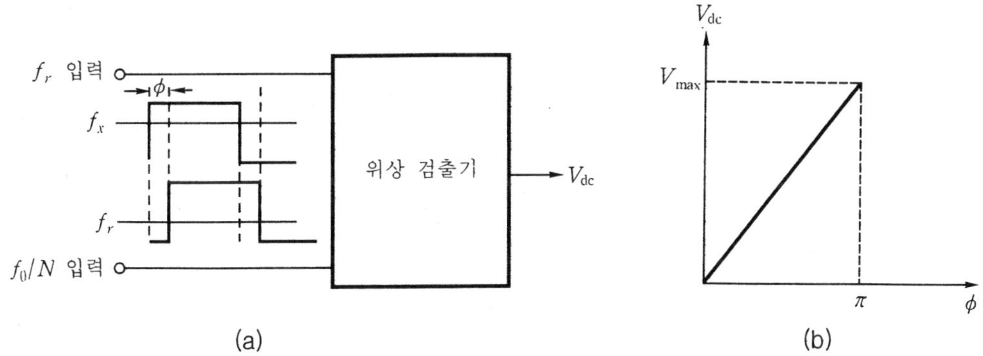

그림 11.30 위상 검출기의 동작

루프 필터 (loop filter)는 잡음이 없고 주파수 합성기의 안정된 동작에 요구되는 저역 통과 필터로서, VCO 출력을 직류 전압으로 변환한다.

이제, 그림 11.26의 동작을 고찰해 보자. 수정 발진기의 출력은 구형파로 변환되어

(ⓑ) 위상 검출기의 한 입력 단자로 들어간다. 위상 검출기의 다른 입력 단자에는 분주기로부터 또 다른 구형파(ⓒ)가 입력된다. 두 구형파의 주파수는 동일하지만, 둘 사이에는 위상차(ϕ)가 존재한다. 위상 검출기는 이 위상차에 비례하는 펄스 폭을 갖는 펄스 파형(ⓐ)을 출력한다. 펄스파가 저역 통과 필터에 인가되면 직류 전압(E)으로 변환되고, 이 직류 전압은 VCO의 출력 주파수를 제어한다. 즉, VCO 출력 주파수 f_o는 입력 dc 전압의 레벨(E)에 의해서 결정된다. VCO의 출력 주파수가 주파수 합성 신호 발생기의 출력 주파수이다.

VCO의 출력은 분주기를 트리거하는 데 필요한 구형파를 만들기 위해서 구형파 변환 회로에 의해 구형파로 변환된 후 분주기에 들어간다. 분주기는 VCO 출력 주파수를 정수 N으로 나눈다. 따라서 VCO 출력 주파수와 분주기의 출력 주파수 사이에는 다음의 관계가 성립한다.

$$f_o = N f_r \qquad \cdots (11.98)$$

여기서, f_o : VCO의 출력 주파수

f_r : 위상 검출기에 인가되는 기준 주파수

N : 분주비

예를 들면, 수정 발진기의 출력 주파수가 $f_r = 1$ MHz, 분주기의 출력도 정확히 1 MHz 라고 가정하자. 분주기가 VCO의 출력을 $N = 1000$으로 분주한다면 VCO의 출력 주파수는 다음과 같다.

$$f_o = N f_r = 1000 \times 1\text{ MHz} = 1000\text{ MHz}$$

VCO에 입력되는 dc 전압은 1000 MHz 출력 주파수를 만들기 위해서 적절한 전압 레벨을 가져야 한다. 지금, 출력 주파수가 1000 MHz 이상으로 약간 증가한다고 가정해 보자. 분주기 출력 $f_o / 1000$는 $f_r = 1$ MHz보다 더 커지므로 이것은 위상차의 즉각적인 감소를 가져온다. 그 결과 필터로부터 dc 전압 출력은 더 낮은 레벨로 떨어지고, 이와 같은 E 레벨의 감소로 VCO 출력 주파수는 다시 1000 MHz를 향해 감소하여 출력 주파수는 안정된다. 역으로, VCO 출력 주파수가 1000 MHz 이하로 감소하면 분주기 출력이 1 MHz 이하로 되고, 위상차 ϕ와 펄스 폭은 즉시 증가된다. 이것은 E의 레벨을 증가시켜, VCO 출력 f_o를 다시 1000 MHz로 증가시킨다. 이상 설명한 과정에 따라 VCO 출력 주파수 f_o가 수정 발진 주파수 f_r의 정확한 N배로 안정화됨을 알 수 있다.
$F_r = 1$ MHz, $N = 1000$일 때 VCO의 출력 주파수는 $f_o = 1000$ MHz로 안정되고, 만약 주파수 비가 2000으로 조정되면 주파수 합성기의 출력 주파수는 $f_o = 2000$ MHz로 안정화된다. 이와 같이 간단히 분주비(frequency-divider ratio) N를 원하는 값으로 선택함으로써 주파수 합성기의 출력 주파수는 수정 발진기 주파수의 임의 배수로 조정될 수 있다.

11.8 표준 신호 발생기

표준 신호 발생기 (standard signal generator)는 특성이 좋게 규정된 신호원으로서, 특히 무선 수신기의 특성 측정에 적합한 기능을 갖고 있다. 진폭 변조파를 출력하는 표준 신호 발생기의 구성도를 그림 11.31에 나타낸다. 고주파 발생용 *LC* 발진기와 저주파 발생용 *RC* 발진기 출력이 AM 변조기에 입력되어 AM파가 만들어진다. 정확성을 유지하기 위하여 내장된 수정 발진기의 출력과 제로 비트 (zero beat)를 취하여 주파수를 교정한다.

표준 신호 발생기를 사용하는 데는 전원 스위치를 ON한 후 동작이 안정될 때까지 적어도 10분 이상 30분 정도의 예열 시간을 필요로 한다. 또, 고주파 성분의 영향을 고려하여, 필요하면 필터를 사용하여 고주파 성분을 제거한다. 표준 신호 발생기를 피측정 기기에 접속하는 경우, 출력 주파수가 고주파(10 MHz 이상)일 때에는 표준 신호 발생기의 출력 임피던스와 동일한 임피던스를 갖는 동축 케이블을 사용하여 임피던스 정합 (impedance matching)을 할 필요가 있다.

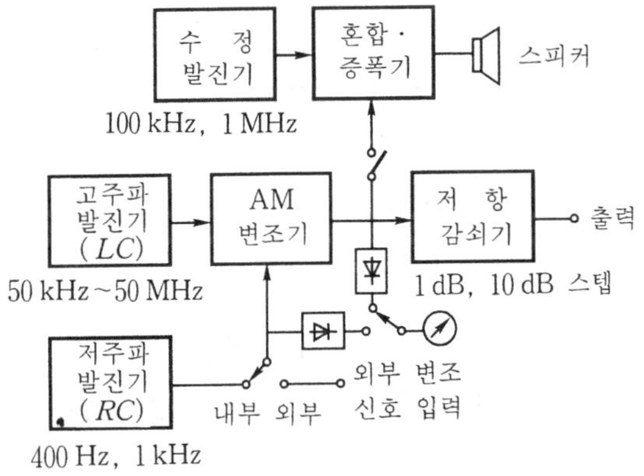

그림 11.31 표준 신호 발생기

연 습 문 제

11.1 귀환 발진기가 발진을 지속하기 위한 두 가지 조건을 설명하라.

11.2 구형파 발생기와 펄스 발생기의 기본적인 차이점은 무엇인가?

11.3 빈 브리지 발진기의 3가지 장점을 설명하라.

11.4 함수 발생기 회로에서 정현파를 기본 파형으로 잘 사용하지 않는 이유는 무엇인가?

11.5 그림 11.32에서 귀환 이득 A_f를 계산하라.

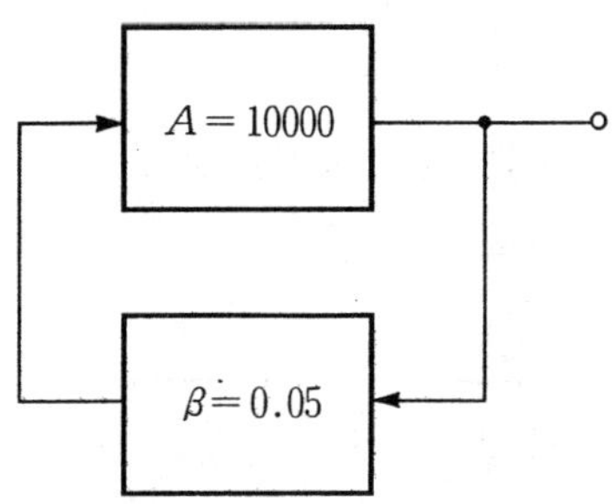

그림 11.32

11.6 그림 11.4의 빈 브리지 발진기에서 $C_1 = C_2 = 250$ nF이고, $R_1 = R_2 = 200\ \Omega \sim 3\ \text{k}\Omega$ 사이에서 가변일 때

(a) 최대 (f_{max}) 및 최소 출력 주파수 (f_{min})를 계산하라.

(b) $f_{max} = 300$ Hz로 하는 데 필요한 새로운 정전 용량 C를 구하라.

11.7 그림 11.5(b)에서 $R_4 = 390\ \Omega$, $R_5 = 470\ \Omega$, $R_6 = 330\ \Omega$이다. 출력 신호의 최대 진폭을 계산하라.

11.8 *LC* 회로의 발진 조건인 식 (11.39)와 식 (11.40)을 유도하여라.

11.9 그림 11.14에서 적분기는 $R = 500\ \Omega$, $R_1 = 4.7\ \text{k}\Omega$, $C_1 = 0.3\ \mu\text{F}$의 값을 갖는다. 또, 슈미트 회로의 트리거 전압은 ±1V이고, 공급 전압은 ±12 V이다. 가변 저항 R을 그것의 중앙값으로 조정하였을 때 출력 주파수를 계산하라.

11.10 그림 11.20의 op amp 비안정 멀티바이브레이터에서 $R_2 = 15\ \text{k}\Omega$, $R_3 = 15\ \text{k}\Omega$, $C_1 = 100$ pF, $C_2 = 0.02\ \mu\text{F}$, $V_{CC} = \pm 12$ V, $V_B = +1.5$ V이다. 출력 펄스 폭을 계산하라.

11.11 그림 11.21의 단안정 멀티바이브레이터에서 R_1 = 15 kΩ, R_1=15 kΩ, C_1=100 pF, C_2 = 0.02 μF, V_{CC} =±12 V, V_B=+1.5 V이다. 출력 펄스 폭을 계산하라.

11.12 그림 11.8에서 C_1= C_2 = 100 pF, L_1= L_2=100 μH이다. 각 회로의 발진 주파수를 계산하라.

11.13 그림 11.10의 진폭 변조 회로에서 R_3 = 5 kΩ, R_4 = 5 kΩ이고, Q_2의 r_d는 1~5 kΩ 사이에서 변한다. V_i =100 $mV_{p\text{-}p}$일 때 출력 전압의 최대 피크-피크 전압과 최소 피크-피크 전압을 계산하라.

11.14 그림 11.33의 회로에서

(a) 비안정 멀티바이브레이터의 출력 주파수와 충격 계수를 계산하라.
(b) 출력 V_o의 펄스 폭을 계산하라.

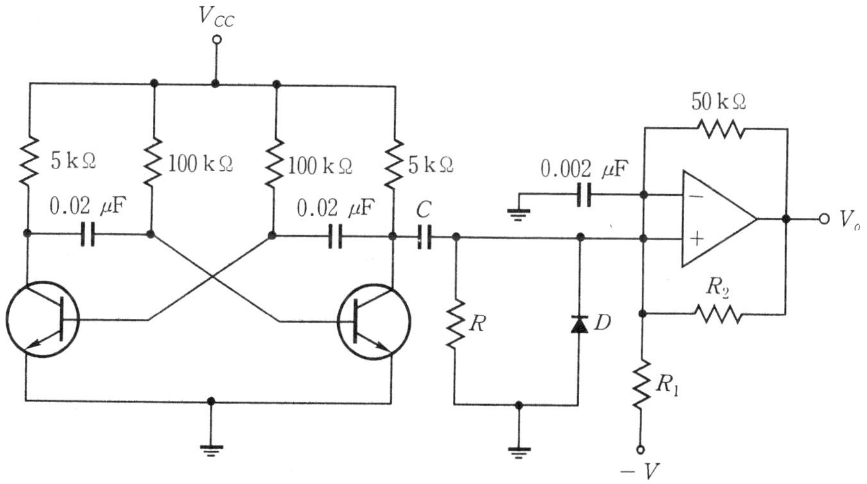

그림 11.33

12

신호 분석 장치

신호 분석 장치란 신호의 주파수, 시간, 진폭 (전압 또는 전력) 등을 지시하는 계측기를 말한다. 11장까지는 시간에 따라 변하는 파라미터의 계측, 즉 시간 영역 (time domain)의 계측 기술을 논의하였다. 전기적 신호는 주파수 영역 (frequency domain)에서도 상당량의 가치 있는 정보를 가지고 있다. 주파수 영역에서 신호 분석을 스펙트럼 분석(spectrum analysis)이라 하며, 신호의 에너지 분포는 주파수의 함수로 정의된다.

과학 기술이 진보함에 따라 파형의 관측이라는 단순 계측에서 더욱 진보하여 신호의 주파수를 분석하기도 하고, 다른 연산을 수행하여 입력 신호로부터 여러 가지 정보를 얻으려는 요구가 높아져 왔으며, 그와 같은 경향에 따라 각종 신호 분석 장치가 개발되었다. 본 장에서는 주파수 영역에서 신호 분석에 사용되는 기본 계측기, 즉 왜율 해석기, 파 해석기, 스펙트럼 분석기, 푸리에 분석기의 기본 이론과 응용 등을 설명한다.

12.1 왜율 분석기

12.1.1 고조파 일그러짐(왜율)

이상적인 선형 증폭기의 입력 단자에 정현파 신호를 인가하면 출력 파형도 순수한 정현파이다. 그러나 실제의 경우, 증폭기를 구성하고 있는 능동 소자(BJT 또는 FET 등)의 비선형 특성이나 수동 회로 부품에 의해서 파형의 일그러짐(歪; distortion)이 발생하기 때문에 증폭기 출력은 순수한 정현파가 되지 않는다. 비선형 동작(非線形動作; nonlinear operation)에 의해 일어나는 일그러짐을 진폭 일그러짐(amplitude distortion) 또는 고조파 일그러짐(harmonic distortion)이라고 한다. 진폭이 일그러진 정현파는 입력 신호의 기본 주파수(fundamental frequency)와 수많은 고조파(高調波; harmonics)로 구성된다. 고조파는 기본 주파수(f)의 정수배인 주파수($2f$, $3f$, $4f$, …)를 갖는 순수 정현파를 말한다. 독자들은 9장에서 배운 오실로스코프를 가지고 일그러진 파에 포함되어 있는 고조파를 측정할 수 있다고 생각할지 모른다. 그러나 신호에 상당한 양의 고조파가 존재해야만 오실로스코프로 관측이 가능하다. 또한 많은 경우에 고조파 일그러짐을 정량적으로 측정할 것이 요구되나, 오실로스코프로는 일그러짐의 정량적 측정이 불가능하다. 예로, 그림 12.1을 생각해 보자. 그림 (a)는 제2 고조파가 5 % 정도 존재한다. 이것을 오실로스코프로 관측하는 것은 거의 불가능하다. 그림 (b)는 10 %의 일그러짐이 존재하는 경우이나, 관측하기가 쉽지 않다. 그림 (c)와 (d)의 경우와 같이 일그러짐이 10 % 이상이면 관측할 수는 있으나 정량적으로 측정하기는 불가능하다. 고조파 일그러짐 또는 왜율은 왜율 분석기(歪率分析器; distortion analyzer)로 정확히 측정할 수 있다.

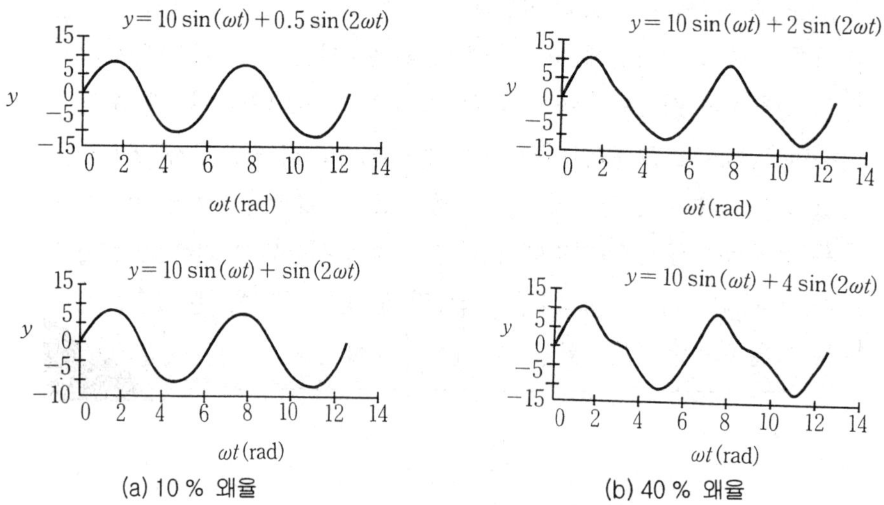

(a) 10 % 왜율　　　(b) 40 % 왜율

그림 12.1 고조파 일그러짐을 갖는 정현파

총 고조파 왜율(total harmonic distortion; THD)은 모든 고조파의 실효값(rms)과 기본파의 실효값의 비로 정의된다. 즉,

$$THD = \frac{\text{전 고조파의 실효값}}{\text{기본파의 실효값}} \qquad \cdots (12.1)$$

비정현파 접압의 경우, 위 식은

$$THD = \frac{\sqrt{E_2^2 + E_3^2 + \cdots + E_n^2}}{E_f} \qquad \cdots (12.2)$$

여기서, THD = 총 고조파 왜율

E_f = 기본 주파수의 진폭

$E_2, E_3, \cdots, E_n$ = 각 고조파의 진폭

이 정의식은 측정의 관점에서는 좀 불편하다. 또 다른 정의는 왜율을 갖는 신호의 총 실효값에 대한 모든 고조파 실효값의 비로 총 고조파 왜율을 나타낸다. 즉,

$$\begin{aligned} THD &= \frac{\sqrt{\sum(\text{고조파의 실효값})^2}}{\sqrt{\sum(\text{기본파의 실효값})^2 + \sum(\text{고조파의 실효값})^2}} \\ &= \frac{\sqrt{E_2^2 + E_3^2 + \cdots + E_n^2}}{\sqrt{E_f^2 + E_2^2 + E_3^2 + \cdots + E_n^2}} \end{aligned} \qquad \cdots (12.3)$$

〔**예제** 12.1〕 기본파의 실효값이 10 V, 제2 고조파는 3 V, 제3 고조파는 1.5 V, 제4 고조파는 0.6 V를 포함하는 신호의 총 고조파 왜율을 계산하라.

〔**풀이**〕 식 (12.2)를 사용하여 총 고조파 왜율은 다음과 같이 계산된다.

$$\begin{aligned} THD &= \frac{\sqrt{3^2 + 1.5^2 + 0.6^2}}{10} \\ &= \frac{\sqrt{11.6}}{10} = 34.07\% \end{aligned}$$

12.1.2 왜율 분석기

그림 12.2에서 (a)의 파형은 그림 (b)와 같이 기본파와 제3 고조파로 구성되어 있다고 가정하자. 그림 (a)의 파형에 포함된 고조파 성분의 크기를 알고자 할 때 그림 (b)

의 파형에서 점선으로 나타낸 기본파를 억제하면 고조파 성분을 결정할 수 있을 것이다. 이와 같이 기본파 성분을 억제하고 고조파의 실효값을 측정하는 계측기가 왜율 분석기(歪率分析器; distortion analyzer)이다. 왜율 분석기를 사용해서 왜율을 측정하는 방식에는 두 가지가 있다.

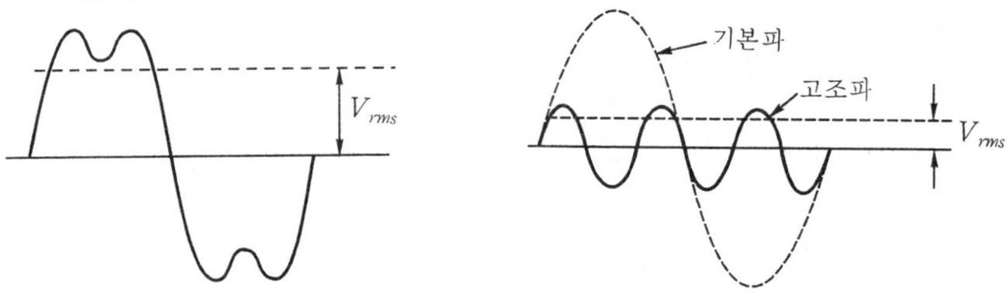

(a) 고조파 일그러짐을 갖는 파형 (b) 기본파 제거

그림 12.2 제3 고조파를 갖는 정현파

첫 번째 방법은 입력 신호에 존재하는 모든 성분(기본파, 잡음, 고조파)을 포함한 총전압을 실효값으로 측정한다. 그 다음 입력 신호로부터 기본파를 제거한 후 다시 실효값을 측정하여, 이 두 측정값으로부터 비를 계산하여 왜율로 나타낸다. 이 방식의 계측기를 기본파 억제 왜율 분석기(fundamental-suppression distortion analyzer)라고 하며, 그림 12.3과 같다. 임피던스 변환기는 감쇠기와 기본파 제거 증폭기(rejection amplifier) 사이를 접속해 주는 증폭기(이득 1)이며, 계측기 입력 단자에 접속되는 신호원 임피던스에 관계없이 저잡음 고임피던스 입력 회로를 제공한다.

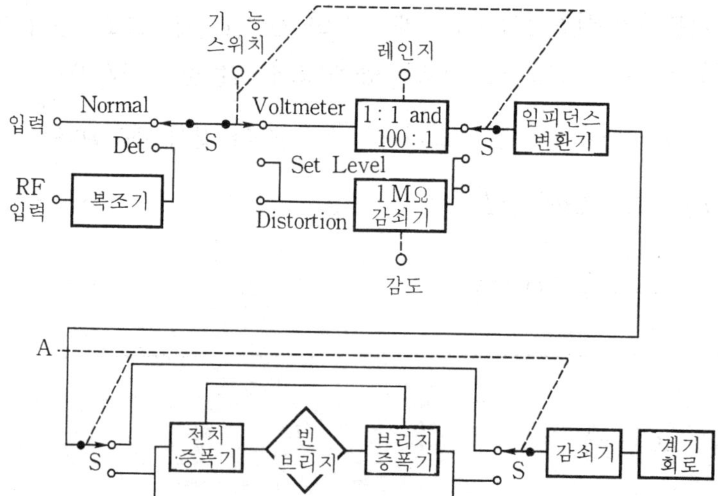

그림 12.3 기본파 억제 왜율 분석기

기본파 제거 증폭기는 입력 신호의 기본 주파수를 제거하고 나머지 모든 주파수 성분은 계기 회로로 통과시킨다. 계기 회로는 왜율을 지시한다. 위 계측기는 두 가지 동작 모드가 있다.

스위치 S가 "Voltmeter" 위치에 있으면 입력 신호는 1/1과 100/1 감쇠기를 거쳐 임피던스 변환기에 가해진다. 임피던스 변환기의 출력은 기본파 제거 증폭기를 거치지 않고 계기 회로에 직접 인가된다. 이 모드에서 모든 입력 파형(기본파+고조파)은 계기 회로에 들어가서 측정되므로, 계측기는 단순한 교류 전압계로 동작한다.

스위치 S가 "Distortion" 위치에 있으면 입력 신호는 1 MΩ 감쇠기와 임피던스 변환기를 거쳐 기본파 제거 증폭기에 들어간다. 여기서 기본파는 제거되고 고조파만 계기 회로에 가해지므로, 다음 식에 의해 왜율이 결정된다.

$$THD = \frac{E_h}{E} \times 100\% \qquad \cdots (12.4)$$

여기서, E_h는 기본파 제거 증폭기 통과 후 측정된 전압 실효치, E는 기본파 제거 증폭기를 거치지 않고 측정된 전압 실효치이다.

〔**예제** 12.2〕 기본파 제거 없이 측정된 출력 전압이 7 V_{rms}, 기본파 제거 후 측정된 전압이 56 mV일 때 *THD*를 계산하라.

〔**풀이**〕 $THD = \frac{E_h}{E} \times 100\% = \frac{0.056\,\text{V}}{7\,\text{V}} \times 100\% = 0.8\%$

두 번째 방법은 그림 12.4와 같이 Q가 큰(즉, 대역폭이 좁은) 노치 필터 (high-Q notch filter), 광대역 증폭기 (廣帶域增幅器; wideband amplifier), 실효치 전압계로 구성된다. 먼저, 노치 필터를 사용해서 입력 신호로부터 기본파 성분을 제거하고 신호의 실효치를 측정한다. 그 다음, 기본파에 동조된 협대역 통과 필터(high-Q bandpass filter)를 사용해서 기본파의 실효치를 측정한다. 이때 왜율은 기본파가 없는 출력과 기본파의 비를 계산하여 얻는다.

왜율 분석기의 기본 요소는 노치 필터 (notch filter)이다. 이 필터는 입력 신호로부터 기본 주파수 성분을 심하게 감쇠시키고, 반면 다른 모든 고조파는 진폭이나 위상의 변화 없이 통과시켜야 한다.

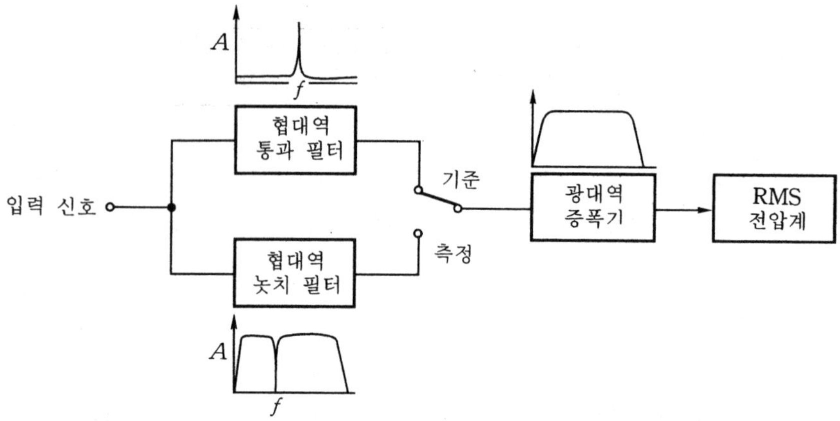

그림 12.4 왜율 분석기

그림 12.5는 노치 필터의 기능을 수행하는 기본파 제거 증폭기 (rejection amplifier)의 기본 회로이다. 이 회로는 전치 증폭기 (preamplifier), 빈 브리지 (Wien bridge), 브리지 증폭기 (bridge amplifier)로 구성된다. 11장에서 배운 바와 같이 빈 브리지는 오로지 하나의 주파수에서만 평형 상태로 된다. 그림에서 저항과 커패시터를 조정해 기본 주파수에서 브리지를 평형시키면 단자 a-b에 나타나는 브리지 출력에는 기본파 성분은 거의 80 dB만큼 감쇠되어 제거되고, 다른 모든 고조파는 감쇠나 일그러짐 없이 브리지를 통과한다.

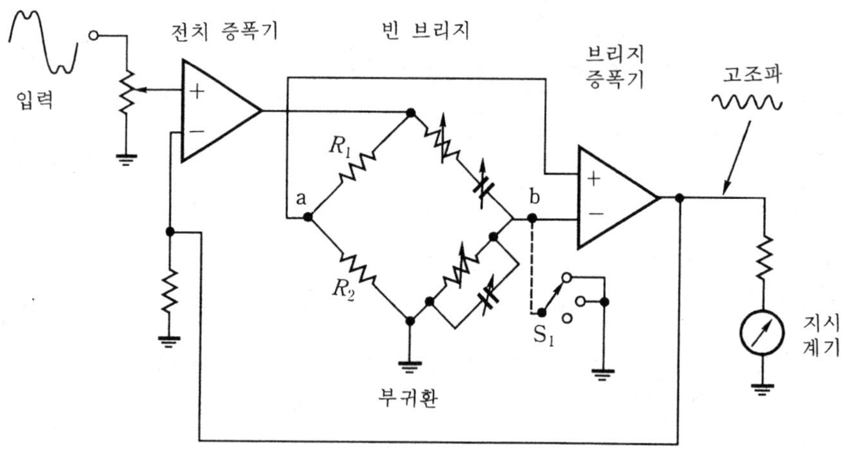

그림 12.5 왜율 분석기에 사용되는 기본파 제거 증폭기

그림 12.6은 빈 브리지 필터의 응답 특성을 나타낸다. 브리지 증폭기 출력을 전치 증폭기로 부귀환시킴으로써 매우 첨예한 응답 곡선이 얻어짐을 볼 수 있다. 따라서 기본파는 완전히 제거된다.

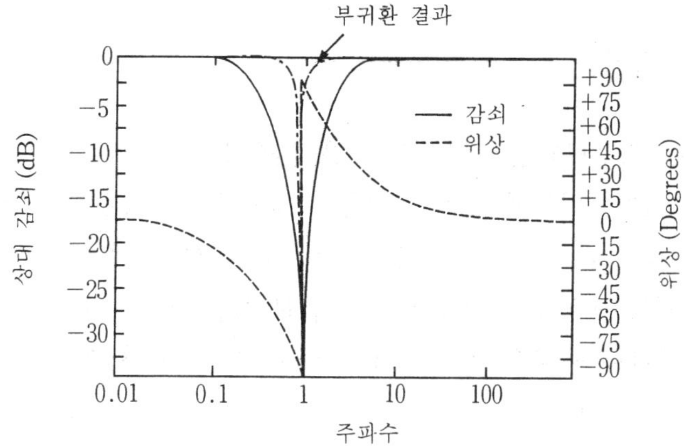

그림 12.6 빈 브리지의 응답 특성

예를 들어, 그림 12.7(a)와 같이 기본파 f_1과 고조파 f_3가 포함된 입력 신호를 생각해 보자. 이 신호를 (b)와 같은 응답 특성을 갖는 노치 필터를 통과시키면 기본파 f_1만 제거되고 다른 성분은 그림 (c)와 같이 그대로이다.

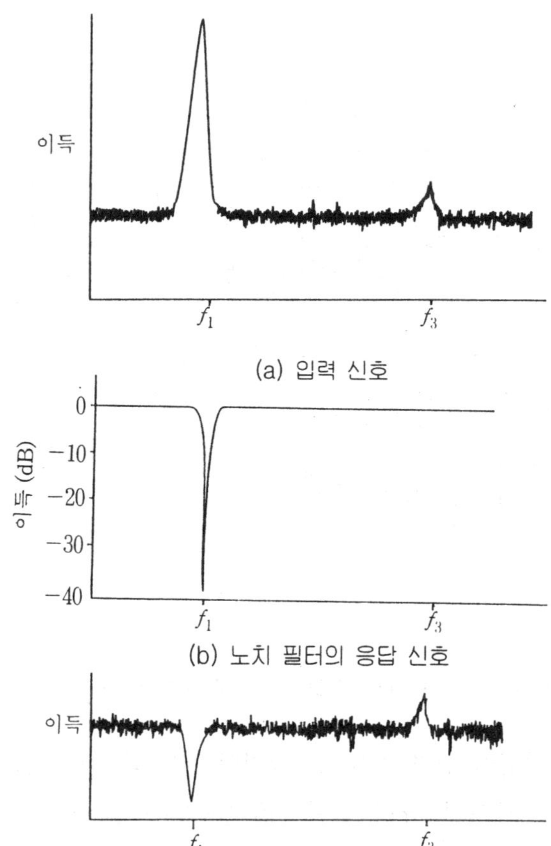

그림 12.7 노치 필터의 주파수 응답 예

12.2 파 분석기

앞에서 설명한 고조파 왜율 분석기는 신호 파형에 포함되어 있는 총 고조파 양을 측정한다. 그러나 많은 경우에 고조파 진폭을 개별적으로 측정하는 것이 바람직하다. 파 분석기(波分析器; wave analyzer)는 일그러진 파형에서 각 주파수 성분의 상대적 진폭을 측정할 수 있도록 설계한 계측기이다. 파 분석기는 여러 가지 이름으로 불려지고 있으며, 여기서는 가청 주파수 범위(20 Hz~20 kHz)와 MHz 범위 측정에 사용되는 파 분석기에 대해서 설명한다.

12.2.1 주파수 선택 파 분석기

주파수 선택 파 분석기(周波數選擇 波分析器; frequency selective wave analyzer)는 매우 기본적인 파 분석기로서, 그림 12.8은 가청 주파수 범위(20 Hz~20 kHz)를 측정하는 파 분석기의 구성도이다.

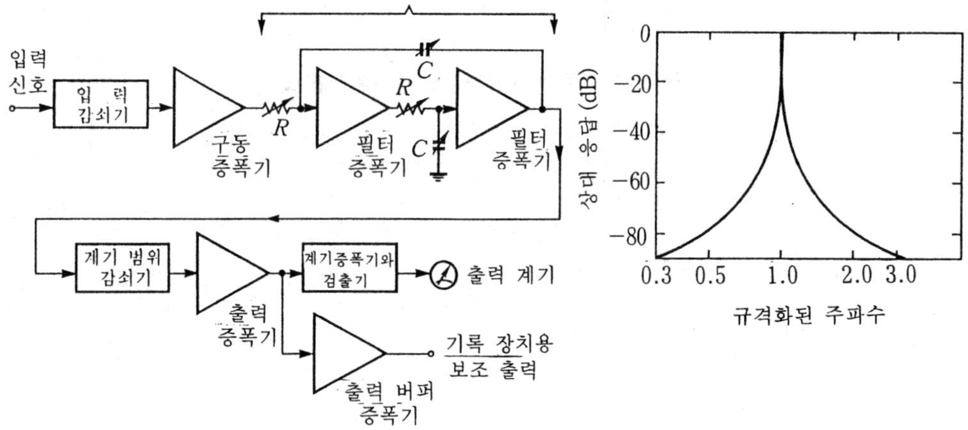

(a) 회로　　(b) 감쇠 특성

그림 12.8 주파수 선택 파 분석기(가청 주파수 범위)

분석하고자 하는 신호 파형이 입력 감쇠기(계측기의 전면 패널에 Range로 표시됨)에 인가되면 적당한 크기로 감쇠된다. 구동 증폭기(驅動增幅器; driver amplifier)는 감쇠된 파형을 *Q*가 큰 능동 필터(high-Q active filter)에 공급한다. 필터는 *RC* 공진 회로와 필터 증폭기의 종속 접속으로 구성되어 있다. 가변 커패시터 *C*는 주파수 범위를 선택하는 데 사용되고, 가변 정밀 저항 *R*은 선택된 통과 대역 내에서 필터를 원하는 주파수에 동조시키는 데 사용된다. 출력 증폭기는 선택된 신호를 증폭하여 계기 회로와 버퍼 증폭기에 공급한다. 계기는 평균값 검출기에 의해서 구동되고, 전압 눈금과 데시벨 눈금을 동시에 갖고 있다. 버퍼 증폭기는 기록계나 전자 계수기 등을 구동하는 데 사용된다.

이 계측기의 대역폭은 매우 좁다. 전형적으로 선택된 주파수의 약 1 %이다. 그림 (b)는 파 분석기의 전형적인 감쇠 곡선을 나타낸다. 초기 감쇠율은 약 600 dB/octave이다. 즉, 그림에서 볼 수 있는 바와 같이 선택된 주파수(f)의 1/2주파수($0.5f$)와 2배 주파수($2f$)에서 감쇠는 약 75 dB이다.

12.2.2 헤테로다인 파 분석기

MHz 범위의 측정에는 다른 파 분석기가 사용된다. 그림 12.9는 헤테로다인 파 분석기 (heterodyne wave analyzer)의 회로 구성을 나타낸다. 이 분석기는 한 개의 협대역 동조 필터를 사용한다.

입력 신호는 적당히 감쇠되어 주파수 혼합기 (mixer)에 입력된다. 또, 계측기 내부에 있는 국부 발진기 (局部發進器; local oscillator)의 출력은 혼합기의 또 다른 입력 단자에 들어간다. 혼합기는 국부 발진 주파수 f_o와 입력 신호 주파수 f_s를 혼합하여 두 주파수의 합과 차 주파수 $f_o \pm f_s$를 갖는 출력 신호를 만든다. 대표적인 헤테로다인 파 분석기에서, 저역 통과 필터는 최대 발진 주파수보다 높은 주파수에 동조된다. 따라서 합 주파수 신호 $f_o + f_s$는 중간 주파수 (intermediate frequency; IF) 증폭기를 통과해 정류되어 계기 회로에 인가된다. 지시된 양은 입력 신호의 기본파의 첨두 진폭에 비례한다. 국부 발진기의 발진 주파수를 변화시키면 제2, 제3 고조파 성분을 측정할 수 있다.

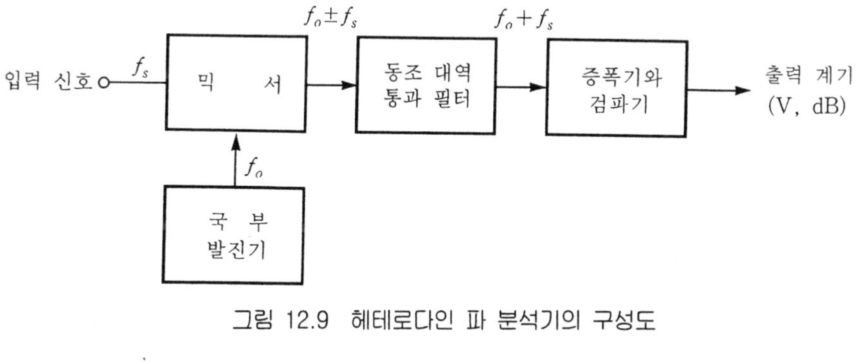

그림 12.9 헤테로다인 파 분석기의 구성도

그림 12.8(b)에서 설명한 바와 같이 주파수 선택 파 분석기의 필터의 대역폭은 매우 좁아 측정하고자 하는 주파수의 약 1 % 정도이다. 그런데 헤테로다인 파 분석기의 대

역폭은 일정하기 때문에 분석 중인 파형의 주파수가 분석 완료 시간 동안(보통 수초) 일정하게 유지되지 않고 변동하는 경우에는 파 분석이 어렵게 된다. 예를 들면, 가청 주파수 분석기의 대역폭은 수 Hz 정도이다. 1 kHz 신호의 기본 주파수가 2 % 변화하면 제5 고조파의 주파수는 100 Hz (=1000 Hz × 0.02 × 5)만큼 변동되는데, 이것은 계기의 대역폭을 벗어나므로 측정이 불가능하다.

〔예제 12.3〕 파 분석기는 4 Hz의 고정된 대역을 갖는다. 이 계측기로 제4 고조파 측정이 가능하기 위해서는 60 Hz 기본파 신호의 허용 변화 범위는 얼마인가?

〔풀이〕 임의 고조파에서 허용되는 최대 주파수 변화는 대역폭의 반(즉, 2 Hz)이다. 제4 고조파가 2 Hz만큼 변하면 기본 주파수는

$$2\ \text{Hz} / 4 = 0.5\ \text{Hz}$$

만큼 주파수 변화를 일으킨다. 이것을 퍼센트 변화로 나타내면

$$\%\text{변화} = \frac{0.5\,\text{Hz}}{60\,\text{Hz}} \times 100 = 0.833\ \%$$

기본 주파수의 허용 변화는 0.5 Hz, 즉 0.833 %이다.

12.3 스펙트럼 분석기

스펙트럼 분석기(spectrum analyzer)는 2차 대전 동안 MIT 공과대학의 과학자들에 의해서 개발되었다. 스펙트럼 분석기는 교류 신호를 여러 주파수 성분으로 분리하고, 각 성분의 크기를 CRT 스크린상에 수직선으로 나타낸다. 이것은 아날로그 형태와 디지털적인 구성이 있으며, 디지털 형태에 대해서는 다음 절에서 설명한다.

12.3.1 주파수 영역

비록 오실로스코프를 가지고 시간 영역에서 신호 파형을 관측할 수 있을지라도, 시간 영역(時間領域; time domain)의 측정만 가지고는 충분하지 못한 경우가 많다. 특히 파형의 일그러짐이 존재하는 경우에는 더욱 그렇다. 시간 영역의 신호를 주파수 분포로 변환하는 과정을 스펙트럼 분석(spectral analysis)이라고 부른다.

그림 12.10은 하나의 신호를 시간 영역과 주파수 영역(周波數領域; frequency domain)에서 3차원적으로 나타낸 것이다. 시간 영역 측정에서는 f_1+2f_1의 합성인 하나의 파형만 표시되는 반면, 주파수 영역 측정은 그림 (b)처럼 기본 주파수(f_1)와 제2 고조파($2f_1$)의 진폭을 각각 명확히 나타내기 때문에 가치 있는 정보가 얻어짐을 알 수 있다.

이와 같이 오실로스코프는 시간 영역에서 신호 파형의 진폭－시간 특성을 관측하는 것이고, 스펙트럼 분석기는 주파수 영역에서 신호를 각 주파수 성분으로 분해하여 진폭, 주파수 관계를 표시하는 장치이다.

스펙트럼 분석기에서 주파수 성분의 선택에는 대역 통과 필터(bandpass filter)가 사용되고, 그 필터의 구성의 차이에 따라 스펙트럼 분석기는 스위프 동조 분석기(同調分析器; sweep-tuned analyzer)와 실시간 분석기(實時間分析器; real-time analyzer)로 분류된다.

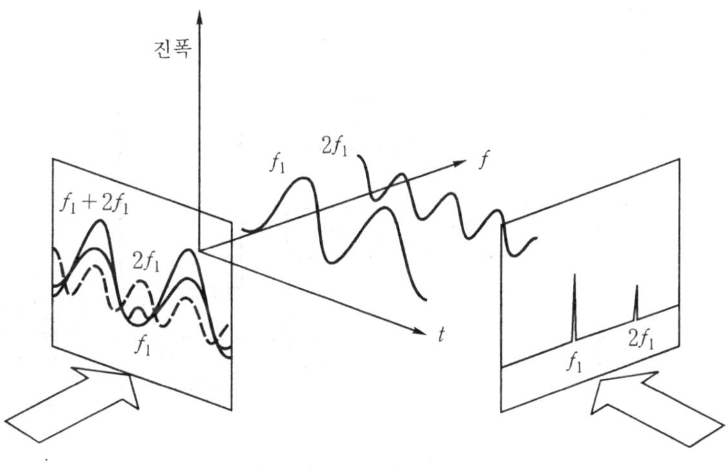

(a) 시간 영역 측정　　(b) 주파수 영역 측정

그림 12.10 주파수 영역과 시간 영역의 비교

12.3.2 실시간 분석기

실시간 분석기(real-time analyzer)의 의미는 분석기의 주파수 영역 내에서 모든 신호의 진폭을 동시에 나타낸다는 뜻이다. 실시간 분석기는 신호를 동시에 각 주파수 성분으로 분리하기 위해서 수많은 대역 통과 필터를 사용한다.

그림 12.11은 실시간 분석기의 구성을 나타낸 것이다. 입력부에는 각기 다른 주파수에 동조되어 있는 많은 대역 통과 필터가 병렬로 접속되고, 각 필터 뒤에는 피크 검출기가 접속되어 있어, 각 필터의 주파수 범위 내의 모든 신호 성분을 검출한다. 이 출

력들이 전자 스위프 스위치를 통해 CRT에 연결된다. 각 필터의 대역 내에서 신호의 복합 진폭은 필터의 전체 주파수 범위의 함수로 표시된다. 따라서 계기의 주파수 범위는 필터 수와 그 대역폭에 의해 제한된다. 전자 스위치는 순차적으로 필터 출력을 CRT에 연결한다. 수평 편향은 스위프 발생기로부터 얻어지는데, 전자 스위치와 동기된 톱니파(램프 전압)이다.

이 해석기는 과도 현상, 진폭 해석, 음성 대역(音聲帶域) 등 비교적 저주파 신호의 해석에 적합하다. 가청 주파수 분석의 경우 32개의 필터를 채택하고 있으며, 각 필터의 대역폭은 분해능을 좋게 하기 위해 매우 좁게 만든다. 비록 이 분석기가 고가이지만 과도 현상 관측에 사용할 수 있는 유일한 분석기이다.

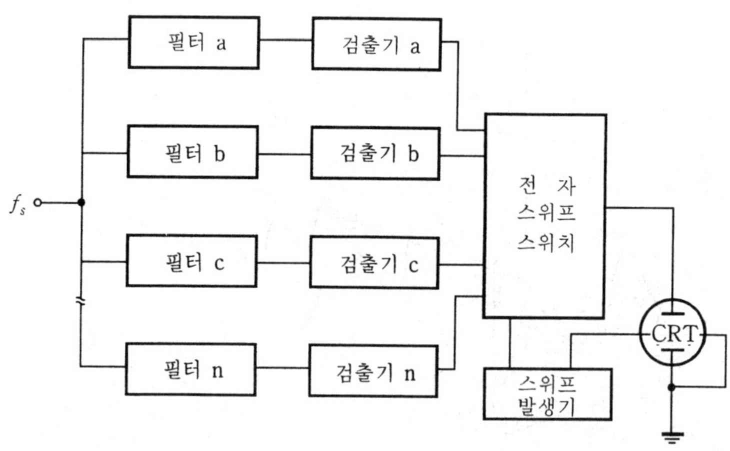

그림 12.11 실시간 분석기

12.3.3 스위프 동조 분석기

이 분석기는 순간적으로 그 주파수 성분을 검출하기는 하지만, 한 번에 스펙트럼의 단지 한 작은 부분만 나타낸다. 따라서 실시간 분석기가 이 분석기보다 더 빠르고 고가로 된다.

그림 12.12는 스위프 동조형 분석기의 가장 일반적인 형태인 슈퍼헤테로다인 방식(sweep superheterodyne spectrum analyzer)의 구성을 나타낸 것이다. 스위프 발진기(톱니파 발생기)로부터의 램프 전압은 국부 발진기 (voltage-tunable oscillator; VTO)와 CRT의 수평 편향판에 동시에 인가된다. 이때 국부 발진기는 최소 (f_{o1})로부터 최대 (f_{o2})까지 스위프 하는 출력 주파수 f_o를 만든다. 국부 발진기의 출력은 주파수 혼합기 (frequency mixer)의

한 입력 단자로 들어가고, 혼합기는 입력 신호 f_s와 f_o를 혼합하여 두 주파수의 합과 차인 중간 주파수(中間周波數; intermediate frequency; IF) f_{IF}를 만든다. 입력 신호 주파수 f_s, 국부 발진기의 발진 주파수 f_o, 중간 주파수 f_{IF} 사이에는 다음과 같은 관계가 있다.

$$f_o \pm f_s = f_{IF} \quad \cdots (12.5)$$

이것을 IF 증폭기에 인가하면 $f_{IF1} = f_o - f_s$와 $f_{IF2} = f_o + f_s$ 중 불필요한 신호는 제거되고 원하는 신호만을 통과시켜 증폭한다. 이것이 검파되고 증폭되어 CRT 스크린에 나타난다.

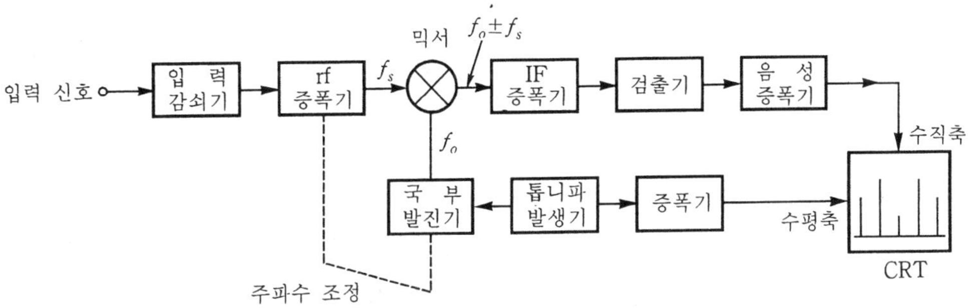

그림 12.12 스위프 슈퍼헤테로다인 스펙트럼 분석기

예로, 신호 주파수 f_s = 50 kHz를 측정하는 경우를 생각해 보자. IF 증폭기의 통과 주파수를 100 kHz라고 하고, 국부 발진 주파수 f_o가 100 kHz로부터 200 kHz까지 스위프된다고 하면,

f_o = 100 kHz이면 혼합기 출력은 $f_o \pm f_s$ = 100 kHz ± 50 kHz = 150 kHz, 50 kHz로 되어 IF 증폭기를 통과하지 못한다.

f_o = 200 kHz이면 혼합기 출력은 $f_o \pm f_s$ = 200 kHz ± 50 kHz = 250 kHz, 150 kHz로 되어 이 경우도 혼합기 출력은 IF 증폭기를 통과하지 못한다.

f_o = 150 kHz이면 $f_o \pm f_s$ = 150 kHz ± 50 kHz = 200 kHz, 100 kHz로 되어 혼합기 출력 중 100 kHz가 IF 증폭기를 통과한다.

100 kHz 성분은 IF 증폭기를 통과해 증폭되어 CRT 스크린에 수직선을 만든다. 국부 발진기의 출력 150 kHz는 정확히 100~200 kHz 사이의 중간이므로 f_s = 50 kHz를 나타내는 수직선은 CRT 스크린의 중심에 발생한다. 그림 12.13은 이것을 보여 주고 있다.

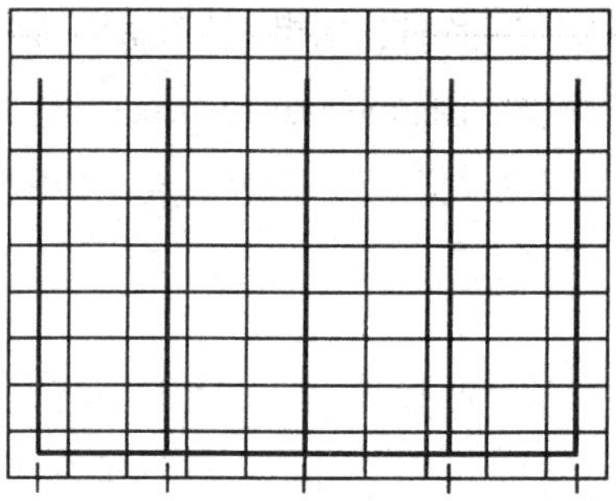

그림 12.13 스펙트럼 분석기의 CRT에 나타낸 여러 신호 주파수

〔예제 12.4〕 IF 증폭기의 통과 주파수를 100 kHz라고 하고, 국부 발진 주파수 f_o의 스위프 주파수가 100 kHz~200 kHz이다. 입력 신호 주파수가 25 kHz, 75 kHz, 175 kHz일 때 이것을 스펙트럼 분석기의 CRT 스크린에 나타내어라.

〔풀이〕 본문과 동일한 방법에 의해 계산된 결과를 나타내면 그림 12.13과 같다.

이 분석기는 실시간 분석기와 같은 과도 신호의 분석이나 고분해능의 기능은 없으나 넓은 주파수 대역의 측정이 가능하고 분해능이 가변되는 성능을 갖는다.

12.4 푸리에 분석기

푸리에 분석기(Fourier analyzer)는 앞에서 설명한 스펙트럼 분석기가 갖는 능력 이상의 측정을 제공하기 위해 디지털 신호 처리 기술을 사용한다. 이 분석기가 갖는 능력의 일부에는 매우 낮은 주파수 또는 매우 근접한 신호의 계측, 잡음에 의하여 모호한 랜덤 신호의 계측, 두 개 이상 신호의 관계 또는 공통 성분의 계측 등이 있다.

푸리에 분석기는 고속 푸리에 변환(Fast Fourier Transform; FFT)이라고 하는 알고리즘을 사용하는 이산 푸리에 변환(discrete Fourier Transform; DFT)의 계산을 기초로 한다. 이 알고리즘은 입력 신호의 시간 영역 샘플의 집합으로부터 각 신호 성분의 진폭과 위상을 계산한다.

12.4.1 주파수 분석의 원리

일반적으로 신호가 주기적인 시간 함수인 경우에는 신호를 주파수 성분으로 분석함으로써 그 특징을 파악할 수 있다. 지금 주기 T로 변하는 시간 함수 $y(t)$에 대한 푸리에 급수 (Fourier series)는

$$y(t) = \frac{a_0}{2} + \sum_{n=1}^{\infty}(a_n \cos n\omega t \pm b_n \cos n\omega t) \qquad \cdots (12.6)$$

여기서 n = 1~∞ 사이의 정수, 각주파수 $\omega = \frac{2\pi}{T} = 2\pi f$, 주파수 $f = \frac{1}{T}$ 이다.

위 식에서 a_o, a_n, b_n은 진폭을 결정하는 계수이고, 이들을 고조파 계수(高調波係數; harmonic coefficient)라고 부르며, 다음 식으로 주어진다.

$$a_n = \frac{2}{T}\int_0^T y(t)\cos\left(\frac{2\pi}{T}nt\right)dt \quad n = 0,\ 1,\ 2,\ \cdots \qquad \cdots (12.7)$$

$$b_n = \frac{2}{T}\int_0^T y(t)\sin\left(\frac{2\pi}{T}nt\right)dt \quad n = 1,\ 2,\ \cdots \qquad \cdots (12.8)$$

n = 1일 때 대응되는 sine 및 cosine항을 기본파(基本波; fundamentals)라고 하며, n = 2일 때 대응되는 항을 제2 고조파 (第2高調波; second harmonics), n = 3을 제3 고조파(第3高調波; third harmonics), … 등으로 부른다. 이와 같이 알려진 임의의 함수는 sine과 cosine의 합으로 표현될 수 있음을 알 수 있다. 그러나 대부분의 실제 측정에서 입력 신호의 함수는 알려지지 않으므로 지금까지 언급한 푸리에 해석은 입력 신호를 분석하는 데 이용할 수 없으며, 측정하고자 하는 입력 신호를 진폭과 주파수의 항으로 분석하는 기술이 필요하다.

식 (12.6)은 주기 함수에만 적용되는 식이다. 이와 같은 제약을 없애기 위해서 신호 주기를 무한대로 근사시키면 다음 식으로 주어지는 푸리에 변환이 얻어진다.

함수 $y(t)$의 푸리에 변환 (Fourier transform) $\quad : Y(\omega) = \int_{-\infty}^{+\infty} y(t)e^{-j\omega t}dt \qquad \cdots (12.9)$

푸리에 역변환 (inverse Fourier transform) $\quad : y(t) = \frac{1}{2\pi}\int_{-\infty}^{+\infty} Y(\omega)e^{j\omega t}d\omega \qquad \cdots (12.10)$

식 (12.10)은 신호의 진폭-주파수 특성이 얻어지면 원래의 신호 $y(t)$를 재구성할 수 있음을 의미한다.

실제로, 푸리에 분석기에서 $y(t)$는 이산적인 값으로 측정되고 저장된다. 지금 그림 12.14와 같이 시간 구간 Δt로 그 값을 읽고 저장한다고 하자. 따라서 시간 구간 $T = N\Delta t$ 동안에는 총 N회 측정하여 기록한다. 그러므로 아날로그 입력 신호 $y(t)$는 시간 $t=\Delta t$,

$2\Delta t$, $\cdots$, $N\Delta t$에서 측정된 값의 급수

$$y(\Delta t),\ y(2\Delta t),\ y(3\Delta t),\ \cdots,\ y(N\Delta t)$$

로 나타낼 수 있다. 만약 $t_k = k\Delta t\ (k = 1, 2, \cdots, N)$이라 놓으면, 이 급수를 더욱 간단하게 다음과 같이 쓸 수 있다.

$$y(k\Delta t) = y(t_k) = y(t_1),\ y(t_2),\ y(t_3),\ \cdots,\ y(t_N) \qquad \cdots (12.11)$$

이와 같은 이산적인 시간 신호의 푸리에 해석을 수행하기 위해서는 식 (12.7)과 (12.8)에서 연속 시간 t를 불연속 시간 $t_k = k\Delta t$, 주기 T를 $N\Delta t$로 대체해서 합으로 나타낸다. 이것을 식 (12.7)에 대입하면,

$$\begin{aligned} a_n &= \frac{2}{N\Delta t}\sum_{k=1}^{N} y(t_k)\cos\left(\frac{2\pi}{N\Delta t}nk\Delta t\right)\Delta t \\ &= \frac{2}{N}\sum_{k=1}^{N} y(k\Delta t)\cos\left(\frac{2\pi kn}{N}\right) \end{aligned} \qquad \cdots (12.12)$$

따라서 이산적으로 샘플링된 파형의 고조파 계수는 다음 식으로 된다.

$$a_n = \frac{2}{N}\sum_{k=1}^{N} y(k\Delta t)\cos\left(\frac{2\pi kn}{N}\right) \quad n = 0,\ 1,\ \cdots,\ \frac{N}{2} \qquad \cdots (12.13)$$

$$b_n = \frac{2}{N}\sum_{k=1}^{N} y(k\Delta t)\sin\left(\frac{2\pi kn}{N}\right) \quad n = 1,\ 2,\ \cdots,\ \frac{N}{2}-1 \qquad \cdots (12.14)$$

여기서 N은 짝수이다. 위 식 (12.13)과 (12.14)를 $y(t_k)$의 이산적 푸리에 변환(discrete Fourier transform; DFT)이라고 부르며, 이것에 대응되는 이산적 푸리에 급수(discrete Fourier series)는

$$y(t) = \frac{a_0}{2} + \sum_{n=1}^{(N/2-1)}\left[a_n\cos\left(\frac{2\pi kn}{N}\right) + b_n\sin\left(\frac{2\pi kn}{N}\right)\right] + \frac{a_{N/2}}{2}\cos(\pi t) \qquad \cdots (12.15)$$

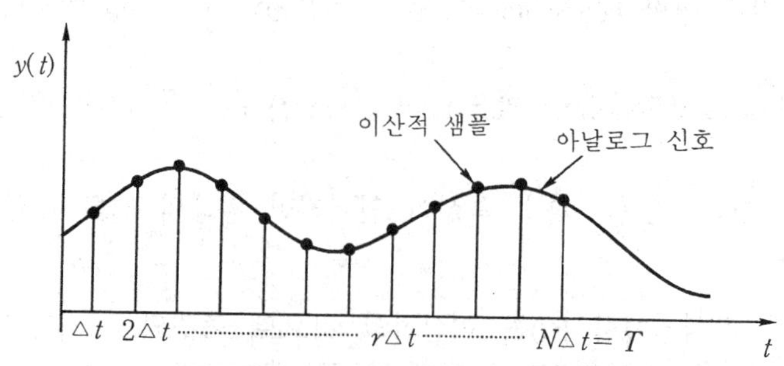

그림 12.14 연속적인 아날로그 신호의 불연속적인 샘플링. 신호의 값은 주기 T에 대해서 구간 Δt를 간격으로 기록된다.

보통의 푸리에 급수(식 12.6)에서와 같이 이산적 푸리에 급수 $y(t)$를 주파수 성분의 합으로 나타낼수 있다. 먼저, 식 (12.15)에서

$$\frac{2\pi kn}{N} = 2\pi\left(\frac{n}{N\Delta t}\right)k\Delta t = 2\pi(n\Delta f)t_k \qquad \cdots (12.16)$$

여기서, $\Delta f = \dfrac{1}{N\Delta t}$ 는 기본 주파수이고, 고조파에 대해서는 $n = 1, 2, \cdots, N/2$이다.

식 (12.16)을 사용하면 식 (12.15)는

$$y(t) = \frac{a_0}{2} + \sum_{n=1}^{(N/2-1)}\left[a_n \cos(2\pi n\Delta ft) + b_n \sin(2\pi n\Delta ft)\right] + \frac{a_{N/2}}{2}\cos\left(2\pi\frac{N\Delta f}{2}t\right) \qquad \cdots (12.17)$$

보통의 푸리에 급수(식 12.6)는 무한대의 고조파 성분을 가지는 반면 DFT는 단지 $n = N/2$까지만 고조파 성분을 만든다. 이것은 이산적인 샘플링의 결과이다.

DFT의 복소수 표현은 다음 식으로 된다.

$$\text{DFT} \quad : \quad Y\left(n\frac{2\pi}{N\Delta t}\right) = \sum_{k=0}^{N-1} y(k\Delta t)e^{-j\frac{2\pi}{N}kn} \quad n = 0, 1, 2, 3, \cdots, N-1 \qquad \cdots (12.18)$$

$$\text{역변환(IDFT)} \quad : \quad y(k\Delta t) = \frac{1}{N}\sum_{k=0}^{N-1} Y(n)e^{j\frac{2\pi}{N}kn} \quad n = 0, 1, 2, 3, \cdots, N-1 \qquad \cdots (12.19)$$

이들의 계산에는 고속 푸리에 변환(Fast Fourier Transform; FFT)이라고 하는 고속 계산법이 사용되기 때문에 이와 같은 장치를 FFT 분석 장치라고 부르기도 한다. FFT에서는 일반적으로 식 (12.18)에 따라 계산한다.

그림 12.15에 푸리에 변환의 원리를 나타낸다. 푸리에 변환의 계산법으로는 sin, cos과 같은 삼각 함수의 직교 함수 성질을 이용한다. 즉, 그림 (a)에 나타낸 것과 같이 신호 중에 포함되어 있는 주파수 성분을 구할 때 이 성분의 샘플치($\sin\dfrac{2\pi kn}{N}$ 등)와 입력 신호의 샘플치($y(k\Delta t)$)와의 승산(勝算)을 행하여 그 값을 기본 주기($T_1 = 1/f_1$)에 걸쳐서 적산(積算)한다. 이와 같이 하면 성분이 다른 것끼리의 적화(積和)는 0이 되고, 같은 성분끼리의 적화만이 0이 아닌 값을 나타내며, 그 값은 입력 신호에 포함되어 있는 그 성분의 크기에 비례한다. 이것을 등가적으로 생각하면 그림 (b)에 나타낸 것과 같이 각 주파수 성분만을 통과시키는 대역 통과 필터(bandpass filter)를 병렬로 배치한 것과 같은 작용을 하고 있다. 이미 설명한 바와 같이 아날로그 스펙트럼 분석기에서는 그림 (b)와 같은 일을 한 개의 아날로그 협대역 통과 필터의 중심 주파수를 등가적으로 스위프시켜 실현하고 있다.

실제로 어느 입력 파형을 푸리에 변환할 때 분석 기간을 잡는 방법의 영향을 적게 하기 위해 창 함수(window function)가 곱하여져서 처리된다. 장치에는 몇 개의 창 함수를 선택할 수 있게 되어 있다.

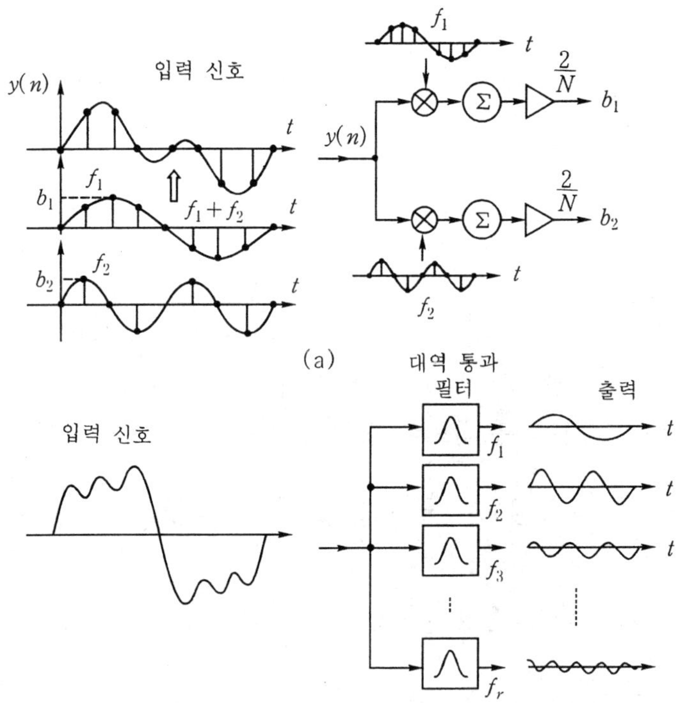

그림 12.15 푸리에 변환의 원리

〔**예제** 12.5〕 샘플치 $y(k)$를 $y(k) = a_1 \cos 2\pi f_1 \dfrac{k}{f_s} + b_1 \sin 2\pi f_1 \dfrac{k}{f_s}$ $(k = 0,\ 1,\ 2,\ \cdots,\ 7)$로 하고, $f_s = 8f_1$으로 하였을 때 식 (12.13), (12.14)에서 a_1, b_1이 구해지는 것을 확인하여라.

〔**풀이**〕

$$a_1 = \frac{2}{8}\sum_{k=0}^{7} y(k)\cos\frac{2\pi}{8}k$$

$$= \frac{1}{4}\left\{a_1 + \left(\frac{a_1}{\sqrt{2}} + \frac{b_1}{\sqrt{2}}\right)\frac{1}{2} + \left(-\frac{a_1}{\sqrt{2}} + \frac{b_1}{\sqrt{2}}\right)\left(-\frac{1}{\sqrt{2}}\right) + (a_1)(-1)\right.$$

$$\left. + \left(\frac{a_1}{\sqrt{2}} - \frac{b_1}{\sqrt{2}}\right)\left(\frac{1}{\sqrt{2}}\right)\left(-\frac{a_1}{\sqrt{2}} - \frac{b_1}{\sqrt{2}}\right)\left(-\frac{1}{\sqrt{2}}\right)\right\}$$

$$= \frac{1}{4}(a_1 + a_1 + a_1 + a_1) = a_1$$

$$
\begin{aligned}
b_1 &= \frac{2}{8}\sum_{k=0}^{7} y(k)\sin\frac{2\pi}{8}k \\
&= \frac{1}{4}\left\{\left(\frac{a_1}{\sqrt{2}}+\frac{b_1}{\sqrt{2}}\right)\left(\frac{1}{\sqrt{2}}\right)+b_1+\left(-\frac{a_1}{\sqrt{2}}+\frac{b_1}{\sqrt{2}}\right)\left(\frac{1}{\sqrt{2}}\right)\right. \\
&\quad \left.+\left(\frac{a_1}{\sqrt{2}}-\frac{b_1}{\sqrt{2}}\right)\left(-\frac{1}{\sqrt{2}}\right)+(-b_1)(-1)+\left(-\frac{a_1}{\sqrt{2}}-\frac{b_1}{\sqrt{2}}\right)\left(-\frac{1}{\sqrt{2}}\right)\right\} \\
&= \frac{1}{4}(b_1+2b_1+b_1)=b_1
\end{aligned}
$$

12.4.2 장치의 구성

그림 12.16은 FFT 분석기의 구성을 나타낸다. 아날로그 입력 단자에 인가된 신호는 분석 가능 주파수 이하를 통과시키는 저역 통과 필터(aliasing 제거, 예제 12.5 참조)에 보내진다. 다음, AD 변환기에 의해 샘플치는 디지털 양으로 변환되어 메모리에 기억된다. 이 기억된 데이터 $y(k)$를 이용해 FFT 연산 회로에 의해 식 (12.18)의 푸리에 변환이 계산되고, 각 주파수 성분으로 분해된다. 그 결과는 일단 메모리에 저장되고, 저장된 이들 결과는 DA 변환기를 통해서 아날로그 신호로 변환되어 CRT 스크린에 보기 쉬운 형태로 표시되거나 기록계 또는 플로터를 사용해 영구히 기록할 수도 있다. FFT된 결과를 사용해서 스펙트럼 외에 전달 함수, 상관 함수, 고히어런스 함수 등도 구할 수 있게 되어 있는 장치가 많다.

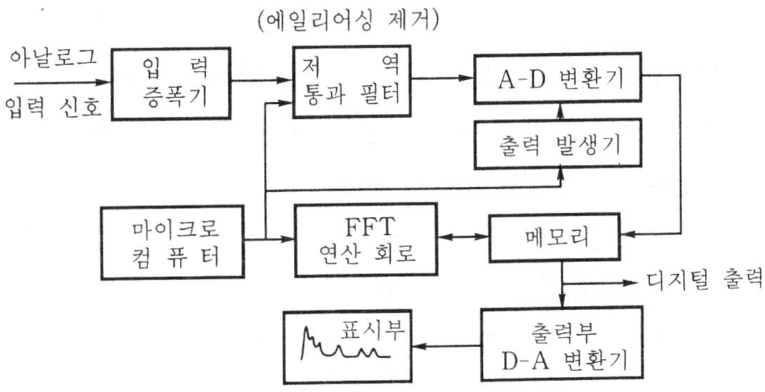

그림 12.16 디지털 스펙트럼 분석기의 구성도

〔**예제** 12.6〕 샘플링 주파수가 f_s일 때, $f_s/4$의 신호 $\sin 2\pi\frac{f_s}{4}t$와 $3f_s/4$의 신호 $\sin 2\pi\frac{3f_s}{4}t$의 파형을 도시하고, 그 샘플링 값을 그림에 나타내어라. 그 결과로부터 무엇을 알 수 있는가?

〔풀이〕 그림 12.17에 나타낸 바와 같이 두 신호의 샘플링 값은 같게 되며, 양자를 구별할 수 없다. 식으로 나타내면

$$\sin 2\pi \frac{f_s}{4}\frac{n}{f_s} = \sin\frac{\pi}{2}n - \sin 2\pi \frac{3f_s}{4}\frac{n}{f_s} = \sin\left(\pi n + \frac{\pi}{2}n\right) = \sin\frac{\pi}{2}n$$

일반적으로

$$\left|\sin 2\pi\left(\frac{f_s}{2} - f_a\right)\frac{n}{f_s}\right| = \left|\sin 2\pi\left(\frac{f_s}{2} + f_a\right)\frac{n}{f_s}\right|$$

가 된다.

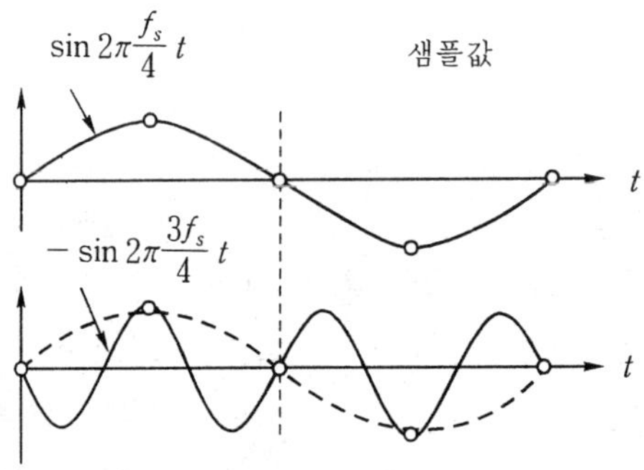

그림 12.17

에일리어싱(aliasing)이란 위 식에서 보인 바와 같이 f_s로 신호를 샘플링할 때 신호에 $f_s/2$보다 큰 주파수(위에서는 $3f_s/4$)가 포함되어 있으면 실제로는 존재하지 않는 주파수 ($f_s/4$)를 마치 포함하고 있는 것처럼 인식해 버리는 현상을 말한다. 그 때문에 그림 12.16의 구성에서 통상 $f_s/2$ 이상의 주파수 성분을 제거하는 저역 통과 필터를 넣는다. 이 필터를 단순히 에일리어싱 필터라고도 부른다.

샘플링 정리란 신호에 포함되는 최대 주파수의 2배 이상의 주파수로 샘플링하지 않으면 샘플링 값에서 원래 파형이 재생될 수 없음을 의미한다.

푸리에 분석기는 일차적으로 디지털 계기이므로 컴퓨터나 다른 디지털 시스템과의 인터페이스가 비교적 간단하다. 원격 프로그램과 IEEE-488 버스 또는 다른 인터페이스 시스템을 통한 데이터 전송은 계기의 응용 범위를 괄목할 만하게 확장시킨다. 또, 디지털 계기의 특성상 푸리에 분석기는 고정밀, 고안정 및 스펙트럼 분석에서 반복성을 제공한다. 푸리에 분석기는 여러 분야에서 사용되고 있으며, 다음 절에서 간단히 설명한다.

12.5 스펙트럼 분석기의 응용

스펙트럼 분석기는 여러 분야에서 광범위하게 이용되고 있으며, 특히 통신 시스템 측정에 가장 유용한 계측기이다. 통신 분야에서 스펙트럼 분석기는 변조 레벨, 변조율(modulation index), 왜율, S/N비 등의 측정에 이용되고 있다. 앞에서, 변조에 대해 간단히 설명한 바 있다. 여기서는 AM 변조에 대해서 간단히 설명하고자 한다.

12.5.1 진폭 변조

두 개 이상의 정현파 신호를 더하여 그 결과의 파형을 시간 영역에서 관측하면, 매우 복잡한 파형이 형성된다. 그림 12.18은 진폭과 주파수가 서로 다른 두 정현파를 합쳤을 경우, 그림 12.19는 진폭은 같고 주파수만 약간 다른 두 정현파를 합친 경우이다.

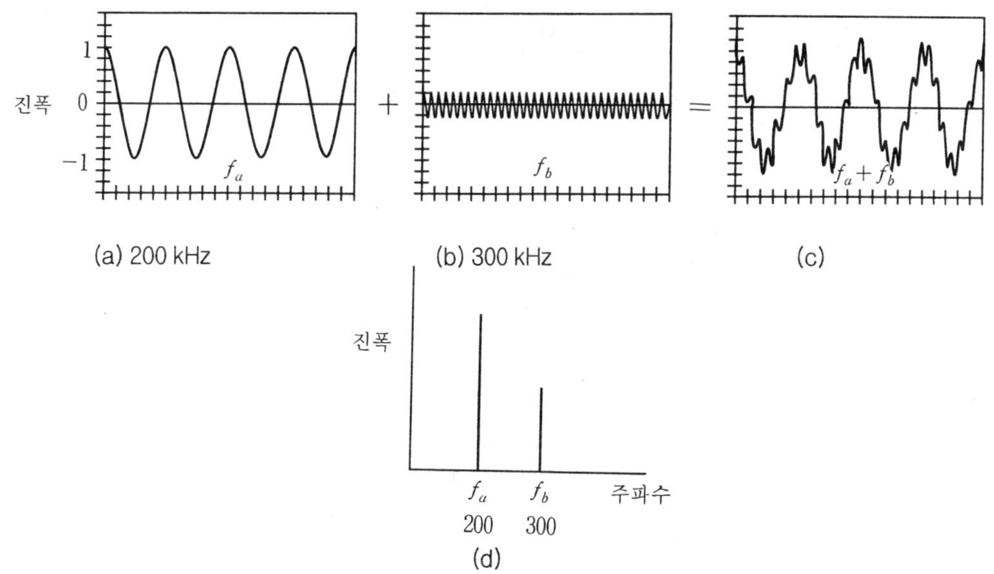

그림 12.18 진폭과 주파수가 다른 두 신호의 선형 합성

그림 12.19에서는 비트 주파수(beat frequency)가 존재한다. 비트는 두 주파수의 차 $|f_a - f_b|$이다. 만약 그림 12.18의 합성 신호(c)를 스펙트럼 분석기를 가지고 주파수 영역에서 관측하면 그림 (d)와 같이 단지 두 주파수만이 존재한다. 그러나 두 파형 중 하나 또는 둘 다 정현파가 아니면 그때 추가의 주파수가 발생한다. 추가의 주파수는 합$(f_a + f_b)$과 차$(f_a - f_b)$이다. 이 두 주파수를 측파대(側波帶; sideband)라고 부른다. 진폭 변조(amplitude modulation; AM)에서, 측파대 주파수는

$$f_{LSB} = f_c - f_m$$
$$f_{USB} = f_c + f_m \quad \cdots (12.20)$$

여기서, f_c : 반송파 주파수 (carrier frequency)이며, 순수한 정현파.

f_m : 변조 주파수 (modulating frequency)

f_{LSB} : 하측파대 주파수 (lower sideband frequency)

f_{USB} : 상측파대 주파수 (upper sideband frequency)

예를 들면, 1 MHz로 방송하고 있는 AM 라디오 방송국을 생각해 보자. 1 kHz의 오디오 톤(audio tone)이 신호를 변조하기 위해서 사용되고 있다면, 이때 AM 신호는 f_c, f_m, f_{LSB}, f_{USB} 등 4개의 주파수를 갖는다. 이 중에서 단지 3개만 방송되고, f_m은 필터로 제거된다.

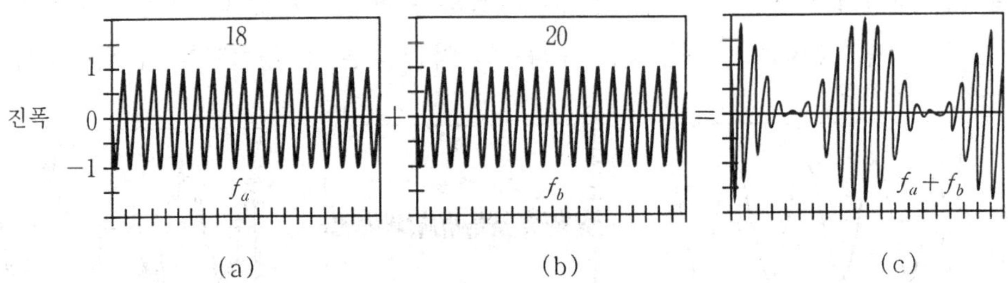

그림 12.19 진폭이 같은 두 신호의 선형 합성

그림 12.20은 (a)와 같은 진폭 변조를 주파수 영역과 시간 영역에서 보여 주고 있다. 또, 그림 12.21은 스펙트럼 분석기로 반송파 주파수(10 MHz)와 변조 주파수(10 kHz)가 동일한 AM과 FM을 관측한 것이다. AM 시스템에서 변조된 양은 변조율(modulation index)로 나타낸다. AM 변조 지수는

$$MAM = \frac{V_{USB} + N_{LSB}}{V_C} \quad \cdots (12.21)$$

로 계산된다. 여기서, V_{USB}, V_{LSB}, V_C는 각각 상측파대 전압, 하측파대 전압, 캐리어 전압이다.

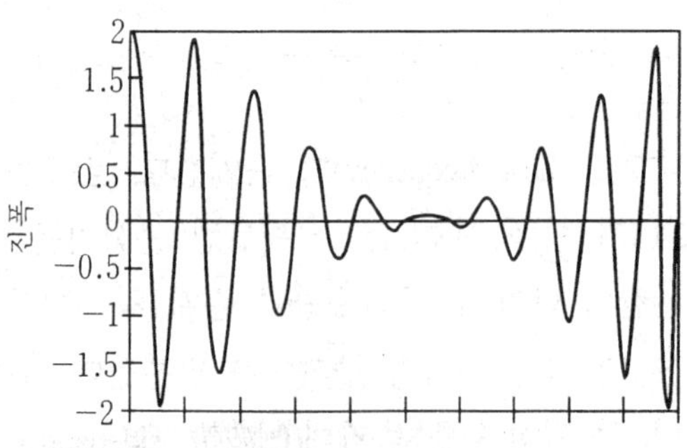

(a) 진폭 변조

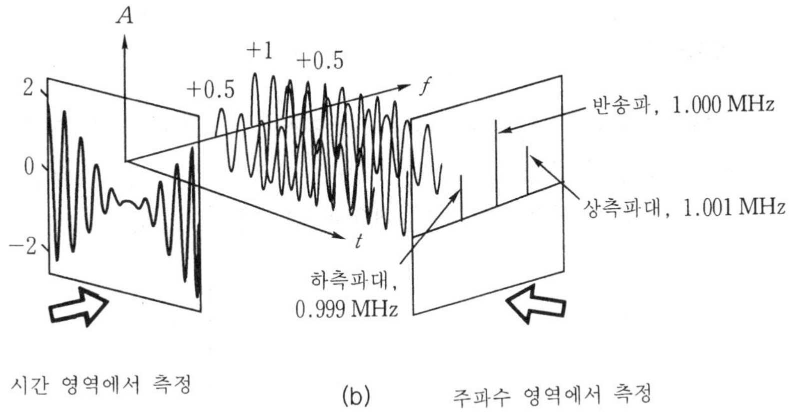

그림 12.20 진폭 변조를 시간 영역과 주파수 영역에서 본 그림

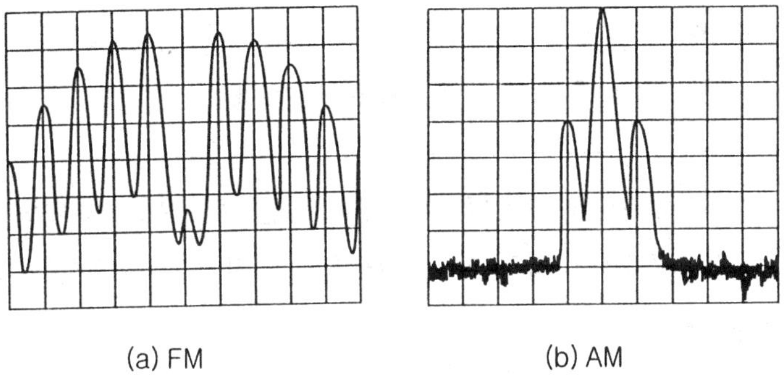

그림 12.21 반송 주파수(10 MHz)와 변조 주파수(10 MHz)가 동일한 FM과 AM의 비교

〔**예제** 12.7〕 다음 그림 12.22은 AM 신호를 주파수 영역으로 나타낸 것이다. 변조율을 계산하라.

〔**풀이**〕 $M_{AM} = \dfrac{V_{USB} + V_{LSB}}{V_C} = \dfrac{4\text{ V} + 4\text{ V}}{10\text{ V}} = 0.8 = 80\ \%$

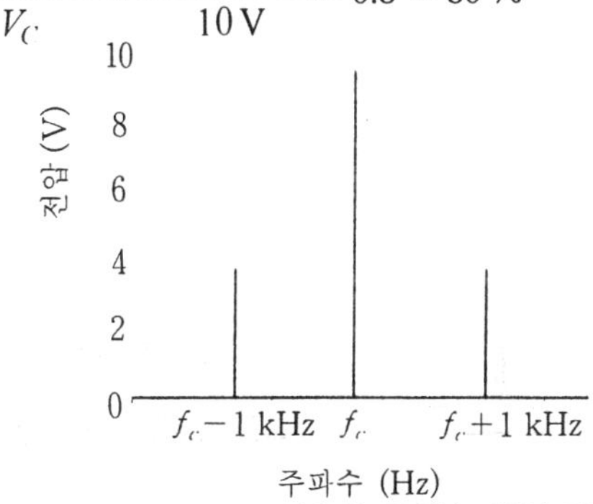

그림 12.22 AM 신호의 주파수 영역 표시

12.5.2 왜율 측정

그림 12.23(a)의 파형을 오실로스코프로 관측하면 겉보기에는 순수 정현파 같지만, 스펙트럼 분석기로 관측하면 그림과 같이 여러 개의 고조파 일그러짐을 갖는다. 이것으로부터 고조파 진폭을 직접 측정하여 왜율을 결정할 수 있다.

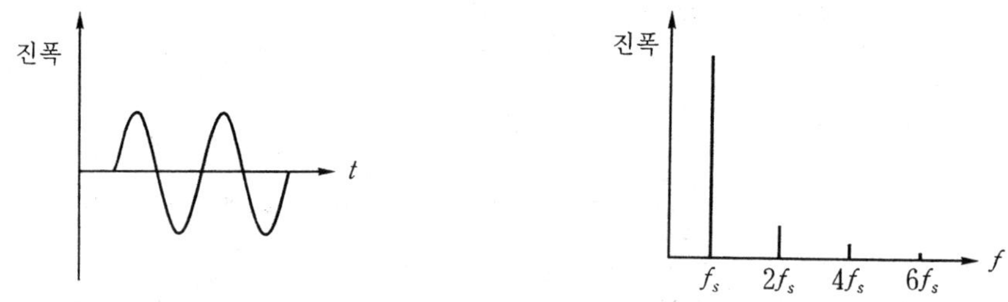

그림 12.23 고조파 일그러짐을 갖는 정현파 분석

〔예제 12.8〕 그림 12.24에서 기본파의 실효치는 20 V, 제2, 제3, 제4 고조파의 실효치는 각각 30 mV, 25 mV, 20 mV라고 할 때 *THD*를 구하라. 다른 고조파는 무시한다.

〔풀이〕 식 (12.3)으로부터

$$THD = \frac{\sqrt{E_2^2 + E_3^2 + E_4^2}}{E_f} \times 100\%$$

$$= \frac{\sqrt{30^2 + 25^2 + 20^2}}{20 \times 10^3} \times 100\%$$

$$= 0.22\%$$

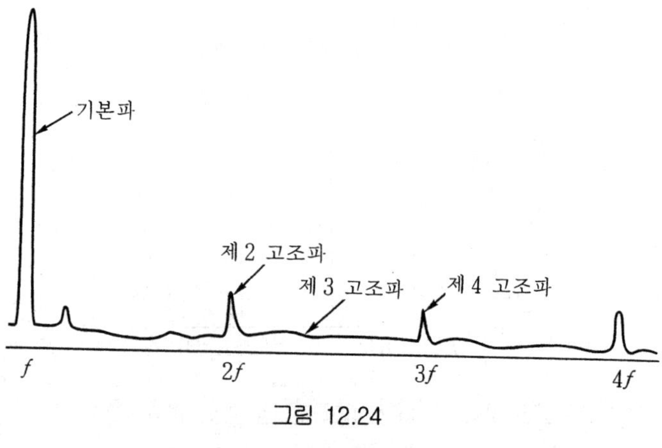

그림 12.24

연 습 문 제

****

12.1 고조파 왜율 분석기와 파 분석기의 주요 차이점은 무엇인가?

12.2 기본파 억제 왜율 분석기의 기본 회로를 그리고, 회로 각부의 동작을 설명하라. 특히 기본파가 어떻게 제거되는가를 설명하라.

12.3 실시간 분석기가 의미하는 바는 무엇인가?

12.4 제3, 5, 7 고조파를 발생시키는 회로에 정현파 신호를 인가하였다. 만약 입력 신호의 주기가 20 μs일 때 출력 신호에 나타나는 주파수를 계산하라.

12.5 제2, 4, 6 고조파를 도입하는 회로에 정현파를 인가하였다. 출력 신호에서 기본파의 진폭이 5 V_{rms}, 제2 고조파의 진폭이 1 V_{rms}, 제4 고조파의 진폭이 0.4 V_{rms}, 제6 고조파의 진폭이 0.1 V_{rms}이다. 총 고조파 왜율을 계산하라.

12.6 파 해석기를 사용해서 증폭기의 출력 신호에 존재하는 고조파를 측정하였다. 측정 결과 제5 고조파가 관측되었고, 그것의 진폭이 0.5 V_{rms}이었다. 기본파의 진폭이 5 V_{rms}일 때 총 고조파 왜율을 계산하라.

12.7 제3, 5, 7 고조파를 포함한 신호의 총 고조파 왜율이 20 %로 측정되었다. 제3, 5, 7 고조파의 진폭이 각각 2 V_{rms}, 0.8 V_{rms}, 0.16 V_{rms}이다. 기본파의 실효값을 계산하라.

12.8 스펙트럼 분석기의 응용 분야를 간단히 설명하라.

12.9 증폭기의 총 고조파 왜율을 측정하기 위한 스펙트럼 분석기 사용법을 설명하라.

12.10 2.00 MHz 캐리어를 50 kHz 변조 주파수로 진폭 변조를 시키는 경우,

(a) 측파대 주파수를 계산하라.

(b) 만약 50 kHz 신호의 진폭이 증가하면 측파대는 어떻게 되는가?

13

트랜스듀서

트랜스듀서 (transducer)는 한 에너지를 다른 형태의 에너지로 변환하는 장치를 말한다. 계측 시스템에서 입력측에 사용되는 트랜스듀서를 센서 (sensor)라고 부르며, 많은 경우 센서와 트랜스듀서를 같은 의미로 사용하고 있다.

전기전자 측정 시스템에서는 물리적 양이나 화학적 양과 같은 비전기적 신호를 전기적 신호로 변환하여 측정하므로, 여기서는 측정하고자 하는 양을 계측제어에 편리한 전기적 신호로 변환하는 센서를 중심으로 그 동작 원리와 응용에 대해서 설명한다.

13.1 광센서

최근의 정보 처리 능력의 광대화와 고속화의 요구에 부응해서 각종 광센서가 개발되어 사용되고 있다. 이를 광전 변환(光電變換) 원리에 따라 분류하면 다음과 같이 된다.

① 광기전력 효과(光起電力效果; photovoltaic effect): 포토다이오드, 포토트랜지스터.

② 광도전 효과(光導電效果; photoconductive effect): CdS 셀.

③ 광전자 방출 효과(光電子放出效果; photoemissive effect): 광전관, 광전자 증배관.

다음에서 이 분류에 따라서 각 센서를 설명한다.

13.1.1 포토다이오드

그림 13.1(a)와 같이 실리콘(Si)으로 만들어진 pn 접합부(接合部; junction)에 빛을 조사하면 양극(A)과 음극(K) 사이에는 개방 회로 전압 V_{co}가 발생한다. 이것을 광기전력 효과라고 부르며, 이 효과를 이용한 것이 포토다이오드(photodiode)이다. 그림 (b)와 같이 A-K 사이를 단락하면 단락 전류(短絡電流) I_{co}가 흐른다. 또, A-K 사이에 그림 (c)와 같이 부하 저항 R_L을 접속하면 저항 양단에 전압 V_o가 나타난다.

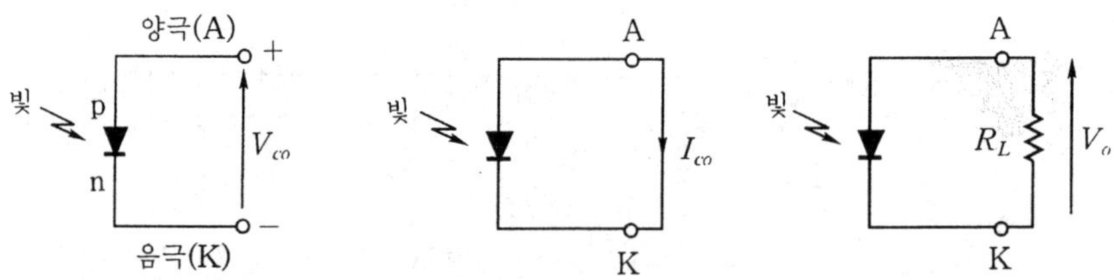

(a) 개방 전압 (b) 단락 전류 (c) 단자 전압

그림 13.1 포토다이오드

그림 13.3은 보통의 다이오드와 포토다이오드 사이의 차이점을 나타낸 것이다. 보통의 다이오드 (a)에서는 양극에 (+), 음극에 (−)전압을 인가하면 그림과 같이 순방향 전류 I_L이 흐르고, 역으로 양극에 (−), 음극에 (+)전압을 인가하면 거의 무시할 정도의 역방향 전류가 흐른다. 한편, 포토다이오드 (b)에 빛을 조사하면 양극에서 전류 I_L이 흘러 나오며, 전류의 방향이 보통의 다이오드와 반대로 된다.

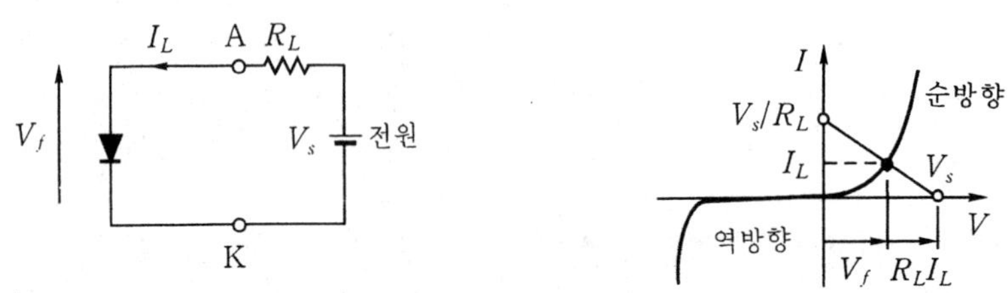

(a) 보통의 다이오드 동작

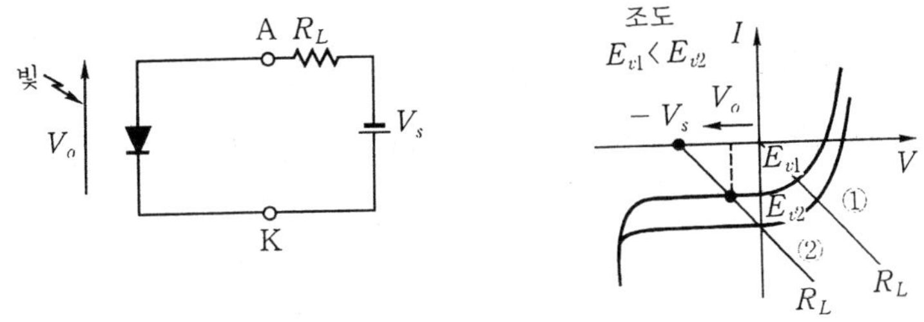

(b) 포토다이오드의 동작

그림 13.2 보통의 다이오드와 포토다이오드의 동작 비교

빛의 세기를 E_{v1}에서 E_{v2}로 증가시키면 전압-전류 특성에서 볼 수 있는 바와 같이 출력 전류와 전압이 증가한다. 그러나 이 상태로는 출력 전압이 너무 작고(1 V 이하), 또 R_L을 증가시키면 출력 전압이 빨리 포화되어 광센서로 사용하기가 곤란한 면이 있다. 그래서 포토다이오드는 그림 13.3과 같이 역 바이어스를 인가하여 사용하는 일이 자주 있다. 그림 (a)와 같이 역바이어스 전압 V_s를 가하면 그림 (b)에서와 같이 부하선이 ①에서 ②로 $-V_s$만큼 전압축을 따라 이동하기 때문에 부하 저항이 커도 출력이 포화하지 않으며 넓은 범위에 걸쳐 조도-전압 관계가 직선으로 되고, 응답 속도가 빨라지는 등의 특징이 있다. 그러나 암전류(暗電流; dark current; 빛이 없을 때에 흐르는 전류)가 증대하는 것에 주의해야 한다. 이와 같이 역바이어스를 가하지 않은 경우(부하선 ①)에 비해 역바이어스를 가하면(부하선 ②) 흐르는 전류가 비록 작더라도 부하 저항 값을 크게 할 수 있기 때문에 큰 출력 전압을 얻을 수 있다.

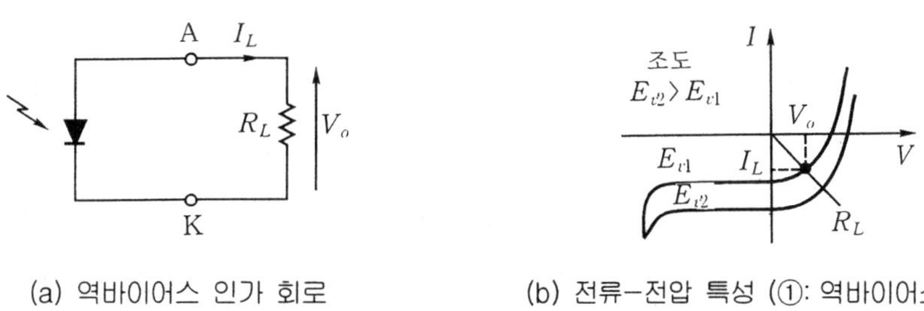

(a) 역바이어스 인가 회로

(b) 전류-전압 특성 (①: 역바이어스 없음, ②: 역바이어스 인가)

그림 13.3 포토다이오드의 동작 모드

인간의 눈이 적외선이나 자외선을 볼 수 없는 것과 마찬가지로, 포토다이오드도 응답하지 않는 파장이 있다. 실리콘의 pn 접합을 이용한 광센서는 일반적으로 400~1100 nm 파장의 빛에 감도를 가지며, 최대 감도 파장은 800~900 nm이다.

〔**예제** 13.1〕 그림 13.2(b) 회로에서 R_L이 클수록 출력이 빨리 포화됨을 그림으로 설명하여라.

〔풀이〕 역바이어스를 인가하지 않았을 경우, 여러 부하 저항 R_L에 대한 부하 곡선을 나타내면 그림 13.4와 같다. 그림에서 각 $I-V$ 특성과 부하 곡선이 만나는 점이 출력 전압이다. R_{L1}의 경우 빛의 세기(조도)가 증가하면 출력 전압도 비례해서 증가하나, R_{L3}의 경우에는 출력이 빨리 포화됨을 볼 수 있다.

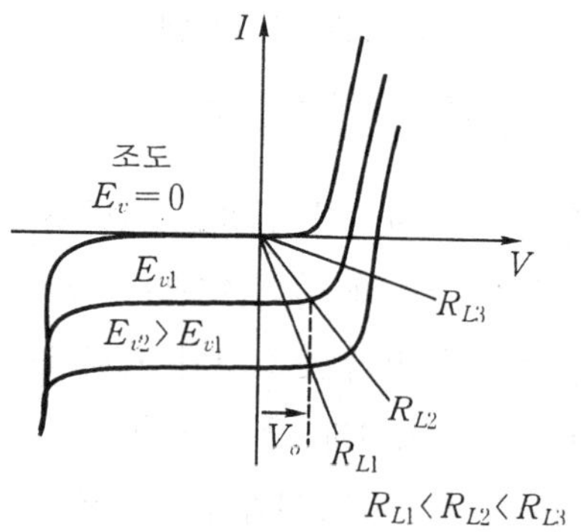

그림 13.4

포토다이오드는 TV 수상기용이나 에어컨디셔너용 리모콘의 수광 소자 (受光素子), 카메라의 광량(光量) 측정 등에 이용되고 있다.

13.1.2 포토트랜지스터

포토트랜지스터 (phototransistor)는 포토다이오드와는 달리 트랜지스터의 증폭 작용을 갖기 때문에 포토다이오드에 비해서 광감도(光感度)가 높고 사용하기가 용이하여 널리 이용되고 있다. 그림 13.5는 포토트랜지스터의 구조와 등가 회로를 나타낸 것으로, 그림 (b)에서 볼 수 있는 바와 같이 원리적으로는 포토다이오드와 증폭용 npn 트랜지스터를 조합한 것이라고 생각할 수 있다. 즉, npn 트랜지스터의 베이스 – 컬렉터 pn 접합이 포토다이오드로 작용하고, 빛이 입사하면 전류 I_{co}를 공급한다.

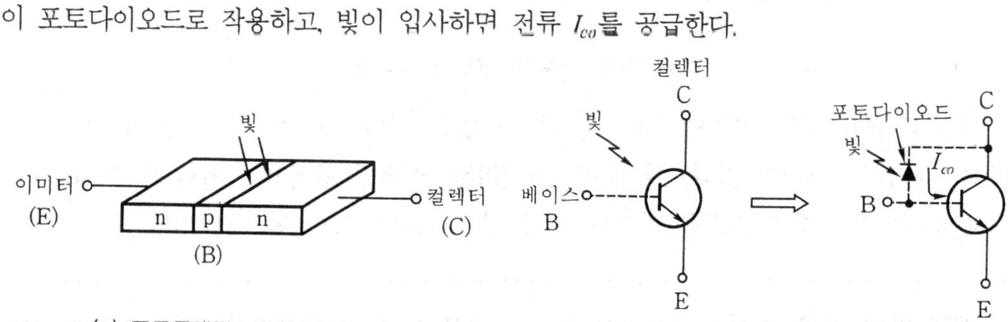

(a) 포토트랜지스터의 구조 (b) 등가 회로

그림 13.5 포토트랜지스터의 구조와 등가 회로

포토트랜지스터의 기본 회로와 전류-전압 특성을 그림 13.6에 나타낸다. 보통의 트랜지스터의 전류-전압 특성(7장 참조)과 거의 같지만, 특성의 파라미터가 베이스 전류 I_B 대신에 빛의 조도 E_V가 사용된 점이 다르다.

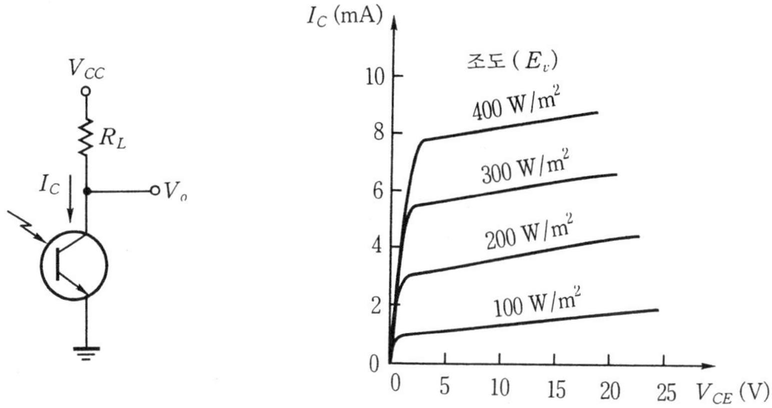

(a) 기본 회로 (b) 출력 특성

그림 13.6 포토트랜지스터의 기본 회로와 특성

〔**예제** 13.2〕 그림 13.7의 $V_{CE}-I_C$ 특성을 갖는 포토트랜지스터를 사용해서 조도 $E_v = 0.5\ \text{mW/cm}^2$인 빛을 ON, OFF하고자 한다. 포토트랜지스터를 스위치로써 작용시키기 위한 부하 저항 R_L의 값을 구하라. 단, $V_{cc} = 25$ V이다.

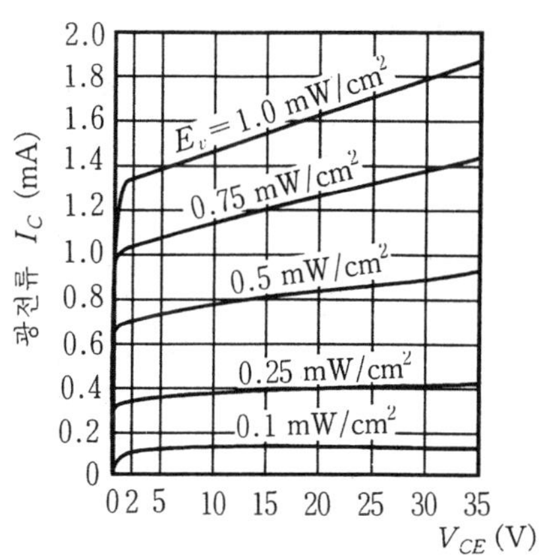

그림 13.7

〔**풀이**〕 트랜지스터를 스위치로 작용시키기 위해서는 스위치가 ON일 때 $V_{CE} = 0$ V, OFF일 때 $V_{CE} = V_{CC}$가 되도록 해야 한다. 즉, 트랜지스터를 포화 영역과 차단 영역에서 동작시킨다. 그림 13.8에서

$0.6\ mA > 25\ V / R_L$

$\therefore\ R_L > 41.7\ k\Omega$

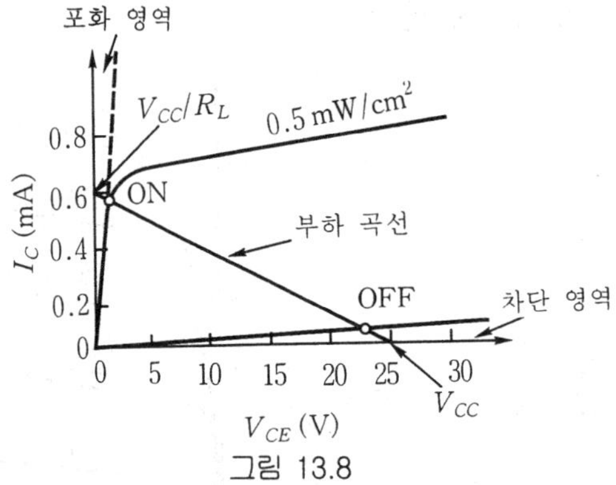

그림 13.8

13.1.3 광도전 셀

광도전 효과(光導電效果; photoconductive effect)는 어느 물질에 빛을 조사하면 그 물질의 도전율(導電率)이 증가하는 현상을 말한다. 이 효과를 이용한 광센서를 광도전 셀(photoconductive cell) 또는 포토셀(photocell)이라고 부른다. 광도전 재료에는 CdS, ZnS, GaAs, PbS 등이 있고, 각각 특유한 분광 특성(分光特性)을 나타낸다. 가장 널리 사용되고 있는 광도전 셀은 CdS 셀(cadmium sulfide cell)이다.

그림 13.9(a)는 CdS 셀(cadmium sulfide cell)의 구조, (b)는 조도를 파라미터로 한 인가 전압 – 전류의 관계를 나타낸 것으로, 조도에 따라 CdS 셀의 저항값이 변화함을 알 수 있다.

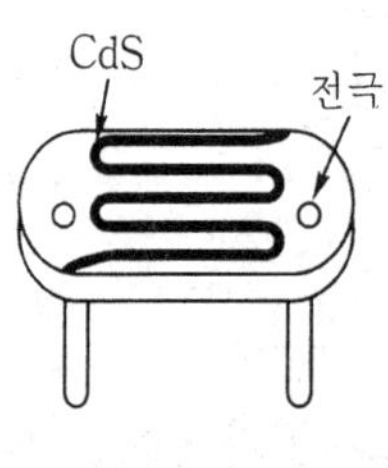

(a) CdS 셀

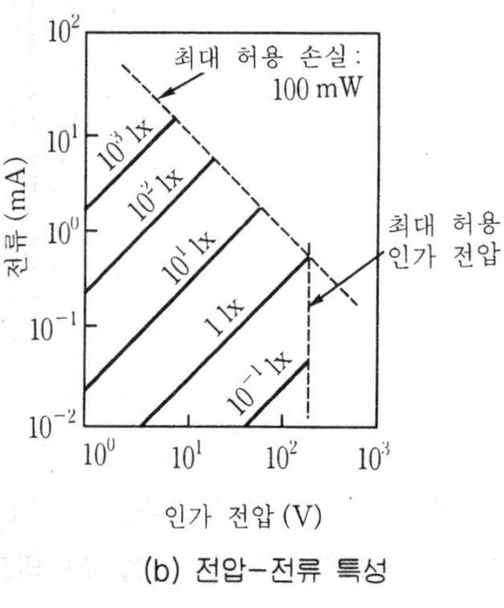

(b) 전압–전류 특성

그림 13.9 CdS 셀의 구조와 특성

그림 13.10은 광도전 셀을 이용한 간단한 제어 회로이다. 전위차계는 광도전 셀의 제조 오차와 릴레이(relay) 동작 감도를 보상하기 위한 것이다. 지금, 셀에 적당한 세기의 빛이 입사하면 셀의 저항이 감소하고, 릴레이를 통해 흐르는 전류가 증가하여 릴레이를 작동시킨다. 셀로부터 빛이 제거되면 셀의 저항은 다시 증가하여 릴레이에 흐르는 전류를 감소시켜 릴레이는 오프된다.

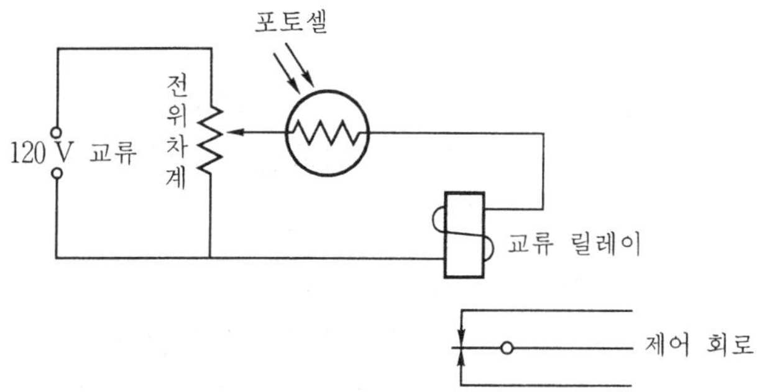

그림 13.10 광도전 셀과 릴레이 제어 회로

〔예제 13.3〕 그림 13.11은 CdS 셀을 이용해 빛의 변화를 전압의 변화로 출력하는 회로이다. 출력 전압 V_o를 구하라.

〔풀이〕 브리지 회로에서

a점의 전위 $V_a = \dfrac{R}{R+R_v}V_s$, b점의 전위 $V_b = \dfrac{R}{R+R}V_s$

출력 전압 $V_o = V_a - V_b = \left(\dfrac{R}{R+R_v} - \dfrac{R}{R+R}\right)V_s$

빛이 없으면 $R_v = R$로 되어 브리지 출력 전압은 0이다.

빛이 입사하면 $R_v < R$로 되므로 브리지는 불평형되어 출력이 발생한다.

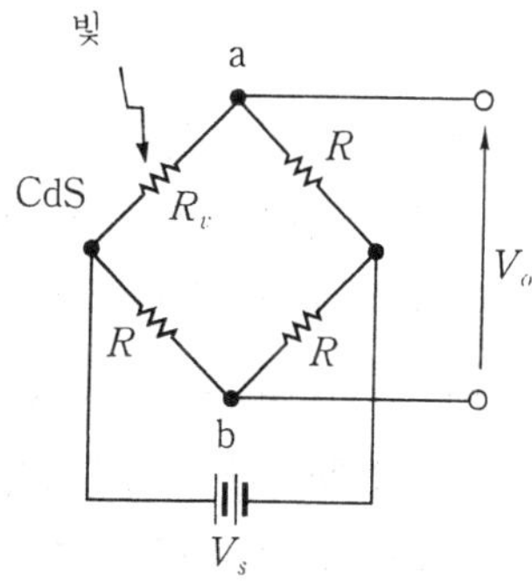

그림 13.11 CdS 셀 브리지 회로

13.1.4 광전자 방출 효과형 광센서

광전자 방출 효과(光電子放出效果; photoemissive effect)는 진공 중에 놓인 물체에 빛을 조사하면 그 물체 내에서 광전자가 방출되는 현상이다. 이 효과를 이용한 소자에는 광전관(光電管; phototube)와 광전자 증배관(光電子曾倍管; photomultiplier tube)이 있다.

(1) 광전관

그림 13.12는 (a) 광전관의 구조, (b) 기본 동작 회로, (c) 전압 - 전류 특성을 나타낸다. 외부로부터 빛이 창을 통해 광전면에 입사하면 광전면으로부터 광전자가 방출되고, 이 전자가 양극으로 끌려가 출력 전류가 흐른다. 그리고 부하 저항 R_L에는 출력 전압 $V_o = R_L I_p$가 나타난다. 따라서 입력광(入力光)의 세기가 출력 전압으로 변환된다.

광전관은 광전면 재료에 따라 자외선부터 적외선까지 넓은 범위의 빛을 감지할 수 있으며, 특히 자외선의 검출 등 특수 파장대의 빛을 검출하는 데 사용되고 있다.

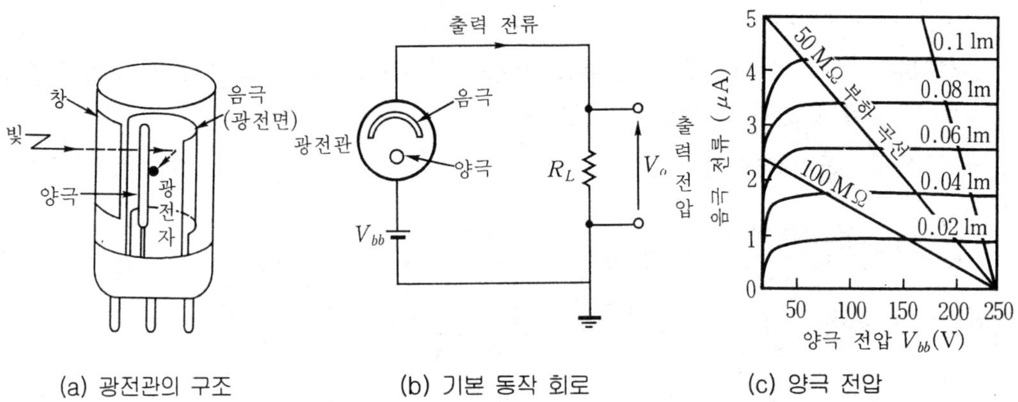

(a) 광전관의 구조 (b) 기본 동작 회로 (c) 양극 전압

그림 3.12 광전관의 구조, 기본 동작 회로, 전압-전류 특성

(2) 광전자 증배관

그림 13.13은 광진자 증배관의 구조와 동작 원리를 나타낸 것이다. 증배관은 음극(photocathode), 양극, 다수의 다이노드(dynode) $D_1 \sim D_6$로 구성된다. 다이노드에는 음극에 대해 순차적으로 더 높은 (+)전압을 인가한다. 빛이 음극면에 입사하면 광전면으로부터 전자가 방출되고, 이 전자들이 제1다이노드(D_1)에 의해 가속되어 충돌하면 여기서 다시 2차 전자가 방출된다. 이 전자들은 제2다이노드(D_2)에 의해서 다시 가속되어 더 많은 2차 전자를 방출시킨다. 이와 같은 과정이 다수 개의 다이노드에 의해 반복되면 전자수는 순차적으로 증배된다. 증폭도는 보통 $10^5 \sim 10^9$이고, 대표적인 양극 전류는 최소 100[μA], 최대 1[mA]이다. 광전자 증배관은 우수한 고주파 응답 특성, 고감도의 특성을 갖기 때문에 널리 이용되고 있다.

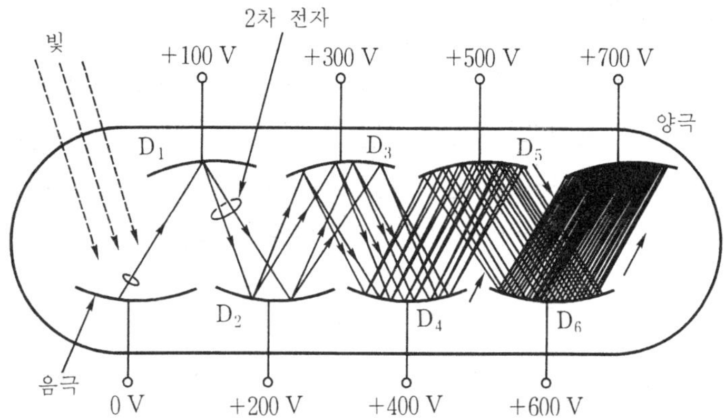

그림 13.13 광전자 증배관의 동작 원리

표 13.1은 광센서의 특성을 요약한 것이다.

표 13.1 광센서의 분류

원리	센서	특징	용도
광기전력 효과	포토다이오드	소형, 저가, 전원 불필요, 트랜지스터와 접속 용이	광전 스위치, 테이프 리더, 레벨 제어
	포토트랜지스터	출력 전압이 큼, 저가, 트랜지스터와 접속 용이	광전 스위치, 광전자 카운터, 연기 감지, 적외선 응용 기기
광도전 효과	CdS 셀	소형, 고감도, 저가, 감도 피크(520 nm)	노출계, 광 제어기, 포토커플러
광전자 방출 효과	광전관	미소광 검출, 높은 응답속도, 펄스광 카운터 가능	정밀 광측정 계측기, 고속 미소광 검출기
	광전자 증배관	미소광 검출, 높은 응답속도, 높은 출력, S/N비 우수	초고속 극미소광 검출, 자외선 검지 장치

13.2 변위(위치) 측정

물체의 위치나 위치 변화(즉, 변위), 길이의 측정은 공업 계측의 기본이 되는 중요한 것 중의 하나이며, 압력, 진동, 유량 등의 양을 일단 변위나 길이로 변환(1차 변환)시키고, 다시 이 값을 전기적 양으로 변환시켜 측정하는 경우에도 널리 이용된다.

13.2.1 전위차계

그림 13.14(a)와 같이 습동선 저항의 접촉자를 변위에 따라 이동시키면 물체의 변위를 단자 bc 사이의 저항 변화로 변환시킬 수 있다. 또, 그림 (b)와 같이 습동선 저항에 직류 전원을 조합시키면 변위를 전압 변화로 변환시킬 수도 있다. 이 방법은 간단하지만 분해능이나 정도에 약간의 문제가 있기 때문에 일반적으로 큰 변위를 측정할 때 사용된다.

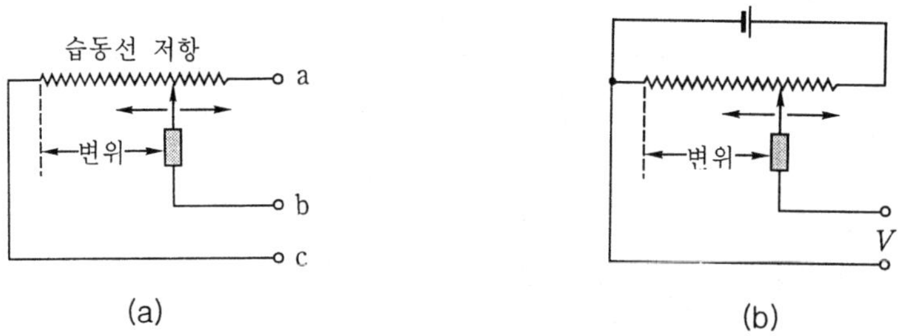

그림 13.14 전위차계에 의한 직선 변위 검출

그림 13.15(a)는 원형 습동선 저항기를 이용해 각도 변위(또는 각도 변위로 변환시킨 직선 변위)를 저항 변화로 변환시키는 방법을 나타낸 것으로, 그 원리는 그림 13.14와 동일하다. 그림 (b)는 그림 (a)의 습동선 저항 변환기를 사용하여 수위(水位)를 측정하는 수위계(水位計; level meter)의 원리도이다. 수면에 떠 있는 부표(浮漂; float)에 의해 수위(변위)를 검출하여, 이를 회전차와 치차에 의해 각도 변위로 바꾸고, 다시 습동선 저항기와 전지에 의해 전압으로 변환시켜 전압계로 수위를 지시한다.

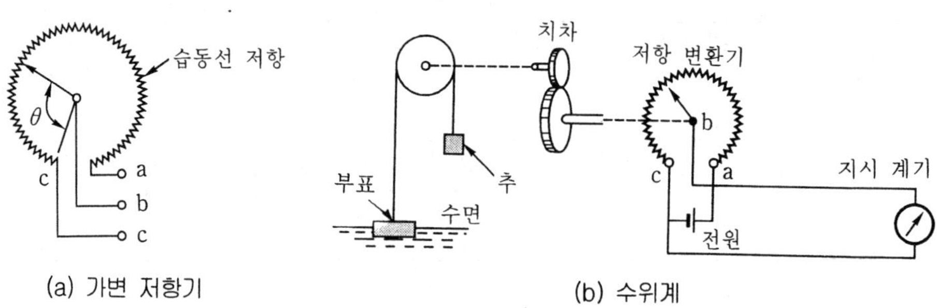

그림 13.15 전위차계에 의한 각도 변위 측정

13.2.2 차동 변압기

차동 변압기(差動變壓器; linear variable differential transformer; LVDT)는 변위에 의한 인덕턴스 변화를 기전력으로 변환시켜 변위를 측정하는 방식이다. 그림 13.16은 LVDT

의 구조를 나타낸 것으로, 가동 철심, 1차 코일 N_1, 2조의 2차 코일 N_2로 구성된다. 코일에 교류 전압 V를 인가하면 2조의 2차 코일에는 각각 E_1, E_2의 기전력이 유기되므로 두 개의 2차 코일을 차동적으로 접속시켜 기전력 E_1과 E_2의 차 E_1-E_2를 ab 단자로부터 얻을 수 있게끔 되어 있다. 지금, 가동 철심이 두 코일의 중앙에 위치하면, E_1과 E_2가 평형되어 출력 전압은 $E_1-E_2=0$으로 된다. 만약 가동 철심이 변위에 의해 상하로 이동하면 철심의 변위에 따라 출력 전압은 그림 (b)와 같이 변하므로 변위를 전압으로 변환시킬 수 있다. 차동 변압기는 극히 안정하여 정도가 높고 미소한 변위도 검출할 수 있는 것이 특징이며, 각종 변위 측정에 널리 이용되고 있다.

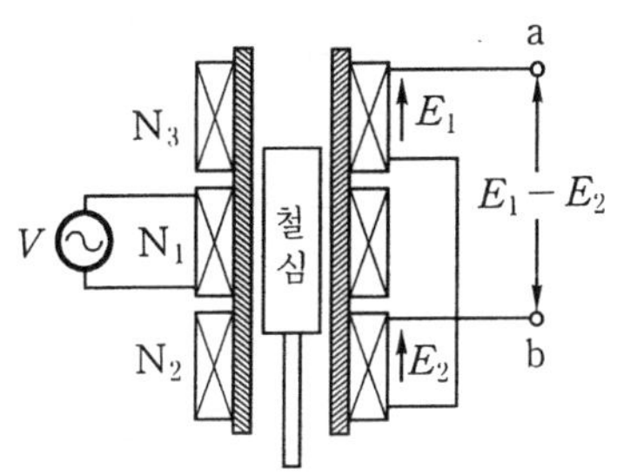

(a) 구조

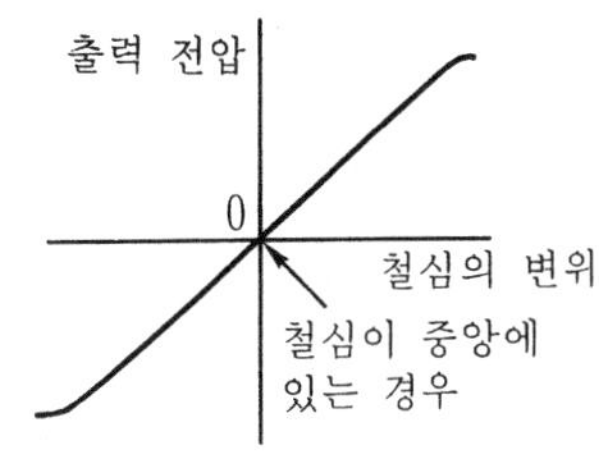

(b) 입출력 특성

그림 13.16 차동 변압기

그림 13.17은 LVDT를 이용한 전기 마이크로미터의 원리를 나타낸 것으로, 선의 굵기나 판의 두께를 연속적으로 또는 자동으로 측정하는 공업 계측기이다. 선의 굵기나 판 두께의 변화를 차동 변압기의 가동 철심 변위로 변환하고, 이를 다시 2차 코일의 기전력 E로 바꾸어 증폭, 정류하여 지시계로 두께를 지시한다.

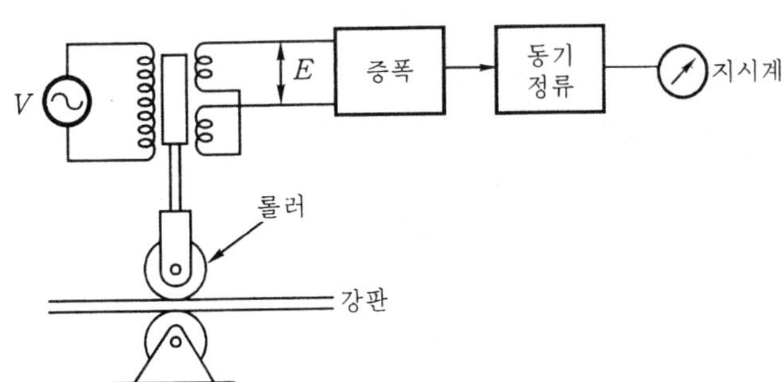

그림 13.17 LVDT를 이용한 전기 마이크로미터

13.2.3 커패시터 변화법

커패시터의 전극 간격, 전극의 대향 면적, 전극간 유전체의 상태가 변화하면 정전 용량이 변화하는 현상을 이용하여 변위를 정전 용량으로 변환시키는 방법이다. 그림 13.18(a)에서 평행판 커패시터의 전극 간격을 l, 전극 면적을 A, 유전율을 ε이라 하면, 정전 용량 C는

$$C = \frac{\varepsilon A}{l} \qquad \cdots (13.1)$$

으로 된다. 지금, 커패시터의 전극 간격이 Δl 만큼 변화하는 경우, 정전 용량의 변화를 ΔC라 하면

$$C + \Delta C = \varepsilon \frac{A}{l + \Delta l} \qquad \cdots (13.2)$$

식 (13.1)을 식 (13.2)에 대입하면, ΔC는

$$\begin{aligned} \Delta C &= \varepsilon A\left(\frac{1}{l+\Delta l} - \frac{1}{l}\right) = \frac{-\varepsilon A \Delta l}{l(l+\Delta l)} \\ &= \frac{-C \cdot \Delta l}{l + \Delta l} \fallingdotseq -C\frac{\Delta l}{l} \end{aligned} \qquad \cdots (13.3)$$

로 되어, 변위는 Δl에 비례하며 l을 작게 하면 감도가 높아짐을 알 수 있다.

그림 (b)는 3매의 전극으로 2개의 커패시터를 구성하고 있는 경우이다. 중앙 전극이 변위에 의해 상하로 움직이면 한쪽 정전 용량은 증가하고 다른 쪽의 정전 용량은 감소하도록 하여 변위가 동일하더라도 상대적으로 정전 용량의 변화가 크게 되므로 감도가 높아진다. 그림 (c)와 (d)는 한쪽 전극이 변위에 따라 움직이면 대향 면적이 변하므로 정전 용량이 변하여 변위를 정전 용량으로 변환시킬 수 있다. 또, 그림 (e)는 2매의 전극간에 삽입시킨 유전체를 변위에 따라 움직이게 하여 정전 용량을 변화시키는 방법이다.

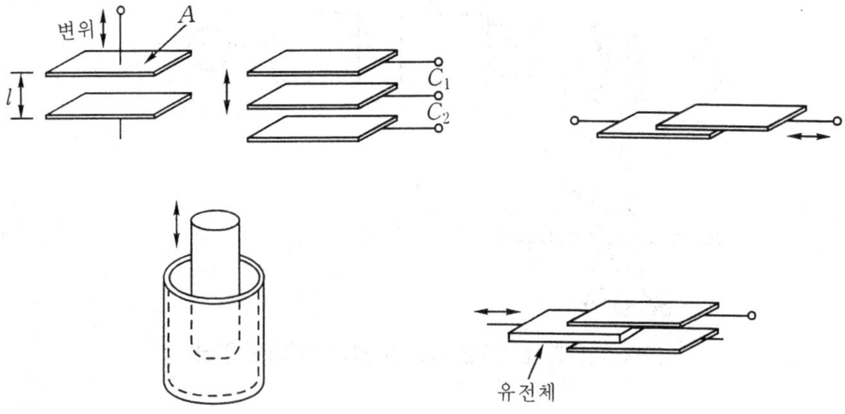

(a) (b)

그림 13.18 커패시터에 의한 변위 측정

정전 용량의 변화를 검출하는 방법에는 일반적으로 용량 브리지를 이용하고 있으나 공진법도 이용된다. 이는 변환용 커패시터에 인덕턴스를 조합시켜 공진 회로를 만들고, 변위에 의해 정전 용량이 변화하면 공진 전류가 변화하는 현상을 이용하여 검출하는 방법이다. 이 경우의 정전 용량은 극히 작으므로 검출 회로의 전원에는 1~3 MHz의 고주파가 이용된다.

정전 용량 변환을 응용한 것으로 미소 변위계, 수면계, 습도 센서 등이 있다.

13.2.4 로터리 인코더

로터리 인코더(rotary encoder)는 디지털식 회전 변위(위치) 센서로서 기기 제어에 가장 널리 사용되고 있다. 디지털 신호가 얻어지므로 디지털 회로와의 접속이 용이하며, 회전 각도, 회전수, 위치, 속도 등의 측정에 이용되고 있다. 로터리 인코더에는 여러 방식이 있으나, 현재는 광전식이 많이 사용되고 있다.

광전식의 원리를 그림 13.19에 나타낸다. 슬릿(slit)을 갖는 회전 원판(disk)을 사이에 두고 발광 다이오드와 수광 소자(포토다이오드나 포토트랜지스터)를 마주보도록 설치한다. 회전, 고정 두 슬릿이 일치하면 슬릿을 통과한 빛이 수광 소자에 입사되어 전기 펄스로 변환된다. 이 펄스를 정형 회로를 사용해서 구형파로 만든다.

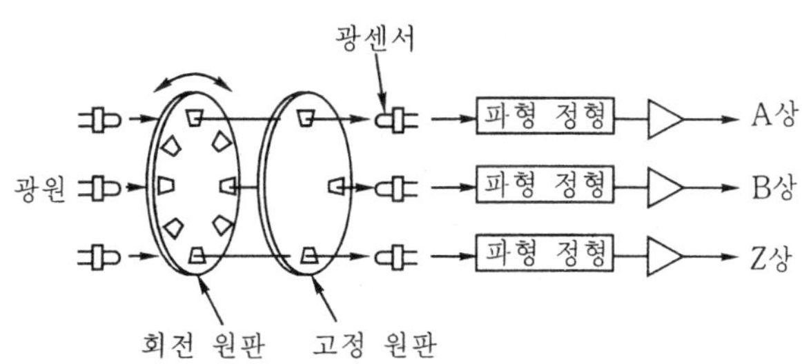

그림 13.19 광전식 로터리 인코더의 원리

한 쌍의 광원－수광 소자의 경우 그 출력(1상 출력형)으로는 정회전, 역회전을 구별할 수 없다. 이를 구별하기 위해 그림 3.20과 같이 90° 위상차를 갖는 2조의 광원－수광 소자를 설치하면 2상 출력형이 되어 정회전, 역회전의 구별이 가능하다. 이 기능은 위치 결정 동작에서 반드시 필요하다. 이때 출력 신호를 A상, B상, Z상으로 표현하기도 한다. A상은 기본 출력이고, 회전축(shaft)의 1회전에 분해능의 수만큼 펄스가 출력된다. B상은 A상에 대해서 일정한 위상차를 가진 신호이고, 회전 방향을 검지하기 위해서 사용된다. Z상은 회전축 1회전에 1개의 펄스만 출력되고, 리셋(reset) 신호, 개시(start) 신호로써 사용된다.

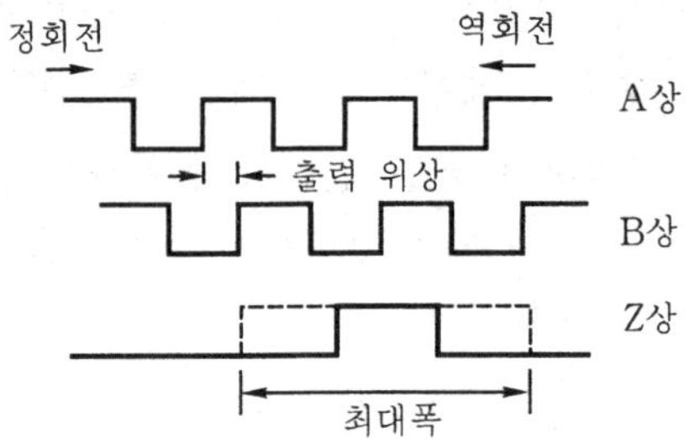

그림 13.20 로터리 인코더의 출력 위상

〔예제 13.4〕 1회전에 펄스 4개를 출력하는 A, B, Z상의 슬릿을 설계하여라.

〔풀이〕 그림 13.21에 설계 예를 나타낸다.

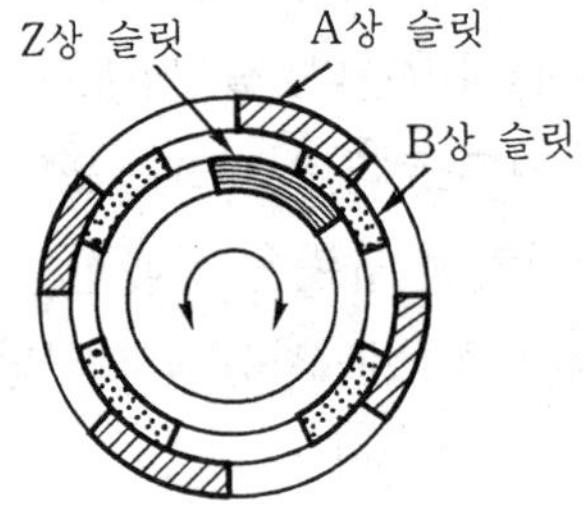

그림 13.21 슬릿 설계 예

13.2.5 근접 센서

근접 센서는 검출하고자 하는 물체가 규정된 설정 거리 이내로 접근하면 동작하는 센서이다. 일반적으로 사용되고 있는 센서를 검출 원리에 따라 나누면, 자계를 이용하는 고주파 발진형(와전류형)과 리드 스위치, 전계를 이용하는 정전 용량형 등이 있다. 각종 근접 센서의 동작 원리를 간단히 나타내면 그림 13.22와 같다.

(1) 고주파 발진형(와전류형)

검출부에 검출 코일이 있어 검출 대상물의 금속이 가까와지면 검출 코일의 인덕턴스가 변화하는 것을 이용한 것이다. 인덕턴스의 변화로 발진 회로의 발진을 정지시켜 출력 신호를 발생시킨다.

(2) 리드 스위치

리드 스위치는 자성체의 리드를 유리구에 봉입한 것으로, 통상은 반발하여 떨어져 있지만, 그림과 같이 자석이 접근하면 리드 스위치 접점을 통과하는 자속이 증가하여 접점끼리 흡인되어 리드 스위치가 닫힌다. 자속 밀도의 변화를 검출하기 때문에 검출 대상이 자성체이거나 그것에 자석이 부착되어야 한다.

(3) 정전 용량형

물체가 접근할 때 물체와 전극판 사이의 정전 용량의 변화를 이용하므로, 검출 대상물은 비금속이라도 되고 모든 유전체도 검출이 가능하다.

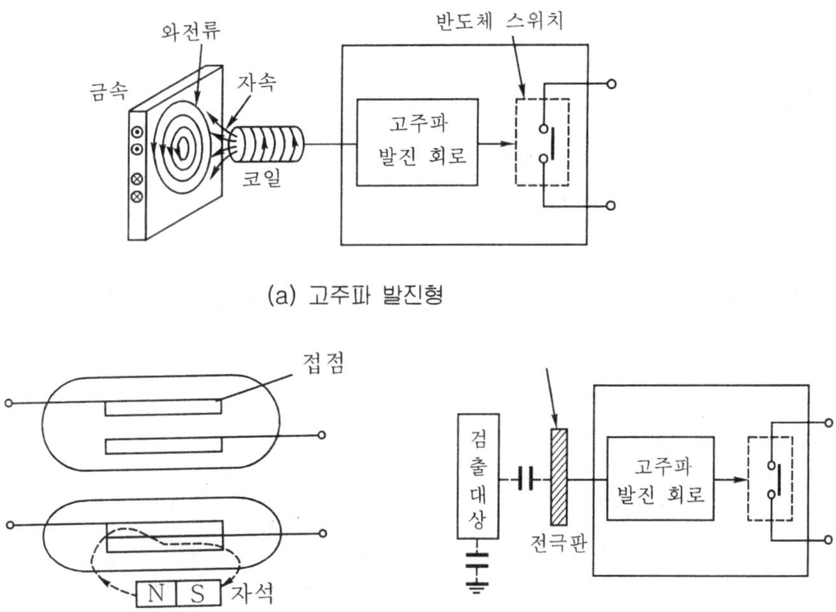

그림 13.22 각종 근접 센서의 동작 원리

13.3 힘·압력의 측정

힘이나 압력을 전기량으로 변환하는 방법에는 압전 저항 효과(piezoresistive effect)나 압전 효과(壓電效果; piezoelectric effect)를 이용하는 방법, 부르동(Bourdon)관, 벨로스(Bellows) 진동판(diaphragm) 등을 사용해 압력을 변위로 1차 변환시킨 뒤 다시 이를 전기량으로 변환시키는 방법 등이 사용된다.

13.3.1 스트레인 게이지

(1) 금속 스트레인 게이지

금속선이나 반도체에 외력을 가하여 인장시키거나 압축시키면 전기 저항이 변화한다. 이것을 압전 저항 효과(piezoresistive effect)라 한다. 이 성질을 이용하면 저항의 변화량으로부터 힘이나 압력의 크기를 측정할 수 있으며, 이를 스트레인 게이지(strain gage)라고 부른다. 스트레인 게이지 재료에는 금속과 반도체가 사용되고 있으며, 먼저 금속 스트레인 게이지에 대해서 설명한다.

그림 13.23에서 금속선의 길이를 l, 단면적을 A, 비저항을 ρ라고 하면 이 금속선의 저항 R은 다음 식과 같다.

$$R = \rho \frac{l}{A} \qquad \cdots (13.4)$$

지금, 이 금속선에 외력을 가하여 길이가 $l+\Delta l$, 반경이 $d+\Delta d$, 단면적이 $A-\Delta A$로 변화했다면 그때 금속선의 저항 R은

$$R + \Delta R = \rho \frac{l + \Delta l}{A - \Delta A} \qquad \cdots (13.5)$$

여기서, 비저항(ρ)의 변화는 무시하였다. 위 식으로부터 저항 변화율은

$$\frac{\Delta R}{R} = \frac{\Delta l}{l} - \frac{\Delta A}{A} \qquad \cdots (13.6)$$

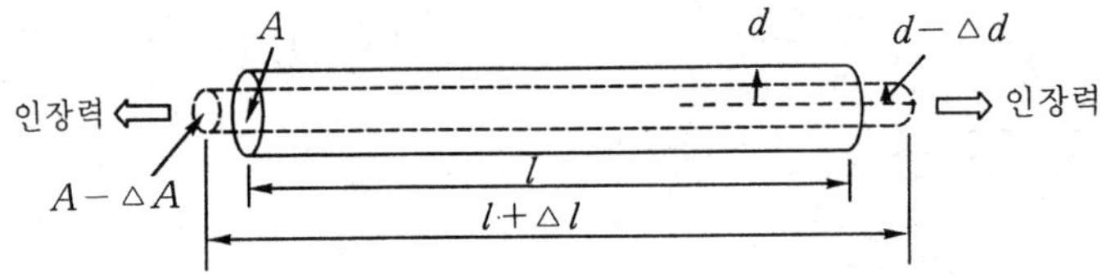

그림 13.23 인장력에 의한 금속선의 변형

이 저항선이 외력에 의해 길이가 Δl, 반경이 Δd만큼 변화한 경우 축방향 변형률(軸方向變形率; axial strain) ε_a와 횡방향 변형률(橫方向變形率; lateral strain) ε_l을 다음과 같이 정의한다.

$$\varepsilon_a = \frac{\Delta l}{l} \qquad \cdots (13.7)$$

$$\varepsilon_l = \frac{\Delta d}{d} \qquad \cdots (13.8)$$

또, 횡방향 변형률과 축방향 변형률의 비를 푸아송 비(Poisson's ratio)라고 하며,

$$\nu = \frac{\varepsilon_l}{\varepsilon_a} \quad \text{또는} \quad \varepsilon_l = \nu\varepsilon_a \qquad \cdots (13.9)$$

금속 저항선의 면적 변형률은

$$\frac{\Delta A}{A} \approx -2\nu\frac{\Delta l}{l} \qquad \cdots (13.10)$$

식 (13.10)을 식 (13.6)에 대입하면

$$\frac{\Delta R}{R} \approx \frac{\Delta l}{l} + 2\nu\frac{\Delta l}{l} = (1+2\nu)\frac{\Delta l}{l} \qquad \cdots (13.11)$$

전기 저항의 변화율과 길이의 변화율(변형률)의 비를 게이지 율이라고 정의한다.

$$K = \frac{\Delta R/R}{\Delta l/l} = 1 + 2\nu \qquad \cdots (13.12)$$

게이지 율은 스트레인 게이지의 감도를 나타낸다. 흔히 사용되는 금속의 게이지 율은 약 2이다.

그림 13.20은 스트레인 게이지의 기본 구조를 나타낸다. 스트레인 게이지의 재료로는 저항의 온도 계수가 작고 게이지 율이 크며 저항률이 큰 망가닌, 콘스탄탄 등의 Ni 합금이 사용되고 있다. 베이스 재료에는 종이, 베이클라이트, 폴리이미드 등이 사용된다. 게이지 저항은 120~350 Ω 정도이나 응용 분야에 따라 크기와 저항값이 다양하다.

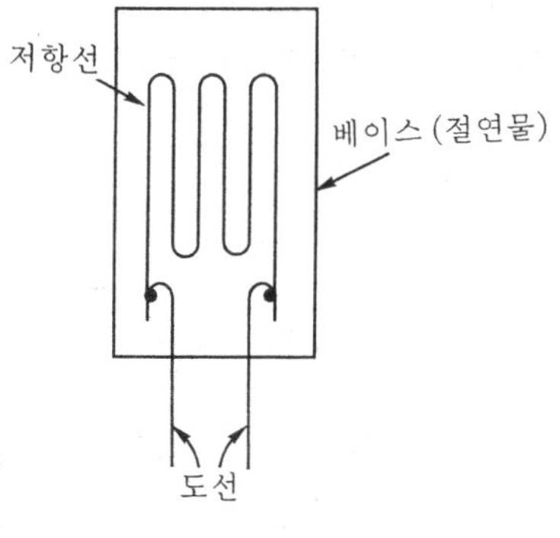

(a) 저항선 게이지 (wire gage)

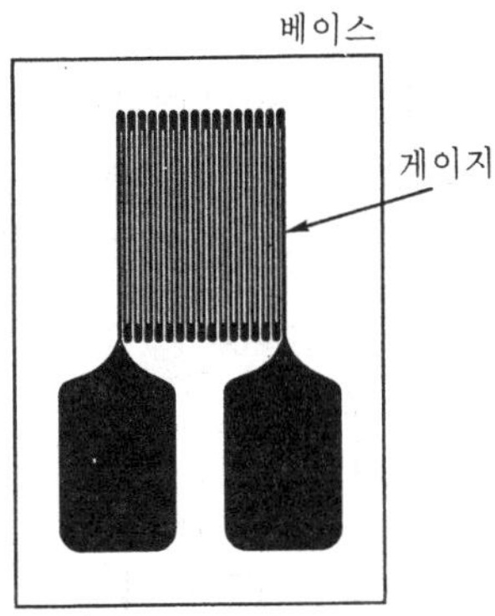

(b) 박 게이지 (foil strain gage)

그림 13.24 스트레인 게이지의 기본 구조

게이지를 사용하여 무게나 압력을 측정하고자 하는 경우에는 그림 13.24의 게이지를 접착제로 붙여 그림 13.25와 같이 휘트스톤 브리지를 구성한다. 피측정물에 힘을 가하

면 게이지에 변형이 일어나 저항이 변하게 되고 브리지는 불평형 상태로 되어 불평형 전압이 출력 단에 나타난다. 이 전압은 극히 작아, 수μV~수 mV 정도이므로 이를 증폭하여 지시계나 기록계에 의해 측정, 기록한다. 게이지의 저항은 압력뿐만 아니라 온도에 의해서도 변하므로 온도에 의한 오차가 발생한다. 이를 보상하기 위해서 (b)와 같이 동일 특성의 두 게이지를 휘트스톤 브리지의 두 변에 삽입시켜 한 변은 측정용으로, 다른 한 변은 온도 보상용으로 한다. 전자를 능동 게이지 (active gauge), 후자를 더미 게이지 (dummy gauge)라고 부른다. 두 게이지는 동일한 외부 온도에 놓이게 되므로 온도에 의한 오차는 상쇄되어 어느 정도 온도 보상이 가능하다.

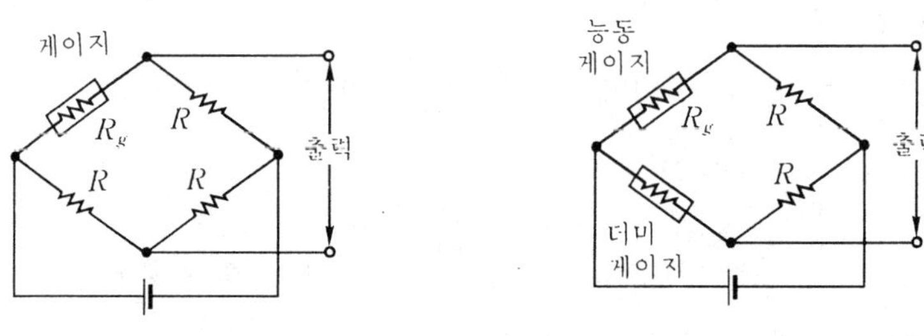

(a) (b)

그림 13.25 스트레인 게이지 결선 회로

그림 13.26은 4개의 스트레인 게이지를 사용한 로드 셀 (load cell)이다. 4개의 스트레인 게이지를 그림과 같이 접속하여 휘트스톤 브리지를 구성한다. 지금 그림의 방향으로 힘이 가해지면 금속봉의 길이는 수축하고 반경은 늘어난다. 따라서 저항 R_1, R_3의 값은 감소하고, 저항 R_2, R_4의 값은 증가할 것이다. 이와 같은 저항 변화를 휘트스톤 브리지를 사용해 전압 변화로 변환하여 무게를 측정한다. 우리 주위에서 흔히 볼 수 있는 전자 저울은 이 원리를 이용하고 있다.

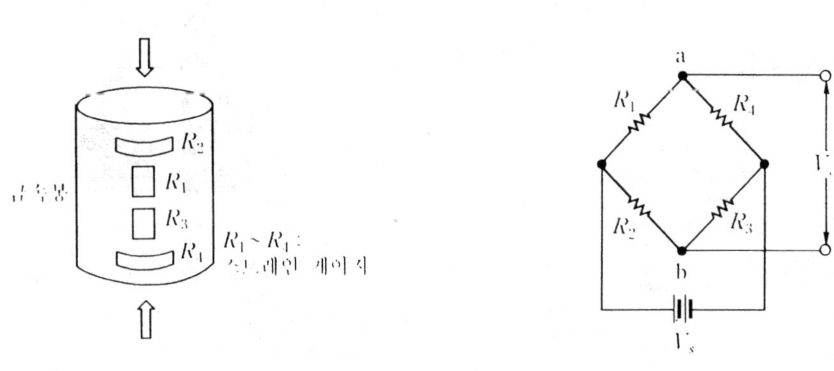

(a) 로드 셀의 원리 (b) 브리지 회로

그림 13.26 로드 셀의 원리와 브리지 회로 구성

〔**예제** 13.5〕 그림 13.26에서 힘을 가하지 않았을 경우 저항값이 $R_1 = R_2 = R_3 = R_4$이다. 압력을 가했을 때의 출력 전압 V_o를 구하라. 힘이 가해졌을 때 저항 변화의 크기가 모두 ΔR로 같다고 가정한다.

〔**풀이**〕 출력 전압 V_o는

$$V_o = V_a - V_b = \frac{R_4 + \Delta R_4}{R_1 - \Delta R_1 + R_4 + \Delta R_1} V_s - \frac{R_3 - \Delta R_3}{R_2 + \Delta R_2 + R_3 - \Delta R_3} V_s$$

$$= \left(\frac{R + \Delta R}{2R} - \frac{R - \Delta R}{2R} \right) V_s$$

$$= \frac{\Delta R}{R} V_s$$

(2) 반도체 스트레인 게이지

p형 또는 n형 반도체에 외부로부터 힘을 가하면 변형을 일으키고, 저항값이 현저하게 변화한다. p형 반도체에서는 인장시 저항값이 증가하고, 압축하면 저항값이 감소한다. n형 반도체에서는 이와 역으로 된다. 이 성질을 이용하여 스트레인 게이지의 저항선 대신에 반도체를 사용한 것이 반도체 스트레인 게이지이다. 반도체 게이지의 게이지 율은 금속 게이지보다 100배 정도 크고 고감도이다.

또, 반도체 다이어프램에 집적 저항을 형성하고, 압력을 가하였을 때 다이어프램이 변형하여 집적 저항의 저항값이 변화하는 것도 있으며, 이것을 이용한 압력 센서가 실용화되고 있다.

13.3.2 압전기에 의한 힘·압력 측정

수정(水晶; quartz), 로셀염 (Rochelle salt) 등의 결정이나 티탄산바륨 ($BaTiO_3$)과 같은 세라믹에 그림 13.27(b)과 같이 힘을 가하면 힘의 크기에 비례하는 전하가 발생한다. 이 현상을 압전 효과(壓電效果; piezoelectric effect)라 부르며, 이 현상을 이용하여 힘이나 압력을 전기량으로 변환시켜 측정하는 것을 압전 변환기(壓電變換器; piezoelectric transducer)라고 부른다.

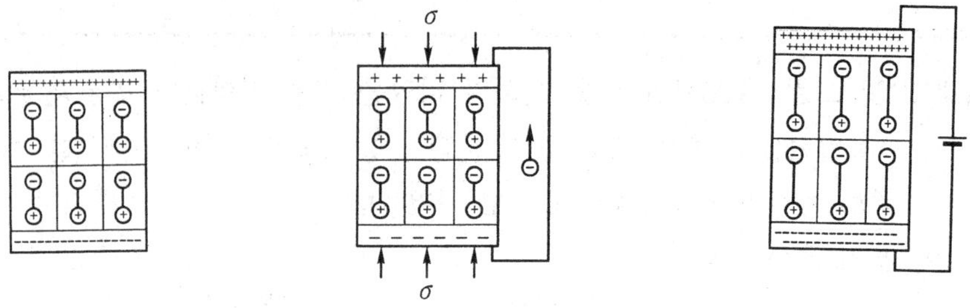

(a) 압전체　　(b) 힘을 가한 경우　　(c) 전계를 가한 경우

그림 13.27 압전 현상

그림 13.28은 압전 효과를 이용한 압력 변환기이다. 외부에서 압력이 인가되면 압전체의 상단에 힘이 전달되어 인가 압력의 크기에 비례하는 기전력이 결정의 양 단자에 나타난다. 압전 소자에 의한 압력 측정은 압력에 의한 소자의 변형이 작고 고유 진동수가 크기 때문에 신속히 변화하는 압력의 측정에 적합하다. 예를 들어, 내연 기관의 실린더 내 가스압의 측정이나 유입 차단기 내의 유압 변화의 측정 등에 이용되고 있다.

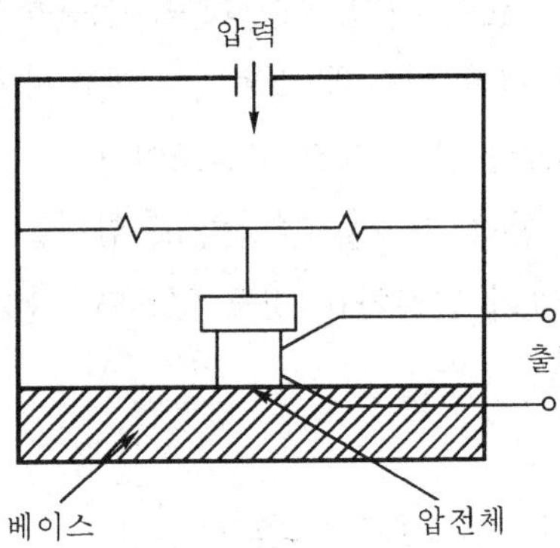

그림 13.28 압전 효과를 이용한 압력 변환기

13.3.3 공업 계기용 압력 변환기

압력을 직접 전기량으로 변환시키지 않고 변위로 1차 변환한 다음, 다시 기전력 변환이나 임피던스 변환에 의해 전기량으로 변환시키는 방법도 이용되고 있다. 이 방식은 주로 공정 제어에서 유체의 압력 검출기로서 이용된다. 이와 같은 압력 변환기에는 그림 13.29에 나타낸 부르동관, 벨로즈, 다이어프램 등이 사용된다.

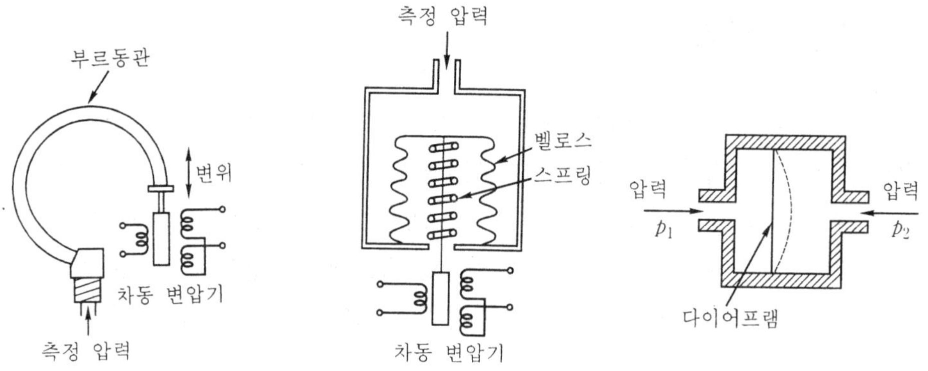

(a) 부르동관 (b) 벨로즈 압력계 (c) 다이어프램

그림 13.29 기계식 압력 변환기

(1) 부르동관

그림 13.29(a)와 같이 황동 또는 스테인리스강의 금속관을 C자형으로 구부려 한쪽 끝을 막은 것을 부르동관(Bourdon tube)이라고 한다. 그림과 같이 관 내에 측정 압력의 유체를 유입시키면 유체의 압력에 따라 부르동관은 그림과 같은 변위를 일으킨다. 따라서 이 변위를 차동 변압기 등에 의해 전기량으로 변환시키면 유체의 압력을 측정할 수 있다. 부르동관은 구조가 간단하고 견고하며, 응답이 빠르고 내압성이 높은 것이 특징이다. 측정 범위가 0~0.7 kg/cm^{2}의 저압용으로부터 0~21000 kg/cm^{2}의 고압용까지 만들어지고 있다.

(2) 벨로즈

벨로즈(Bellows)는 그림 13.29(b)와 같이 균일한 얇은 금속(황동이나 스테인레스강)으로 만들어진 주름 잡힌 용기이다. 측정 압력의 유체를 벨로즈 내에 흘려 넣으면 그 압력에 따라 신축을 일으키므로 압력을 변위로 변환시킬 수 있다. 벨로즈는 낮은 압력에서 큰 변위를 얻을 수 있다는 특징이 있으나 응답 속도가 늦은 것이 결점이다. 벨로즈 자체도 탄성을 가지나 직선성이 없으므로 스프링을 사용하여 직선성을 개선하고 있다.

(3) 다이어프램

그림 13.29(c)와 같이 다이어프램(diaphragm)이라 불리는 금속 박막을 설치한 용기에 측정 압력을 가하면 다이어프램이 변형되기 때문에 압력은 변위로 변환된다. 이 다이어프램상에 스트레인 게이지를 부착하여 저항 변화로 변환하거나 정전 용량의 변화로 변환시킬 수 있다. 다이어프램에는 스테인리스강 등이 사용된다.

13.4 속도 계측

속도에는 물체가 일직선상에서 움직이고 있을 때의 직선 속도와 회전체의 회전 속도(각속도)가 있다. 직선 속도를 측정할 경우에는 피측정물이 두 점 사이의 거리 l을 통과하는 데 걸리는 시간 t를 측정한 후 l/t로부터 평균 속도를 구하면 되는데, 이는 결국 시간의 측정과 마찬가지다. 이밖에 열선형 속도계를 이용하는 방법도 있다. 회전 속도의 측정에는 전기식 회전계, 광전식 회전계, 디지털 회전계가 이용된다.

13.4.1 열선형 속도계

그림 13.30(a)와 같은 열선에 전류를 흘리고, 이를 물체 중에 놓으면 전류에 의한 발열량과 유체 중에서의 방열량이 같아지는 온도에서 평형을 이룬다. 이때 열선에 공급되는 전력 P와 유체 속도 v와의 사이에는 다음과 같은 관계가 있다.

$$v = k_i(P-k_2)^2 \qquad \cdots (13.13)$$

여기서 k_1, k_2는 열선의 온도, 열선의 구조, 유체의 온도나 성질 등에 의해 정해지는 정수이다. 따라서 적당한 방법으로 열선에 공급하는 전력 P를 측정하면 속도 v가 구해진다.

그림 13.30(b)는 브리지를 이용한 열선형 속도계의 원리를 나타낸 것으로, 열선 H와 일정 저항 R_1, R_2, R_3는 브리지 회로를 구성한다. 먼저, 브리지를 평형시켜 검류계 G의 변위가 0이 되도록 한 다음, 열선을 유체 중에 놓으면 브리지가 불평형 상태로 되므로 전원으로부터의 공급 전력을 조정하여 브리지를 다시 평형 상태로 만든다. 이때의 공급 전력을 구하면 식 (13.13)에 의해 유속을 측정할 수 있게 된다.

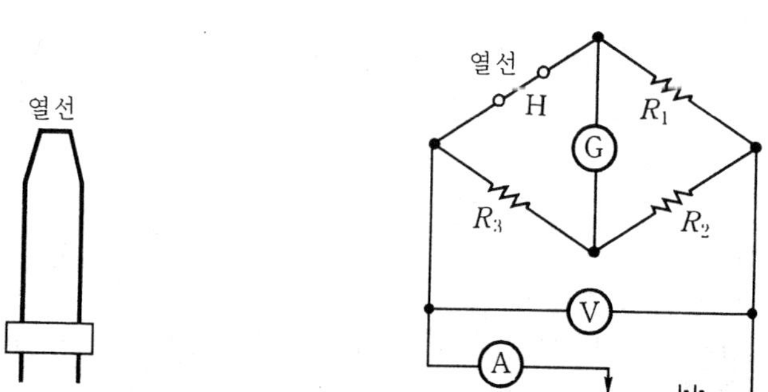

(a) 속도계용 열선　　(b) 회로

그림 13.30 열선형 속도계

또, 유속에 의한 열선 온도의 변화를 저항 변화로 측정하는 방법이나, 열선 온도를 열전대에 의해 기전력으로 변환시켜 측정하는 방법도 있다. 외기가 정지되어 있는 경우에는 이동하는 물체에 열선을 달아 놓음으로써 유속을 측정하는 방법에 의해 물체의 속도를 측정할 수 있다.

13.4.2 전기식 회전계

전기식 회전계(tachometer 또는 tachogenerator)는 발전기의 발전 전압이 회전수에 비례하는 사실을 이용한 것으로, 측정하고자 하는 회전체의 회전축에 발전기를 연결하고 눈금이 회전수로 되어 있는 전압계로 발전 전압을 측정하여 회전수를 구한다. 발전기로는 직류 발전기와 교류 발전기가 있으나 일반적으로 교류 발전기가 이용되고 있다. 직류 발전기를 사용하면 정도(精度)가 좋은 가동 코일형 전압계를 이용할 수 있고 또한 발전 전압의 극성으로부터 회전 방향을 알 수 있는 장점이 있는 반면, 정류자(整流子) 기구 등 구조가 복잡하게 되기 때문에 고장이 일어나기 쉽고, 고가이므로 특수한 경우에만 사용된다.

그림 13.31은 전기식 회전계의 회로 예이다. 교류 발전기는 회전자에 영구 자석을 사용한 회전 자계형의 4극 단상 교류 발전기가 이용되고 있다. 발전 전압은 회전수로서 눈금을 매긴 정류형 전압계로 측정하게 되어 있다.

일반용 전기식 회전계에서는 측정 범위를 500 / 1000 / 2000 / 5000 rpm 등 다단으로 전환할 수 있게 되어 있다. 측정 회전수가 작아지면 발전 전압이 작아질 뿐만 아니라 주파수가 낮아지므로 리플(ripple)이 커지고 계기의 지침이 진동하여 측정이 곤란해진다. 따라서 저속도로는 다극 다상(예를 들면 16극 3상) 발전기를 사용하여 측정 범위가 최대 눈금에서 20 rpm 정도인 회전계가 제작되고 있다. 정도는 정격 회전수의 ±2.5 % 정도이다.

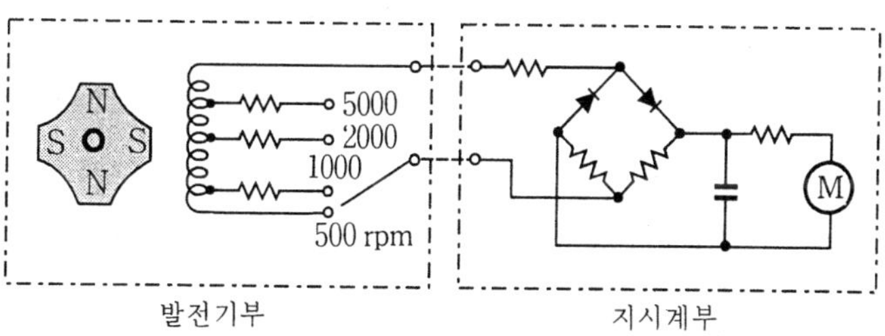

그림 13.31 전기식 회전계

13.4.3 광전식 회전계

광전식 회전계는 빛의 반사를 이용하여 회전수를 측정하게 되어 있으며, 투광부와 수광부가 일체로 되어 있는 방식과 투광부와 수광부가 별도로 되어 있는 방식이 있다.

그림 13.32에 일체형의 원리를 나타낸다. 그림에서와 같이 회전체에 반사 마크(mark)를 붙이고 여기에 광원으로부터의 빛을 반투명 유리 (half mirror)라고 하는 반사경과 렌즈를 통하여 투광시킨다. 이렇게 하면 회전체와 함께 반사 마크도 회전하여 일정한 주기로 빛을 반사한다. 이 반사광은 렌즈 및 반투명 유리를 통하여 포토트랜지스터에 입사되어 전기 펄스로 변환된다. 회전체의 회전수를 N rpm, 반사 마크의 개수를 n이라 하면 펄스의 반복 주파수 f_p는

$$f_p = \frac{N}{60} n \qquad \cdots (13.14)$$

로 된다. 다음에 이 펄스를 증폭시켜 정형 회로에서 펄스 폭이 t이고, 진폭이 e인 일정한 구형파로 정형한다. 이 구형파를 직류 전압계에 가하면 직류 전압계는 구형파의 평균값을 나타내므로 그 지시 E는

$$E = f_p \cdot e \cdot t = \frac{N \cdot n}{60} e \cdot t = KN \qquad \cdots (13.15)$$

로 되어, 회전수 N을 직독할 수 있다.

광전식 회전계는 회전체에 접촉시키지 않고 회전수를 측정할 수 있으므로 회전력이 작은 기기나 대형 고속 기기에서와 같이 접근하기에 위험한 경우 등의 회전 속도 측정에 적합하다.

광전식 회전계의 측정 범위는 정격 회전수가 200~100000 rpm, 정도는 ±1.5~2.0 % 정도이다.

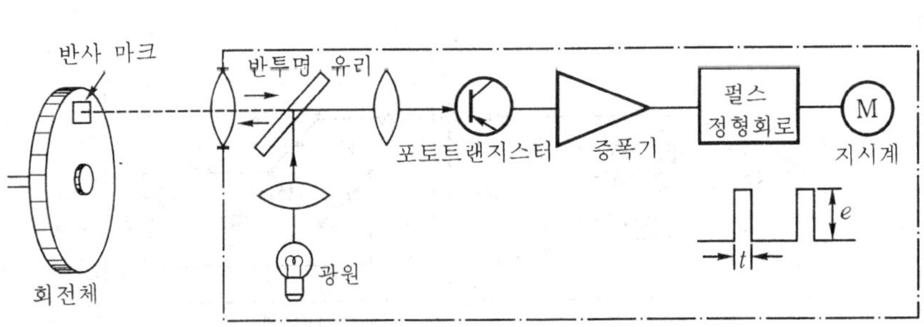

그림 13.32 광전식 회전계

13.4.4 디지털 회전계

디지털 회전계는 회전수를 펄스로 변환시키기 위한 픽업(pick-up)을 직접 또는 간접으로 회전체에 설치하여 회전수에 비례하는 출력 펄스를 얻고 이를 디지털 계수기로 계수하여 회전수를 측정하는 것이다.

지금, 픽업의 출력 펄스 수를 1회전당 n개, 회전체의 회전수를 N rpm이라 하고, 이 펄스를 T초 동안 계수한 펄스 수를 P개라 하면 회전수 N은

$$N = \frac{60}{nT} P \text{ rpm} \qquad \cdots (13.16)$$

로 되므로, n 및 T의 값을 적당히 정하면 계수기에 회전수를 표시할 수 있다.

디지털 회전계의 원리에는 여러 가지 방식이 있다. 먼저, 그림 13.33은 전자식(電磁式) 픽업(magnetic pick-up)의 원리를 나타낸 것이다.

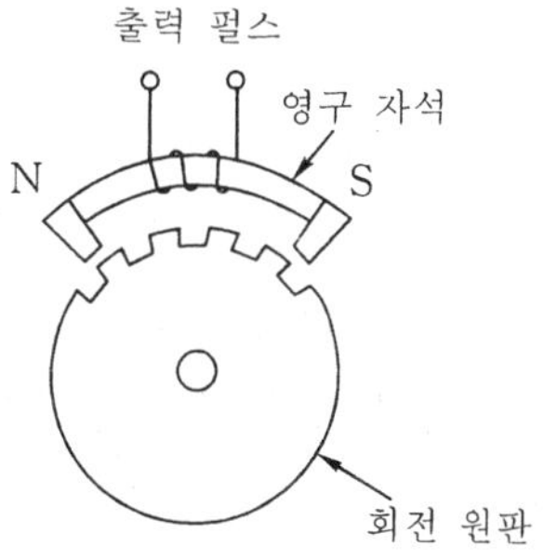

그림 13.33 전자식(電磁式) 픽업

그림과 같이 凹凸이 있는 철제 회전 원판을 회전체에 붙이고 이를 코일이 감겨져 있는 영구 자석 내에서 회전시킨다. 이와 같이 하면 회전 원판의 凹凸에 의해 자기 저항이 변화하여 코일에는 凹凸의 수와 회전수의 곱에 비례하는 주파수의 펄스 전압을 유기시키므로 이를 계수하여 회전수를 측정할 수 있다.

광전식 픽업은 그림 13.19의 로터리 인코더와 동일하며, 광 투사식과 광 반사식이 있다. 광 투사식 픽업은 그림 13.34와 같이 슬릿(slit)이 있는 회전 원판(disk)을 회전체에 붙이고, 여기에 광원과 이 광을 수광할 수 있는 포토트랜지스터를 설치한다. 회전체와 함께 회전 원판이 회전하면 슬릿에 의해 단속(斷續)된 광이 포토트랜지스터에 의해 수광되어 회전수와 슬릿 수의 곱에 비례하는 펄스가 출력으로 나타난다.

한편, 광 반사식 픽업은 그림 (b)와 같이 회전체에 붙인 흑백의 패턴(pattern)에 광을 비추고 그 반사광을 포토트랜지스터에 입사시켜 회전수를 펄스로 변환시키는 것이다.

디지털 회전계의 측정 범위는 수~150000 rpm으로 넓으며, 또 픽업 1회전당 펄스 수

를 많게 하고, 동시에 계수기의 계수 시간을 길게 함으로써 저속도의 회전수 측정에도 그 정도를 높일 수 있다.

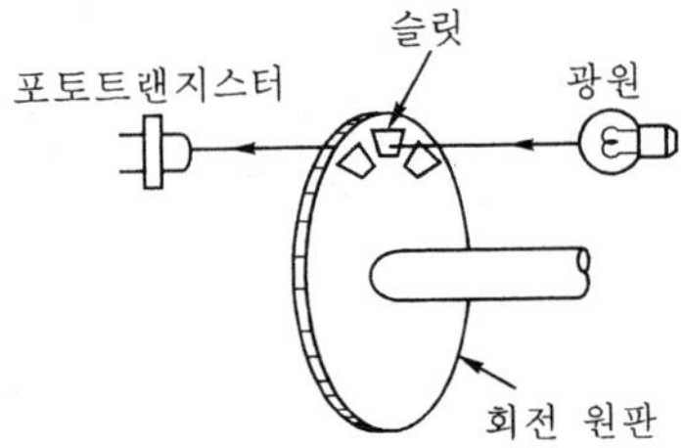

(a) 광 투사식

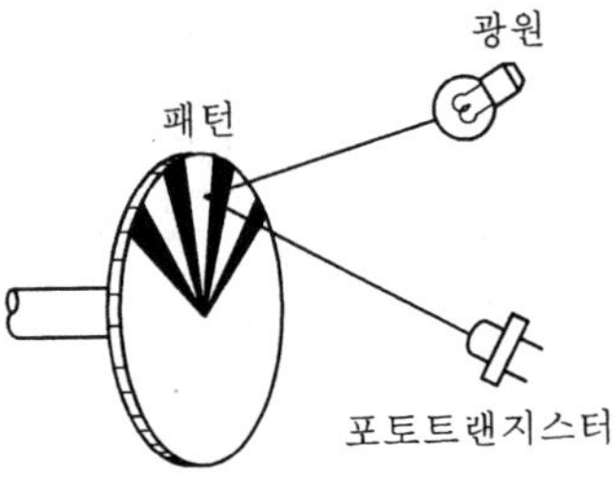

(b) 광 반사식

그림 13.34 광전식 픽업

13.5 온도 센서

온도 측정은 공업 계측 중에서도 가장 기본적인 것으로서 공업 생산 과정의 여러 곳에서 온도의 측정 및 제어가 행해지고 있다. 오래 전부터 기체, 액체, 고체의 열팽창을 이용한 온도계가 사용되어 왔으나, 현재 공업적으로는 전기 계측을 이용한 온도계가 널리 사용되고 있다. 여기서는 전기적 출력이 얻어지는 온도 센서에 대해서만 설명한다.

13.5.1 저항 온도 센서

저항체의 전기 저항은 온도에 따라 변화하며, 임의 온도에서 도체의 저항은 다음과 같은 식으로 주어진다.

$$R_t = R_0(1+\alpha\Delta t) \qquad \cdots (13.17)$$

여기서, R_t : 온도 t ℃에서의 도체 저항

R_0 : 기준 온도에서의 도체 저항 (보통 기준 온도는 25 ℃임)

α : 저항의 온도 계수

Δt : 동작 온도와 기준 온도와의 차

식 (13.18)을 t에 대해서 풀면

$$\Delta t = \frac{R_t - R_0}{\alpha R_0} = \frac{\Delta R}{\alpha R_0} \qquad \cdots (13.18)$$

즉, 금속 도체의 저항 변화는 온도 변화에 정비례한다. 따라서 온도에 따른 저항값의 변화가 크고(즉, α가 크고) 안정된 저항체를 이용하여 온도 변화를 저항 변화로 변화시키고 저항값을 브리지 등에 의해 측정함으로써 온도를 구할 수 있다. 이것이 저항 온도 센서 (resistance temperature dectector; RTD)의 원리이다.

RTD에 이용되는 저항체를 측온 저항체(測溫抵抗體)라고도 하며, 그림 13.35는 많이 쓰이는 몇 가지 측온 저항체의 온도에 대한 저항의 변화를, 표 13.2는 이들의 온도 계수와 사용 범위를 나타낸다.

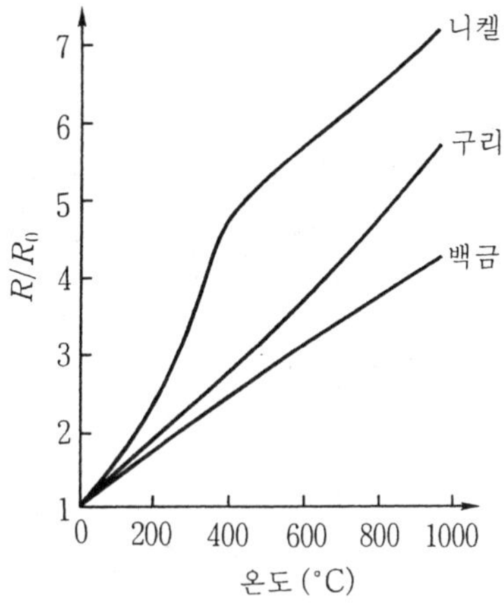

그림 13.35 금속의 저항-온도 특성

그림 13.35에서 백금 저항은 온도가 증가함에 따라 거의 선형적으로 증가하기 때문에 측정 범위가 넓고, 안정성이 우수하여 측온 저항체로 널리 사용되고 있다. 구리는 250℃ 정도로 되면 산화되어 저항값이 변화하므로 150℃ 이하에서 사용한다.

표 13.2 측온 저항체의 특성

RTD	온도 계수/〔℃〕	사용 범위〔℃〕
백금	0.0038	−200～500
니켈	0.0064	−50～150
구리	0.0043	0～120

측온 저항체는 열화를 방지하기 위해서 그림 13.36과 같이 절연체(마이카, 자기)에 감아 보호관에 넣는다. 보호관으로는 유리, 석영, 자기 등과 같은 비금속이 많이 사용되고 있다.

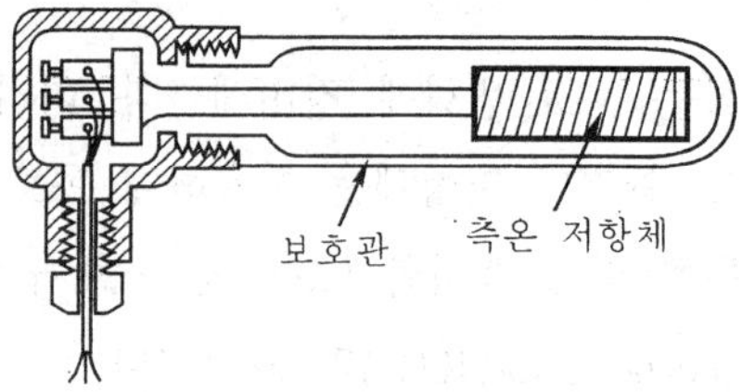

그림 13.36 측온 저항체의 구조

측온 저항체의 저항값 측정에는 휘트스톤 브리지나 자동 평형형 계기가 사용된다. 일반적으로 측온 저항체와 휘트스톤 브리지가 떨어져 있으므로 주위 온도에 의한 측온 저항체 도선의 저항 변화로 인하여 오차가 발생한다. 이를 방지하기 위하여 측온 저항체를 3선식으로 하여 그림 13.37과 같이 접속시킨다. 도선 R_{l3}는 전원 회로에 연결되므로 브리지의 평형에는 무관하며, 도선 R_{l1}과 R_{l2}는 각각 측온 저항 R_t와 저항 R_o 사이에 직렬로 접속되므로, 주위 온도 변화에 따른 도선 저항의 변화에 대한 영향이 서로 상쇄된다.

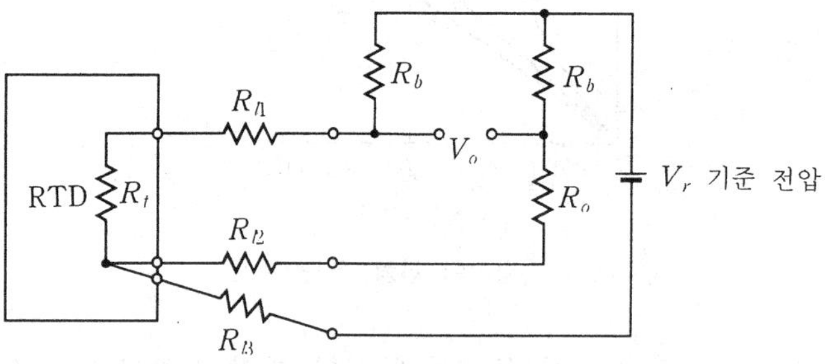

그림 13.37 측온 저항체를 이용한 온도 측정 회로

13.5.2 열전대 온도계

열전대에 대해서는 3장에서 이미 설명하였다. 서로 다른 금속 도선의 양단을 그림 13.38(a)와 같이 접속하고, 두 접합점에 온도 차를 주면, 그 사이에 기전력이 발생하여 회로에 열전류가 흐른다. 이 효과를 제베크 효과(Seebeck effect; 발견자의 이름)라고 부른다. 그림 (b)와 같이 회로를 절단하면 절단점에 열기전력이 나타난다. 이 전압은 두 접점의 온도 차에 의해서 다음 식으로 정해진다.

$$v = f(T_h - T_c) \qquad \cdots (13.19)$$

여기서 T_h는 고온 접점(온접점; hot junction)의 온도, T_c는 저온 접점(냉접점; cold junction)의 온도이다. 따라서 열전대의 냉접점을 일정한 온도(원칙적으로는 0°이나 공업적으로는 실온으로 함)로 유지하고, 온접점을 측정하고자 하는 온도로 만들면 측정 온도에 거의 비례하는 열기전력이 발생한다. 따라서 이 열기전력을 그림 13.32(c)와 같이 mV계, 전위차계, 자동 평형 기록계 등에 의해 측정, 기록하면 온도를 측정할 수 있다.

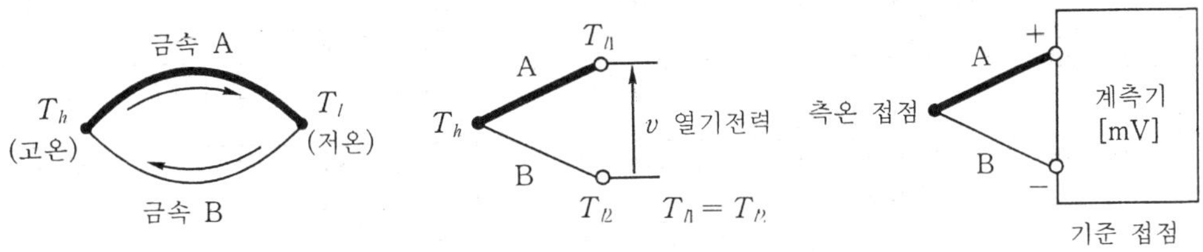

그림 13.38 열전대의 원리

그림 13.39는 각종 열전대의 특성을, 표 13.3은 그 성능을 나타낸다.

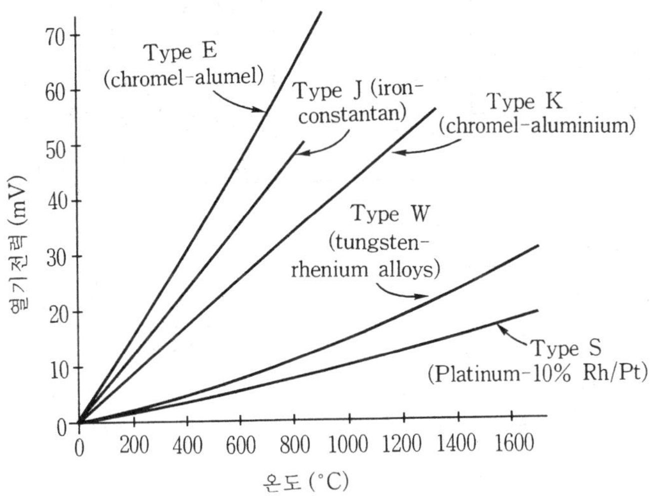

그림 13.39 열전대의 특성

표 13.3에서 S나 K는 산성 가스에 강하나 환원성 가스에 약하며, J나 T는 환원성 가스에 강하나 산성 가스에 약하다. 그러므로 열전대는 RTD의 경우와 같이 금속제 또는 비금속제의 보호관에 넣어서 사용한다. S, R은 고가이므로 측정 정도를 높이기 위한 경우나 1000° 이상을 측정하는 경우에 이용된다.

공장 등에서 노내 온도를 측정하는 경우에는 열전대의 온접점과 계측기의 냉접점 사이의 거리가 멀어지게 되어, 이 사이를 고가의 열전대로 연결하는 것은 비경제적으로 되므로 그림 13.40과 같이 열전대의 단자와 냉접점 사이를 별도의 저가 열전대로 접속한다. 이를 보상 도선 (compensation wire)이라고 부른다.

표 13.3 열전대의 종류와 특성 비교

열전대 종류	구성 재료		사용 온도 범위	비고
	(+)	(−)		
B	Pt (70 %) Rh (30 %)	Pt (94 %) Rh (6 %)	0～1700℃	•고가 •고온 측정에 적합하다.
S	Pt	Pt (90 %) Rh (10 %)	0～1450℃	•고가, 환원성 분위기에 약하다. •고온 측정용
R	Pt	Pt (87 %) Rh (13 %)	0～1450℃	•고가, 환원성 분위기에 약하다. •고온 측정용
K	크로멜 (Chromel) Ni (90 %) Cr (10 %)	알루멜 (Alumel) Ni (90 %) Al, Mn, Si 등 소량	−200～1250℃	•가장 널리 사용된다. •측정 온도 범위가 넓다. •환원성 분위기에 약하다.
E	크로멜	콘스탄탄 (Constantan) Cu (55 %) Ni (45 %)	−200～900℃	•감도가 가장 우수하다. •환원성 분위기에 약하다. •K보다 저렴하다.
J	Ir	콘스탄탄	0～750℃	•철이 녹슬기 쉽다.
T	Cu	콘스탄탄	−200～350℃	•저온 측정용 •동이 산화하기 쉽다.

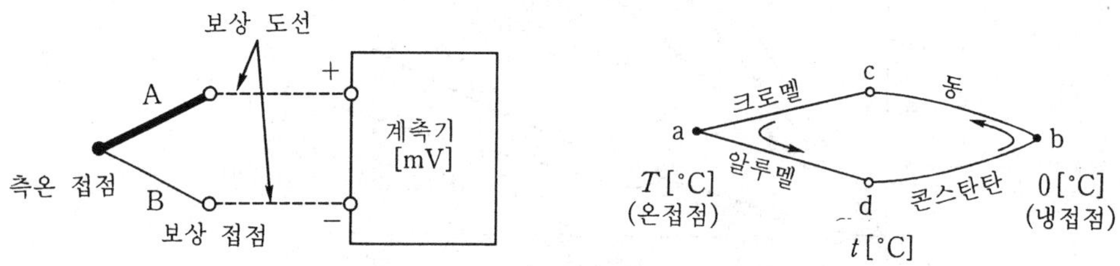

(a) 보상 도선 (b) 보상 도선의 원리

그림 13.40 열전대의 결선 방법

그림 (b)에서 K 열전대에 T 열전대를 접속시키면 온접점 a에서는 크로멜 → 알루멜 방향으로, 냉접점 b에서는 콘스탄탄 → 동 방향으로 열기전력을 일으킨다. 지금, K 열전대의 cd 단자의 온도가 0°인 경우의 열기전력을 E_0라고 하면 이때 cd 단자 – b 접점 간에는 온도차가 없으므로 T 열전대의 열기전력은 0으로 되어 전체 열기전력은 E_0로 된다. 다음에 cd 단자의 온도가 t℃로 되면 K 열전대의 a – cd간 온도차가 작으므로 K의 열기전력은 e_t만큼 감소하여 $E_0 - e_t$로 되지만, T 열전대에서는 t℃의 온도차를 일으키므로 e_c의 열기전력을 발생시킨다. 따라서 전체 열기전력 E는

$$E = E_0 - e_t + e_c \qquad \cdots (13.20)$$

로 된다. 여기서 만약, $e_t = e_c$라고 하면 보상 도선을 사용하지 않고 dc 단자를 0 ℃로 한 경우와 동일한 열기전력으로 된다. 즉, 항상 $e_t = e_c$로 되는 열전대를 조합시켜야 할 필요가 있으므로 열전대가 바뀌면 보상 도선도 달라진다.

이때 기준 접전(냉접점)의 온도는 일정하지 않으면 안 된다. 기준 온도로서 옛날부터 얼음이나 전자 냉각에 의해서 0 ℃의 환경을 만들었으나, 최근에는 다른 온도 센서로 기준점의 온도를 정확히 측정하고, 식 (13.20)에서 T_h를 구하는 방법이 사용되고 있다. 또 그림 13.39에 나타낸 열기전력 특성의 비선형성도 마이크로컴퓨터 등을 이용해서 선형화시키고 있다.

13.5.3 서미스터

서미스터 (thermistor)는 금속 산화물의 소결체(燒結體)이며, 그림 13.41에 나타낸 것과 같이 온도에 따라 그 저항값이 감소하거나 증가한다.

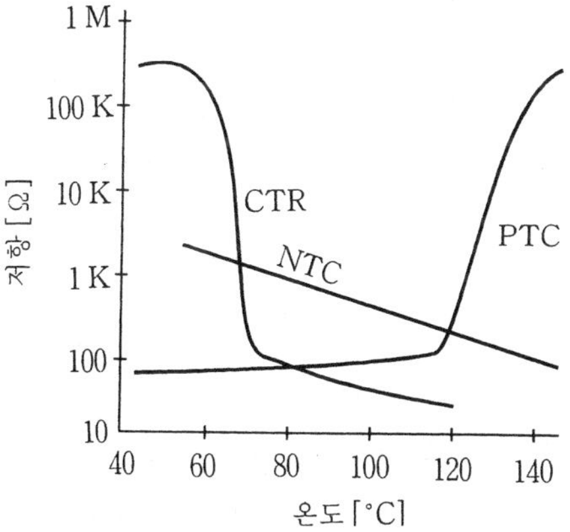

그림 13.41 각종 서미스터의 온도- 저항 특성

그림에서 온도 상승에 따라 저항값이 감소하는 NTC (Negative Temperature Coefficient Thermistor), 저항값이 증가하는 PTC (Positive Temperature Coefficient Thermistor), 어느 온도에서 저항값이 급격히 감소하는 CTR (Critical Temperature Resistor) 등이 있다. 계측용에는 주로 NTC가 사용되며, 일반적으로 서미스터라고 하면 NTC를 가리킨다. 가장 고온용이라도 최고 사용 온도가 400 ℃까지이지만, 대부분은 250 ℃이다. 그러나 0~100 ℃의 온도 변화로 104~102의 저항 변화가 얻어지기 때문에 매우 고감도로 된다.

서미스터의 형상은 그림 13.42와 같이 안정성이 우수한 비드 (bead)형, 디스크 (disk)형,

와셔(washer)형, 로드(rod)형, 칩(chip)형 등이 있다. 비드형 서미스터는 소형이고 열용량(熱容量)이 작아 열 응답 속도는 빠르다(공기 중에서 1.5~10 s 정도). 이는 백금 저항체로서는 얻을 수 없는 응답 속도이다.

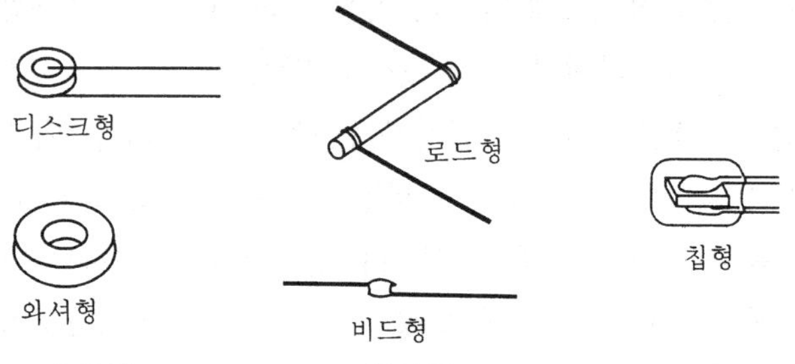

그림 13.42 서미스터의 형상 예

그림 13.43은 서미스터의 기본 접속 회로를 나타낸다. 그림 (a)는 분압 회로이고, 그림 (b)는 브리지 회로로서 임의 온도에서 출력 전압이 0이 되도록 조정할 수 있다.

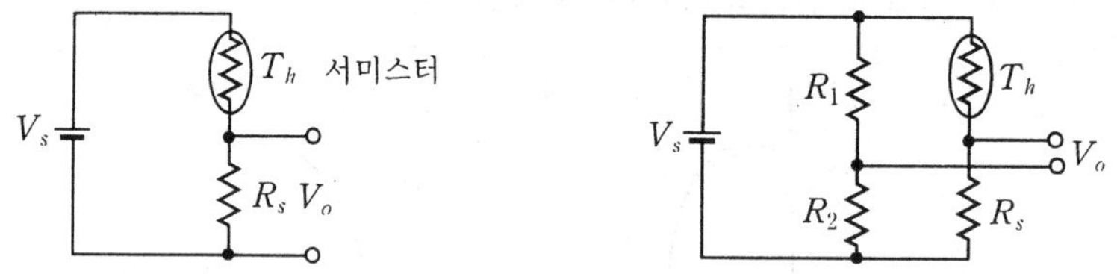

(a) $V_o = \dfrac{R_s}{T_h + R_s} V_s$ (b) $V_o = \left(\dfrac{R_s}{T_h + R_s} - \dfrac{R_2}{R_1 + R_2} \right) V_s$

그림 13.43 서미스터의 기본 접속 회로

서미스터 회로 부분을 저항 회로와 접속할 때에는 주의가 필요하며, 가장 간단한 방법은 그림 13.44에 나타낸 것과 같이 연산 증폭기의 고입력 임피던스(Z_i)와 저출력 임피던스(Z_o)를 이용해서 접속하는 것이다(예제 14.2 참조).

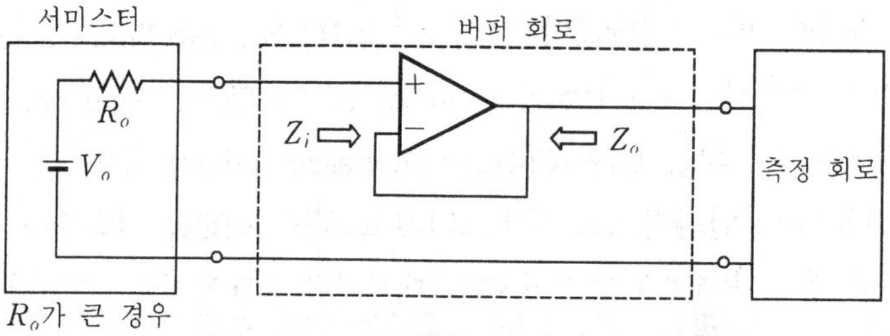

그림 13.44 서미스터와 다른 측정 회로의 접속법

13.5.4 IC 온도 센서

다이오드의 순방향 전압 강하, 트랜지스터의 베이스 – 이미터 전압 등은 온도에 따라 변화하기 때문에 이를 이용해서 온도를 검출할 수 있다. 그러나 다이오드는 2단자 소자로 사용하기는 용이하지만 특성이 나쁘며, 한편 트랜지스터는 특성은 우수하고 외부 회로로 보정하기는 쉽지만 3단자 소자이다. 또, 양자 모두 정도가 높은 정전류 회로를 필요로 하는 등의 결점이 있다.

이와 같은 문제점을 해결한 것이 그림 13.45(a)에 나타내는 IC 온도 센서이다. 트랜지스터의 베이스 – 이미터간 전압 V_{BE}를 교묘하게 이용해서 온도에 대해 직선적인 전압 출력을 얻고 있다. 그림 (b)의 회로에서는 1 μA/℃, 0 ℃ (273.2 K)에서는 273.2 μA의 출력을 얻을 수 있도록 R_5, R_6의 저항값이 설계되어 있다.

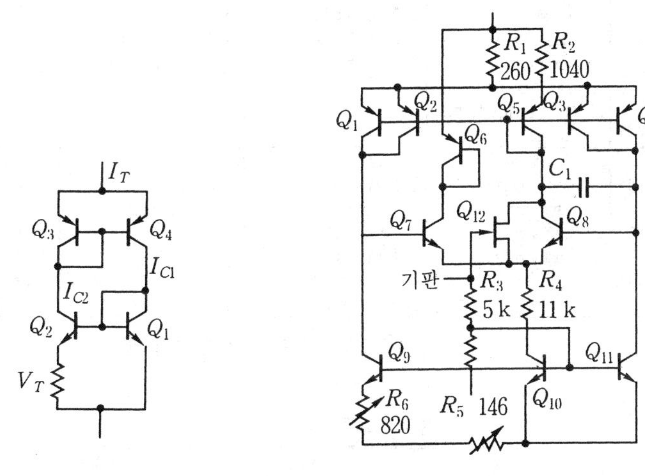

(a) (b)

그림 13.45 IC 온도 센서 회로

13.5.5 각종 온도 센서의 비교

지금까지 가장 널리 사용되고 있는 4가지 온도 센서에 대해서 설명하였다. 이들의 특성을 요약해서 비교하면 그림 13.46과 표 13.4와 같다.

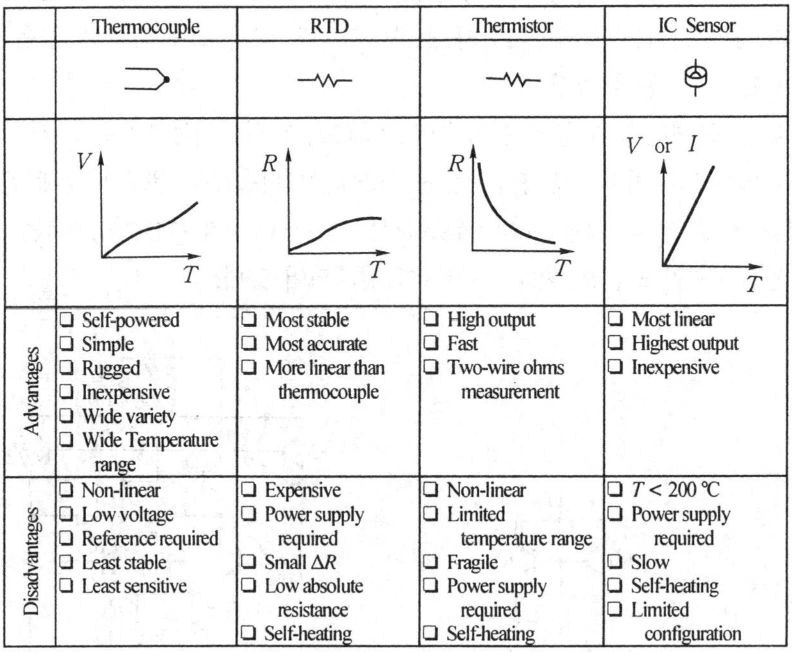

그림 13.46 각종 온도 센서의 특성 요약

표 13.4 각종 온도 센서의 특성 비교

종류	특징	변화율	사용 온도	기타
RTD (백금)	안정, 고정도	0.4 %/℃, 1~ mV/℃	−260~1000 ℃	3선식, 4선식
서미스터	고감도, 응답 1~100 s	4 %/℃, 10 mV/℃	−100~350 ℃	보통의 도선
열전대 (K)	공업용	40 μV/℃	−200~1200 ℃	보상 도선
IC 온도 센서	선형 출력	1 μA/℃	−55~150 ℃	

연 습 문 제

****

13.1 광 센서의 종류를 열거하고, 각각의 특징에 대해서 설명하라.

13.2 포토다이오드와 포토트랜지스터의 장단점을 비교 설명하라.

13.3 4가지 온도 센서의 특징을 비교하여라.

13.4 그림 13.47(a)와 같은 특성을 갖는 포토트랜지스터 (CLT2164)가 그림 (b)의 회로에 사용된다. 입사광 전력이 0.5 mW/cm^{2}일 때 출력 전압 V_o를 구하라.

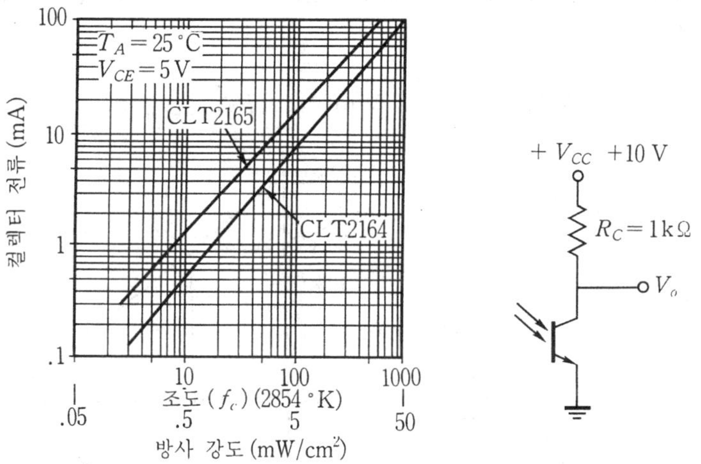

(a) (b)

그림 13.47

13.5 저항 130 Ω이고 게이지 율이 2인 금속 스트레인 게이지를 직경 $d = 0.02$ m, 길이 $L = 0.40$ m인 금속봉에 접착하였다. 금속봉에 33000 kg의 장력을 축 방향으로 가하였을 때 다음을 계산하라. 단, $E = 2 \times 10^{10}$ kg/m^{2}이다.

(a) 늘어난 길이 ΔL (b) 변형율 ε (c) 저항 변화

13.6 포토다이오드가 그림 13.48과 같이 사용된다. 포토다이오드의 감도는 0.57 A/W, 수광 면적 $S = 7.6$ mm^{2}이다. 지금 입사광의 조도가 $E = 0.25$ mW/cm^{2}일 때 다음을 계산하라.

(a) 포토다이오드 전류 I_{ph}
(b) 회로 a에서 출력 전압 V_o
(c) 회로 b에서 출력 전압 V_o

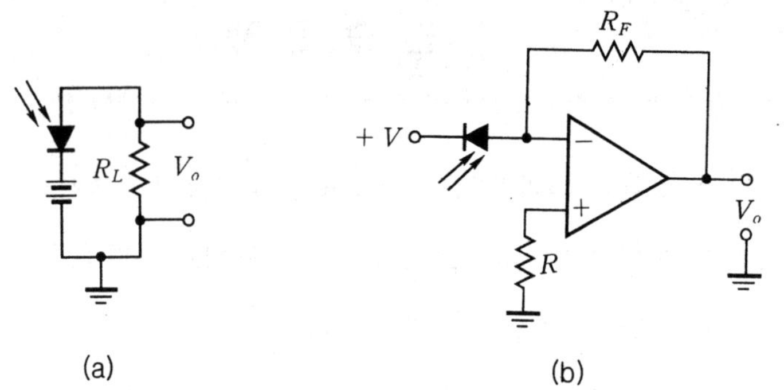

그림 13.48

13.7 그림 13.49의 그림에서 CdS 셀을 400 lm/m^2으로 조사하였을 때 회로에 5 mA의 전류가 흘렀다.

(a) 필요한 직렬 저항 R_1의 값 (b) 암 전류의 크기

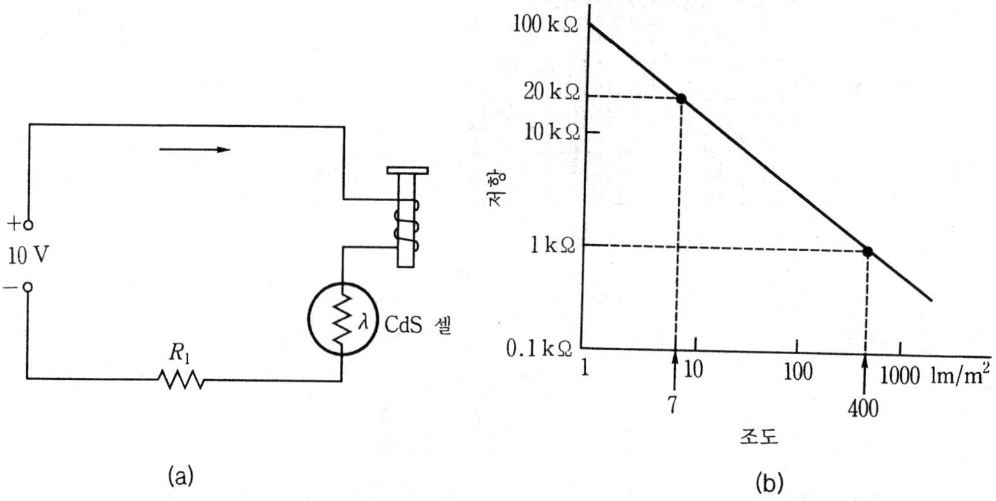

그림 13.49

13.8 그림 13.5의 원형 습동선을 사용한 각변위 트랜스듀서에서 ac 사이의 습동선 저항이 400 Ω, 인가 전압이 4 V이다.

(a) 출력 전압이 2.8 V일 때 각변위 θ를 구하라.

(b) $\theta = 300°$일 때 출력 전압을 구하라.

13.9 그림 13.50과 같은 특징을 갖는 LVDT가 있다.

(a) 철심이 중심으로부터 −0.25 inch 위치에 있을 때 출력 전압을 계산하라.

(b) 출력이 1 V일 때 철심의 위치를 계산하라.

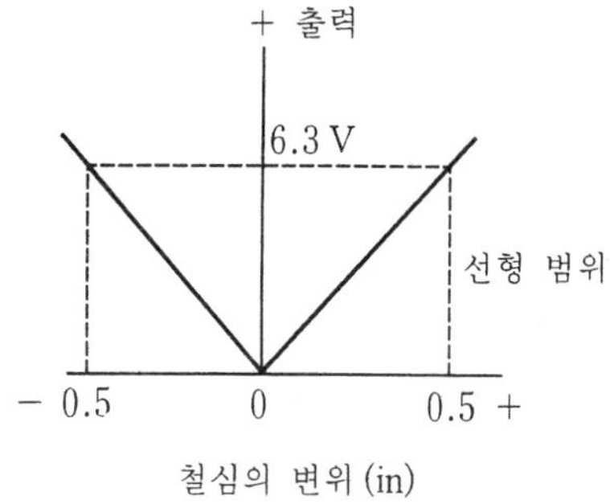

그림 13.50

13.10 그림 13.51(b), (c)는 그림 13.51(a)와 같은 특성을 갖는 NTC 서미스터를 사용하여 온도를 전압으로 변환하는 회로이다.

(a) 각각에 대해 출력 전압 V_o를 구하여라.

(b) 두 회로의 차이점을 설명하라.

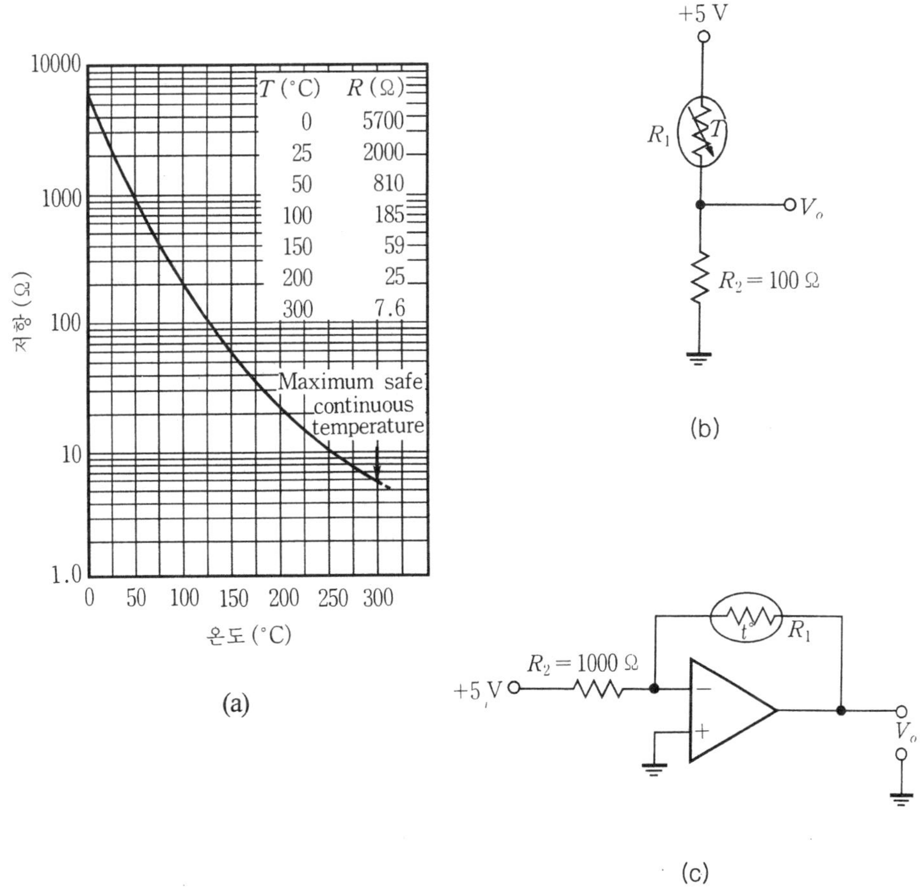

그림 13.51

14

데이터 획득 시스템

데이터 획득 (data acquisition)이란 정보의 수집 (collection of information)을 의미하며, 데이터를 획득하는 데 사용되는 하드웨어를 데이터 획득 시스템 (data acquisition system)이라고 부른다. 데이터 획득 시스템은 데이터를 정량화 (data quantification)하고 저장(storage)하는 측정 시스템의 일부이다.

본 장에서는 마이크로컴퓨터를 사용한 데이터 획득 시스템에 대해서 설명한다.

14.1 계측 시스템과 데이터 획득 시스템

데이터 획득 시스템(data acquisition system; DAS)은 데이터를 정량화(quantification)하고 저장(storage)하는 측정 시스템의 일부이다. 그림 14.1은 자동화된 데이터 획득 시스템이 일반적인 계측 시스템에서 어떤 위치에 있는가를 보여 주고 있다. 그림에서 DAS는 현실 세계의 물리적 변수를 컴퓨터에 인터페이스 하는 기능을 수행한다.

본 절에서는 계측 시스템과 데이터 획득 시스템의 일반적인 사항에 대해서 설명한다.

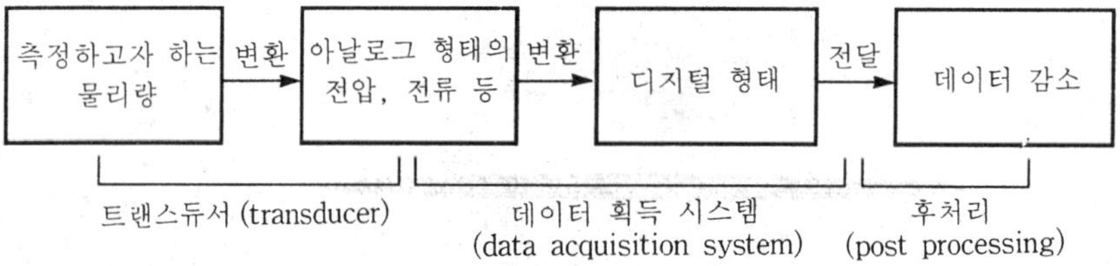

그림 14.1 계측 시스템에서 데이터 획득 시스템의 위치

14.1.1 계측 시스템의 기본 구성

계측 시스템(instrumentation system)은 여러 가지 사물의 성질을 추출하는 시스템으로 생각할 수 있으며, 그 구성 방법이 매우 다양하기 때문에 여기서 모든 것을 설명하는 것은 불가능한 일이나 대별하면 아날로그 시스템과 디지털 시스템으로 분류할 수 있다. 아날로그 시스템은 측정한 정보를 아날로그 형태(analog form)로 다룬다. 반면, 디지털 시스템에서는 정보를 디지털 형태로 다룬다. 어느 시스템을 선택할 것인가는 계측 대상이나 목적에 따라 결정될 사항이지만, 마이크로컴퓨터는 다양한 정보 처리 기능을 갖고 있기 때문에 최근의 계측 시스템에서는 마이크로컴퓨터가 계측 시스템에 반드시 포함된다. 따라서 여기서는 주로 디지털 계측 시스템에 대해서만 설명한다. 그림 14.2는 마이크로컴퓨터를 사용한 계측 시스템의 개요도이다. 디지털 데이터 획득 시스템은 ① 트랜스듀서 또는 센서, ② 신호 조정기, ③ 멀티플렉서, ④ A/D 변환기, ⑤ 마이크로컴퓨터, ⑥ 디지털 기록계 등으로 구성된다.

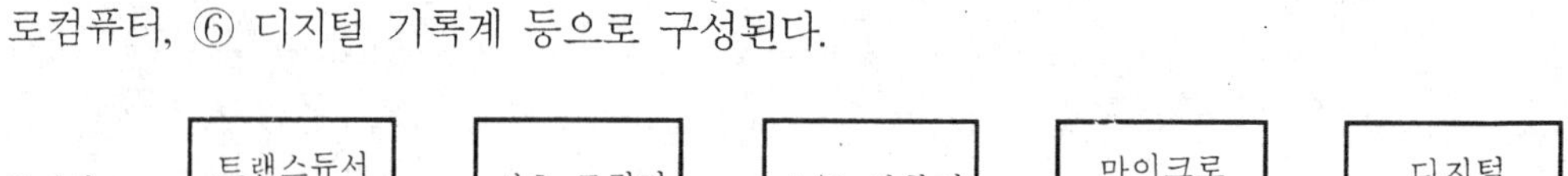

그림 14.2 마이크로컴퓨터를 사용한 계측 시스템의 기본 형식

먼저, 측정해야 될 물리량이 결정되면 그 양을 어떻게 측정할 것인가가 문제로 된다. 즉, 트랜스듀서나 센서의 선택이다. 일반적으로 하나의 물리량에 대해 그것을 검출하는 센서에는 다수의 종류가 있고, 그 선택에는 측정 물리량의 범위, 사용 환경, 가격, 정밀도, 응답성 등이 고려된다.

일반적으로 센서의 출력 신호는 미약하기 때문에 적당한 증폭기가 필요해지는 경우가 많다. 또, 센서 출력이 비전기적인 신호인 경우에는 전기적 신호로 변환해야 된다. 더구나 측정에는 잡음이 수반되는 경우가 많으므로 그 제어 방법도 중요하다.

전기적(전압, 전류 등) 신호로 변환된 물리량은 마이크로컴퓨터에 입력되기 전에 디지털 양으로 변환하지 않으면 안 된다. 대다수의 계측 대상은 연속적인 물리량이기 때문에 아날로그 신호를 디지털 신호로 변환하는 A/D 변환기가 필요하다. A/D 변환기에는 대별해서 저속용의 적분 방식과 고속용의 축차 비교 방식이 있으며, 어느 방식의 A/D 변환기를 선택하는가는 측정 물리량의 시간적 변화의 정도와 사용 목적에 따른다.

A/D 변환에 의해 디지털 양으로 변환된 결과는 어느 주기(샘플링 주기)마다 마이크로컴퓨터에 입력되어 필요한 처리가 이루어진다. 일단 데이터가 수용되면 마이크로컴퓨터는 다양한 정보 처리 기능을 갖고 있기 때문에 그 데이터에 갖가지 가공을 하는 것은 매우 간단하다. 이것이 최근의 계측 시스템에서 마이크로컴퓨터가 반드시 이용되는 이유이다.

14.1.2 다입력 계측 시스템

그림 14.2에서는 계측 대상이 하나인 경우였지만, 다수의 물리량을 계측할 필요가 생길 경우가 있다. 그림 14.3은 1대의 마이크로컴퓨터로 많은 물리량을 계측하기 위한 기본 구성이며, 다입력 계측이라고 한다.

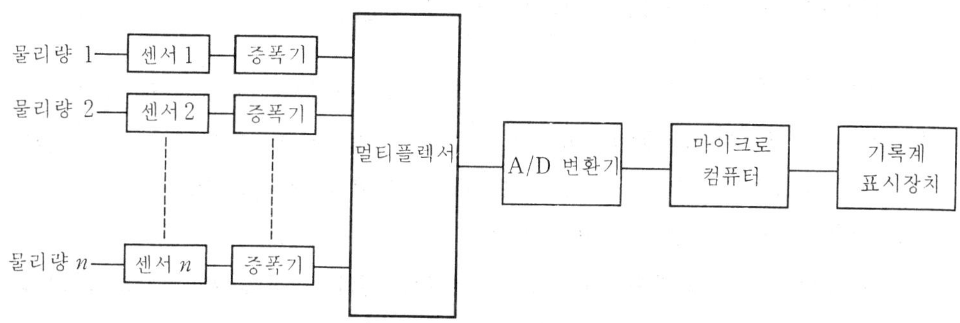

그림 14.3 다입력 계측 시스템

그림과 같이 측정 대상 수만큼 센서 및 증폭기를 준비하고, 이것들을 아날로그 멀티플렉서를 사용해서 순차적으로 A/D 변환기에 접속하고, A/D 변환 후 마이크로컴퓨터에 입력시키는 방식이다. 이러한 방식을 따르면 A/D 변환기는 하나로도 충분하므로 그만큼 경제적이 된다.

14.1.3 원격 계측 시스템

계측 대상이 공장 내에 분산되어 있는 경우와 같이 공간적으로 넓은 범위에서 계측할 필요가 있을 때에는 그림 14.4와 같이 각 측정점에서의 계측 결과는 그 지점에서 A/D 변환되어 디지털로 전송되는 방식이 일반적으로 실행된다. 디지털 전송 방식을 이용하면 전송 도중에서의 잡음 대책이 동시에 이루어지므로 그만큼 신뢰성이 높아진다. 계측 데이터의 전송 방식에는 직렬 전송 방식의 RS-232C라든가 병렬 전송 방식의 IEEE-488 버스 등이 있다. 그러나 이들 전송 방식의 속도는 저속이기 때문에 특별히 고속 전송이 요구될 경우에는 시스템 고유의 전송 방식이 채용되는 경우도 있다.

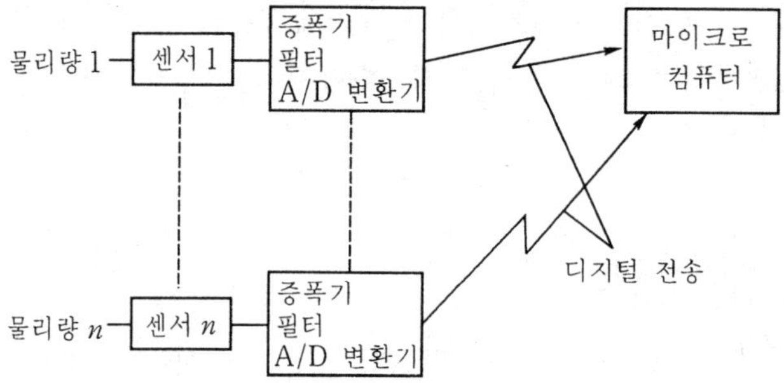

그림 14.4 원격 계측 시스템

14.2 데이터 획득 시스템의 구성 요소

데이터 획득 시스템은 현실 세계의 물리적 파라미터(아날로그 양)와 컴퓨터 및 디지털 신호 사이의 인터페이스(interface)로서 기능을 한다. 데이터 획득 시스템은 기본적으로 두 가지 방법으로 얻어진 신호를 측정하고 기록하는 데 사용된다.

① 전기적 양의 직접 측정으로 얻어진 신호.

직류 및 교류 전압, 주파수, 저항 등이 여기에 속한다. 이와 같은 경우는 전자부품 시험, 환경 연구, 품질 분석 연구와 같은 분야에서 찾아볼 수 있다.

② 13장에서 설명한 트랜스듀서와 센서로부터 얻어진 신호.

그림 14.5는 데이터 획득 시스템의 구성도이다. 여러 트랜스듀서(센서)로부터 얻어진 신호는 신호 조정 회로(signal conditioning circuit)에 접속된다. 여기서 신호는 증폭, 오프셋(offset), 필터링과 같은 입력 조정이 수행된다. 신호 조정 회로의 이득은 입력을 적정 레벨로 설정하기 위해서 중앙 처리 장치(CPU)에 의해서 제어된다. 그 다음 입력 신호는 선택 스위치(MUX)를 통과해서 A/D 변환기로 들어간다. 아날로그 데이터가 정현파라면 에일리어싱 효과(aliasing effect)를 방지하기 위해서 저역 통과 필터가 필요하다. A/D 변환기는 아날로그 신호를 CPU에서 사용될 수 있도록 디지털 신호로 변환한다. CPU는 얻어진 데이터를 제어, 기록, 분석, 보고한다. 데이터는 디지털 형태로 사용될 수도 있고, D/A 변환기에 의해 아날로그 형태로 변환할 수도 있다. 아날로그 신호가 정현파라면 그 때 시스템의 증폭 응답을 다시 정형하기(reshape) 위해서 출력에서 수정 필터(correction filter)가 필요할 수도 있다. 이 아날로그 출력은 시스템의 제어를 위해서 사용되거나 또는 차트 기록계, 오실로스코프, 계기 등과 같은 다른 아날로그 장치에 접속될 수도 있다.

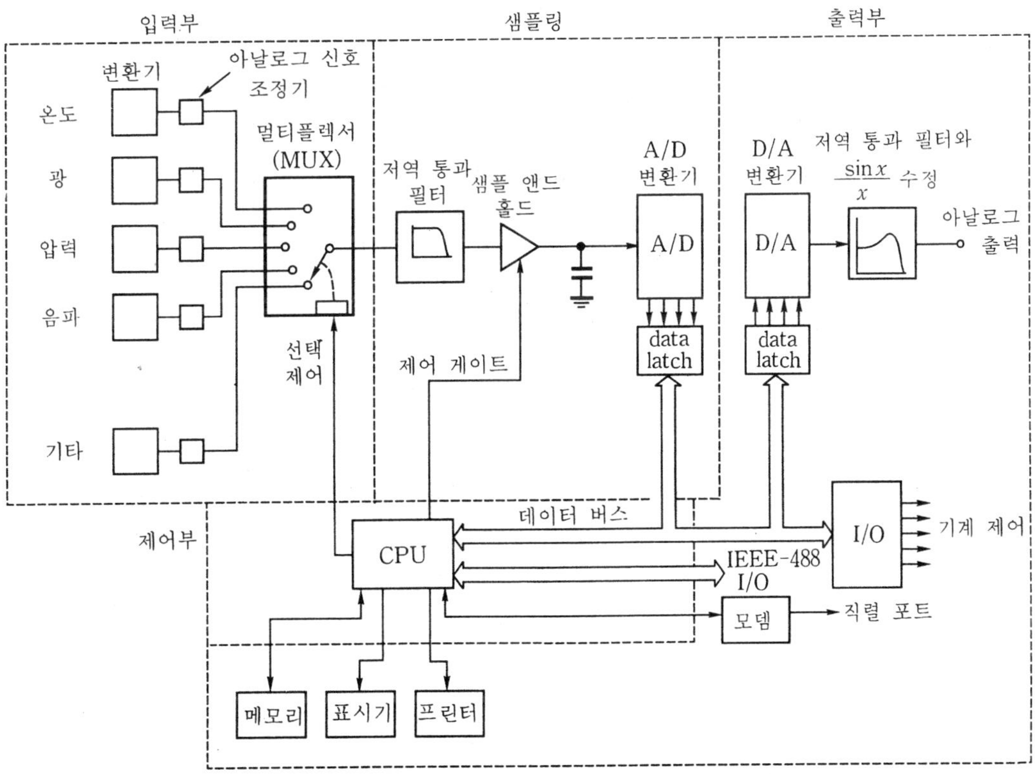

그림 14.5 데이터 획득 시스템의 구성도

그림 14.6은 그림 14.5를 단순화시켜 나타낸 계측 시스템의 예를 나타내고 있다. 그림 중의 번호는 동작 순서를 보이고 있다. 동작의 개요를 설명하면 다음과 같다.

먼저, ① 마이크로프로세서는 인터페이스를 통하여 아날로그 멀티플렉서의 채널 선택 신호를 송출한다. ② 다음에 제어 회로에 펄스가 송출되고, ③ 제어 펄스 발생 회로는 샘플 앤드 홀드 회로(SH)를 동작시키기 위해서 펄스를 송출하고, SH가 아날로그 데이터를 유지(hold)한 상태에서 ④ A/D 변환을 개시한다. ⑤ A/D 변환이 완료되면 변환 종료 신호를 알린다(low level로 된다). 이 신호(low level로 된)를 인터페이스를 통해서 읽어 들이고, ⑥ 마이크로컴퓨터는 인터페이스를 통하여 디지털 데이터를 읽어 들인다. 채널 선택 신호에 의해 각 채널을 위와 동일한 방식으로 n채널까지 행하면 계측이 완료된다.

다음 절에서는 데이터 획득 시스템을 구성하는 여러 부시스템(subsystem)에 대해서 논한다.

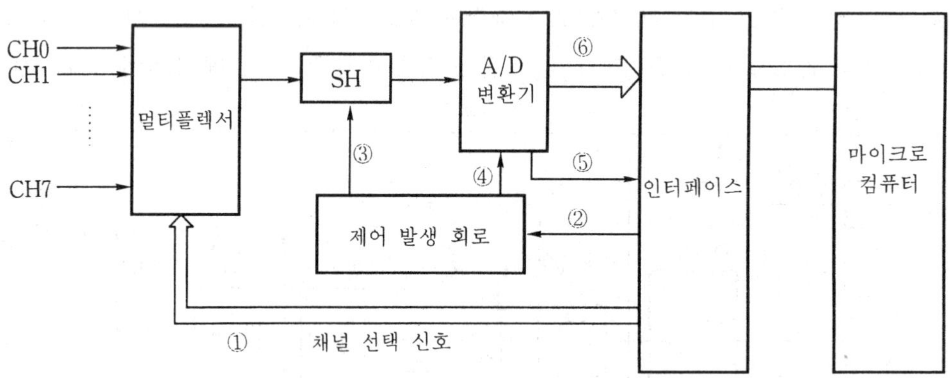

그림 14.6 간단한 데이터 획득 시스템

14.3 입력부

그림 14.5에서 입력부는 트랜스듀서(transducer), 신호 조정 회로(信號調整回路; signal conditioning circuit), 멀티플렉서(multiplexer) 등으로 구성된다.

14.3.1 트랜스듀서

13장에서 각종 센서와 트랜스듀서에 대해서 설명한 바 있다. 트랜스듀서의 목적은 비전기적 신호(물리적 양)를 등가의 전기적 신호로 변환하는 것이다. 각종 데이터 획득 시스템에서 트랜스듀서의 주 기능은 다음과 같다.

① 측정량의 존재, 크기, 변화, 빈도수를 감지한다.

② 측정량에 관한 정확한 정량적 데이터를 전기적 신호로 출력한다.

14.3.2 신호 조정 회로

신호 조정(信號調整; signal conditioning)이란 트랜스듀서로부터 얻어진 아날로그 출력을 A/D 변환기에 인가하기 전에 신호에 필요한 변화를 주는 것을 의미한다. 신호 조정이 필요한 이유는 각종 트랜스듀서로부터 나오는 전기적 출력의 범위와 신호 종류가 각양각색이기 때문이다. 즉, 센서의 출력은 전압이나 전류가 될 수도 있고, 저항 변화가 될 수도 있다. 어떤 센서의 출력은 입력에 대해 비선형 특성이나 역비례하는 출력을 갖는다. 또, 센서의 출력 레벨이 μV 수준인 경우도 많다. 따라서 디지털 컴퓨터에 입력시키기 전에 센서 출력의 성질에 따라 신호는 조정되거나(conditioned) 변경되어야(modified) 한다.

(1) 신호 변환

신호 변환(signal conversion)이란 하나의 전기적 파라미터의 변화를 또 다른 전기적 파라미터의 변화로 변환하는 것을 말한다. 예를 들면, 13장에서 많은 센서는 측정하고자 하는 물리량(빛, 온도, 힘 등)의 변화에 따라 그 저항이 변화함을 이미 설명하였으며, 이 저항 변화를 전압이나 전류와 같은 전기적 신호로 변환해야 신호 처리가 가능하다. 저항 변화를 이에 비례하는 전압 변화로 변환하는 방법에는 여러 가지가 있지만 대표적인 것이 브리지와 분압 회로이다.

그림 14.7과 같이 브리지 한 변(또는 4변 모두)을 센서 R_T로 대체하면 단자 ab에서 출력 전압은

$$V_o = V_{ab} = V_a - V_b = \left(\frac{R_3}{R_1 + R_3} - \frac{R_T}{R_2 + R_T}\right)V_S \qquad \cdots (14.1)$$

로 된다. 물리량의 변화에 따라 센서 저항 R_T가 변화하면 브리지 출력 전압이 변하므로 신호 변환이 이루어진다.

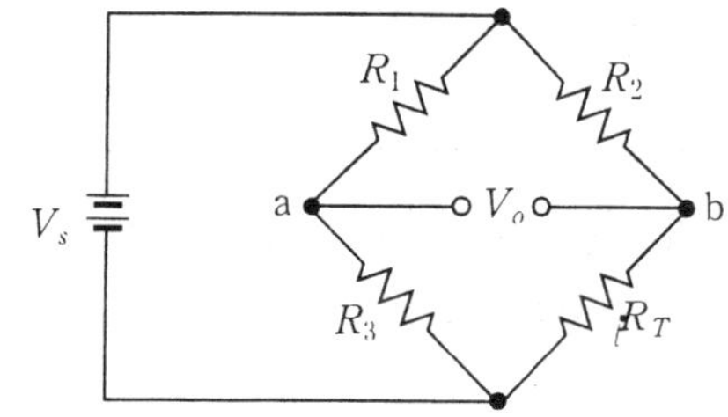

그림 14.7 브리지 회로를 이용한 신호 변환

그림 14.8은 분압기를 사용한 신호 변환 회로이다. 센서 저항이 변하면 출력 전압은 분압되어

$$V_o = \frac{R_T}{R + R_T} V_S \qquad \cdots (14.2)$$

에 따라 변한다.

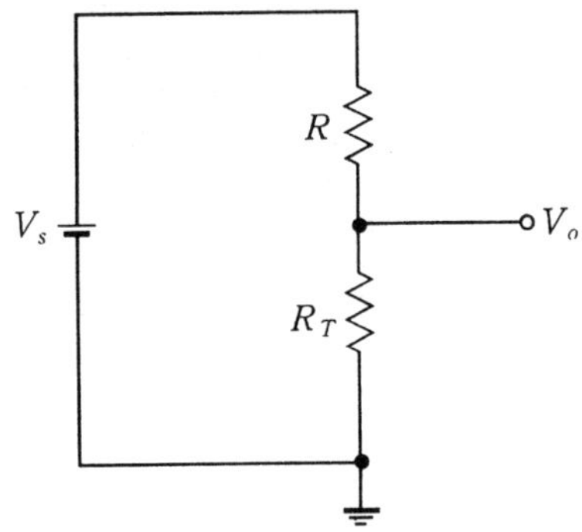

그림 14.8 분압 회로

또한 A/D 변환기의 입력은 전압이어야 하므로 전류 신호는 전압 신호로 변환해야 한다. 그림 14.9는 분류기 저항을 사용한 전류-전압 변환 회로이다. 회로에서 전류 I는 분류 저항 R_{sh}에 의해 전압

$$V_o = IR_{sh} \qquad \cdots (14.3)$$

으로 변환된다.

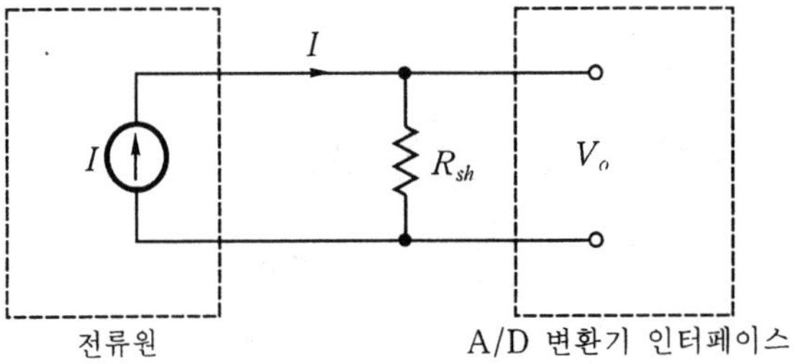

그림 14.9 전류-전압 변환 회로

〔**예제** 14.1〕 그림 14.10의 회로는 서미스터의 저항 변화를 직류 출력 전압으로 변환하는 회로이다. 출력 전압을 계산하라.

〔**풀이**〕 op amp의 출력 전압은

$$V_o = -\frac{R_f}{R_i} V_i$$

여기서, V_i는 390 Ω과 10 Ω 저항에 의해 분압된 고정 기준 전압이다.

$$V_i = \frac{10\Omega}{390\Omega + 10\Omega} \times (-10\text{V}) = -250\text{mV}$$

입력 저항은

$$R_i = 10\text{ k}\Omega + R_T$$

따라서 op amp의 출력 전압은

$$V_o = \frac{-200\Omega}{10\Omega + R_T}(-250\text{mV})$$

센서 저항 R_T가 변함에 따라 출력 전압 V_o가 변하고, 이것이 ADC에 입력된다.

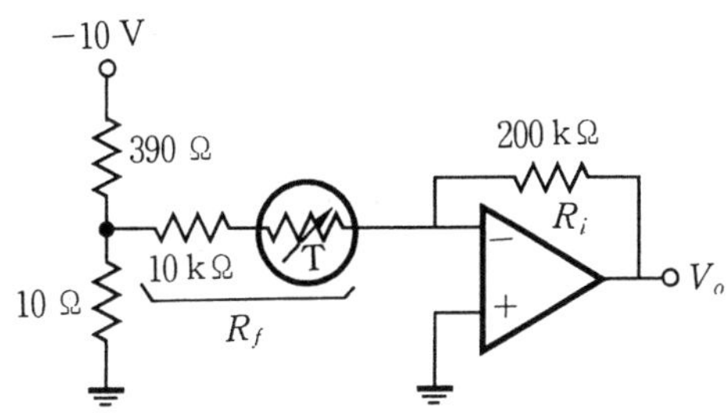

그림 14.10

(2) 신호 증폭

센서의 출력 신호는 일반적으로 매우 미약하기 때문에 미약한 신호를 증폭하여야 A/D 변환이 가능하다. 만일, 센서의 신호 출력 레벨이 극단적으로 작으면 직접 A/D 변환기에 입력하더라도 A/D 변환기의 분해능을 충분히 살릴 수 없게 되고, 다이나믹 레인지를 감소시킨다. 증폭기 선택시 가장 중요한 인자는 증폭기가 센서에 제공하는 입력 임피던스이다. 입력 임피던스가 너무 낮으면 부하 효과(loading effect)로 인해 측정 신호에 오차가 발생한다. 즉, 센서측의 회로 임피던스가 크고 다음 단 회로의 입력 임피던스가 작을 경우 신호 레벨의 현저한 저하를 일으킨다. 몇몇 경우에는 증폭기의 주파수 응답 특성이 매우 중요하게 된다. 또, 시간에 따라 변하는 신호의 다이나믹 성분만이 중요한 경우에는 증폭시 약간의 고려가 필요하다. 예로 다음과 같이 평균값(직류)이 크고, 다이나믹 성분이 작은 전압 신호의 경우를 생각해 보자.

$$y(t) = 2 + 0.05 \sin 10\pi t \text{ V} \qquad \cdots (14.4)$$

다이나믹 성분의 분해능을 향상시키기 위해서 증폭기 이득을 $A = 5$ 이상으로 설정하면 직류 성분은 0~10 V로 되어 ADC는 포화될 것이다. 따라서 이 경우 증폭하기 전에 신호로부터 직류 성분을 제거할 필요가 있다.

(3) 선형화

많은 센서에서 입력(검출 대상)과 출력 사이의 관계가 비선형 특성으로 된다. 이 경우, 비례 관계를 갖도록 보정해야 하며, 이것을 선형화(線形化; linearization)라고 부른다. 선형화는 데이터 획득 시스템에서 매우 중요하며, 비록 센서 출력이 상당히 선형적이라 할지라도 정밀한 측정이 요구될 때에는 추가의 선형화가 요구된다.

선형화에는 아날로그 회로의 입출력 특성을 이용하는 방식, 즉 센서에서의 출력을 보정 회로에 입력시켜 직선성을 보정하는 방식을 아날로그 선형화라고 한다. 선형화가 간단한 경우에는 아날로그 회로에서 처리하는 것이 가능하지만, 많은 경우 센서 출력을 A/D 변환한 후 마이크로컴퓨터에 입력시킨 후 수치적으로 보정 계산을 행하며, 이 보정 방식을 디지털 선형화라고 부른다.

신형화 방법도 센서 종류마다 매우 다양하다. 간단한 예로서, 이득이 입력 전압의 함수인 증폭기를 사용한 아날로그 선형화를 설명한다. 지금, 그림 14.11(a)와 같이 어느 센서의 출력 전압(V)이 측정 변수(x)에 지수 함수적으로 변하는 경우를 생각해 보자. 이것을 식으로 나타내면,

$$V = V_1 e^{\alpha x} \qquad \cdots (14.5)$$

이 비선형 출력 전압을 선형화시키기 위해서 다음과 같은 입출력 관계를 갖는 증폭기를 사용한다.

$$V_o = k \ln V_{in} \qquad \cdots (14.6)$$

여기서, V_o : 증폭기 출력 전압

k : 보정 계수

V_{in} : 증폭기 입력

식 (14.5)를 식 (14.6)에 대입하면

$$\begin{aligned} V_o &= k \ln (V_1 e^{\alpha x}) \\ &= k \ln V_1 + k\alpha x \end{aligned} \qquad \cdots (14.7)$$

로 된다. 그림 14.11(b)에 나타낸 것과 같이, 증폭기 출력 전압 V_o는 측정 변수 x에 따라 직선적으로 변함을 알 수 있다. 그림에서 직선의 기울기(scale factor)는 $S = k\alpha$이고, 오프셋(offset)은 $k \ln V_1$이다. 오프셋을 제거하려면 또 다른 신호 조정 회로가 필요하다.

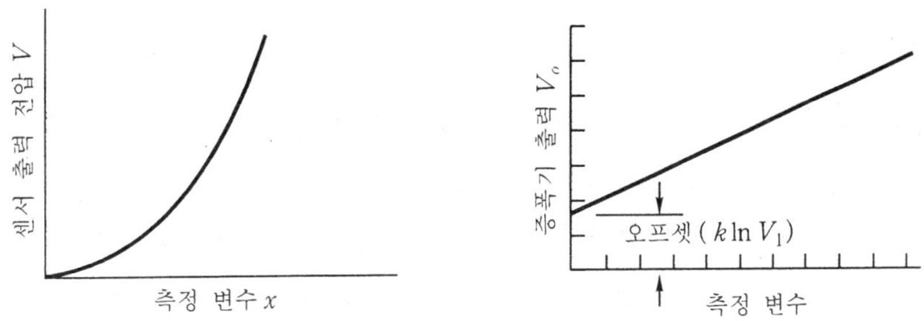

그림 14.11 비선형 출력의 선형화 일례

op amp는 선형화를 실현하는 데 매우 효과적인 소자이다. 그림 14.12는 op amp의 귀환 회로에 비선형 소자를 사용한 비선형 증폭기이다. 지금 비선형 소자에 흐르는 전류가 출력 전압에 따라 $I(V_o)$와 같이 비선형적으로 변한다면,

$$\frac{V_{in}}{R} + I(V_o) = 0 \qquad \cdots (14.8)$$

위 식을 출력 전압 V_o에 대해서 풀면,

$$V_o = G\left(\frac{V_{in}}{R}\right) \qquad \cdots (14.9)$$

여기서 $G\left(\frac{V_{in}}{R}\right)$: 입력 전압의 비선형 함수이다. 실제로는 $I(V_o)$의 역함수이다.

일례로 그림 (b)와 같이 귀환 회로에 다이오드를 삽입하면, 함수 $I(V_o)$는

$$I(V_o) = I_o \exp(\alpha V_o) \qquad \cdots (14.10)$$

식 (14.10)을 식 (14.8)에 대입하고 V_o에 대해 풀면,

$$V_o = \frac{1}{\alpha} \ln(V_{in}) - \frac{1}{\alpha} \ln(I_o R) \qquad \cdots (14.11)$$

로 되어, 선형 대수 증폭기 (linear logarithmic amplifier)가 된다.

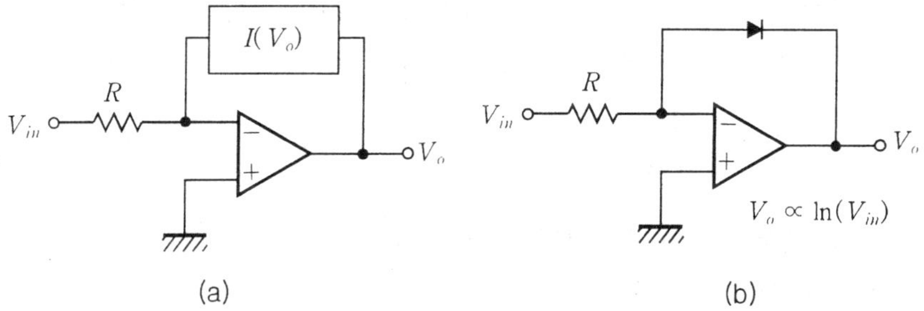

그림 14.12 비선형 증폭기

(4) 버퍼링

버퍼(buffer)는 가장 기본적인 신호 조정 회로이며, 그 기능은 센서와 회로 사이의 임피던스 변환이다. 그림 14.13은 7장에서 설명한 op amp 버퍼로서, op amp의 입력 임피던스가 매우 높고, 출력 임피던스가 매우 작은 특성을 이용하고 있다. 비반전 입력을 출력과 접속하였으므로 이득은 1로 되어, 신호 크기에는 변화가 없고 단지 임피던스 변화만이 이루어진다.

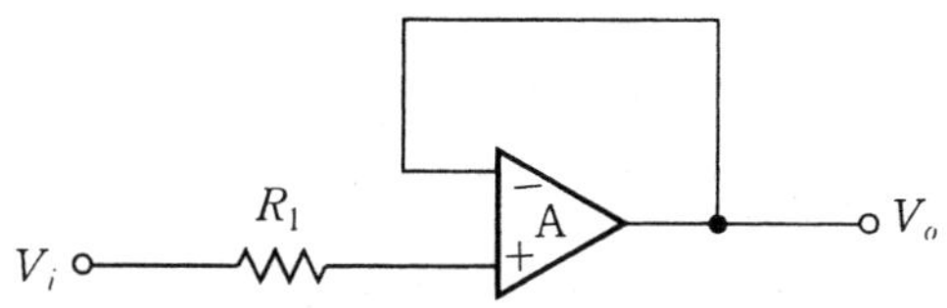

그림 14.13 op amp를 이용한 버퍼

〔예제 14.2〕 다음 그림에서 (a) A, B 두 회로를 직접 접속했을 때와 (b) 버퍼 증폭기를 통해서 접속했을 때의 측정치(B 회로의 입력 전압)의 차이를 설명하라.

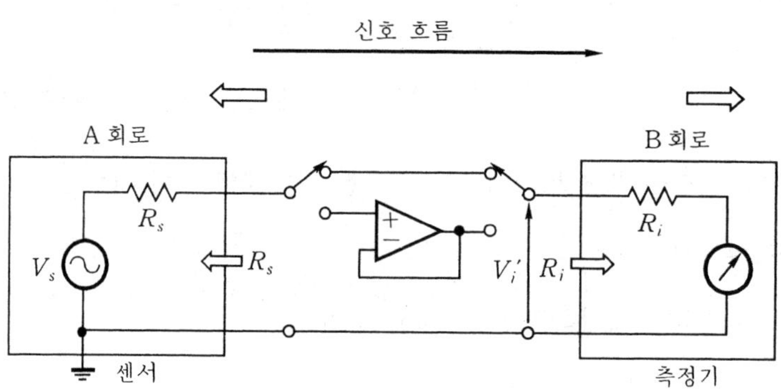

센서와 측정 회로의 접속

〔풀이〕 (a) A, B 두 회로를 직접 접속했을 경우

센서의 출력 저항을 R_s, 측정기의 입력 저항을 R_i라고 하면 센서의 출력 전압은 V_s에서 다음 식의 V_s'로 감소한다.

$$V_s' = \frac{R_i}{R_i + R_s} V_s$$

즉, 센서 출력의 참값 V_s를 측정할 수 없다.

(b) A 회로와 버퍼 증폭기를 접속했을 경우

전압 폴로워 회로의 임피던스가 무한대이므로, 위 식에서 $R_i \to \infty$이면

$V_s' \doteqdot V_s$로 되어 센서 회로는 거의 영향을 받지 않는다. 이때 전압 폴로워의 출력 전압은 $V_o = V_s$이다. 이 전압 폴로워와 측정기를 접속하면 op amp의 출력 임피던스는 무한히 작으므로, 위 식에서 $R_s = 0$이라고 생각할 수 있으므로 $V_i \doteqdot V_s' = V_s$로 되어 측정기의 입력 전압은 센서의 출력 전압과 같게 되어 곧바로 센서 출력 전압을 측정할 수 있다.

(5) 필터링

센서 자체에서 발생되는 잡음이 출력 신호에 포함되거나 또 데이터 획득 시스템이 사용되는 환경에 의해 시스템 속으로 각종의 간섭 신호, 즉 잡음이 들어온다. 이들 잡음에는 60 Hz의 전력선 간섭이라든가 유도성 부하에 기인하는 과도 현상(모터의 기동) 등이 있다. 이와 같은 잡음은 입력 신호에 상당한 오차를 일으킬 수 있기 때문에 A/D 변환하기 전에 반드시 제거해야 하며, 이를 위해 필터(filter)가 사용된다. 필터에 대해서는 7장에서 이미 설명한 바 있다. 일반적으로, 잡음의 주파수 성분은 신호 주파수 성분보다 높다. 대부분 센서의 최대 주파수 대역이 약 10 Hz이기 때문에 센서 출력으로부터 잡음을 제거하는 데는 저역 통과 필터(low pass filter)가 사용된다.

14.3.3 멀티플렉서

동종 또는 이종의 센서가 복수 개 사용되는 경우, 모든 센서에 독립적으로 A/D 변환기를 설치하는 경우도 있으나 고속 처리를 크게 요구하지 않을 때에는 아날로그 멀티플렉서(multiplexer)를 사용하여 순차적으로 주사(走査)해서 A/D 변환하는 경우가 많다. 멀티플렉서는 둘 이상의 입력과 하나의 출력 단자를 갖는 전자 회로이며, 데이터 획득 시스템에 멀티플렉서가 사용되면 단지 하나의 A/D 변환기만이 필요하다. A/D 변환기는 데이터 획득 시스템에서 가장 고가의 부시스템(subsystem)이기 때문에 하나의 A/D 변환기만을 사용하면 상당히 비용을 절감할 수 있다.

그림 14.14에 나타낸 바와 같이 아날로그 멀티플렉서는 기본적으로 둘 이상의 입력과 하나의 출력 단자를 갖는 전자 스위치의 집합이다. 스위치는 순차적으로(원하면 비순차적으로) 한 번에 하나의 스위치만 닫힌다. 대부분의 데이터 획득 시스템은 JFET나 CMOS 전송 게이트와 같은 전자 스위칭 소자를 갖는 멀티플렉서를 사용한다. 멀티플렉서 유닛은 CPU에 의해서 제어된다. 멀티플렉서는 프로그램의 실행 코드에 의해서 요구되는 적절한 트랜스듀서를 선택한다.

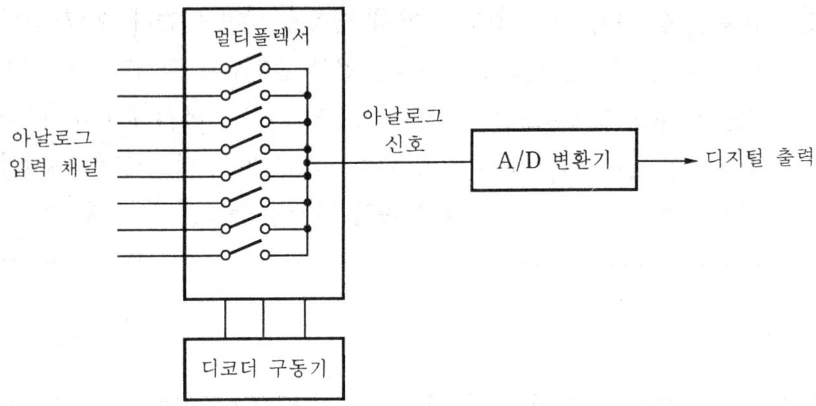

그림 14.14 아날로그 멀티플렉서

그림 14.15는 이와 같은 멀티플렉서의 예를 나타낸다. 이것은 반도체 스위치를 사용하여, 그것의 on/off로 신호의 통로를 제어하는 것이다. 실제로는 n채널의 아날로그 데이터를 선택할 수 있는 아날로그 멀티플렉서에는 채널 선택용 제어 입력으로 $\log_2 n$ 비트의 디지털 입력 단자가 설정되어 있으며, 이 단자에 마이크로컴퓨터로부터 채널 선택 제어 신호를 인가함으로써 채널을 선택할 수 있다.

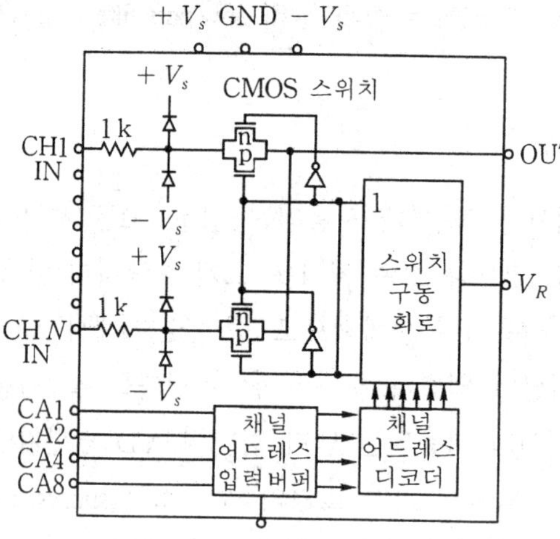

그림 14.15 멀티플렉서의 일례

그림 14.16은 4채널 멀티플렉서의 논리 회로를 나타낸다. 데이터 선택 제어 입력 S_1, S_0는 데이터 출력선(Y)으로 전송될 데이터 입력(D_0~D_3)을 선택한다. 만약 입력 D_0~D_3가 가해지고 있을 때 그림 (a)와 같이 제어 입력이 $S_0 = 1$, $S_1 = 0$이면 AND 게이트 1만이 인에이블(enable)되어 출력에는 D_1이 출력된다. 또, $S_0 = 0$, $S_1 = 0$이면 D_0, $S_0 = 0$, $S_1 = 1$이면 D_2가 선택되고, $S_0 = S_1 = 1$이면 D_3가 출력된다. 이것을 정리하면 표 14.1과 같다.

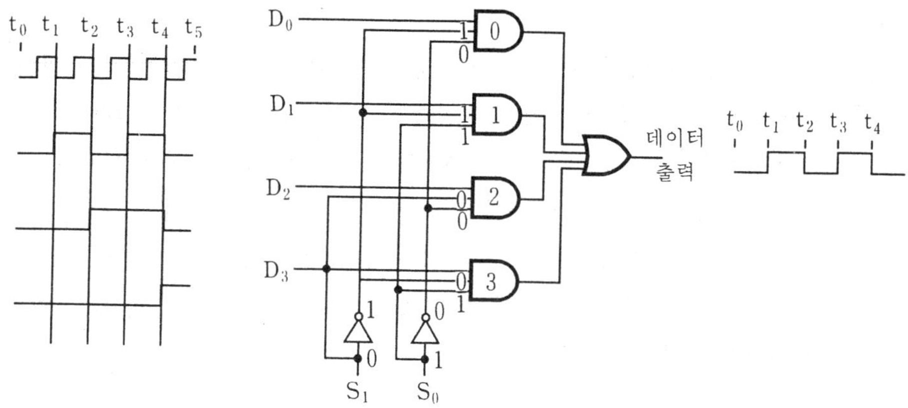

그림 14.16 4채널 멀티플렉서

표 14.1 그림 14.16에 대한 데이터 선택 입력 코드

데이터 선택 제어 입력 S_1	S_0	선택된 데이터 입력
0	0	D_0
0	1	D_1
1	0	D_2
1	1	D_3

14.4 샘플링

14.4.1 샘플 앤드 홀드 회로

트랜스듀서는 측정하고자 하는 물리적 파라미터를 전압, 전류, 저항 등으로 변환한다. 측정량의 변화가 빠르지 않으면 입력 신호는 일정 또는 dc 레벨로 생각할 수 있다. 그러나 때로는 측정량이 빠르게 변화하는 경우도 있다. 예로, 진동 측정의 경우 신호는 ac 성분을 포함한다. 이와 같이 dc 신호뿐만 아니라 빠르게 변하는 ac 신호도 샘플링하고 디지털화하여야 한다. 고속으로 변동하는 신호를 샘플링하는 경우 A/D 변환이 끝나기도 전에 신호 레벨이 변할 수 있어 오차의 원인이 된다. 이러한 오차를 제거하기 위해 흔히 사용되는 기술이 샘플 앤드 홀드 회로(sample and hold circuit)이다. 샘플 앤드 홀드 회로의 기능은 입력 신호를 빠르게 샘플링하여 유지 커패시터(hold capacitor)에 그 전압을 일시적으로 저장함으로써 정확한 A/D 변환이 이루어지도록 하는 것이다.

그림 14.17은 기본적인 샘플 앤드 홀드 회로를 나타낸다. 증폭기 A_1은 높은 입력 임

피던스와 낮은 출력 임피던스를 갖는 버퍼 증폭기이다. 고입력 임피던스는 앞 단에 대한 부하 효과를 감소시키고, 저출력 임피던스는 유지 커패시터 C의 고속 충전을 가능케 한다. 스위치 S_1은 CMOS 전송 게이트와 같은 고속의 아날로그 소자이다. 커패시터 C는 누설 전류가 작고 낮은 유전 흡수 특성을 갖는 양질의 커패시터로, 폴리스티렌, 폴리프로필렌, 테프론과 같은 재질로 만들어진다. 증폭기 A_2는 커패시터 전압에 대한 버퍼로 작용하는 출력 증폭기이다. 그러므로 A_2는 극히 작은 입력 전류를 가져야 하기 때문에 FET 증폭기가 사용된다.

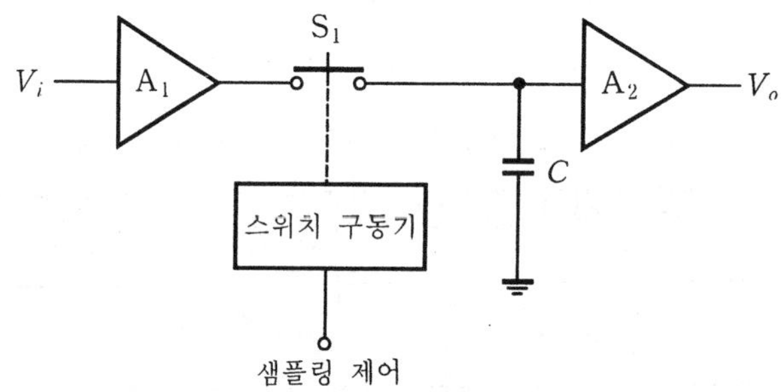

그림 14.17 샘플 앤드 홀드 회로

그림 14.18은 정현파에 대한 샘플 앤드 홀드 회로 동작을 나타낸다. 스위치 S_1이 닫히면 매샘플 시간의 시점(始点)에서 신호가 샘플링(sample) 되고 짧은 시간 동안 커패시터에 유지(hold)됨을 볼 수 있다. 이와 같이 하면 본래의 연속적인 정현파 신호는 일정 시간 간격으로 샘플링된 일련의 점에 의해서 나타내어진다.

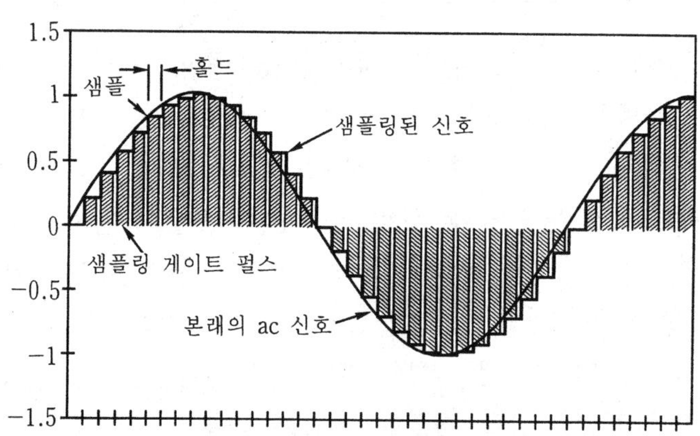

그림 14.18 정현파에 대한 샘플 앤드 홀드 회로 동작

14.4.2 샘플링

샘플링하여 아날로그 신호의 가장 중요한 정보인 진폭과 주파수를 잘 나타내기 위해

서는 얼마나 자주 샘플링을 하여야 하는가를 살펴보자. 그림 14.19는 (a)와 같은 10 Hz 정현파 신호를 샘플링율을 달리해서 샘플링한 결과를 나타낸 것이다. 지금, 정현파를 일정 시간 간격 δt로 측정한다고 가정하자. 이것은 신호를 $f_s = 1/\delta t$의 주파수로 측정하는 것에 해당하며, 이 f_s를 샘플링 주파수(sampling frequency) 또는 샘플링률(sampling rate)이라고 부른다. 그림 (b)~(d)에서 시간 영역에서 연속적인 아날로그 신호를 인식하고 재생하는 데 샘플링률이 상당한 영향을 미치고 있음을 볼 수 있다. 즉, 샘플링률이 감소함에 따라 신호를 나타내는 단위 시간당 정보량이 감소한다. 그림 (b), (c)에서 아직도 본래의 신호 주파수가 10 Hz임을 알아볼 수 있지만 (d)와 같이 샘플링률이 매우 느리면 원래의 정현파 신호 주파수가 마치 더 낮은 것처럼 보이는 매우 흥미 있는 현상이 나타난다. 이와 같이, 샘플링률의 증가는 신호 주파수를 나타내는 데 중요한 역할을 한다.

샘플링 이론에 따르면 측정 신호의 주파수 내용을 정확히 재생하기 위해서는 샘플링 주파수 f_s가 측정 신호에 포함되어 있는 가장 높은 주파수의 두 배보다 커야 한다. 즉, 아날로그 신호에서 최고 주파수를 f_m이라고 하면 샘플링 주파수는

$$f_s > 2f_m \qquad \cdots (14.12)$$

또는, 샘플링 시간 간격은

$$\delta t < \frac{1}{2f_m} \qquad \cdots (14.13)$$

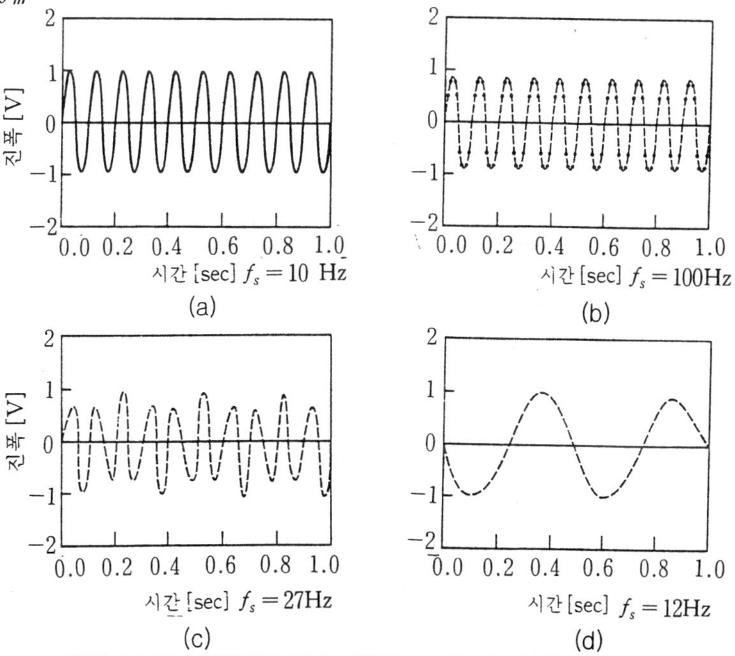

그림 14.19 정현파에 대한 샘플링 주파수의 영향

를 만족시켜야 한다. 즉, 샘플링 정리란 신호에 포함되는 최대 주파수의 2배 이상의 주파수로 샘플링하지 않으면 샘플링 값에서 원래의 파형이 재생될 수 없음을 의미한다. 그림 (d)에서와 같이 $f_s < 2f_m$이므로 10 Hz 아날로그 신호는 마치 2 Hz 신호인 것처럼 잘못 관측된다. 이와 같이 원래 신호에 포함되어 있는 신호가 아닌 가짜 주파수(false frequency)를 에일리어스 주파수(alias frequency)라고 부른다.

에일리어스 현상은 불연속 샘플링 과정의 고유한 결과이다. 주파수가 알려지지 않은 신호를 샘플링할 때 에일리어스 현상을 어떻게 피할 수 있을까? 관심 있는 주파수 범위가 어떤 최대 주파수로 제한된다면 샘플링 과정에 들어가기 전에 아날로그 신호에 포함되어 있는 그 이상의 주파수는 필터링되어야 한다. 그렇지 않으면 최대 주파수는 최대 샘플링률과 샘플링 이론에 따라서 제한된다. 모든 경우 일단 샘플링률이 선택되면 에일리어스 주파수 문제를 피하기 위해서 $f_s/2$ 및 그 이상의 주파수에서 필터링되어야 한다.

〔예제 14.3〕 그림 14.20은 순수 정현파 신호의 샘플링 과정을 나타낸 것이다. 샘플링 주파수를 계산하라. 에일리어스 현상이 나타나는가?

〔풀이〕 그림에서 주기 $T = 10$ s, 정현파 신호의 주파수 f는

$$f = \frac{1}{10} = 0.1 \text{ Hz}$$

샘플링 주파수 f_s는

$$f_s = \frac{1}{\delta t} = \frac{1}{1} = 1 \text{ Hz}$$

$f_s > 2f$이므로, 에일리어스 현상은 나타나지 않는다.

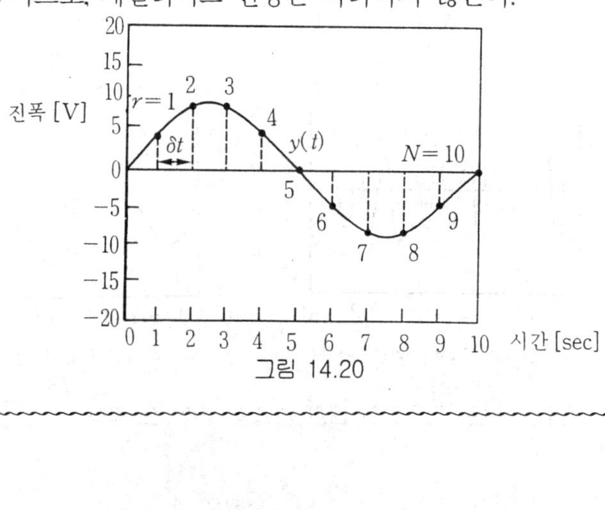

그림 14.20

〔예제 14.4〕 10 Hz 정현파 신호를 12 Hz로 샘플링할 때 그 결과 불연속적인 신호에 나타나는 최대 주파수를 계산하라.

〔풀이〕 $f = 10$ Hz, $f_s = 12$ Hz이므로 정확히 샘플링 될 수 있는 최대 주파수는

$$f_m = \frac{f_s}{2} = 6 \text{ Hz}$$

따라서 아날로그 신호에 포함되어 있는 6 Hz 이상의 모든 주파수 성분은 에일리어스 주파수 f_a로 나타날 것이다.

아날로그 신호에 포함되어 있는 최고 주파수 성분(f_m)은 신호의 차단 주파수이다(이것은 필터 등에서 말하는 −3 dB 주파수가 아님). 이 최고 주파수 성분은 에일리어싱 오차 (aliasing error)를 피하기 위하여 −40 dB에 접근해야 한다. 그림 14.21과 같이 샘플링 과정은 샘플링 주파수의 배수를 중심으로 고조파 스펙트럼을 만든다. 이 샘플링 스펙트럼의 하단은 제1 고조파에 대한 차단 주파수이다(f_c' 로 표시). 신호 스펙트럼에 대한 차단 주파수(여기서 $f_c = f_m$이다)와 마찬가지로 이 샘플링 스펙트럼의 최저 주파수 성분도 −40 dB에 있어야 한다. 만약 신호 차단 주파수(f_c)를 증가시키면 샘플링 주파수의 하측 차단 주파수(f_c')도 같은 양만큼 감소하며, 그림 14.22과 같이 보호 대역 (guard band)이 사라진다. 저역 통과 필터 (low-pass filter)가 없는 경우 최대 주파수($f_m = f_c$)가 $f_s/2$ 이상으로 증가하면 에일리어싱 오차 (aliasing error)를 일으킬 것이다. 그래서 저역 통과 필터가 필요하다. 저역 통과 필터는 신호 스펙트럼과 샘플링 스펙트럼 사이에 적당한 보호 대역을 유지시켜 줌으로써 에일리어싱 오차를 방지한다. 저역 통과 필터의 응답 특성은 통과 대역에 걸쳐 평탄해야 하고, 급격한 감쇠 (roll-off) 특성을 가져야 한다. 최대 신호 주파수 f_{max}는 대역 통과의 평탄한 부분에 와야 하고, 감쇠율(roll-off rate)은 f_{max}와 원하는 보호 대역 폭에 의존한다.

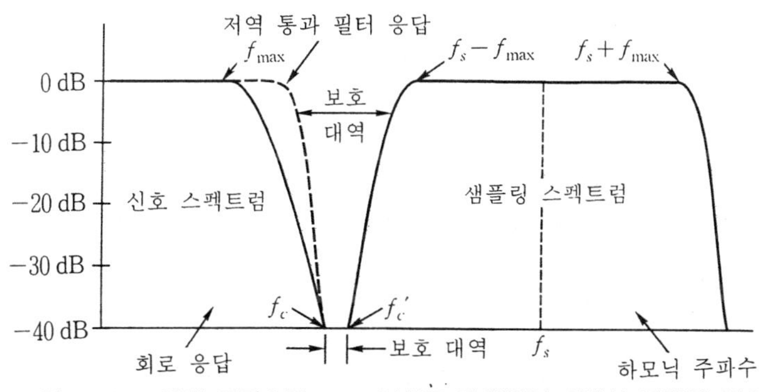

그림 14.21 입력 주파수를 $f_s/2$ 이하로 제한하기 위해서 필터가 필요하다

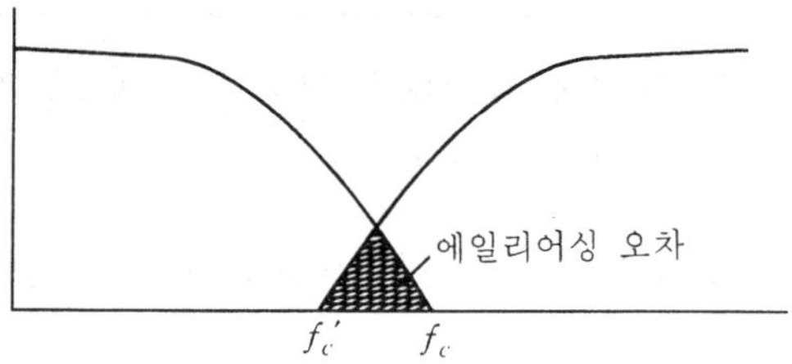

그림 14.22 스펙트럼 겹침은 에일리어싱 오차를 일으킨다.

14.5 아날로그 – 디지털 변환

아날로그 신호를 디지털 신호로 변환하는 A/D 변환기는 데이터 획득 시스템의 핵심이라고 할 수 있다. A/D 변환기의 기본 개념에 대해서는 11장에서 이미 설명하였다. A/D 변환기에 대해 중요한 사항을 다시 정리하면 다음과 같다.

① 변환기의 응답 시간이 충분히 빨라 입력 전압을 디지털 신호로 정확히 변환할 수 있어야 한다.

② 변환기의 분해능을 측정 정도와 일치시킬 필요가 있다.

③ A/D의 상한과 하한은 입력 신호 범위의 중심 부근에 있어야 한다.

④ 증폭기를 사용해 입력 신호의 크기를 조절할 필요가 있다. 그래야 A/D의 전 다이나믹 범위가 오버드라이빙(일그러짐) 없이 이용될 수 있다.

A/D 변환기의 종류는 다양하며 각각 회로 구성, 변환 속도(변환 시간), 변환 정도 등이 다르다. 변환 속도 면에서 볼 때 저속용에는 이중 적분형, 중속용에는 축차 비교형, 고속용에는 동시(병렬) 비교형 등이 있다. 축차 비교형의 A/D 변환기는 A/D 변환 중에 입력 전압을 일정하게 유지할 필요가 있기 때문에 샘플 앤드 홀드(Sample and Hold) 회로가 사용된다. 여기서는 11장에서 설명하지 않은 중요 A/D 변환기에 대해서 기술한다.

14.5.1 축차 비교형

축차 비교형 A/D 변환기(逐次比較形; Successive-approximation A/D converter)의 동작 원리를 그림 14.23에 나타낸다. 이 원리를 그림 (a)와 같이 화학 천평칭으로 중량을 측정하는 경우에 비교해서 설명해 보자. 천평칭의 A측 접시에 미지 중량 M_x(A/D 변환할 대상)을 얹고, B측 접시에는 최소 단위의 2^n배로 되는 기준 분동을 큰 것부터 순차적으로 얹어 가면서 저울이 평형되는가를 확인한다. 평형이 얻어졌을 때 B측에 올려 놓은 분동으로부터 미지 중량 M_x를 디지털화하는 것이다. 예를 들면, 그림에서 제일 무거운 2^3 분동을 올려 놓았을 때 저울이 A측으로 기울면 MSB 비트는 $b_3 = 1$로 되고, B측으로 기울면 $b_3 = 0$으로 한다. 만약, A측으로 기울면 미지 중량이 더 무겁다는 의미이므로(만약 B측으로 기울면 2^3 분동을 내려 놓고) 2^2 분동을 추가한 후 다시 평형 상태를 확인하여, A측으로 기울면 $b_2 = 1$, B측으로 기울면 $b_2 = 0$으로 한다. 이 과정을 순차적으로 반복하여 미지 중량 M_x는 (b_3, b_2, b_1, b_0)로 디지털화 된다.

이를 실제로 전자 회로에서 실현한 것이 그림 (b)의 축차 비교형 A/D 변환기이다. 이 변환기는 샘플 앤드 홀드 회로, 비교기, D/A 변환기, 축차 비교 레지스터(successive approximation register (SAR) 명령에 따라 어떤 신호를 유지하는 일시 기억 회로)로 구성된다. 기본 동작은 비교기를 사용해 샘플 앤드 홀드 회로로부터 들어온 아날로그 입력과 제어 논리 회로가 설정한 디지털 값을 D/A 변환기로 변환하여 귀환된 전압 V_d를 축차적으로 비교함으로써 양자의 차이가 최소로 되는 디지털 값을 결정하여 얻는 방법이다.

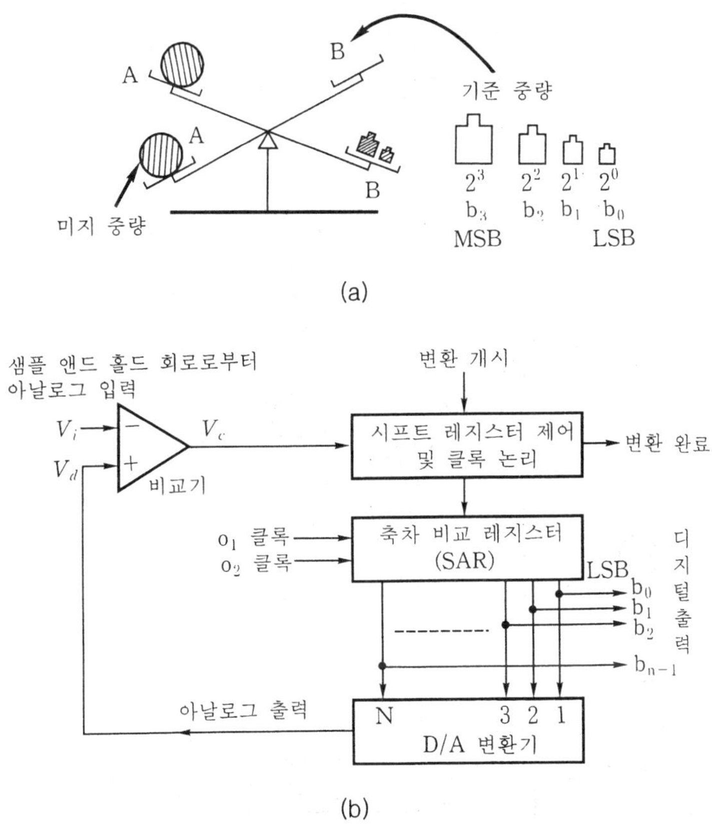

그림 14.23 축차 비교형 A/D 변환기

지금, 외부로부터 변환 개시 신호를 제어 회로(control logic)에 보내면 제어 회로는 SAR의 최상위 비트(MSB)를 $b_{n-1} = 1$로 하고, 다른 모든 비트는 0으로 한다. D/A 변환기는 $(10\cdots0)_2$를 변환하여 아날로그 전압 V_d를 출력하고, 비교기는 입력 전압 V_i와 V_d를 비교하여(변환하는 동안 V_i는 일정하게 유지됨), $V_i \geq V_d$이면 비교기의 출력 V_c는 1, $V_i < V_d$이면 V_c는 0으로 된다. 그 결과 $V_i \geq V_d$이면 MSB는 $b_{n-1} = 1$로 되고, $V_i < V_d$이면 $b_{n-1} = 0$으로 된다. MSB의 시험이 완료되면 바로 다음의 하위 비트인 b_{n-2}를 1로 한다. 비교기는 b_{n-1}, b_{n-2}를 D/A 변환한 아날로그 전압 V_d와 입력 전압 V_i를 다시 비교하여 $V_i \geq V_d$이면 $b_{n-2} = 1$, $V_i < V_d$이면 $b_{n-2} = 0$을 출력하고, 다음의 하위 비트로 이동한다. 이 과정을 반복하여 최하위 비트(LSB) b_0까지 시험했을 때 변환은 완료되고, 완료 신호가 발생하여 디지털 출력 신호$(b_{n-1}, b_{n-2}, \cdots, b_1, b_0)$가 A/D 변환기의 출력으로 된다.

그림 14.24는 최대 눈금(full-scale) 8 V인 3비트 A/D 변환기로 입력 전압 $V_i = 3.4$ V를 변환하는 과정을 나타낸 것이다. 먼저 $b_2 = 1$을 시도하면 D/A 변환기 출력은 $V_i = 1 \times 2^2 = 4$ V이므로 $V_i < V_d$로 되어, 비교기 출력은 $b_2 = 0$이다. 다음, $b_2 = 0$, $b_1 = 1$, $b_0 = 0$을 시험한다. 이때 D/A 출력은 $V_d = 0 \times 2^2 + 1 \times 2^1 + 0 \times 2^0 = 2$ V이므로 $V_i > V_d$로 되어 비교기 출력은 $b_1 = 1$로 된다. 마지막으로, $b_2 = 0$, $b_1 = 1$, $b_0 = 1$을 시험한다.

$V_d = 0 \times 2^2 + 1 \times 2^1 + 1 \times 2^0 = 3$ V, $V_i > V_d$이므로 비교기 출력은 $b_0 = 1$이다. 결과적으로 $(b_2 b_1 b_0) = (011)$이라는 디지털 신호가 출력된다.

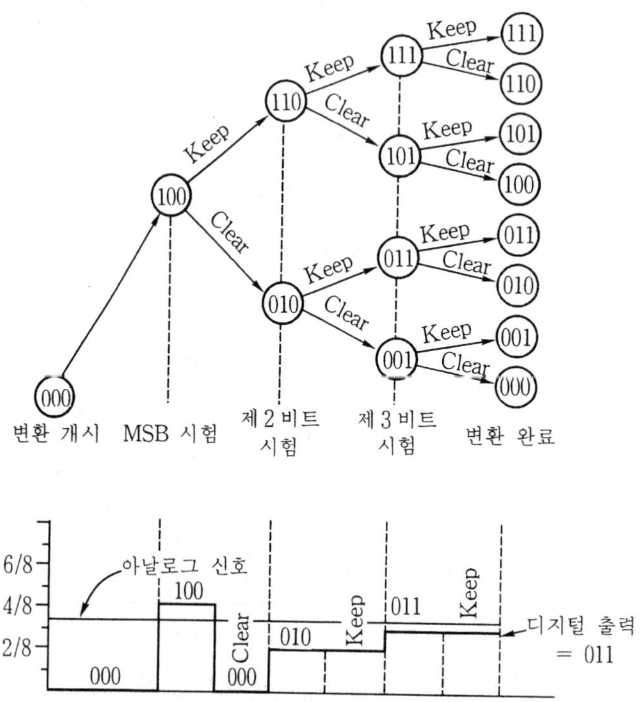

그림 14.24 축차 비교형 A/D 변환기의 변환 과정의 일례

이상과 같이 축차 비교형 A/D 변환기는 모든 비트의 비교를 축차적으로 행하므로 각 비트를 올리는 클록 주기(T)와 비트 수(n)의 곱 ($T \times n$)에 해당하는 변환 시간을 필요로 한다. 변환 시간은 수μs~수백μs 정도이다. 축차 비교형 A/D 변환기는 일반적인 응용 범위에 아주 적합하여 종래부터 제어 계측 분야에 널리 사용되고 있다.

14.5.2 동시(병렬) A/D 변환기

동시 (simultaneous) A/D 변환기는 병렬 (parallel) 또는 플래시 (flash) A/D 변환기라고도 부르며, 현재 변환기 중 변환 속도가 가장 빠르다. 하나의 입력 신호를 직렬의 래더 저항 (resistor ladder)에 의해서 다수 (2^n개)의 입력 신호로 바꾸고, 이 다수의 입력 신호를 동시에 병렬 처리하면 하나당 신호 처리 시간은 매우 짧으므로 고속 변환이 가능하다. 그러나 이 변환기는 다수의 비교 회로를 사용해야 한다. 일반적으로, n비트 변환기에 요구되는 비교기의 수는 2^{n-1} 개이다.

그림 14.25는 2비트 병렬 A/D 변환기의 논리 회로를 나타낸 것으로, 변환을 수행하기 위해서 3개의 비교기가 사용되고 있다. 기준 전압 V_r은 $2^2 = 4$개의 범위로 나뉘어진다. 따라서 $V_r/4$, $V_r/2$, $3V_r/4$이 비교기의 (−)입력 단자에 인가된다. 입력 전압 V_i가 비교기의 (−)입력 전압을 초과하면 비교기의 출력은 1이 되고, 그렇지 않으면 0으로 된다. 인코더 회로는 비교기 출력을 2비트 디지털 신호로 변환한다. 각 2비트 디지털 신호는 4개의 범위 중 하나를 나타낸다. 그러므로 아날로그 전압은 4개의 범위 중 하나에 속한다.

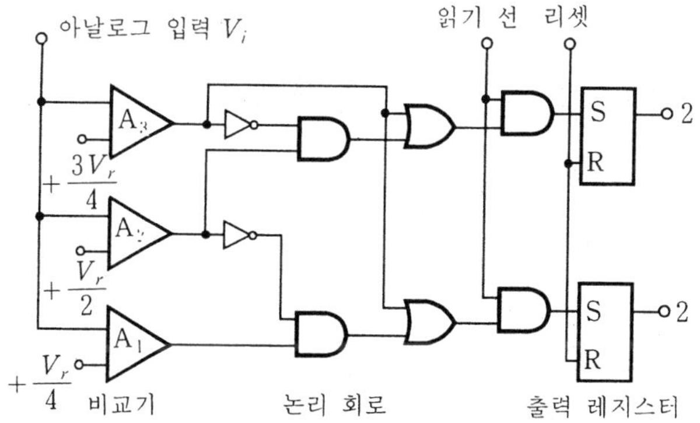

(a) 회로 구성

아날로그 입력	디지털 출력	
$0 \sim V_r/4$	0	0
$V_r/4 \sim V_r/2$	0	1
$V_r/2 \sim 3V_r/4$	1	0
$3V_r/4 \sim V_r$	1	1

(b) 아날로그 입력–디지털 출력 관계

그림 14.25 2비트 동시(병렬) A/D 변환기

그림 14.25(b)는 2비트 변환기의 아날로그 입력 전압과 디지털 출력 사이의 관계를 나타낸 것이다. 일반적으로 n비트 변환기는 2^n개의 범위를 가지며, 각 범위의 값은 $V_r/2^n$ V이다. 예를 들어, 12비트 병렬형 A/D 변환기는 4096개의 범위를 가지며, 각 범위는 2.4 mV이다. 이 경우 변환기의 분해능은 2.4 mV로 매우 우수하다. 그러나 4095개의 비교기가 필요하며, 수많은 인코더가 필요하여 복잡하고 매우 고가로 된다. 이와 같이 병렬 A/D 변환기는 변환 속도가 매우 빠른 장점을 갖지만, 디지털 출력의 비트 수가 증가하면 비교기 수가 증가해야 되기 때문에 변환 속도가 가장 중요한 응용 분야에만 적용 가능하며 현재, 디지털 오실로스코프나 스펙트럼 분석기 등에 사용되고 있다.

14.5.3 추종형 A/D 변환기

그림 14.26은 추종형 A/D 변환기 (tracking A/D converter)를 나타낸 것으로, 폐루프 기술에 기본을 두고 있다.

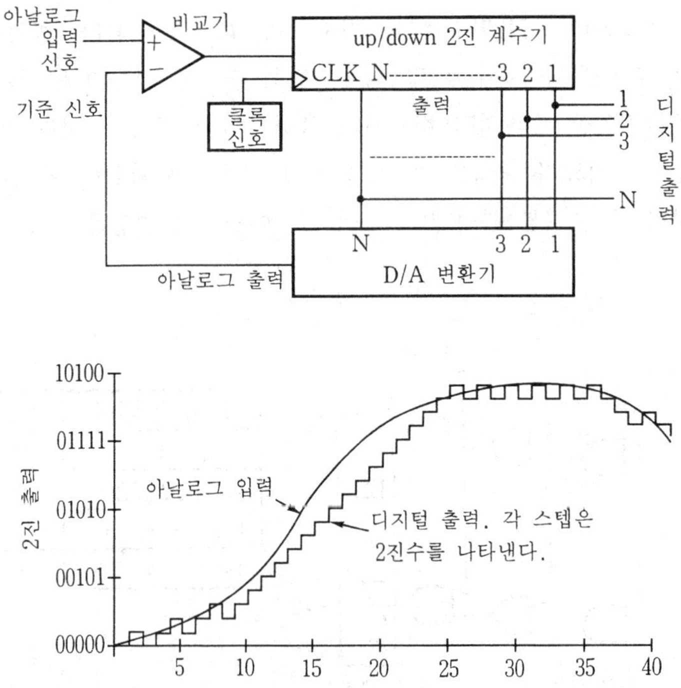

그림 14.26 추종형 A/D 변환기

이 변환기는 업/다운 2진 계수기 (up/down binary counter), D/A 변환기, 그리고 비교기로 구성된다. 변환이 시작되면 디지털 계수기는 계수를 시작하고, 이 카운터의 출력은 다시 D/A 변환기에 의해 아날로그 양으로 변환되어 비교기로 들어간다. 비교기는 D/A 변환기의 출력 V_d와 아날로그 입력 전압 V_i를 비교하여 V_d가 V_i를 초과하면 비교기는 디지털 계수기 값이 입력보다 크다는 것을 감지하여 계수기가 다운 계수기로 동작하도록 신호를 보낸다. D/A 변환기의 출력이 아날로그 입력 신호보다 작으면 비교기는 계수기에 계수를 증가시킬 것을 지시한다. 그 결과 $V_d = V_i$ 되는 곳에서 계수기는 업, 다운을 되풀이하면서 계속해서 입력 신호를 추종(tracking)하려고 시도한다. 이와 같이 입력 신호가 상승하면 계수기는 계수를 증가시키고, 입력 신호가 감소하면 계수기의 계수를 감소시킨다. 추종형 A/D 변환기의 출력은 그림 (b)와 같이 참값에 대해서 진동하며, 이 점이 추종형 A/D 변환기의 단점이다. 또 다른 문제점은 변환 속도가 느리다는 것과 변환 시간이 각 아날로그 입력에 대해서 일정하지 않다는 점이다. 그러나 회로 구성이 비교적 간단하고 가격이 저렴한 것이 장점이다.

14.6 디지털-아날로그 변환

우리가 보통 다루는 디지털 신호는 2진수로 표현되는데, 이것을 10진 표시의 아날로그 전압 또는 전류로 변환하는 것을 디지털-아날로그 변환(digital-to-analog conversion)이라고 하며, 이때 사용되는 변환 회로가 디지털-아날로그 변환기(D/A converter 또는 DAC)이다. D/A 변환기는 마이크로컴퓨터로부터 2진 출력을 받아 아날로그 전압으로 변환한다.

그림 14.27은 3비트 D/A 변환기의 변환 관계를 나타낸다. 즉, $(000)_2$에서 $(111)_2$까지 8단계의 2진수 3비트의 디지털 신호가 0에서 7/8 FS의 아날로그 전압으로 변환됨을 알 수 있다.

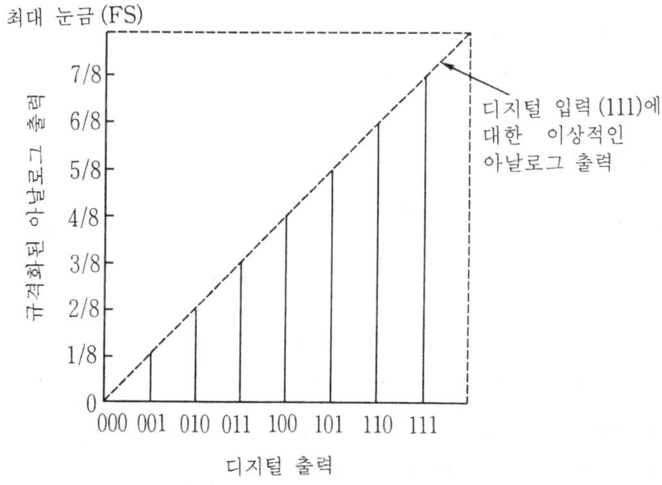

그림 14.27 이상적인 3비트 D/A 변환기의 변환 특성

14.6.1 2진 하중 저항형

그림 14.28은 2진 하중 저항형(2進荷重抵抗形) D/A 변환기(binary-weighted D/A converter)의 동작 원리이다. 지금 각 저항에 기준 전압 V_r을 가하고, 각 비트의 스위치 S의 상태를 b_{i-1} = (0 또는 1)로 나타내면 각 비트에 흐르는 전류는

$$I_0 = \frac{V_r}{2^{n-1}R}b_0,\quad I_1 = \frac{V_r}{2^{n-2}R}b_1,\quad \cdots,\quad I_{n-1} = \frac{V_r}{2^0 R}b_{n-1} \qquad \cdots (14.14)$$

로 된다. 가산 증폭기(summing amplifier)에 의해 합쳐지는 총 전류 I_t는

$$I_t = I_{n-1} + I_{n-2} + \cdots + I_0 = \frac{V_r}{R}\left(\frac{b_{n-1}}{2^0} + \frac{b_{n-2}}{2^1} + \cdots + \frac{b_0}{2^{n-1}}\right) \qquad \cdots (14.15)$$

출력 전압 V_o는

$$V_o = -\frac{R_f}{R}\left(\frac{b_{n-1}}{2^0} + \frac{b_{n-2}}{2^1} + \cdots + \frac{b_0}{2^{n-1}}\right)V_r \qquad \cdots (14.16)$$

로 되어, 2진수 n비트의 디지털 신호가 상응하는 아날로그 양으로 변환된다.

예를 들면, 8비트 변환기에서 $R_f = R/2$일 때 디지털 신호 10011001이 입력되면 출력 전압은

$$\begin{aligned} V_o &= -\frac{1}{2}\left(\frac{1}{2^0} + \frac{0}{2^1} + \frac{0}{2^2} + \frac{0}{2^3} + \frac{0}{2^4} + \frac{0}{2^5} + \frac{0}{2^6} + \frac{1}{2^7}\right)V_r \\ &= -\frac{1}{2}\left(\frac{1}{1} + \frac{1}{8} + \frac{1}{16} + \frac{1}{128}\right)V_r = -\frac{153}{256}V_r \end{aligned}$$

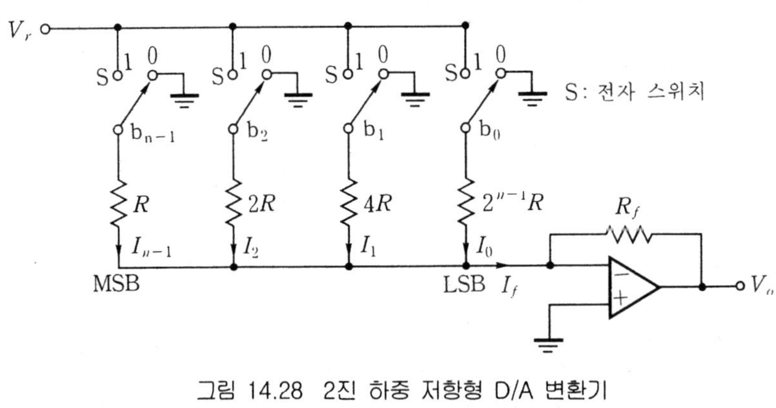

그림 14.28 2진 하중 저항형 D/A 변환기

〔**예제** 14.5〕 그림 14.29의 4비트 D/A 변환기에서,

(a) 각 비트에 흐르는 전류와 총 전류를 구하라.

(b) 모든 디지털 입력에 대해 출력 전압을 구하라.

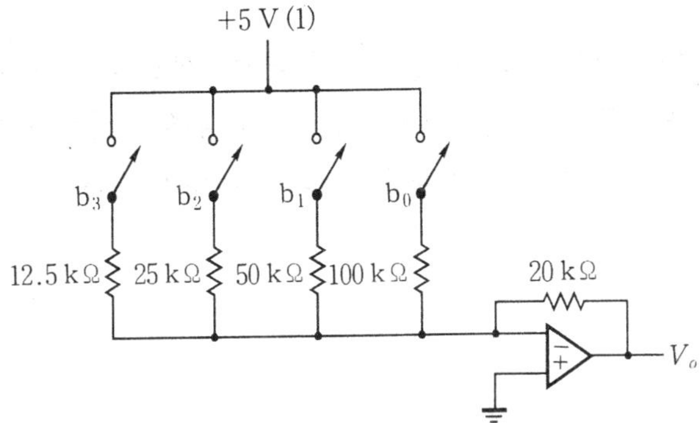

그림14.29 4비트 D/A 변환기

〔풀이〕 (a) b_3 비트 : $I_0 = 5\ \text{V} / 12.5\ \text{k}\Omega = 0.4\ \text{mA}$

b_2 비트 : $I_1 = 5\ \text{V} / 25\ \text{k}\Omega = 0.2\ \text{mA}$

b_1 비트 : $I_2 = 5\ \text{V} / 50\ \text{k}\Omega = 0.1\ \text{mA}$

b_0 비트 : $I_3 = 5\ \text{V} / 100\ \text{k}\Omega = 0.05\ \text{mA}$

총 전류는 $I_t = 0.4 + 0.2 + 0.1 + 0.05 = 0.75\ \text{mA}$

(b) 입력 (0001)에 대한 출력 전압 $= -0.05\ \text{mA} \times 20\ \text{k}\Omega = -1\ \text{V}$

입력 (1000)에 대한 출력 전압 $= -0.4\ \text{mA} \times 20\ \text{k}\Omega = -8\ \text{V}$

입력 (1111)에 대한 출력 전압 $= -0.75\ \text{mA} \times 20\ \text{k}\Omega = -15\ \text{V}$

다른 디지털 입력에 대해서 계산하면 다음 표와 같다.

b_3	b_2	b_1	b_0	V_{out}(-V)
0	0	0	0	0
0	0	0	1	1
0	0	1	0	2
0	0	1	1	3
0	1	0	0	4
0	1	0	1	5
0	1	1	0	6
0	1	1	1	7
1	0	0	0	8
1	0	0	1	9
1	0	1	0	10
1	0	1	1	11
1	1	0	0	12
1	1	0	1	13
1	1	1	0	14
1	1	1	1	15

그림 14.28의 2진 하중형 변환기에서는 각 비트에 흐르는 전류가 모두 달라야 하므로 사용되는 모든 저항값도 달라야 한다. 그런데 비트 수가 증가하면 사용되는 각 저항의 허용 오차가 매우 작아야 한다. 예를 들어, 8비트 변환기의 경우 LSB 저항에 흐르는 전류는 MSB 저항에 흐르는 전류의 단지 1/128에 불과하므로 수많은 정밀 저항

이 필요하다. 또한 최대 저항과 최소 저항 사이의 저항비가 너무 커서 위와 같은 문제를 심화시킨다. 또 다른 문제는 각 2진 입력은 각기 다른 부하를 갖는다는 점이다. 이와 같은 문제점 때문에 이 형태의 변환기는 4비트 이상의 A/D 변환기에는 거의 사용되지 않는다.

14.6.2 *R*-2*R* 래더

R-2*R* 래더(*R*-2*R* ladder)를 사용하면 위에서 열거한 단점을 해결할 수 있다. 그림 14.30은 *R*-2*R* 래더 D/A 변환기를 나타낸 것으로, 단지 *R*과 2*R* 2종류의 저항만을 사용하여 구성한다.

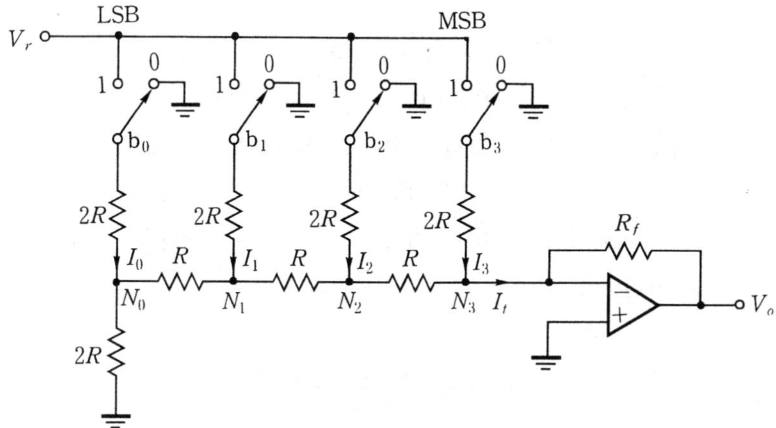

그림 14.30 *R*-2*R* 래더 D/A 변환기

지금, 입력 (0001)이 변환기에 인가되었다고 하면, $b_0=1$, $b_1=b_2=b_3=0$이다. 노드 N_0의 좌측을 테브난 등가 회로로 변환하면, 그림 14.31(a)와 같이 된다. 다시 노드 N_1의 좌측을 변환하면 그림 (b)와 같이 되고, 최종적으로 N_2 좌측을 테브난 등가 회로로 고치면 그림 (c)와 같이 될 것이다. 따라서, 증폭기 입력 전류와 출력 전압은 각각

$$I_i=\frac{V_r/8}{2R}=\frac{V_r}{2R}\left(\frac{1}{2^3}\right)$$

$$V_o=-\frac{R_f}{2R}\left(\frac{1}{2^3}\right)V_r$$

같은 방법으로, 입력 (0010), (0100), (1000)에 대해서 등가 회로를 구해 증폭기 입력 전류와 출력 전압을 계산하면 다음과 같다.

$$\text{입력 (0010)}: I_i = \frac{V_r}{2R}\left(\frac{1}{2^2}\right), \quad V_o = -\frac{R_f}{2R}\left(\frac{1}{2^2}\right)V_r$$

$$\text{입력 (0100)}: I_i = \frac{V_r}{2R}\left(\frac{1}{2^1}\right), \quad V_o = -\frac{R_f}{2R}\left(\frac{1}{2^1}\right)V_r$$

$$\text{입력 (1000)}: I_i = \frac{V_r}{2R}\left(\frac{1}{2^0}\right), \quad V_o = -\frac{R_f}{2R}\left(\frac{1}{2^0}\right)V_r$$

임의의 입력에 대해 증폭기 입력 전류 I_i는

$$I_i = \frac{V_r}{2R}\left(\frac{b_{n-1}}{2^0} + \frac{b_{n-2}}{2^1} + \cdots + \frac{b_0}{2^{n-1}}\right) \quad \cdots (14.17)$$

출력 전압 V_o는

$$V_o = -\frac{R_f}{2R}\left(\frac{b_{n-1}}{2^0} + \frac{b_{n-2}}{2^1} + \cdots + \frac{b_0}{2^{n-1}}\right)V_r \quad \cdots (14.18)$$

로 된다.

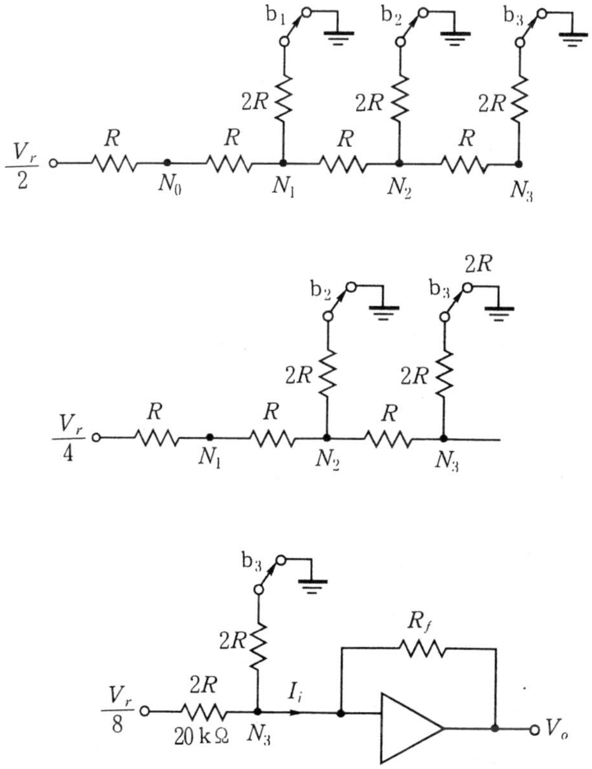

그림 14.31 입력 (0001)에 대한 등가 회로

예를 들어, 그림 14.32의 4비트 *R-2R* 래더를 생각해 보자. 지금, 2진 입력 $(1000)_2$가 변환기에 인가되었다고 가정하면 그림 14.33(a)과 같이 MSB는 1이고, 나머지 비트는 모두 0이다. 먼저, 테브난 정리를 사용해 N_3의 왼쪽 회로를 테브난 등가 회로로 나타내 보자. 모든 비트가 접지되어 있으므로, 테브난 등가 전압은 0 V이고, 테브난 등가 저항을 구하면 $R_{Th} = 2R = 20\text{ k}\Omega$이다. 따라서 MSB에 기인한 증폭기에 입력되는 전류와 출력 전압은

$$I_t = I_3 = \frac{V_r}{2R} = \frac{5\text{V}}{20\text{k}\Omega} = 250\,\mu\text{A}$$

$$V_o = -(250\,\mu\text{A} \times 20\text{k}\Omega) = -5.0\text{V}$$

로 된다. 식 (14.17)로부터 계산하면 $b_3 = 1$, $b_0 = b_1 = b_2 = 0$이므로

$$I_t = \frac{V_r}{2R}\left(\frac{1}{2^0} + \frac{0}{2^1} + \frac{0}{2^2} + \frac{0}{2^3}\right) = \frac{V_r}{2R} = 250\,\mu\text{A}$$

로 되어, 동일한 결과가 얻어진다.

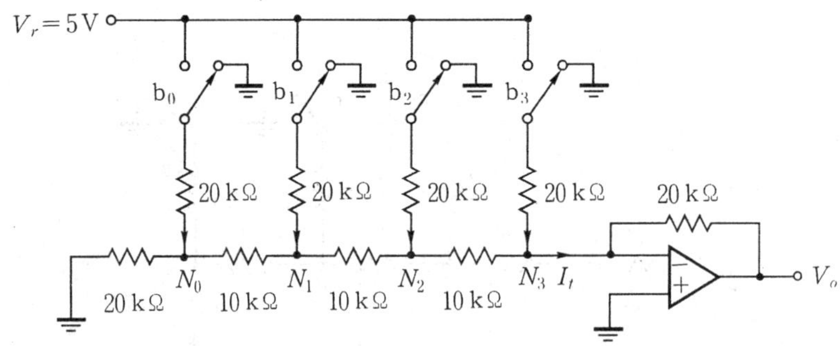

그림 14.32 4비트 *R-2R* 래더 D/A 변환기 일례

만약 (0100)이 입력되면 *R-2R* 회로의 등가 회로는 그림 (b)와 같이 되고, A점에서 좌측 회로를 테브난 등가 회로로 변환하면

$$\text{테브난 등가 전압 } V_{Th} = 5\text{V} \times \frac{20\text{k}\Omega}{20\text{k}\Omega + 20\text{k}\Omega} = 2.5\text{V}$$

$$\text{테브난 등가 저항 } R_{Th} = \frac{20\text{k}\Omega}{20\text{k}\Omega + 20\text{k}\Omega} = 10\text{k}\Omega$$

이것을 나타내면 그림 (c)와 같다. 따라서 증폭기에 입력되는 전류와 출력 전압은

$$I_t = I_2 = \frac{2.5\text{V}}{20\text{k}\Omega} = 125\,\mu\text{A} = \frac{1}{2}I_3$$

$$V_o = -(125\,\mu\text{A} \times 20\text{k}\Omega) = -2.5\text{V}$$

이와 같은 과정을 반복해서 16단계에 대해 출력 전압을 구하면 그림 14.34와 같다.

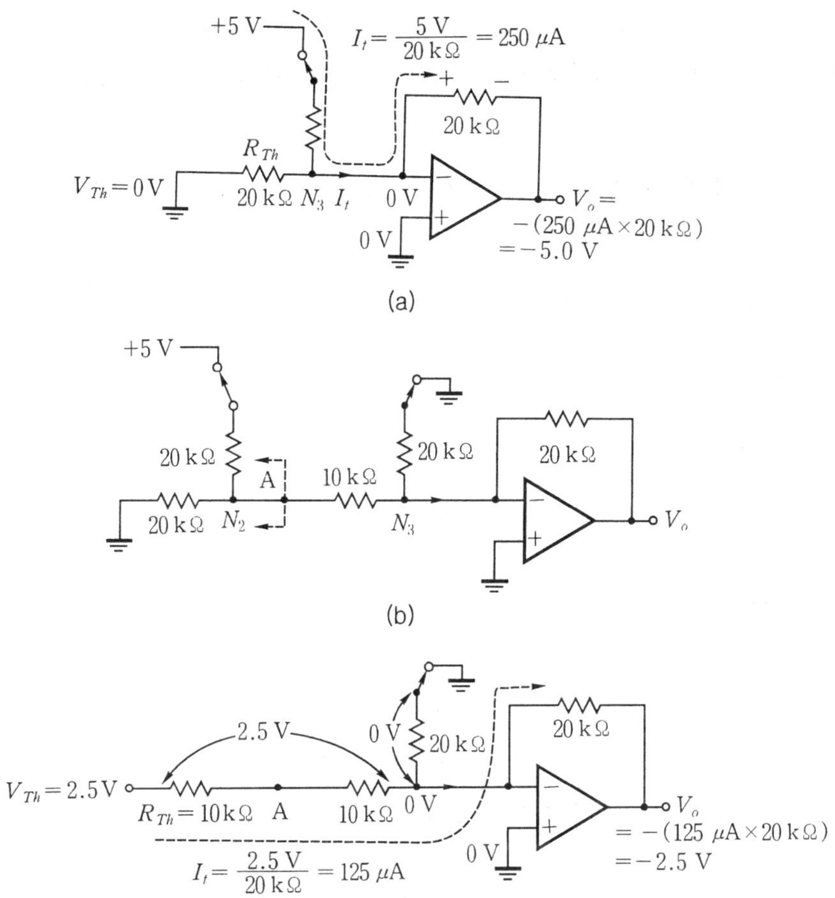

그림 14.33 (a) $b_3 = 1$, $b_0 = b_1 = b_2 = 0$일 때 등가 R-$2R$ 회로.
(b) $b_2 = 1$, $b_0 = b_1 = b_3 = 0$일 때 등가 R-$2R$ 회로.
(c) 회로 (b)의 테브난 등가 회로

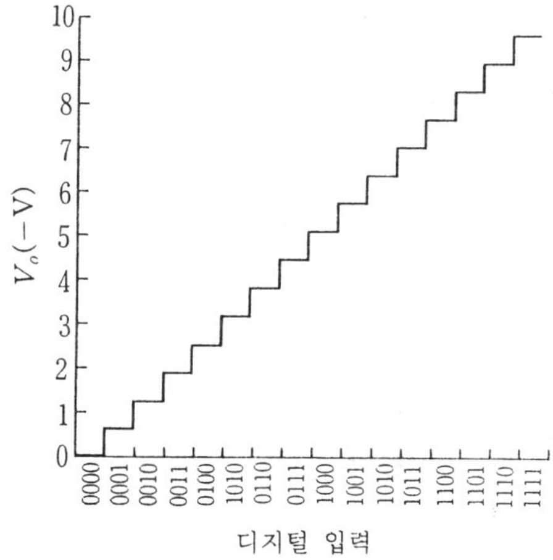

b_3	b_2	b_1	b_0	V_{out}(-V)
0	0	0	0	0.000
0	0	0	1	-0.625
0	0	1	0	-1.250
0	0	1	1	-1.875
0	1	0	0	-2.500
0	1	0	1	-3.125
0	1	1	0	-3.750
0	1	1	1	-4.375
1	0	0	0	-5.000
1	0	0	1	-5.625
1	0	1	0	-6.250
1	0	1	1	-6.875
1	1	0	0	-7.500
1	1	0	1	-8.125
1	1	1	0	-8.750
1	1	1	1	-9.375

그림 14.34 그림 14.31의 D/A 변환기에 대한 아날로그 입력-디지털 출력 관계

〔예제 14.6〕 그림 14.35(a)의 4비트 D/A 변환기에 $(0100)_2$가 입력되었을 때 출력 전압을 구하라.

〔풀이〕 N_1의 우측 회로를 테브난 등가 회로로 변환하면 그림 (b)와 같다. 두 번째로 테브난 정리를 적용하면 그림 (c)와 같다.

테브난 등가 전압이 보는 저항 : $2R$

테브난 전원으로부터 흐르는 전류 : $\dfrac{V_r/2}{2R} = \dfrac{V_r}{4R}$

증폭기 입력 전류 : $\dfrac{V_r}{4R}$

출력 전압은 $V_o = -\dfrac{V_r}{4R}R_f = -\dfrac{R_f}{4R}V_r$

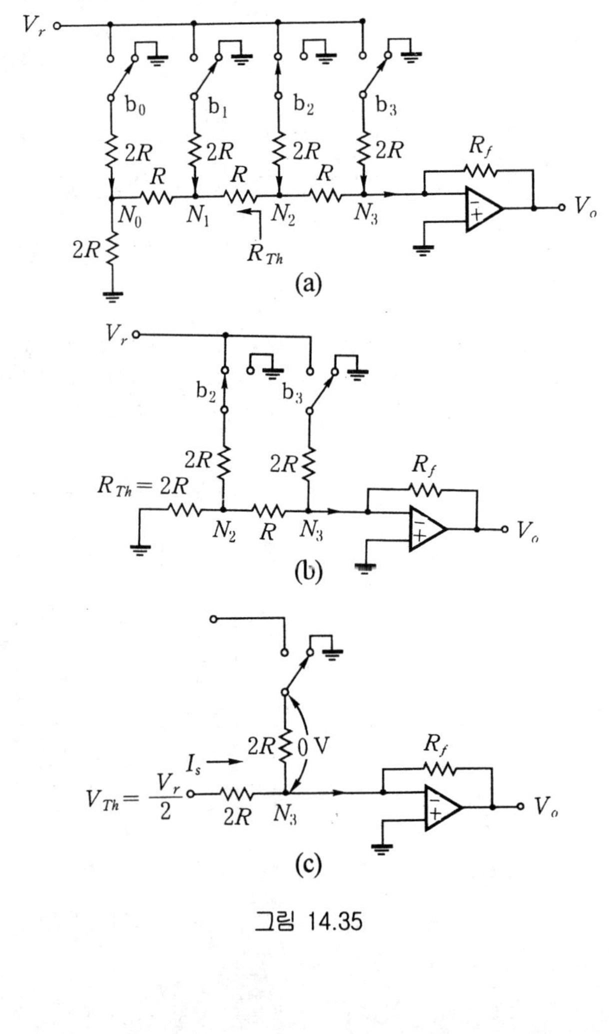

그림 14.35

14.7 CPU(컴퓨터)와 I/O

CPU (또는 컴퓨터)는 데이터 획득 시스템의 심장부이다. CPU는 데이터의 수집 (collection), 처리 (processing), 저장 (storage)을 제어한다. 이외에 CPU는 수집하고 처리한 데이터를 기초로 해서 주변 장치를 제어하기도 한다. 즉, CPU (또는 컴퓨터)의 기능은 아날로그 신호 조절 회로와 멀티플렉서를 제어하고, A/D 변환기로부터 데이터를 받아 처리하여, 그 데이터를 저장, 보고하고, 특수 I/O 포트, 직렬 모뎀 인터페이스, IEEE-488 버스를 통하여 주변 장치를 제어한다.

데이터 획득 및 제어 시스템의 일례로 도시의 수처리(水處理) 플랜트 (water-treatment plant)가 있다. 염소(chlorine)량은 데이터 획득 및 제어 시스템에 의해서 모니터 된다. 염소 가스의 양을 규정치 이내로 유지하기 위해서 염소의 유량을 계량하는 밸브는 CPU에 의해서 조절된다. 측정이 이루어질 때마다 매번 데이터는 차후 사용을 위해서 저장된다. 이외에 시스템이 규정치 이상의 염소 농도를 검출하면 경고음을 발생한다.

때로는 트랜스듀서로부터 직접 데이터를 얻기보다는 측정 계측기로부터 데이터를 얻는 것이 더 효율적이다. 상당수의 계측기는 자체 내에서 정보를 처리하여 데이터 획득 시스템에서 요구하는 데이터만 시스템으로 보낸다. 이 경우 CPU와의 통신은 다음 절에서 설명하는 IEEE-488 버스(bus)를 통해서 이루어진다. 이 범용 계측 버스는 IEEE-488 포트 (ports)를 내장한 계측기로부터 제어와 측정 데이터를 전달하는 데 사용된다.

IEEE-488 버스는 특수 인터페이스 없이는 비교적 짧은 거리에 제한된다. 데이터 획득 시스템은 수백 km에 걸쳐 분산되어 있을 수 있는데, 이 경우 부시스템 사이의 통신은 제어를 유지하는 데 매우 중요하다. 이 통신은 CPU에 의해서 조정된다. 통신 방법은 전화선을 통한 모뎀, 마이크로웨이브 링크 (links), 매설된 광섬유 케이블, 인공 위성 등이 있다. 데이터 획득 시스템의 직렬 포트 (serial port)로부터 데이터 통신 장비로 부시스템 사이의 통신 링크가 자주 이루어진다. 그래서 데이터 획득 시스템에 의해서 로컬 데이터 (local data)가 얻어지고, 이것은 직렬 포트를 경유해서 데이터 통신 장비로 보내지고, 처리된 형태로 중앙 데이터 처리 시스템으로 전송된다. 직렬 포트는 그림 14.1에 나타낸 바와 같이 모뎀에 접속된다.

14.8 IEEE - 488 버스

14.8.1 IEEE - 488 시스템의 구성

IEEE-488 버스는 범용 인터페이스 버스로서, 프로그래머블 계측기 상호간 및 계측기와 컴퓨터 사이에 디지털 인터페이스를 제공한다. IEEE-488 버스의 기본 구조를 나타내면 그림 14.35와 같으며, 여기에 접속되는 모든 장치는 병렬로 접속된다. 각 장치의 시스템 기능은 다음의 3개 모드, 즉 컨트롤러(controller; Ⓒ), 토커(talker; Ⓣ), 리스너(listener; Ⓛ) 중 하나로 동작한다.

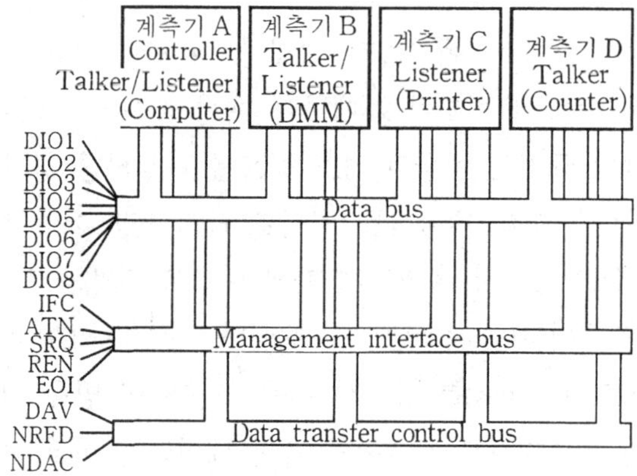

그림 14.35 IEEE-488 버스의 구성

(1) 컨트롤러 Ⓒ

컨트롤러는 주로 버스에서 정보의 운용에 책임을 진다. 계측 시스템을 인간의 회의에 비유한다면, 컨트롤러는 회의 사회자에 해당한다. 컨트롤러는 시스템 내의 각 장치로부터 서비스 요구를 받거나, 기기를 토커(말하는 사람)나 리스너(듣는 사람)로 지정한다. 컨트롤러는 장치들이 특수한 임무를 수행하도록 지정하고, 측정 진행 과정을 모니터하고, 결과를 해석한다. 한 개 이상의 컨트롤러가 버스에 접속될 수는 있으나, 1대의 컨트롤러만이 어느 시간에 액티브 될 수 있다. 그러나 컨트롤러는 제어 신호를 다른 컨트롤러에 보낼 수 있다. 컨트롤러는 하나의 시스템에 항상 한 대밖에 허용되지 않지만 생략할 수도 있다.

(2) 토커 Ⓣ

토커는 데이터를 다른 장치 또는 컨트롤러에 보낼 수 있는 장치를 말한다. 멀티미터나 오실로스코프 등이 여기에 속한다. 동일 버스 중에 복수 개의 토커를 접속할 수 있지만, 어느 한 순간에 동작 중인 토커는 항상 1대에 한한다.

(3) 리스너 Ⓛ

리스너는 전원이나 프린터와 같이 다른 계측기나 컨트롤러로부터 데이터를 받기만 하고 데이터를 보내지 않는 장치를 말한다. 동일 시스템 중에 복수 개의 리스너를 설치할 수 있고, 또 동시에 여러 개의 리스너를 동작시킬 수 있다.

어떤 기기는 Ⓣ나 Ⓛ의 기능을 갖도록 프로그램 될 수 있다. 예를 들면, 디지털 멀티미터가 측정 전압을 Ⓒ에 보낼 때에는 Ⓣ가 되고, 측정 범위를 변경하라는 지시를 받을 때에는 Ⓛ이 된다.

그림 14.36은 장치간 여러 상호 접속 방식을 보여 준다.

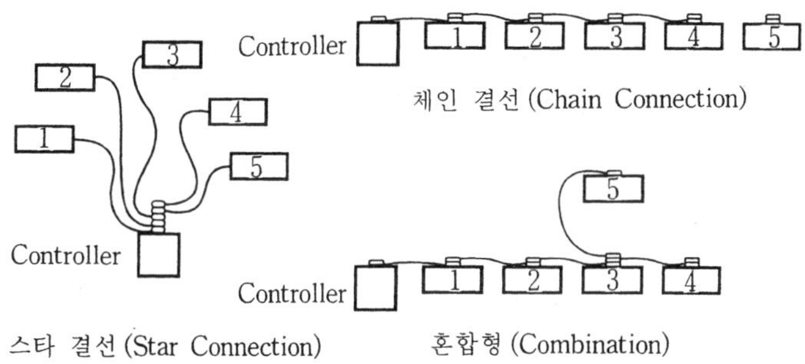

그림 14.36 장치간 접속 방식

14.8.2 인터페이스의 버스 라인

IEEE-488 시스템은 총 16개 라인으로 구성되며, 데이터 버스(data bus)에 8개 라인, 데이터 핸드셰이크(data byte transfer control lines 또는 handshake lines)에 3개 라인, 버스 관리(general management interface lines)에 5개 라인을 할당하고 있다.

(1) 데이터 버스(Data Bus)

16개 라인 중 8개 라인(DIO 1~DIO 8)은 데이터 입력과 출력을 위한 것이다. 데이터 라인은 데이터 전송, 어드레싱, 커맨드 등에 사용된다. 데이터 전송을 위해서 사용될 때 버스는 양방향성이며, 따라서 계측기와 Ⓒ 사이에 또는 지정된 Ⓣ와 지정된 Ⓛ 사이에 직접 데이터 흐름을 허용한다. 어드레스 버스로 사용될 때에는 Ⓒ가 명령을 받는 계측기를 어드레스(지정)한다. 커맨드 버스로 사용될 때 Ⓒ는 이전에 어드레스를 받았던 계측기에게 커맨드를 내린다. 커맨드는 장치가 Ⓣ, Ⓛ, Ⓒ인지를 수립한다.

(2) 핸드셰이크 버스 (Handshake Bus)

핸드셰이크란 데이터를 주고 받는 것을 의미하며, 여기에는 3개의 라인이 있다. 종류가 다른 다양한 계측기를 접속하는 경우, 상대의 기기가 어느 만큼의 시간으로 동작하는지는 일정하지 않으며, 속도가 가장 늦은 리스너가 버스상의 데이터를 수신할 때까지 토커는 새로운 데이터를 버스에 실을 수 없다. 이 때문에 핸드셰이크 동작은 송신측과 수신측이 서로 자신의 동작 완료를 상대에게 연락하는 구조가 필요하다.

- DAV (Data Valid) : Ⓣ 사용. Ⓣ로부터 보내온 DIO상의 데이터 (정보)가 유효하다는 것을 나타낸다.
- NRFD (Not Ready For Data) : Ⓛ 사용. Ⓛ은 DIO상의 데이터를 수신 가능한 상태임을 나타낸다.
- NDAC (Not Data Accepted) : Ⓛ 사용. Ⓛ이 DIO상의 데이터의 수신을 종료한 것을 나타낸다.

데이터를 보낼 때마다 위와 같은 핸드셰이크를 행한다. 10바이트의 데이트를 보낼 때에는 10회의 핸드셰이크를 행한다.

(3) 관리 버스 (Management Interface Bus)

관리 버스에는 5개의 라인이 있다. 이 라인은 데이터의 질서 있는 흐름을 제어한다. Ⓒ가 장치를 제어하고, 장치가 Ⓒ를 부르는 데 사용된다.

- ATN (Attention) : Ⓒ만이 제어. DIO상의 데이터가 일반 데이터인지 또는 커맨드인지를 식별하기 위한 신호선.
- REN (Remote Enable) : Ⓒ만이 제어. IEEE-488 버스상에 접속되어 있는 각 기기를 리모트로 동작시킬 것인지 또는 로컬로 동작시킬 것인지를 식별하기 위한 신호선.
  - 리모트 : 버스에 접속되어 있는 각 기기는 Ⓒ의 지령에 따라 동작해야 한다. 송수신도 Ⓒ의 지령에 따라 행한다.
  - 로컬 : 각 기기는 Ⓒ의 지령에 따라 동작하지 않아도 된다. 패널의 스위치를 써서 각각 단독으로 사용할 수 있다.
- IFC (Interface Clear) : Ⓒ만이 제어. 각 기기에 대해 인터페이스를 클리어 하기 위한 신호선.
- SRQ (Service Request) : Ⓣ 사용. Ⓣ에서 Ⓒ를 호출하는 신호로, 각 기기에서 Ⓒ에 대해 서비스를 요구하는 신호선.
- EOI (End on Indenity) : Ⓣ가 데이터의 최종 바이트를 전송할 때 데이터의 종료를 나타낸다.

14.8.3 제한 사항

IEEE-488 버스를 사용하는 경우 3개의 제약이 있다.

(a) 접속에 사용되는 케이블은 커넥터 사이가 4 m 이내. 총 케이블 길이가 20 m를 초과하지 못한다. 이 경우 bus extender와 modem을 사용한다.

(b) 미터당 1개의 기기

(c) 용량성 부하 (capacititve loading)는 장치당 50 pF을 초과할 수 없다.

14.9 데이터 기록 및 제시

데이터 획득 시스템에서 얻어진 데이터는 필요에 따라 인간에게 숫자로, 그래프로, 차트 기록계로, 또는 다른 여러 형태로 제시된다. 가장 흔히 사용되는 출력 장치나 계측기에는 모니터, 프린터, 플로터, 그래픽 기록계 또는 자기 저장 장치 등이 있다.

종이를 사용해서 기록하는 각종 그래픽 기록계에 대해서는 10장에서 이미 자세히 설명하였다. 자기 기록 장치에는 테이프 기록계와 자기 디스크가 흔히 사용된다. 테이프 기록계는 진동과 같은 나쁜 환경에서 선호되며, 아날로그 데이터 또는 디지털 데이터를 모두 저장할 수 있다. 디스크는 이용하기 쉽고 데이터 검색이 빠르기 때문에 주로 컴퓨터 시스템 (디지털 저장)에 사용된다.

연 습 문 제

14.1 기본적인 데이터 획득 시스템의 구성도를 그리고, 각 부시스템의 기능을 간단히 설명하라.

14.2 데이터 획득 시스템에서 CPU (또는 컴퓨터)의 기능은 무엇인가?

14.3 에일리어싱 오차란 무엇인가?

14.4 어떤 경우에 A/D 변환기 앞에 입력 필터가 필요한가를 설명하라.

14.5 다수의 센서로부터 정보를 얻는 시스템에서 멀티플렉서를 사용하는 이점은 무엇인가?

14.6 데이터 획득 시스템에서 샘플 앤드 홀드 회로의 기능은 무엇인가?

14.7 필터의 출력 전압이 5 mV, 감쇠율이 50 dB이면 필터의 입력 전압은 얼마인가?

14.8 4 MHz 클록 펄스로 구동되는 16비트 램프형 A/D 변환기의 최대 변환 시간은 얼마인가?

14.9 6비트 R-$2R$ 래더 변환기에 $(101010)_2$가 입력되었을 때 출력 전압을 계산하라. 단, 0 V는 논리 "0"에, 5 V는 논리 "1"에 대응된다.

14.10 1 MHz 클록 펄스로 구동되는 10비트 램프형 A/D 변환기에 대해서,

(a) 최대 변환 시간과 변환율
(b) 평균 변환 시간

14.11 램프형 A/D 변환기에 대한 연속 축차형 A/D 변환기의 주요 장점은 무엇인가?

14.12 6비트 동시 A/D 변환기에 요구되는 비교기의 개수를 계산하라.

14.13 (a) IEEE-488 버스란 무엇인가?
(b) 이 버스에 접속할 수 있는 최대 계측기 대수는?
(c) 버스의 최대 총 길이는 얼마인가?
(d) 토커, 리스너, 컨트롤러를 정의하라.

15

고주파 측정

측정 주파수가 높아짐에 따라 회로 소자의 잔류 (殘留) 인덕턴스와 표유 용량 (漂遊容量), 도체의 표피 효과 (表皮效果) 등의 영향이 증가하여 짧은 도선에서도 인덕턴스나 정전 용량의 영향을 무시할 수 없다. 또, 파장이 짧아져 회로 소자의 크기에 접근하게 되면 전자파의 방사손 (放射損)이 증가한다. 주파수가 100 MHz를 넘게 되면 집중 정수 회로 (集中定數回路)로서의 취급이 곤란하게 되어 분포 정수 회로 (分布定數回路)로서 취급해야 하는 등 회로의 상태가 직류나 저주파의 경우와는 상당히 달라진다. 그러므로 소자를 소형으로 하고 도선을 짧게 하여 분포 정수 회로를 이용하는 것이 필요하다. 따라서 직류나 저주파의 경우와는 다른 측정기나 측정법을 사용하지 않으면 안 된다.

본 장에서는 고주파에서의 전압, 전류, 주파수 및 임피던스 등과 같은 기본적인 전기량을 측정하는 방법에 대해서 기술한다.

15.1 고주파 전압 측정

고주파 전압의 측정에는 일반적으로 전자 전압계가 널리 사용되고 있다. 전자 전압계에 대해서는 7장에서 이미 설명한 바와 같이 입력 임피던스가 높고, 주파수 특성도 우수하지만 수 10 MHz 이상의 고주파로 되면 공진 오차(共振誤差)나 전자 주행 시간(電子走行時間)의 영향이 있으므로 다이오드 정류기, 즉 피크 전압계가 많이 사용된다. 이 전압계의 측정 범위는 수 100 V 정도이므로 그 이상의 고전압 측정에서는 분압기가 사용된다.

그림 15.1은 공진 오차(共振誤差)의 원인을 나타낸다. 측정 단자에서 전압계 단자에 이르는 도선의 인덕턴스를 L, 전압계의 입력 용량을 포함한 도선의 정전 용량을 C라 하면 전압계에 인가되는 전압 V는

$$V = \frac{V_i}{j\left(\omega L - \frac{1}{\omega C}\right)} \frac{1}{j\omega C} = \frac{V_i}{1 - \omega^2 CL} \quad \cdots (15.1)$$

위 식에서 $\omega^2 CL$이 1에 가까워지면 (+)오차가 급격히 증가한다.

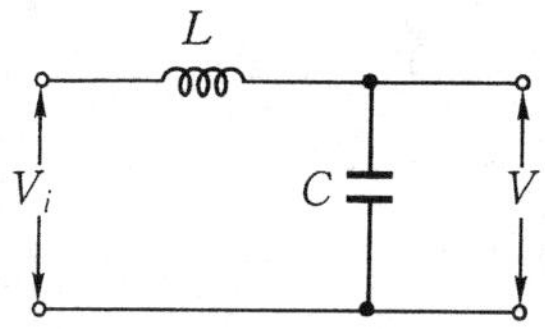

그림 15.1 고주파 전압 측정시 공진 오차의 원인

전자 전압계는 정류된 출력을 증폭하여 가동 코일형 계기로 지시하는 아날로그형과 A/D 변환하여 디지털로 표시하는 디지털형이 있으며, 최근에는 디지털형이 많이 사용되고 있다. 고주파 측정에 주로 사용되고 있는 것은 P형 전자 전압계인데, 프로브를 사용한 파고값 응답형이다.

그림 15.2는 P형 전자 전압계의 동작 원리를 나타낸다. 프로브에는 정류 회로가 내장되어 있고, 그 선단 A를 측정점에 접촉하고 G를 접지시킨다. 측정하는 교류 전압의 (+)반주기에서 다이오드 D가 턴온 되어 커패시터 C_1이 충전된다. (−)반주기에서 다이오드 D는 턴오프 되고, 저항 R_1을 통해 커패시터 C_1이 방전된다. R_1은 고저항으로 방전이 겨우 일어나므로 R_1의 단자 전압은 거의 일정하고, R_2를 통하여 커패시터 C_2가 충전된다. 이것이 여러 번 반복되면 그림 (b)와 같이 C_2의 단자 전압은 피크치 가깝게 충전된다. 이 전압을 직류 증폭기로 증폭하여 직류 계기로 지시하거나 A/D 변환하여 디지털로 표시한다. 측정값은 피크치로 되므로 눈금은 정현파 교류의 실효치로 변환하

여 표시한다. 사용 주파수는 20 Hz~1 GHz 정도, 입력 임피던스는 1~10 MΩ, 측정 전압 범위는 0.1 mV~300 V 정도이다.

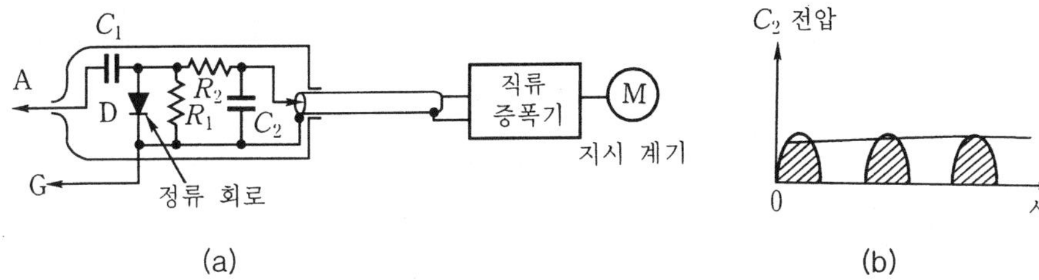

그림 15.2 P형 전자 전압계의 원리

15.2 고주파 전류 측정

고주파 전류를 측정하는 경우에는 전류계의 삽입 위치에 주의하고 차폐를 적당하게 할 필요가 있다. 주파수가 높으면 분포 정수 회로로 취급할 필요가 있고, 부하와의 정합(整合; matching) 상태에 따라 전류 분포도 변화한다. 고주파 전류 측정에는 열전대형 전류계가 보통 사용되고 있다. 열전대형 계기의 원리에 대해서는 3장에서 설명한 바가 있기 때문에 여기서는 고주파 측정의 관점에서만 설명한다. 그림 15.3은 고주파용 열전대형 계기에 사용되는 진공 열전대의 구조를 나타낸다. 고주파용에서는 열선과 열전대를 절연하여 고주파 전류가 열전대 측으로 흐르는 것을 방지하고 있다. 또 (a)의 구조에서는 열선 회로의 고주파 전류가 열전대 회로에 유도되어 오차가 발생할 수 있기 때문에 주파수가 높은 측정에서는 그림 (b)와 같이 열선 단자를 옆 방향으로 인출한다. 그림의 구조를 갖는 열전대형 계기는 40 mA 정도의 전류를 1 GHz 정도까지 측정이 가능하다.

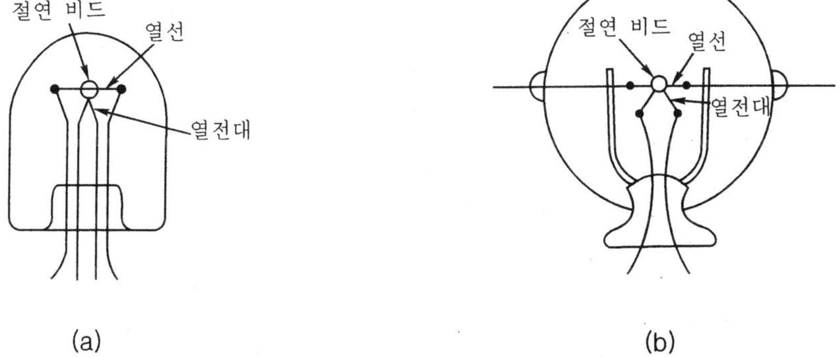

그림 15.3 진공 열전대의 구조

열선에 고주파 전류가 흐르면 표피 효과(表皮效果; skin effect)에 의해 열선의 표면에 전류가 집중되므로 실효 저항이 증가하고, 이로 인해 동일한 크기의 전류가 흘러도 줄 열이 증가하여 오차가 발생한다. 이를 방지하기 위해서는 열선에는 복선(複線)을 사용한다. 복선 구조에서는 각 배선으로 주파수에 따라 전류 분배가 다르기 때문에 오차가 발생한다. 이것을 분배 오차(分配誤差)라고 부른다.

고주파 전류 측정시 전류계는 그림 15.4(a)와 같이 회로의 저전위점(低電位点)에 삽입하여 사용하여야 한다. 일반적으로 가동 코일형 계기는 구조적으로 코일의 1단자가 영구 자석 이외의 내부 금속부와 전기적으로 접속되어 있어, 만약 그림 (b)와 같이 고전위점에 전류계를 삽입하면 전류계의 대지 표유 용량(對地漂遊容量)을 통하여 분류 전류가 흐르고, 이것이 열전대를 가열해서 오차를 발생시킨다. 이것을 전위 오차(電位誤差)라고 부른다. 이 경우 그림 15.4(a)와 같이 계기 자석 등을 전원 측의 단자에 접속시키면 전류계의 대지 표유 용량(對地漂遊容量)을 통하여 흐르는 고주파 전류는 열선을 통과하지 않으므로 전위 오차(電位誤差)를 방지할 수 있다.

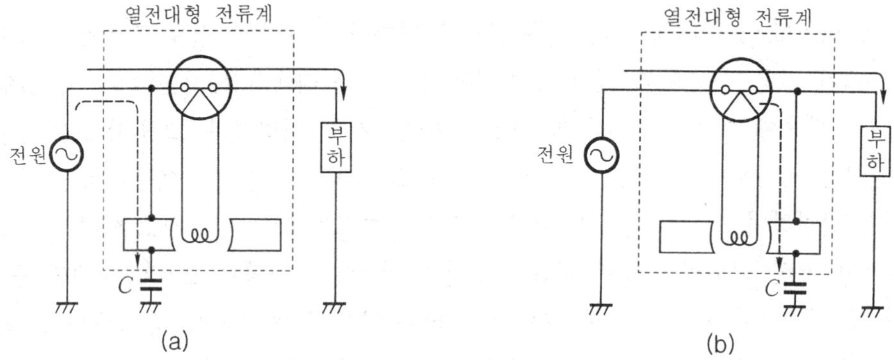

그림 15.4 열전대형 전류계의 사용법

열전대형 전류계는 일반적으로 5 mA ~ 1 A 정도밖에 측정할 수 없으므로, 그 이상의 전류를 측정하는 경우에는 고주파 변류기(變流器; CT)가 부착된 열전대형 전류계를 사용한다. 그림 15.5는 그 원리를 나타낸 것이다. 변류기는 고주파에서 손실이 작고 투자율이 높은 환상의 페라이트 철심에 2차 코일을 감고, 여기에 측정하고자 하는 고주파 전류가 흐르고 있는 직선 도체를 관통시켜 1차 코일로 한 것이다. 그림에서 1차 도체에 흐르는 전류를 I_1, 상호 유도 계수(相互誘導係數)를 M이라고 할 때 2차 코일에 유기되는 전압은

$$\dot{V}_2 = j\omega M I_1 \quad \cdots (15.2)$$

2차 코일에 흐르는 전류는

$$\dot{I}_2 = \frac{\dot{V}_2}{R_2 + j\omega L_2}$$
$$I_2 = \frac{\omega M I_1}{\sqrt{R_2^2 + \omega^2 L_2^2}} \quad \cdots (15.3)$$

여기에서 R_2와 L_2는 각각 2차 코일의 저항과 자기 인덕턴스이다. 만약, $\omega L_2 \gg R_2$, $M \fallingdotseq \sqrt{L_1 L_2}$ 라고 하면,

$$I_2 = \frac{\omega M}{\omega L_2} I_1 = \sqrt{\frac{L_1}{L_2}} I_1 = \frac{I_1}{N} \quad \cdots (15.4)$$

여기서 L_1은 1차 도체의 자기 인덕턴스, N은 2차 코일의 권선수이다. 위 식으로부터 미소한 2차 전류를 측정하면 1차 전류가 구해짐을 알 수 있다.

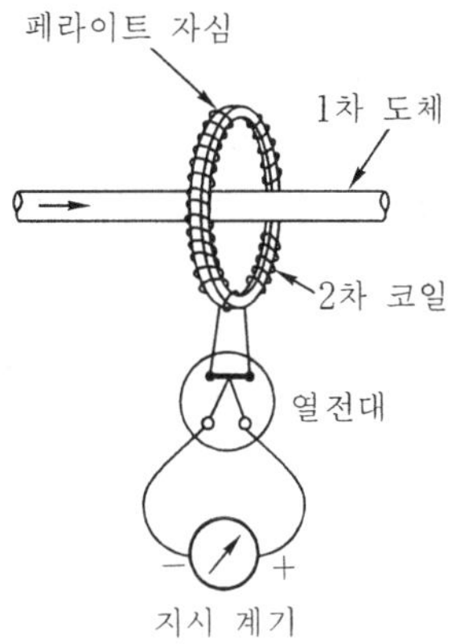

그림 15.5 변류기와 열전대형 전류계를 이용한 고주파 전류 측정

15.3 고주파 전력 측정

고주파 영역에서는 전력을 직접 계기로 지시시키기가 곤란하므로 여러 가지 전력계나 전력 측정법이 사용되고 있다. 현재 고주파 전력 측정법에는 전압이나 전류의 측정에 의한 방법과 열로 변환하여 측정하는 방법이 있다. 전자에는 열전대 전력계(*C-C*형 전력계), 후자에는 볼로미터(bolometer) 등이 있다.

15.3.1 열전대 전력계

이 전력계는 커패시터를 사용하여 부하의 전압 및 전류에 비례하는 전류를 얻고, 차동적(差動的)으로 접속된 두 개의 열전대의 2승 특성을 이용하여 부하 전력에 비례하는 직류 전류를 가동 코일형 계기로 측정하도록 한 전력계이다.

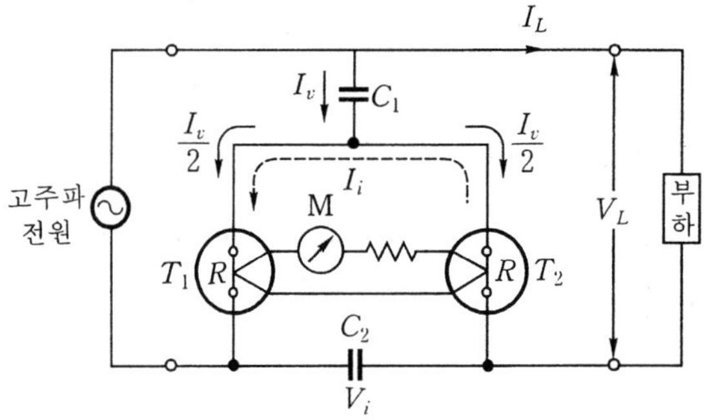

그림 15.6 C-C형 전력계

그림 15.6은 열전대 전력계의 원리도이다. 커패시터 C_1에는 부하 전압 V_L에 비례하는 전류 I_v가 흐르고, 이 전류는 그림과 같이 특성이 동일한 두 열전대 T_1, T_2의 열선(熱線)에 나뉘어 흐른다. 또한, 커패시터 C_2의 양단에는 부하 전류 I_L에 비례하는 전압 V_i가 생기고 T_1, T_2의 열선에는 V_i에 비례하는 전류 I_i가 흐른다. 그림의 회로에서 열선의 저항을 R이라고 하면 두 열선이 병렬로 접속되어 있으므로 합성 저항은 $R/2$이다.

만약 $\frac{R}{2} \ll \frac{1}{\omega C_1}$이라고 하면 I_v는

$$I_v = \frac{V_L}{\frac{1}{\omega C_1}} \fallingdotseq \omega C_1 V_L \qquad \cdots (15.5)$$

또, C_2 양단에서 보면 두 열선은 직렬 접속으로 된다. 만약, $\frac{1}{\omega C_2} \ll 2R$이면,

$$I_i \fallingdotseq \frac{I_L \times \frac{1}{\omega C_2}}{2R} = \frac{I_L}{2\omega C_2 R} \qquad \cdots (15.6)$$

로 된다. 지금 T_1, T_2의 열선에 흐르는 전류를 각각 I_1, I_2라 하면

$$I_1 = \frac{I_v}{2} + I_i, \quad I_2 = \frac{I_v}{2} + I_i \qquad \cdots (15.7)$$

로 된다. 열전대 T_1, T_2에 발생하는 열기전력은 열선에 흐르는 전류의 2승에 비례하고, 더욱이 열기전력이 서로 소거되도록 접속되어 있으므로 계기 M에 흐르는 전류 I_m은 다음과 같다.

$$I_m = k\left(I_1^2 - I_2^2\right) = 2kI_v I_i \qquad \cdots (15.8)$$

여기서 k는 비례 계수이다. 식 (15.8)에 식 (15.5), (15.6)을 대입하면 계기 M에 흐르는 전류 I_m은

$$I_m = 2k\omega C_1 V_L \times \frac{I_L}{2\omega C_2 R} = k\frac{C_1}{C_2 R}VI = k'VI \qquad \cdots (15.9)$$

로 되어, 주파수에 관계없이 부하 전력에 비례하므로, 밀리 전압계(mV) M의 눈금을 전력으로 표시하면 전력을 직독할 수 있다. 이 전력계는 30 MHz 정도까지의 주파수에서 100 W 이하의 전력을 측정하는 경우에 사용한다.

15.3.2 볼로미터 전력계

볼로미터 (bolometer)란 저항의 온도 계수가 매우 큰 저항 소자로서, 여기에 측정하고자 하는 고주파 전력을 가하면 볼로미터의 저항값이 크게 변화하고, 이 저항의 변화를 브리지로 측정함으로써 전력을 측정하는 것이 볼로미터 전력계이다.

그림 15.7은 볼로미터 전력계의 회로도이다. R_t는 서미스터, G는 직류 검류계이다. 먼저, 고주파 전압 v를 인가하기 전에 가변 저항 R을 조정하여 직류만으로 브리지의 평형을 취한다. 평형 상태에서 직류 전류계 A의 값을 I_1이라 하면 2개의 서미스터에서 소비되는 전력 W_1은

$$W_1 = 2R_t \cdot \left(\frac{I_1}{2}\right)^2 = \frac{R_t I_1^2}{2} \qquad \cdots (15.10)$$

로 된다.

다음에 고주파 전압 v를 인가하고, 직류 전류를 가변 저항 R로 조정하여 다시 브리지의 평형을 얻는다. 이때 전류계 A의 값을 I_2라고 하면 두 개의 서미스터로 소비되는 직류 전력 W_2는 다음과 같이 된다.

$$W_2 = \frac{R_t I_2^2}{2} \qquad \cdots (15.11)$$

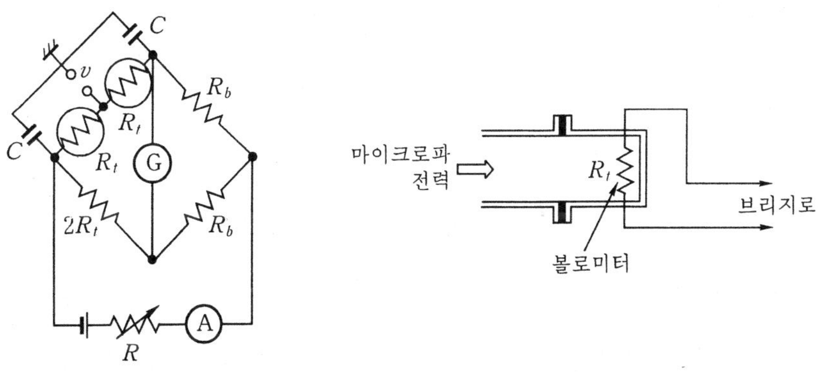

(a) 볼로미터 전력계 (b) 볼로미터 마운트

그림 15.7 볼로미터 전력계

고주파 전력 W는 식 (15.10)과 (15.11)의 차와 같으므로

$$W = \frac{v^2}{\frac{R_t}{2}} = \frac{R_t}{2}\left(I_1^2 - I_2^2\right) \quad \cdots (15.12)$$

이다.

이 전력계는 직류에서 마이크로파(1000～3000 MHz)까지 전력을 정밀하게 측정할 수 있으나 주로 마이크로파용의 전력계로 사용된다.

15.4 주파수 측정

고주파용 주파수계에는 흡수형 주파수계(吸收形周波數計), 헤테로다인(heterodyne) 주파수계, 디지털 주파수계 등이 있다. 또, 오실로스코프에 나타나는 도형으로부터 주파수를 구하는 리사주 도형법도 있으나, 최근에는 정도(精度)가 높고 취급이 용이한 디지털 주파수계가 널리 이용되고 있다.

15.4.1 흡수형 주파수계

흡수형 주파수계는 코일과 가변 커패시터로 구성된 공진 회로를 측정하려는 주파수의 전원에 결합하여 공진시키고, 이때의 가변 커패시터의 정전 용량으로부터 주파수를 구한다.

그림 15.8은 장파(長波)에서 초단파용 주파수계를 나타낸 것이다. 그림 (a)는 동조 회로의 전류를 열전대 전류계로 측정한다. 그림 (b)는 2차 회로에 유도되는 전압을 정류하여 직류 전류계로 측정한다. 그림 (c)는 초단파용으로 권수가 1회인 코일을 사용한다.

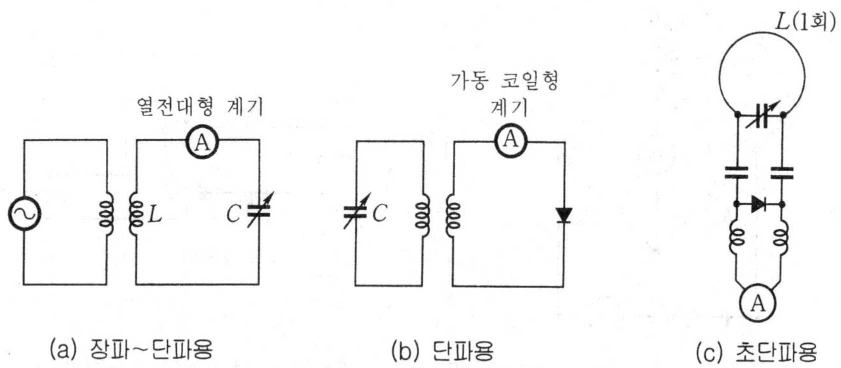

그림 15.8 흡수형 주파수계

모든 회로는 표준 인턱터 L과 가변 커패시터 C로 공진 회로를 구성하고 있다. 피측정 주파수 f_x의 전원에 L을 결합하여 공진시키면 C의 단자 전압은 최대로 된다. 이 때 C값을 C_0라 하면 f_x는

$$f_x = \frac{1}{2\pi\sqrt{LC_0}} \qquad \cdots (15.13)$$

로서 구해진다. 표준 인덕터 L은 플러그 인(plug-in) 식으로 되어 있으며, L을 교환하여 측정 범위를 선택한다.

15.4.2 헤테로다인 주파수계

헤테로다인 주파수계는 내부에 주파수를 정밀하게 교정한 국부 발진기(局部發振器; local oscillator)를 가지며, 발진기의 발진 주파수와 측정하고자 하는 주파수를 혼합 검파하면 그 차(差)의 주파수의 비트가 발생한다. 국부 발진기를 조정하여 발진 주파수를 변화시켜 비트가 없어지게 하면 이때 국부 발진 주파수가 그대로 피측정 주파수와 같아진다.

그림 15.9는 헤테로다인 주파수계의 회로 구성도이다. 전환 스위치 S를 피측정 주파수 측에 접속하고 미지 주파수 f_x의 고주파 입력이 인가되면 검파기에서는 가변 국부 발진기의 출력 주파수 f_l과 혼합, 검파되어 f_x와 f_l의 차(差) 주파수 (f_x-f_l)가 비트를 일으킨다. 다음에 이 비트를 증폭시켜 수화기에 가한다. f_l을 조정하여 f_x-f_l의 값이 20 kHz(가청 주파수) 이하로 되면 수화기에서 비트 음(音)을 들을 수 있다. 더욱, f_l을 조정하여 f_x-f_l의 값이 0에 가까워지면 다시 비트 음(音)이 들리지 않게 된다. 이 상태를 영 비트(zero beat)라 하며, 이때의 f_l 값으로부터 f_x를 구할 수 있다.

지금, 미지 주파수 f_x에 대해서 어떤 기본 주파수 f_1의 제n 조파로 비트가 0으로 된다면

$$f_x = nf_1 \qquad \cdots (15.14)$$

다음, 가변 국부 발진기의 커패시터를 서서히 감소시켜 더 높은 발진 주파수 f_2에서 다시 0비트로 되었다면,

$$f_x = (n-1)f_2 \qquad \cdots (15.15)$$

로 된다. 위 두 식으로부터

$$n = \frac{f_2}{f_2 - f_1} \quad \cdots (15.16)$$

위 식에서 n값을 얻으면 식 (15.14)로부터 미지 주파수 f_x를 구할 수 있다.

가변 국부 발진기의 발진 주파수 f_l은 정확해야 되므로 전환 스위치 S를 교정용 수정 발진기 측으로 접속하여 그 출력 주파수 f_s와 비교하여 정밀하게 교정한다.

헤테로다인 주파수계는 측정 주파수 범위가 100 kHz～35 MHz, 20～1000 MHz 정도의 종류가 있으며, 정도(精度)도 10^{-5} 정도로 상당히 높으나 취급하기가 곤란한 결점이 있다.

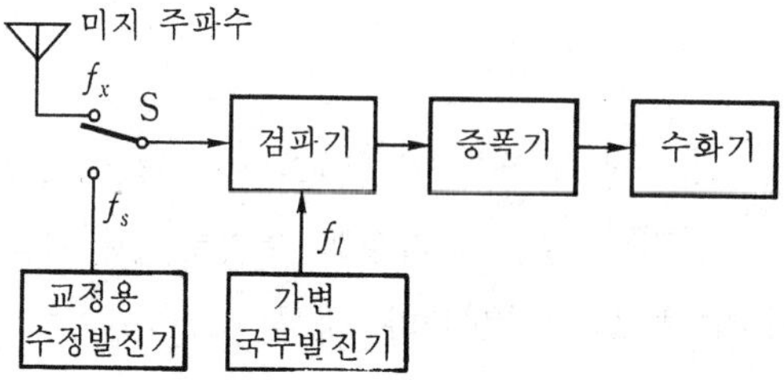

그림 15.9 헤테로다인 주파수계

15.4.3 주파수 계수기

8장에서 설명한 전자 계수기(electronic counter)를 사용하면 주파수 측정이 가능한데, 이것을 디지털 주파수계 또는 주파수 계수기라고도 한다. 디지털 주파수계는 정도(精度)가 높고 취급이 용이하며, 또 값이 숫자로 표시되는 등 우수한 특징을 가지고 있으므로 최근에는 다른 주파수계를 대신하여 널리 사용되고 있다.

15.5 임피던스 측정

고주파에서 임피던스 측정시는 잔류(殘留) 인덕턴스와 표유 용량(漂遊容量)의 영향 및 표피 효과(表皮效果)가 현저하게 나타나므로 측정기의 위치나 배선 등에 세심한 배려를 한 싱클레어(synclaire) 고주파 브리지 또는 피측정 임피던스 소자를 공진 회로에 조합시켜 공진 상태의 변화를 이용한 공진법 등이 이용되며, 공진법에는 저항 변화법, 리액턴스 변화법, Q 미터법 등이 있다.

15.5.1 싱클레어 브리지

싱클레어 브리지는 셰링 브리지를 변형시킨 것으로, 대표적인 저(低) 임피던스 측정용 고주파 브리지이다. 그림 15.10은 싱클레어 고주파 브리지의 원리를 나타낸 것으로, 그림에서 볼 수 있는 바와 같이 차폐 시설이 되어 있고 C_1, C_3는 표준 공기 커패시터, D는 검출기이다.

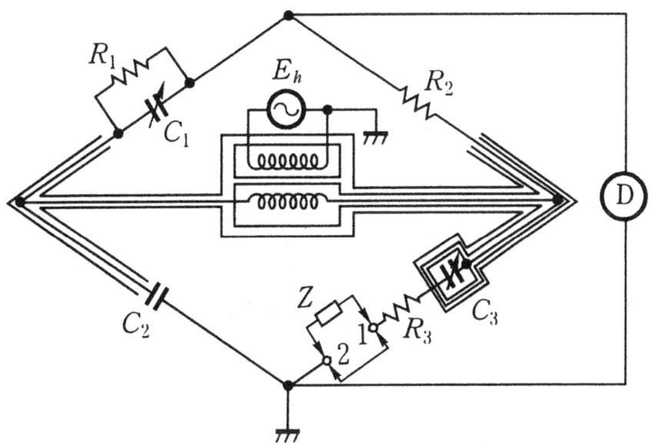

그림 15.10 싱클레어 고주파 브리지

먼저, 단자 1, 2간을 단락하고 C_1, C_3를 조정하여 브리지를 평형시킨다. 이때의 C_1, C_3의 값을 C_1', C_3' 라고 하면 평형 조건으로부터 다음의 관계가 성립한다.

$$\frac{R_3 + \dfrac{1}{j\omega C_3'}}{\dfrac{1}{R_1} + j\omega C_1'} = R_2 \frac{1}{j\omega C_2} \quad \cdots (15.17)$$

위 식으로부터,

$$\frac{1}{C_3'} = \frac{R_2}{R_1 C_2}, \quad R_3 = \frac{C_1 R_2}{C_2} \quad \cdots (15.18)$$

다음에 단자 1, 2 사이에 피측정 임피던스 $Z_x = R_x + jX_x$를 접속하고 다시 C_1, C_3를 조정하여 평형을 취한다. 이때의 값을 C_1'', C_3'' 라 하면, 평형 조건에서

$$\frac{\left(R_3 + \dfrac{1}{j\omega C_3''} + R_x + jX_x\right)}{\dfrac{1}{R_1} + j\omega C_1''} = R_2 \frac{1}{j\omega C_2} \quad \cdots (15.19)$$

의 관계가 성립하고, 위 식을 정리하면 다음 식이 얻어진다.

$$R_3 + R_x = \frac{C_1''}{C_2} R_2 \qquad \cdots (15.20)$$

$$\frac{1}{\omega C_3''} - X_x = \frac{R_2}{\omega C_2 R_1} \qquad \cdots (15.21)$$

식 (15.18)과 식 (15.20), (15.21)로부터 R_x, X_x를 구하면

$$R_x = \frac{C_1''}{C_2} R_2 - \frac{C_1'}{C_2} R_2 = \frac{R_2}{C_2}\left(C_1'' - C_1'\right) \qquad \cdots (15.22)$$

$$X_x = \frac{1}{\omega C_3''} - \frac{1}{\omega C_3'} = \frac{1}{\omega}\left(\frac{1}{C_3''} - \frac{1}{C_3'}\right) \qquad \cdots (15.23)$$

로 되어 미지 임피던스 $Z_x = R_x + jX_x$를 결정할 수 있다. 실제의 측정기에서는 C_1에 저항 눈금을, C_3에 리액턴스 눈금을 정하고 이 눈금의 지시로부터 R_x, X_x를 직독할 수 있게 되어 있다. 이 브리지는 100 kHz~60 MHz, 0~1000 Ω의 임피던스를 수 % 정도의 오차로 측정할 수 있다.

15.5.2 병렬 T형 브리지와 T형 브리지

그림 15.11(a)는 병렬 T형 브리지를 나타낸다. 지금, 브리지가 평형 상태로 되면 검출기 D에 흐르는 전류는 0이고, C점과 E점은 단락된 것과 등가이므로 C점을 0 전위로 생각할 수 있다. 그러므로,

$$I_1 + I_2 = 0 \qquad \cdots (15.24)$$

로 된다. 또,

$$I_1' = \frac{Z_2}{Z_3} I_1, \quad I_2' = \frac{Z_5}{Z_6} I_2 \qquad \cdots (15.25)$$

이므로, 그림 (a)에서

$$\left(I_1 + \frac{Z_2}{Z_3} I_1\right) Z_1 + I_1 Z_2 = V_s \qquad \cdots (15.26)$$

$$\left(I_2 + \frac{Z_5}{Z_6} I_2\right) Z_4 + I_2 Z_5 = V_s \qquad \cdots (15.27)$$

위 식을 정리하면

$$Z_1 + Z_2 + \frac{Z_1 Z_2}{Z_3} = \frac{V_s}{I_1} \qquad \cdots (15.28)$$

$$Z_4 + Z_5 + \frac{Z_4 Z_5}{Z_6} = \frac{V_s}{I_2} \qquad \cdots (15.29)$$

식 (15.24)를 식 (15.28)과 (15.29)에 대입한 후 두 식을 더하면

$$Z_1 + Z_2 + \frac{Z_1 Z_2}{Z_3} + Z_4 + Z_5 \frac{Z_4 Z_5}{Z_6} = 0 \qquad \cdots (15.30)$$

로 되고, 평형 조건이 구해진다.

다음, 그림 15.11(a)에서 $Z_4 + Z_5 = Z_x$, $Z_6 = \infty$라 하면 그림 15.11(b)의 T형 브리지로 된다. 즉,

$$Z_1 = Z_2 = -j\frac{1}{\omega C}, \quad Z_3 = R \qquad \cdots (15.31)$$

그러므로, 평형 조건은

$$Z_x = Z_1 - Z_2 - \frac{Z_1 Z_2}{Z_3} = 2j\frac{1}{\omega C} + \frac{1}{\omega^2 C^2 R} \qquad \cdots (15.32)$$

로 되어, 미지 임피던스 Z_x를 구할 수 있다.

이 브리지는 전원과 검출기의 한 단자를 공통으로 접지하는 것이 가능하므로, 부유 용량, 잔류 인덕턴스의 영향을 작게 할 수 있어 차폐된 변성기도 필요 없고, 사용 주파수 범위는 500 kHz~30 MHz 정도이다.

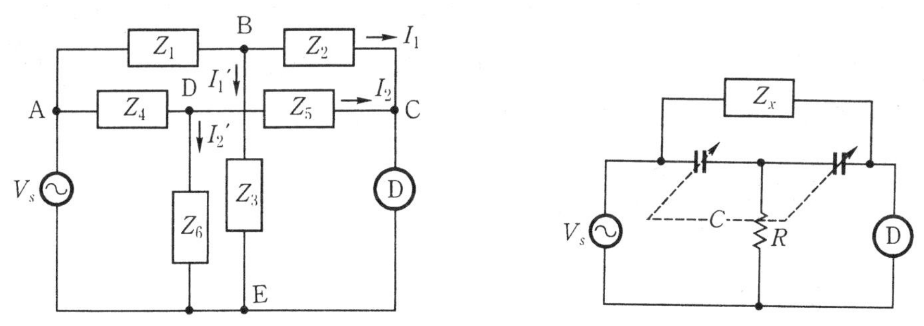

(a) 병렬 T형 브리지　　　(b) T형 브리지

그림 15.11 병렬 T형 브리지와 T형 브리지

15.5.3 리액턴스 변화법

이 측정법은 공진 현상을 이용한 것으로, 주로 회로의 고주파 저항분을 측정하는 데 사용된다. 그림 15.12와 같이 미지 저항 R_x를 포함하는 공진 회로를 표준 발진기와 소결합(疎結合)시킨다. 가변 커패시터 C_S를 조정하여 공진 곡선(b)을 만들고, 공진시 C_S값을 C_0, 회로의 전류를 I_0라 한다. 다음에 C_S의 값을 C_0 전후에서 변화시켜 공진을 시키지 않고 그림 (b)와 같이 전류가 똑같이 I가 되는 C_S의 값 C_1과 C_2를 구하면,

$$I_0(R_x + R_A) = I\sqrt{(R_x + R_A)^2 + \left(\omega L_S - \frac{1}{\omega C_1}\right)^2} = I\sqrt{(R_x + R_A)^2 + \left(\omega L_S - \frac{1}{\omega C_2}\right)^2} \quad \cdots (15.33)$$

이 성립된다. 여기서 R_A는 R_x를 제외한 전류계를 포함한 회로의 저항이다.

위 식에서 R_x를 구하면

$$R_x = \frac{C_2 - C_1}{2\omega C_1 C_2}\sqrt{\frac{I^2}{I_0^2 - I^2}} - R_A \quad \cdots (15.34)$$

통상, $I = \frac{I_o}{\sqrt{2}}$로 되는 점에서 측정한다. 이때의 정전 용량 C_1, C_2의 차 $C_1 - C_2 = 2\Delta C$와 $C_1C_2 \fallingdotseq C_o^2$를 식 (15.34)에 대입하고 R_A를 무시하면 다음 식으로 R_x가 구해진다.

$$R_x \fallingdotseq \frac{\Delta C}{\omega C_o^2} \quad \cdots (15.35)$$

또, 전류계 대신에 전자 전압계를 사용하여 측정하는 경우에는 그림 (c)와 같으며, 공진시 및 공진에서 벗어난 경우의 C_S 단자 전압을 각각 V_0, V라 하고, C_S의 단자 전압이 V인 경우의 C_S값 C_1, C_2를 구하면,

$$R_x = \frac{C_2 - C_1}{2\omega C_1 C_2}\sqrt{\frac{V^2}{V_0^2 - V^2}} - R_A \quad \cdots (15.36)$$

로 되어, R_x를 구할 수 있다.

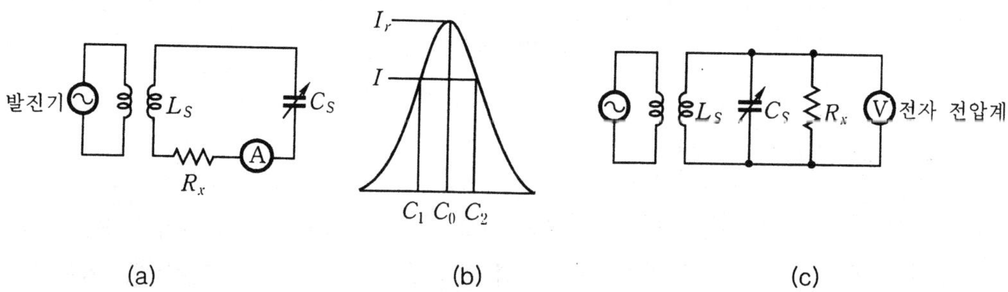

그림 15.12 리액턴스 변화법

15.5.4 Q-미터

Q – 미터 (Q-meter)는 고주파에서 저항, 인덕턴스, 정전 용량, 그리고 코일 및 커패시터의 Q를 측정하는 계측기로서, 50 kHz～300 MHz 범위의 고주파에서 임피던스 측정에 널리 사용된다.

(1) Q의 정의

Q는 5장에서 정의한 바 있다. 그림 15.13에 나타낸 R, L, C 직렬 회로에서 각주파수가 $\omega_0\,(=2\pi f_o)$일 때 회로가 공진되었다고 하면, 이 회로에 흐르는 전류 I, 인덕터 L의 단자 전압 V_L, 커패시터 C의 단자 전압 V_C는 각각 다음과 같다.

$$I_o = \frac{V}{R}$$

$$V_L = \omega_0 LI = \frac{\omega_0 L}{R}V \qquad \cdots (15.37)$$

$$V_C = \frac{I}{\omega_0 C} = \frac{V}{\omega_0 CR}$$

공진 상태에서 $\omega_0 L = 1/\omega_0 C$이므로 $V_L = V_C$로 되고, 여기서 V_L 및 V_C와 전원 전압 V와의 비를 Q라고 정의한다. 즉, Q는

$$Q = \frac{V_C}{V} = \frac{V_L}{V} = \frac{\omega_0 L}{R} = \frac{1}{\omega_0 CR} \qquad \cdots (15.38)$$

Q는 L이나 C의 단자 전압이 전원 전압의 몇 배로 되는가를 나타내므로, 전압 확대율(電壓擴大率)이라고도 한다. 또한 Q는 코일이나 커패시터의 리액턴스 성분과의 비를 나타내므로 코일 및 커패시터의 양부(良否)를 판정하는 기준이 된다.

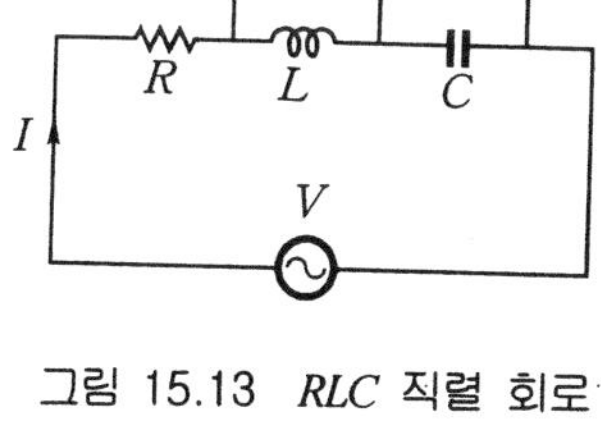

그림 15.13 RLC 직렬 회로

(2) Q – 미터의 원리

그림 15.14는 Q–미터의 원리도이다. OSC는 표준 가변 발진기, C_S는 표준 가변 커패시터, A는 고주파 전류계, EV는 Q의 눈금으로 표시된 전자 전압계이다. 또 R_0는

0.025 Ω 정도의 극히 낮은 저항이므로, R_0의 단자 전압 V_0는 이와 병렬로 접속된 회로에 대해 거의 일정하다고 볼 수 있다.

지금 그림의 측정 단자 1, 1′ 사이에 인덕턴스 L, 저항 R의 코일을 접속하고 OSC로부터 전류 I를 R_0에 흘려 R_0의 단자 전압 $V_0 = R_0 I$를 직렬 공진 회로에 가한 뒤, C_S를 조정하여 공진을 취한다. 이때의 회로 전류 I_0는 R_0를 무시하면 다음과 같다.

$$I_0 = \frac{V_0}{R} \qquad \cdots (15.39)$$

따라서 식 (15.20)으로부터 C_S의 단자 전압 V_c는

$$V_c = \frac{1}{\omega C_s} I_0 = \omega L I_0 = \frac{V_0}{\omega C_s R} = \frac{\omega L}{R} V_0 = Q V_0 \qquad \cdots (15.40)$$

으로 되어, V_0가 일정하면 V_c는 Q에 비례한다. 따라서 I를 고주파 전류계로 감시하여 일정값으로 유지되도록 하면 Q의 눈금으로 된 전자 전압계 EV의 지시값으로부터 Q를 직접 측정할 수 있다.

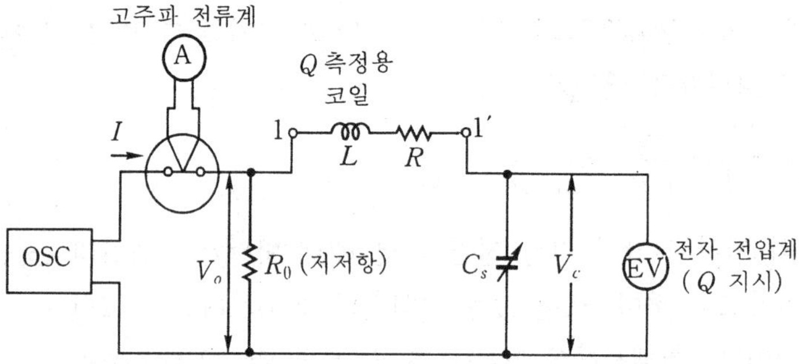

그림 15.14 Q−미터의 원리

(3) 코일의 저항과 인덕턴스의 측정

그림 15.14와 같이 Q−미터의 측정 단자에 피측정 코일을 접속하고, C_S를 조정하여 공진시킨 후 이때의 Q, 표준 가변 커패시터 C_S의 값 C_1, 표준 가변 발진기의 주파수 f를 측정하면 코일의 인덕턴스 L_x, 저항 R_x는 다음 식으로 구해진다.

$$\omega L_x = \frac{1}{\omega C_1} \quad \therefore L_x = \frac{1}{\omega^2 C_1} = \frac{1}{4\pi^2 f^2 C_1} \qquad \cdots (15.41)$$

$$Q = \frac{1}{\omega C_1 R_x} \quad \therefore R_x = \frac{1}{\omega C_1 Q} = \frac{1}{2\pi f C_1 Q} \qquad \cdots (15.42)$$

(4) 정전 용량의 측정

미지 커패시터의 정전 용량 C_x가 작은 경우(보통 450 pF 이하)에는 그림 15.15(a)와 같이 측정한다. 측정 단자 1, 1′ 에 표준 인덕터(인덕턴스 L_S, 저항 R_S)를 접속하여 공진을 취하고, 이때의 C_S 값을 C_1이라 하자. 다음에 측정 단자 2, 2′ 사이에 C_x를 접속하고, 다시 공진시켜 이때의 C_S 값을 C_2라 하면, 보통 회로의 Q는 변하지 않으므로

$$\omega L_s = \frac{1}{\omega C_1} = \frac{1}{\omega(C_2 + C_x)} \qquad \cdots (15.43)$$

의 관계가 얻어지며, 따라서 미지 용량 C_x는

$$C_x = C_1 - C_2 \qquad \cdots (15.44)$$

로서 구해진다.

또, C_x가 큰 경우에는 전과 같은 방법으로 C_1을 구한 다음 그림 15.15(b)와 같이 측정 단자 1−1′ 에 표준 인덕터와 C_x를 직렬로 접속하여 공진시키고, 이때의 C_S 값을 C_2라고 하면 C_x는 다음 식으로 구해진다.

$$\omega L_s = \frac{1}{\omega C_1} = \frac{1}{\omega\left(\dfrac{C_2 C_x}{C_2 + C_x}\right)} \qquad \cdots (15.45)$$

$$\therefore C_x = \frac{C_1 C_2}{C_2 - C_1}$$

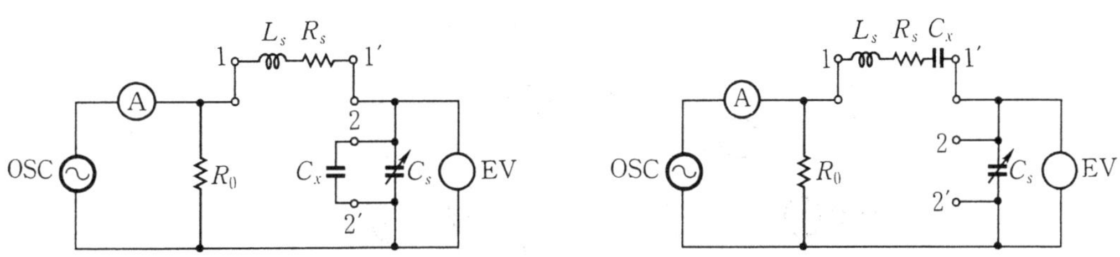

(a) $C_x < C_s$인 경우 (b) $C_x > C_s$인 경우

그림 15.15 정전 용량 측정법

(5) 임피던스 측정

미지 임피던스 $Z_x = R_x + jX_x$를 측정하는 경우에는 먼저 표준 인덕터를 측정 단자 1, 1′ 사이에 접속하여 공진시키고 이때의 Q값 Q_1과 C_S의 값 C_1을 측정한다. 다음에 그림 15.16과 같이 미지 인덕턴스와 표준 인덕터를 직렬로 접속시켜 공진시키고 이때의 Q값 Q_2와 C_S의 값 C_2를 측정하면, 다음과 같은 관계식들이 얻어진다.

$$\frac{1}{\omega C_1} = \omega L_s, \quad Q_1 = \frac{1}{\omega C_1 R_1} \qquad \cdots (15.46)$$

$$X_x = X_{C2} - X_L = \frac{1}{\omega C_2} - \frac{1}{\omega C_1} \qquad \cdots (15.47)$$

따라서,

$$X_x = \frac{C_1 - C_2}{\omega C_1 C_2} \qquad \cdots (15.48)$$

또, 미지 임피던스의 저항 성분은 다음과 같이 얻어진다.

$$R_1 = \frac{X_1}{Q_1}, \quad R_2 = \frac{X_2}{Q_2} \qquad \cdots (15.49)$$

$$\begin{aligned} R_x &= R_2 - R_1 = \frac{1}{\omega C_2 Q_2} - \frac{1}{\omega C_1 Q_1} \\ &= \frac{C_1 Q_1 - C_2 Q_2}{\omega C_1 C_2 Q_1 Q_2} \end{aligned} \qquad \cdots (15.50)$$

코일의 Q는 식 (15.48)과 (15.50)으로부터 다음과 같이 구해진다.

$$Q = \frac{X_x}{R_x} = \frac{(C_1 - C_2) Q_1 Q_2}{C_1 Q_1 - C_2 Q_2} \qquad \cdots (15.51)$$

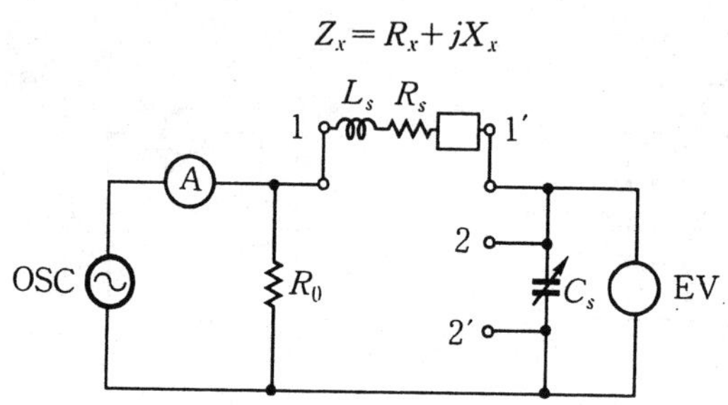

그림 15.16 임피던스 측정

연 습 문 제

****

15.1 고주파 전압 측정시 발생하는 오차에 대해서 논하라.

15.2 고주파 전류 측정시 열전대형 계기에서 발생되는 오차를 설명하고, 그것을 감소시키는 방법을 논하라.

15.3 고주파 계측기는 직류 또는 저주파 계측기에 비해서 정밀도나 정확도가 높은 것을 제작하기가 곤란한 이유는 무엇인가?

15.4 흡수형 주파수계의 종류와 동작 원리를 설명하라.

15.5 볼로미터 전력계에 대해서 설명하라.

15.6 고주파에서 임피던스 측정법을 설명하라.

15.7 Q-미터의 원리에 대해서 설명하고, 이 계측기를 사용해서 측정할 수 있는 것을 아는 대로 열거하라.

15.8 그림 15.4의 Q-미터 회로가 공진 상태에 있을 때, $V_o = 100$ mV, $R = 5\ \Omega$, $X_L = X_C = 100\ \Omega$이다. 코일의 Q와 전압계 지시를 구하라.

15.9 그림 15.4의 회로에서 공진시 전압계의 지시가 5 V, 코일의 저항이 $R = 3.3\ \Omega$, $X_L = 66\ \Omega$이다. 코일의 Q와 공급 전압을 구하라.

15.10 어떤 코일의 L, R을 측정하고자 코일을 Q-미터의 코일 단자에 연결하고 발진 주파수를 10 MHz로 하여 표준 가변 커패시터 C_S로 동조시켰더니 $C_S = 200$ pF에서 $Q = 120$으로 최대값이 되었다. 코일의 L, R을 구하라.

15.11 Q-미터의 표준 가변 커패시터의 최대값이 420 pF, 최소값이 25 pF, 발진부의 발진 주파수의 최대값이 50 MHz, 최소값이 50 MHz이다. 이제 피측정 코일만을 코일 단자에 연결하고 측정할 때, 측정할 수 있는 범위를 구하라.

15.12 인덕터스 측정에 있어서 동조법과 주파수 변환법을 간단히 설명하라.

16

자기 측정

전기와 자기는 표리의 관계에 있기 때문에 자기 현상은 물론이고, 전기 현상을 다루는 경우에도 자기량의 측정은 대단히 중요하다. 또한, 전기 기기나 전자 기기에는 여러 종류의 자성 재료가 사용되고 있으므로 그 자기적 성질을 조사할 필요가 있다. 자기량 측정에는 자계나 자속 밀도의 측정과 자성 재료의 자화 특성이나 철손 측정 등 자기적 특성의 측정이 있다. 여기서는 자기 측정 중 자계의 세기, 자속, 그리고 철손 측정에 대해서 기술한다.

16.1 자계의 세기 및 자속 측정

자계에는 그 세기가 일정한 직류 자계와 세기가 주기적으로 변화하는 교류 자계가 있다. 직류 자계의 측정법에는 충격 검류계법, 자속계법, 전자식 자속계법, 가우스 미터(Gauss meter) 등이 있고, 교류 자계 측정에는 탐색 코일법, 가우스 미터법 등이 있다.

16.1.1 직류 자계의 측정

(1) 충격 검류계법

충격 검류계(ballistic galvanometer)는 2장에서 설명한 가동 코일형 반조 검류계의 가동부의 관성을 크게 하여 제어력을 작게 하고 진동 주기를 길게 한 것이다. 그림 16.1은 충격 검류계의 가동부를 나타낸 것으로, (a)와 같이 가동 코일 하부에 추를 매달거나, 그림 (b)와 같이 가동 코일을 횡방향으로 길게 만들어 관성 모멘트를 크게 한 것이다. 이 검류계는 커패시터의 충방전시 또는 자계 중에서 코일을 빨리 움직이는 경우와 같이 순간적으로 흐르는 전기량을 측정하는 검류계이다.

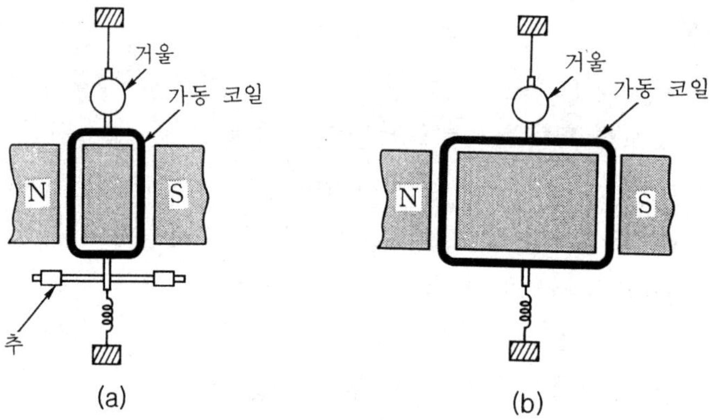

그림 16.1 충격 검류계의 구조

전기량이 짧은 시간 동안에만 가동 코일을 통과하면 가동부는 순간적인 충격력을 받아 천천히 회전하여 최대 위치까지 편위했다가 그림 16.2와 같이 서서히 감쇠하면서 0점을 중심으로 진동한다. 이 경우 최초의 편위각 θ_1은 충격 검류계를 통과한 총 전기량 Q에 비례한다. 즉,

$$Q = k_b \theta_1 \quad \cdots (16.1)$$

여기서, k_b : 충격 검류계 정수

θ_1 : 충격 편위 (ballistic throw 또는 ballistic kick)

따라서 이 θ_1을 측정함으로써 총 전하량 Q를 구할 수 있다.

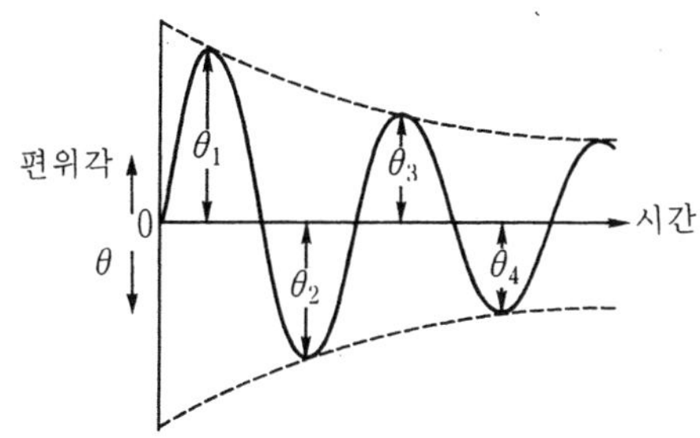

그림 16.2 충격 검류계 가동부의 진동

그림 16.3은 충격 검류계를 사용한 자계 측정법을 나타낸다. 그림과 같이 충격 검류계에 소형의 탐색 (探索) 코일 (search coil)을 접속하고, 이것을 피측정 자계 방향에 수직으로 배치한다. 코일을 자계 밖으로 급속히 끌어내거나 또는 코일의 방향을 90° 회전시켜 코일 내를 통과하는 자속이 영이 되도록 하면 탐색 코일에는 순간적으로 기전력이 유기되어 충격 검류계에 전류가 흐르게 되므로 지침이 변위를 일으킨다. 충격 검류계를 통과하는 총 전하량을 Q, 변위를 θ라고 하면

$$Q = k_b \theta \qquad \cdots (16.2)$$

인 관계가 성립한다. 지금, 피측정 자계의 자속 밀도가 B, 탐색 코일의 단면적이 A, 권수가 N일 때 탐색 코일의 쇄교 자속수는

$$\phi = BAN \qquad \cdots (16.3)$$

으로 된다. 따라서 탐색 코일이 90° 회전하여 Δt 초 동안에 쇄교 자속수가 0으로 되었다면, 코일에 유기되는 기전력 e는

$$e = \frac{BAN}{\Delta t} \qquad \cdots (16.4)$$

또한, 회로의 저항을 R이라 하면 흐르는 전류는

$$i = \frac{e}{R} = \frac{BAN}{R\Delta t} \qquad \cdots (16.5)$$

로 되므로, 충격 검류계를 통과하는 총 전기량 Q는 다음과 같다.

$$Q = i \cdot \Delta t = \frac{BAN}{R} \qquad \cdots (16.6)$$

식 (16.2)와 (16.6)을 결합하면 자속 밀도 B는

$$B = \frac{Rk_b}{AN}\theta \qquad \cdots (16.7)$$

로 된다. 또, 매질이 공기라면 자계의 세기 H는 $B = \mu_0 H$의 관계로부터 구해진다.

$$H = \frac{B}{\mu_0} = \frac{B}{4\pi} \times 10^7 \qquad \cdots (16.8)$$

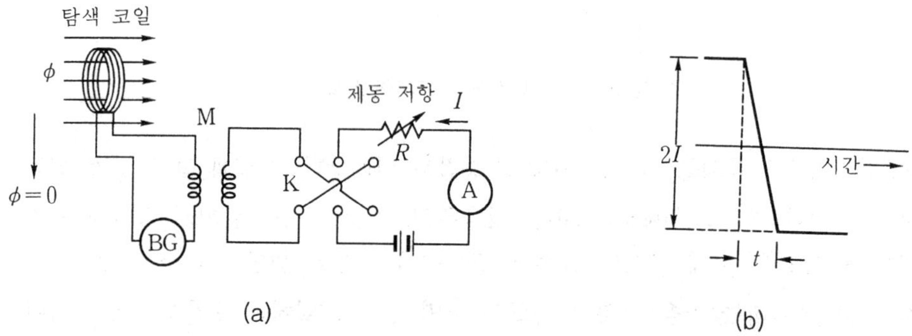

그림 16.3 충격 검류계에 의한 자속 측정법

한편, 충격 검류계를 교정하는 방법에는 여러 가지 방법이 있으나, 그림 16.3의 회로를 사용하여 k_b를 구하는 방법을 상호 인덕턴스 법이라고 부른다. 그림에서 탐색 코일을 자계 외부에 놓고 스위치 K를 닫아 상호 인덕턴스 M의 1차측에 직류 I를 흘린 뒤 전환 스위치 K를 사용해 1차 전류를 급히 $-I$로 반전시키면 그림 (b)와 같이 전류는 $2I$의 변화를 하게 되므로 2차측 쇄교 자속의 총 변화는 $2MI$가 된다. 그리고 M의 2차측 기전력은

$$e_2 = \frac{2MI}{\Delta t} \qquad \cdots (16.9)$$

로 된다. 이때의 충격 검류계 변위를 θ_0라 하면 2차측에 흐르는 총 전기량 Q는

$$Q = \frac{e_2}{R}\Delta t = \frac{2MI}{R\Delta t} \cdot \Delta t = \frac{2MI}{R} = kb\theta_0 \qquad \cdots (16.10)$$

따라서 k_b는

$$k_b = \frac{2MI}{R\theta_0} \qquad \cdots (16.11)$$

일단 교정을 마친 충격 검류계는 여러 종류의 영구 자석의 자속을 측정하는 데 사용된다. 그림 16.4는 충격 검류계를 가지고 영구 자석의 자속을 측정하는 방법을 나타낸 것이다. 영구 자석 주위에 감긴 탐색 코일은 충격 검류계 및 가변 저항기와 직렬로 연결된다. 가변 저항기는 일반적으로 검류계가 임계 제동 상태가 되도록 조정한다. 만약, 영구 자석을 순간적으로 탐색 코일로부터 빼내면 전류 임펄스가 생기고 검류계는 편위한다. 충격 검류계를 통해 흐르는 전하량은 영구 자석의 총 자속 ϕ와 탐색 코일의 권수 N에 정비례하고 회로의 총 저항 R에 역비례한다. 즉, 식 (16.6)에서

$$Q = \frac{N\phi}{R} \qquad \cdots (16.12)$$

검류계 편위는 식 (16.2)에서

$$\theta = \frac{Q}{k_b} = \frac{N\phi}{k_b R} \qquad \cdots (16.13)$$

식 (16.13)을 ϕ에 대해 다시 정리하면

$$\phi = \frac{k_b R}{N}\theta \qquad \cdots (16.14)$$

로 되고, 이 식으로부터 영구 자석에 의한 자속을 결정할 수 있다.

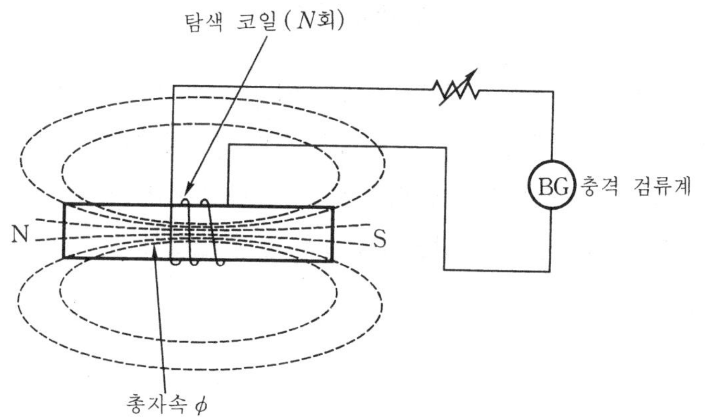

그림 16.4 충격 검류계를 이용한 영구 자석의 자속 측정

(2) 자속계에 의한 방법

자속계(磁束計; flux meter)는 충격 검류계의 원리를 응용하여 자속을 측정하는 지시 계기이며, 그 구조도 그림 16.5에 나타낸 바와 같이 충격 검류계와 거의 동일하다. 가동 코일은 영구 자석의 자극 N, S와 철심 사이의 공극에 위치하고, 가동부를 가는 견사(絹絲)로 매달아 제어 토크를 무시할 수 있을 정도로 작게 함으로써, 정해진 0점이

없고 진동 주기가 매우 길어, 그 편위는 자속의 변화에 요하는 시간이나 회로의 저항에 무관하도록 되어 있다. 코일의 양단은 은선(銀線) S_1, S_2에 의해서 단자 T_1, T_2에 연결되고, 탐색 코일을 단자 T_1, T_2에 접속한다. 이와 같이 양 단자에는 항상 탐색 코일이 접속되어 있어 폐회로 상태로 사용하므로 자속계의 가동 코일이 움직이면 이것에 의해 발생하는 역기전력 때문에 전류가 흘러 제동 작용이 생긴다. 따라서 가동부는 탐색 코일 내의 쇄교 자속수의 변화에 비례하는 변위를 일으켜 그 위치에서 정지한다.

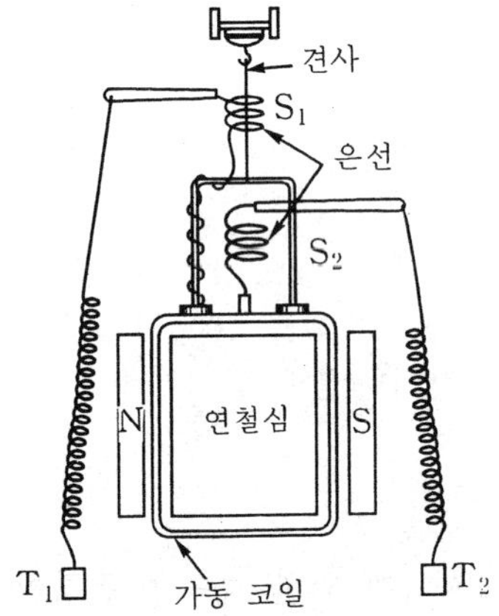

그림 16.5 자속계

자속계로 자속을 측정할 때에는 우선 탐색 코일을 피측정 자계 중에 직각으로 넣고 탐색 코일과 직각으로 쇄교하는 자속을 신속히 0이 되도록 하면 탐색 코일에 전압이 유기되어 가동 코일에 전류가 흐르게 되므로 구동 토크가 생겨 지침이 θ만큼 변위한다. 이 변위 θ는 탐색 코일을 통과하는 자속 ϕ와 탐색 코일의 권수 N에 비례하므로

$$N\phi = k\theta \qquad \cdots (16.15)$$

따라서 자속 ϕ는

$$\phi = \frac{k}{N}\theta \qquad \cdots (16.16)$$

로서 구해진다. 또, 탐색 코일의 단면적을 A라 하면 자속 밀도 B는

$$B = \frac{k}{AN}\theta \qquad \cdots (16.17)$$

로 된다.

그림 16.6은 고감도의 트랜지스터 적분기를 이용한 전자식 자속계의 원리를 나타낸 것이다. 탐색 코일을 자계 내에서 움직이면 탐색 코일(권수 N)에는

$$e_i = -N\frac{d\phi}{dt} \qquad \cdots (16.18)$$

의 기전력이 발생한다. 이 기전력 e_i를 적분기에 입력시키면 출력 전압 e_o는

$$e_0 = -\int e_i dt = N\int\frac{d\phi}{dt}\cdot dt = \frac{N\phi}{RC} \qquad \cdots (16.19)$$

로 되어 자속 ϕ에 비례하므로 전압계 눈금을 e_0 대신 ϕ의 값으로 정하면 자속을 직독할 수 있다.

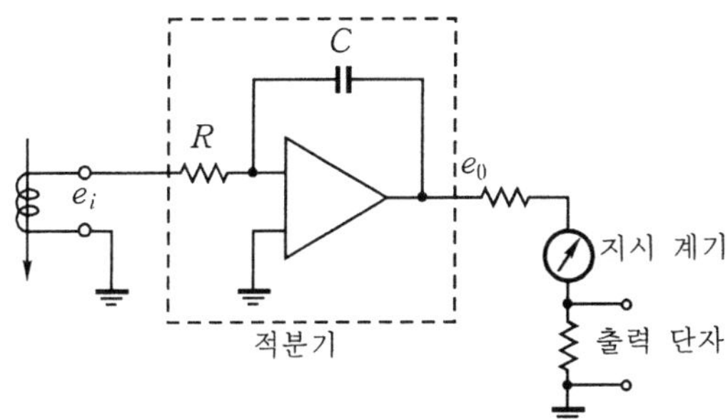

그림 16.6 전자식 자속계의 원리

(3) 가우스 미터

가우스 미터 (Gauss meter)는 7장에서 설명한 반도체의 홀 효과 (Hall effect)를 이용하여 자속 밀도를 측정하는 장치이다.

그림 16.7은 가우스 미터의 구성을 나타낸다. 홀 소자에 1 kHz의 정전류를 흘려 놓고, 홀 소자 면에 직각으로 피측정 자계를 가하면 1 kHz의 반송파를 자속 밀도의 크기로 변조시킨 홀 전압 (Hall voltage)이 나타난다. 따라서 이 전압을 증폭, 정류시키면 자속 밀도에 비례하는 전압이 얻어지므로, 자속 밀도를 직독할 수 있다. 지시값은 가우스 (Gauss: G)로 표시된다.

홀 소자는 0.4 (또는 0.8) × 3.2 × 8.5 mm 정도의 박편이므로 좁은 공극이나 국부 자계의 측정에 이용된다. 또, 솔레노이드 코일 (solenoid coil)의 자계 측정에는 5 ϕ × 105 mm의 축형 프로브 (probe)가 사용된다. 측정 범위는 20～20000 G이다.

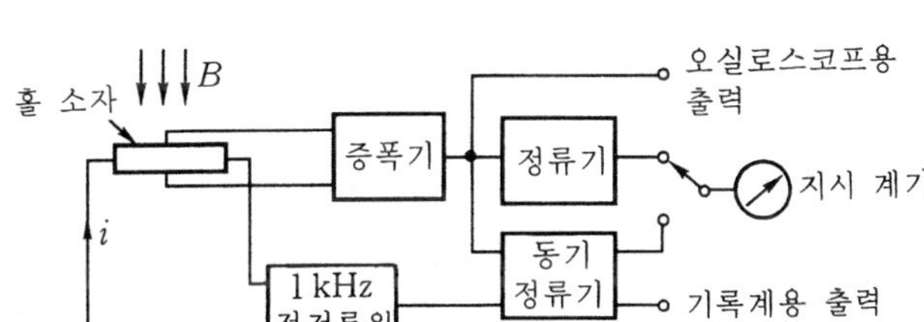

그림 16.7 가우스 미터의 구성도

16.1.2 교류 자계의 측정

교류 자계의 측정에는 일반적으로 가우스 미터가 사용된다. 가우스 미터에서는 홀 소자에 1 kHz의 정전류를 흘리고 있기 때문에 여기에 f Hz의 교류 자계를 가하면 1 kHz의 반송파를 f Hz로 변조시킨 출력 전압을 발생시킨다. 따라서 이 전압을 증폭, 정류시키면 교류 자계의 평균값을 측정할 수 있다. 그리고 출력 전압을 오실로스코프에 가하면 교류 자계의 파형을 관측할 수도 있다. 측정 주파수 범위는 DC~500 Hz이다.

16.2 자화 곡선의 측정

16.2.1 자성 재료의 자화 특성

자성 재료 내의 자계의 세기(H)와 자속 밀도(B)의 관계를 자화 특성(磁化特性)이라고 한다. 자성 재료의 특성을 알기 위해서는 자화 곡선(磁化曲線; B-H curve)과 히스테리시스 루프(Hysteresis loop)를 측정할 필요가 있다. 또, 같은 재료일 경우라도 직류와 교류 자화 특성이 다르다.

그림 16.8은 자화 특성을 나타낸 것으로, 보통 그림과 같이 초기 자화 특성과 히스테리시스 루프를 나타낸다.

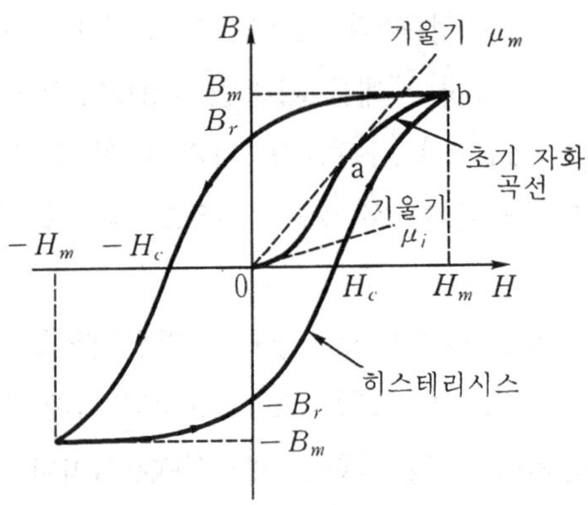

그림 16.8 자성 재료의 자화 특성

재료에 가하는 자계 H를 0에서부터 서서히 증가시키면 자속 밀도 B는 0 → a → b와 같이 증가하다 b점에서 포화된다. 이 곡선을 초기 자화 곡선이라고 부른다. b점에서 자속 밀도는 최대치 B_m으로 되고, 이것을 포화 자속 밀도, 이때의 자계 H_m을 포화 자계라고 한다. 초기 자화 곡선의 기울기 μ_i를 초기 투자율, μ_m을 최대 투자율이라고 부른다. 자계를 다시 감소시켜 $H = 0$으로 하여도 자속은 0으로 되지 않는데, 이때 자속 B_r을 잔류 자속 밀도(殘留磁束密度)라 한다. 이제 자계의 방향을 반대로 하여 증가시켜 가면 자속 밀도 B가 0이 되고, 계속 자계를 증가시키면 자속 밀도는 반대 방향으로 포화되어 $-B_m$으로 된다 자속 밀도 B를 0으로 하기 위한 역자계 H_c를 보자력(保磁力)이라고 한다. 그림과 같이 자계 H의 1사이클 변화에 대한 자속 밀도의 변화를 히스테리시스 곡선이라고 부른다.

16.2.2 직류 자화 특성의 측정

(1) 자속계에 의한 방법

그림 16.9는 자속계를 이용한 자화 곡선 측정 회로의 일례이다. 이것은 시료에 직류 전류를 서서히 가하면서 2차 코일에 발생하는 유기 전압을 측정하여 자속 밀도를 구하는 방법이다. 시료를 환상으로 만들 경우, 환상 시료의 평균 반지름과 폭의 비를 10 : 1 이상의 되도록 하고, 자화 코일 L_1과 탐색 코일 L_2를 시료에 감는다. 자성 재료의 자화 곡선은 일반적으로 히스테리시스 현상을 나타내므로, 측정하기 전에 반드

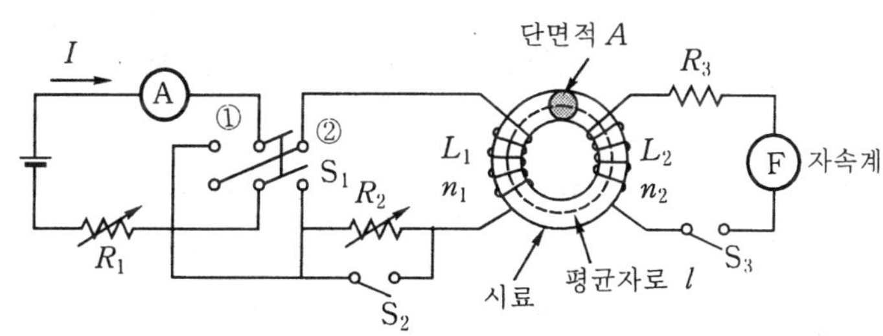

(a)

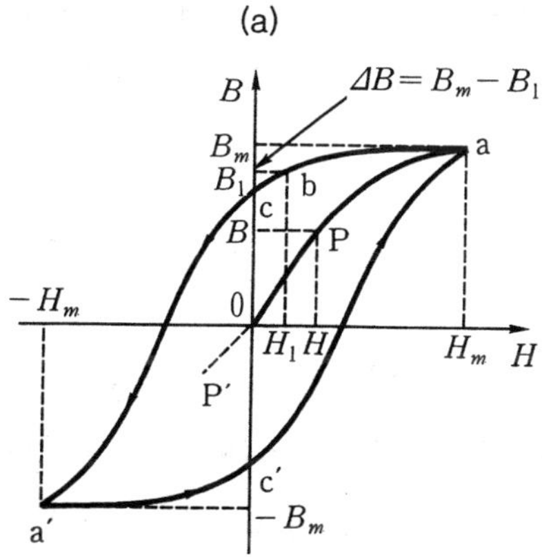

(b)

그림 16.9 자화 특성 측정

시 시료를 감자(減磁; demagnetization)하여 자기적 중성 상태(즉, $H = 0, B = 0$)로 만든 후 측정해야 한다.

감자 방법은 스위치 S_3를 열고 시료를 충분히 자화시킬 수 있는 전류를 자화 코일에 흘려 놓고, 그 방향을 스위치 S_1으로 초당 1회의 비율로 반전시키면서 저항 R_1 및 R_2를 조정하여 여자 전류 I를 서서히 감소시켜 0으로 되게 함으로써 $H = 0$, $B = 0$ 상태로 만든다.

이와 같이 시료의 잔류 자기를 제거한 후 스위치 S_2, S_3를 닫은 다음 S_1을 ①측으로 접속하여 코일 L_1에 직류 전류 I를 흘려서 시료를 자화시킨다. 이때 시료의 자화력(磁化力) H는 코일 L_1의 권수를 n_1, 시료의 평균 자로(磁路)를 l이라 하면

$$H = \frac{n_1 I}{l} \qquad \cdots (16.20)$$

또, S_1을 ①측에서 ②측으로 전환시켜 그때의 자속 변화 ϕ를 자속계 F로 측정한다. 지금, 탐색 코일 L_2의 권수를 n_2, 시료의 단면적을 A라 하면 자속 밀도 B는

$$B = \frac{\phi}{2n_2 A} \qquad \cdots (16.21)$$

로서 구해진다. 다음, R_1을 조정하여 여자 전류(勵磁電流) I를 순차적으로 변화시켜 위와 동일한 방법으로 H 및 B를 측정하면 그림 16.9(b)와 곡선 Oa와 같은 초기 자화 곡선이 얻어진다.

히스테리시스 루프(hysteresis loop)를 측정하기 위해서는 먼저 자화 곡선 측정시와 마찬가지로 R_1을 조정하여 최대 자속 밀도 B_m과 여기에 대응하는 자화력 H_m을 구하여 그림 16.9(b)의 a점을 정한다. 다음에 R_2와 S_3를 사용하여 자화력을 H_m에서 H_1으로 급격히 변화시켜 이때 자속계 F의 지시값으로부터 자속의 변화량 $\Delta\phi = \phi_m - \phi_1$을 구한다. 이에 의한 자속 밀도의 변화율은 $\Delta B = B_m - B_1 = \Delta\phi / nA$로 되므로, 자화력 H_1에 대한 자속 밀도는

$$B_1 = B_m - \frac{\Delta\phi}{n_2 A} \qquad \cdots (16.22)$$

으로 되어 그림의 b점이 구해진다. 이와 같은 a 상태를 기준으로 a → c → a′ 곡선을 정한다. 또, 동일한 조작에 의해 a를 기준으로 하여 a → c′ → a 간의 곡선을 얻으면 히스테리시스 루프를 그릴 수 있다.

(2) 전자식 자속계에 의한 방법

그림 16.10은 전자식 자속계에 의한 자화 특성 측정 회로의 예이다. 이 방법에서는 여자 전류를 반전시키지 않고 자화 곡선이나 히스테리시스 루프를 측정할 수 있으므로 측정이 용이하다. 즉, 여자 전류 I를 0에서 순차적으로 변화시켜 가면서 그때마다 여자 전류 I와 자속계 F의 지시값 ϕ를 읽어서 식 (16.20), (16.21)에 의해 H와 B를 계산하여 그래프를 그리면 된다.

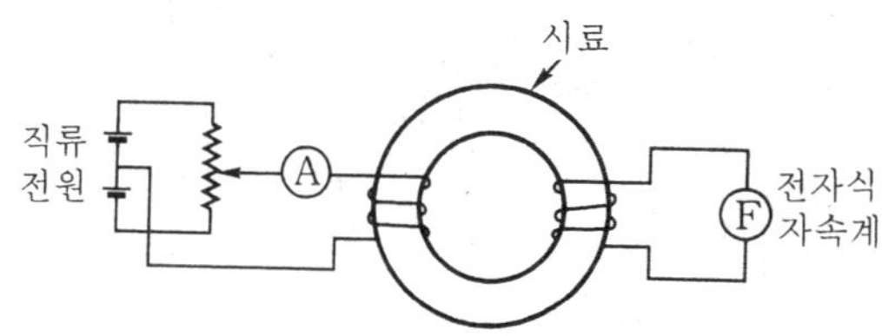

그림 16.10 전자식 자속계에 의한 자화 특성 측정

(3) 직류 자화 특성의 자동 기록 장치

자속계나 전자식 자속계에 의해 자화 곡선과 히스테리시스 루프를 측정하는 경우에는 그 조작이 상당히 불편하므로 이 조작을 자동화하여 자화 곡선이나 히스테리시스 루프를 X-Y 기록계에 의해 자동적으로 기록하는 장치가 사용되고 있다. 이 장치가 직류 자화 특성을 자동으로 기록하는 장치이며, 그림 16.11은 그 원리도를 나타낸다.

환상 시료에 1차와 2차 코일을 감고, 1차 코일에 가변 직류 전원으로부터 순차적으로 그 크기를 변화시키면서 여자 전류 I를 흘린다. 저항 R 양단의 전압 강하 $V_H = R_1 I$를 X-Y 기록계의 X축에 가한다. 전압 강하 V_H는 여자 전류, 즉 자화력(磁化力) H에 비례하므로 X-Y 기록계의 펜은 H의 변화에 따라 X축 방향으로 이동한다.

한편, 여자 전류 I가 변하면 시료 중의 자속 ϕ가 변화하므로 2차 코일(권수 n)에는 다음과 같은 기전력이 유기된다.

$$V_2 = -n_2 \frac{d\phi}{dt} \quad \cdots (16.23)$$

그러므로,

$$n_2 \phi = -\int V_2 dt \quad \cdots (16.24)$$

V_2를 적분기에서 적분하면, 출력 전압은

$$V_H = -\frac{1}{C}\int idt = -\frac{1}{RC}\int V_2 dt = \frac{n_2 \phi}{RC} \quad \cdots (16.25)$$

로 되어 자속 ϕ, 즉 자속 밀도 $B(=\phi/A)$에 비례하는 전압 V_B가 나타나고, 이를 X-Y 기록계의 Y축에 가하면 펜은 자속 밀도 B의 변화에 따라 Y축 방향으로 이동한다. 이와 같이 V_H는 H에 비례하고 V_B는 $\phi(B)$에 비례하므로 X-Y 기록계는 자화 곡선이나 히스테리시스 루프를 기록한다. 가변 직류 전원에서는 스위프 회로에 의해 자동적으로 전류가 변화할 수 있게 되어 있다.

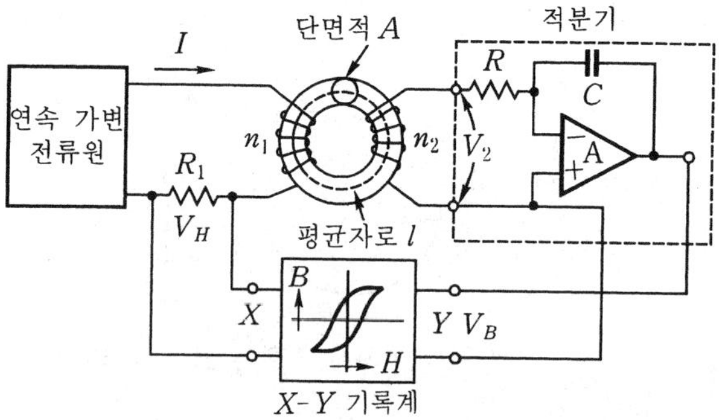

그림 16.11 직류 자화 특성 자동 기록 장치

16.2.3 교류 자화 특성의 측정

교류 자화 특성을 측정하기 위해서는 B-H 곡선 직시 장치나 교류 자화 특성 자동 기록 장치 등이 사용된다. B-H 곡선 직시 장치는 히스테리시스 루프를 오실로스코프에 의해 직접 관측하는 장치로서 그림 16.12에 그 원리를 나타낸다. 이것은 직류 자화 특성 자동 기록 장치와 동일하며, 단지 전원에 교류를, X-Y 기록계 대신에 오실로스코프가 사용된 점이 다르다. 환상 코일에 1차, 2차 코일을 감고 1차 코일에 여자 전류를 흘린다. 저항 R_1의 단자 전압 V_H는 자화력 H에 비례하므로 이를 증폭하여 오실로스코프의 수평축에 가한다. 이때 자계 H는

$$H = \frac{n_1 V_H}{R_1 l} \qquad \cdots (16.26)$$

한편, 2차 코일의 유기 전압

$$V_2 = -n_2 \frac{d\phi}{dt} \qquad \cdots (16.27)$$

를 적분기에 가하여 적분하면, 자속 밀도 B에 비례하는 전압

$$V_B = -\frac{1}{RC}\int V_2 dt = \frac{n_2 AB}{RC} \qquad \cdots (16.28)$$

을 얻는다. 따라서 오실로스코프의 수직축에 전압 V_B를, 수평축에 전압 V_H를 인가하면 오실로스코프의 형광면에 히스테리시스 루프를 나타낼 수 있다.

여기서 자화력 H나 자속 밀도 B에 비례하는 전압은 10∼30 kHz의 교류 전압이므로 이러한 전압을 X-Y 기록계(주파수 응답은 DC∼1 Hz)에 가하더라도 히스테리시스 루프를 기록할 수 없다. 따라서 이러한 전압을 샘플링(sampling) 변환기에 의해 저속 신호로 변환시켜 X-Y 기록계에 의해 히스테리시스 루프를 기록하도록 한 장치가 교류 자화 특성 자동 기록 장치이다.

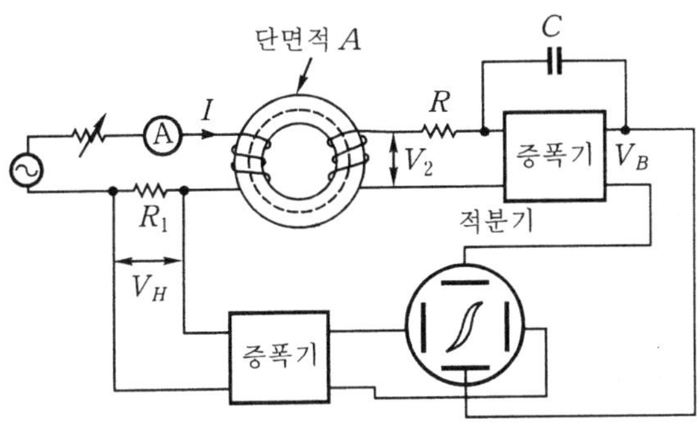

그림 16.12 교류 자화 특성의 직시 장치

16.3 철손 측정

자성 재료를 교류에 사용하면 히스테리시스와 와전류(渦電流; eddy current)가 발생하고, 이로 인해 에너지 손실이 자성체 내부에 일어난다. 이 두 손실을 합쳐서 철손(鐵損; iron loss)이라 부르며, 재료의 양부를 결정하는 중요한 요소이다. 철손 측정에는 엡스타인(Epstein) 장치가 널리 사용된다. 이 장치는 주요 전기 기계용 규소 강판의 상용 주파수에서 철손을 측정한다.

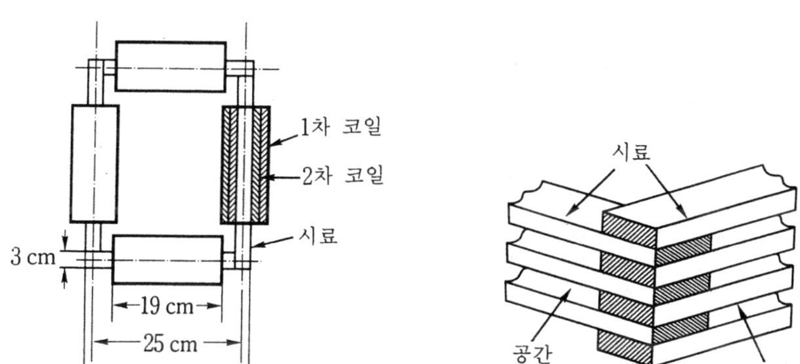

그림 16.13 25 cm 엡스타인 장치

엡스타인 장치는 길이 28 cm, 폭 3 cm, 전중량 1~2 kg의 직방향 시료를 그림 16.13 (a)와 같이 쌓아서 정방형의 폐자로를 만들고, 각 변에 1차, 2차 코일을 각각 175회 감은 것이다. 이때 마주보는 2변에는 모두 압연 방향이 직방형의 긴 방향으로 되어 있는 시료를, 다른 2변에는 긴 방향과 압연 방향이 직각으로 된 시료를 사용하며, 또 네 모서리의 접합부는 (b)와 같이 접속시킨다.

그림 16.14는 엡스타인 장치를 사용한 측정 회로를 나타낸 것이다. 그림에서 스위치 S_2를 닫고 자속 전압계(정현파의 실효값으로 눈금이 정해져 있는 평균값 전압계)의 지시 V_f가 미리 정해진 자속 밀도의 파고값에 상당하는 값, 즉 다음 식으로 주어지는 값이 되도록 전원 전압을 조정한다.

$$V_f = 4.44 f n_2 A B \qquad \cdots (16.29)$$

여기서, f : 전원 주파수 〔Hz〕

n_2 : 2차 코일의 권수

A : 시료의 단면적 〔m^2〕

B : 자속 밀도

이때 전력계 지시 P는 엡스타인 장치 내에서 소비되는 전력, 즉 철손을 나타낸다. 그러나 지시값 P 속에는 전압계 V_1, V_f의 저항과 전력계의 전압 코일의 저항에 의한 동손도 포함되어 있으므로 이들 내부 저항의 합성 저항을 R, 실효값 전압계의 지시를 V라 하면 실제의 철손 W_i는

$$W_i = P - \frac{V^2}{R} \qquad \cdots (16.30)$$

로서 구해진다. 철손은 주파수에 의해 변화하므로 측정 주파수를 기록할 필요가 있다.

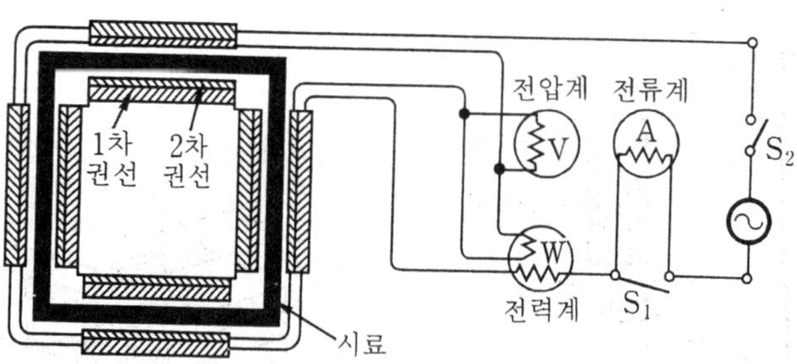

그림 16.14 엡스타인 장치를 사용한 철손 측정 회로

연 습 문 제

****

16.1 충격 검류계를 교정하는 방법을 설명하라.

16.2 자속계의 원리를 설명하라.

16.3 가우스 미터의 응용 분야에 대해서 설명하라.

16.4 어떤 시료를 중성으로 감자하는 방법을 설명하라.

16.5 철손의 원인과 그 측정법에 대해서 설명하라.

16.6 직류 자화 특성과 교류 자화 특성, 그리고 그 측정 방법의 차이점에 대해서 논하라.

16.7 홀 계수가 2 mV/mA·kg·mm, 두께 0.75 mm인 홀 발전기를 0.4 Wb/m^2의 자속 밀도 내에 수직으로 놓고, 전류 단자에 0.5 mA를 흘릴 경우에 얻어지는 홀 기전력을 구하라.

참고문헌

[1] A. D. Helfrick and W. D. Cooper, *Modern electronic instrumentation and Measurement techniques*, Englewood Cliffs, N.J. : Prentice-Hall, Inc., 1990

[2] J. J. Carr, *Elements of electronic instrumentation and measurement*, 3th ed. Englewood Cliffs, N.J. : Prentice-Hall, Inc., 1996.

[3] D. A. Boll, *Electronic instrumentation and measurement*, 2nd ed. Englewood Cliffs, N.J. : Prentice-Hall, Inc., 1994.

[4] W. D. Cooper and A. D. Helfrick, *Eletronic instrumentation and measurement techniques*, 3th ed. Englewood Cliffs, N.J. : Prentice-Hall, Inc., 1985.

[5] L. D. Jones and A. F. Chin, *Electronic instruments and measurements*, 2th ed. Englewood Cliffs, N.J. : Prentice-Hall, Inc., 1991.

[6] D. Buchla and W. Mclachean, *Applied Electronic instrumentation and measurement*, New York : Macmillan Publishing Company, 1992.

[7] E. O. Doebelin, *Measurement systems, application and design*, 4th ed. New York : McGraw-Hill Inc., 1990

[8] J. P. Bentley, *Principles of measurement system*, 3th ed. New York : John Wiley & Sons, Inc., 1995.

[9] 南仁 靖雄, 基礎電子計測, 工學圖書株式會社, 東京, 1995.

[10] 三枝武男, 渡部重十, 電子計測學, 森北出版株式會社, 東京, 1994.

찾아보기

【ㅂ】

【ㅅ】

【ㅇ】

【ㅈ】

【ㅊ】

현대 전기전자계측공학

인　　쇄 / 2015년 8월 10일
발　　행 / 2015년 8월 17일
저　　자 / 민 남 기
펴 낸 이 / 정 창 희
펴 낸 곳 / 동일출판사
주　　소 / 서울시 강서구 곰달래로31길7 (0
대표전화 / (02) 2608-8250
팩　　스 / (02) 2608-8265
등록번호 / 제109-90-92166호
값 / 24,000원

판 권

ISBN 978-89-381-0680-3-93560